CREDER

Instalações Elétricas

O GEN | Grupo Editorial Nacional – maior plataforma editorial brasileira no segmento científico, técnico e profissional – publica conteúdos nas áreas de ciências exatas, humanas, jurídicas, da saúde e sociais aplicadas, além de prover serviços direcionados à educação continuada e à preparação para concursos.

As editoras que integram o GEN, das mais respeitadas no mercado editorial, construíram catálogos inigualáveis, com obras decisivas para a formação acadêmica e o aperfeiçoamento de várias gerações de profissionais e estudantes, tendo se tornado sinônimo de qualidade e seriedade.

A missão do GEN e dos núcleos de conteúdo que o compõem é prover a melhor informação científica e distribuí-la de maneira flexível e conveniente, a preços justos, gerando benefícios e servindo a autores, docentes, livreiros, funcionários, colaboradores e acionistas.

Nosso comportamento ético incondicional e nossa responsabilidade social e ambiental são reforçados pela natureza educacional de nossa atividade e dão sustentabilidade ao crescimento contínuo e à rentabilidade do grupo.

CREDER
Instalações Elétricas

17ª edição

Hélio Creder

Engenheiro Eletricista pelo Instituto de Matemática e Estatística (IME)
Mestre em Engenharia Elétrica pela
Universidade Federal do Rio de Janeiro (UFRJ)

Atualização e revisão

Luiz Sebastião Costa

Engenheiro Eletricista pela Universidade Federal de Itajubá (UNIFEI)
Professor da Faculdade de Engenharia da
Universidade do Estado do Rio de Janeiro (UERJ)

- O atualizador deste livro e a editora empenharam seus melhores esforços para assegurar que as informações e os procedimentos apresentados no texto estejam em acordo com os padrões aceitos à época da publicação, *e todos os dados foram atualizados pelo atualizador até a data de fechamento do livro*. Entretanto, tendo em conta a evolução das ciências, as atualizações legislativas, as mudanças regulamentares governamentais e o constante fluxo de novas informações sobre os temas que constam do livro, recomendamos enfaticamente que os leitores consultem sempre outras fontes fidedignas, de modo a se certificarem de que as informações contidas no texto estão corretas e de que não houve alterações nas recomendações ou na legislação regulamentadora.

- Data do fechamento do livro: 07/10/2021

- O atualizador e a editora se empenharam para citar adequadamente e dar o devido crédito a todos os detentores de direitos autorais de qualquer material utilizado neste livro, dispondo-se a possíveis acertos posteriores caso, inadvertida e involuntariamente, a identificação de algum deles tenha sido omitida.

- **Atendimento ao cliente: (11) 5080-0751 | faleconosco@grupogen.com.br**

- Capa: Christian Monnerat
- Imagens de capa: Douglas Costa de Paulo (frente da capa)
  Fernanda Skalisz Trento (quarta capa)
- Editoração eletrônica: Arte & Ideia
  IO Design
- Ficha catalográfica

CIP-BRASIL. CATALOGAÇÃO NA PUBLICAÇÃO
SINDICATO NACIONAL DOS EDITORES DE LIVROS, RJ

C935i

17. ed.

Creder, Hélio, 1926-2005

Instalações elétricas / Hélio Creder ; atualização e revisão Luiz Sebastião Costa. – 17. ed. [2ª Reimp.] – Rio de Janeiro : LTC, 2025.
il. ; 28 cm.

Apêndice
Inclui bibliografia e índice
ISBN 978-85-216-3763-9

1. Instalações elétricas. I. Costa, Luiz Sebastião. II. Título.

21-72366 CDD: 621.31042
CDU: 621.316.1

À minha esposa e aos meus filhos.

H.C.

Ao meu pai e primeiro professor,

Acho que a saudade não sairá jamais de meu coração, mas como conversávamos, a mente faz registros e eles são para sempre; e o que me conforma é que você estará comigo e com todos que o amaram sempre...

Sua coragem e determinação sempre foram exemplos para nós, suas filhas, e com certeza para seus netos.

Você sempre me dizia: "Já fiz de tudo na vida, já plantei árvores, escrevi livros e tive filhos."

Já no fim de sua vida me segredou: "Eu queria ser um velho comum, que se contentasse com a aposentadoria e ficasse em casa, mas não consigo, tenho que ir ao escritório, preciso rever meus livros, preciso transmitir o que sei; se ficar em casa, morro."

Como esquecer você se são tantas as marcas? Você está na natureza que amava.

Pois é, papai, pessoas assim não morrem jamais, porque deixam pedacinhos seus nos outros, e assim se mantêm vivas para sempre dentro de nós.

Tenho a certeza de que será sempre lembrado por nós em muitas situações da vida.

Sua coragem e determinação são indeléveis.

Agora sinto muita dor, mas é só saudade, paizinho...

(Trecho da carta escrita e lida pela filha do Prof. Hélio Creder por ocasião da sua Missa de Sétimo Dia.)

Prefácio à 17ª edição

Mais uma vez me coube a tarefa de rever e atualizar o mais antigo e tradicional livro de Instalações Elétricas editado no Brasil, escrito pelo Professor Hélio Creder há 50 anos.

Uma tarefa de grande responsabilidade que sempre me honra, e na qual pude contar com a colaboração de competentes profissionais da área da Engenharia Elétrica. É um livro reconhecido pelo seu conteúdo objetivo e prático, com desenvolvimentos teóricos de fácil entendimento para seus usuários. Procurei, ao longo das revisões e atualizações, manter essa linha e, ao mesmo tempo, colocá-lo em uma forma cada vez mais didática para facilitar o entendimento por parte não só dos profissionais da área, mas também dos alunos dos cursos de graduação em Engenharias Elétrica, Civil e Mecânica, assim como dos cursos de Arquitetura e Urbanismo e cursos técnicos.

É uma obra que, com todo seu desenvolvimento teórico, exemplos e referências bibliográficas, permite aos empreendedores oferecer serviços com competência nas diversas áreas abrangidas pelo livro – área de projetos e obras de Instalações Elétricas em Baixa Tensão (BT), em Instalações de Motores, Instalações de Para-raios Prediais, Correção do Fator de Potência, Entrada de Energia Elétrica em BT, entre outras áreas das Instalações Elétricas de BT.

Nesta edição, continuei contando com a prestimosa colaboração de uma equipe de profissionais, aos quais apresento meus mais sinceros agradecimentos, pois muito contribuíram para aumentar a qualidade técnica e didática da obra.

Tive a colaboração do Engº Paulo Edmundo da Fonseca Freire, da Paiol Engenharia Ltda., com seus comentários sobre o Capítulo 8 – Instalações de Para-raios Prediais. O Capítulo 9 – Correção do Fator de Potência e Instalação de Capacitores, foi novamente revisado pelo Engº Fabio Lamothe Cardoso, da Eletro – Estudos Engenharia Ltda. No Capítulo 11 – Entrada de Energia Elétrica nos Prédios em Baixa Tensão, contei com a ajuda da Engª Célia Inês Fuchs, formada pela Unifei e especialista em Regulação de Serviços de Energia Elétrica. Com a colaboração do Engº Filipe Weiller Penedo, da Energon Brasil, pude contar com um novo e importante capítulo, o Capítulo 7 – Geração Fotovoltaica. O Prof. Paulo Eduardo Darsk Rocha, da Faculdade de Engenharia da UERJ, colaborou na atualização do Capítulo 4 – Dispositivos de Seccionamento e Proteção, e do Capítulo 6 – Instalações para Força Motriz e Serviços de Segurança.

Agradeço a todos esses profissionais pela contribuição ao aprimoramento do livro *Instalações Elétricas* do Prof. Hélio Creder, bem como ao Engº Francisco de Assis A. Gonçalves Jr., da AltoQi, por sua colaboração sobre o tema BIM – *Building Information Modeling*.

Gostaria de agradecer, também, aos professores e profissionais que, ao longo desses anos, nos enviaram críticas, sugestões e elogios para o aprimoramento desta obra, que é uma referência na área de Instalações Elétricas.

Espero que esta nova edição continue atingindo as expectativas dos profissionais que venham a utilizar este livro com a finalidade de aprender a projetar e instalar, ou como material para ensino desse vasto e utilíssimo tema que é o das instalações elétricas prediais, comerciais e industriais.

Luiz Sebastião Costa
Engenheiro Eletricista (formado pela UNIFEI, 1969)

Prefácio à 16ª edição

Pela segunda vez estou sendo convidado pela LTC Editora para rever e atualizar o mais antigo e tradicional livro de Instalações Elétricas, escrito pelo Professor Hélio Creder, há mais de 45 anos, e muito bem atualizado ao longo dos anos.

Um convite que muito me honra e que aumenta ainda mais a minha responsabilidade nesta tarefa, pois o livro será reeditado no ano em que completei 41 anos de Magistério na Faculdade de Engenharia da Universidade do Estado do Rio de Janeiro – FEN-UERJ. Por coincidência, eu vim a substituir o Prof. Hélio Creder, na Disciplina de Instalações Elétricas, por convite do meu colega Engº Ricardo Pinto Pinheiro, que teve uma rápida passagem pela Faculdade, ministrando essa mesma disciplina.

É um livro reconhecido pelo seu conteúdo objetivo e prático, no qual procurei, ao longo das duas revisões, manter essa linha e, ao mesmo tempo, colocá-lo em uma forma mais didática para facilitar o entendimento por parte não só dos profissionais da área, como também dos alunos dos Cursos de Graduação em Engenharia e dos Cursos Técnicos.

Nesta edição contei com a prestimosa colaboração de uma equipe de profissionais, aos quais apresento meus mais sinceros agradecimentos, pois muito contribuíram para aumentar a qualidade técnica e didática da obra.

Agradeço ao Engº Hélio Castro Wood, da DECISA Engenharia Elétrica Ltda., que, além de fazer as devidas correções técnicas, teve um trabalho atuante no Capítulo 12 – Projeto de uma Subestação Abaixadora, juntamente com o Engº Marcus Possi, da Ecthos Consultoria e Desenvolvimento, que revisou e atualizou todo esse capítulo que toma, como referência, o RECON – MT – até 34,5 kV da Light, 2005.

Continuei com a prestimosa colaboração do Engº Paulo Edmundo da Fonseca Freire, da Paiol Engenharia Ltda. O Capítulo 9 foi novamente revisado pelo Engº Fabio Lamothe Cardoso, da Eletro – Estudos Engenharia Ltda.

O Capítulo 8 foi, em nova revisão, adequado à Norma ABNT NBR 5419: 2015.

No Apêndice A, procurei ampliar a planta elétrica de forma a torná-la mais visível e didática, contando com a colaboração da CEMOPE – Consultoria e Projetos de Engenharia Ltda. O capítulo Noções de Luminotécnica foi simplificado, mantendo o seu caráter didático para o posterior uso de modernas ferramentas computacionais, como o programa DIALux. O capítulo foi também adequado à Norma ABNT NBR ISO/CIE 8995 – 1:2013, que substituiu a NBR 5413:1992. Esse capítulo contou com a colaboração do aluno Athos Silva Souza, do CEFET/RJ.

Espero que o trabalho continue atingindo as expectativas dos profissionais que venham a utilizar esta obra com a finalidade de aprender a projetar e instalar, ou que venham a utilizá-la como material para ensino deste vasto tema que é o das instalações elétricas.

Luiz Sebastião Costa
Engenheiro Eletricista – EFEI, 1969

Prefácio à 15ª edição

Os constantes avanços tecnológicos que vêm se processando cada vez em menor intervalo de tempo obrigam os livros técnicos a passarem por um permanente processo de revisão e atualização.

Não podia fugir a essa regra o mais antigo e tradicional livro de Instalações Elétricas, escrito pelo Professor Hélio Creder, que tão bem soube atualizá-lo ao longo dos anos. É um livro de conteúdo objetivo e prático que muito tem auxiliado os técnicos e engenheiros que se dedicam às instalações elétricas de baixa tensão.

Lamentavelmente o Professor Hélio Creder veio a falecer em dezembro de 2005. Com isso, a LTC Editora convidou uma equipe de engenheiros e professores da Faculdade de Engenharia da UERJ para que, na edição comemorativa dos quarenta anos da primeira edição do livro *Instalações Elétricas*, fosse dado aos leitores – alunos, técnicos, engenheiros, professores e instaladores – a continuidade de uma obra já consagrada em todo o Brasil.

Para isso foi feita não somente uma revisão técnica completa e atualização em todos os capítulos, mas também uma mudança na sequência de apresentação dos assuntos, visando tornar esta obra ainda mais adequada para o uso didático, sem perder o caráter informativo e técnico. A adequação às normas da ABNT, principalmente às normas NBR 5410, edição 2004, e NBR 5419, edição 2005, foi a primeira preocupação. Paralelamente, foram feitas alterações na ordem de apresentação dos capítulos referentes aos projetos de instalações elétricas, de modo a reunir as informações necessárias à sua realização de forma sequencial, facilitando a consulta a tabelas, expressões e diagramas elétricos.

O trabalho de revisão e atualização foi coordenado pelo engenheiro eletricista Luiz Sebastião Costa (EFEI, 1969), professor das disciplinas de "Instalações Elétricas" e de "Elementos de Eletrotécnica e de Instalações Elétricas" da Faculdade de Engenharia da UERJ desde 1974, que, além da revisão propriamente dita, preocupou-se com a inclusão de novos materiais e tecnologias.

A equipe contou com a participação efetiva da engenheira eletricista Ivone Telles Pires Valdetaro (UERJ, 1979), professora desde 1981, na UERJ, da disciplina de "Conversão de Energia", e do engenheiro eletricista David Martins Vieira (PUC-RJ, 1977), professor da PUC-RJ das disciplinas da área de "Eletrotécnica", e da UERJ, da disciplina de laboratório de "Máquinas Elétricas e de Eletrotécnica", desde 1978.

Os tópicos referentes a aterramento e instalação de sistemas de proteção contra descargas atmosféricas – SPDA – contaram com a colaboração do engenheiro eletricista Paulo Edmundo da Fonseca Freire (PUC-RJ, 1978), da Paiol Engenharia Ltda., que possui uma experiência de mais de 25 anos trabalhando em projetos nessas áreas.

Tendo em vista a importância do uso eficiente da energia elétrica no mundo de hoje, ampliou-se e atualizou-se o capítulo sobre correção do fator de potência, que contou com a participação do engenheiro Fábio Lamothe Cardoso (UERJ, 1977) da Eletro-Estudos Engenharia Ltda.

Espera-se que este trabalho atinja todas as expectativas daqueles que venham a se utilizar desta obra com a finalidade de aprender, projetar, instalar, atualizar-se ou utilizá-la como material para ensino deste tema vasto e dinâmico que é o das instalações elétricas.

L.S.C. / I.T.P.V. / D.M.V.

Nota do Editor

O Prof. Hélio Creder, a quem as comunidades acadêmica e de Engenharia muito devem, é um desses líderes eternos que, mesmo quando nos privam do seu convívio, permanecem conosco através de sua obra.

A ele nossa homenagem póstuma e nosso reconhecimento pela contribuição pioneira à cultura técnica profissional do Brasil.

Prefácio à 1ª edição

Nortearam o propósito de escrever este livro os interesses em contribuir para a divulgação de informes sobre um assunto técnico, carente de fontes em nosso idioma e, mais ainda, de facilitar as tarefas de professores e alunos, aqueles, convictos no afã de transmitir conhecimentos, estes, ávidos em recebê-los.

Com os militantes nos diversos campos de Engenharia, quer como projetistas, quer como executantes, espero que este manual coopere de algum modo, pois é fato conhecido que a energia elétrica deve estar sempre presente em toda atividade técnica, na preparação de canteiros de trabalho, em oficinas ou no andamento de obras de qualquer natureza.

Não foi minha intenção trazer conhecimentos novos sobre o assunto e, sim, compilar e coordenar ensinamentos oriundos das diversas fontes citadas na Bibliografia, adicionados a alguma experiência profissional. Como o objetivo principal deste livro é a execução, os conceitos teóricos dos diversos assuntos abordados são apenas superficiais, o suficiente para a familiarização, mesmo do principiante.

Cabe-me agradecer a todos os que cooperaram direta ou indiretamente para que fosse possível esta publicação, seja pela execução material, seja pela autorização da publicação de tabelas e figuras de diversos manuais técnicos de prestigiosas organizações, como: General Electric, Siemens do Brasil, Eletromar, Ficap, Sincron, Lorenzetti, Cia. Brasileira de Lâmpadas etc.

Esperando que este livro encontre boa receptividade por parte dos estudiosos do assunto e pelo público em geral, aceitarei de bom grado críticas e sugestões, no sentido de melhorá-lo sempre.

O Autor

Material Suplementar

Este livro conta com os seguintes materiais suplementares:

Para todos os leitores:

- Apêndices C e D: apêndices da obra, sobre Dimensionamento de Circuitos em Anel e Instalações Redes de Telecomunicações em Edificações, em (.pdf) (requer PIN);
- Capítulos 12 e 14: capítulos da obra, sobre Projeto de uma Subestação Abaixadora e Transmissão de Dados e Comandos por Infravermelho, em (.pdf) (requer PIN);
- Equivalência entre Unidades Métricas e Sistema Inglês: tabelas de equivalência entre sistemas de unidades, para consulta, em (.pdf) (requer PIN);
- Fórmulas de Eletricidade: para consulta, em (.pdf) (requer PIN).

Para docentes:

- Ilustrações da obra em formato de apresentação em (.pdf) (restrito a docentes cadastrados).

Os professores terão acesso a todos os materiais relacionados acima (para leitores e restritos a docentes). Basta estarem cadastrados no GEN.

O acesso ao material suplementar é gratuito. Basta que o leitor se cadastre, faça seu *login* em nosso *site* (www.grupogen.com.br) e, após, clique em Ambiente de aprendizagem. Em seguida, insira no canto superior esquerdo o código PIN de acesso localizado na primeira orelha deste livro.

O acesso ao material suplementar online fica disponível até seis meses após a edição do livro ser retirada do mercado.

Caso haja alguma mudança no sistema ou dificuldade de acesso, entre em contato conosco (gendigital@grupogen.com.br).

Sumário

Introdução às Instalações Elétricas de Baixa Tensão

1

1.1 Generalidades

O objetivo deste livro é analisar o projeto e a execução das instalações elétricas de baixa tensão; porém, para que o projetista ou o instalador se situe melhor, é importante saber onde se localiza a sua instalação dentro de um sistema elétrico, a partir do gerador até os pontos de utilização em baixa tensão.

As instalações elétricas de baixa tensão são regulamentadas pela norma NBR 5410:2004, da Associação Brasileira de Normas Técnicas (ABNT), que estabelece a tensão de 1 000 volts como o limite para a baixa tensão em corrente alternada e de 1 500 volts para a corrente contínua. A frequência máxima de aplicação dessa norma é de 400 Hz.

A fim de visualizarmos melhor onde se encontra a nossa instalação predial dentro de um sistema elétrico, conheçamos os seus componentes, desde a estação geradora até os consumidores de baixa tensão. Desse modo, compreenderemos facilmente as diferentes transformações de tensões, desde o gerador até a nossa residência. Toda a energia gerada para atender a um sistema elétrico existe sob a forma alternada trifásica, tendo sido fixada, por decreto governamental, a frequência de 60 ciclos/segundo para uso em todo o território brasileiro.

Observemos a Figura 1.1, na qual está representado, em diagrama, um sistema elétrico que compreende os seguintes componentes:

- geração;
- transmissão englobando a subestação elevadora (T-1) e a abaixadora (T-2);
- distribuição.

1.2 Geração de Energia Elétrica

A geração de energia elétrica no Brasil é realizada, principalmente, por meio do uso da energia potencial da água (geração hidrelétrica) ou utilizando a energia dos combustíveis (geração termelétrica).

De acordo com dados de julho de 2020 da Agência Nacional de Energia Elétrica (ANEEL), no Brasil, 62,5 % (109 106 MW) da energia é gerada por hidrelétricas, pois o nosso país apresenta um rico potencial hidráulico, que, além do já aproveitado, contém um potencial a ser explorado, o qual é estimado em mais de 150 000 MW.

Das termelétricas existentes no Brasil, 25,59 % são convencionais num total de 42 959 MW, as quais utilizam combustíveis fósseis (petróleo, gás natural, carvão mineral etc.) num valor de 27 793 MW (16,81 %) e biomassa (bagaço de cana, madeira etc.) num total de 15 166 MW (8,78 %).

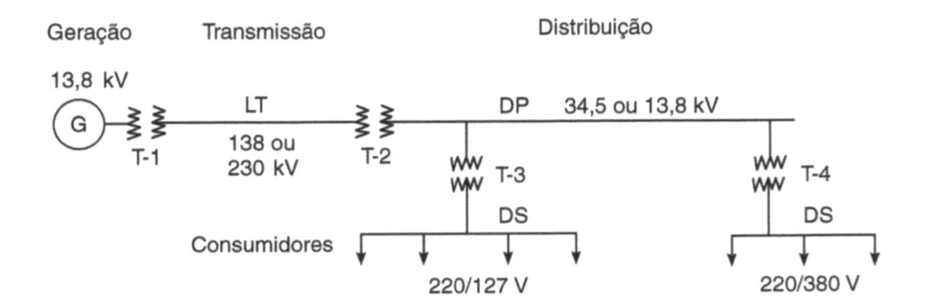

G = gerador síncrono de energia (turbina hidráulica ou a vapor)
T-1 = transformador elevador
LT = linha de transmissão de energia (transporta a energia até próximo aos centros consumidores)
T-2 = transformador abaixador
DP = distribuição primária (dentro da zona urbana, distribui a energia em média tensão)
T-3 e T-4 = transformadores de distribuição (abaixam as tensões para valores utilizáveis em instalações residenciais, comerciais e industriais)
DS = distribuição secundária

Figura 1.1 Diagrama de um sistema elétrico.

As termelétricas nucleares correspondem a 1 990 MW (1,14 %) e usam como combustível o urânio enriquecido.

Dessas gerações de energia, um total de 82,75 % é renovável e 17,24 % é não renovável, o que coloca o Brasil em posição privilegiada em termos de geração de energia elétrica renovável.

1.2.1 Geração hidrelétrica e térmica

Os geradores de eletricidade necessitam de energia mecânica (cinética) para fazer girar os rotores das turbinas, nos quais estão acoplados, no mesmo eixo, os rotores dos geradores de eletricidade. Portanto, a geração precisa de uma turbina (hidráulica ou térmica) e de um gerador síncrono, montados no mesmo eixo na vertical (Figura 1.2) ou na horizontal.

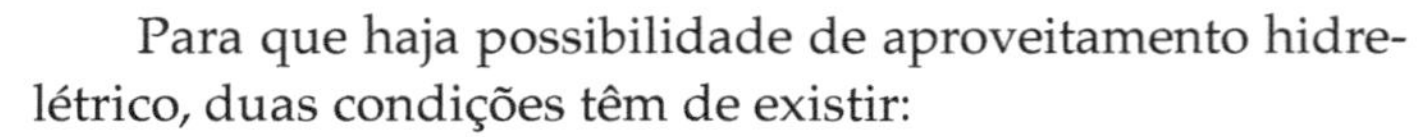

Para que haja possibilidade de aproveitamento hidrelétrico, duas condições têm de existir:

- água em abundância;
- desnível entre a barragem e a casa de máquinas.

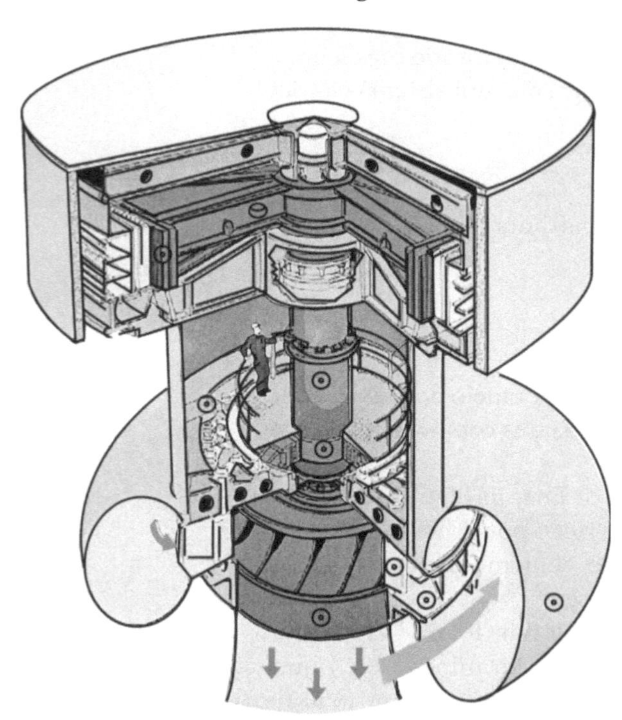

Figura 1.2 Gerador-turbina.

Na Figura 1.3, são apresentados os cortes esquemáticos de três tipos de geradores elétricos:

- em (a), observamos um gerador de polo externo (fixo) e, no rotor, o enrolamento induzido. É necessário que a coleta da tensão gerada ocorra por meio de anéis; no entanto, como isso causa um grave inconveniente, serve apenas para pequenas potências;
- em (b), temos um típico gerador hidráulico de 4 polos; no rotor, está o campo, de pequenas correntes, e também utilizando anéis de contato; no estator, encontra-se o induzido;
- em (c), temos um gerador de 2 polos (inteiriços), usado em usinas termelétricas; no rotor, está o campo, ligado por meio de anéis de contato a uma fonte externa de corrente contínua.

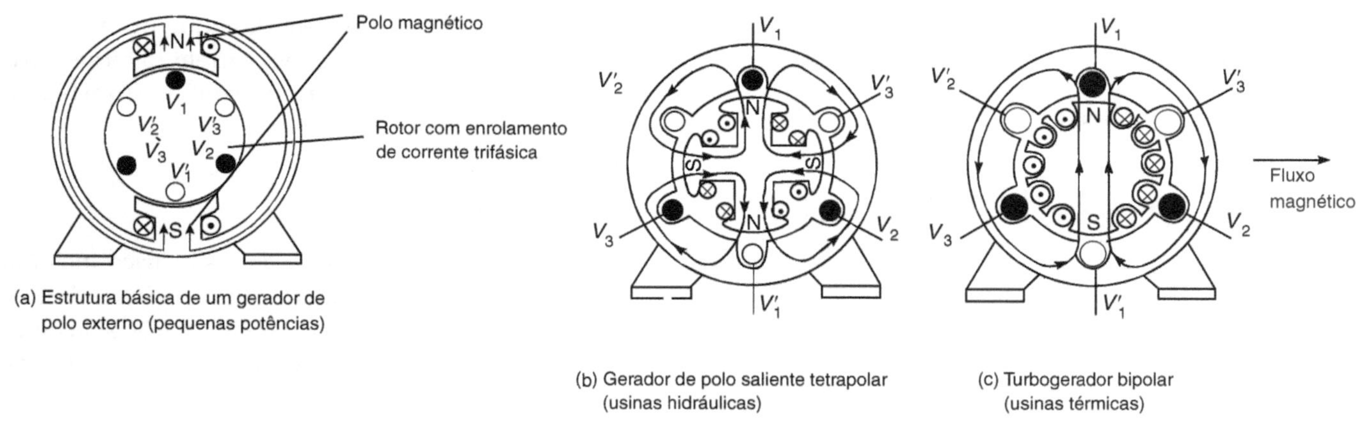

Figura 1.3 Geradores síncronos de energia.

Na Figura 1.4, vemos a fotografia da usina hidrelétrica de Marimbondo, que consta de uma barragem de concreto, oito geradores de 180 MVA cada um e uma subestação elevadora com 24 transformadores de 63,3 MVA cada um.

1.3 Transmissão

Transmissão significa o transporte de energia elétrica gerada até os centros consumidores. Para que seja economicamente viável, a tensão gerada nos geradores trifásicos de corrente alternada, normalmente de 13,8 kV, deve ser elevada a valores padronizados em função da potência a ser transmitida e das distâncias aos centros consumidores.

Desse modo, temos uma subestação elevadora junto à geração, conforme se pode ver na Figura 1.4, uma fotografia aérea da usina de Marimbondo (parte esquerda da figura), e na Figura 1.6.

As tensões mais usuais em corrente alternada nas linhas de transmissão são: 69 kV, 138 kV, 230 kV, 400 kV e 500 kV. A partir de 500 kV, somente um estudo econômico decidirá se deve ser usada a tensão alternada ou contínua, como é o caso da linha de transmissão de Itaipu, com ±600 kV em corrente contínua. Nesse caso, a instalação necessita de uma subestação retificadora – ou seja, que transforma a tensão alternada em tensão contínua, transmitindo a energia elétrica em tensão contínua – e, próximo aos centros consumidores, precisa de uma estação inversora para transformar a tensão contínua em tensão alternada outra vez, a fim de que se permita a conexão com a malha do sistema interligado.

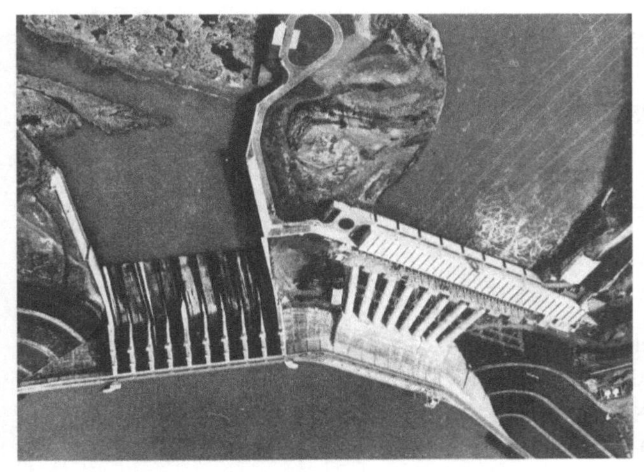

Figura 1.4 Usina hidrelétrica de Marimbondo – Furnas, com oito geradores de 180 MVA.

Figura 1.5 Linha de transmissão. (Cortesia de Furnas Centrais Elétricas.)

Figura 1.6 Subestação elevadora. (Cortesia de Furnas Centrais Elétricas.)

Na Figura 1.5, vemos em destaque três torres de linhas de transmissão, duas em corrente alternada trifásica e, à frente, uma de corrente contínua (um bipolo de ±600 kV).

1.4 Distribuição

A distribuição é a parte do sistema elétrico incluída nos centros de utilização (cidades, bairros, indústrias). A distribuição começa na subestação abaixadora, onde a tensão da linha de transmissão é abaixada para valores padronizados nas redes de distribuição primária, por exemplo, 13,8 kV e 34,5 kV.

Tabela 1.1 Usinas de geração elétrica no Brasil

Tipo	Potência (MW)	Quantidade	% (Pot.)
CGU*	0,05	1	0,00
EOL	15 722	645	9,09
UFV	2 928	3 895	1,68
UHE**	109 106	1 368	62,50
UTE	42 959	3 058	25,59
UTN	1 990	2	1,14
Total	172 705	8 969	100

* Usina undielétrica (maremotriz).
** Usinas hidrelétricas (219), PCH (416) e outras (733).

Fonte: Sistema de Informações de Geração da ANEEL – SIGA.

A título de ilustração, apresentamos a Figura 1.7, que mostra a configuração do sistema de distribuição primária de Brasília (2011), onde, da SE geral, partem várias linhas de 34,5 kV até as diversas subestações abaixadoras. Essas linhas são, às vezes, denominadas subtransmissão.

Das subestações de distribuição primária partem as redes de distribuição secundária ou de baixa tensão.

Na Figura 1.8, vemos três diagramas utilizados em redes de distribuição primária, a saber:

- sistema radial;
- sistema em anel;
- sistema radial seletivo.

A parte final de um sistema elétrico é a subestação abaixadora para a baixa tensão, ou seja, a tensão de utilização (380/220 V, 220/127 V – Sistema trifásico; e 220/110 V – Sistema monofásico com tape). No Brasil, há cidades em que a tensão fase-neutro é de 220 V (Brasília, Recife etc.); em outras, essa tensão é de 127 V (Rio de Janeiro, Porto Alegre etc.) ou, mesmo, 115 V (São Paulo).

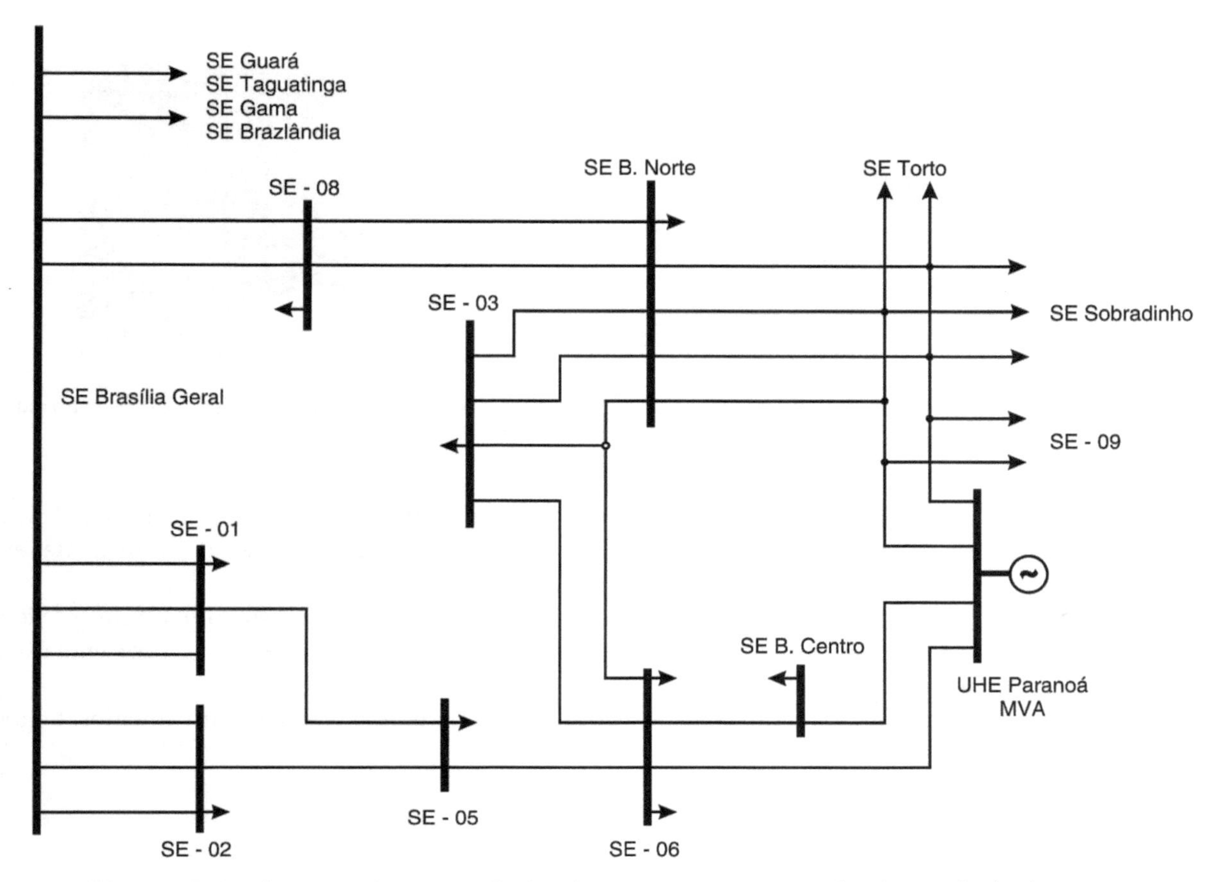

Figura 1.7 Configuração do sistema de distribuição primária em 34,5 kV de Brasília (DF) em 2011.

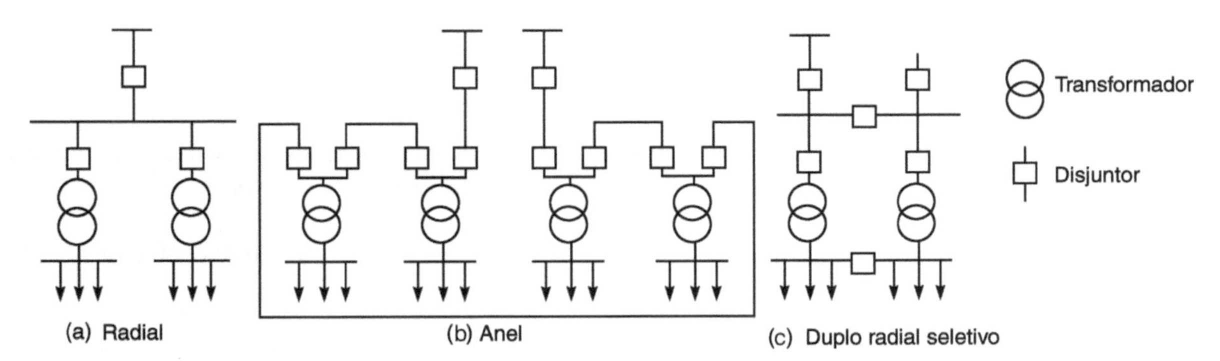

Figura 1.8 Tipos de sistema de distribuição primária.

Na Figura 1.9, vemos tipos de transformadores abaixadores. Já na Figura 1.11 é apresentado o esquema de ligação final para um consumidor, no qual observamos a rede primária de alta tensão e a rede secundária de baixa tensão. As redes de distribuição dentro dos centros urbanos podem ser aéreas ou subterrâneas. Nas redes aéreas, os transformadores podem ser montados em postes ou em subestações abrigadas; nas redes subterrâneas, os transformadores deverão ser montados em câmaras subterrâneas.

Os transformadores abaixadores nas redes de distribuição de energia elétrica podem ser monofásicos, bifásicos ou trifásicos. No caso da Figura 1.11, o transformador é trifásico.

A Figura 1.9 mostra dois tipos de transformadores abaixadores, sendo um refrigerado a óleo e o outro, a seco. Como sabemos, o transformador tem como finalidade abaixar e aumentar as tensões com vistas a permitir a transmissão de energia elétrica da maneira mais econômica possível.

Figura 1.9 Transformador abaixador a óleo e a seco. (Cortesias de Indústria de Transformadores Itaipu Ltda. e de Trafomil Ltda.)

Na Figura 1.10, que apresenta um sistema típico de geração-transmissão-distribuição de energia elétrica, vemos como se processam o aumento e a diminuição de tensão nos transformadores ao longo do sistema.

Em um transformador ideal (sem perdas), podemos afirmar que o produto da tensão vezes a corrente do lado de alta é igual ao produto da tensão vezes a corrente do lado de baixa.

Assim, para um transformador ideal (sem perdas) de dois enrolamentos, temos:

$$V_1 \times I_2 = V_2 \times I_2 \qquad \frac{V_1}{V_2} = \frac{I_2}{I_1} = \frac{N_1}{N_2}$$

V_1 = tensão do lado primário
V_2 = tensão do lado secundário
I_1 = corrente do lado primário
I_2 = corrente do lado secundário
N_1 = número de espiras no primário
N_2 = número de espiras no secundário

Nos transformadores trifásicos, mais usuais nas redes de distribuição, o lado primário é ligado em triângulo e o lado secundário, em estrela aterrado.

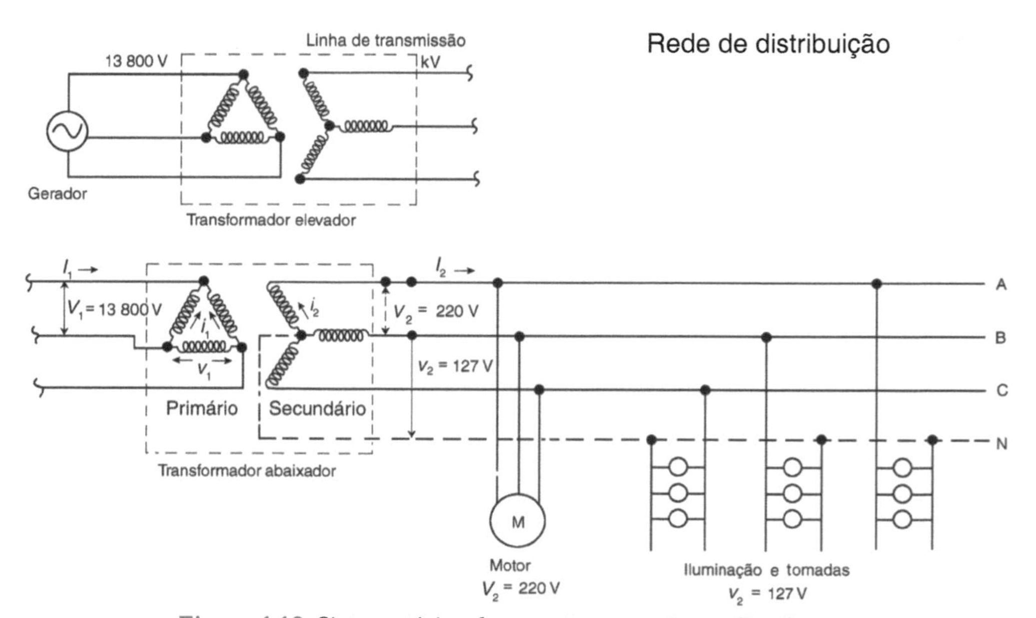

Figura 1.10 Sistema típico de geração-transmissão-distribuição.

Nesse tipo de ligação, temos as seguintes relações entre tensões e correntes:

Lado primário:

V_1 = tensão de linha ou tensão fase-fase $= v_1$
v_1 = tensão de fase
I_1 = corrente de linha $= \sqrt{3} \times i_1$
i_1 = corrente na fase

Lado secundário:

V_2 = tensão de linha ou tensão fase-fase $= \sqrt{3} \times v_2$
v_2 = tensão entre fase-neutro
I_2 = corrente de linha $= i_2$
i_2 = corrente entre fase-neutro

EXEMPLO

Se, no secundário, temos $V_2 = 220$ volts, $v_2 = \frac{220}{\sqrt{3}} = 127$ volts

Se $V_2 = 380$ volts, $v_2 = \frac{380}{\sqrt{3}} = 220$ volts

Se $V_2 = 440$ volts, $v_2 = \frac{440}{\sqrt{3}} = 254$ volts

Se $V_2 = 208$ volts, $v_2 = \frac{208}{\sqrt{3}} = 120$ volts

1.5 Entrada de Energia dos Consumidores

A entrada de energia dos consumidores finais é denominada ramal de entrada (aérea ou subterrânea).

As redes de distribuição primária e secundária normalmente são trifásicas, e as ligações aos consumidores poderão ser monofásicas, bifásicas ou trifásicas, de acordo com a sua carga:

- Até 4 kW – monofásica (2 condutores);
- Entre 4 e 8 kW – bifásica (3 condutores);[1]
- Maior que 8 kW – trifásica (3 ou 4 condutores).[2]

A Figura 1.11 mostra os detalhes das ligações do ramal de ligação e de entrada de um consumidor, inclusive com o transformador abaixador instalado no poste.

1.6 Alternativas Energéticas

Todos nós sabemos que o consumo de energia elétrica vem aumentando em razão do crescimento da população e pelo fato de que, cada vez mais, a tecnologia oferece aparelhos eletroeletrônicos que possibilitam economia de tempo e de mão de obra, com uma simples conexão a uma tomada ou a uma chave elétrica. Assim, qualquer construção nova ou reformada resultará em aumento da demanda elétrica. As fontes tradicionais

[1] A Light, no Rio de Janeiro, não usa mais esse padrão.
[2] Em algumas concessionárias, há tolerância entre 8 e 15 kW de ligação bifásica; porém, acima de 15 kW, só é permitida a ligação trifásica.

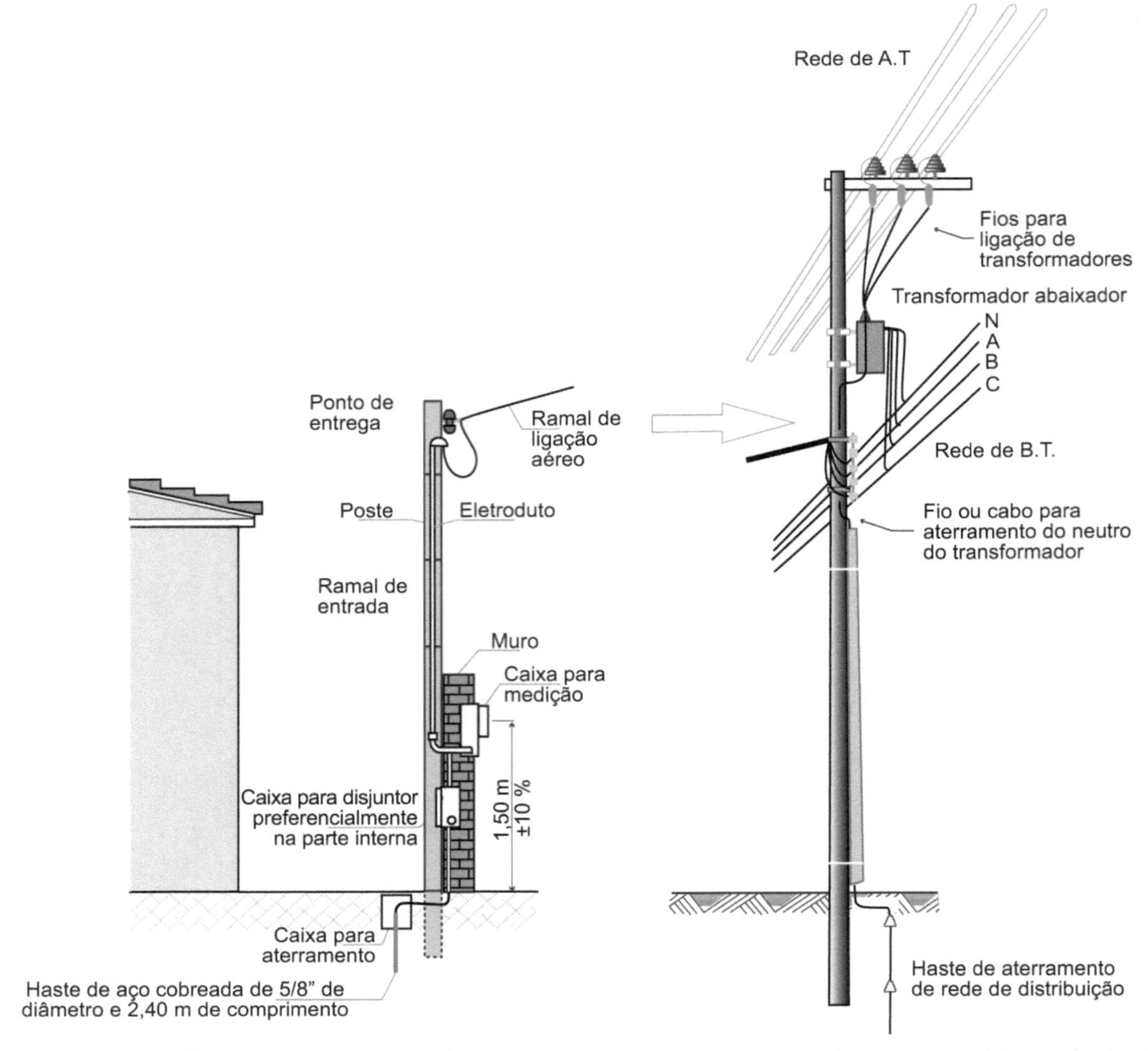

Figura 1.11 Detalhes das ligações do ramal de ligação e de entrada de consumidor. Fonte: RECON Light, 2019.

estão, aos poucos, exaurindo-se e, em face da agressão ao meio ambiente, os combustíveis fósseis, que comprometem a qualidade do ar, precisam ser reduzidos. Somente o gás natural e o álcool não poluem. A queima do álcool, inclusive, resulta em vapor d'água e gás carbônico.

Diante desses aspectos, restam as fontes alternativas – eólica, solar, nuclear e das marés.

1.6.1 Geração eólica

Muitas pesquisas estão sendo desenvolvidas para o aproveitamento cada vez maior dos ventos (energia eólica) no Brasil, onde já encontramos um grande parque gerador eólico em operação comercial, composto por mais de 640 empreendimentos, num total de 16 GW, constituindo aproximadamente 10 % da geração de energia elétrica do Brasil. Essa geração está instalada, principalmente, no Nordeste e na região Sul do país. Os cinco estados que lideram na geração de energia eólica são:

- Rio Grande do Norte: com capacidade de 4 392 MW e 163 usinas;
- Bahia: com 4 129 MW e 171 usinas;

- Ceará: com 2 116 MW e 83 parques;
- Rio Grande do Sul: com 1 832 MW e 81 parques;
- Piauí: com 1 620 MW e 60 usinas de geração de energia.

Como exemplo, o parque eólico de Osório produz energia eólica na cidade de Osório, no Rio Grande do Sul, e é composto por 75 torres de aerogeradores, de 2 MW cada, instalados no alto de torres de concreto de 100 metros de altura (Figura 1.12). Esse parque tem uma capacidade instalada de 150 MW.

1.6.2 Geração fotovoltaica (solar)

A energia solar já se tornou uma alternativa economicamente viável, tanto para as pequenas plantas instaladas em residências, indústrias etc., quanto para grandes centrais fotovoltaicas. A Figura 1.13 mostra a UFV Origem I, 1 100 kWp, localizada em Brasília, havendo no mundo usinas com até 648 MWp, que é a maior do mundo, na cidade de Kamuthi, localizada na Índia.

No Brasil, as maiores são:

- Usina Solar São Gonçalo – São Gonçalo do Gurgueia, no Piauí – PI (608 MWp);
- Usina Solar Pirapora – Pirapora – MG (329 MWp);
- Usina Solar Nova Olinda – Ribeira do Piauí – PI (292 MWp).

Figura 1.12 Parque eólico de Osório – RS. (Cortesia Enerfin, Espanha.)

Figura 1.13 Usina Fotovoltaica Origem I. (Foto: Fernando Rotta.)

O estádio do Mineirão, Belo Horizonte – MG, tem instalado uma usina fotovoltaica com 1 420 kWp, e corresponde à maior usina solar construída em um estádio de futebol no Brasil. A instalação de placas fotovoltaicas em residências tem sido muito utilizada no Brasil pela redução, cada vez maior, do seu custo de implantação.

O Brasil possui, até o momento, uma capacidade instalada total de 2 928 MW, em 3 895 instalações, correspondendo a 1,68 % da capacidade total de geração de energia elétrica.

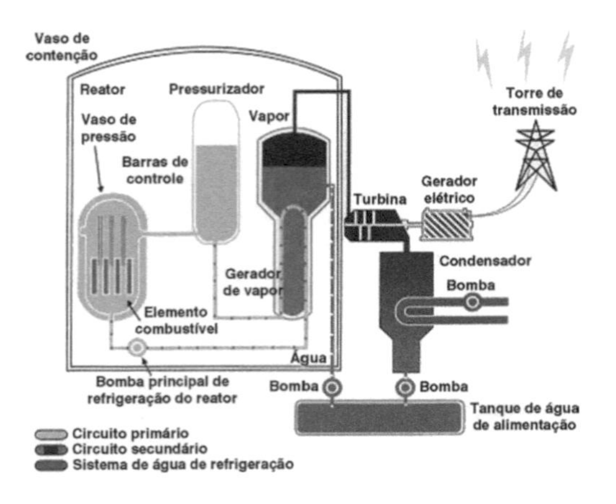

Figura 1.14 Diagrama de funcionamento de uma usina nuclear. (Divulgação Eletronuclear.)

1.6.3 Geração nuclear

A energia nuclear (Figuras 1.14 e 1.15), com o desastre de Fukushima, apresentou uma forte redução no ritmo de construções que deve persistir até que sejam implementadas novas medidas de segurança, não só para sua operação, como também para o problema dos resíduos radioativos, para o qual a tecnologia ainda não encontrou uma solução definitiva.

Apesar de sua complexidade tecnológica, o funcionamento de uma usina nuclear é fácil de se compreender. Afinal, funciona com um princípio semelhante ao de uma usina térmica convencional: o calor gerado pela combustão do carvão, do óleo ou do gás vaporiza a água em uma caldeira. Esse vapor aciona uma turbina, à qual está acoplado um gerador, que produz a energia elétrica. Na usina nuclear, o calor é produzido pela fissão do urânio no núcleo do reator.

1.6.4 Geração undielétrica (maremotriz)

A geração undielétrica já é uma fonte de geração utilizada, em pequena escala, no Japão, França, Coreia do Sul, Estados Unidos, Inglaterra e Escócia, que possui a maior usina de marés do mundo, a usina de MeyGen, com potencial de 400 MW e está instalada no litoral nordeste da Escócia, no fundo do mar.

Figura 1.15 Usina nuclear de Angra 2. (Divulgação Eletronuclear.)

No Brasil temos instalada a usina undielétrica, com 50 kW, Figura 1.16, no Porto de Pecém, localizado em São Gonçalo do Amarante – CE, para abastecimento do principal porto cearense.

O Brasil, com seu vasto litoral, é um país onde essa forma de geração de energia pode ser desenvolvida, sendo exemplos o estuário do rio Bacanga, em São Luís – MA, com marés de até 7 metros, e em Macapá – AP, onde as marés podem atingir até 11 metros.

Figura 1.16 Usina undielétrica de Pecém. (Cortesia da Secretaria de Infraestrutura do Estado do Ceará.)

EXERCÍCIOS DE REVISÃO

1. Qual a tensão-limite de baixa tensão em corrente alternada? E em corrente contínua?
2. Quais são os dois tipos principais de geração de energia elétrica?
3. Para que serve uma subestação elevadora de tensão?
4. Quais são os três sistemas de ligação das redes de distribuição primária?
5. Cite três fontes alternativas de energia.
6. Qual é a relação de espiras nos transformadores elevador e abaixador da Figura 1.10?

2 Conceitos Básicos Necessários aos Projetos das Instalações Elétricas

2.1 Preliminares

Energia é tudo aquilo capaz de produzir trabalho, de realizar uma ação (por exemplo, produzir calor, luz, radiação etc.). Em sentido geral, poderia ser definida como essência básica de todas as coisas, responsável por todos os processos de transformação, propagação e interação que ocorrem no universo.

A energia elétrica é um tipo especial de energia por meio da qual podemos obter os efeitos citados. Ela é usada para transmitir e transformar a energia primária da fonte produtora que aciona os geradores em outros tipos de energia utilizados em nossas residências.

Podemos dizer que a eletricidade é uma energia intermediária entre a fonte produtora e a aplicação final. É um dos tipos mais convenientes de energia porque, com o simples ligar de uma chave, temos à nossa disposição parte da energia acionadora das turbinas, inteiramente silenciosa e não poluidora.

Para entendermos melhor, definiremos os conceitos fundamentais de energia e de eletricidade, começando por energia potencial e energia cinética.

Energia potencial

É a energia armazenada como resultado de sua posição.

Energia cinética

É a energia resultante do movimento.

No caso de uma barragem, represamos a água de um rio que normalmente correria montanha abaixo, por causa da força da gravidade. Uma vez represada, a água possui uma enorme energia potencial, que poderemos usar facilmente.

Como podemos ver na Figura 2.1, em seu lado esquerdo, há uma tubulação que vai conduzir a água desde a barragem até as turbinas. Essa queda-d'água faz com que a energia potencial acumulada se transforme em energia cinética, ou seja, energia de movimento. Essa água em movimento encontra as pás das turbinas, dando origem a um movimento de rotação que precisa ser muito bem controlado, para não haver variação da frequência da rede.

Na Figura 2.1, temos o corte longitudinal de uma barragem, em que vemos as tubulações e a casa de máquinas, onde fica instalada a turbina (no caso, do tipo PELTON).

Para sabermos qual a potência dessa turbina, podemos usar a seguinte fórmula:

$$P_t = \frac{1\,000\ Q\ H\ \eta}{75}$$

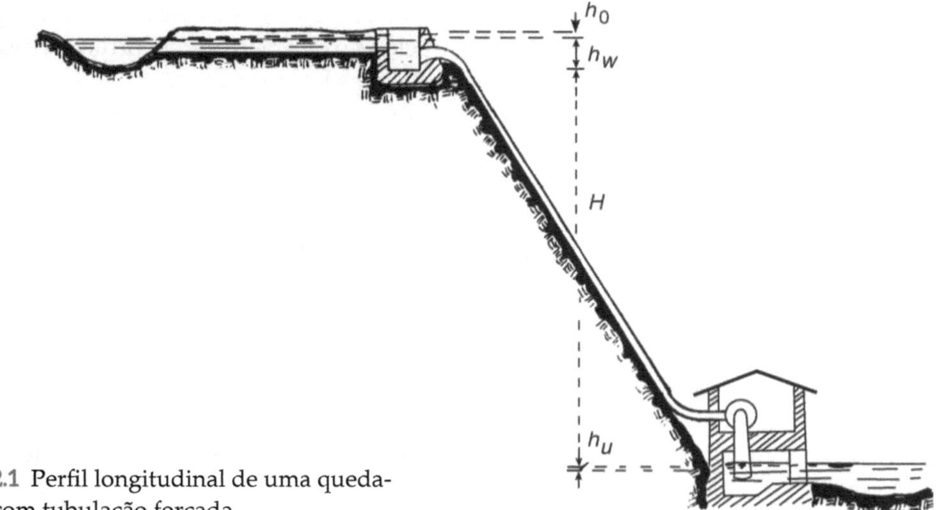

Figura 2.1 Perfil longitudinal de uma queda-d'água com tubulação forçada.

em que:

P_t = potência da turbina em cv (cavalo-vapor);
Q = vazão da água em m^3/s;
H = altura da queda em metros;
η = rendimento hidráulico, da ordem de 83 %;
h_0 = nível em repouso;
h_w = nível dinâmico;
h_u = altura de perdas na usina.

Outros exemplos de energias potencial e cinética.

- Uma grande pedra em uma montanha possui energia potencial; se essa pedra for descalçada, rolará ladeira abaixo, fazendo com que a energia potencial seja transformada em energia cinética.
- Um veículo em movimento possui energia cinética, que tenderia a ser mantida, não fosse o atrito que a desgasta. Qualquer obstáculo que apareça subitamente, tentando deter o veículo, sofre sério impacto em função do peso do veículo (inércia) e da velocidade de deslocamento.
- Todos os fluidos que se deslocam nas tubulações possuem energia cinética. Para que eles possam deslocar-se nas tubulações, é preciso que haja diferença de nível entre o reservatório e o ponto de utilização. Essa diferença de nível é a energia potencial.

2.2 Composição da Matéria

Todos os corpos são compostos de moléculas e estas são um aglomerado de um ou mais átomos, a menor porção de matéria.

Cada átomo compõe-se de um núcleo no qual existem prótons, com carga positiva, e nêutrons, sem carga; em torno do núcleo, gravitam os elétrons, elementos de carga negativa.

Em um átomo em equilíbrio, o número de elétrons em órbita é igual ao número de prótons no núcleo (Figura 2.2).

O hidrogênio é o elemento mais simples, porque só possui um elétron em órbita e um próton no núcleo. Já o urânio é dos mais complexos: tem 92 elétrons em órbita e 92 prótons no núcleo.

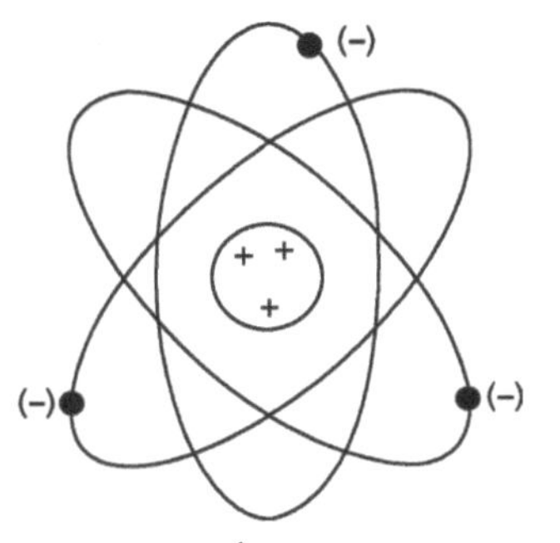

Figura 2.2 Átomo em equilíbrio.

Quando um elétron é retirado de um átomo, dizemos que esse átomo ficou positivo (íon), pois há mais elementos positivos no núcleo do que elétrons em órbita. A disposição dos átomos de um corpo possibilita a retirada dos elétrons por meios diversos.

O átomo, como visto na Figura 2.2, é conhecido como átomo de Rutherford-Bohr, o qual se comporta como um sistema solar em miniatura.

2.3 Carga Elétrica

Conforme exposto, o elétron e o próton são as cargas elementares e componentes do átomo.

Por convenção, estabeleceu-se que a carga do elétron é negativa e a do próton, positiva, ou seja, cargas de polaridades opostas.

Aproximando-se cargas de polaridades opostas, verifica-se uma força atrativa entre elas. Aproximando-se cargas de mesmas polaridades, nota-se uma força de repulsão entre elas.

Experimentalmente, estabeleceu-se uma unidade para medir a carga elétrica; a essa unidade chamou-se coulomb. A carga de 1 elétron é:

$$e = 1{,}6 \times 10^{-19} \text{ coulombs.}$$

2.4 Diferença de Potencial ou Tensão Elétrica

A diferença entre os potenciais elétricos de dois pontos de uma região de um campo eletrostático é chamada de diferença de potencial, f.e.m. ou tensão elétrica entre esses dois pontos.

A diferença de potencial entre dois pontos de um campo eletrostático é de 1 volt, quando o trabalho realizado contra as forças elétricas ao se deslocar uma carga entre esses dois pontos é de 1 joule por coulomb.

$$1 \text{ volt} = 1\frac{\text{joule}}{\text{coulomb}}.$$

A diferença de potencial é medida em volts da mesma maneira que a tensão elétrica.

Um gerador elétrico é uma máquina que funciona como uma bomba, retirando cargas elétricas de um polo e acumulando-as em outro, isto é, um polo fica com excesso de cargas de certa polaridade e o outro, com deficiência de cargas daquela polaridade. Como são elétrons que se deslocam, um polo fica carregado negativamente e o outro positivamente.

Em outras palavras, o gerador provoca uma diferença de potencial (d.d.p.) entre os seus terminais.

2.5 Corrente Elétrica

Se os terminais do gerador forem ligados a um circuito elétrico fechado, como observado na Figura 2.3, teremos uma corrente elétrica, que é o deslocamento de cargas dentro de um condutor quando existe uma diferença de potencial elétrico entre as suas extremidades.

Assim podemos definir a "corrente elétrica" como o fluxo de cargas que atravessa a seção reta de um condutor, na unidade de tempo. Se esse fluxo for constante, denomina-se ampère a relação:

$$1 \text{ ampère} = 1\,\frac{\text{coulomb}}{\text{segundo}} \text{ ou, generalizando, } i = \frac{dq}{dt}.$$

Com base na ação da força de um campo magnético, pode-se construir um amperímetro, ou seja, um instrumento capaz de medir as intensidades das correntes.

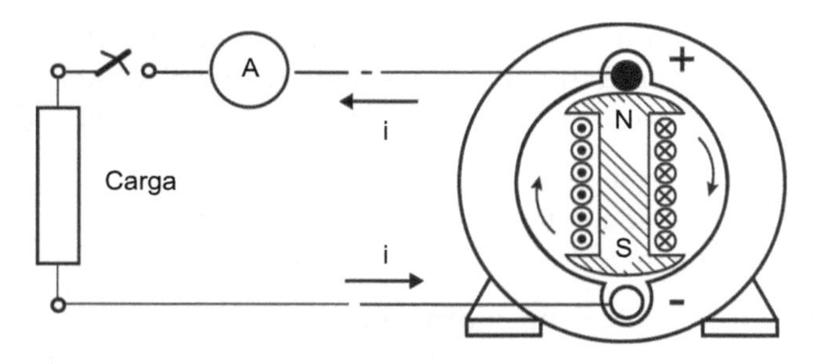

Figura 2.3 Esquema de circuito elétrico.

Um ímã permanente em forma de ferradura é desenhado de tal maneira que se pode colocar entre seus polos um núcleo de ferro doce, capaz de girar segundo um eixo (Figura 2.4). Em torno desse núcleo, enrola-se uma bobina de fio fino, e seus terminais permitem ligar em série o circuito cuja "corrente" se deseja medir.

A corrente contínua circulando pela bobina formará um campo que reage com o campo magnético do ímã permanente, havendo uma deflexão no ponteiro instalado solidário com o núcleo de ferro. Há um sistema de molas que obriga o ponteiro a voltar à origem tão logo a corrente cesse de circular.

A graduação na escala do instrumento possibilita a medição das intensidades de correntes.

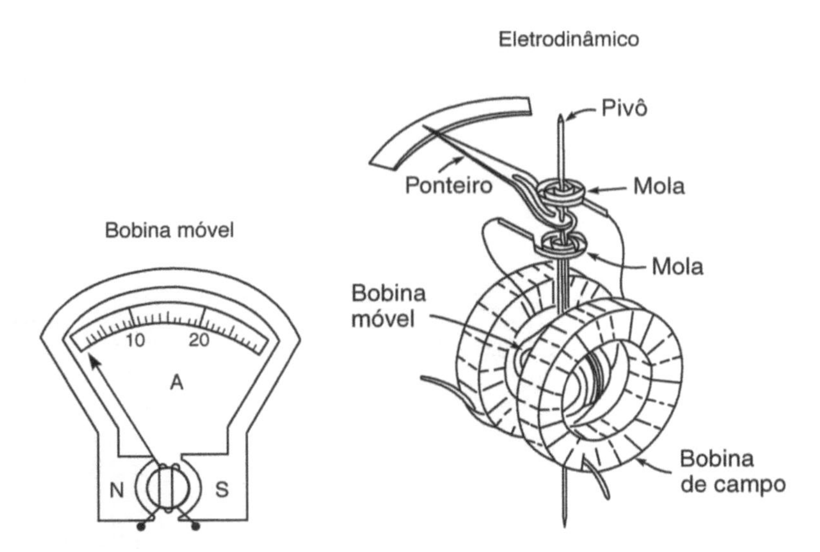

Figura 2.4 Amperímetro de bobina móvel.

2.6 Resistência Elétrica

Como sempre acontece em qualquer deslocamento, há uma resistência à passagem das cargas dentro dos condutores, e essa resistência oposta é a resistência ôhmica, medida em ohm, em homenagem ao descobridor dessa propriedade dos corpos.

Chama-se resistência elétrica a oposição interna do material à circulação das cargas. Por isso, os corpos maus condutores têm resistência elevada, e os bons condutores têm menor resistência.

Isso se deve às forças que mantêm os elétrons livres, agregados ao núcleo do material. Assim, chegou-se à seguinte conclusão:

> "*Corpos bons condutores* são aqueles em que os elétrons livres (mais externos), mediante um estímulo apropriado (atrito, contato ou campo magnético), podem facilmente ser retirados dos átomos."

Exemplos de corpos bons condutores: prata, cobre, ouro, alumínio e aço. O melhor material para condutor elétrico é a prata. Considerando o cobre como referência, 100 %, a prata tem condutividade elétrica de 108 %, o ouro 70 %, o alumínio 60 % e o ferro 20 %.

> "*Corpos maus condutores* são aqueles em que os elétrons estão tão rigidamente solidários aos núcleos que somente com grandes dificuldades podem ser retirados por um estímulo exterior."

Exemplos de corpos maus condutores: porcelana, vidro, madeira.

A resistência R depende do tipo do material, do comprimento, da seção A e da temperatura.

Cada material tem a sua resistência específica própria, ou seja, a sua resistividade (ρ). Então, a expressão da resistência em função dos dados relativos ao condutor é:

$$R = \rho \frac{L}{A}$$

em que:

R = resistência de ohms (Ω);
ρ = resistividade do material em ohms × mm²/m;
L = comprimento em m;
A = área da seção reta em mm².

Para o cobre, temos $\rho = 0{,}0178\ \Omega \times \text{mm}^2/\text{m}$ a 15 °C.

Para o alumínio, $\rho = 0{,}028\ \Omega \times \text{mm}^2/\text{m}$ a 15 °C.

A resistência varia com a temperatura de acordo com a expressão:

$$R = R_0\,[1 + \alpha(t - t_0)]$$

em que:

R = a resistência na temperatura t em Ω;
R_0 = a resistência na temperatura t_0 em Ω;
α = coeficiente de temperatura em C^{-1};
t e t_0 = temperaturas final e inicial em °C.

Para o cobre, temos $\alpha = 0{,}0039\ C^{-1}$ a 0 °C e 0,004 C^{-1} a 20 °C.

EXEMPLOS

1) A resistência de um condutor de cobre a 0 °C é de 50 Ω. Qual será a sua resistência a 20 °C?

Solução

$$R_{20} = 50(1 + 0{,}004 \times 20) = 54\ \Omega$$

2) Qual a resistência de um fio de alumínio de 1 km de extensão e de seção de 2,5 mm² a 15 °C?

Solução

$$R = \rho \times \frac{L}{A} = 0{,}028 \times \frac{1\,000}{2{,}5} = 11{,}2\Omega.$$

3) Se no exemplo anterior o condutor fosse de cobre, qual a sua resistência?

Solução

$$R = \rho \times \frac{L}{A} = 0{,}0178 \times \frac{1\,000}{2{,}5} = 7{,}12\Omega.$$

2.7 Lei de Ohm e Queda de Tensão

Ohm* enunciou a lei que tem o seu nome e que inter-relaciona as grandezas d.d.p., corrente e resistência, definindo que:

$$I = V / R \text{ ou } V = R \times I$$

em que:

I = intensidade de corrente em ampères;
V = d.d.p. em volts;
R = resistência em ohms (Ω).

Como vimos na Seção 2.6, todos os condutores possuem uma resistência elétrica (R_L) que, ao serem percorridos por uma corrente elétrica para a alimentação de uma carga, provocam uma queda de tensão (ΔV_L) desde a fonte de alimentação até a carga, de acordo com a lei de Ohm. A Figura 2.5 mostra as quedas de tensão envolvidas no circuito.

A queda de tensão em cada condutor é dada pela equação:

$$\Delta V_L = R_L \times I.$$

Assim, a queda de tensão total, devida aos dois condutores, será:

$$\Delta V = 2 \times R_L \times I$$

e a tensão na carga:

$$V_C = V_G - 2 \times R_L \times I.$$

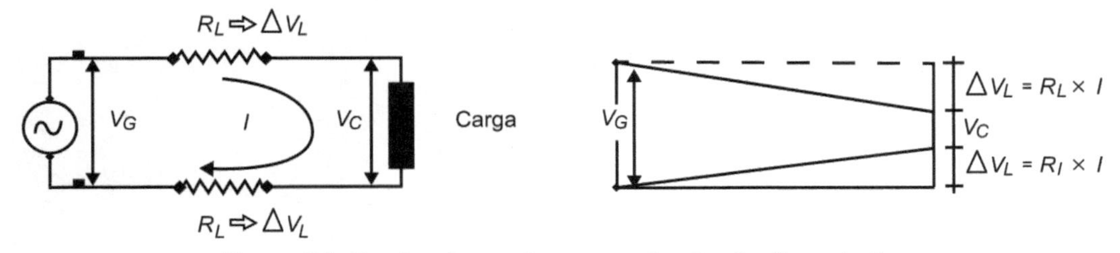

Figura 2.5 Quedas de tensão em um circuito de alimentação.

2.8 Circuitos Séries

Os circuitos séries são aqueles em que a mesma corrente percorre todos os seus elementos.

A resistência equivalente de um circuito série com três resistências R_1, R_2 R_3 é:

$$R = R_1 + R_2 + R_3$$

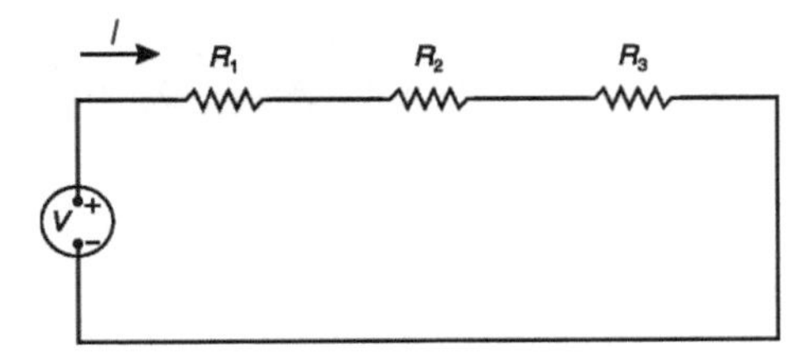

Figura 2.6 Circuito série.

*George Simeon Ohm (1789-1854).

2.9 Circuitos Paralelos

Os circuitos paralelos são os mais utilizados nas instalações elétricas.

A resistência equivalente de um circuito paralelo com três resistências, R_1, R_2 e R_3, é:

$$\frac{1}{R}=\frac{1}{R_1}+\frac{1}{R_2}+\frac{1}{R_3}.$$

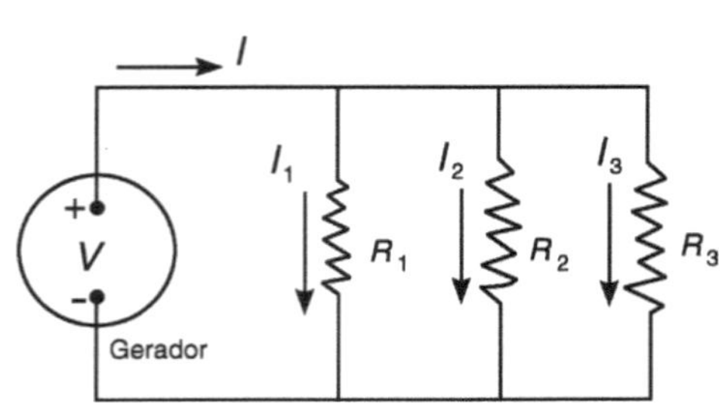

Figura 2.7 Circuito paralelo.

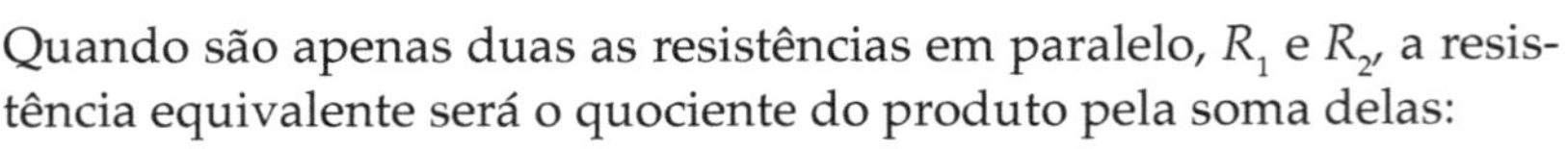

Quando são apenas duas as resistências em paralelo, R_1 e R_2, a resistência equivalente será o quociente do produto pela soma delas:

$$R_{eq}=\frac{R_1 R_2}{R_1+R_2}.$$

Se $R_1 = R_2$, resulta $R_{eq}=\frac{R_1}{2}$. Se forem n resistências: $R_{eq}=\frac{R}{n}$.

EXEMPLO

Em um circuito de 220 volts, desejamos instalar um forno de secagem de pintura que possui três resistências de 20 ohms ligadas em paralelo. Qual a resistência equivalente? Qual a corrente resultante e a potência total dissipada?

Solução

1) $\frac{1}{R}=\frac{1}{20}+\frac{1}{20}+\frac{1}{20}=\frac{3}{20}$ ou $R=\frac{20}{3}=6{,}66\ \Omega$.

2) $I_1=\frac{V}{R_1}=\frac{220}{20}=11$ A;
$I_2=\frac{V}{R_2}=\frac{220}{20}=11$ A;
$I_3=\frac{V}{R^3}=\frac{220}{20}=11$ A;
$I=I_1+I_2+I_3=11+11+11=33$ A.

3) $P_1=R_1 I_1^2=20\times 11^2=2\ 420$ W;
$P_2=R_2 I_2^2=20\times 11^2=2\ 420$ W;
$P_3=R_3 I_3^2=20\times 11^2=2\ 420$ W;
$P=P_1+P_2+P_3=2\ 420+2\ 420+2\ 420=7\ 260$ W.

Verificação

$$V=R_{eq}\times I=6{,}66\times 33\cong 220\text{ V ou } P=V\times I=220\times 33=7\,260\text{ W}$$

2.10 Circuitos Mistos

É uma combinação das ligações séries e paralelas em um mesmo circuito. Nas instalações elétricas usuais, o circuito misto é mais encontrado, pois, embora as cargas estejam ligadas em paralelo, pelo fato de os fios terem resistência ôhmica, esta resistência deve ser considerada nos cálculos (Figura 2.8).

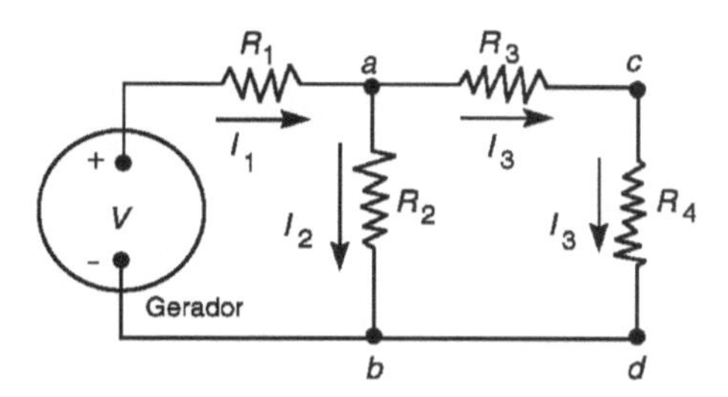

Figura 2.8 Circuito misto.

EXEMPLO

No circuito da Figura 2.8, as resistências R_1 e R_3 representam as resistências do condutor elétrico, e as resistências R_2 e R_4 representam as cargas, por exemplo, lâmpadas.

Vamos calcular a resistência equivalente supondo que $R_1 = R_3 = 2$ ohms e $R_2 = R_4 = 10$ ohms.

Comecemos pelo trecho *a-c-d:*

$$R_3 + R_4 = 2 + 10 = 12\ \Omega$$

Essa resistência equivalente de 12 ohms está em paralelo com R_2, ou seja:

$$\frac{1}{R} = \frac{1}{12} + \frac{1}{10};\ R = \frac{120}{22} = 5{,}45\ \Omega.$$

Agora, R_1 e $R = 5{,}45$ ohms estão em série:

$$R_1 + 5{,}45 = 7{,}45\ \Omega$$

Essa resistência de 7,45 ohms é a resistência equivalente do circuito.

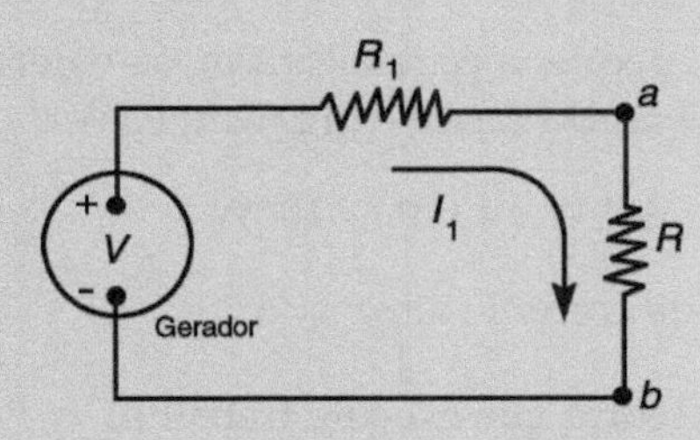

Figura 2.9 Circuito equivalente ao da Figura 2.8.

Suponhamos que $V = 100$ volts, e desejamos conhecer as correntes que circulam em cada braço do circuito da Figura 2.8. Então:

$$I_1 = \frac{100}{7{,}45} = 13{,}42\ \text{A}.$$

Conhecendo I_1, calculamos a queda de tensão em R_1 do seguinte modo:

$$V_1 = R_1 I_1 = 2 \times 13{,}42 = 26{,}84\ \text{V}.$$

Então,

$$V_{ab} = V - V1 = 100 - 26{,}84 = 73{,}16\ \text{V}.$$

Conhecendo-se a tensão, a corrente I_2 será:

$$I_2 = \frac{V_{ab}}{R_2} = \frac{73{,}16}{10} = 7{,}31\ \text{A}.$$

Pela Figura 2.8, vemos que:

$$I_1 = I_2 + I_3 \quad I_3 I_1 - I_2 = 13{,}42 - 7{,}31 = 6{,}11\ \text{A}$$

continua

(Continuação)

A queda de tensão de R_3 será:

$$V_3 = R_3 I_3 = 2 \times 6{,}11 = 12{,}22 \text{ V}$$

e em R_4 será:

$$V_4 = R_4 I_3 = 10 \times 6{,}11 = 61{,}10 \text{ V.}$$

Verificação:

$$V_{ab} = V_3 + V_4 = 12{,}22 + 61{,}10 = 73{,}32 \text{ V.}$$

(Resultado ligeiramente diferente em razão das aproximações nos cálculos.)

2.11 Potência Elétrica

Sabemos que, para executarmos qualquer movimento ou produzir calor, luz, radiação etc., precisamos despender energia. A energia aplicada por segundo em qualquer uma dessas atividades chamamos de potência.

Em eletricidade, a potência é o produto da tensão pela corrente, ou seja:

$$P = V \times I \text{, ou também, } P = R \times I^2$$

em que:

P = volt × ampère = watt = joule/segundo, ou
P = ohm × ampère^2 = watt = joule/segundo.

Como a unidade watt é, muitas vezes, pequena para exprimir os valores de uma carga, usamos o quilowatt (kW) ou o megawatt (MW) ou o gigawatt (GW):

$$1 \text{ kW} = 1\,000 \text{ W, } 1 \text{ MW} = 10^6 \text{ W e } 1 \text{ GW} = 10^9 \text{ W.}$$

Existem três tipos de potência em circuitos de corrente alternada:

- potência ativa: $P = V \times I \cos \Phi$ W, potência que executa trabalho;
- potência reativa: $Q = V \times I \text{ sen } \Phi$ var, potência devida às reatâncias indutivas ($-Q_L$) ou capacitivas ($-Q_C$);
- potência aparente: N ou $S = V \times I$ ou $S = \sqrt{P^2 + Q^2}$ VA.

No diagrama da Figura 2.10, vemos que as três potências existentes num circuito de corrente alternada se compõem vetorialmente em um triângulo, chamado triângulo ou diagrama de potências.

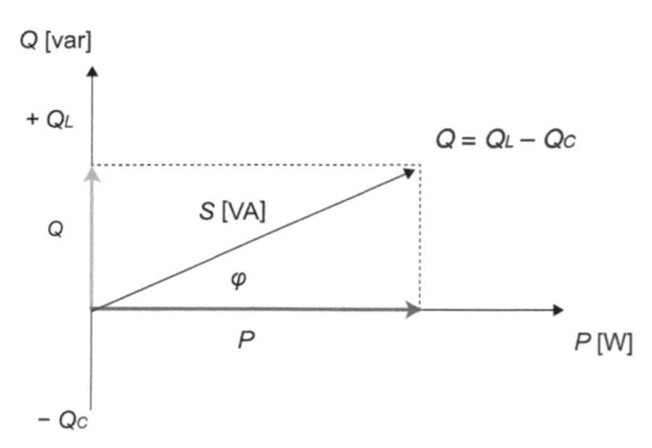

Figura 2.10 Diagrama de potências.

EXEMPLO

Qual a potência consumida por um chuveiro cuja tensão é 220 volts e "puxa" uma corrente de 20 ampères?

Solução

$$P = V \times I = 220 \times 20 = 4\,400 \text{ W} \qquad \text{ou } 4{,}4 \text{ kW}.$$

2.11.1 Medidores de potência

Os medidores de potência elétrica são conhecidos como wattímetros, pois sabemos que a potência é expressa em watts e como vimos na Seção 2.11:

$$P = V \times I \text{ W}.$$

Assim, para que um instrumento possa medir a potência de um circuito elétrico, será necessário o emprego de duas bobinas: uma de corrente e outra de potencial. A ação mútua dos campos magnéticos gerados pelas duas bobinas provoca o deslocamento de um ponteiro em uma escala graduada em watts proporcional ao produto volts × ampères (Figura 2.11). Note-se que a bobina de tensão ou de potencial está ligada em paralelo com o circuito, e a bobina de corrente, em série. Os wattímetros medem somente a potência ativa, ou seja, a potência que é transformada em trabalho (calor, movimento, luz, ação etc.), tanto em circuitos alimentados em corrente contínua quanto em corrente alternada.

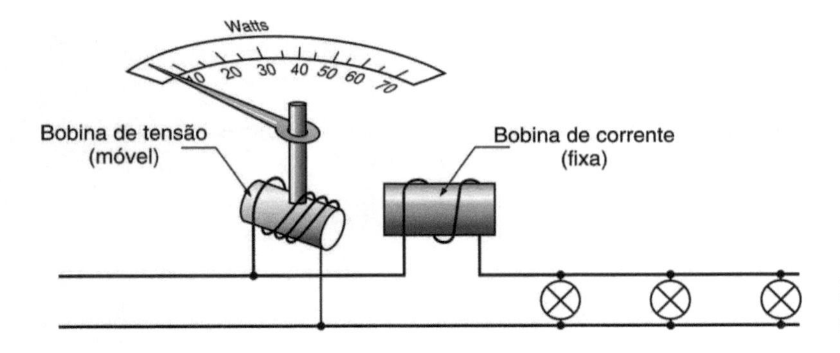

Figura 2.11 Esquema de um wattímetro.

2.12 Energia Elétrica

Energia é a potência dissipada ou consumida ao longo do tempo, ou seja:

$$E = P \times t \; Ws \text{ ou } E = R \times I^2 \times t \; Ws.$$

Se o tempo considerado for de uma hora, a energia é expressa em watts × hora (Wh). Como essa é uma unidade muito pequena, na prática usa-se a potência em quilowatts, e a energia será em kWh.

O quilowatt-hora é a unidade que exprime o consumo de energia em nossa residência. Por essa razão, na "conta de luz" que recebemos no fim do mês estão registrados o número de kWh que gastamos e o valor a ser pago dependendo do preço do kWh e de outras taxas que são incluídas na conta.

A energia, como vimos, é a potência realizada ao longo de tempo. Se um chuveiro de 4,4 kW ficar ligado durante 2 horas, a energia consumida será:

$$W = 4{,}4 \times 2 = 8{,}8 \text{ kWh}.$$

Desejando ter uma noção mais profunda sobre o significado de integração ao longo do tempo, devemos recorrer às definições matemáticas. Recordemos os seguintes conceitos:

- área sob a curva;
- integração entre limites.

A área sob a curva de uma função que varia ao longo do tempo é dada pela expressão:

$$A = \int_0^t p(t)dt.$$

Suponhamos o gráfico da Figura 2.12, no qual vemos representada a função $P(t)$ variando ao longo do tempo.

Se quisermos saber a área sob a curva representada pela função $P(t)$, teremos de fazer a integração entre os limites 0 e t_1 dessa função.

Também na eletricidade podemos exprimir a variação da potência ao longo do tempo e fazer a integração entre os limites considerados para obtermos a área sob a curva, que representa a energia consumida.

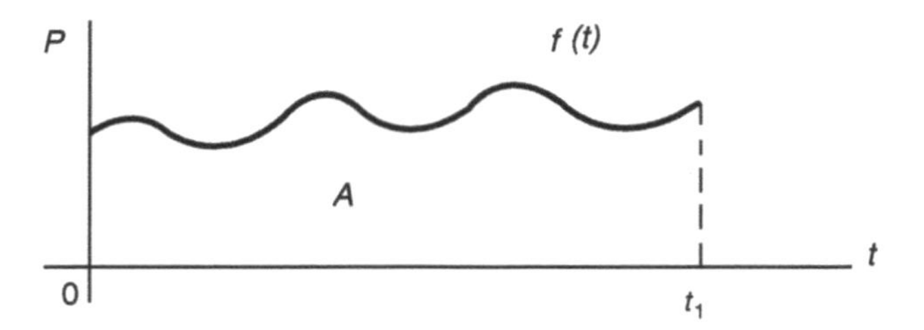

Figura 2.12 Gráfico genérico $P \times t$.

EXEMPLOS

1) Vamos supor que desejemos saber a energia consumida em 10 horas de funcionamento de um forno elétrico que consome a potência constante de 20 kW. Esses dados podem ser representados no seguinte gráfico:

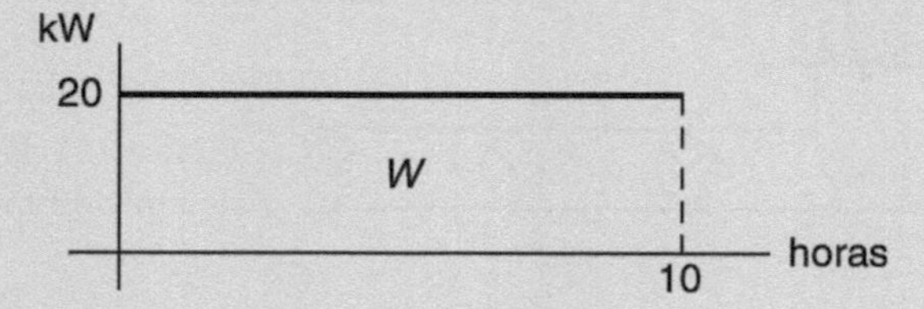

Aplicando a expressão matemática, temos:

$$W = \int_0^{10} Pdt = 20\left[t\right]_0^{10} = 20 \times 10 = 200 \text{ kWh}.$$

Como temos uma função constante, é fácil saber a área de retângulo representado por W:

$$W = 20 \times 10 = 200 \text{ kWh}.$$

2) Neste exemplo, o valor da potência não é mais constante, ou seja, varia desde zero até um valor qualquer, de modo linear. Seja o gráfico a seguir, no qual temos uma carga variando desde zero até 10 kW em 30 horas.

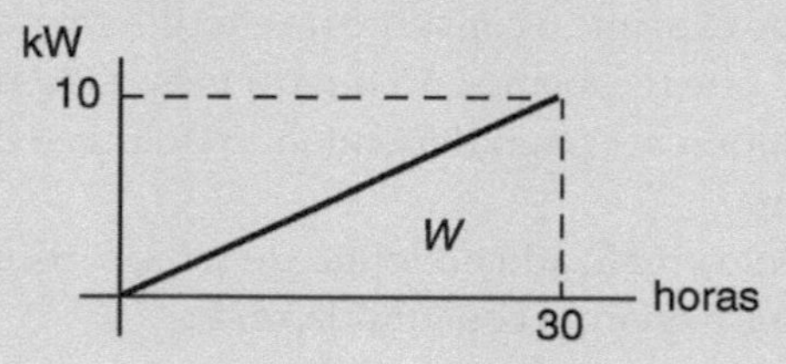

continua

(Continuação)

Aplicando a expressão matemática, temos:

$$W = \int_0^{30} Pdt.$$

Agora P não é mais constante, e sim variável com o tempo. Segundo a equação de uma reta passando pela origem e com o coeficiente angular de $\frac{10}{30}$ ou, $\frac{1}{3}$,

$$P = \frac{1}{3}\,t.$$

Substituindo na equação, temos:

$$W = \int_0^{10} \frac{1}{3} t dt = \frac{1}{3}\int_0^{30} t dt = \frac{1}{3}\left[\frac{t^2}{2}\right]_0^{30}$$

$$W = \frac{1}{3} \times \frac{900}{2} = 150 \text{ kWh}.$$

Como se trata de um triângulo, poderíamos obter facilmente esse valor calculando a área dessa figura geométrica:

$$W = \frac{30 \times 10}{2} = 150 \text{ kWh}.$$

3) Vamos supor um consumidor qualquer que, no tempo $t = 0$ (quando foi iniciada a medição), consumia 20 kW e, após 10 horas de consumo, a demanda passou, linearmente, para 50 kW. Qual a energia consumida?
Graficamente, temos a representação do consumo:

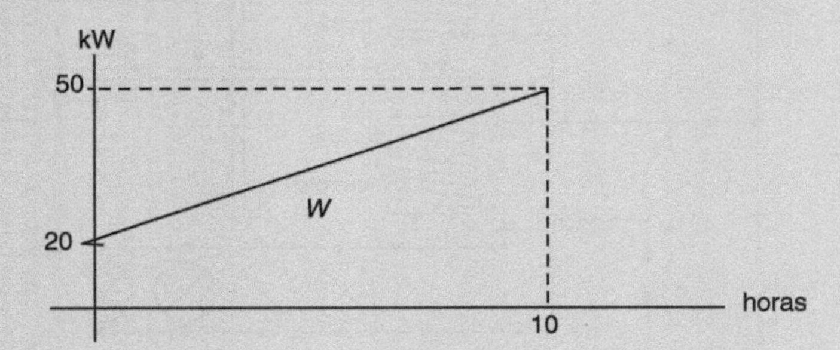

A reta que exprime a variação da potência tem a seguinte expressão matemática:

$$P = 3t + 20$$

$$W = \int_0^{10} (3t + 20)dt = \left[\frac{3t^2}{2} + 20t\right]_0^{10} = 350 \text{ kWh}.$$

O mesmo resultado será obtido pela área do trapézio: $W = \frac{50 + 20}{2} \times 10 = 350$ kWh.

Quando a variação dessa função P não for linear, a integração matemática poderá ficar extremamente difícil, sendo somente resolvida por aproximações.

Em qualquer instalação elétrica, a potência em jogo no circuito é quase sempre variável, em especial considerando-se uma grande instalação como edifícios, bairros, cidades etc.; em cada hora, a potência solicitada dos geradores varia conforme o tipo de consumidor.

2.12.1 Medidores de energia

A energia elétrica é medida por instrumentos que se chamam quilowatt-hora-metro, os quais são integradores, ou seja, somam a potência consumida ao longo do tempo.

O princípio de funcionamento do medidor de energia é o mesmo que o de um motor de indução, isto é, os campos gerados pelas bobinas de corrente e de potencial induzem correntes em um disco, provocando a sua rotação (Figura 2.13). Solidário com o disco existe um eixo em conexão com uma rosca sem-fim, que leva à rotação dos registradores, os quais fornecerão a leitura.

Cada fabricante tem características próprias, ou seja, o número de rotações do disco para indicar 1 kWh é variável.

Os quatro mostradores da figura indicam as diferentes grandezas de leitura, isto é, unidades, dezenas, centenas e milhares.

As companhias de eletricidade fazem mensalmente as leituras dos registradores de cada medidor, e essas leituras devem ser subtraídas das leituras do mês anterior para se ter o consumo real do mês. Por exemplo, se no mês de fevereiro a leitura, no fim do mês, for de 5 240 e, no final de janeiro, 5 000, o consumo de energia em fevereiro terá sido de 240 kWh.

Na Figura 2.14, vemos as partes constituintes de um medidor de energia elétrica.

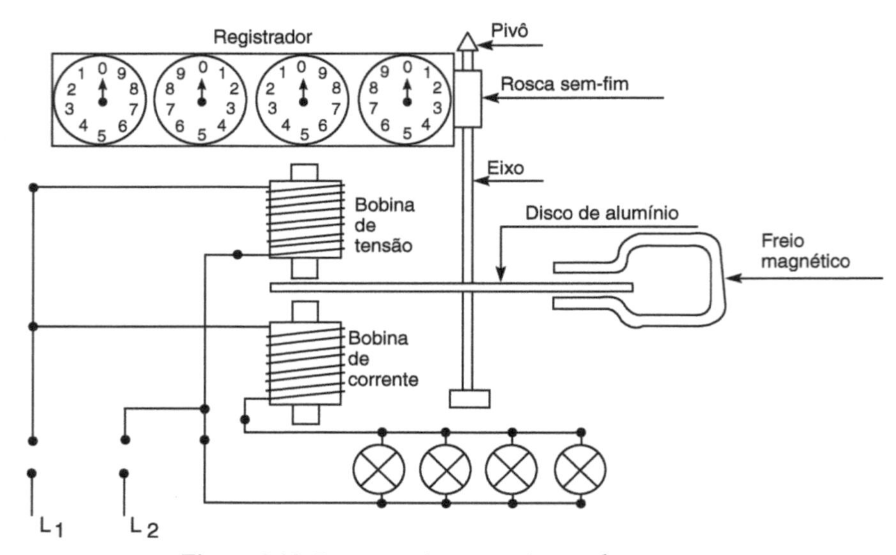

Figura 2.13 Esquema de um quilowatt-hora-metro.

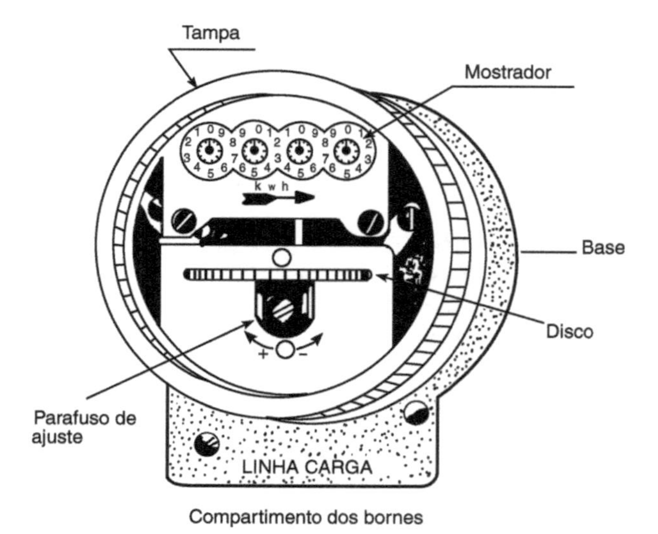

Figura 2.14 Partes constituintes de um medidor de energia eletromagnético.

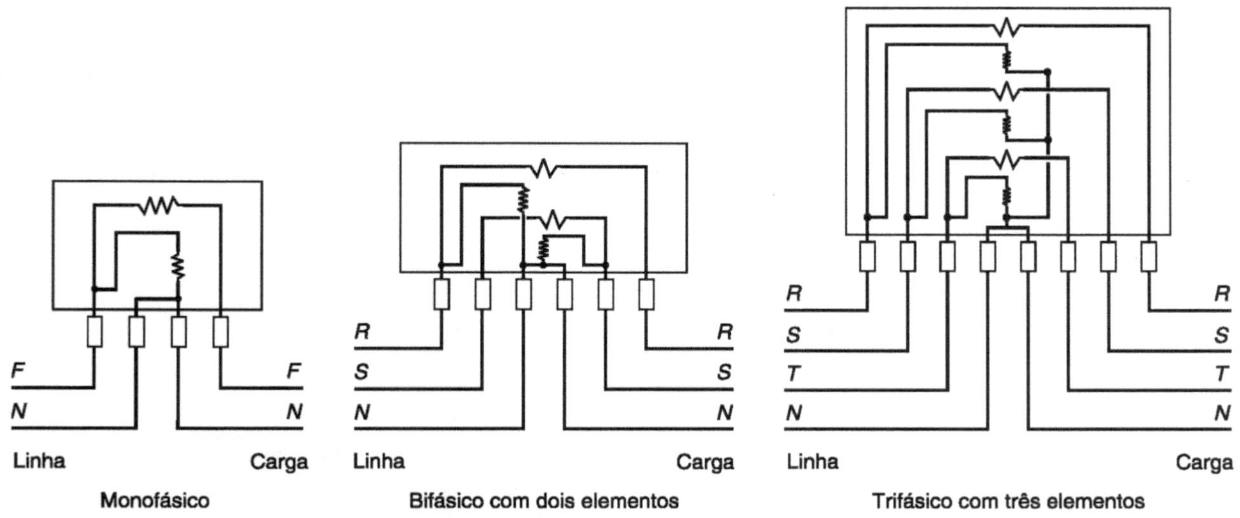

Figura 2.15 Ligações de medidores de energia.

Na Figura 2.15, vemos a ligação em um circuito monofásico, em um circuito bifásico 1 neutro e em um circuito trifásico. A ligação dos medidores deve obedecer às características particulares do circuito, ou seja, monofásicos (fase 1 + neutro), bifásicos (2 fases + 1 neutro) ou trifásicos (3 fases + 1 neutro).

2.13 Noções de Magnetismo e Campo Magnético

2.13.1 Magnetismo

Magnetismo é a propriedade que têm certos materiais de atrair pedaços de ferro. Desde a Antiguidade, esse fenômeno é conhecido, admitindo-se que tenha sido descoberto na cidade de Magnésia, na Ásia Menor, daí o nome magnetismo.

Alguns materiais encontrados livres na natureza, como, por exemplo, o minério de ferro Fe_3O_4 (magnetita), possuem essa propriedade – são os ímãs naturais.

Se aproximarmos um ímã sob a forma de barra a pedaços de ferro (Figura 2.16), notaremos que o ferro adere ao ímã, principalmente nas duas extremidades. Essas extremidades têm o nome de polos, e, experimentalmente, conclui-se que, embora ambos atraiam o ferro, possuem propriedades magnéticas opostas. Por isso, foram denominadas polo norte e polo sul.

Se aproximarmos duas barras imantadas, ambas suspensas por um fio, verificaremos que elas girarão até que os polos de naturezas contrárias se aproximem. Assim, foi enunciada a regra há muito conhecida:

Polos de nomes contrários se atraem; polos de mesmo nome se repelem.

Os chineses se basearam nessa experiência quando inventaram a bússola, a qual não passa de uma agulha imantada que, podendo girar livremente, aponta para a direção norte-sul da Terra. A razão desse fenômeno reside no fato de a Terra representar um gigantesco ímã, com polo norte e polo sul. Por convenção, adotou-se que o polo norte da agulha aponta para o polo norte terrestre; porém, é sabido que, na realidade, ocorre o contrário. A causa desse fenômeno de atração e repulsão permanece um enigma para a ciência.

Os ímãs sob a forma de ferradura concentram melhor as linhas de força.

Há uma conhecida experiência de se colocar limalha de ferro em uma folha de papel e, do outro lado, aproximar um ímã. O ferro se depositará de modo a indicar as linhas de força do campo magnético do ímã (Figura 2.16).

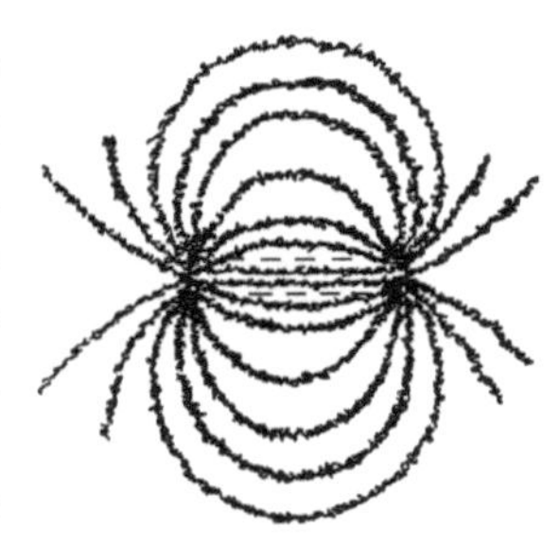

Figura 2.16 Experiência da limalha de ferro.

2.13.2 Campo magnético

Chama-se campo magnético o espaço ao redor do ímã onde se verificam os fenômenos de atração e repulsão.

Se colocarmos uma agulha imantada sob a ação do campo magnético de um ímã, ela se orientará segundo a direção tangente a uma linha de força do campo, conforme mostra a Figura 2.17.

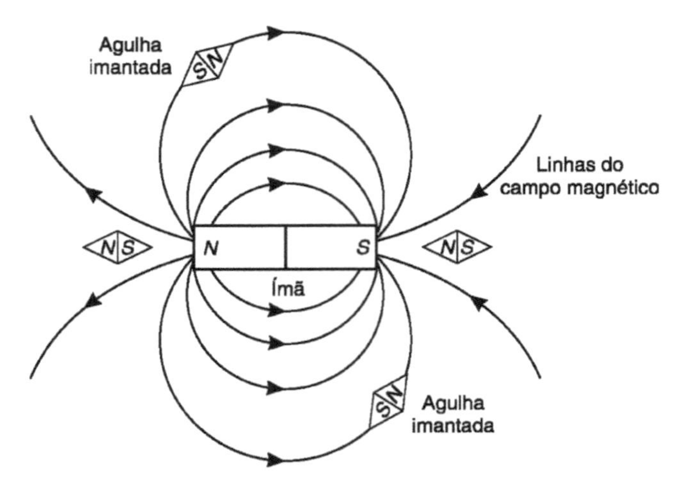

Figura 2.17 Campo magnético de um ímã permanente.

2.13.3 Campo magnético ao redor de um condutor

Pode ser comprovado experimentalmente que, ao redor de um condutor transportando corrente constante, tem origem um campo magnético cujo sentido pode ser determinado. Na Figura 2.18, vemos um condutor percorrido por uma corrente cuja direção é definida pela regra da mão direita: se o dedo polegar apontar para o sentido da corrente, os demais dedos indicam o sentido do campo.

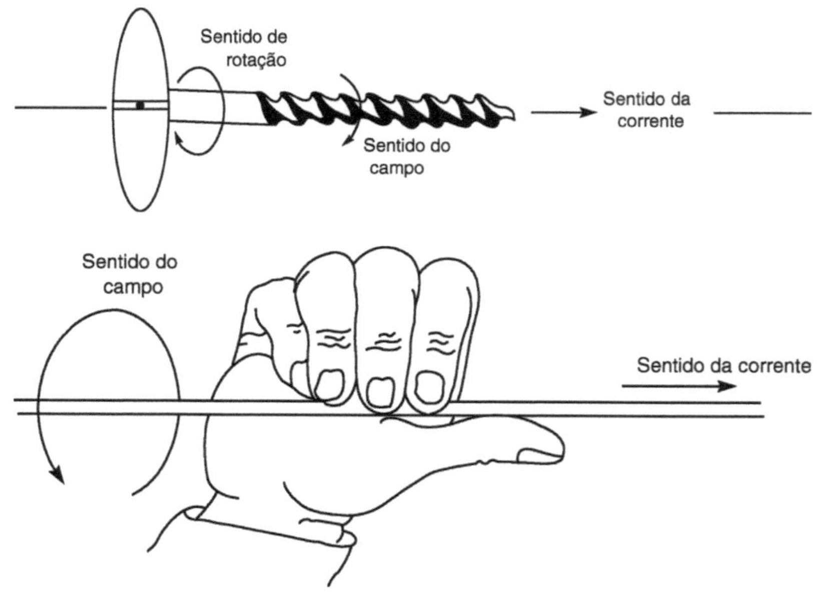

Figura 2.18 Regra da mão direita.

2.13.4 Campo magnético de dois condutores paralelos

A fim de melhor compreendermos o sentido do campo magnético, convencionou-se que, se a corrente elétrica for representada por uma flecha e estiver entrando perpendicularmente ao plano desta folha do livro, a cauda da flecha será um X e, se estiver saindo da folha, a ponta da flecha será representada por um ponto (Figura 2.19).

Se dois condutores elétricos transportando corrente circulando em sentido contrário são colocados próximos, seus campos magnéticos se somam, como pode ser visto na Figura 2.19. O vetor *H* representa a resultante das linhas de força dos campos dos dois condutores.

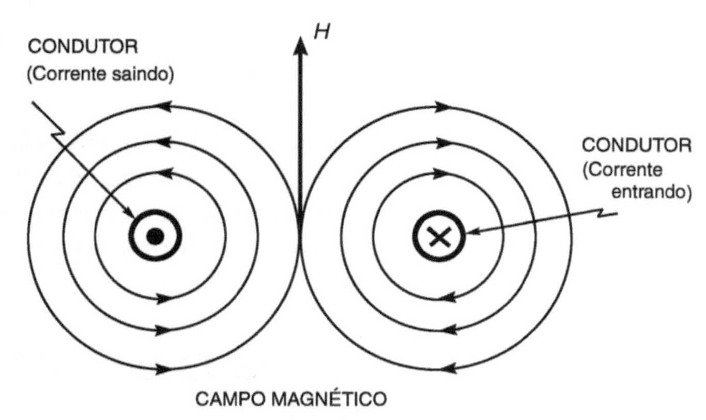

Figura 2.19 Campo magnético de dois condutores paralelos.

2.13.5 Campo magnético de um solenoide

Um solenoide é uma bobina de fios condutores e isolados em torno de um núcleo de ferro laminado. Como é fácil de ser entendido, os campos dos diversos condutores se somam, e o conjunto se comporta como se fosse um verdadeiro ímã (Figura 2.20).

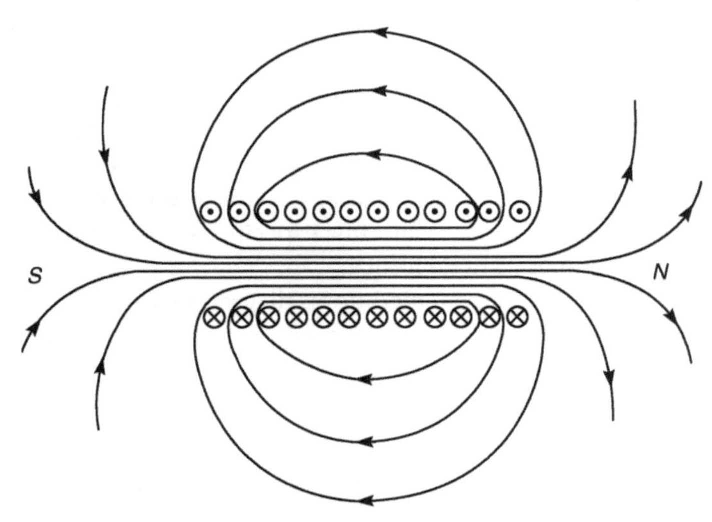

Figura 2.20 Campo magnético produzido por um solenoide.

2.13.6 Força do campo magnético

Todas as máquinas elétricas rotativas são baseadas nas ações de dois campos magnéticos colocados em posições convenientes.

Imaginemos um condutor percorrido por corrente dentro de um campo magnético de um ímã e, para um melhor entendimento, consideremos os campos isolados (Figura 2.21).

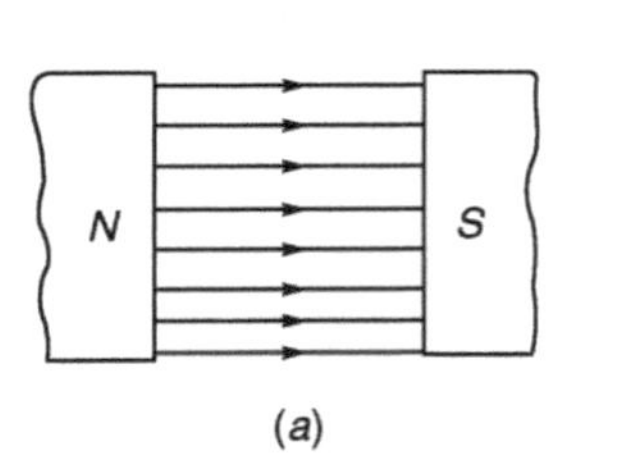

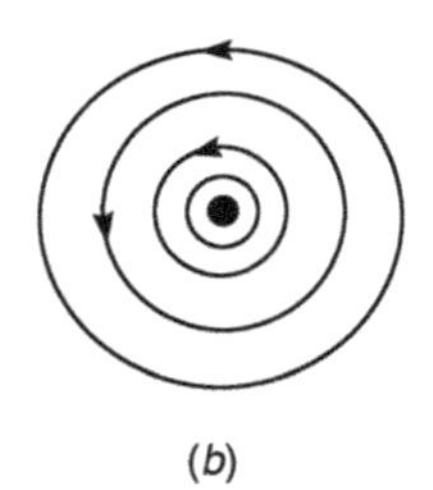

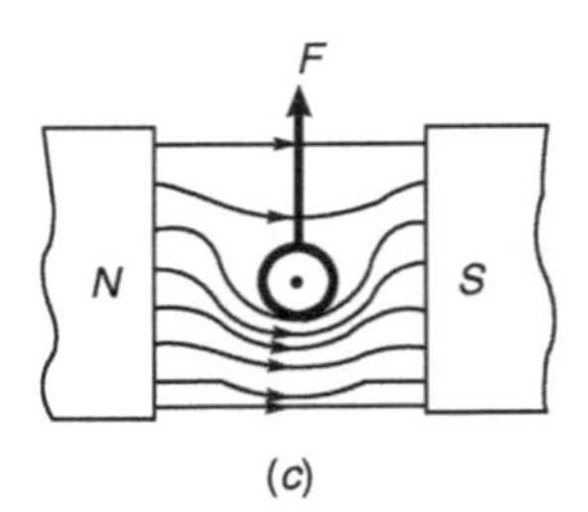

Figura 2.21 Força (F) sobre um condutor que transporta corrente dentro de um campo magnético.

Em (a), vemos o campo magnético do ímã e, em (b), a corrente saindo do plano da figura. O condutor sob a ação do campo tende a ser lançado para cima, no sentido indicado por F, como se as linhas do campo do ímã se comportassem como um elástico empurrando-o nesse sentido.

O sentido do movimento do condutor pode ser determinado pela regra da mão esquerda do seguinte modo: com os dedos do polegar, indicador e médio colocados no ângulo reto entre si, o dedo médio apontado no sentido da corrente no condutor e o indicador no sentido do campo magnético, o polegar indicará o sentido de movimento do condutor.

2.14 Processos de Geração de Força Eletromotriz (F.E.M.)

Há seis processos principais para a geração de f.e.m.

1) Por atrito. Ex.: gerador de Van de Graff;
2) Por ação química. Ex.: baterias, pilhas e célula combustível;
3) Por ação de luz. Ex.: geração fotovoltaica;
4) Por ação térmica. Ex.: par termelétrico;
5) Por compressão. Ex.: microfones e medidores de grande pressão;
6) Por indução eletromagnética. Ex.: geradores elétricos.

O primeiro processo é utilizado em laboratórios para ensaios de isolamento e dielétricos de equipamentos elétricos.

O segundo processo é usado para a produção de corrente contínua e de emprego em pequenas potências, sendo que a célula combustível, ainda em fase de desenvolvimento, poderá ser utilizada na substituição das baterias nos carros elétricos.

O terceiro processo é o da célula fotovoltaica, que gera eletricidade a partir da luz solar.

O quarto processo é empregado para fins específicos, como, por exemplo, instrumentos de medida de temperatura de fornos.

O quinto processo é utilizado em medidores de grande pressão.

O sexto processo é o empregado na produção comercial de energia elétrica oriunda das grandes centrais hidrelétricas ou termelétricas que abastecem todos os consumidores de energia elétrica.

2.15 Indução Eletromagnética

Vimos que um condutor percorrido por uma corrente elétrica dentro de um campo magnético tende a se deslocar sob a ação de uma força F que se origina da reação entre os dois campos. Inversamente, se aplicarmos a mesma força F no mesmo condutor dentro do campo, nesse condutor terá origem uma f.e.m. induzida (Figura 2.22).

É fato provado experimentalmente que, quanto maior a intensidade do campo e maior a velocidade com que as linhas de indução são cortadas pelo condutor, tanto maior será a f.e.m. induzida.

Figura 2.22 Geração da f.e.m. induzida.

Nesse princípio simples se baseia a geração de energia elétrica em larga escala que ilumina cidades e movimenta a vida moderna.

A geração da f.e.m. induzida é regida pela lei de Faraday, que diz:

> A f.e.m. induzida é proporcional ao número de espiras e à rapidez com que o fluxo magnético varia.

Assim:

$$\varepsilon = -N\frac{d\phi}{dt}\times 10^{-8}$$

em que:

ε = f.e.m. em volts;
N = número de espiras;
$\phi = B \times A$ = fluxo magnético em weber;
B = indução magnética em tesla;
A = área em m²;
$\frac{d\phi}{dt}$ = variação do fluxo magnético;
o sinal (–) significa que o sentido da tensão induzida é contrário à causa que o produz (lei de Lenz).

Segundo a conhecida regra da mão direita, é possível determinar o sentido da f.e.m. induzida do seguinte modo: dispõe-se a mão direita de modo que os dedos polegar, indicador e médio formem ângulos retos entre si (Figura 2.23). Se o polegar mostrar o sentido da força aplicada ao condutor, e o indicador, o sentido do campo, o dedo médio mostrará o sentido da f.e.m. induzida.

A indução magnética – B de um campo em um ponto qualquer é medida pela capacidade em induzir f.e.m. em um condutor que se desloque no campo. Se o condutor tem 1 metro de comprimento, a velocidade de deslocamento de 1 metro por segundo e a f.e.m. induzida de 1 volt, a indução magnética é de 1 weber por metro quadrado.

O fluxo magnético uniforme é o produto da indução pela área:

$$\boxed{\phi = B \times A}$$

em que:

ϕ = fluxo em weber;
B = indução em weber por metro quadrado;
A = área em metro quadrado.

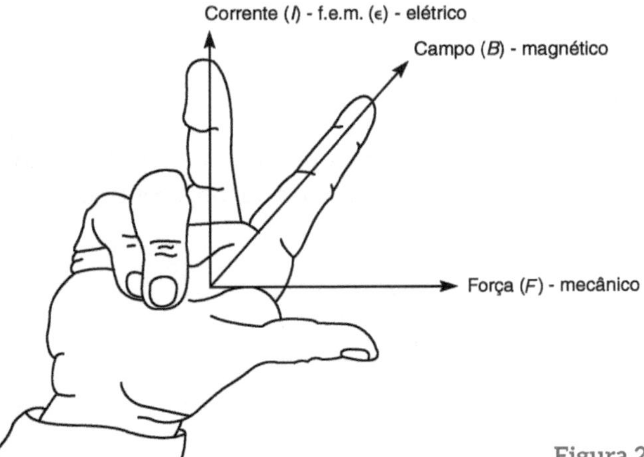

Figura 2.23 Regra da mão direita.

2.16 Força Eletromotriz (F.E.M.)

O conceito de força eletromotriz é muito importante para o entendimento de certos fenômenos elétricos. Pode ser definida como a energia não elétrica transformada em energia elétrica, ou vice-versa, por unidade de carga.[1]

Assim, se temos um gerador movido a energia hidráulica, por exemplo, com energia de 1 000 joules e dando origem ao deslocamento de 10 coulombs de carga elétrica, a força eletromotriz será:

$$\text{f.e.m.} = \frac{1\,000 \text{ joules}}{10 \text{ coulombs}} \text{ ou } 100 \frac{\text{joules}}{\text{coulombs}}$$

ou, generalizando:

$$\epsilon = \frac{dw}{dq}$$

em que:

ϵ = f.e.m. em volts;
dw = energia aplicada em joules;
dq = carga deslocada em coulombs.

Esta relação $\frac{\text{joule}}{\text{coulomb}}$ foi denominada volt em homenagem a Volta, o descobridor da pilha elétrica.

Nesse exemplo, a f.e.m. do gerador será de 100 volts.

Analogamente, se a fonte for uma bateria, a energia química de seus componentes se transformará em energia elétrica, constituindo a bateria um gerador de f.e.m. (energia não elétrica se transformando em energia elétrica).

No caso oposto, ou seja, uma bateria submetida à carga de um gerador de corrente contínua, a energia elétrica do gerador se transformará em energia química na bateria.

Veremos adiante que f.e.m. e diferença de potencial (d.d.p.) são expressas pela mesma unidade: volt. Por isso, são muitas vezes confundidas, embora o conceito seja diferente.

No gerador, a f.e.m. de origem mecânica provoca uma diferença de potencial nos seus terminais.

Temos:

$$\epsilon = RI + rI = I(R + r) \text{ em que:}$$

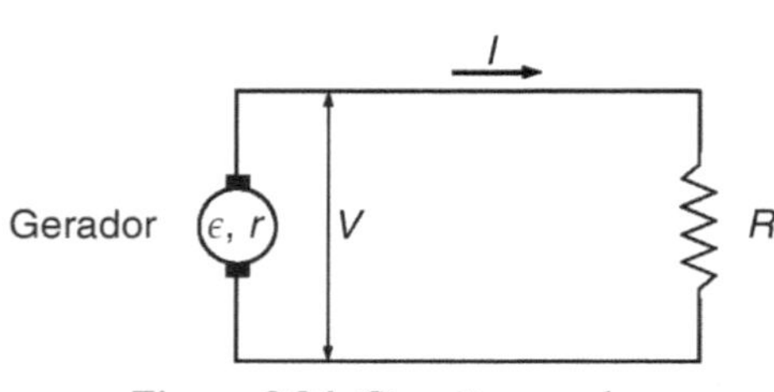

Figura 2.24 Circuito gerador.

ϵ = f.e.m.;
V = d.d.p.;
I = corrente;
$V = RI$ = queda no circuito externo;
rI = queda interna.

$$\boxed{\epsilon = V + rI.}$$

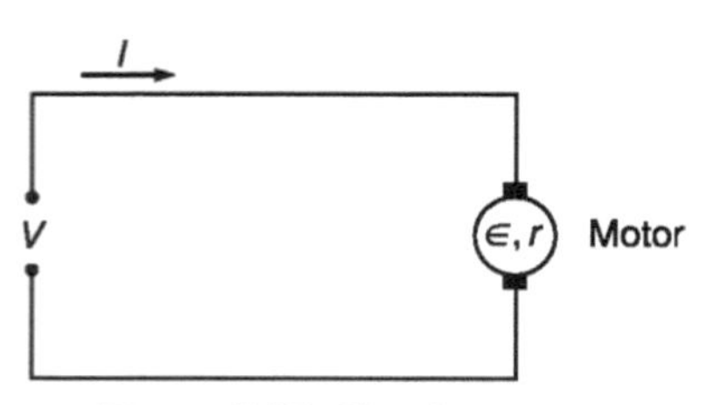

Figura 2.25 Circuito motor.

No motor, a d.d.p. provoca uma força eletromotriz de sentido contrário à d.d.p., motivo pelo qual é chamada de força contraeletromotriz.

Temos:

$$\epsilon = V - rI \text{ ou}$$

$$\boxed{V = \epsilon + rI.}$$

[1] À energia térmica não se aplica esse conceito.

Como rI é, muitas vezes, desprezível, para fins práticos consideramos ϵ e V iguais.

Na bateria fornecendo carga, a f.e.m. de origem química provoca a d.d.p. entre os terminais (+) e (–).

Na bateria recebendo carga, a f.e.m. do gerador acumula-se em energia química.

2.17 Corrente Contínua e Corrente Alternada

Há dois tipos básicos de corrente ou tensão elétricas de aplicação generalizada: corrente ou tensão contínua e corrente ou tensão alternada.

Tensão contínua é aquela cujo valor e cuja direção não se alteram ao longo do tempo.

A tensão pode ser expressa pelo gráfico da Figura 2.26, em que vemos representados, no eixo horizontal, os tempos e, no eixo vertical, a amplitude das tensões.

Como exemplo de fontes de corrente ou tensão contínuas, temos as pilhas, as baterias e os dínamos.

Na corrente ou tensão alternada, temos, ao contrário, a tensão variando de acordo com o tempo. Podemos definir:

Corrente alternada é uma corrente oscilatória que cresce de amplitude em relação ao tempo, segundo uma lei definida.

Na Figura 2.27, vemos um exemplo de corrente alternada na qual a tensão varia desde zero até um valor máximo positivo de 120 volts, no tempo t_1; depois, inicia-se a diminuição até o valor zero, no tempo t_2; posteriormente, aumenta no sentido negativo até 120 volts, em t_3, e se anula, novamente, em t_4.

Esse conjunto de valores positivos e negativos constitui o que chamamos de um ciclo, e, na corrente de que dispomos em nossa casa, ocorre 60 vezes em um segundo, ou seja, 60 ciclos por segundo ou 60 hertz.

Os mais curiosos fariam logo a seguinte pergunta: "Então quer dizer que a nossa luz apaga e acende cerca de 120 vezes em um segundo?". Exatamente. Porém, nessa velocidade, não se percebe visualmente esse rápido pisca-pisca porque o filamento da lâmpada nem chega a se apagar por completo. Na luz fluorescente, que funciona por meio de outro princípio que veremos mais adiante, esse "pisca-pisca" pode representar até um perigo, pois em salas que possuem algum tipo de máquina rotativa – como, por exemplo, um ventilador –, é possível termos a sensação de que ela está parada, se estiver girando na mesma velocidade que o "pisca-pisca" da corrente, e uma pessoa distraída pode sofrer um acidente ao tocar nela. Esse fenômeno se chama "efeito estroboscópico".

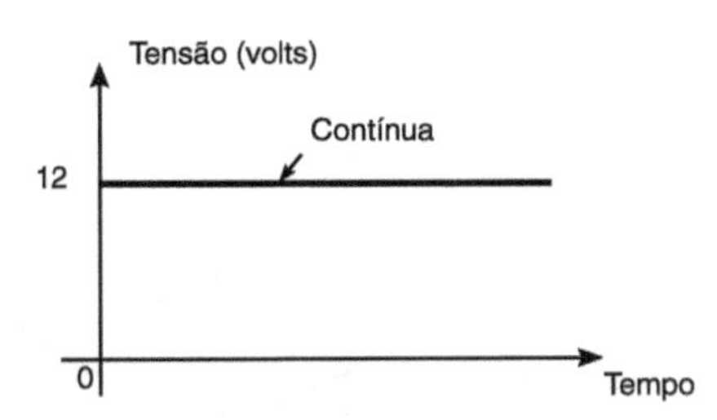

Figura 2.26 Gráfico da tensão de uma bateria de automóvel de 12 volts.

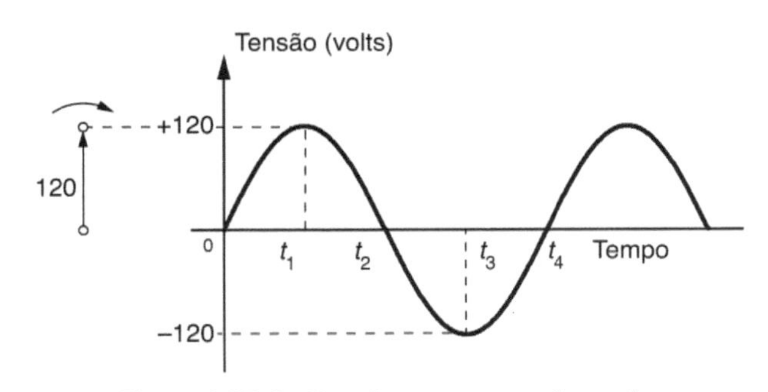

Figura 2.27 Gráfico de uma tensão alternada.

Do exposto, temos as seguintes definições:

Período é o tempo necessário à realização de um ciclo.

Ou seja:

$$\boxed{T = \frac{2\pi}{\omega}} \qquad (1)$$

em que:

T = período em segundos; $\pi = 3{,}14$;
ω = radianos por segundo (velocidade angular).

Frequência é o número de ciclos por segundo.

A frequência e o período são inversos um do outro.

Assim:

$$f = \frac{1}{T}.$$

Substituindo esses valores na expressão (1), temos:

$$\omega = 2\pi f.$$

Como dissemos que a frequência da corrente alternada de que dispomos em nossas casas é de 60 ciclos por segundo, o valor da velocidade angular será:

$$\omega = 2 \times 3{,}14 \times 60 = 377 \text{ radianos por segundo.}$$

As frequências de um sistema elétrico de luz e força são consideradas muito baixas, porém, em sistemas de transmissões de rádio e TV, são altas, por isso, são medidas em quilociclos / segundo ou megaciclos / segundo. São usuais as expressões quilo-hertz e mega-hertz.

Assim:

1 quilo-hertz = 1 000 hertz ou 1 000 ciclos / s;
1 mega-hertz = 1 000 000 hertz ou 1 000 000 ciclos / s.

2.17.1 Ondas senoidais

Vejamos como é traçado o gráfico de uma onda senoidal (Figura 2.28) de uma tensão $v = V_m$ sen ωt.

À esquerda da figura, vemos um vetor que representa a intensidade de uma tensão alternada, traçado em escala (por exemplo: 1 cm = 1 V).

Esse vetor vai girar no sentido contrário ao dos ponteiros do relógio, ocupando a sua extremidade diferentes posições a partir do zero, e essas posições são medidas por valores angulares ωt. À direita da figura, vamos registrando os valores das projeções do vetor sobre o eixo vertical em relação aos valores angulares ωt.

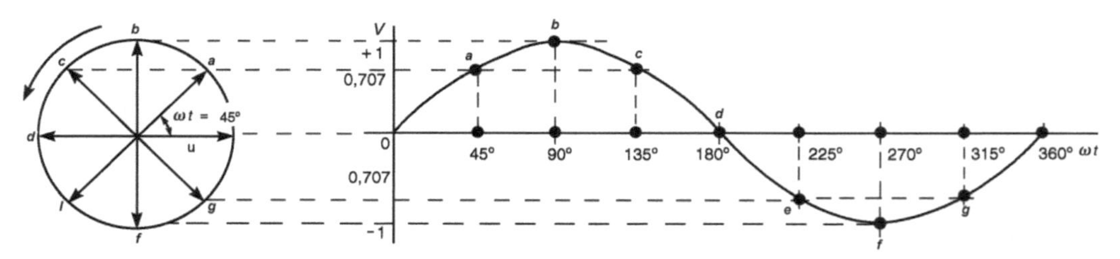

Figura 2.28 Como desenhar uma onda senoidal.

Assim, temos a lista de valores:

ωt	v	Posição
0	0	0
45°	+0,707	*a*
90°	+1	*b*
135°	+0,707	*c*
180°	0	*d*
225°	–0,707	*e*
270°	–1	*f*
315°	–0,707	*g*
360°	0	*h*

2.17.2 Valor eficaz ou rms - *root mean square*

Por definição, uma função periódica no tempo tem a forma:

$$f(t+T)=f(t)$$

em que T é o período em segundos.

A corrente apresentada na Figura 2.29 é periódica com período $T=\dfrac{2\pi}{\omega}$, e sua equação é:

$$i=10\ \cos\ \omega\left(t+\frac{2\pi}{\omega}\right)=10\ \cos(\omega t+2p)=10\ \cos\ \omega t.$$

Por definição, o valor médio de uma potência variável é o valor médio da potência que, no período T, transfere a mesma energia W. Assim:

$$P_{\text{médio}}\times T=\int_t^{t+T}pdt=\int_0^T pdt.$$

É definido que a corrente eficaz I_{ef} é aquela corrente constante que, no momento de tempo, produz uma mesma quantidade de calor que uma corrente variável ($i = I_m$ sen ωt) em uma mesma resistência R.

Sabemos que a quantidade de calor dissipada por unidade de tempo em uma resistência R, percorrida por uma corrente alternada $i = I_m$ sen ωt, é:

$$P = Ri^2 = R(I_m \text{ sen } \omega t)^2 = RI_m{}^2 \text{ sen } \omega t$$

em que: $I_m = I_{\text{máximo}}$.

A energia sob a forma de calor dissipada na resistência R em um intervalo de tempo T igual a um período é:

$$E=P_{\text{médio}}T=\int_0^T Ri^2dt=RI_m^2\int_0^T \text{sen}^2(\omega d)dt=RI_m^2\frac{1}{2}T.$$

Como a energia dissipada por uma corrente de intensidade constante I_{ef} durante o mesmo intervalo de tempo é:

$$E_1=RI_{ef}^2T$$

pela definição de I_{ef}, essas quantidades de energia são iguais. Assim:

$$E_1=E,$$

então:

$$RI_{ef}^2T=RI_m^2\frac{1}{2}T$$

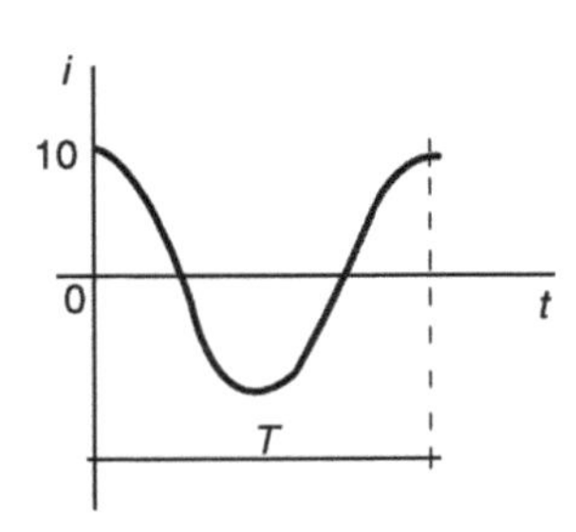

Figura 2.29 Corrente periódica.

em que podemos concluir que:

$$I_{ef} = \frac{I_m}{\sqrt{2}}.$$

ou seja, uma corrente que varia senoidalmente tem o seu valor eficaz igual ao seu valor máximo (I_m) multiplicado por $1/\sqrt{2}$ ou por 0,707. Por analogia, como indicado na Figura 2.30,

$$V_{ef} = \frac{V_m}{\sqrt{2}}, \text{ em que } V_m = V_{\text{máximo}}.$$

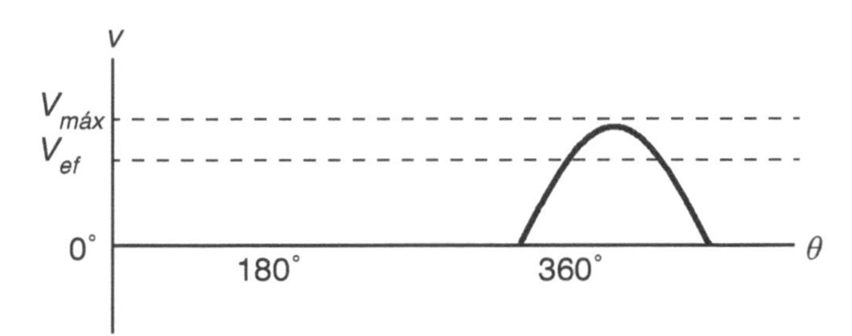

Figura 2.30 Valor eficaz (rms).

2.17.3 Aplicação do valor eficaz ou rms

O valor nominal de muitos equipamentos elétricos ou mecânicos é baseado no valor rms, por exemplo, motores elétricos com carga variável. Motores de automóvel com potência de 300 cv devem ter a capacidade de aceleração de 0 a 80 km/h em 2,4 s. Um motor de caminhão ou motor elétrico tem a sua potência nominal baseada em um uso contínuo, sob um longo período de tempo sem uso excessivo.

Um motor elétrico de 50 cv pode desenvolver duas ou três vezes essa potência por curtos períodos. Se operado em sobrecarga por longos períodos, as excessivas perdas (proporcionais a i^2R) aumentam a temperatura de operação, e o isolamento, em curto tempo, danifica-se.

EXEMPLO

Um motor elétrico deve ser especificado para uma carga variável com o tempo, de acordo com a Figura 2.31.

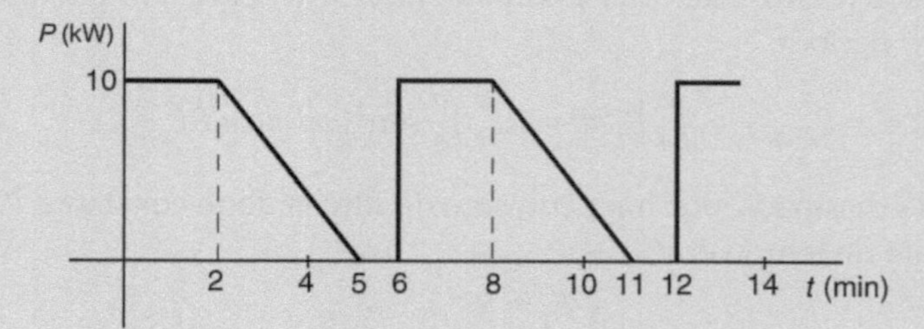

Figura 2.31 Dados do exemplo.

A potência de 10 kW é exigida por 2 minutos e, depois, decai linearmente até os próximos 3 minutos. Em seguida, descansa por 1 minuto e, então, o ciclo se repete.

continua

(Continuação)

Solução

Devemos então calcular a potência rms:

$$P_{rms} = \sqrt{\frac{1}{T}\sum (kW)^2 \times tempo} \, .$$

Para isso, precisamos calcular a área sob a curva $(kW)^2 \times$ tempo. A curva $(kW)^2$ é a seguinte, apresentada na Figura 2.32:

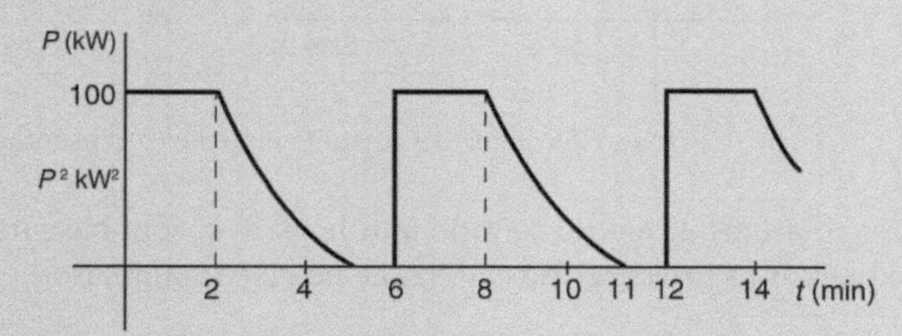

Figura 2.32 Resposta.

Observação:

A área sob a parábola é 1/3 da área do retângulo incluso. A área parabólica é $100(kW)^2 \times \frac{3\,min}{3}$.

$$P_{rms} = \sqrt{\frac{1}{6}\sum\left(100 \;\times 2 + \frac{3}{3} \;\times 100\right)} = \sqrt{50} = 7{,}07 \text{ kW}.$$

2.18 Circuitos de Corrente Alternada em Regime Permanente

Já vimos que o fenômeno de indução eletromagnética é o responsável pela produção da energia elétrica que vai abastecer as grandes cidades. Pelo fato de a produção se basear em geradores rotativos, a tensão gerada começa de zero, passa por valor máximo positivo, anula-se e, depois, passa por máximo negativo, e novamente se anula, dando origem a um ciclo. Pode-se representar pela senoide (Figura 2.28) essa tensão alternada gerada.

$v = V_m$ sen ωt;
v = valor instantâneo da tensão;
V_m = valor máximo da tensão;
ω = velocidade angular em radianos por segundo; $\omega = 2pf$;
t = tempo em segundos;
f = frequência em c/s ou Hz.

2.18.1 Circuito puramente resistivo - *R*

Vejamos uma onda senoidal aplicada em um circuito que só tem resistência (Figura 2.33). Por exemplo: chuveiros, aquecedores, fornos etc.

Pela lei de Ohm:

$$V_R = Ri \text{ ou } i = \frac{V_R}{R} = \frac{V_m}{R} \text{sen } \omega t \text{ ou } i = I_m \text{ sen } \omega t.$$

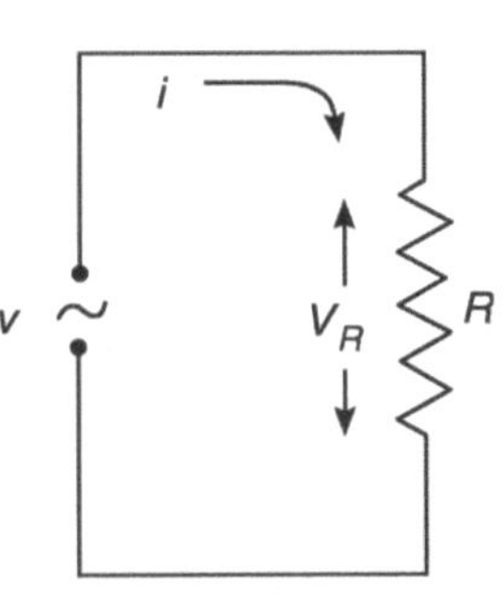

Figura 2.33 Circuito resistivo.

Então, conclui-se que a tensão e a corrente estão em fase, ou seja, atingem os máximos e mínimos ao mesmo tempo. Podemos, desse modo, representá-las pela Figura 2.34.

A representação por vetores (fasores) rotativos na velocidade angular ω será:

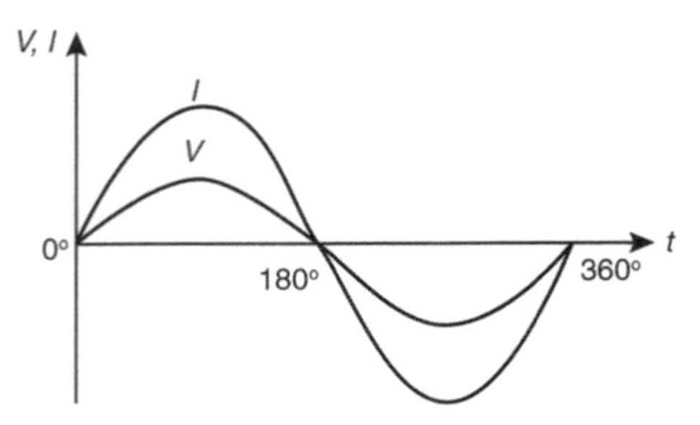

Figura 2.34 Tensão e corrente em fase.

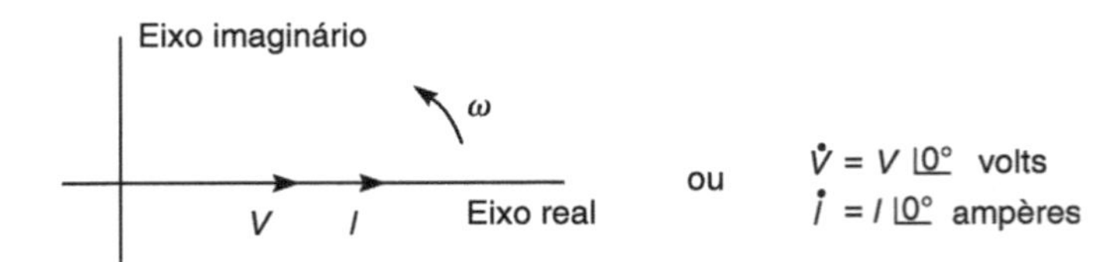

Figura 2.35 Tensão e corrente em fase (representação fasorial).

Esses vetores rotativos giram no sentido anti-horário e, com base nas fórmulas de Euler, podem expressar as projeções no eixo real e no eixo imaginário:

$$V \times e^{j\theta} = V(\cos\theta + j \text{ sen } \theta) \text{ em que } e^{j\theta} \text{ é o "fasor".}$$

No circuito resistivo, não há defasagem, ou seja, $\theta = 0°$. Para simplificar, os símbolos V e I representam "valores eficazes", como veremos adiante.

No circuito resistivo, a corrente é o quociente da tensão pela resistência R.

2.18.2 Circuito permanente indutivo – *L*

Agora veremos o circuito indutivo puro, isto é, a tensão instantânea aplicada em uma indutância L (Figura 2.36):

$$v_L = L\frac{di}{dt}. \quad (2)$$

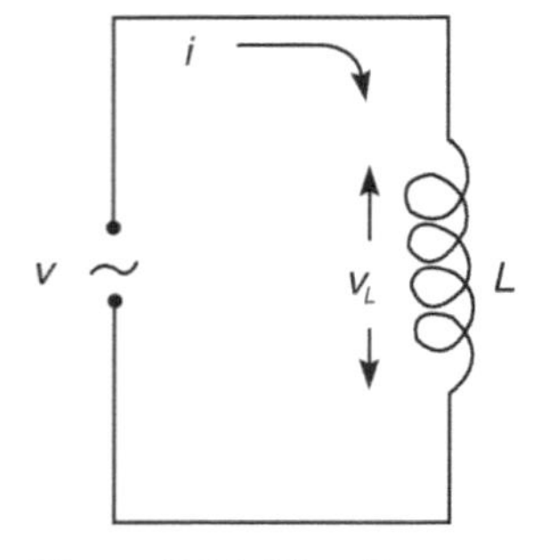

Figura 2.36 Circuito indutivo.

Ou seja, a tensão é função da variação da corrente e da indutância L. A corrente instantânea é:

$$i = I_m \text{ sen } \omega t; \text{ então, derivando, a Equação (2) dará:}$$

$$v_L = \omega L I_m \cos \omega t.$$

A parcela ωL é a reatância indutiva: $X_L = \omega L$.

A representação em função do tempo será:

Então, a tensão v estará avançada de 90° ou $\frac{\pi}{2}$ em relação à corrente i. Como exemplos de circuitos indutivos, temos: motores, reatores, bobinas, transformadores etc. Na prática, a defasagem é menor que 90°, porque há que se considerar a resistência ôhmica.

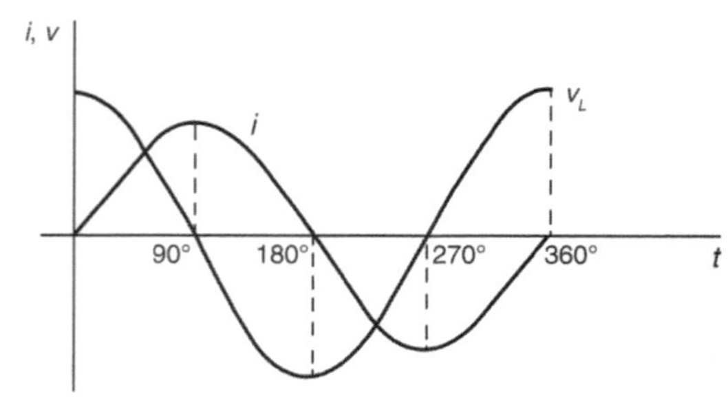

Figura 2.37 Tensão avançada de 90° sobre a corrente (representação fasorial).

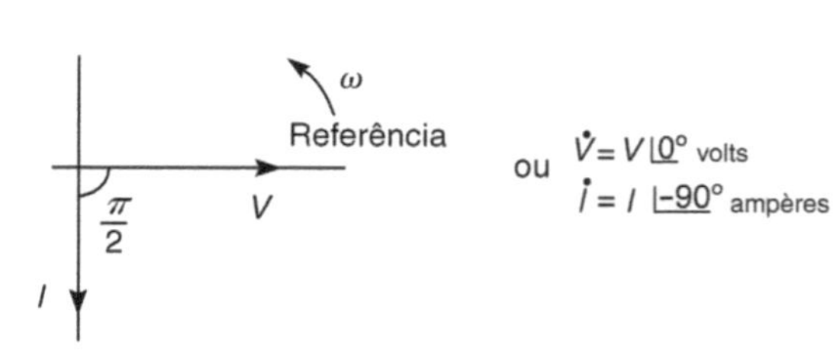

Figura 2.38 Tensão avançada de 90° em relação à corrente.

2.18.3 Circuito puramente capacitivo - C

No circuito capacitivo da Figura 2.39, temos a tensão v_c:

$$v_c = \frac{1}{C}\int_0^t idt,$$

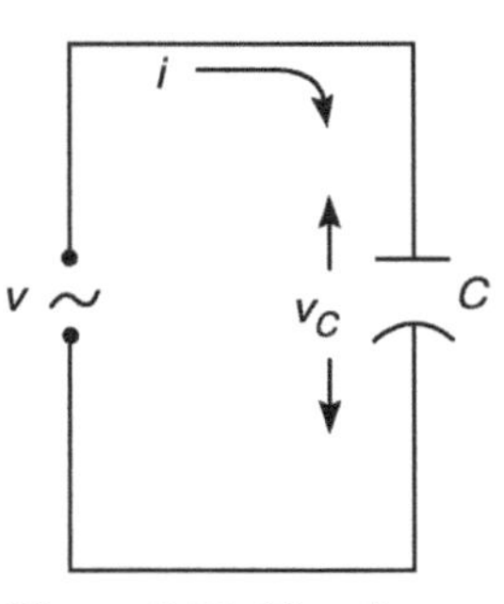

Figura 2.39 Circuito capacitivo.

em que C representa a capacitância, ou seja, a capacidade de acumular carga.

Sabemos que:

$i = I_m$ sen ωt. Assim, integrando, teremos a tensão v_c:

$$v_c = \frac{1}{C}\int_0^t I_m \text{ sen } \omega t \; dt \text{ ou } v_c = \frac{1}{\omega C} I_m \cos \omega t.$$

A parcela $\frac{1}{\omega C}$ é a reatância capacitiva. A soma vetorial da resistência e das reatâncias é a impedância Z.

A representação em função do tempo será:

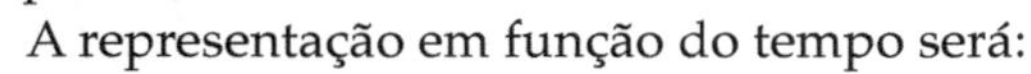

Então, a tensão v estará atrasada de 90° ou $\frac{\pi}{2}$ em relação à corrente.

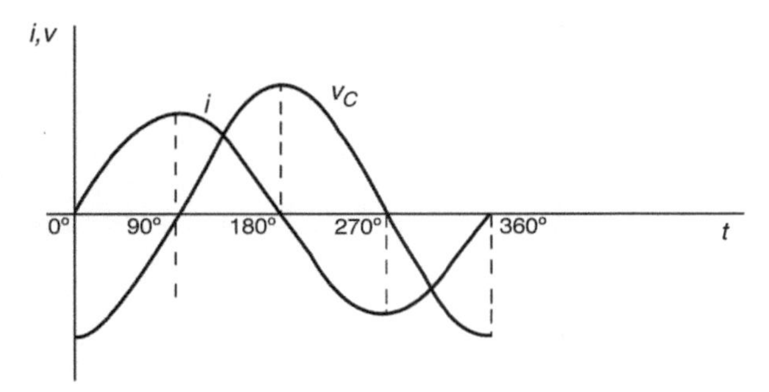

Figura 2.40 Tensão atrasada de 90° sobre a corrente.

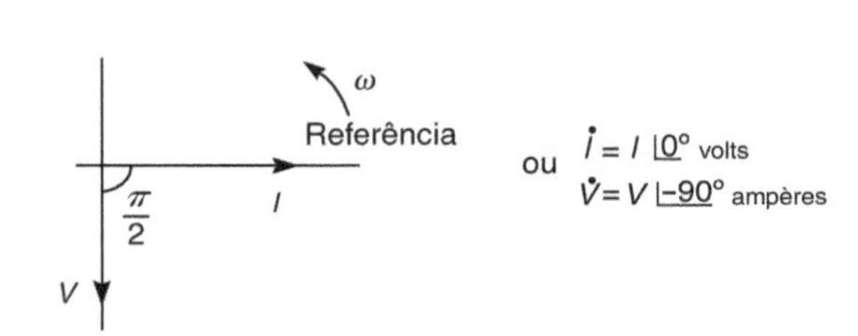

Figura 2.41 Corrente avançada de 90° em relação à tensão – representação fasorial.

2.18.4 Circuito *RLC*

Para o circuito *RLC* da Figura 2.42 e considerando que:

$$v(t) = V_{\text{máx}} \text{ sen } \omega t,$$

podemos determinar as correntes em cada elemento, assim como a corrente total fornecida pela fonte.

A característica principal no circuito com impedâncias em paralelo é o fato de todas estarem submetidas à mesma diferença de potencial.

Representando as correntes e a tensão sob a forma de fasores, em um mesmo gráfico, teremos as Figuras 2.43 e 2.44:

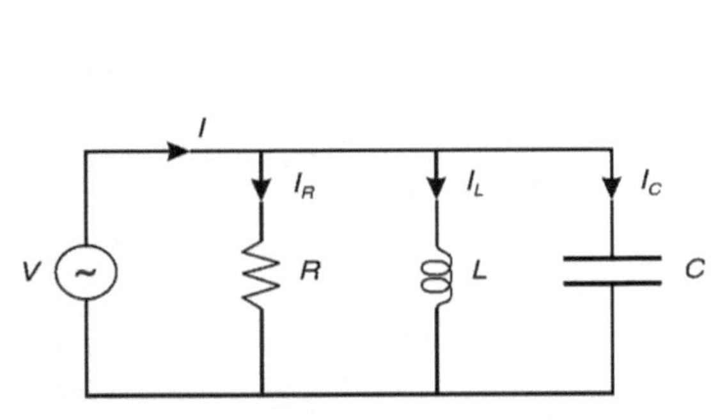

Figura 2.42 Circuito *RLC* paralelo.

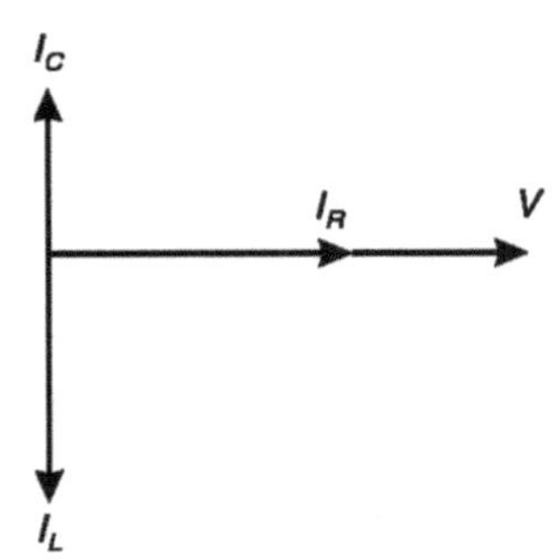

Figura 2.43 Fasores de correntes do circuito.

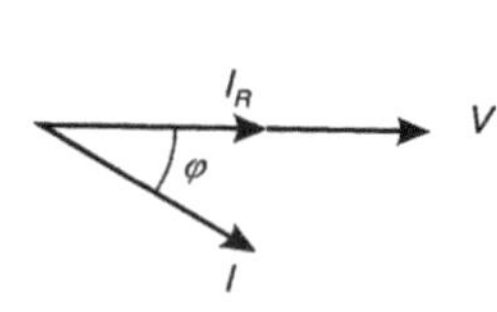

Figura 2.44 Fasores de tensão, corrente total.

As correntes dos componentes do circuito são determinadas aplicando-se, por exemplo, a lei de Ohm para cada um, usando o valor eficaz $V = V_{máx} / \sqrt{2}$:

$I_R = V / R$
$I_L = V / X_L$, em que $X_L = \omega L$;
$I_C = V / X_C$, em que $X_C = 1 / \omega \times C$.

Aplicando a seguir a lei dos nós na forma de fasores, teremos o valor da corrente total a ser fornecida pela fonte.

Observe que a corrente do capacitor tem sempre sentido contrário à do indutor. Isso é muito útil em instalações elétricas quando desejamos diminuir os efeitos das correntes indutivas, resultado de cargas como motores, transformadores ou de cargas que os utilizam.

A maneira de se reduzir essas correntes indutivas é adicionar capacitores em paralelo, de modo a minimizar a corrente resultante, diminuindo, portanto, o ângulo de defasagem entre V e I, aumentando, assim, o fator de potência (cos ϕ).

EXEMPLO

Circuito Paralelo RLC

Vamos supor um circuito paralelo com resistências, indutâncias e capacitâncias:

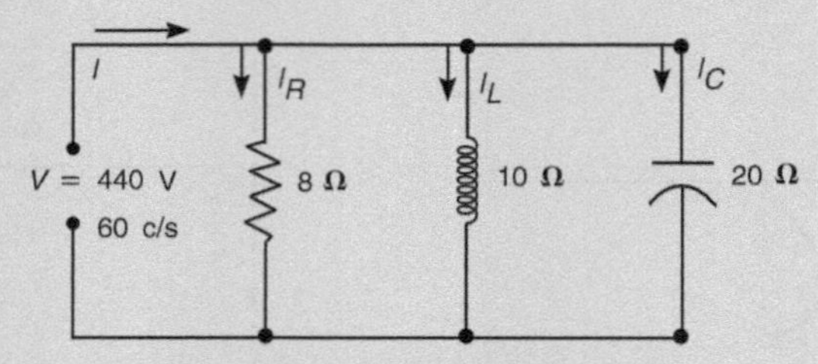

Figura 2.45 Circuito paralelo *RLC*.

$$I_R = \frac{440}{8} = 55\text{A (em fase com } V\text{) ou } I_R = 55\underline{|0°} \text{ ampères;}$$

$$I_L = \frac{440}{10} = 44\text{A (atrasada 90° em relação a } V\text{) ou } I_L = 44 - \underline{|90°} \text{ ampères;}$$

$$I_C = \frac{440}{20} = 22\text{A (avançada 90° em relação a } V\text{) ou } I_C = 22 + \underline{|90°} \text{ ampères.}$$

A corrente total I será:

$$I = \sqrt{I_R^2 + (I_L + I_C)^2} = \sqrt{55^2 + (44 - 22)^2} = 59{,}23 \text{ A}$$

$$\cos\theta = \frac{I_R}{I} = \frac{55}{59{,}23} = 0{,}928 \therefore \theta = 21{,}8°.$$

Quais são as indutâncias e as capacitâncias?

$$X_L = \omega \times L \therefore L = \frac{10}{377} = 26 \text{ mH} \qquad \omega = 2\pi f = 2\pi \times 60 = 377 \text{ c/s}$$

$$X_C = \frac{1}{\omega C} \therefore C = \frac{1}{\omega \cdot X_C} = \frac{1}{377 \times 20} = 132\,\mu F$$

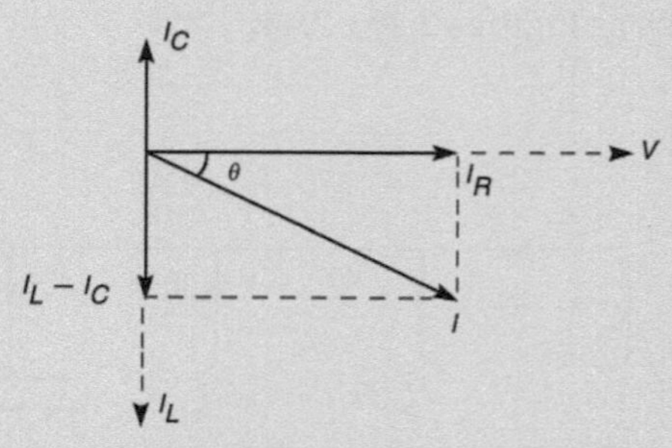

Figura 2.46 Diagrama fasorial do circuito *RLC*.

continua

(Continuação)

Potência ativa:

$$P = VI\cos\theta = 440 \times 59{,}23 \times 0{,}928 = 24\,184 \text{ watts}$$

ou

$$P = RI_R^2 = 8 \times 55^2 \cong 24\,184 \text{ watts}$$

$$I = 59{,}23\underline{|-21{,}8^\circ} \text{ A}$$

EXEMPLO

Circuito Série RLC

Calculemos a impedância de um circuito série de corrente alternada de 60 Hz, com os seguintes componentes:

Resistência de 8 ohms;

Indutância de 500 mili-henrys;

Capacitância de 50 microfarads;

Tensão de 220 volts (valor eficaz).

Solução

$$X_L = \omega L = 377 \times 0{,}5 = 188{,}5\ \Omega$$

$$X_C = \frac{1}{\omega C} = \frac{1}{377 \times 50 \times 10^{-6}} = 53{,}05\ \Omega.$$

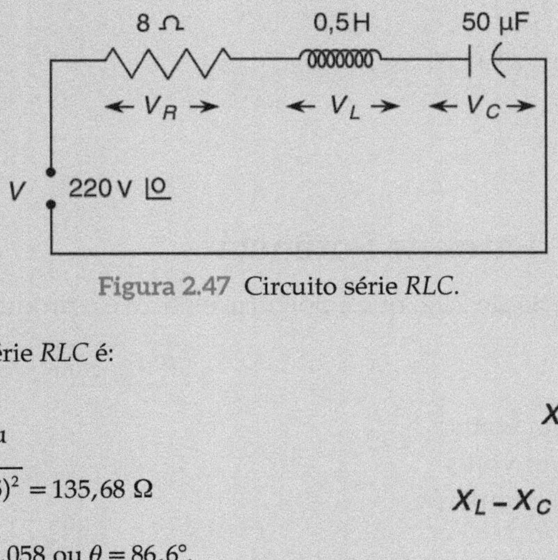

Figura 2.47 Circuito série *RLC*.

A impedância de um circuito série *RLC* é:

$$Z = \sqrt{R^2 + (X_L - X_C)^2} \text{ ou}$$

$$Z = \sqrt{8^2 + (188{,}5 - 53{,}05)^2} = 135{,}68\ \Omega$$

$$\cos\theta = \frac{[R]}{[Z]} = \frac{8}{135{,}68} = 0{,}058 \text{ ou } \theta = 86{,}6^\circ.$$

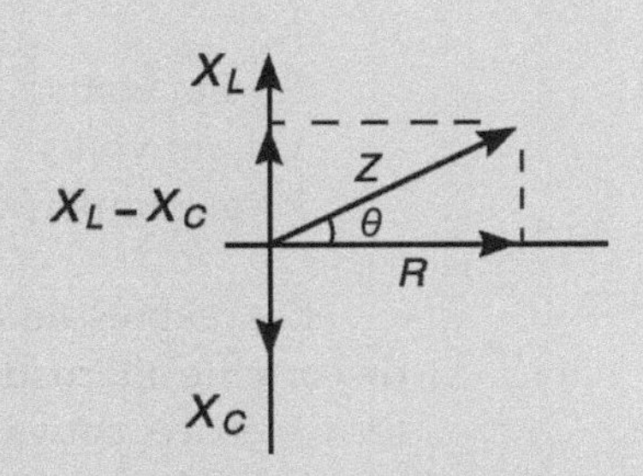

Figura 2.48 Diagrama de impedâncias.

Se quisermos calcular a corrente *I*, temos:

$$I = \frac{V}{Z} = \frac{220}{135{,}68} = 1{,}62\underline{|-86{,}6^\circ} \text{ A (circuito indutivo).}$$

continua

(Continuação)

Queremos saber as tensões nos terminais da resistência, da indutância e da capacitância. Para isso, é preciso verificar a tensão aplicada V.

Solução

$$V_R = RI = 8 \times 1{,}62 = 12{,}96 \text{ V (em fase com } I\text{) ou } V_R = 12{,}96 \text{ V};$$
$$V_L = X_L I = 188{,}5 \times 1{,}62 = 305{,}37 \text{ (adiantado 90° em relação a } I\text{) ou } V_L = 305{,}37\underline{|90°} \text{ V};$$
$$V_C = X_C I = 53{,}05 \times 1{,}62 = 85{,}94 \text{ (atrasado 90° em relação a } I\text{) ou } V_C = 85{,}94\underline{|-90°} \text{ V}.$$

Como se trata de um circuito série, tomamos como referência a corrente. Então, o diagrama de tensões será:

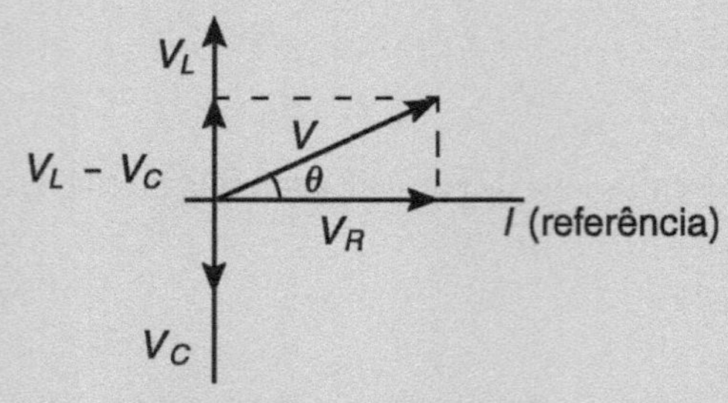

Figura 2.49 Diagrama de tensões no circuito série *RLC*.

$$V = \sqrt{V_{R^2} + (V_L - V_C)^2} = \sqrt{12{,}96^2 + (305{,}37 - 85{,}94)^2} \cong 22 \text{ V};$$
$$\cos\theta = \frac{V_R}{V} = \frac{12{,}96}{220} = 0{,}058 \therefore \theta = 86{,}6°;$$
$$P = RI^2 = 8 \times 1{,}62^2 = 20{,}99 \text{ W ou}$$
$$P = VI\cos\theta = 220 \times 1{,}62 \times 0{,}058 = 20{,}99 \text{ W}.$$

2.19 Fator de Potência

Vimos, na Seção 2.12, que a potência elétrica é o produto da corrente pela tensão, ou seja:

$$\boxed{P = V \times I}$$

P = em watts;
V = em volts;
I = em ampères.

Essa expressão somente é válida para circuitos de corrente contínua ou para circuitos de corrente alternada monofásica, com carga resistiva, isto é, lâmpadas incandescentes, ferro elétrico, chuveiro elétrico etc.

Quando a carga possui motores ou outros enrolamentos, aparece no circuito uma outra potência que o gerador deve fornecer – a potência reativa.

Assim, temos três tipos de potência:

- Potência ativa é aquela que produz trabalho – P.
- Potência reativa é aquela trocada entre gerador e carga em razão dos elementos indutivos e capacitivos – Q.
- Potência aparente é a soma vetorial das duas potências anteriores – N.

Sendo N ou S a soma vetorial da potência ativa e da potência reativa, ou seja:

$$N \text{ ou } S = \sqrt{P^2 + Q^2}.$$

Para entendermos tais conceitos, basta imaginarmos que, em circuitos com motores ou outros enrolamentos, a corrente se atrasa em relação à tensão de um certo ângulo θ, quando são representados em gráfico. Esses são os circuitos indutivos (Figura 2.50), em que V está sempre avançado em relação a i.

Chama-se fator de potência o cosseno do ângulo de defasagem entre a corrente e a tensão. A expressão geral da potência em circuitos monofásicos de corrente alternada é a seguinte:

$$P = V \times I \times \text{fator de potência.}$$

Para os circuitos trifásicos, temos outro fator, resultante da composição vetorial das três fases, ou seja:

$$\sqrt{3} = 1{,}73:$$

$$P = 1{,}73 \times V \times I \times \text{fator de potência.}$$

Os valores do fator de potência variam desde 0 até 1 ou, em termos percentuais, de 0 a 100 %. O valor 0 representa uma indutância ou uma capacitância pura, e o valor 1, um circuito resistivo. Uma indutância ou uma capacitância pura não existe na prática porque é impossível um fio sem alguma resistência. Por isso, o valor zero nunca é obtido.

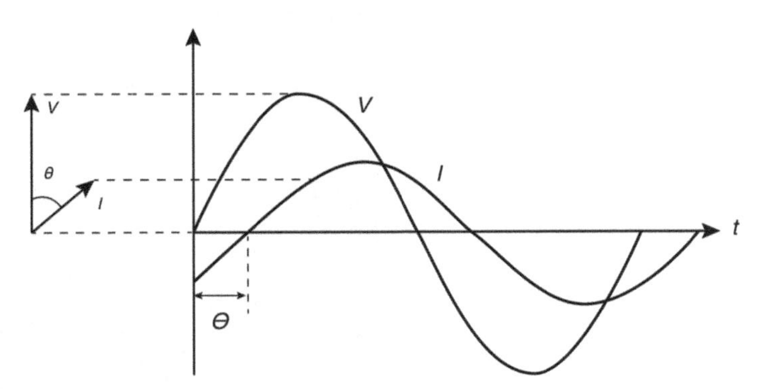

Figura 2.50 Diagrama de defasagem entre tensão e corrente em circuito indutivo.

EXEMPLO

Um motor trifásico de 220 volts exige da rede 25 ampères por fase, com fator de potência de 80 %. Temos de calcular a potência fornecida pela rede.

Solução

$$P = 1{,}73 \times V \times I \times \text{fator de potência;}$$

$$P = 1{,}73 \times 220 \times 25 \times 0{,}8 = 7\,612 \text{ W.}$$

O fator de potência baixo – isto é, menor que 0,92 – pode ocasionar sérios problemas a uma instalação, como aquecimento dos condutores e aumento da conta de energia. Por isso, deve ser corrigido com a instalação de capacitores (ver Capítulo 9).

2.20 Geradores Monofásicos e Trifásicos

Os pequenos geradores são, geralmente, compostos por apenas um enrolamento (bobina) que, submetido à ação de um campo magnético, produz somente uma fase e faz o retorno pelo outro condutor (neutro), conforme se pode observar na Figura 2.51.

Os grandes geradores são quase sempre trifásicos. As três fases são compostas por três enrolamentos, que estão defasados de 120° (Figura 2.52). Para uma mesma potência, o circuito trifásico é mais econômico que o monofásico.

Já vimos que as grandezas tensão e corrente (amperagem) são representadas por vetores que traduzem as suas variações ao longo do tempo. Assim, a Figura 2.53 apresenta o diagrama vetorial das tensões e correntes de um circuito trifásico.

Se quisermos representar em um gráfico as três ondas de um circuito trifásico, obtemos o gráfico da Figura 2.53.

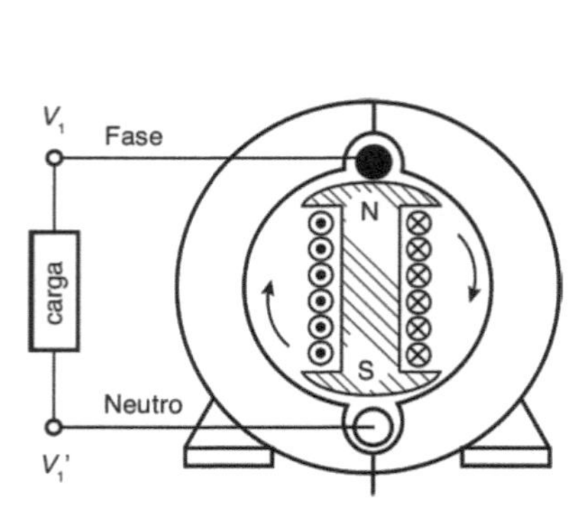

Figura 2.51 Gerador monofásico.

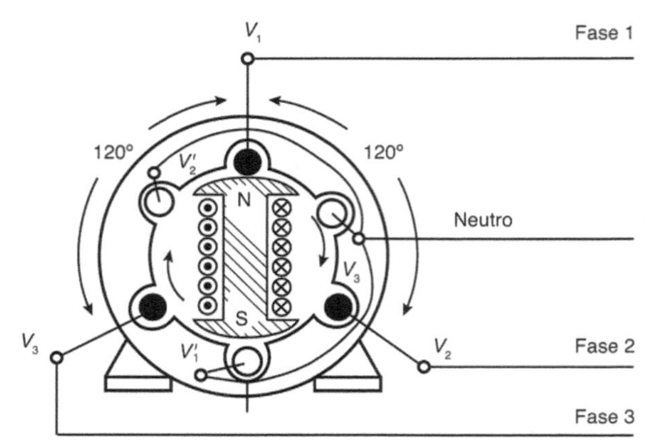

Figura 2.52 Gerador trifásico.

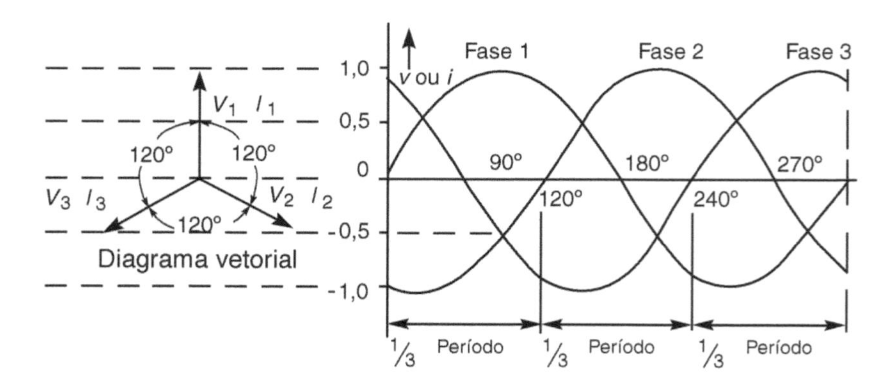

Figura 2.53 Tensões e/ou correntes trifásicas.

2.21 Ligação em Triângulo e em Estrela

Nos circuitos trifásicos, há dois tipos básicos de ligação tanto para os geradores e transformadores quanto para as cargas: são as ligações em triângulo ou em estrela.

2.21.1 Ligação em triângulo ou delta

Nesse tipo de ligação, a associação dos enrolamentos tem um aspecto idêntico ao do triângulo.

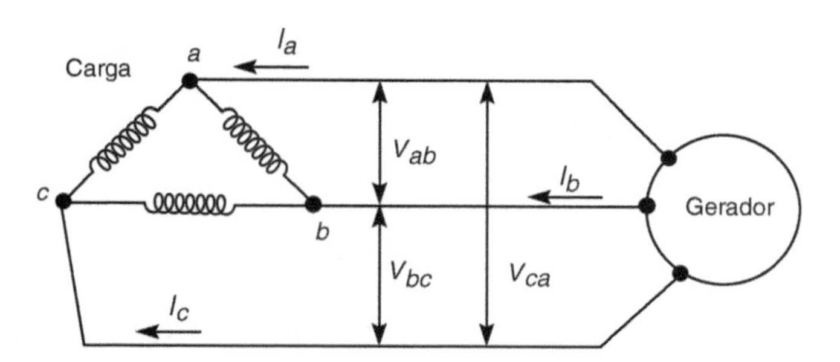

Figura 2.54 Circuito trifásico ligado em triângulo.

Para fixarmos ideias, vamos supor que *a*, *b* e *c* sejam os terminais dos enrolamentos de um motor trifásico, recebendo tensões entre fases V_{ab}, V_{bc} e V_{ca} de um gerador, as quais, como já sabemos, estão defasadas de 120°, isto é, estão de acordo com a Figura 2.55.

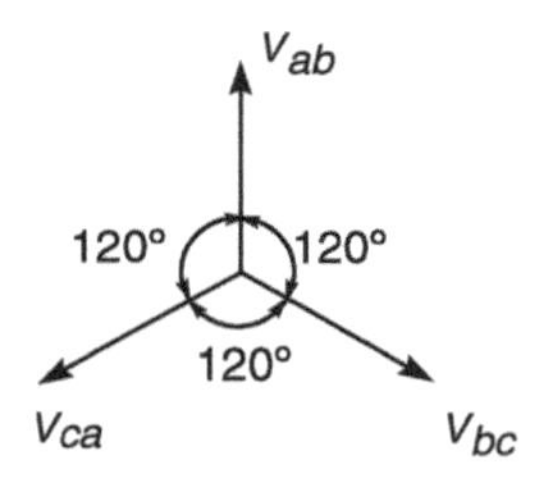

Figura 2.55 Diagrama vetorial das tensões da Figura 2.54.

As correntes I_a, I_b e I_c são chamadas correntes de linha e, no caso presente, são iguais em módulo, porém defasadas de 120° entre si. Dizemos que as correntes são iguais porque o circuito trifásico de um motor é dito equilibrado. O diagrama completo com as correntes e tensões será:

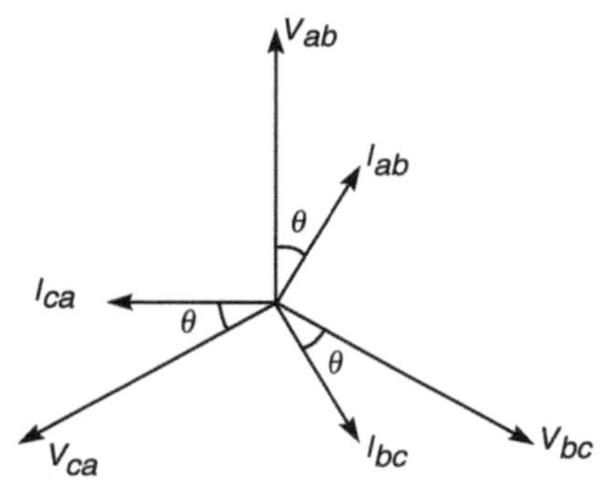

Figura 2.56 Diagrama vetorial completo da Figura 2.54.

As correntes de linha serão a soma vetorial das correntes de fase:

$$\dot{I}_a = \dot{I}_{ab} + \dot{I}_{ac};$$

$$\dot{I}_b = \dot{I}_{ba} + \dot{I}_{bc};$$

$$\dot{I}_c = \dot{I}_{ca} + \dot{I}_{cb}.$$

Outra maneira de representarmos a ligação em triângulo é a seguinte:

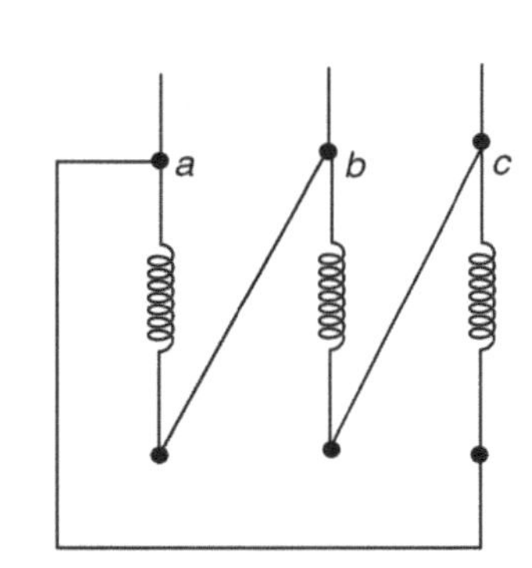

Figura 2.57 Diagrama de ligações de um circuito trifásico em triângulo.

2.21.2 Ligação em estrela

É o outro tipo de ligação trifásica na qual se junta, em um único nó, um terminal de cada enrolamento. Na Figura 2.58, vemos uma carga ligada em estrela, que pode ser representada pelas duas formas.

Esse ponto comum constitui o neutro da ligação e, nos sistemas elétricos mais usuais no Brasil, o neutro é ligado à terra.

Analogamente, as correntes I_a, I_b e I_c são as correntes de linha, porém, nesta ligação temos dois tipos de tensões:

- tensões entre fases, ou tensões compostas V_{ab}, V_{bc} e V_{ca};
- tensões entre fase e neutro V_{aN}, V_{bN} e V_{cN}.

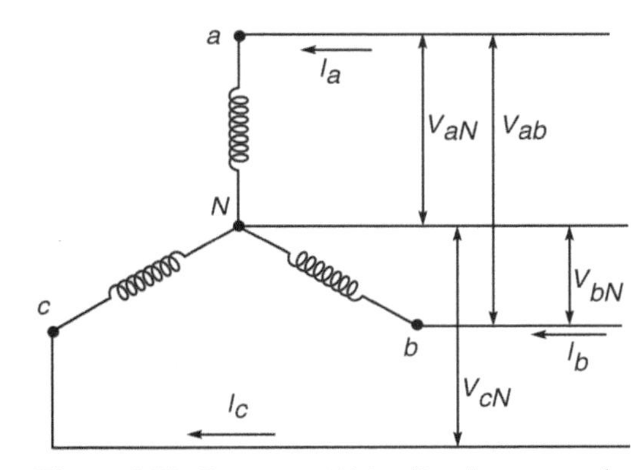

Figura 2.58 Circuito trifásico ligado em estrela.

A relação entre as tensões de fase e as de fase e neutro é sempre a raiz quadrada de 3, ou seja, 1,73, em que:

$$V_{ab} = 1{,}73 \times V_{aN};$$
$$V_{bc} = 1{,}73 \times V_{bN};$$
$$V_{ca} = 1{,}73 \times V_{cN}.$$

A ligação em estrela tem essa grande vantagem de termos duas tensões diferentes disponíveis em nossa rede, possibilitando ligar, por exemplo, motores ou lâmpadas em 127 ou 220 volts.

As cargas dos grandes edifícios são quase sempre ligadas em estrela, pois se constituem de diversas cargas monofásicas e, no conjunto, se comportam como carga trifásica ligada em estrela. Se as cargas estão equilibradas entre as fases, ou seja, se existe o mesmo valor da corrente entre fase e neutro, a corrente resultante no neutro é nula.

A potência num circuito trifásico equilibrado é três vezes a do circuito monofásico. Na Figura 2.59, temos:

$$P = 3 \times I_a \times V_{aN} \cos\theta = 3 \times I_a \times \frac{V_{ab}}{\sqrt{3}} \cos\theta,$$

em que:

$$\boxed{P = \sqrt{3} \times V_{ab} \times I_a \cos\theta.}$$

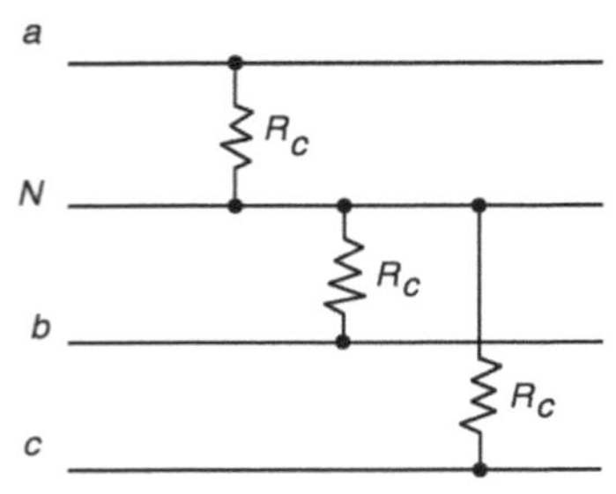

Figura 2.59 Carga trifásica ligada em estrela com neutro.

EXEMPLO

Um edifício residencial possui 10 apartamentos, cada um com carga monofásica em 127 volts igual a 4 000 watts, somente de iluminação. Como seriam dimensionados os cabos alimentadores do prédio pelo critério da capacidade de corrente?

Solução

Carga total:

$$P = 4\ 000 \times 10 = 40\ 000 \text{W};$$

$P = \sqrt{3} \times V \times I \times \cos\theta$, a alimentação do prédio é trifásica;

$$V = \sqrt{3} \times 127 = 220 \text{ volts}.$$

Para o caso presente, vamos considerar o fator de potências igual a 1 (luz incandescente). Então:

$$I = \frac{P}{\sqrt{3} \times V} - \frac{40\ 000}{\sqrt{3} \times 220} = 105 \text{ A}.$$

Desse modo, os três condutores de fase e o neutro serão dimensionados para 105 ampères.

EXERCÍCIOS DE REVISÃO

1. O elemento lítio tem a representação ${}_3Li^7$. Dizer quantos prótons, nêutrons e elétrons ele possui.
2. Definir o ampère (intensidade de corrente).
3. Dizer quantos elétrons atravessam a seção reta de um condutor em um segundo, no qual a intensidade de corrente é de 10 ampères.
4. Em um gerador, a tensão nos terminais é V = 220 volts, a resistência interna é de 2 ohms e a corrente é de 15 ampères. Qual a sua f.e.m.?
5. Um motor é acionado por 380 volts de tensão e 10 ampères de corrente. Se a resistência interna é de 1 ohm, qual a sua f.e.m.?
6. Calcular a energia elétrica paga no fim do mês por uma casa com a potência média utilizada de 2 000 watts ligada durante 200 horas. Sabe-se que o preço do kWh é de R$ 0,88, considerando impostos e taxas.
7. Efetuando-se a medição da corrente em nossa residência, com o auxílio de um amperímetro de corrente alternada, foram achados 10 ampères eficazes. Fazer o desenho da onda dessa corrente, sabendo-se que a frequência da rede é de 60 Hz e que a tensão é senoidal. Qual o valor máximo?
8. Calcular a resistência equivalente de um circuito composto de quatro resistências em paralelo, com os seguintes valores:

$$R_1 = 2;\ R_2 = 8;\ R_3 = 10;\ R_4 = 5.$$

9. Se, no exercício anterior, ligarmos essas quatro resistências a uma fonte de 120 volts, qual será a corrente circulante?
10. Um transformador abaixador DD ou YY tem a tensão do lado primário de 13,2 kV e a corrente I_1 = 2 A. Se a tensão no secundário é de 220 V, calcular a corrente I_2, desprezando as perdas.
11. Para uma onda senoidal i = 100 cos 628 t, calcular o valor rms e a frequência.

3 Projeto das Instalações Elétricas

3.1 Projeto Elétrico

O projeto elétrico pode ser definido como uma previsão escrita da instalação elétrica, contendo todos os seus detalhes, a localização dos pontos de utilização da energia elétrica, dos pontos comandos, do trajeto dos eletrodutos e condutores, a divisão em circuitos, o dimensionamento da seção dos condutores, os dispositivos de manobra e proteção, a carga de cada circuito, a carga total etc.

De modo geral, um projeto elétrico é composto por cinco grandes partes:

a) Levantamento de dados – compreende a definição do objetivo do projeto, recebimento das plantas baixas da edificação, cortes do(s) pavimento(s), projeto estrutural com informações das localizações das fundações, vigas, colunas, plantas e desenhos das instalações complementares, bem como dados e critérios exigidos pela companhia distribuidora local e demais informações necessárias ao projeto elétrico, tais como possíveis dados complementares de cargas oriundas de projetos de incêndio, ar condicionado, hidráulica, entre outros.
b) Memória de cálculo e descritiva – o projetista apresenta os cálculos, os critérios e normas utilizados, justifica e descreve a sua solução contendo informações pertinentes à seleção de materiais e à execução do projeto.
c) Conjunto de plantas, esquemas e detalhes – nele deverá constar todos os elementos necessários à perfeita execução do projeto, como apresentado, em parte, pelas Figuras 3.1 e 3.2 e nos Apêndices A e B.
d) Lista de materiais e especificações – descrevem as características técnicas do material a ser usado e as normas aplicáveis.
e) Orçamento – são determinados a quantidade e o custo do material e da mão de obra necessários à execução do projeto.

Os Apêndices A e B apresentam o roteiro para a execução de um projeto e um exemplo do desenvolvimento do projeto elétrico de um prédio residencial.

3.1.1 Projetos elétricos em BIM - *Building Information Modeling*

Atualmente, para execução dos projetos, podemos usar a tecnologia denominada BIM – *Building Information Modeling*, ou seja, Modelagem de Informações da Construção, que não é apenas um *software* especializado em desenvolvimento de projetos. Podemos considerar o BIM uma ferramenta de inovação que atualiza a tecnologia de projetos e propõe uma evolução

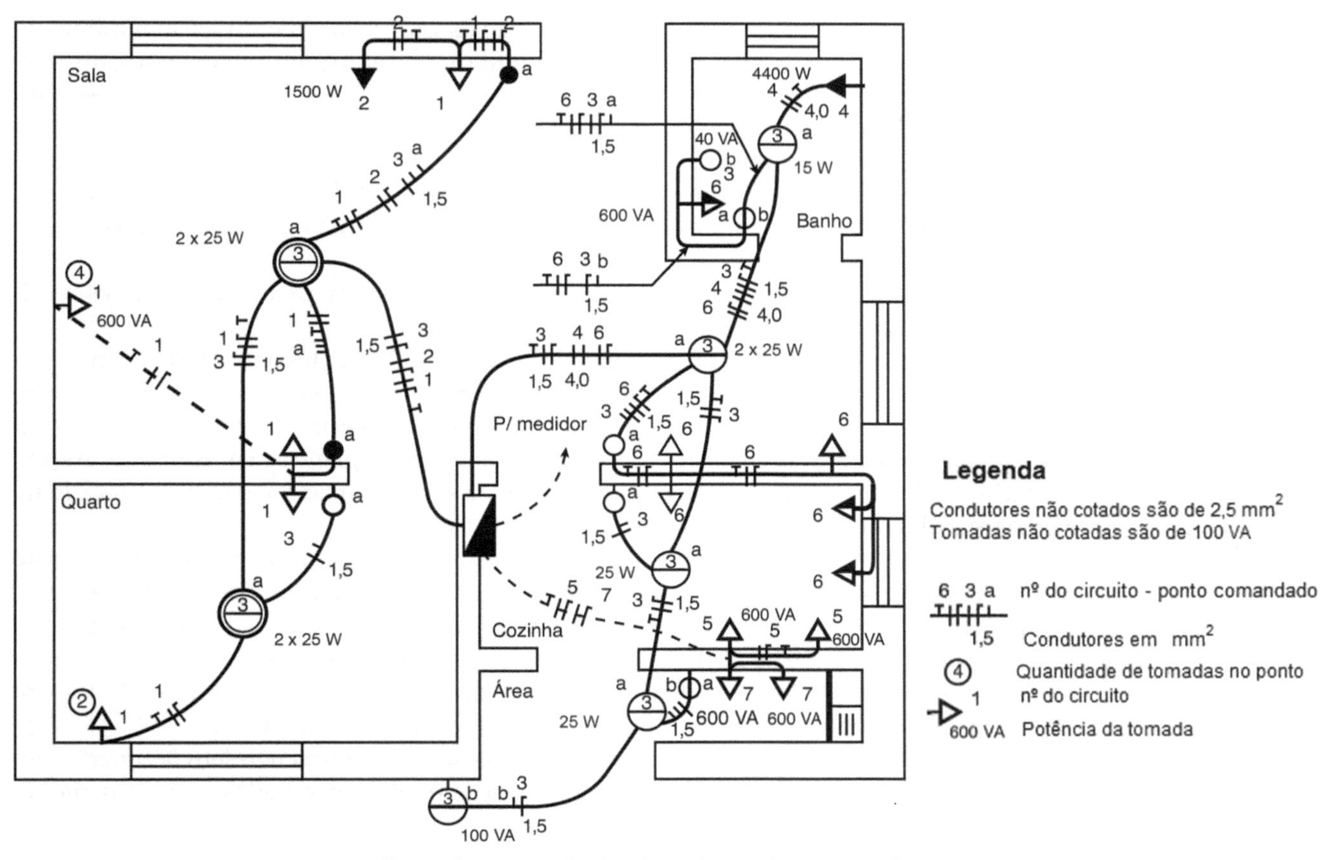

Figura 3.1 Exemplo de planta baixa de uma residência.

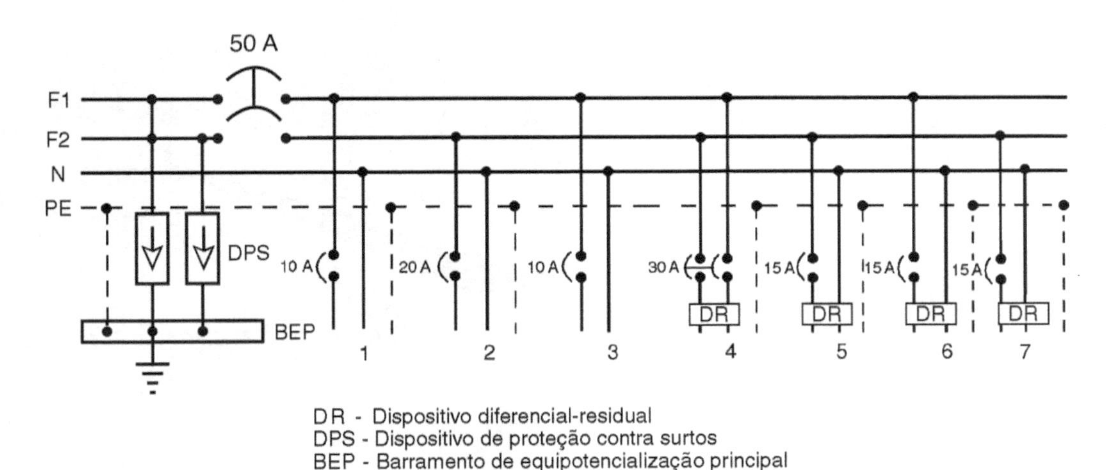

Figura 3.2 Exemplo de diagrama trifilar.

no processo de projetar as construções civis e seus complementos, tais como o projeto elétrico, incluindo o SPDA – Sistema de Proteção contra Descargas Atmosférica, o cabeamento estruturado, o projeto hidráulico, de gás etc., conseguindo reunir em uma representação gráfica, em 3D, todas as informações do projeto, desde as construtivas até a quantificação e especificação dos materiais utilizados e da mão de obra, de uma forma automática, mas que não prescinde, de forma alguma, de um conhecimento acurado do projeto das instalações elétricas.

Adotar a ferramenta BIM torna o projeto mais visível, facilitando seu entendimento pelos diversos profissionais que atuam nas edificações, entre eles, engenheiros, arquitetos, instaladores e demais envolvidos na cadeia da construção civil e elétrica. Essa compreensão gerada pelo desenho, em geral em 3D, contendo uma gama de informações com cortes e detalhes, resulta em um projeto com menos erros e possíveis interferências em seu desenvolvimento, com a possibilidade de troca de informações em tempo real entre as diversas áreas do projeto e, portanto, produz um trabalho mais confiável, reduzindo os custos com intervenções corretivas na obra.

Assim, os projetos se tornam, portanto, mais completos, precisos em suas especificações, documentações, orçamentos e quantitativos.

A aplicação do BIM na engenharia elétrica requer diferentes habilidades, como projetar a partir de modelos em 3D e lidar com diversas informações, de inúmeros setores, inclusive os gerenciais. A proposta do BIM é ter tudo conectado e compatibilizado em plataformas com diferentes aplicações em que é preciso planejar em conjunto. Assim, toda a cadeia de profissionais envolvidos precisa se adaptar ao novo método, focado no compartilhamento de informações.

Uma alteração no projeto elétrico, por exemplo, já é seguida de uma atualização nos demais sistemas que possam ser impactados. Tudo isso com a possibilidade de simulações, o que resulta em uma execução precisa da obra. O que mais muda no processo de trabalho é mesmo a colaboração entre os profissionais envolvidos e um conhecimento sistêmico de todas as disciplinas envolvidas na construção. A Figura 3.3 mostra parte dos componentes de um projeto elétrico executados com o BIM.

O projeto elétrico no BIM garante maior produtividade ao seu desenvolvimento, em razão dos comandos para definição automática de pontos de tomadas, condutos, fiação,

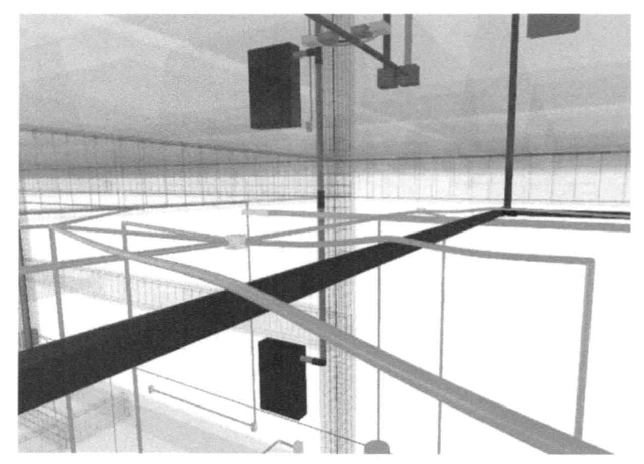

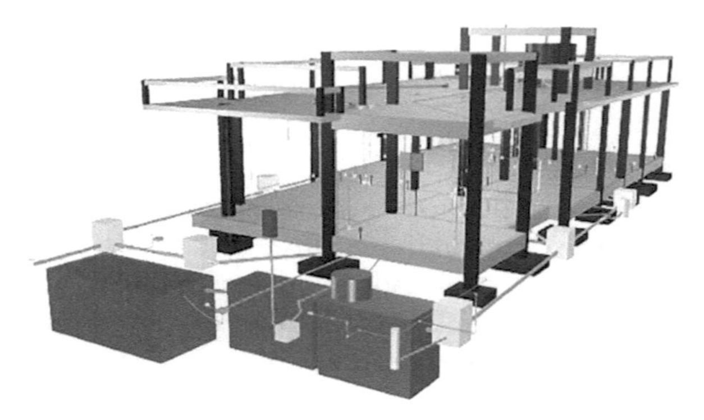

Figura 3.3 Exemplos de projeto elétrico executados com o BIM. (Cortesia da AltoQi.)

cálculos luminotécnicos e geração de lista de materiais, de acordo com as normas brasileiras, principalmente a NBR 5410:2004, regulamentos e normas das concessionárias regionais, sem a necessidade de uso de planilhas externas.

A metodologia BIM possibilita, também, o detalhamento do projeto com a geração automática do(s) quadro(s) de cargas, diagramas unifilares, cortes, prumadas e demais informações. A atualização é, também, automática sempre que qualquer item do projeto é modificado. Nos projetos elétricos em BIM temos um novo entregável, que é o modelo 3D com as informações do projeto elaborado que pode ser no formato de arquivo aberto denominado IFC (*Industry Foundation Classes*) para diferentes tipos de interação com os modelos de projeto das demais disciplinas como: Arquitetura, Estrutura, entre outras.

É importante salientar que já existem no mercado muitas ferramentas BIM, que abrangem diferentes etapas do ciclo de vida da edificação. Podemos citar, por exemplo, a plataforma QiBuilder, que conta com uma ferramenta específica para projetos elétricos em BIM (QiElétrico), da AltoQi.

Existem outros *softwares*, como o Tekla Bimsight, Solibri, Revit MEP da AutoDesk, ArchiCAD (Graphisoft), Allplan (Nemetschek) e a AECOsim Building Designer (Bentley Systems) que compreendem diversas etapas do projeto em BIM: modelagem, compatibilização, orçamentação, planejamento, dentre outras etapas.

De modo geral, a metodologia do BIM é desenvolvida, atualmente, em seis dimensões que permitem o desenvolvimento do projeto elétrico com todas as facilidades e propriedades descritas anteriormente, como se segue:

BIM 2D – Representação ou documentação. É a planta elétrica com o detalhamento necessário para representar os desenhos tradicionais em duas dimensões, com todos os seus complementos.

BIM 3D – Modelo paramétrico. É o protótipo virtual da edificação. Aqui, todos os projetos estão representados em três dimensões – 3D. Nessa etapa, já é possível efetuar uma análise de interferência entres os elementos das diversas disciplinas de projeto, antecipar imperfeições e buscar a melhor solução para a execução do projeto.

BIM 4D – Tempo e planejamento de execução da obra. É possível associar o modelo elaborado ao cronograma da obra, vincular tarefas, tempos e gerar um planejamento visual de andamento da obra, proporcionando ao engenheiro de execução, ou ao gerente de projeto, acompanhar o avanço físico de cada etapa.

BIM 5D – Orçamento. Após vincular o modelo ao planejamento, com sequenciamento de tarefas e tempos, a próxima etapa é efetuar composições utilizando códigos dos sistemas de orçamentos, como: o TCPO e o SINAPI, tendo como base os quantitativos extraídos do modelo.

BIM 6D – Sustentabilidade. Com o modelo rico em informações dos elementos constituintes, chegou a etapa de análise da eficiência energética da edificação, que auxilia na tomada de decisão durante o processo de concepção de um edifício, para que seu resultado seja o mais sustentável possível. Diversas ferramentas possibilitam essa ação, e o projetista pode simular distintos cenários para avaliar os resultados das suas definições e os impactos técnico e financeiro de forma rápida e econômica.

BIM 7D – Manutenção e operação. O modelo com informações de término da obra com os elementos de projeto pode ser utilizado para operação da edificação, com a possibilidade de gerar planos de manutenção.

A Figura 3.4 mostra um dos resultados apresentados pelo BIM, de forma automática, para planta baixa, diagrama unifilar ou trifilar do(s) quadro(s) de distribuição – QD e outras informações do projeto.

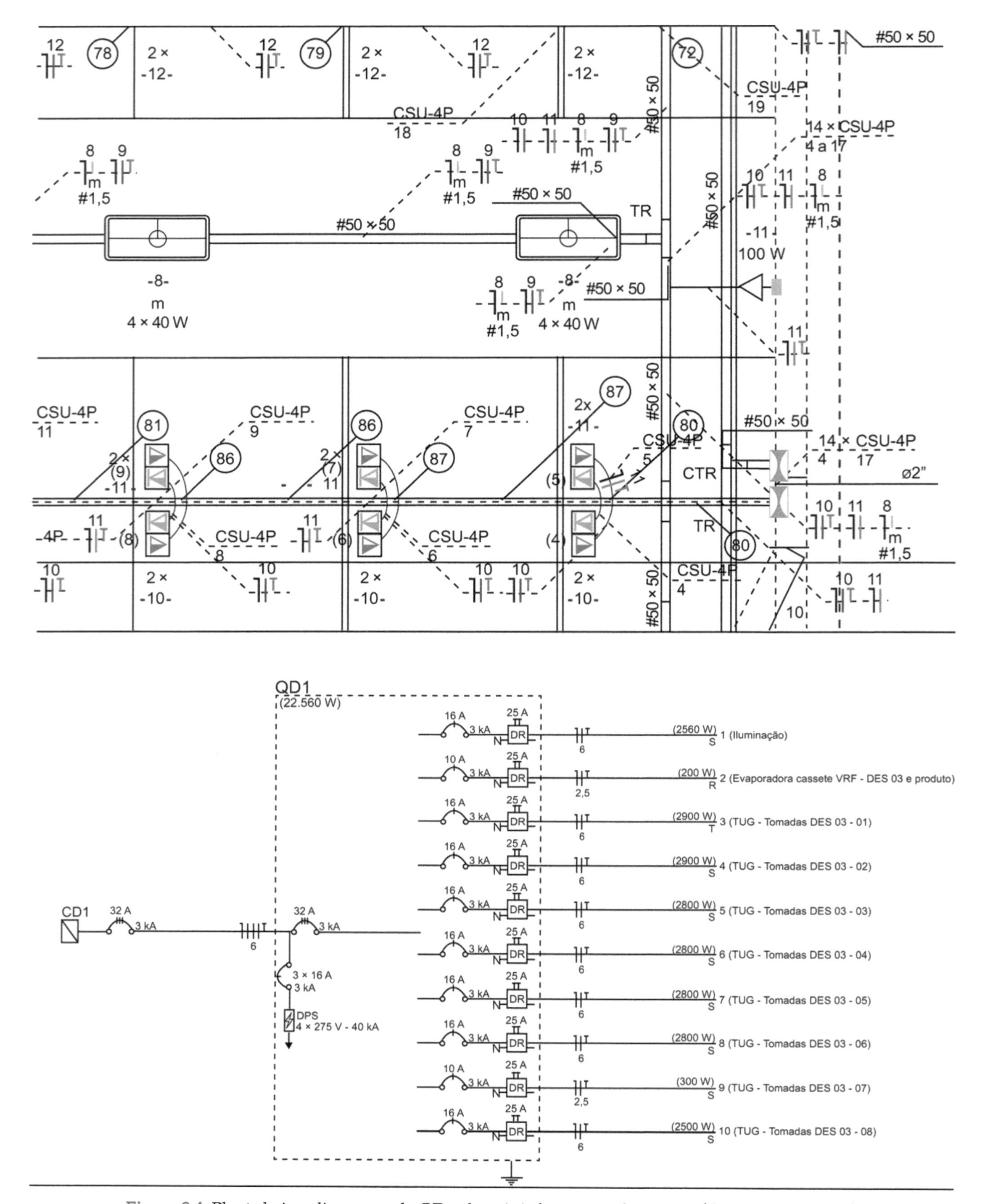

Figura 3.4 Planta baixa, diagramas do QD e demais informações de projeto. (Cortesia da AltoQi.)

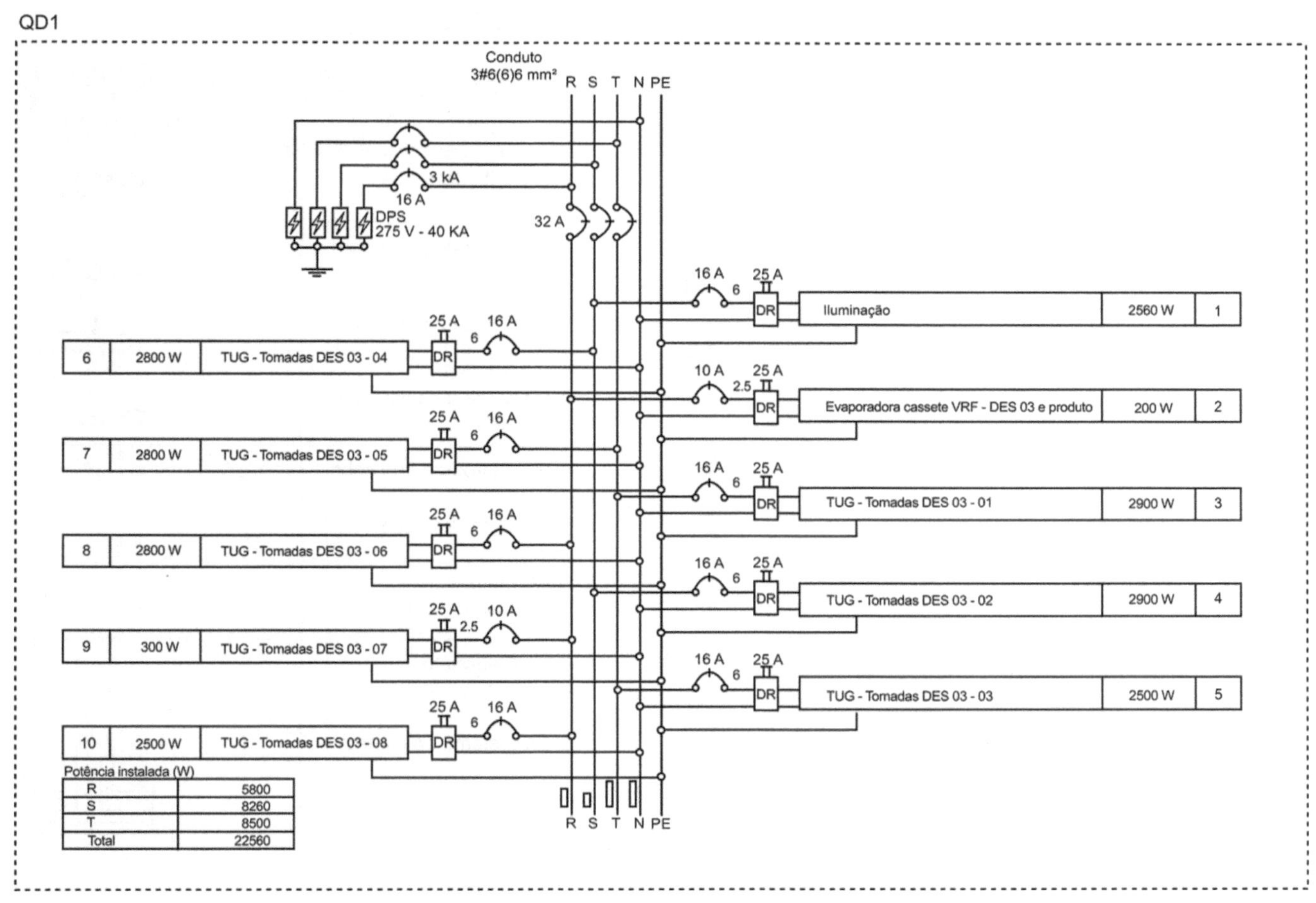

Figura 3.4 Planta baixa, diagramas do QD e demais informações de projeto. (Cortesia da AltoQi.) (*Continuação*)

3.2 Símbolos Utilizados

A fim de se facilitar a execução do projeto e a identificação dos diversos pontos de utilização, lança-se mão de símbolos gráficos.

Na Tabela 3.1, temos os símbolos gráficos para os projetos de instalações elétricas. Foram deixadas uma coluna para a simbologia mais usual e uma coluna para a simbologia normalizada pela NBR 5444:1989 que, embora cancelada, ainda é a simbologia utilizada, ficando a critério de cada projetista a simbologia a ser adotada.

Tabela 3.1 Símbolos gráficos usuais para projetos de instalações elétricas

Designação	Usual	Referência NBR 5444 cancelada
a) Luminárias, refletores e lâmpadas		
a.1) Luz fluorescente compacta ou LED no teto	Nº Cir. Pot.	4 a (*) 2 x 25 W
a.2) Luz fluorescente compacta ou LED na parede		4 a 2 x 15 W
a.3) Luz fluorescente compacta ou LED no teto (embutida)		4 a 2 x 25 W
a.4) Luz fluorescente ou LED tubular no teto	Nº Cir. Pot.	a 4 x 20 W
a.5) Luz fluorescente ou LED tubular na parede		4 a 4 x 20 W

continua

Tabela 3.1 Símbolos gráficos usuais para projetos de instalações elétricas (*Continuação*)

Designação	Usual	Referência NBR 5444 cancelada
a.6) Luz fluorescente ou LED tubular no teto (embutida)		4 a 4x20W
a.7) Luz incandescente no teto (vigia/emergência)		4
a.8) Luz fluorescente ou LED tubular no teto (vigia/emergência)		4
a.9) Sinalização de tráfego (rampas, entradas etc.)		
a.10) Sinalização		
a.11) Refletor		
a.12) Poste com duas luminárias (externa)		
a.13) Lâmpada obstáculo		
a.14) Minuteria	M	M
a.15) Luz de emergência na parede (independente)		
a.16) Exaustor		
b) Eletrodutos e distribuição		
b.1) Embutido no teto ou parede		ø25mm
b.2) Embutido no piso		ø25mm
b.3) Telefone no teto		
b.4) Telefone no piso		
b.5) Campainha, som, anunciador		
b.6) Condutor-fase no eletroduto		
b.7) Condutor neutro no eletroduto		
b.8) Condutor de retorno no eletroduto		
b.9) Condutor-terra no eletroduto		
b.10) Cordoalha de terra		T 50 50mm²
b.11) Leito de cabos		3(2x25●)(**)
b.12) Caixa de passagem no piso		P (200x200x100)
b.13) Caixa de passagem no teto		P (200x200x100)
b.14) Caixa de passagem na parede		P (200x200x100)
b.15) Eletroduto que sobe		
b.16) Eletroduto que desce		
b.17) Eletroduto que passa descendo		
b.18) Eletroduto que passa subindo		
b.19) Sistema de calhas no piso:		I II III IV
I – Luz e força		
II – Telefone		
III – Telefone (PABX, KS, ramais)		
IV – Especiais (COMUNICAÇÕES)		
b.20) Condutor de 1,0 mm² fase para campainha		
b.21) Condutor de 1,0 mm² neutro para campanhia		
b.22) Condutor de 1,0 mm² retorno para campainha		
c) Quadros de distribuição		
c.1) Quadro parcial aparente (luz e força)		
c.2) Quadro parcial embutido (luz e força)		
c.3) Quadro geral aparente (luz e força)		
c.4) Quadro geral embutido (luz e força)		

continua

Tabela 3.1 Símbolos gráficos usuais para projetos de instalações elétricas (*Continuação*)

Designação	Usual	Referência NBR 5444 cancelada
c.5) Caixa de telefone		
c.6) Caixa para medidor		MED
d) Interruptores		
d.1) Uma seção	S	a - ponto comandado
d.2) Duas seções	S_2	a b
d.3) Três seções	S_3	a b c
d.4) Paralelo ou *three-way*	S_W	a
d.5) Intermediário ou *four-way*	S_{4W}	a
d.6) Botão de minuteria	M	M
d.7) Botão com campainha na parede		
d.8) Botão de campainha no piso		
d.9) Fusível		
d.10) Chave seccionadora com fusível (abertura sem carga)		
d.11) Chave seccionadora com fusível (abertura em carga)		
d.12) Chave seccionadora (abertura sem carga)		
d.13) Chave seccionadora (abertura em carga)		
d.14) Disjuntor a óleo		
d.15) Disjuntor a seco		
d.16) Chave reversora		
e) Ponto de tomada		
e.1) Ponto de tomada de luz na parede, baixa (300 mm do piso acabado)		300 VA -3- N
e.2) Ponto de tomada média (1 300 mm do piso)		300 VA N -3-
e.3) Ponto de tomada alta (2 000 mm do piso)		300 VA N -3-

Designação	Usual	Referência NBR 5444 cancelada
e.4) Ponto de tomada de luz no piso		300 VA N -3-
e.5) Ponto de tomada para rádio e TV		
e.6) Relógio elétrico no teto		
e.7) Idem na parede		
e.8) Saída de som no teto		
e.9) Idem na parede		
e.10) Cigarra		
e.11) Campainha		
e.12) Quadro anunciador (4 chamadas)		IV
e.13) Ponto de tomada de telefone na parede (externa)		
e.14) Ponto de tomada de telefone na parede (interna)		
e.15) Ponto de tomada de telefone no piso (externa)		
e.16) Ponto de tomada de telefone no piso (interna)		
f) Motores e transformadores		
f.1) Gerador (indicar as características)	G	G
f.2) Motor	M	M
f.3) Transformador de potência		
f.4) Transformador de corrente		
f.5) Transformador de potencial		

Observações:

(*) a é a indicação do ponto de comando; -4- é o circuito correspondente.

(**) Significa 3 condutores de 2 vezes de 25 mm² por fase.

Ⓝ Número de tomadas no ponto.

Neste livro, serão desenvolvidos projetos utilizando a simbologia usual, pelo fato de já ser consagrada por seu uso em nosso país.

3.3 Previsão da Carga de Iluminação e dos Pontos de Tomada

3.3.1 Generalidades

A carga a se considerar para um equipamento de utilização é a sua potência nominal absorvida, dada pelo fabricante ou calculada a partir da tensão nominal, da corrente nominal e do fator de potência.

Nos casos em que for dada a potência nominal fornecida pelo equipamento (potência da saída), e não a absorvida, devem ser considerados o rendimento e o fator de potência. A Tabela 3.2 fornece como referência as potências médias de alguns aparelhos eletrodomésticos.

Tabela 3.2 Potências médias de aparelhos elétricos em watts

Equipamento	Potência (W)
Aparelho de som	110
Aquecedor de ambiente	1 600
Ar-condicionado janela – 7 500 BTU/h	750
Ar-condicionado janela – 12 000 BTU/h	1 200
Ar-condicionado *split* – 9 000 BTU/h	820
Ar-condicionado *split* – 12 000 BTU/h	1 100
Aspirador de pó	700
Batedeira	147
Boiler elétrico de 200 L – 2 500 W	2 300
Cafeteira expresso	700
Chuveiro elétrico	4 400
Chuveiro elétrico	6 600
Computador	60
Exaustor de fogão	160
Ferro elétrico automático a seco	1 100
Forno elétrico	500
Forno micro-ondas – 25 L	1 400

Equipamento	Potência (W)
Freezer vertical *frost-free*	75
Geladeira 1 porta *frost-free*	60
Home theater	350
Impressora	15
Lavadora de louças	1 500
Lavadora de roupas	150
Liquidificador	200
Máquina de costura	100
Monitor LCD	35
Modem 4G	15
Notebook	20
Sanduicheira	650
Secador de cabelo	1 000
Torradeira	720
TV em cores – 32″ (LCD)	90
TV em cores – 42″ (LED)	150
Ventilador de teto	70

3.3.2 Carga de iluminação

Na determinação das cargas de iluminação incandescente, adotam-se os seguintes critérios, de acordo com a NBR 5410:2004:

a) em cada cômodo ou dependência de unidades residenciais e nas acomodações de hotéis, motéis e similares, deverá ser previsto pelo menos um ponto de luz fixo no teto, com potência mínima de 100 VA;

b) em cômodos ou dependências com área igual ou inferior a 6 m^2, deverá ser prevista uma carga de pelo menos 100 VA e, com área superior a 6 m^2, deverá ser prevista uma carga mínima de 100 VA para os primeiros 6 m^2, acrescida de 60 VA para cada aumento de 4 m^2 inteiros.

> Para o dimensionamento da carga de iluminação fluorescente ou LED, os valores de potência indicados acima deverão ser reduzidos, pois as lâmpadas fluorescentes e LEDs são mais eficientes do que as incandescentes. Como regra prática, podemos dividir os valores de potência por 4, que é a relação de eficiência entre as lâmpadas incandescentes e fluorescentes ou LEDs.

Os valores apurados correspondem à potência destinada à iluminação para efeito de dimensionamento dos circuitos, e não necessariamente à potência nominal das lâmpadas incandescentes a serem utilizadas.

Para aparelhos fixos de iluminação à descarga (lâmpadas fluorescentes, por exemplo), a potência a ser considerada deverá incluir a potência das lâmpadas, as perdas e o fator de potência dos equipamentos auxiliares (reatores).

Observa-se que, a partir de 2016, as lâmpadas incandescentes ficaram proibidas de serem comercializadas no Brasil, de acordo com a Portaria nº 1007, editada pelos Ministérios de Minas e Energia, da Ciência, Tecnologia e Inovação, e do Desenvolvimento, Indústria e Comércio Exterior, publicada em 6 de janeiro de 2011.

Destaca-se que não fazem parte da Regulamentação as lâmpadas incandescentes com bulbo inferior a 45 milímetros de diâmetro e com potências iguais ou inferiores a 40 W, as incandescentes halógenas e outros tipos.

3.3.3 Pontos de tomada de uso geral

Quantidade de pontos de tomada de uso geral

Nas unidades residenciais e nas acomodações de hotéis, motéis e similares, o número de pontos de tomada de uso geral deve ser fixado de acordo com o seguinte critério:

- nos cômodos ou dependências da instalação, se a área for inferior a 6 m^2, pelo menos um ponto de tomada; se a área for maior que 6 m^2, pelo menos um ponto de tomada para cada 5 m, ou fração de perímetro, espaçados tão uniformemente quanto possível;
- em banheiros, pelo menos um ponto de tomada junto ao lavatório;
- em cozinhas, copas, copas-cozinhas, áreas de serviço, lavanderias e locais análogos, no mínimo um ponto de tomada para cada 3,5 m, ou fração de perímetro, e que, acima de cada bancada com largura igual ou superior a 0,30 m, deve ser previsto pelo menos um ponto de tomada;
- em subsolos, garagens, sótãos, *halls* de escadarias e em varandas, salas de manutenção ou localização de equipamentos, tais como casas de máquinas, salas de bombas, barriletes e locais análogos, deve ser previsto no mínimo um ponto de tomada.

No caso de varandas, quando não for possível a instalação de ponto de tomada no próprio local, este deverá ser instalado próximo ao seu acesso.

Deve-se atentar para a possibilidade de que um ponto de tomada venha a ser usado para alimentação de mais de um equipamento, sendo recomendável, portanto, a instalação da quantidade de tomadas julgada adequada.

Potência a prever nos pontos de tomada de uso geral

Nas unidades residenciais e nas acomodações de hotéis, motéis e similares, aos pontos de tomada de uso geral devem ser atribuídas as seguintes potências:

- em banheiros, cozinhas, copas, copas-cozinhas, áreas de serviço, lavanderias e locais análogos, no mínimo 600 VA por ponto de tomada, até três pontos, e 100 VA por ponto, para os excedentes, considerando cada um desses ambientes separadamente;
- nos demais cômodos ou dependências, no mínimo 100 VA por ponto de tomada.

3.3.4 Pontos de tomada de uso específico

Aos pontos de tomadas de uso específico deverá ser atribuída uma potência igual à potência nominal do equipamento a ser alimentado. Quando não for conhecida a potência do equipamento a ser alimentado, deverá atribuir-se ao ponto de tomada uma potência igual à potência nominal do equipamento mais potente com possibilidade de ser ligado, ou potência determinada a partir da corrente nominal da tomada e da tensão do respectivo circuito.

Os pontos de tomada de uso específico devem ser instalados no máximo a 1,5 m do local previsto para o equipamento a ser alimentado.

3.4 Divisão das Cargas da Instalação

Toda a carga da instalação elétrica deve ser dividida em vários circuitos, de modo a:

- limitar as consequências de uma falta, a qual provocará apenas seccionamento do circuito defeituoso;
- facilitar as verificações, os ensaios e a manutenção;
- possibilitar o uso de condutores de pequena bitola (área da seção circular).

Chama-se *circuito* o conjunto de pontos de consumo, alimentados pelos mesmos condutores e ligados ao mesmo dispositivo de proteção.

Nos sistemas polifásicos, os circuitos devem ser distribuídos de modo a assegurar o melhor equilíbrio de cargas entre as fases.

Em instalações de alto padrão técnico, deve haver circuitos normais e circuitos de segurança. Os circuitos normais estão ligados apenas a uma fonte, em geral, à concessionária local. Em caso de falha da rede, haverá interrupção no abastecimento. Esses circuitos são, muitas vezes, chamados de "não essenciais".

Os circuitos de segurança são aqueles que garantirão o abastecimento, mesmo quando houver falha da concessionária. Como exemplo de circuitos de segurança, podem-se citar os circuitos de alarme e de proteção contra incêndio, abastecidos simultaneamente pela concessionária ou por fonte própria (baterias, geradores de emergência etc.). Os circuitos de segurança são, muitas vezes, chamados de "essenciais".

Devem ser observadas as seguintes recomendações em unidades residenciais, hotéis, motéis ou similares:

a) circuitos independentes devem ser previstos para os aparelhos com corrente nominal superior a 10 A (como aquecedores de água, fogões e fornos elétricos, máquinas de lavar, aparelhos de aquecimento ou para aparelhos de ar condicionado etc.);
b) circuitos de iluminação devem ser separados dos circuitos de tomadas;
   Há uma regra prática que propõe dividir os circuitos em potências de:
      1 200 a 1 500 VA – para cargas de iluminação em circuitos fase-neutro em 127 V,
      2 200 a 2 500 VA – para cargas de tomadas em circuitos fase-neutro em 127 V.

Assim, permitindo, em princípio, o uso de condutores de:

1,5 mm² para os circuitos de iluminação

2,5 mm² para os circuitos de tomadas dentro do critério da capacidade de corrente, como será explicado mais adiante.

c) ***em unidades residenciais, hotéis, motéis ou similares, são permitidos pontos de iluminação e tomadas em um mesmo circuito, de maneira a se evitar que os pontos de iluminação não sejam alimentados, em sua totalidade, por um só circuito, exceto nas cozinhas, copas e áreas de serviço, que devem constituir um ou mais circuitos independentes;***
d) proteções dos circuitos de aquecimento ou condicionamento de ar de uma residência podem ser agrupadas no quadro de distribuição da instalação elétrica geral ou em um quadro separado;
e) quando um mesmo alimentador abastece vários aparelhos individuais de ar condicionado, deve haver uma proteção para o alimentador geral e uma proteção junto a cada aparelho, caso este não possua proteção interna própria;
f) cada circuito deverá ter seu próprio condutor neutro;
g) circuitos de tomadas deverão ter um condutor de proteção [PE (terra)] ligado diretamente ao terra da instalação – ***o condutor PE pode ser comum a mais de um circuito;***
h) circuitos de iluminação instalados em áreas com piso "molhado" ou instalados em algumas instalações industriais também deverão ter um condutor de proteção (PE).

3.5 Dispositivos de Comando dos Circuitos

3.5.1 Interruptores

Para o controle de circuitos trifásicos, deverá ser usado dispositivo tripolar que atue sobre os três condutores-fase simultaneamente. Somente será permitido dispositivo monopolar para corrente nominal superior a 800 ampères.

Os interruptores unipolares, paralelos ou intermediários, devem interromper unicamente o condutor-fase e nunca o condutor neutro. Isso possibilitará reparar e substituir lâmpadas sem risco de choque – bastará desligar o interruptor (Figura 3.5).

Em circuitos de dois condutores-fase, deve-se usar interruptor bipolar (Figura 3.6).

Os interruptores devem ter capacidade, em ampères, suficiente para interromper e suportar, por tempo indeterminado, as correntes que transportam.

Os interruptores comuns para instalações residenciais são de 10 A – 250 volts –, o que permite comandar cargas de até 1 200 watts, em 127 volts, ou 2 200 watts, em 220 volts.

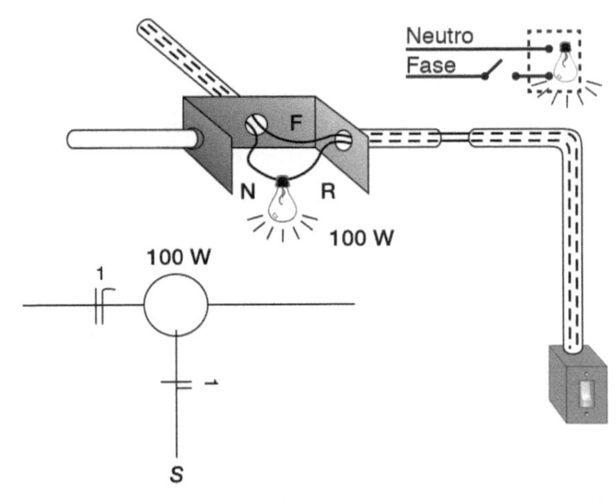

Figura 3.5 Esquemas de ligação de interruptor unipolar.

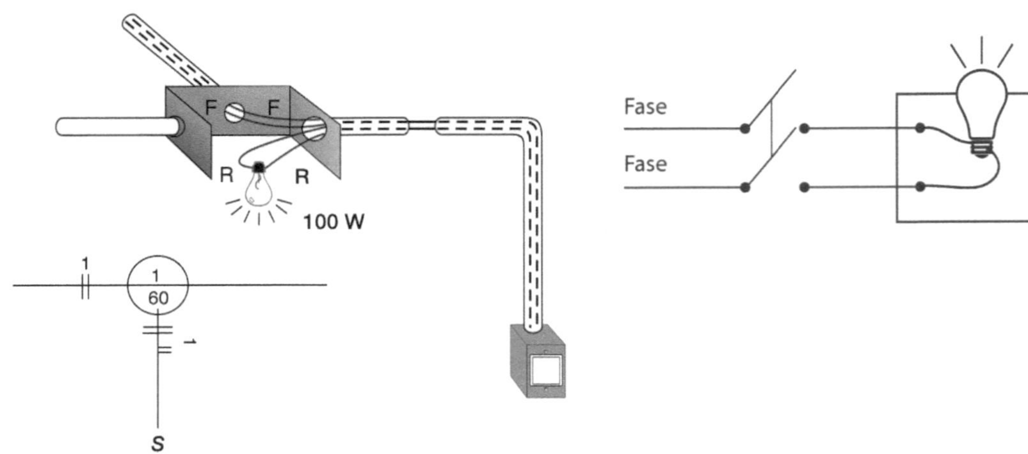

Figura 3.6 Esquemas de ligação de interruptor bipolar.

Quando há carga indutiva, como, por exemplo, em lâmpadas fluorescentes, e não se dispondo de interruptor especial, pode-se usar o interruptor comum, porém com capacidade, no mínimo, igual ao dobro da corrente a se interromper.

Interruptor de várias seções

Quando desejamos comandar diversas lâmpadas do mesmo ponto de luz, como no caso de abajures, ou diversos pontos de luz, usamos interruptores de várias seções (Figura 3.7).

Interruptor three-way (S_w) *ou paralelo*

É usado em escadas ou dependências cujas luzes, pela extensão ou por comodidade, deseja-se apagar ou acender de pontos diferentes.

Esquematicamente, pode ser representado da seguinte maneira (Figuras 3.8 (a) e (b)):

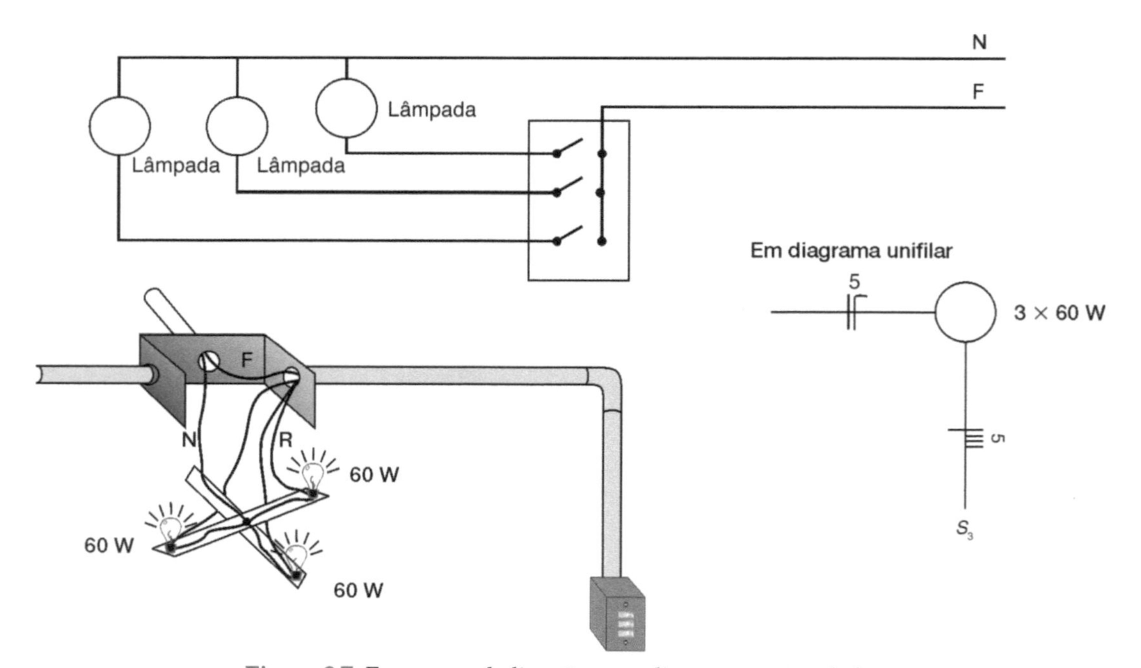

Figura 3.7 Esquemas de ligação para diversos pontos de luz.

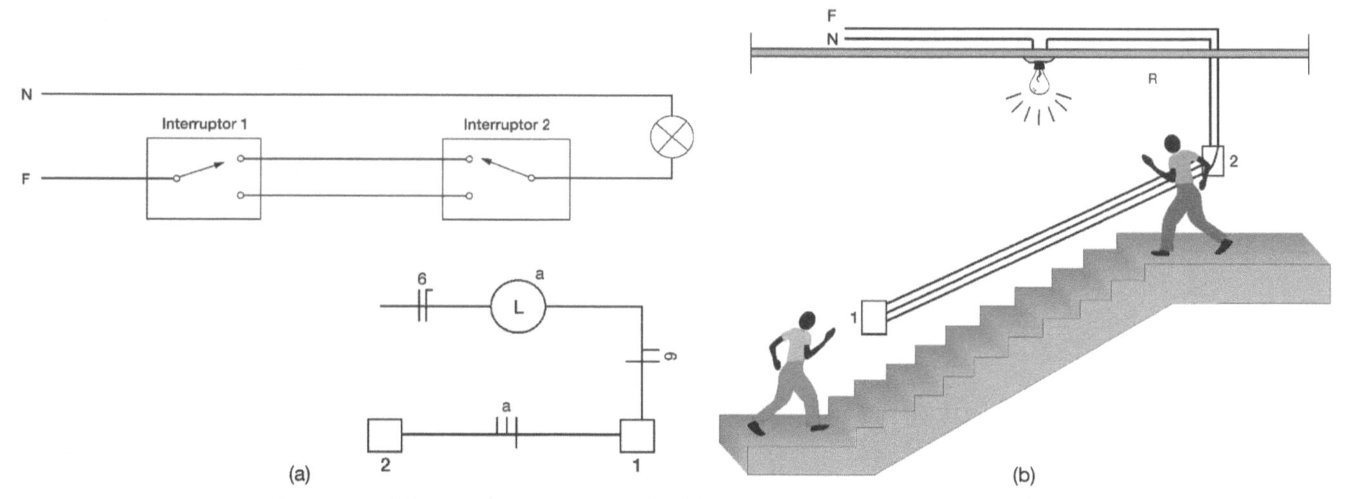

Figura 3.8 (a) Esquemas do *three-way*. (b) Exemplo do emprego do *three-way*.

Interruptor four-way (S_{4w}) *ou intermediário*

Às vezes, há necessidade de se comandar a(s) lâmpada(s) em vários pontos diferentes. Então, lança-se mão de um sistema múltiplo, representado pelo esquema da Figura 3.9, denominado *four-way*, porque são dois condutores de entrada e dois de saída.

Esse tipo de sistema exige, nas suas extremidades, ou seja, junto à fonte e à lâmpada, interruptores *three-way*. Os interruptores *four-way* executam duas ligações diferentes (Figura 3.10).

Na posição representada na Figura 3.9, a lâmpada acenderá. Se agirmos em qualquer dos interruptores, a lâmpada se apagará. Vejamos: agindo no interruptor 3, a sua ligação se inverterá e a lâmpada se apagará. É fácil compreender. Para isso, basta acompanhar o circuito (Figura 3.11).

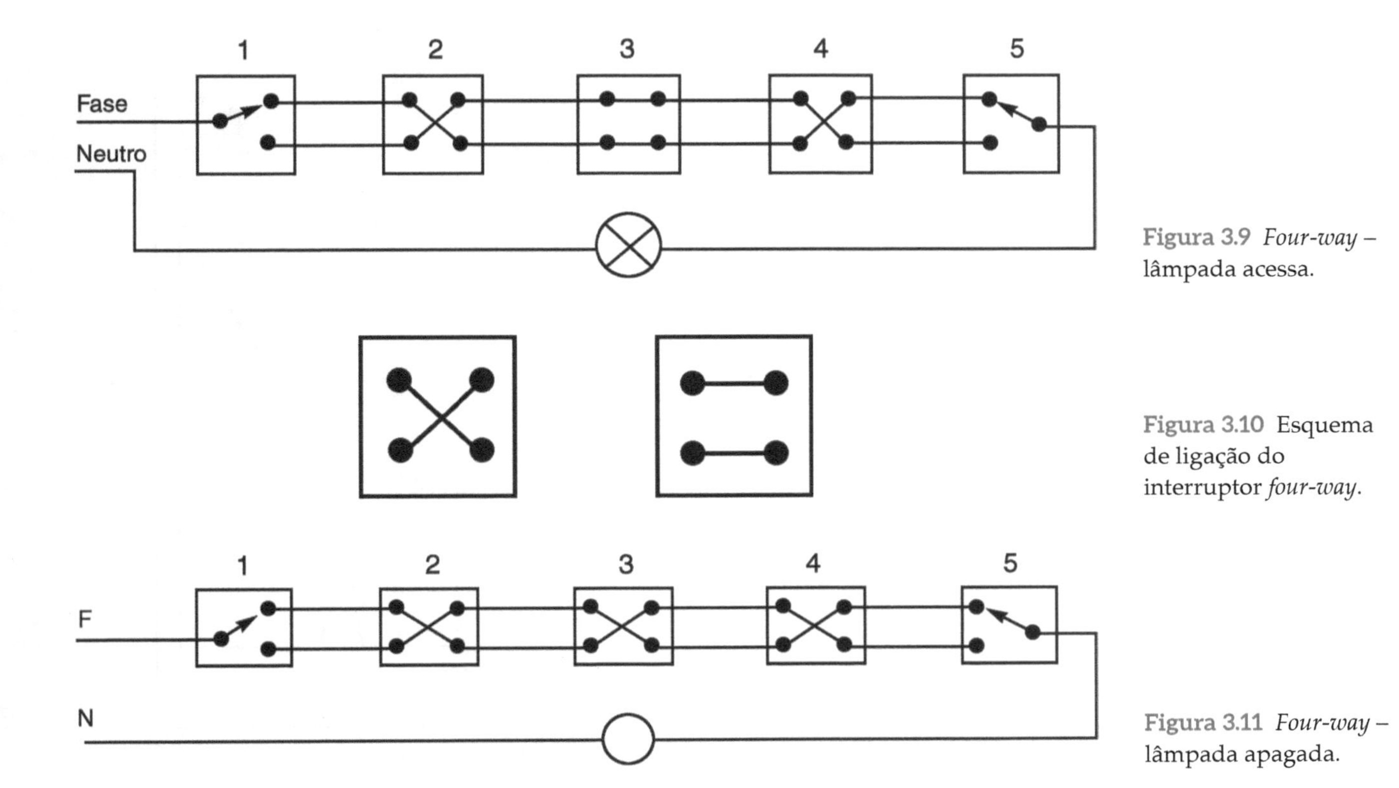

Figura 3.9 *Four-way* – lâmpada acessa.

Figura 3.10 Esquema de ligação do interruptor *four-way*.

Figura 3.11 *Four-way* – lâmpada apagada.

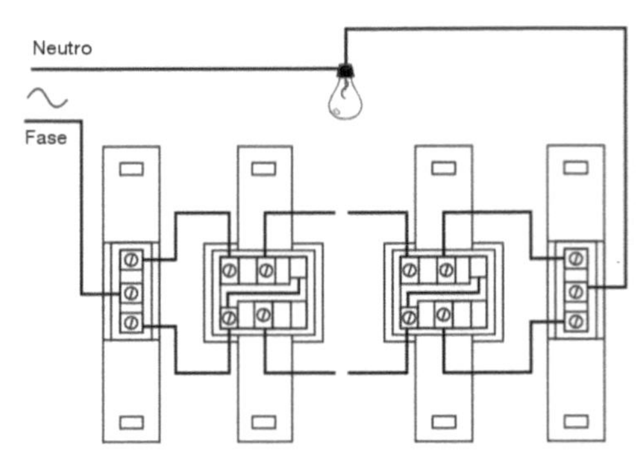

Figura 3.12 Ligação de interruptor *four-way* ou intermediário. Fonte: PIAL-LEGRAND.

3.5.2 Minuteria e sensor de presença

Em edifícios residenciais, é usual o emprego de um interruptor que apaga automaticamente o circuito de serviço, visando à maior economia para o condomínio.

Após as 22 horas, quando o movimento do prédio diminui, não se justifica ficarem muitas lâmpadas acesas toda a noite. Basta que se acendam no momento em que chegue uma pessoa, apagando automaticamente pouco depois. Como as lâmpadas permanecem ligadas por aproximadamente um minuto, esses dispositivos são conhecidos por "minuterias".

Há tipos de minuteria em que o tempo de atuação pode ser ajustado em períodos mais longos. Seja o esquema da Figura 3.13, em que, na posição *A* da chave de reversão, as lâmpadas acendem sem necessidade de calcar os botões dos pavimentos (antes das 22 horas). Na posição *B*, calcando-se o botão de um dos pavimentos, fecha-se o circuito

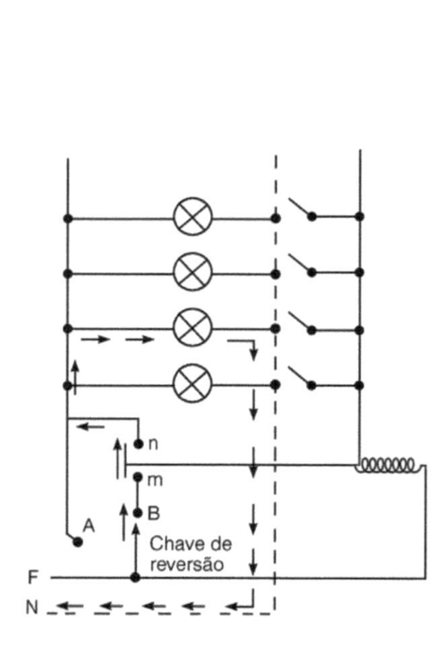

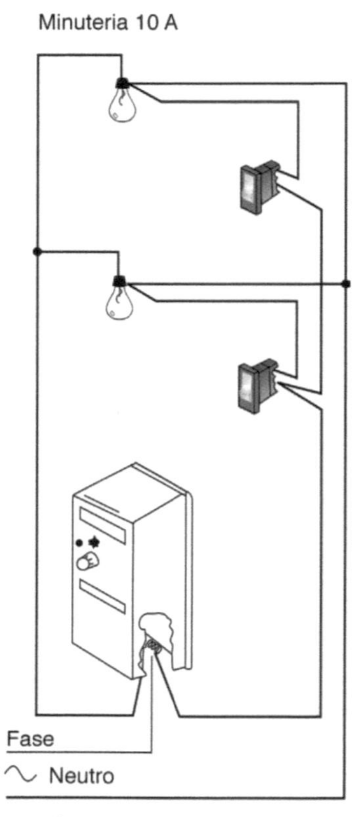

Figura 3.13 Diagrama elétrico e ligação de minuteria.

da bobina que atrai a lâmina, fechando-se os contatos *m* e *n*. Assim, pode-se tirar o dedo do botão, pois as lâmpadas continuarão acesas enquanto um mecanismo de relojoaria mantiver os contatos fechados (Figura 3.13). Todavia, modernamente se usam interruptores temporizados em cada pavimento, com o mesmo efeito da minuteria, porém com maior economia de energia.

Atualmente, as minuterias vêm sendo substituídas pelos sensores de presença, que são relés acionados por meio de um sensor infravermelho, o qual detecta o movimento de pessoas e veículos e aciona a iluminação, tornando mais claros os ambientes pelo acionamento de luminárias de parede, jardins, vitrines, entradas ou saídas, escadarias, garagem, *halls* etc. O tempo de funcionamento da iluminação pode ser regulado de 15 segundos a 8 minutos, de acordo com cada fabricante. A Figura 3.14 mostra as áreas típicas de atuação de um sensor de presença.

Alguns tipos de sensores de presença, imunes ao movimento de pequenos animais, são indicados para casas onde existam pequenos animais de estimação, evitando que os mesmos acionem, indevidamente, o sensor.

Os sensores de presença, apresentados na Figura 3.15, são utilizados, também, para a segurança de instalações, podendo ser instalados na sua parte externa. Além disso, muitas outras são as aplicações dos sensores de presença.

Há também os sensores de presença *wireless*, que utilizam a tecnologia *wireless* operando sem a necessidade de cabos para enviar o sinal a um sistema central de comando.

Alguns sensores possuem também fotocélula, que permite identificar se é noite ou dia, de modo a impedir que a iluminação seja acionada durante o dia. Os sensores podem acionar uma ou mais lâmpadas ou equipamentos de sinalização, conforme se pode observar na Figura 3.16, a qual mostra os esquemas de ligação a 2 fios, para lâmpadas incandescentes, e a 3 fios, para qualquer tipo de lâmpada.

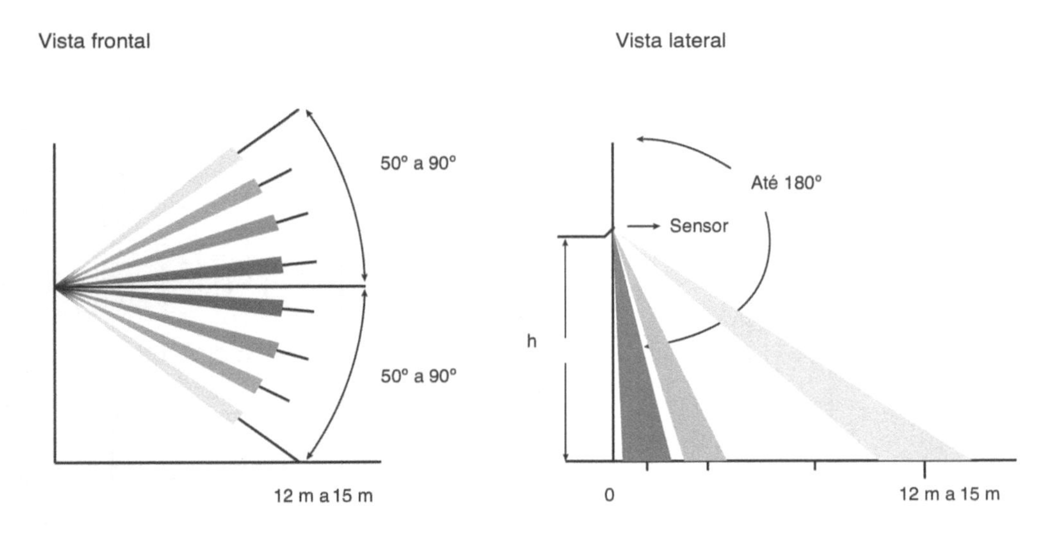

Figura 3.14 Área típica de monitoramento.

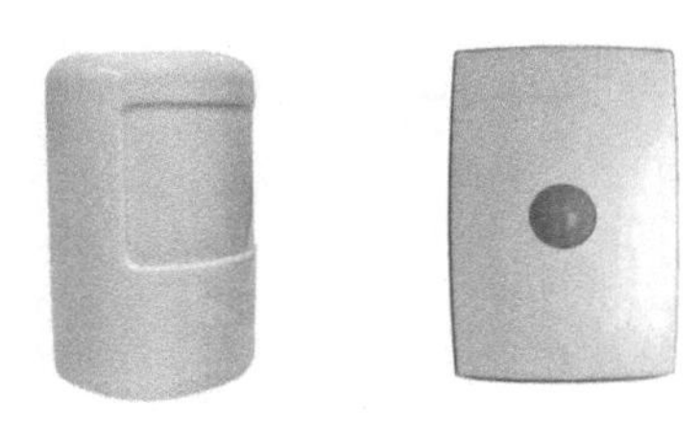

Figura 3.15 Sensor de presença de sobrepor e de embutir.

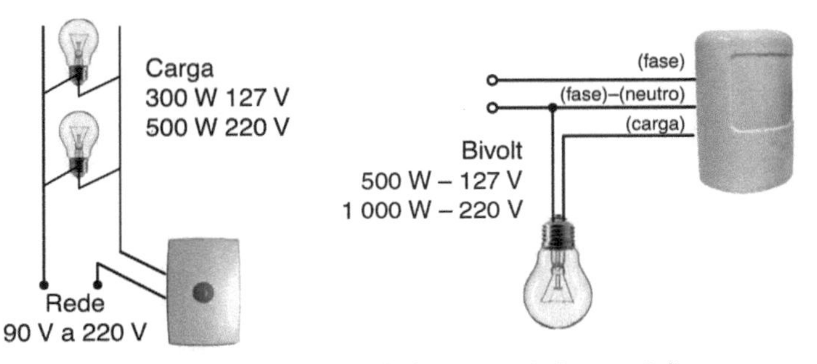

Figura 3.16 Esquemas de ligação a 2 fios e a 3 fios.

3.5.3 Contatores e chaves magnéticas

Muitas vezes, temos necessidade de comandar circuitos elétricos a distância (controle remoto), quer manual, quer automaticamente.

Contatores e chaves magnéticas são dispositivos com 2 circuitos básicos, de comando e de força, que se prestam a esse objetivo.

O circuito de comando opera com corrente pequena, apenas o suficiente para operar uma bobina, que fecha o contato do circuito de força.

Esquematicamente, podemos representar o circuito de uma chave magnética da maneira apresentada na Figura 3.17.

Nesse esquema, temos uma chave magnética trifásica, que serve para ligar e desligar motores ou quaisquer circuitos, com comando local ou a distância (controle remoto). O comando pode ser um botão interruptor, uma chave unipolar, uma chave-boia, um termostato, um pressostato etc.

No caso de botões, há um circuito especial que mantém a chave ligada depois de pressionado o botão.

Na Figura 3.17, vemos o esquema elétrico de uma chave magnética de um dos fabricantes, o que permite a qualquer pessoa constatar o caminho elétrico quando a chave magnética é fechada por qualquer meio de comando.

Os contatores são semelhantes às chaves magnéticas, porém simplificados, pois não possuem relé térmico de proteção contra sobrecargas.

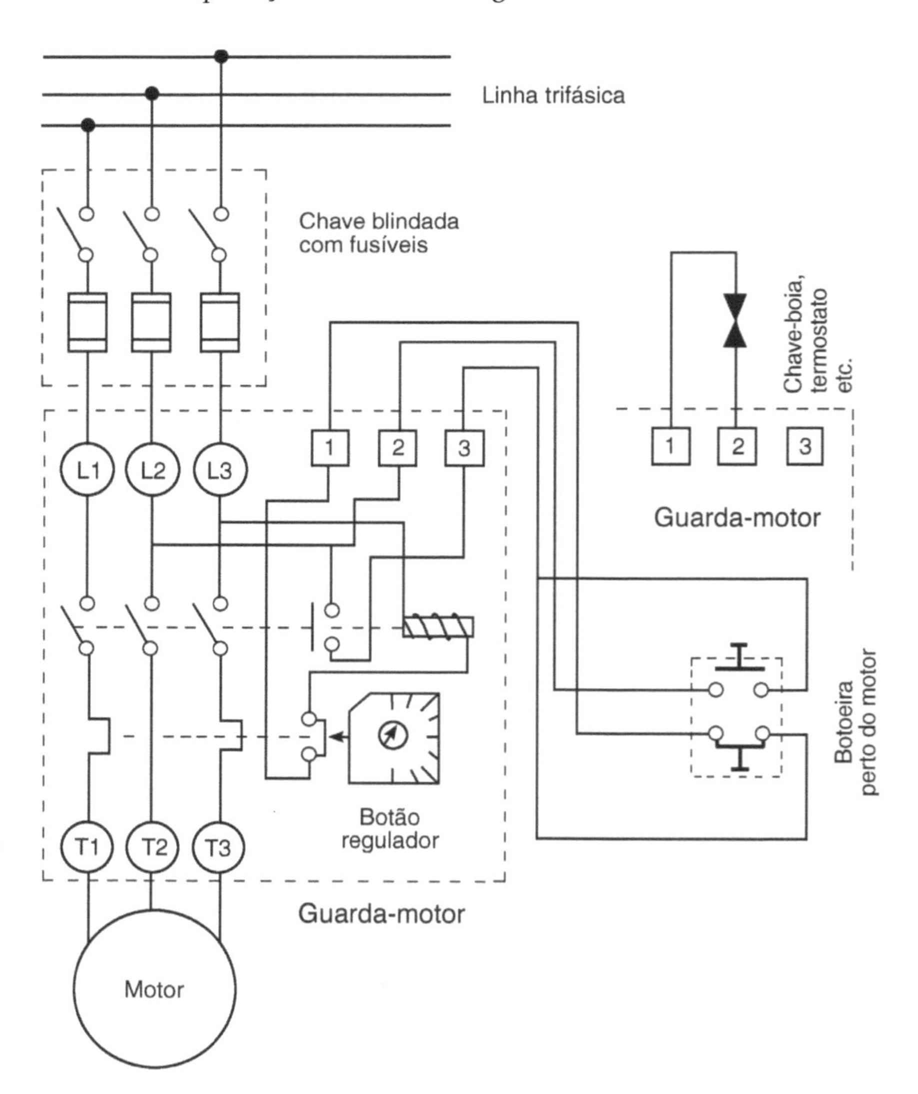

Figura 3.17 Diagrama de ligações de uma chave magnética.

EXEMPLO

Em uma loja, cujas portas são fechadas às 19 horas, desejamos comandar os circuitos da marquise e das vitrinas (luz), tanto interna (antes de fechar) quanto externamente (depois de fechar).

Apresentamos uma sugestão para resolver o problema (Figura 3.18).

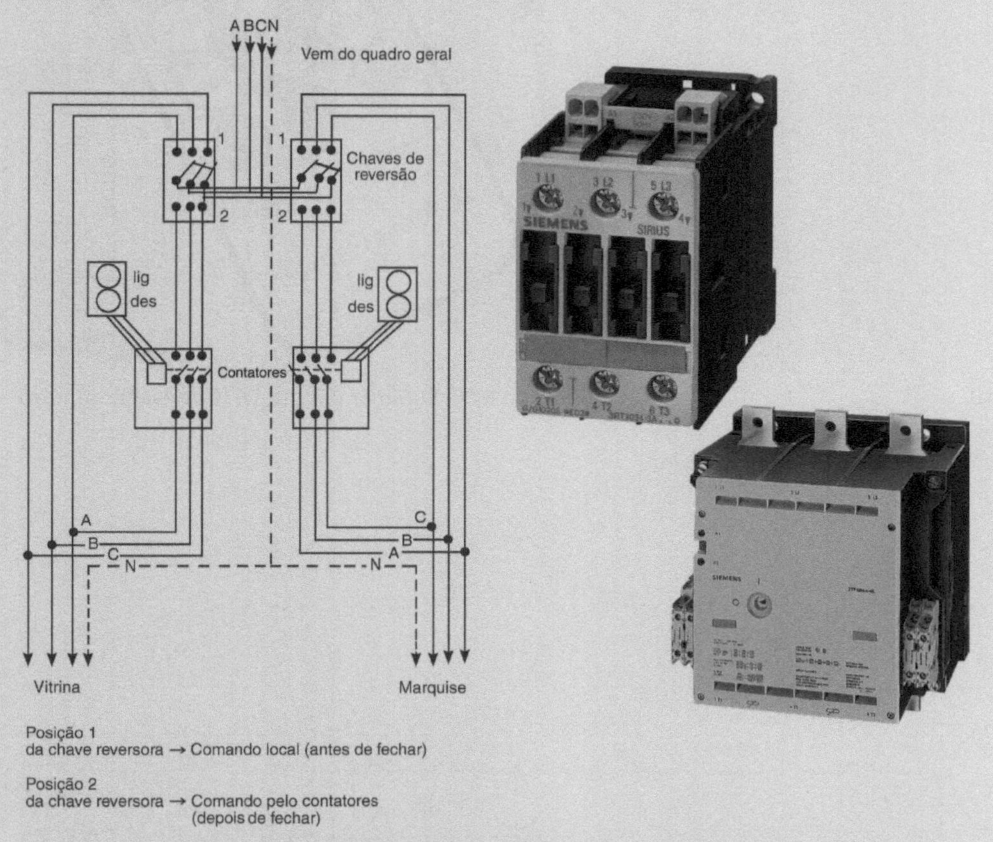

Figura 3.18 Contatores de potência 3RT10, 3TF6. (Cortesia da Siemens.)

3.5.4 Controle da intensidade luminosa de lâmpadas

O controle da intensidade luminosa das lâmpadas é feito por meio de um equipamento eletrônico (dimmer) (Figura 3.19), que também pode ser acionado a distância (Figura 3.20), controlando a intensidade da luz das lâmpadas, criando uma iluminação mais adequada para a atividade que é exercida no ambiente, além de proporcionar uma economia de energia elétrica. A dimerização também aumenta a vida útil das lâmpadas devido ao controle mais lento de acionamento das lâmpadas. Por essas razões, esse equipamento é muito utilizado em residências, escritórios e muitos outros ambientes.

As lâmpadas incandescentes e as incandescentes halógenas são dimerizáveis por causa do princípio de funcionamento. A luz é produzida pelo aquecimento de um filamento resistivo e o dimmer atua variando a tensão aplicada à lâmpada. A Figura 3.21 mostra um diagrama eletrônico do dimmer, e a Figura 3.22, seu diagrama operacional para essas lâmpadas. Quanto às lâmpadas fluorescentes ou LEDs, nem todas o são. Essas lâmpadas, quando dimerizáveis, devem ser informadas pelo fabricante nas especificações técnicas contidas na embalagem das lâmpadas (Figura 3.23) ou no reator.

Figura 3.19 Dimmer universal. (Cortesia da Iluminim)

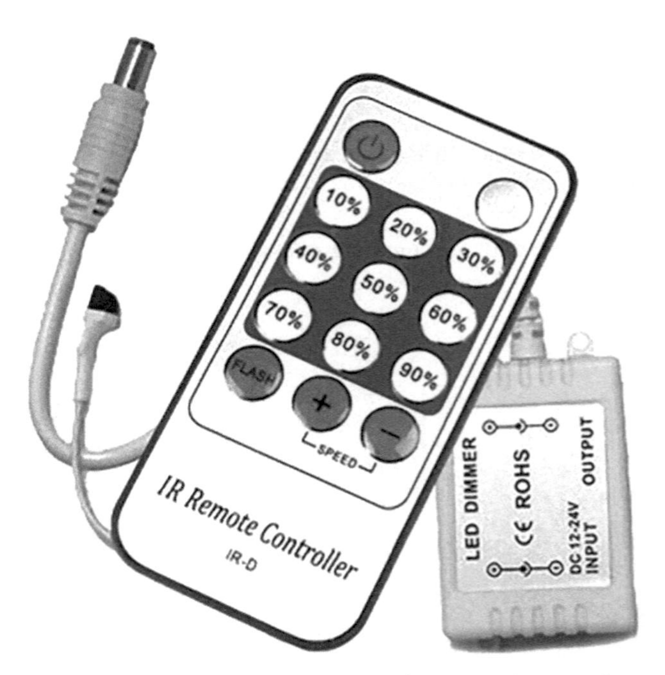

Figura 3.20 Dimmer para LED. (Cortesia Iluminim)

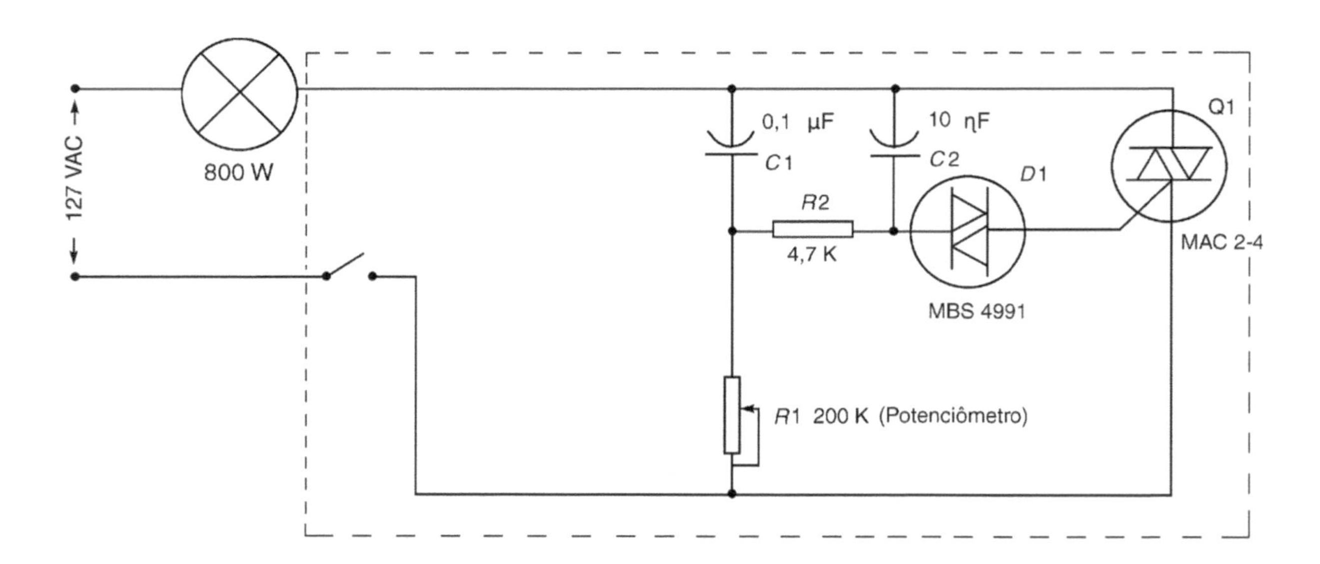

Componentes do *dimmer:*

C_1 e C_2 — Capacitores
R_1 — Resistor variável (potenciômetro)
R_2 — Resistor de valor fixo
D_1 — Tiristor (DIAC)
Q_1 — Tiristor (TRIAC)

Figura 3.21 Diagrama eletrônico de dimmer para lâmpadas incandescentes halógenas.

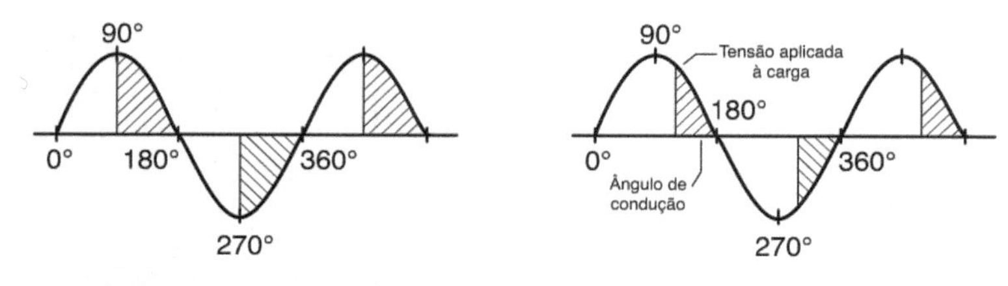

(a) Variação da tensão do Triac Q_1 (b) Ângulo de condução do Triac Q_1

Figura 3.22 Diagrama de operação.

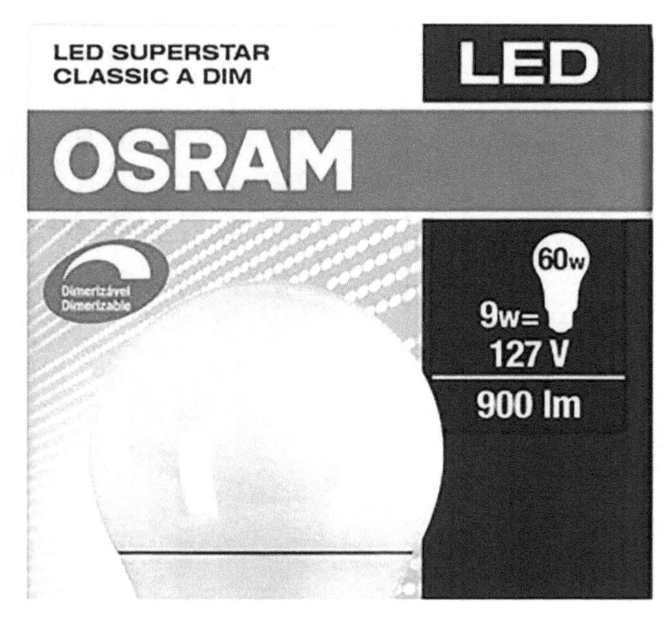

Figura 3.23 Lâmpada LED dimerizável (DIM).

Existem lâmpadas LEDs em que a dimerização é feita com o ligar e desligar da lâmpada. Ao ligar o interruptor, a lâmpada acenderá com intensidade máxima de luz, 100 %. Ao desligar e em seguida religar, acenderá com intensidade de 50 %. No terceiro acionamento, a lâmpada acenderá com intensidade de 20 % de luminosidade.

3.5.5 Sistema de boias em reservatórios

É um sistema de controle usado no acionamento de bombas-d'água ou de outro líquido qualquer.

Nas instalações usuais para fornecimento de água a edifícios, dispomos de dois reservatórios: o inferior (cisterna) e o superior, de onde flui a água de alimentação do edifício.

A chave-boia possibilita a ligação do motor da bomba-d'água quando o reservatório superior está vazio e o reservatório inferior, cheio. Em qualquer outra alternativa, o motor permanece desligado.

Na Figura 3.24, os condutores *A* e *B* são os condutores que vão aos terminais da bobina de comando da chave magnética de acionamento do motor da bomba-d'água. Como se observa, as chaves-boia são ligadas em série.

Há casos em que não se pode instalar o "cano extravasor" (ladrão) da caixa-d'água superior; por isso, a chave-boia não pode falhar, sob pena de se ter um transbordamento da caixa com sérias consequências.

Assim, o circuito da Figura 3.25 é sugerido, usando-se duas chaves-boia em série, cujo funcionamento é simples. Na saída da chave-boia 1, liga-se em série a chave-boia 2, conforme mostra a figura. Quando a boia 1 atingir o nível normal, a chave *A* desligará.

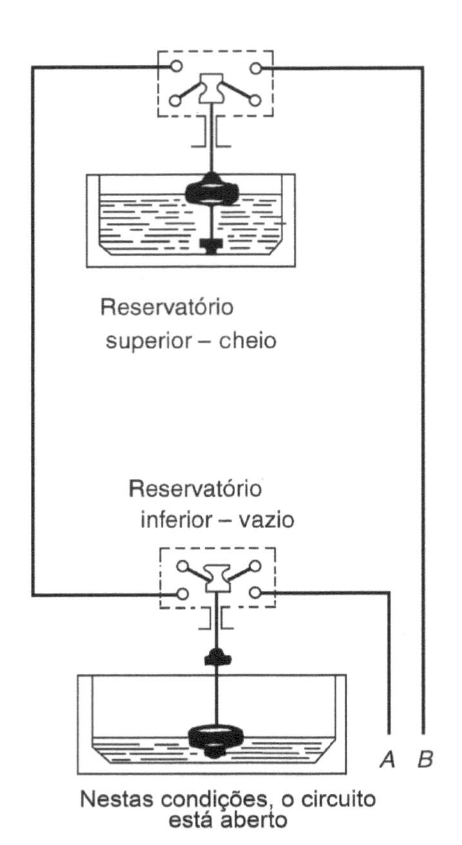

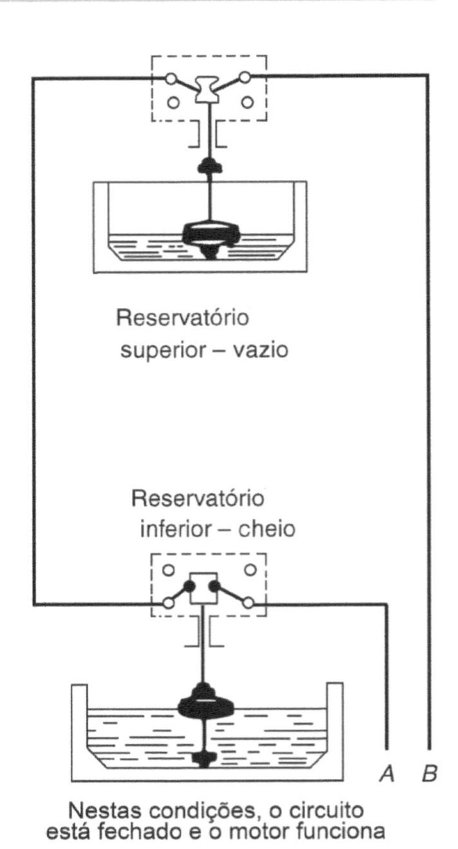

Figura 3.24 Chave-boia para controle do nível da água do reservatório.

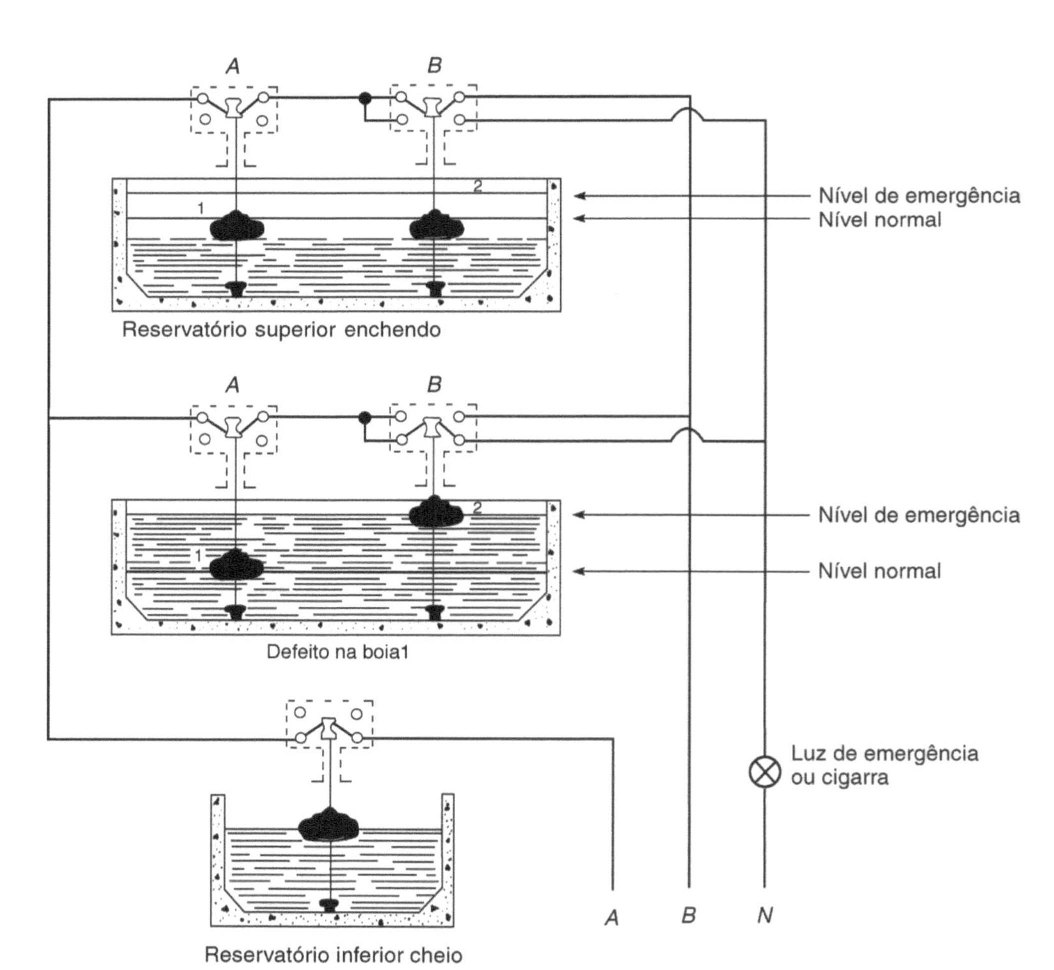

Figura 3.25 Uso de duas chaves-boia no reservatório superior.

Se a chave-boia 1 se prender na haste por algum motivo, a caixa continuará enchendo, e a chave-boia 2 interromperá o circuito, fechando o circuito de uma luz de emergência ou de uma cigarra, indicando que há defeito na boia 1.

3.6 Condutores e Linhas Elétricas

3.6.1 Condutores, componentes e dimensionamento

Os condutores utilizados nas instalações elétricas contêm, de forma geral, 2 ou 3 componentes, o material condutor, a isolação e a cobertura, conforme Figura 3.26.

O material condutor é fabricado com cobre ou alumínio e o isolamento (isolação e cobertura, se houver) é dividido em duas grandes categorias:

- termoplásticos: tornam-se líquidos em $T > 170$ °C, por exemplo: o PVC, o polietileno e o Neoprene®;
- termofixos: carbonizam-se em $T > 250$ °C, por exemplo: o EPR (etileno-propileno) e o XLPE (polietileno reticulado).

Para o dimensionamento da área da seção transversal (bitola), em mm², dos condutores, devemos fazer a avaliação, basicamente, por três critérios:

1. Critério da Seção Mínima.
2. Critério da Capacidade de Corrente (ou aquecimento).
3. Critério da Queda de Tensão, como apresentado na Seção 3.7.

Salienta-se que todos esses critérios precisam ser avaliados e satisfeitos ao mesmo tempo, ou seja, o critério que levar ao condutor de maior área será o definidor do condutor.

A determinação da área dos condutores pelo Critério da Seção Mínima é feita diretamente pela NBR 5410:2004, conforme apresentado pela Tabela 3.3, de acordo com o tipo de instalação e a utilização do circuito.

Para a determinação da área dos condutores (bitola) pelo Critério da Capacidade de Corrente devemos seguir as seguintes etapas:

1ª. Calcular a corrente de projeto I_c prevista para o circuito, como calculado abaixo:

$$I_c = \frac{S}{V} \text{ [A]} \quad \text{mono ou bifásico}$$

$$I_c = \frac{S}{\sqrt{3}V} \text{ [A]} \quad \text{trifásico}$$

2ª. Definir o tipo de isolamento do condutor (isolação e cobertura, se houver) a ser utilizado. A Tabela 3.4 apresenta alguns tipos de isolamento com as temperaturas máximas suportadas.

Componentes

Figura 3.26 Condutor típico de baixa tensão.

Tabela 3.3 Seções mínimas dos condutores

Tipo de instalação		Utilização do circuito	Seção mínima do condutor (mm²) – material
Instalações fixas em geral	Cabos isolados	Circuitos de iluminação	1,5 Cu 16 Al
		Circuitos de força	2,5 Cu 16 Al
		Circuitos de sinalização e circuitos de controle	0,5 Cu
	Condutores nus	Circuitos de força	10 Cu 16 Al
		Circuitos de sinalização e circuitos de controle	4 Cu
Ligações flexíveis feitas com cabos isolados		Para um equipamento específico	Como especificado na norma do equipamento
		Para qualquer outra aplicação	0,75 Cu
		Circuitos a extrabaixa tensão para aplicações especiais	0,75 Cu

Notas:

1) Em circuitos de sinalização e controle destinados a equipamentos eletrônicos, são admitidas seções de até 0,1 mm².

2) Em cabos multipolares flexíveis contendo sete ou mais veias, são admitidas seções de até 0,1 mm².

3) Os circuitos de tomadas de corrente são considerados circuitos de força.

Referência: Tabela 47 da NBR 5410:2004.

Tabela 3.4 Temperaturas características dos condutores

Tipo de isolação	Temperatura máxima para serviço contínuo (condutor) (°C)	Temperatura-limite de sobrecarga (condutor) (°C)	Temperatura-limite de curto-circuito (condutor) (°C)
Policloreto de vinila (PVC) ≤ 300 mm²	70	100	160
Borracha etileno-propileno (EPR)	90	130	250
Polietileno-reticulado (XLPE)	90	130	250

Referência: Tabela 35 da NBR 5410:2004.

3ª. Definir o método de instalação – tipo de linha elétrica.

O tipo de linha elétrica (ou método de instalação dos condutores) deve ser escolhido em função das necessidades do projeto, dentro dos tipos apresentados na Tabela 3.5, de acordo com a NBR 5410:2004.

4ª. Determinar a temperatura ambiente ou do solo para o local do projeto.

Essa temperatura definirá o fator de correção – K_1 para o valor da capacidade de corrente do condutor instalado no ambiente ou instalado no solo (para instalação de condutores em linhas subterrâneas), onde a temperatura for diferente de 30 °C no ambiente ou 20 °C no solo, conforme Tabela 3.11.

Tabela 3.5 Tipos de linhas elétricas

Método de instalação número	Esquema ilustrativo	Descrição	Método de referência a se utilizar para a capacidade de condução de corrente[1]
1		Condutores isolados ou cabos unipolares em eletroduto de seção circular embutido em parede termicamente isolante[2]	A1
2		Cabo multipolar em eletroduto de seção circular embutido em parede termicamente isolante[2]	A2
3		Condutores isolados ou cabos unipolares em eletroduto aparente de seção circular sobre parede ou espaçado desta menos de 0,3 vez o diâmetro do eletroduto[3]	B1
4		Cabo multipolar em eletroduto aparente de seção circular sobre parede ou espaçado desta menos de 0,3 vez o diâmetro do eletroduto[3]	B2
5		Condutores isolados ou cabos unipolares em eletroduto aparente de seção não circular sobre parede	B1
6		Cabo multipolar em eletroduto aparente de seção não circular sobre parede.	B2
7		Condutores isolados ou cabos unipolares em eletroduto de seção circular embutido em alvenaria	B1
8		Cabo multipolar em eletroduto de seção circular embutido em alvenaria	B2

continua

Tabela 3.5 Tipos de linhas elétricas (*Continuação*)

Método de instalação número	Esquema ilustrativo	Descrição	Método de referência a se utilizar para a capacidade de condução de corrente[1]
11	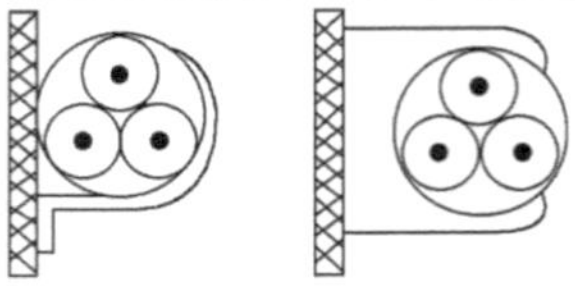	Cabos unipolares ou cabo multipolar sobre parede ou espaçado desta menos de 0,3 vez o diâmetro do cabo	C
11A	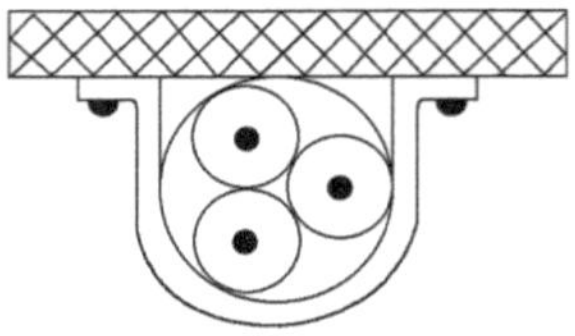	Cabos unipolares ou cabo multipolar fixado diretamente no teto[4]	C
11B	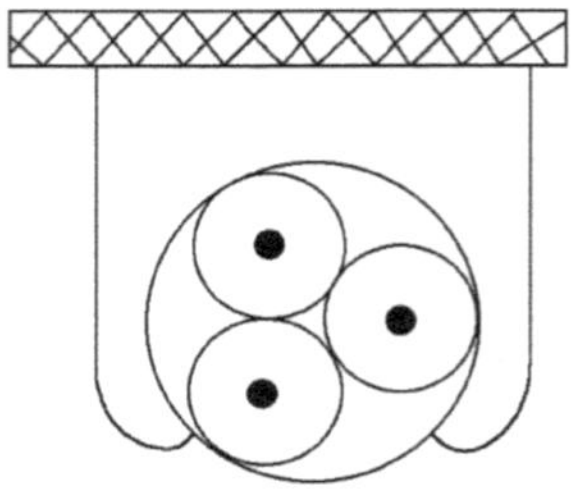	Cabos unipolares ou cabo multipolar afastado do teto mais de 0,3 vez o diâmetro do cabo	C
12	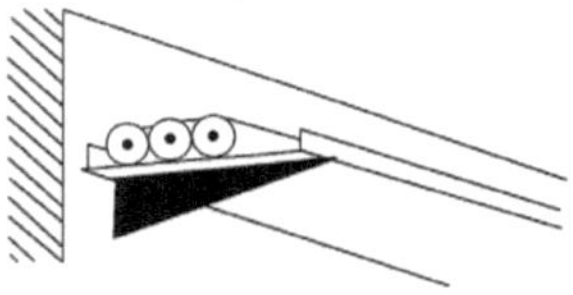	Cabos unipolares ou cabo multipolar em bandeja não perfurada perfilado ou prateleira	C
13	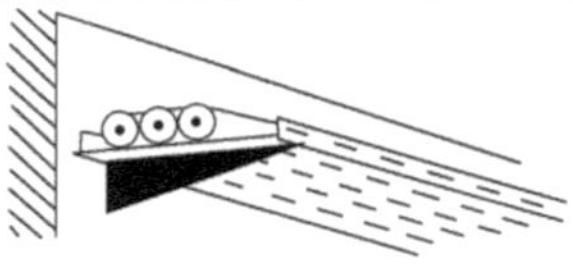	Cabos unipolares ou cabo multipolar em bandeja perfurada, horizontal ou vertical	E (multipolar) F (unipolares)
14	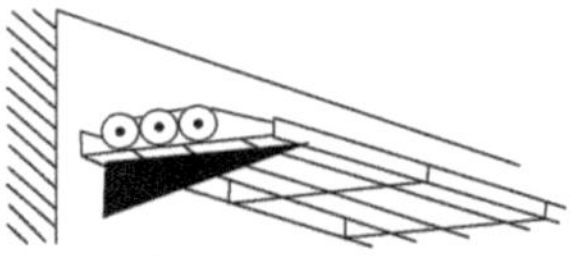	Cabos unipolares ou cabo multipolar sobre suportes horizontais, eletrocalha aramada ou tela	E (multipolar) F (unipolares)
15	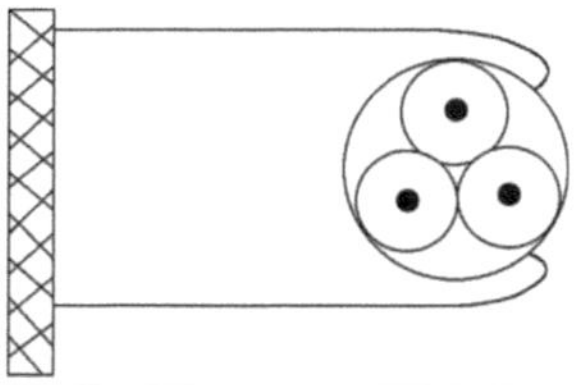	Cabos unipolares ou cabo multipolar afastado(s) da parede mais de 0,3 vez o diâmetro do cabo	E (multipolar) F (unipolares)
16	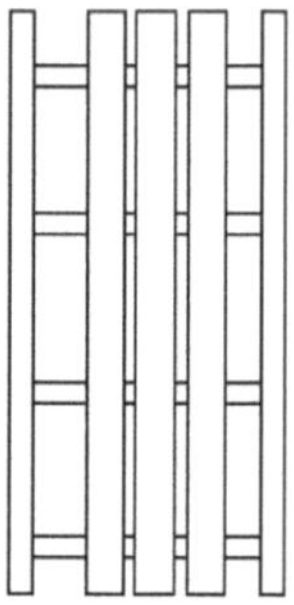	Cabos unipolares ou cabo multipolar em leito	E (multipolar) F (unipolares)

continua

Tabela 3.5 Tipos de linhas elétricas (*Continuação*)

Método de instalação número	Esquema ilustrativo	Descrição	Método de referência a se utilizar para a capacidade de condução de corrente[1]
17		Cabos unipolares ou cabo multipolar suspenso(s) por cabo de suporte, incorporado ou não	E (multipolar) F (unipolares)
18		Condutores nus ou isolados sobre isoladores	G
21	D_e V	Cabos unipolares ou cabos multipolares em espaço de construção[6], sejam eles lançados diretamente sobre a superfície do espaço de construção, sejam instalados em suportes de condutos abertos (bandejas, prateleiras, tela ou leito) dispostos no espaço de construção	$1{,}5\ D_e \leq V < 5\ D_e$ B2 $5\ D_e \leq V < 50\ D_e$ B1
22	D_e V	Condutores isolados em eletroduto de seção circular em espaço de construção[6]	$1{,}5\ D_e \leq V < 20\ D_e$ B2 $V \geq 20\ D_e$ B1
23		Cabos unipolares ou cabo multipolar em eletroduto de seção circular em espaço de construção[6]	B2
24	D_e V	Condutores isolados em eletroduto de seção não circular ou eletrocalha em espaço de construção[6]	$1{,}5\ D_e \leq V < 20\ D_e$ B2 $V \geq 20\ D_e$ B1
25		Cabos unipolares ou cabo multipolar em eletroduto de seção ou eletrocalha em espaço de construção[6]	B2
26	V	Condutores isolados em eletroduto de seção não circular embutido em alvenaria[6]	$1{,}5\ D_e \leq V < 5\ D_e$ B2 $5\ D_e \leq V < 50\ D_e$ B1
27		Cabos unipolares ou cabo multipolar em eletroduto de seção não circular embutido em alvenaria[6]	B2
28	D_e V	Cabos unipolares ou cabo multipolar em forro falso ou em piso elevado[7]	$1{,}5\ D_e \leq V < 5\ D_e$ B2 $5\ D_e \leq V < 50\ D_e$ B1

continua

Tabela 3.5 Tipos de linhas elétricas (*Continuação*)

Método de instalação número	Esquema ilustrativo	Descrição	Método de referência a se utilizar para a capacidade de condução de corrente(1)
31		Condutores isolados ou cabos unipolares em eletrocalha sobre parede em percurso horizontal ou vertical	B1
32	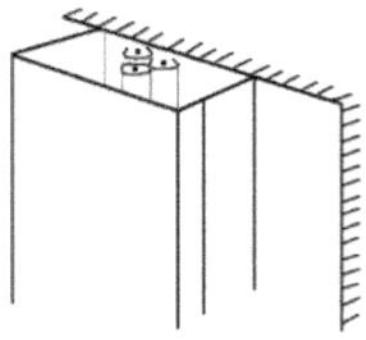	Condutores isolados ou cabos unipolares em eletrocalha sobre parede em percurso horizontal ou vertical	B1
31A		Cabo multipolar em eletrocalha sobre parede em percurso horizontal ou vertical	B2
32A	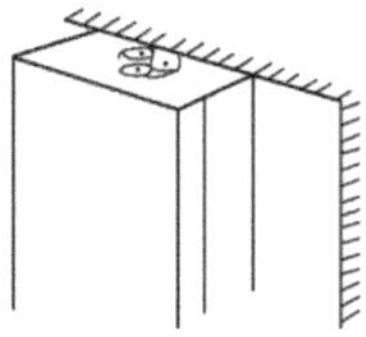	Cabo multipolar em eletrocalha sobre parede em percurso horizontal ou vertical	B2
33		Condutores isolados ou cabos unipolares em canaleta fechada encaixada no piso ou no solo	B1
34		Cabo multipolar em canaleta fechada encaixada no piso ou no solo	B2
35	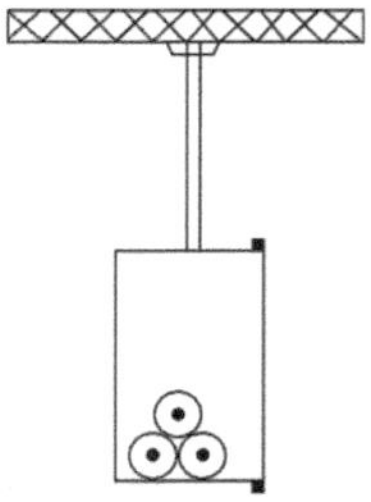	Condutores isolados ou cabos unipolares em eletrocalha ou perfilado suspensa(o)	B1
36	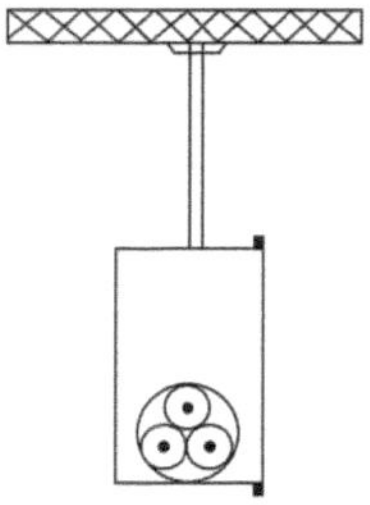	Cabo multipolar em eletrocalha ou perfilado suspensa(o)	B2

continua

Tabela 3.5 Tipos de linhas elétricas (*Continuação*)

Método de instalação número	Esquema ilustrativo	Descrição	Método de referência a se utilizar para a capacidade de condução de corrente[1]
41	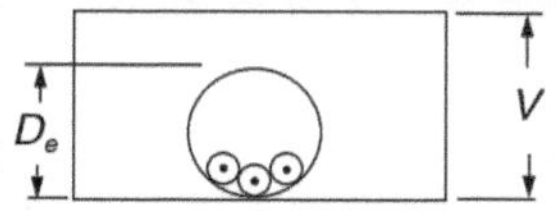 D_e V	Condutores isolados ou cabos unipolares em eletroduto de seção circular contido em canaleta fechada com percurso horizontal ou vertical	$1{,}5\ D_e \leq V < 20\ D_e$ B2 $V \geq 20\ D_e$ B1
42		Condutores isolados em eletroduto de seção circular contido em canaleta ventilada encaixada no piso ou no solo	B1
43		Cabos unipolares ou cabo multipolar em canaleta ventilada encaixada no piso ou no solo	B1
51	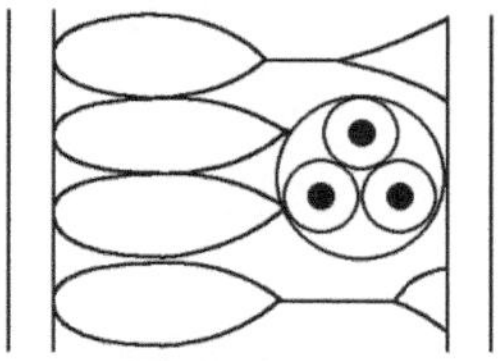	Cabo multipolar embutido diretamente em parede termicamente isolante	A1
52	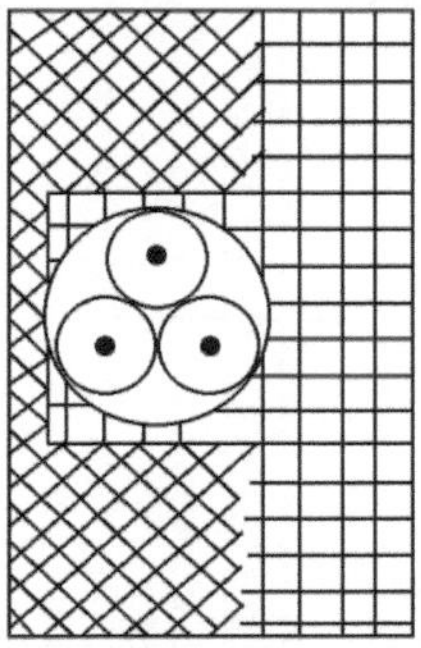	Cabos unipolares ou cabo multipolar embutido(s) diretamente em alvenaria sem proteção mecânica adicional	C
53		Cabos unipolares ou cabo multipolar embutido(s) diretamente em alvenaria com proteção mecânica adicional	C
61	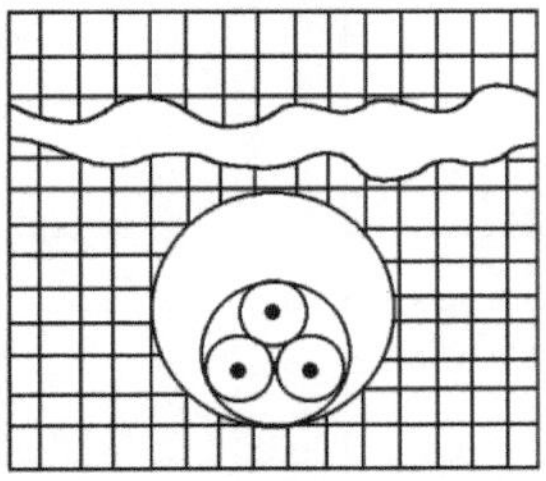	Cabo multipolar em eletroduto (de seção circular ou não) ou em canaleta não ventilada	D

continua

Tabela 3.5 Tipos de linhas elétricas (*Continuação*)

Método de instalação número	Esquema ilustrativo	Descrição	Método de referência a se utilizar para a capacidade de condução de corrente[1]
61A	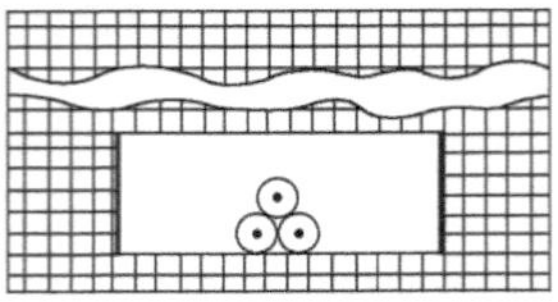	Cabos unipolares em eletroduto (de seção circular ou não) ou em canaleta não ventilada enterrado(a)[8]	D
62	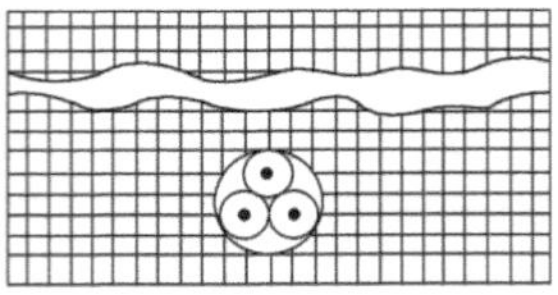	Cabos unipolares ou cabo multipolar diretamente enterrado(s), sem proteção mecânica adicional[8]	D
63	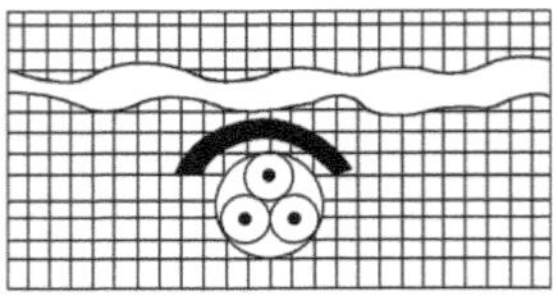	Cabos unipolares ou cabo multipolar diretamente enterrado(s), com proteção mecânica adicional	D
71	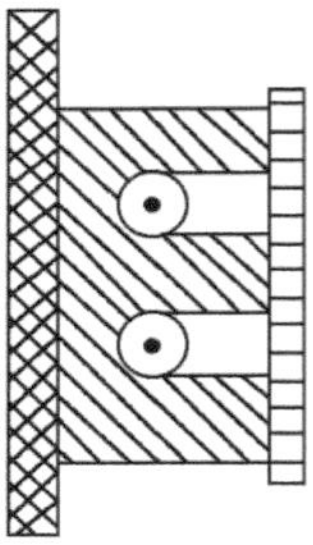	Condutores isolados ou cabos unipolares em moldura	A1
72	 TV ISDN	Condutores isolados ou cabos unipolares em canaleta provida de separações sobre parede	B1
72A	 TV ISDN	Cabo multipolar em canaleta provida de separações sobre parede	B2
73	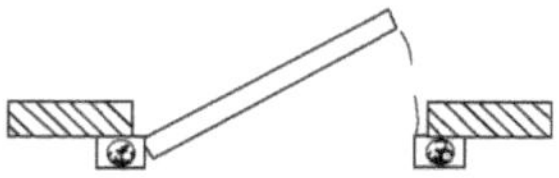	Condutores isolados em eletroduto, cabos unipolares ou cabo multipolar embutido(s) em caixilho de porta	A1

continua

Tabela 3.5 Tipos de linhas elétricas (*Continuação*)

Método de instalação número	Esquema ilustrativo	Descrição	Método de referência a se utilizar para a capacidade de condução de corrente[1]
74		Condutores isolados em eletroduto, cabos unipolares ou cabo multipolar embutido(s) em caixilho de janela	A1
75 75A	TV ISDN / TV ISDN	Condutores isolados B1 ou cabos unipolares em canaleta embutida em parede Cabo multipolar em canaleta embutida em parede	B1 B2

Notas:

[1] Ver 6.2.5.1.2 da NBR 5410:2004.

[2] O revestimento interno da parede possui condutância térmica de no mínimo 10 W/m² · K.

[3] A distância entre o eletroduto e a parede deve ser inferior a 0,3 vez o diâmetro externo do eletroduto.

[4] A distância entre o cabo e a superfície deve ser inferior a 0,3 vez o diâmetro externo do cabo.

[5] A distância entre o cabo e a parede do teto deve ser igual ou superior a 0,3 vez o diâmetro externo do cabo.

[6] Deve-se atentar para o fato de que, quando os cabos estão instalados na vertical e a ventilação é restrita, a temperatura ambiente no topo do trecho vertical pode aumentar consideravelmente.

[7] Os forros falsos e os pisos elevados são considerados espaços de construção.

[8] Os cabos devem ser providos de armação.

Referência: Tabela 33 da NBR 5410:2004.

5ª. Determinar a quantidade de condutores próximos carregados para estabelecer o fator de correção para agrupamento de circuitos ou cabos multipolares – K_2.

O número de condutores carregados é o número de condutores efetivamente percorridos por corrente na linha elétrica, definindo 1 circuito. Assim, tem-se:

Tabela 3.6 Número de condutores carregados a ser considerado em função do tipo de circuito

Esquema de condutores vivos do circuito	Número de condutores carregados a ser adotado
Monofásico a dois condutores	2
Monofásico a três condutores	2
Duas fases sem neutro	2
Duas fases com neutro	3
Trifásico sem neutro	3
Trifásico com neutro	3 ou 4*

* a) Quando num circuito trifásico com neutro as correntes são consideradas equilibradas, o condutor neutro não deve ser considerado.

* b) Quando for prevista a circulação de corrente harmônica no condutor neutro de um circuito trifásico, este condutor será sempre computado, tendo-se, portanto, quatro condutores carregados.

Observa-se que os condutores utilizados como condutores de proteção (PE) não são considerados e os condutores PEN são considerados neutros.

Observa-se, também, que os condutores para os quais se prevê uma corrente de projeto não superior a 30 % de sua capacidade de condução de corrente, já determinada observando-se o fator de agrupamento incorrido, podem ser desconsiderados para efeito de cálculo do fator de correção aplicável ao restante do grupo.

A capacidade de condução de corrente dos condutores é o valor máximo da corrente que o condutor pode conduzir de forma a garantir uma vida adequada às suas isolações, que foram submetidas aos efeitos térmicos produzidos pela circulação de corrente durante períodos prolongados em operação normal.

A corrente transportada por qualquer condutor, durante períodos prolongados em funcionamento normal, deve ser tal que a temperatura máxima para serviço contínuo dada na Tabela 3.4 não seja ultrapassada. Para isso, a corrente nos cabos e condutores não deve ser superior aos valores das Tabelas 3.7 a 3.10, submetidos aos fatores de correção das Tabelas 3.11 a 3.15, de acordo com tipo de linha elétrica (método de instalação) definido no projeto.

Uma forma prática e rápida para a determinação da bitola do condutor pelo Critério da Capacidade de Corrente é calcular uma *corrente fictícia* de projeto I_f, em vez de reduzirmos o valor da corrente permitida para o condutor aplicando os fatores de correção aos valores das correntes apresentados nas Tabelas 3.7 a 3.9:

$$I_f = \frac{I_c}{K_1 \times K_2 \times K_{...}}$$

e, com esse valor, entrar diretamente nas Tabelas 3.7 a 3.10 para a escolha da bitola do condutor que atende ao Critério da Capacidade de Corrente.

Os condutores neutro e de proteção – PE (terra) – devem possuir uma área (bitola) igual ou menor do que o(s) condutor(es) fase do circuito conforme Tabelas 3.15 e 3.16, respectivamente. Observa-se que o condutor neutro deve ter isolamento de cor azul e o de proteção – PE de cor verde-amarela ou simplesmente verde.

Finalmente, para definir o condutor a ser utilizado, deve ser feita a avaliação pelo Critério da Queda de Tensão (do aquecimento), como apresentado na Seção 3.7, salientando que será utilizado o condutor de maior área de seção transversal definido pelos três critérios.

O uso dos condutores de alumínio em instalações industriais é permitido, porém, com as seguintes restrições:

a) a seção nominal dos condutores deve ser igual ou superior a 16 mm^2;
b) a potência instalada tem de ser igual ou superior a 50 kW;
c) a instalação e a manutenção devem ser feitas por pessoas qualificadas.

Em estabelecimentos comerciais, podem ser usados condutores de alumínio, desde que se obedeçam, simultaneamente, às seguintes condições:

a) a seção nominal aos condutores deve ser igual ou superior a 50 mm^2;
b) os locais devem ser de categoria BDI (prédios exclusivamente residenciais com altura inferior a 50 m e edificações não residenciais com baixa densidade de ocupação e altura inferior a 28 m);
c) a instalação e a manutenção têm de ser realizadas por pessoas qualificadas.

A norma NBR 9513:2010 trata da técnica das conexões nos condutores de alumínio em prédios de atendimento ao público e de grande altura, hotéis, hospitais etc.

Tabela 3.7 Capacidades de condução de corrente, em ampères, para os métodos de referência A1, A2, B1, B2, C e D

– Condutores isolados, cabos unipolares e multipolares — cobre e alumínio, isolação de PVC
– Temperatura de 70 °C no condutor
– Temperaturas — 30 °C (ambiente); 20 °C (solo).

Seções nominais mm²	Métodos de instalação definidos na Tabela 3.5											
	A1		A2		B1		B2		C		D	
	Condutores carregados											
	2	3	2	3	2	3	2	3	2	3	2	3
(1)	(2)	(3)	(4)	(5)	(6)	(7)	(8)	(9)	(10)	(11)	(12)	(13)
Cobre												
0,5	7	7	7	7	9	8	9	8	10	9	12	10
0,75	9	9	9	9	11	10	11	10	13	11	15	12
1	11	10	11	10	14	12	13	12	15	14	18	15
1,5	14,5	13,5	14	13	17,5	15,5	16,5	15	19,5	17,5	22	18
2,5	19,5	18	18,5	17,5	24	21	23	20	27	24	29	24
4	26	24	25	23	32	28	30	27	36	32	38	31
6	34	31	32	29	41	36	38	34	46	41	47	39
10	46	42	43	39	57	50	52	46	63	57	63	52
16	61	56	57	52	76	68	69	62	85	76	81	67
25	80	73	75	68	101	89	90	80	112	96	104	86
35	99	89	92	83	125	110	111	99	138	119	125	103
50	119	108	110	99	151	134	133	118	168	144	148	122
70	151	136	139	125	192	171	168	149	213	184	183	151
95	182	164	167	150	232	207	201	179	258	223	216	179
120	210	188	192	172	269	239	232	206	299	259	246	203
150	240	216	219	196	309	275	265	236	344	299	278	230
185	273	245	248	223	353	314	300	268	392	341	312	258
240	321	286	291	261	415	370	361	313	461	403	361	297
300	367	328	334	298	477	426	401	358	530	464	408	336
400	438	390	398	355	571	510	477	425	634	557	478	394
500	502	447	456	406	656	587	545	486	729	642	540	445
630	578	514	526	467	758	678	626	559	843	743	614	506
800	669	593	609	540	881	788	723	645	978	865	700	577
1 000	767	679	698	618	1 012	906	827	738	1 125	996	792	652

continua

Tabela 3.7 Capacidades de condução de corrente, em ampères, para os métodos de referência A1, A2, B1, B2, C e D (*Continuação*)

Alumínio												
16	48	43	44	41	60	53	54	48	66	59	62	52
25	63	57	58	53	79	70	71	62	83	73	80	66
35	77	70	71	65	97	86	86	77	103	90	96	80
50	93	84	86	78	118	104	104	92	125	110	113	94
70	118	107	108	98	150	133	131	116	160	140	140	117
95	142	129	130	118	181	161	157	139	195	170	166	138
120	164	149	150	135	210	186	181	160	226	297	189	157
150	189	170	172	155	241	214	206	183	261	227	213	178
185	215	194	295	176	275	245	234	208	298	259	240	200
240	252	227	229	207	324	288	274	243	352	305	277	230
300	289	261	263	237	372	331	313	278	406	351	313	260
400	345	311	314	283	446	397	372	331	488	422	366	305
500	396	356	360	324	512	456	425	378	563	486	414	345
630	456	410	416	373	592	527	488	435	653	562	471	391
800	529	475	482	432	687	612	563	502	761	654	537	446
1 000	607	544	552	495	790	704	643	574	878	753	607	505

Referência: Tabela 36 da NBR 5410:2004.

Tabela 3.8 Capacidades de condução de corrente, em ampères, para os métodos de referência A1, A2, B1, B2, C e D

– Condutores isolados, cabos unipolares e multipolares — cobre e alumínio, isolação de EPR ou XLPE. – Temperatura de 90 °C no condutor – Temperaturas — 30 °C (ambiente); 20 °C (solo).												
Seções nominais mm²	Métodos de instalação definidos na Tabela 3.5											
	A1		A2		B1		B2		C		D	
	Condutores carregados											
	2	3	2	3	2	3	2	3	2	3	2	3
(1)	(2)	(3)	(4)	(5)	(6)	(7)	(8)	(9)	(10)	(11)	(12)	(13)
Cobre												
0,5	10	9	10	9	12	10	11	10	12	11	14	12
0,75	12	11	12	11	15	13	15	13	16	14	18	15
1	15	13	14	13	18	16	17	15	19	17	21	17
1,5	19	17	18,5	16,5	23	20	22	19,5	24	22	26	22
2,5	26	23	25	22	31	28	30	26	33	30	34	29
4	35	31	33	30	42	57	40	35	45	40	44	37
6	45	40	42	38	54	48	51	44	58	52	56	46

continua

Tabela 3.8 Capacidades de condução de corrente, em ampères, para os métodos de referência A1, A2, B1, B2, C e D *(Continuação)*

10	61	54	57	51	75	66	69	60	80	71	73	61
16	81	73	76	68	100	88	91	80	107	96	95	79
25	106	95	99	89	133	117	119	105	138	119	121	101
35	131	117	121	109	164	144	146	128	171	147	146	122
50	158	141	145	130	198	175	175	154	209	179	173	144
70	200	179	183	164	253	222	221	194	269	229	213	178
95	241	216	220	197	306	269	265	233	328	278	525	211
120	278	249	253	227	354	312	305	268	382	322	287	240
150	318	285	290	259	407	358	349	307	441	371	324	271
185	362	324	329	295	464	408	395	348	506	424	363	304
240	424	380	386	346	546	481	462	407	599	500	419	351
300	486	435	442	396	628	553	529	465	693	576	474	396
400	579	519	527	472	751	661	628	552	835	692	555	464
500	664	595	604	541	864	760	718	631	966	797	627	525
630	765	685	696	623	998	879	825	725	1 122	923	711	596
800	885	792	805	721	1 158	1 020	952	837	1 311	1 074	811	679
1 000	1 014	908	923	826	1 332	1 173	1 088	957	1 515	1 237	916	767
Alumínio												
16	64	58	60	55	79	71	72	64	84	76	73	61
25	84	76	78	71	105	93	94	84	101	90	93	78
35	103	94	96	87	130	116	115	103	126	112	112	94
50	125	113	115	104	157	140	138	124	154	136	132	112
70	158	142	145	131	200	179	175	156	198	174	163	138
95	191	171	175	157	242	217	210	188	241	211	193	164
120	220	197	201	180	218	251	242	216	280	245	220	186
150	253	226	230	206	323	289	277	248	324	283	249	210
185	288	256	262	233	368	330	314	281	371	323	279	236
240	338	300	307	273	433	389	368	329	439	382	322	272
300	387	344	352	313	499	447	421	377	508	440	364	308
400	462	409	421	372	597	536	500	448	612	529	426	361
500	530	468	483	426	687	617	573	513	707	610	482	408
630	611	538	556	490	794	714	658	590	821	707	547	464
800	708	622	644	566	922	830	760	682	958	824	624	529
1 000	812	712	739	648	1 061	955	870	780	1 108	950	706	598

Referência: Tabela 37 da NBR 5410:2004.

Tabela 3.9 Capacidades de condução de corrente, em ampères, para os métodos de referência E, F e G

– Condutores isolados, cabos unipolares e multipolares — cobre e alumínio, isolação de PVC.
– Temperatura de 70 °C no condutor.
– Temperatura ambiente — 30 °C.

Seções nominais mm²	Métodos de instalação definidos na Tabela 3.5						
	E	E	F	F	F	G	G
			ou		ou	D_e	D_e
(1)	(2)	(3)	(4)	(5)	(6)	(7)	(8)
Cobre							
0,5	11	9	11	8	9	12	10
0,75	14	12	14	11	11	16	13
1	17	14	17	13	14	19	16
1,5	22	18,5	22	17	18	24	21
2,5	30	25	31	24	25	34	29
4	40	34	41	33	34	45	39
6	51	43	53	43	45	59	51
10	70	60	73	60	63	81	71
16	94	80	99	82	85	110	97
25	119	101	131	110	114	146	130
35	148	126	162	137	143	181	162
50	180	153	196	167	174	219	197
70	232	196	251	216	225	281	254
95	282	238	304	264	275	341	311
120	328	276	352	308	321	396	362
150	379	319	406	356	372	456	419
185	434	364	463	409	427	521	480
240	514	430	546	485	507	615	569
300	593	497	629	561	587	709	659
400	715	597	754	656	689	852	795
500	826	689	868	749	789	982	920
630	958	798	1 005	855	905	1 138	1 070
800	1 118	930	1 169	971	1 119	1 325	1 251
1 000	1 292	1 073	1 346	1 079	1 296	1 528	1 448

continua

Tabela 3.9 Capacidades de condução de corrente, em ampères, para os métodos de referência E, F e G (*Continuação*)

Alumínio							
16	73	61	73	62	65	84	73
25	89	78	98	84	87	112	99
35	111	96	122	105	109	139	124
50	135	117	149	128	133	169	152
70	173	150	192	166	173	217	196
95	210	183	235	203	212	265	241
120	244	212	273	237	247	308	282
150	282	245	316	274	287	356	327
185	322	280	363	315	330	407	376
240	380	330	430	375	392	482	447
300	439	381	497	434	455	557	519
400	528	458	600	526	552	671	629
500	608	528	694	610	640	775	730
630	705	613	808	711	640	775	730
800	822	714	944	832	875	1 050	1 000
1 000	948	823	1 092	965	1 015	1 213	1 161

Referência: Tabela 38 da NBR 5410:2004.

Tabela 3.10 Capacidades de condução de corrente, em ampères, para os métodos de referência E, F e G

– Condutores isolados, cabos unipolares e multipolares — cobre e alumínio, isolação de EPR ou XLPE.
– Temperatura de 90 °C no condutor.
– Temperatura ambiente — 30 °C.

Seções nominais mm²	Métodos de instalação definidos na Tabela 3.5						
	E	E	F	F	F	G	G
			ou		ou	D_e	D_e
(1)	(2)	(3)	(4)	(5)	(6)	(7)	(8)
Cobre							
0,5	13	12	13	10	10	15	12
0,75	17	15	17	13	14	19	16
1	21	18	21	16	17	23	19
1,5	26	23	27	21	22	30	25
2,5	36	32	37	29	30	41	35
4	49	42	50	40	42	56	48

continua

Tabela 3.10 Capacidades de condução de corrente, em ampères, para os métodos de referência E, F e G (*Continuação*)

Cobre							
6	63	54	65	53	55	73	63
10	86	75	90	74	77	101	88
16	115	100	121	101	105	137	120
25	149	127	161	135	141	182	161
35	185	158	200	169	176	226	201
50	225	192	242	207	216	275	246
70	289	246	310	268	279	353	318
95	352	298	377	328	342	430	389
120	410	346	437	383	400	500	454
150	473	399	504	444	464	577	527
185	542	456	575	510	533	661	605
240	641	538	679	607	634	781	719
300	741	621	783	703	736	902	833
400	892	745	940	823	868	1 085	1 008
500	1 030	859	1 083	946	998	1 253	1 169
630	1 196	995	1 254	1 088	1 151	1 454	1 362
800	1 396	1 159	1 460	1 252	1 328	1 696	1 595
1 000	1 613	1 336	1 683	1 420	1 511	1 958	1 849
Alumínio							
16	91	77	90	76	79	103	90
25	108	97	121	103	107	138	122
35	135	120	150	129	135	172	153
50	164	146	184	159	165	210	188
70	211	187	237	206	215	271	244
95	257	227	289	253	264	332	300
120	300	263	337	296	308	387	351
150	346	304	389	343	358	448	408
185	397	347	447	395	413	515	470
240	470	409	530	471	492	611	561
300	543	471	613	547	571	708	652
400	654	566	740	663	694	856	792
500	756	652	856	770	806	991	921
630	879	755	996	899	942	1 154	1 077
800	1 026	879	1 164	1 056	1 106	1 351	1 266
1 000	1 186	1 012	1 347	1 226	1 285	1 565	1 472

Referência: Tabela 39 da NBR 5410:2004.

Tabela 3.11 Fatores de correção – K_1 para temperaturas ambientes diferentes de 30 °C para linhas não subterrâneas e de 20 °C (temperatura do solo) para linhas subterrâneas

Temperatura ambiente (°C)	Isolação		Temperatura do solo (°C)	Isolação	
	PVC	EPR ou XLPE		PVC	EPR ou XLPE
10	1,22	1,15	10	1,10	1,07
15	1,17	1,12	15	1,05	1,04
20	1,12	1,08	25	0,95	0,96
25	1,06	1,04	30	0,89	0,93
35	0,94	0,96	35	0,84	0,89
40	0,87	0,91	40	0,77	0,85
45	0,79	0,87	45	0,71	0,80
50	0,71	0,82	50	0,63	0,76
55	0,61	0,76	55	0,55	0,71
60	0,50	0,71	60	0,45	0,65
65	—	0,65	65	—	0,60
70	—	0,58	70	—	0,53
75	—	0,50	75	—	0,46
80	—	0,41	80	—	0,38

Referência: Tabela 40 da NBR 5410:2004.

Tabela 3.12 Fatores de correção – K para agrupamentos de circuitos ou cabos multipolares, aplicáveis aos valores de capacidade de condução de corrente dados nas Tabelas 3.7, 3.8, 3.9 e 3.10

Item	Forma de agrupamento dos condutores	Número de circuitos ou de cabos multipolares												Tabelas dos métodos de referência
		1	2	3	4	5	6	7	8	de 9 a 11	de 12 a 15	de 16 a 19	≥20	
1	Feixe de cabos ao ar livre ou sobre superfície; cabos em condutos fechados	1,00	0,80	0,70	0,65	0,60	0,57	0,54	0,52	0,50	0,45	0,41	0,38	De 36 a 39 (métodos A a F)
2	Camada única sobre parede, piso, ou em bandeja não perfurada ou prateleira (Nota 7)	1,00	0,85	0,79	0,75	0,73	0,72	0,72	0,71	0,70				De 36 a 37 (método C)
3	Camada única no teto	0,95	0,81	0,72	0,68	0,66	0,64	0,63	0,62	0,61				
4	Camada única em bandeja perfurada (Nota 7)	1,00	0,88	0,82	0,77	0,75	0,73	0,73	0,72	0,72				
5	Camada única em leito, suporte etc. (Nota 7)	1,00	0,87	0,82	0,80	0,80	0,79	0,79	0,78	0,78				De 38 a 39 (métodos E e F)

Notas:

1) Esses fatores são aplicáveis a grupos de cabos, uniformemente carregados, com 100 % de seu carregamento.(*)
2) Quando a distância horizontal entre os cabos adjacentes for superior ao dobro de seu diâmetro externo, não será necessário aplicar nenhum fator de redução.
3) Os mesmos fatores de correção são aplicáveis a:
   - grupos de 2 ou 3 condutores isolados ou cabos unipolares;
   - cabos multipolares.
4) Se um agrupamento é constituído tanto de cabos bipolares como de cabos tripolares, o número total de cabos é tomado igual ao número de circuitos, e o fator de correção correspondente é aplicado às tabelas de 2 condutores carregados, para os cabos bipolares, e às tabelas de 3 condutores carregados para os cabos tripolares.
5) Se um agrupamento consiste em N condutores isolados ou cabos unipolares, pode-se considerar tanto $N/2$ circuitos com 2 condutores carregados como $N/3$ circuitos com 3 condutores carregados.
6) Os valores indicados são médios para a faixa usual de seções nominais, com dispersão geralmente inferior a 5 %.
7) Os fatores de correção dos itens 2, 4 e 5 são genéricos e podem não atender a situações específicas. Nesses casos, deve-se recorrer à Tabela 3.14.

(*) Caso o carregamento seja inferior a 100 %, os fatores de correção podem ser aumentados.

Referência: Tabela 42 da NBR 5410:2004.

Tabela 3.13 Fatores de agrupamento para mais de um circuito – cabos unipolares ou cabos multipolares diretamente enterrados (método de referência D)

Número de circuitos	Distância entre cabos (a)				
	Nula	1 diâmetro de cabo	0,125 m	0,25 m	0,5 m
2	0,75	0,80	0,85	0,90	0,90
3	0,65	0,70	0,75	0,80	0,85
4	0,60	0,60	0,70	0,75	0,80
5	0,55	0,55	0,65	0,70	0,80
6	0,50	0,55	0,60	0,70	0,80

Nota:

Os valores indicados são aplicáveis para uma profundidade de 0,7 m e uma resistividade térmica do solo de 2,5 K · m / W. São valores médios para as dimensões dos cabos constantes nas Tabelas 3.7 e 3.8. Os valores médios arredondados podem apresentar erros de 10 % em certos casos. Se forem necessários valores mais precisos, deve-se recorrer à NBR 11301:1990.

Referência: Tabela 44 da NBR 5410:2004.

Tabela 3.14 Fatores de agrupamento para mais de um circuito – cabos em eletrodutos diretamente enterrados

Cabos multipolares em eletrodutos —1 cabo por eletroduto				
Número de circuitos	Espaçamento entre eletrodutos (a)			
	Nulo	0,25 m	0,5 m	1,0 m
2	0,85	0,90	0,95	0,95
3	0,75	0,85	0,90	0,95
4	0,70	0,80	0,85	090
5	0,65	0,80	0,85	0,90
6	0,60	0,80	0,80	0,80

Condutores isolados ou cabos unipolares em eletrodutos — 1 condutor por eletroduto				
Número de circuitos (2 ou 3 cabos)	Espaçamento entre eletrodutos (a)			
	Nulo	0,25 m	0,5 m	1,0 m
2	0,80	0,90	0,90	0,95
3	0,70	0,80	0,85	0,90
4	0,65	0,75	0,80	0,90
5	0,60	0,70	0,80	0,90
6	0,60	0,70	0,80	0,90

Nota: Os valores indicados são aplicáveis para uma profundidade de 0,7 m e uma resistividade térmica do solo de 2,5 K · m / W. São valores médios para as dimensões dos cabos constantes nas Tabelas 3.7 e 3.8. Os valores médios arredondados podem apresentar erros de 10 % em certos casos. Se forem necessários valores mais precisos, deve-se recorrer à NBR 11301:1990.

Referência: Tabela 45 da NBR 5410:2004.

Tabela 3.15 Seção reduzida do condutor neutro em circuitos trifásicos a quatro fios

Seção dos condutores-fase (mm^2)	Seção mínima do condutor neutro (mm^2)
$S \leq 25$	S
35	25
50	25
70	35
95	50
120	70
150	70
185	95
240	120
300	150
400	185

Notas:

1) O circuito for presumivelmente equilibrado;
2) A corrente das fases não contiver uma taxa de terceira harmônica e múltiplos a 15 %; e
3) O condutor neutro for protegido contra sobrecorrentes.

Referência: Tabela 48 da NBR 5410:2004 – atendidas as três condições a seguir acima.

Tabela 3.16 Seção mínima do condutor de proteção

Seção dos condutores-fase da instalação S (mm^2)	Seção mínima do condutor de proteção correspondente S_{PE} (mm^2)
$S \leq 16$	S
$16 < S \leq 35$	16
$S > 35$	$S/2$

Referência: Tabela 58 da NBR 5410:2004.

3.7 Dimensionamento dos Condutores pelo Critério da Queda de Tensão Admissível

3.7.1 Quedas de tensão admissíveis

Muitos dos aparelhos/equipamentos elétricos são projetados para trabalharem com uma determinada tensão de operação, sendo permitido uma pequena tolerância nessa tensão, sem que cause danos ao equipamento. Com vista à operação adequada dos equipamentos, a NBR 5410:2004 determina que, em qualquer ponto de utilização da instalação, a queda de tensão verificada não deve ser superior aos seguintes valores, dados em relação ao valor da tensão nominal da instalação, como apresentado na Figura 3.27 e Tabela 3.17.

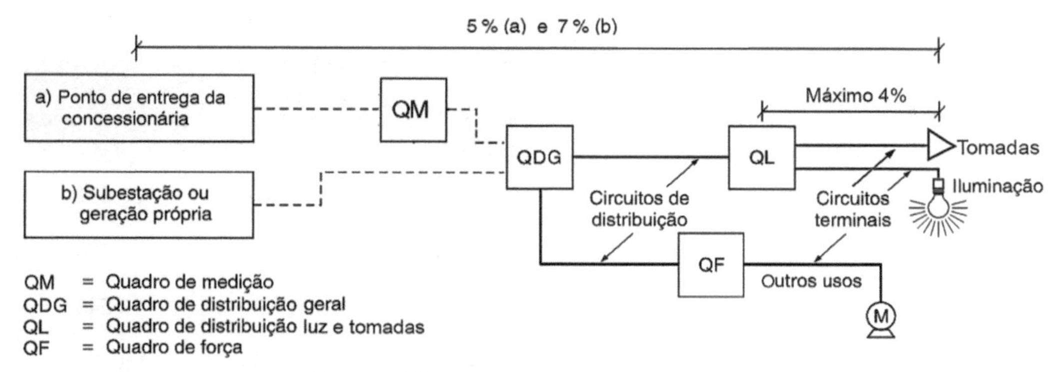

Figura 3.27 Quedas de tensão admissíveis.

Tabela 3.17 Limites de queda de tensão

	Iluminação	Outros usos
A – Instalações alimentadas diretamente por um ramal de baixa tensão, a partir de uma rede de distribuição pública de baixa tensão.	5 %	5 %
B – Instalações alimentadas diretamente por subestação de transformação ou transformador, a partir de uma instalação de alta tensão.	7 %	7 %
C – Instalações que possuam fonte própria.	7 %	7 %

De acordo com a NBR 5410:2004.

Notas:

1) Nos casos B e C, as quedas de tensão nos circuitos terminais não devem ser superiores aos valores indicados em A.
2) Nos casos B e C, quando as linhas principais de instalação tiverem um comprimento superior a 100 m, as quedas de tensão podem ser aumentadas de 0,005 % por metro de linha superior a 100 m, sem que, no entanto, essa suplementação seja superior a 0,5 %.
3) Quedas de tensão maiores que as da tabela acima são permitidas para equipamentos com corrente de partida elevada, durante o período de partida, desde que dentro dos limites permitidos em suas normas respectivas.

As Tabelas 3.18 e 3.19 fornecem os condutores indicados para atender às quedas de tensão percentuais definidas para os alimentadores e ramais em função das distâncias e potências utilizadas, medidas em W, para circuitos monofásicos e bifásicos, com fator de potência unitário.

As Tabelas 3.18 e 3.19 foram obtidas da seguinte fórmula:

$$S = 2\rho \frac{1}{e(\%)V^2} \times (p_1 l_1 + p_2 l_2 + \ldots)$$

em que:

S = seção do condutor em mm²;
V = 127 ou 220 volts (monofásicos ou bifásicos);
ρ = resistividade do cobre = 1/58 ohms × mm²/m
p = potência consumida em watts;
$e\ \%$ = queda de tensão percentual/100;
l = comprimento em metros.

Observação: Para circuitos trifásicos, substituir na equação acima 2 por √3 e V pela tensão FF.

Tabela 3.18 Soma das potências em watts × distância em metros $V = 127$ volts

mm²	Queda de tensão *e* (%)				
	1 %	2 %	3 %	4 %	5 %
1,5	7 016	14 032	21 048	28 064	35 081
2,5	11 694	23 387	35 081	46 774	58 468
4	18 710	37 419	56 129	74 839	93 548
6	28 064	56 129	84 193	112 258	140 322
10	46 774	93 548	140 322	187 096	233 871
16	74 839	149 677	224 516	299 354	374 193
25	116 935	233 871	350 806	467 741	584 676
35	163 709	327 419	491 128	654 837	818 547
50	233 871	467 741	701 612	935 482	1 169 353
70	327 419	654 837	982 256	1 309 675	1 637 094
95	444 354	888 708	1 333 062	1 777 416	2 221 770

Tabela 3.19 Soma das potências em watts × distância em metros $V = 220$ volts (2 condutores)

Condutor (mm²)	Queda de tensão *e* (%)				
	1 %	2 %	3 %	4 %	5 %
1,5	21 054	42 108	63 162	84 216	105 270
2,5	35 090	70 180	105 270	140 360	175 450
4	56 144	112 288	168 432	224 576	280 720
6	84 216	168 432	252 648	336 864	421 080
10	140 360	280 720	421 080	561 440	701 800
16	224 576	449 152	673 728	898 304	1 122 880
25	350 900	701 800	1 052 700	1 403 600	1 754 500
35	491 260	982 520	1 473 780	1 965 040	2 456 300
50	701 800	1 403 600	2 105 400	2 807 200	3 509 000
70	982 520	1 965 040	2 947 560	3 930 080	4 912 600
95	1 333 420	2 666 840	4 000 260	5 333 680	6 667 100

Observação: Para circuitos trifásicos, multiplicar as distâncias por $\frac{\sqrt{3}}{2} = 0,866$.

EXEMPLO

Dimensione o alimentador e os ramais de um apartamento situado no 9º andar, com dois circuitos, de acordo com esquema da Figura 3.28. Tensão de 127 volts, considerando uma queda de tensão de 2 %.

- Dimensionamento do circuito 1:
  Soma das potências × distância ao QD:

$$100 \times 5 = 500$$
$$60 \times 13 = 780$$
$$600 \times 15 = \underline{9\,000}$$
$$10\,280 \text{ (watts} \times \text{metros)}$$

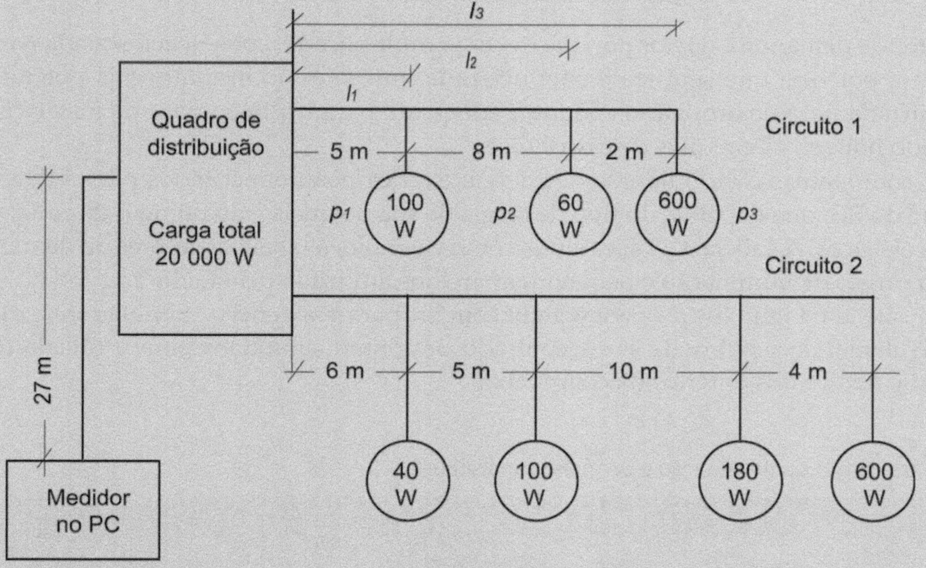

Figura 3.28 Esquema de alimentação de circuitos.

Então, vemos que o fio de 1,5 mm² é suficiente para 2 % de queda de tensão (Tabela 3.18).

- Dimensionamento do circuito 2:
  Soma das potências × distância ao QD:

$$40 \times 6 = 240$$
$$100 \times 11 = 1\,100$$
$$180 \times 21 = 3\,780$$
$$600 \times 25 = \underline{15\,000}$$
$$20\,120 \text{ (watts} \times \text{metros)}$$

Então, o fio de 2,5 mm² é suficiente para 2 % de queda de tensão (Tabela 3.18).

- Dimensionamento do alimentador:
  Supondo toda a carga concentrada no quadro de distribuição e que a alimentação seja trifásica a 4 fios, teremos:

$$21\,680 \times 27 \times 0{,}866 + 506\,922 \text{ W} \times \text{m}.$$

Então, pela Tabela 3.18, verificamos que temos que usar o cabo de 16 mm² para atender ao critério de 3 % de queda de tensão.

Como explicado na Seção 3.6.1, para a escolha final do condutor adequado, temos que examinar pelo Critério da Seção Mínima e pelo Critério da Capacidade de Corrente, escolhendo o condutor de maior área (maior bitola).

Outra maneira de calcular o alimentador é utilizando a Tabela 3.18 do seguinte modo: Divida a potência por 3: 21 680/3 = 7 227 W

$$7\,227 \text{ W} \times 27 \text{ m} = 195\,129 \text{ W} \times \text{m}.$$

Pela Tabela 3.18, para a queda de tensão de 3 %, teremos de usar o cabo de 16 mm².

3.8 Dimensionamento de Alimentadores e Circuitos de Distribuição

3.8.1 Fator de demanda

Como é fácil de se compreender, em qualquer instalação elétrica raramente se utilizam todos os pontos de iluminação ou tomadas de corrente ao mesmo tempo. Em pequenas residências, é mais provável que isso aconteça do que nas grandes moradias ou nas grandes instalações. Desse modo, pode haver uma diferença entre a potência utilizada e a potência instalada (ou de projeto). Assim, define-se o fator de demanda (FD) pela equação:

$$\text{FD}\ \% = \frac{\text{potência utilizada}}{\text{potência instalada (ou de projeto)}} \times 100.$$

Fator de demanda é o fator por que deve ser multiplicada a potência instalada para se obter a potência que será realmente utilizada num mesmo instante, cuja potência será utilizada para determinar o condutor adequado para o alimentador da instalação e, quando houver, os circuitos de distribuição.

As companhias distribuidoras de energia elétrica possuem critérios para a determinação do FD, que depende do tipo de carga, de sua potência e do número de equipamentos elétricos. A Tabela 3.20 apresenta, como exemplo, a tabela de fatores de demanda para cargas de iluminação e pequenos aparelhos, utilizada pela Light S.A.

No site da Light (http://www.light.com.br/para-residencias/Simuladores/calculo_de_demanda.aspx) pode ser encontrado um ótimo simulador para o cálculo de demanda, dentro dos critérios da companhia.

Tabela 3.20 Fatores de demanda para cargas de iluminação e pequenos aparelhos*

Tipo de carga	Potência instalada (VA)	Fator de demanda (%)	Carga mínima (kVA/m²)
Residências (casas e apartamentos)	Até 1 000	80	30 e nunca inferior a 2 200 VA
	De 1 000 a 2 000	75	
	De 2 000 a 3 000	65	
	De 3 000 a 4 000	60	
	De 4 000 a 5 000	50	
	De 5 000 a 6 000	45	
	De 6 000 a 7 000	40	
	De 7 000 a 8 000	35	
	De 8 000 a 9 000	30	
	De 9 000 a 10 000	27	
	Acima de 10 000	24	
Auditórios, salões de exposição, salas de vídeos e semelhantes		80	15
Bancos, postos de serviço público e semelhantes		80	50
Barbearias, salões de beleza e semelhantes		80	20
Clubes e semelhantes		80	20
Escolas e semelhantes Acima de 12 000	Até 12 000	80	30
	50		
Escritórios Acima de 20 000	Até 20 000	80	50
	60		

continua

Tabela 3.20 Fatores de demanda para cargas de iluminação e pequenos aparelhos* (*Continuação*)

Tipo de carga		Potência instalada (VA)	Fator de demanda (%)	Carga mínima (kVA/m²)
Garagens, áreas de serviço e semelhantes	Residencial	Até 10 000	80	5
		Acima de 10 000	25	
	Não residencial	Até 30 000	80	
		De 30 000 a 100 000	60	
		Acima de 100 000	40	
Hospitais, centros de saúde e semelhantes		Até 50 000 Acima de 50 000	40 20	20
Hotéis, motéis e semelhantes		Até 20 000 De 21 000 a 100 000 Acima de 100 000	50 40 30	20
Igrejas e semelhantes			80	15
Lojas e semelhantes			80	20
Restaurantes e semelhantes			80	20

Nota: Instalações em que, pela sua natureza, a carga seja utilizada simultaneamente, deverão ser consideradas com fator de demanda 100 %.
*Cada concessionária tem a sua norma própria para o cálculo da demanda, sendo aconselhável consultá-la para aprovação dos projetos.

EXEMPLO

Determine o fator de potência – FP e dimensione o alimentador de um apartamento que possua a seguinte carga definida no projeto de um edifício.

Carga total do apartamento 10 140 W, em que:

4 240 W de iluminação e tomadas;
4 400 W de chuveiro elétrico;
1 500 W de aparelho de ar condicionado.

A distância do quadro de distribuição geral – QDG do apartamento até o quadro do medidor é de 12 metros. A alimentação será bifásica, 2F + N, 127 V.

A demanda e o fator de demanda a se considerar serão definidos tomando como referência a Tabela 3.20:

1. Para a carga de iluminação e tomadas de uso geral:
   Entre 0-1 000 W – 80 %

   1 000-2 000 W – 75 %
   2 000-3 000 W – 65 %
   3 000-4 000 W – 60 %
   4 000-5 000 W – 50 %

   Demanda a se considerar:

$$800 + 750 + 650 + 600 + (240 \times 0{,}5) = 2\,920 \text{ W}.$$

continua

(Continuação)

2. Para o ar-condicionado (100 %) + chuveiro (100 %) = 1 500 + 4 400 = 5 900 W.
   Assim, a demanda = 2 920 + 5 900 W = 8 820 W.

   E o fator de demanda $FD\ \% = \frac{8\ 820}{10\ 140} \times 100 = 87\ \%$.

   Dimensionamento do alimentador:

a. Pela queda de tensão:

$$8\ 820 \div 2 \times 12 = 52\ 920 \text{ watts} \times \text{m}.$$

Considerando uma queda de tensão de 3 %, o condutor indicado pela Tabela 3.18 é: 4,0 mm².

b. Pela capacidade de corrente:

$$I = \frac{8\ 820}{2 \times 127} = 34{,}7 \text{ A}.$$

Considerando a temperatura ambiente de 30° – $K_1 = 1$ (Tabela 3.10). Como temos 2 fases + neutro = 3 condutores carregados – $K_2 = 1$ (Tabela 3.12), assim a corrente fictícia de projeto I_f será:

$$I_f = \frac{34{,}7}{1 \times 1} = 34{,}7 \text{ A}.$$

Considerando o condutor instalado em eletroduto embutido na alvenaria, definimos, pela Tabela 3.5, o método de instalação nº 7 / B1 e, considerando também o condutor com isolamento em PVC, a Tabela 3.6 define o condutor de 6,0 mm².

Concluindo, o condutor escolhido para o alimentador é o de maior área definida – 6,0 mm², então teremos 2 fases + neutro + PE, todos de 6,0 mm².

3.8.2 Fator de diversidade

Entre várias unidades de um mesmo conjunto de residências com energia vinda da mesma fonte, há uma diversificação entre as demandas individuais de cada residência. Assim, temos os fatores de diversidade apresentados na Tabela 3.21.

Tabela 3.21 Fatores para diversificação de cargas em função do número de apartamentos

Número de apartamentos	Fator de diversidade	Número de apartamentos	Fator de diversidade	Número de apartamentos	Fator de diversidade
—	—	34	25,90	67	44,86
—	—	35	26,50	68	45,42
—	—	36	27,10	69	45,98
4	3,88	37	27,71	70	46,54
5	4,84	38	28,31	71	47,10
6	5,00	39	28,92	72	47,66

continua

Tabela 3.21 Fatores para diversificação de cargas em função do número de apartamentos (*Continuação*)

Número de apartamentos	Fator de diversidade	Número de apartamentos	Fator de diversidade	Número de apartamentos	Fator de diversidade
7	6,76	40	29,52	73	48,22
8	7,72	41	30,12	74	48,78
9	8,68	42	30,73	75	49,34
10	9,64	43	31,33	76	49,90
11	10,42	44	31,94	77	50,46
12	11,20	45	32,54	78	51,02
13	11,98	46	33,10	79	51,58
14	12,76	47	33,66	80	52,14
15	13,54	48	34,22	81	52,70
16	14,32	49	34,70	82	53,26
17	15,10	50	35,34	83	53,82
18	15,89	51	35,90	84	54,38
19	16,66	52	36,46	85	54,94
20	17,44	53	37,02	86	55,50
21	18,04	54	37,58	87	56,06
22	18,65	55	38,14	88	56,62
23	19,25	56	38,70	89	57,18
24	19,86	57	39,26	90	57,74
25	20,46	58	39,82	91	58,30
26	21,06	59	40,38	92	58,86
27	21,67	60	40,94	93	59,42
28	22,27	61	41,50	94	59,98
29	22,88	62	42,06	95	60,54
30	23,48	63	42,62	96	61,10
31	24,08	64	43,18	97	61,66
32	24,69	65	43,74	98	62,22
33	25,29	66	44,30	99	62,78
				100	63,34

Fonte: RECON – BT da Light.

EXEMPLO

Em um conjunto residencial com 100 unidades, cada qual com demanda de 4 000 VA, a demanda do agrupamento das 100 unidades será:

$$4\,000 \times 63{,}24 = 252\,960 \text{ VA}.$$

Valor que será considerado no dimensionamento do alimentador do conjunto residencial.

3.9 Eletrodutos

Como os eletrodutos compõem um dos tipos de linhas elétricas de maior uso nas instalações elétricas, será apresentado nesta seção um resumo das prescrições para instalação e dimensionamento. Para mais informações e dimensionamento dos diversos tipos de linhas elétricas, consulte o Capítulo 10 – Técnica da Execução das Instalações Elétricas.

3.9.1 Prescrições para instalação

É vedado o uso, como eletroduto, de produtos que não sejam expressamente apresentados e comercializados como tal.

Nas instalações abrangidas pela NBR 5410:2004, são apenas admitidos eletrodutos não propagantes de chama.

Só são admitidos em instalação embutida os eletrodutos que suportem os esforços de deformação característicos da técnica construtiva utilizada.

Em qualquer situação, os eletrodutos devem suportar as solicitações mecânicas, químicas, elétricas e térmicas a que forem submetidos nas condições da instalação.

3.9.2 Dimensionamento

As dimensões internas dos eletrodutos e de suas conexões devem permitir que, após montagem da linha, os condutores possam ser instalados e retirados com facilidade. Para tanto, a área máxima a ser utilizada pelos condutores, aí incluído o isolamento, deve ser de:

- 53 % no caso de um condutor;
- 31 % no caso de dois condutores;
- 40 % no caso de três ou mais condutores.

Como a área útil do eletroduto é dada por:

$$A_{ele} = \pi Di^2/4$$

e considerando que ΣA_{cond} = soma das áreas externas dos condutores a serem instalados, então o diâmetro interno do eletroduto pode ser determinado pela equação:

$$D_i = \sqrt{\frac{4 \times \sum A_{cond}}{f \times \pi}}$$

em que:

f = 0,53 no caso de um condutor;
f = 0,31 no caso de dois condutores;
f = 0,40 no caso de três ou mais condutores.

Quando todos os condutores instalados no eletroduto forem iguais, podemos utilizar diretamente as Tabelas 3.22 e 3.23. As tabelas definem o eletroduto apropriado para os condutores com área transversal total, incluindo o isolamento, indicada nas tabelas.

Tabela 3.22 Eletroduto de aço-carbono, conforme NBR 5597:2007

Seção nominal do condutor (mm²)		Quantidade de cabos Noflam BWF Flex 450/750									
		3	4	5	6	7	8	9	10	11	12
Cu	**Total***	**Diâmetro nominal (DN) dos eletrodutos em milímetros**									
1,5	6,6	15	15	15	15	15	15	15	15	15	15
2,5	10,2	15	15	15	15	15	15	20	20	20	20
4	13,2	15	15	15	15	20	20	20	20	20	20
6	16,6	15	15	15	20	20	20	20	25	25	25
10	28,3	15	20	20	25	25	25	25	32	32	32
16	38,5	20	20	25	25	32	32	32	32	32	40
25	58,1	25	25	32	32	32	40	40	50	50	50
35	78,5	25	32	32	40	40	50	50	50	50	65
50	116,9	32	40	50	50	50	65	65	65	65	80
70	147,4	40	50	50	50	65	65	65	80	80	80
95	201,1	50	50	65	65	80	80	80	80	90	90
120	254,5	50	65	65	80	80	80	90	90	100	100
150	311,0	65	65	80	80	90	90	100	100	100	
185	397,6	65	80	80	90	100	100				

Tamanho nominal dos eletrodutos rígidos de aço-carbono — Equivalência (mm) (polegadas)										
(mm)	15	20	25	32	40	50	65	80	90	100
(polegadas)	1/2	3/4	1	1 1/4	1 1/2	2	2 1/2	3	3 1/2	4

*Área total do condutor considerando a isolação.

Tabela 3.23 Eletroduto rígido de PVC, tipo roscável, conforme NBR 15465:2008

Seção nominal do condutor (mm²)		Quantidade de cabos									
		3	4	5	6	7	8	9	10	11	12
Cu	**Total***	**Diâmetro nominal (DN) dos eletrodutos em milímetros**									
1,5	6,6	20	20	20	20	20	20	20	20	20	25
2,5	10,2	20	20	20	20	20	20	25	25	25	25
4	13,2	20	20	20	20	25	25	25	25	32	32
6	16,6	20	20	25	25	25	25	32	32	32	32
10	28,3	25	25	32	32	32	32	40	40	40	40
16	38,5	25	32	32	40	40	40	40	50	50	50
25	58,1	32	40	40	40	50	50	60	60	60	60
35	78,5	40	40	50	50	60	60	60	75	75	75

continua

Tabela 3.23 Eletroduto rígido de PVC, tipo roscável, conforme NBR 15465:2008 (*Continuação*)

Seção nominal do condutor (mm²)		Quantidade de cabos									
		3	4	5	6	7	8	9	10	11	12
Cu	**Total***	**Diâmetro nominal (DN) dos eletrodutos em milímetros**									
50	116,9	40	50	60	60	75	75	75	75	85	85
70	147,4	50	60	60	75	75	75	85	85	85	85
95	201,1	60	75	75	75	85	85	85	110	110	110
120	254,5	60	75	75	85	85	80	85	110	110	
150	311,0	75	75	85	85	110	110	110			
185	397,6	75	85	110	110	110					
Diâmetro nominal (DN) dos eletrodutos — Equivalência (mm) (polegadas)											
(mm)	20	25	32	40	50	60	75	85	110		
(polegadas)	1/2	3/4	1	1 1/4	1 1/2	2	2 1/2	3	4		

*Área total do condutor considerando a isolação.

EXEMPLO

Determine o diâmetro mínimo do eletroduto rígido de PVC, tipo roscável, capaz de conter os condutores de 4 circuitos monofásicos com condutores de 6 mm² (16,6 mm², considerando o isolamento), de uma mesma instalação, todos com condutores isolados com PVC/70 °C. O condutor de proteção dos quatro circuitos é de 6 mm².

Da Tabela 3.23, para 9 condutores de 6 mm², escolhemos o eletroduto de 32 mm (1″).

EXEMPLO

Determine o diâmetro mínimo do eletroduto rígido de aço-carbono capaz de conter os condutores de 4 circuitos monofásicos, de uma mesma instalação, todos com condutores isolados com PVC 70 °C, com:

Dois circuitos com condutores de 6 mm² (área total de 16,6 mm²); um circuito com condutores de 4 mm (13,2 mm²) e um circuito com condutores de 2,5 mm² (10,2 mm²). O condutor de proteção dos quatro circuitos é de 6 mm².

Assim, a área total ocupada pelos condutores é de:

$$\sum A_{cond} = (4 \times 16{,}6) + (2 \times 13{,}2) + (2 \times 10{,}2) + (1 \times 16{,}6) = 129{,}8 \text{ mm}^2$$

$D_i = \sqrt{4 \times 139{,}5 \div 0{,}40 \times \pi} = 20{,}3$ mm. Da Tabela 10.3 (Capítulo 10), escolhemos o eletroduto de 20 mm (3/4″).

3.10 Documentação e Inspeção Final da Instalação

3.10.1 Prescrições gerais

Qualquer instalação ou reforma (extensão ou alteração) de instalação existente deve ser inspecionada visualmente e ensaiada durante e/ou quando concluída a instalação, antes de ser posta em serviço pelo usuário, de forma a verificar a conformidade com as prescrições da NBR 5410:2004.

Deve ser fornecida a documentação da instalação, definida na Seção 3.1, às pessoas encarregadas de verificar, na condição de documentação "como construído", como se segue:

a) plantas;
b) esquemas unifilares e outros;
c) detalhes de montagem;
d) memorial descritivo da instalação;
e) especificação dos componentes;
f) parâmetros de projeto.

Nas instalações de unidades residenciais, pequenos estabelecimentos comerciais e outros semelhantes, a documentação deve ser entregue acompanhada de um manual do usuário que contenha, no mínimo, os seguintes elementos:

a) esquema(s) do(s) quadro(s) de distribuição com indicação dos circuitos e respectivas finalidades;
b) potências máximas que podem ser ligadas em cada circuito terminal;
c) recomendação, explícita, para que não sejam trocados, por tipos com características diferentes, os dispositivos de proteção existentes no(s) quadro(s).

Durante a realização da inspeção e ensaios, devem ser tomadas precauções que garantam a segurança das pessoas e evitem danos a propriedades e aos equipamentos instalados. Quando a instalação a verificar constituir reforma de uma instalação existente, deve ser investigado se a reformada não anula as medidas de segurança da instalação pré-existente.

As inspeções devem ser realizadas por profissionais qualificados.

3.10.2 Inspeção visual

A inspeção visual deve preceder os ensaios e ser realizada com a instalação desenergizada. A inspeção visual deve ser realizada para confirmar se os componentes elétricos permanentes conectados estão:

a) em conformidade com as normas aplicáveis;
   Nota: isso pode ser verificado por marca de conformidade, certificação ou termo de responsabilidade emitido pelo fornecedor.
b) corretamente selecionados e instalados de acordo;
c) não visivelmente danificados, de modo a restringir o funcionamento adequado à sua segurança.

A inspeção visual deve incluir no mínimo a verificação dos seguintes pontos:

- medidas de proteção contra choques;
- medidas de proteção contra efeitos térmicos;
- seleção de linhas elétricas;
- escolha, ajuste e localização dos dispositivos de proteção.

3.10.3 Ensaios

3.10.3.1 Prescrições gerais

Os seguintes ensaios devem ser realizados onde forem aplicáveis e, preferivelmente, na sequência apresentada:

- continuidade dos condutores de proteção e das ligações equipotenciais principal e suplementares;
- resistência de isolamentos da instalação elétrica;
- seccionamento automático da alimentação;
- ensaio de tensão aplicada;
- ensaios de funcionamento.

3.10.3.2 Continuidade dos condutores e ligações equipotenciais

A continuidade dos condutores de proteção deve ser feita por meio de ensaio sob tensão com fonte apresentando tensão em vazio entre 4 V e 24 V, em CC ou CA, e com uma corrente de ensaio de, no mínimo, 0,2 A.

3.10.3.3 Resistência de isolamento

A resistência de isolamento deve ser medida:

- entre os condutores vivos, tomados dois a dois;
- entre cada condutor vivo e terra. Nessa medição os condutores de fase e o condutor neutro podem ser interligados.

O isolamento é considerado satisfatório se cada circuito, sem os aparelhos de utilização, apresentar uma resistência de isolamento igual ou superior à estabelecida na Tabela 3.24. O equipamento de ensaio deve ser capaz de fornecer a tensão de ensaio especificada com uma corrente mínima de 1 mA. Os ensaios podem ser efetuados com os aparelhos de utilização ligados à instalação, mas suas chaves desligadas.

Cuidados especiais devem ser tomados quando o circuito incluir dispositivos eletrônicos e com as bobinas dos contatores que, se ligadas, estabelecem interligação entre os condutores-fase.

Tabela 3.24 Resistência de isolamento

Tensão nominal do circuito	Tensão de ensaio, em corrente contínua (V)	Resistência de isolamento mínimo em megaohms
Extrabaixa tensão	250	0,25
Igual ou inferior a 500 V	500	0,5
Superior a 500 V	1 000	1,0

Referência: Tabela 60 da NBR 5410:2004.

3.11 Manutenção Preventiva

Toda a instalação deve ser periodicamente verificada por pessoas credenciadas ou qualificadas, com uma frequência que varia de acordo com a importância da instalação. Devem ser observados, em especial, os seguintes pontos:

- medidas de proteção contra contato com as partes vivas;
- estado dos condutores, tomadas, interruptores e suas ligações;

- estado dos cabos flexíveis dos aparelhos móveis e sua proteção;
- estado dos dispositivos de proteção e manobra;
- ajuste dos dispositivos de proteção e a correta utilização dos fusíveis;
- valor da resistência de terra etc.

Toda a instalação (ou parte) que pareça perigosa deve ser desenergizada e só recolocada em serviço após reparação satisfatória.

3.12 Manutenção Corretiva

Toda falha ou anomalia no equipamento elétrico ou em seu funcionamento deve ser avisada à pessoa competente para fim de reparação.

Quando os dispositivos de proteção contra sobrecorrentes, ou contra choques elétricos, atuarem sem causa conhecida, deve ser feita uma verificação imediata para conhecer a causa e os meios de corrigi-la.

EXERCÍCIOS DE REVISÃO

1. Qual deve ser a seção do condutor neutro, não protegido contra sobrecorrentes, quando os condutores-fase, de cobre, são de 25 mm²?
2. Qual deve ser a queda de tensão máxima para um circuito de iluminação alimentado por fonte própria?
3. Um circuito trifásico a 4 fios tem os seguintes dados:

   P = 65 000 W;

   V = 220 V entre fases e 127 V entre fase-neutro;

   Fator de potência = 85 %.

   Utilizando condutores isolados com PVC/70, em ambiente a 50 °C, qual a seção escolhida pelo critério da capacidade de corrente e a maneira de instalar B1?
4. Se, no exercício anterior, todas as cargas forem monofásicas, qual será o condutor escolhido, pelo critério da queda de tensão, para 2 % e usando a Tabela 3.18? Distância entre o último circuito e o quadro elétrico: 30 m.
5. Qual será a seção do condutor de terra (proteção) para um ramal de entrada com quatro condutores de 70 mm²?
6. Calcular a demanda em watts para o cálculo do ramal de entrada de uma escola, com potência instalada de 56 400 W.
7. Uma instalação elétrica com eletrodutos metálicos tem capacidade para 100 A. Qual deverá ser a seção do condutor terra?
8. Qual será o condutor escolhido nos Exercícios 3 e 4, em que foram usados os dois critérios de seleção?
9. Admitindo-se um circuito, com quatro condutores Pirastic Antiflam® de 95 mm², qual será o eletroduto adequado?
10. Na entrada de uma instalação, mediu-se a tensão de 110 V e, no último ponto do circuito, 105 V. Qual a queda percentual dessa instalação?
11. Um interruptor comum deve apagar um circuito com 10 lâmpadas fluorescentes de 40 W cada, em 110 V. Usando reatores duplos de alto f.p. que aumentam a carga em 20 %, qual será a capacidade do interruptor?

4 Dispositivos de Seccionamento e Proteção

4.1 Prescrições Gerais

Todos os condutores fase de uma instalação devem ser protegidos, por um ou mais dispositivos de seccionamento automático, contra sobrecorrentes (sobrecargas e curto-circuitos). Com exceção dos casos, previstos em norma, em que as sobrecorrentes forem limitadas, ou quando for possível ou mesmo recomendável omitir tais proteções.

Esses dispositivos devem ser especificados de forma a interromper as sobrecorrentes antes que elas possam danificar, em decorrência de seus efeitos térmicos e mecânicos, a isolação, as conexões e outros materiais próximos aos condutores.

Destaca-se que a proteção dos condutores não garante necessariamente a proteção dos equipamentos ligados a esses condutores.

A detecção de sobrecorrentes deve ser prevista em todos os condutores fase e deve provocar o seccionamento do condutor em que a corrente for detectada, não precisando, necessariamente, provocar o seccionamento dos outros condutores fase.

Se o seccionamento de uma só fase puder causar danos, por exemplo, no caso de motores trifásicos, devem ser tomadas medidas apropriadas para a proteção dos motores.

Em locais de habitação, os circuitos terminais devem ser protegidos por dispositivos de proteção contra sobrecorrentes que assegure o seccionamento simultâneo de todos os condutores fase. Dispositivos unipolares, montados lado a lado, apenas com suas alavancas de manobra acopladas, não são considerados dispositivos multipolares.

Além dos dispositivos de sobrecorrente, para a proteção à vida humana e ao patrimônio, devem ser previstos o dispositivo diferencial residual e o dispositivo de proteção contra sobretensões transitórias.

4.2 Fusíveis e Dispositivos Fusíveis

Fusível é um dispositivo de proteção contra sobrecorrente, normalmente com alta capacidade de ruptura, que consiste em um elemento fusível, elo ou lâmina metálica, de baixo ponto de fusão que se funde, por efeito Joule, quando a intensidade de corrente elétrica superar, devido a uma sobrecarga ou um curto-circuito, o valor que poderia danificar o isolamento dos condutores ou outros elementos do circuito.

Dispositivo fusível compreende todas as partes constituintes do dispositivo de proteção.

De acordo com a aplicação, a norma IEC 60269-2-1 utiliza duas letras para a especificação dos fusíveis. A primeira letra indica em que tipo de sobrecorrente o fusível irá atuar, e a segunda, que tipo de equipamento o fusível é indicado para proteger, conforme apresentado na Tabela 4.1.

Tabela 4.1 Categoria de utilização dos fusíveis

Primeira letra Minúscula	a	Fusível limitador de corrente, atuando somente na presença de curto-circuito
	g	Fusível limitador de corrente, atuando na presença tanto de curto-circuito como de sobrecarga
Segunda letra Maiúscula	G	Proteção de linha, uso geral
	M	Proteção de circuitos motores
	L	Proteção de linha
	Tr	Proteção de transformadores
	R	Proteção de semicondutores, ultrarrápidos
	S	Proteção de semicondutores e linha (combinado)

Por exemplo:

"aM" – Fusível para proteção de motores (atuação para curto);
"gL/gG" – Fusível para proteção de cabos e uso geral (atuação para sobrecarga e curto);
"aR" – Fusível para proteção de semicondutores (atuação para curto).

4.2.1 Principais tipos de fusíveis

Existem diversos tipos de dispositivos fusíveis no mercado, entre eles, podem-se destacar três tipos bastante usuais nas instalações: fusíveis cilíndricos (ou tipo cartucho), D (Diazed) e NH.

Fusíveis cilíndricos (cartuchos)

São utilizados na proteção principalmente de máquinas e painéis, dispondo de modelos para as instalações em geral. Devidamente aplicados, podem ser instalados, sem riscos de toque acidental durante seu manuseio, em seccionadoras tipo porta-fusíveis padrão DIN. A Figura 4.1 mostra um exemplo de dispositivo fusível cilíndrico com algumas de suas especificações técnicas.

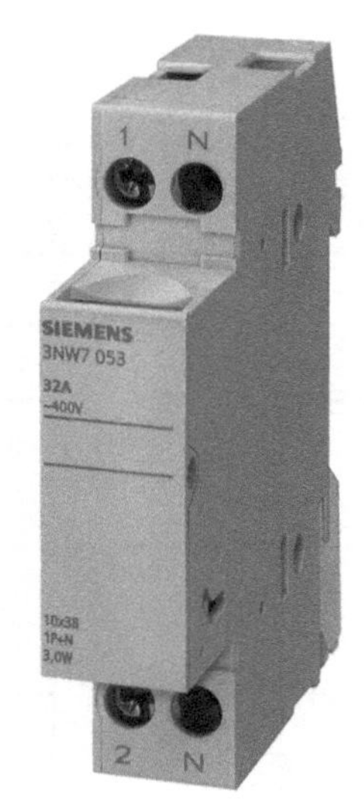

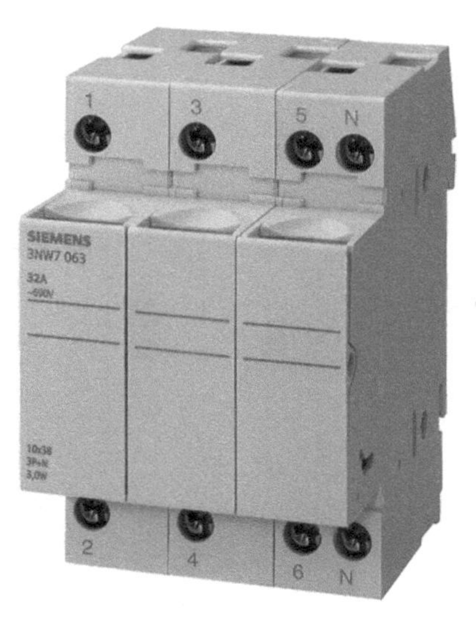

Figura 4.1 Fusível cilíndrico, base monopolar e base tripolar.

Os fusíveis cilíndricos possuem categorias de utilização gG e aM, com correntes nominais de 1 a 100 A. Disponíveis em três tamanhos diferentes e capazes de atuar em redes de tensão nominal até 500 VCA, apresentam alta capacidade de interrupção (100 kA) em um equipamento extremamente compacto. A Tabela 4.2 apresenta os valores de corrente nominal, comumente encontrados.

Fusíveis D

Os fusíveis D são utilizados na proteção de curto-circuito em instalações elétricas e são bastante seguros, permitindo o seu manuseio, sem riscos de choque acidental. A Figura 4.2 mostra um fusível D com seus respectivos acessórios. O parafuso de ajuste, instalado entre a base e o fusível, impede a substituição do fusível por outro de valor superior de corrente.

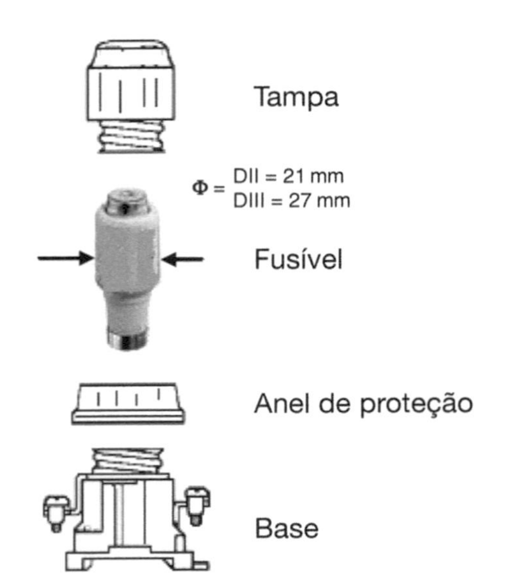

Figura 4.2 Fusível D, base e acessórios.

Os fusíveis tipo D possuem categoria de utilização gL/gG, e são encontrados em três tamanhos (DI, DII e DIII). Atendem a correntes nominais de 2 a 100 A. A Tabela 4.3 apresenta os valores das correntes nominais dos fusíveis de tamanho DII e DIII e seus respectivos códigos de cores do acionador de acionamento (ou espoleta), que normalmente possuem as seguintes capacidades de interrupção:

- até 20 A: 100 kA
- de 25 a 63 A: 50 kA/70 kA

Fusíveis NH

Os fusíveis NH (Figura 4.3) são aplicados na proteção de sobrecorrentes de curto-circuito em instalações elétricas industriais. Possuem categoria de utilização gL/gG e são apresentados em seis tamanhos

Tabela 4.2 Corrente nominal dos fusíveis cilíndricos e bases

Fusíveis cilíndricos categoria de utilização gG/aM						Base para fusíveis cilíndricos			
Dim. (mm)	Corrente nominal (A)	Dim. (mm)	Corrente nominal (A)	Dim. (mm)	Corrente nominal (A)	Dim. (mm)	Corrente nominal (A)	Número de polos	Seção dos condutores (mm)
10 × 38	1	14 × 51	2	22 × 58	8	10 × 38	32	1	2,5 a 16
	2		4		10			2	
	4		6		12			3	
	6		8		16			3 + N	
	8		10		20	14 × 51	50	1	2,5 a 25
	10		12		25			2	
	12		16		32			3	
	16		20		40			3 + N	
	20		25		50	22 × 58	100	1	4 a 50
	25		32		63			2	
	32		40		80			3	
			50		100			3 + N	

Tabela 4.3 Corrente nominal dos fusíveis D

Tamanho	Corrente nominal (A)	Código de cores
DII	2	Rosa
	4	Marrom
	6	Verde
	10	Vermelha
	16	Cinza
	20	Azul
	25	Amarelo
DIII	35	Preta
	50	Branco
	63	Laranja

Figura 4.3 Fusíveis NH, base e punho.

diferentes. Atendem a correntes nominais de 6 a 1 250 A. São fusíveis limitadores de corrente e possuem elevada capacidade de interrupção: 120 kA em até 690 VCA. A Figura 4.4 apresenta as curvas características de fusíveis NH de 4 A a 630 A.

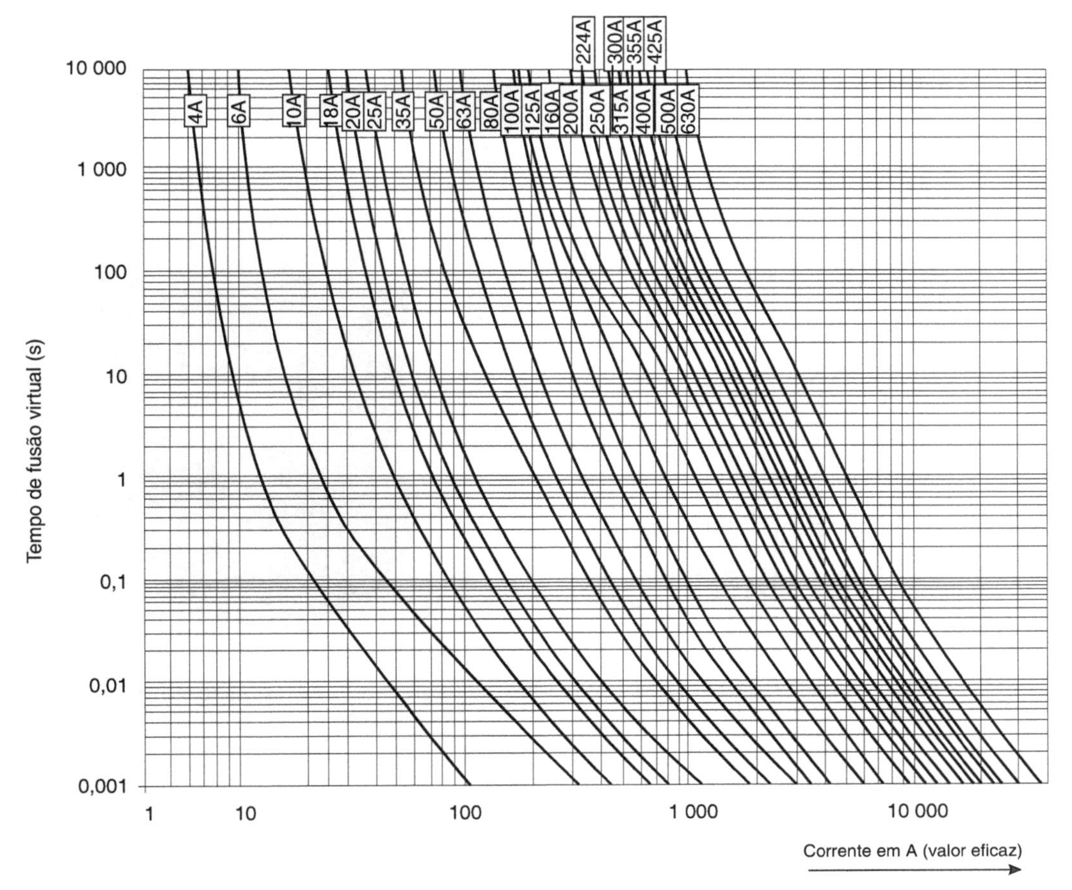

Figura 4.4 Curvas tempo × corrente – fusíveis NH. (Cortesia da WEG.)

O uso de punho saca-fusível (Figura 4.3) garante o manuseio seguro na montagem ou substituição dos fusíveis. Os fusíveis NH são encontrados numa ampla faixa de valores de energia de fusão e interrupção, facilitando a determinação da seletividade e a coordenação de proteção. Atendem à norma IEC 60269.

4.3 Disjuntores em Caixa Moldada para Correntes Nominais de 5 a 100 A (Resumo do catálogo Unic da Pial-Legrand reproduzido com autorização)

Em uma instalação elétrica residencial, comercial ou industrial, deve-se garantir o bom funcionamento do sistema em quaisquer condições de operação, protegendo as pessoas, os equipamentos e a rede elétrica contra acidentes provocados por alteração de correntes (sobrecorrentes ou curto-circuito).

Os disjuntores termomagnéticos em caixa moldada (Unic) são equipados com um disparador térmico bimetálico de sobrecargas, ou de um disparador magnético de alta precisão para curto-circuito. Pode ser instalado em quadros de distribuição por meio de garras ou trilhos.

Na Figura 4.5 e na Tabela 4.4 vemos as curvas de atuação dos disjuntores Unic e as características elétricas.

4.4 Proteção Contra Corrente de Sobrecarga

Para o dimensionamento de dispositivo de proteção contra correntes de sobrecarga, as seguintes condições devem ser satisfeitas:

1) $I_B \leq I_N$
2) $I_N \leq I_Z$
3) $I_2 \leq 1{,}45\, I_Z$

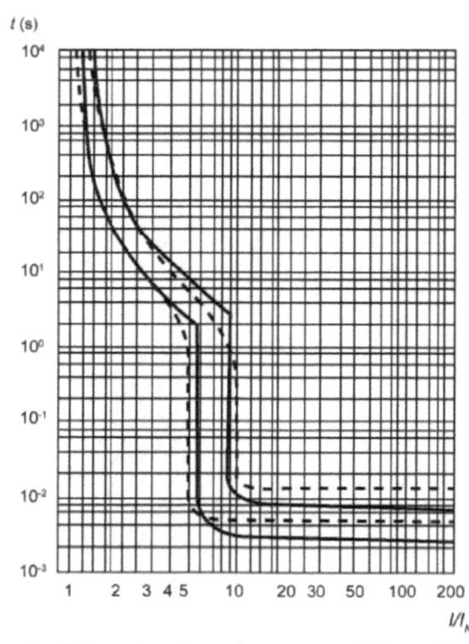

— Característica de atuação com partida a frio a uma temperatura ambiente de θ, a = 20 °C
Disjuntores de 10 a 60 A

...... Característica de atuação com partida a frio a uma temperatura ambiente de θ = 40 °C
Disjuntores de 70 a 100 A
I = corrente efetiva
I_N = corrente nominal do disjuntor

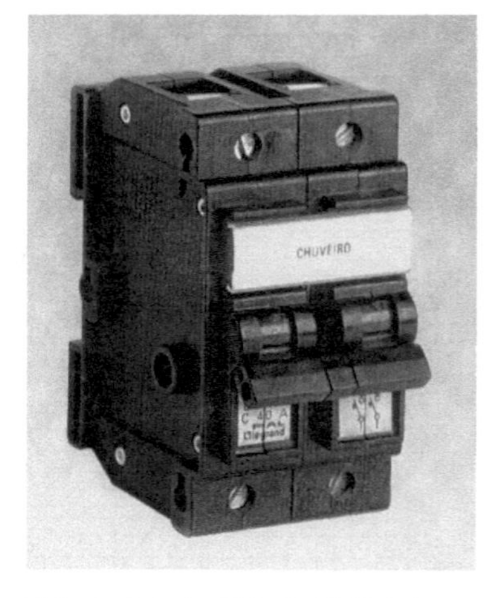

Vista do disjuntor Unic de 10-60 A da Pial-Legrand

Figura 4.5 Curvas de atuação e disjuntor.

Tabela 4.4 Características elétricas e de atuação dos disjuntores Unic

Norma de referência	NBR 5361:1998												
Frequência		50/60 Hz											
Correntes nominais	Unipolares	10	15	20	30	35	40	50	60	70			
	Bipolares/ Tripolares	10	15	20	25	30	35	40	50	60	70	90	100
Limiar de atuação	10 a 60 A					5,5	a	$8{,}3I_N$					
	70 a 100 A					5	a	$10\ I_N$					
Número de polos						1		2		3			
Capacidade de interrupção (kA) e tensão de funcionamento (V~)		127 V~				5,0		–		–			
		220 V ~				3,0		4,5		3,0			
		380 V ~				–		4,5		3,0			

em que:

I_B = corrente de projeto do circuito;
I_N = corrente nominal do dispositivo de proteção;
I_Z = capacidade de condução de corrente de condutores vivos, de acordo com o tipo de instalação (ver Tabela 3.7);
I_2 = corrente convencional de atuação dos dispositivos de proteção em função de I_N.

A Tabela 4.5 apresenta as características técnicas de disjuntores Legrand, e a Tabela 4.6 apresenta uma escolha prática de disjuntor Unic.

EXEMPLO

Para o sistema da figura, determine a seção dos condutores pelo critério da capacidade de corrente e a proteção contra sobrecarga. Dados: isolação dos condutores em PVC, rede de eletroduto embutido em alvenaria, temperatura ambiente de 35 °C, I_{cc} no QGLF igual a 10 kA.

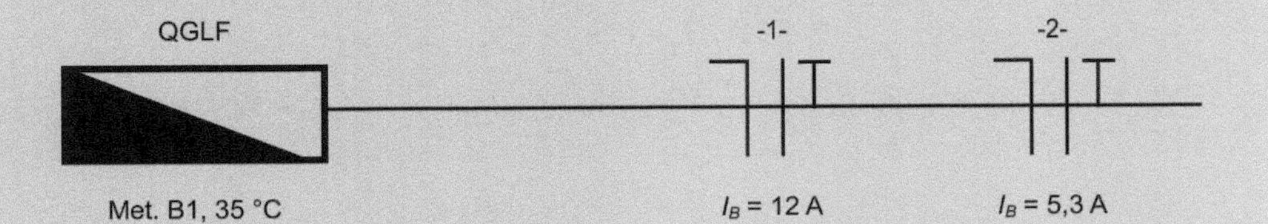

Solução

Da Tabela 3.5, para condutores isolados no interior de um eletroduto embutido em alvenaria, adotamos o método de referência B1.

continua

(Continuação)

Da Tabela 3.11, adotamos para a temperatura ambiente de 35 °C um fator de correção de temperatura FCT = 0,94, para ambos os circuitos.

Da Tabela 3.12, adotamos, para dois circuitos agrupados, um fator de correção de agrupamento FCA = 0,8, para ambos os circuitos.

Dessa forma, a corrente corrigida para as condições previstas na Tabela 3.7 é igual a

$$I_B' = \frac{I_B}{\text{FCT} \cdot \text{FCA}}.$$

Circuito 1:

$$I_B' = \frac{12}{0,94 \cdot 0,8} = 15,96 \text{ A}.$$

Da Tabela 3.7, para o método de referência B1 e dois condutores carregados no circuito, temos um condutor de 1,5 mm², e por seção mínima adotaremos 2,5 mm².

O disjuntor a ser especificado deve respeitar o seguinte critério:

$$I_B \leq I_N \leq I_z.$$

Desta forma,

$$12 \text{ A} \leq I_N \leq 24 \cdot 0,94 \cdot 0,8$$

$$12 \text{ A} \leq I_N \leq 18 \text{ A}.$$

Da Tabela 4.5, foi selecionado o disjuntor monopolar de DG 6000 – 16A 1P.

Caso não seja encontrado um disjuntor normalizado que atendasse aos requisitos, deve-se aumentar a corrente máxima do condutor por meio do aumento da seção.

Circuito 2:

$$I_B' = \frac{5,3}{0,94 \cdot 0,8} = 7,05 \text{ A}.$$

Da Tabela 3.7, para o método de referência B1 e dois condutores carregados no circuito, temos um condutor de 1,5 mm², e por seção mínima adotaremos 2,5 mm².

O disjuntor a ser especificado deve respeitar o seguinte critério:

$$I_B \leq I_N \leq I_z.$$

Desta forma,

$$5,3 \text{ A} \leq I_N \leq 24 \cdot 0,94 \cdot 0,8$$

$$5,3 \text{ A} \leq I_N \leq 18 \text{ A}.$$

Da Tabela 4.5, foi selecionado o disjuntor monopolar de DG 6000 – 6A 1P.

Tabela 4.5 Características técnicas de disjuntores Legrand

Características técnicas		DX-E 6 kA			DX 6000 10 kA			DX-H 10000 25kA		
Nº de polos		1P	2P	3P	1P	2P	3P	1P	2P	3P
Corrente I_n (A) a 30 °C calibre		4–6–10–16–20–32–50–63			4-6-10-16-20-25-32-40-50-63			80	80-100-125	80-100-125
Tipos de curvas		C	C	C	C	C	C	C	C	C
Tensão nominal U_m (V±)		127-220	220/380	220/380	230/400	400	400	400	400	400
Frequência nominal		50-60 Hz	50/60 Hz	50/60 Hz	50/60 Hz	50/60 Hz	50/60 Hz	50/60 Hz	50/60 Hz	50/60 Hz
Tensão de utilização 50/60 Hz ±10 % (V±)		127/220	220/380	220/380	240/415	415	415	240/415	415	415
Capacidade de ruptura I_{cn} (A)	127/230	127/6 kA	220/6 kA	220/6 kA	6 000	6 000	6 000	10 000	10 000	10 000
	230/400	220/6 kA	330/6 kA	330/6 kA	6 000	6 000	6 000	10 000	10 000	10 000
Capacidade de ruptura I_{cu} kA 50/60 Hz segundo NBR-IEC 60947-2	127/230-V±	127/6 kA	220/6 kA	220/6 kA	25 kA	25 kA	25 kA	16 kA	25 kA	16 kA
	230/400-V±	220/6 kA	330/6 kA	330/6 kA	10 kA	10 kA	10 kA	12,5 kA	16 kA	12,5 kA
Capacidade de ruptura de serviço I_{cs}((% I_{cu})		100 %	100 %	100 %	100 %	100 %	100 %	75 %	75 %	75 %
Tensão isolação U_i (V±)		500	500	500	500	500	500	500	500	500
Tensão resistência ao choque U_{imp} (kV)		4	4	4	4	4	4	6	6	6
Resistência (ciclo de manobras)	Mecânica	2 000	2 000	2 000	2 000	2 000	2 000	2 000	2 000	2 000
	Elétrica	1 000	1 000	1 000	1 000	1 000	1 000	1 000	1 000	1 000
Resistência dielétrica (V)		2 000	2 000	2 000	2 500	2 500	2 500	2 500	2 500	2 500
Temperatura de funcionamento	Faixa entre	–5 e +40 °C	–5 e +40 °C	–5 e +40 °C	–25 °C e +70 °C	–25 °C e +70 °C	–25 °C e +70 °C	–25 °C e +70 °C	–25 °C e +70 °C	–25 °C e +70 °C

Fonte: Cortesia da Legrand.

Tabela 4.6 Determinação prática do disjuntor Unic na proteção dos condutores contra correntes de sobrecarga

– Condutores isolados e cabos unipolares e multipolares de cobre com isolação de PVC
– Temperatura ambiente para os condutores — 30 °C
– Temperatura no local da instalação dos disjuntores — 40 °C

Corrente nominal* máxima dos disjuntores Unic (A)					
Seção nominal dos condutores (mm²)	1 circuito com 2 condutores carregados	1 circuito com 3 condutores carregados	2 circuitos com 2 condutores carregados cada um	3 circuitos com 2 condutores carregados cada um	2 circuitos com 3 condutores carregados cada um
Linha tipo B (curva de atuação B)					
1,5	15	15	15	10	10
2,5	25	20	20	15	15
4	35/30**	30	25	20	20
6	40	40/35**	35	30	30
10	60	50	50/40**	40	40
16	70	60	60	50	60/50**
25	100	70	70	70	70
35	100	100	100	70	70
50	100	100	100	100	100
Linha tipo C (curva de atuação C)					
1,5	20	15	15	15/10**	15
2,5	25	25	20	20/15**	20
4	35	35/30**	30	25	25
6	50	40	40	35	35
10	60	60	50	40	50/40**
16	70	70	60	60	60
25	100	90	70	70	70
35	100	100	100	90	90
50	100	100	100	100	100

*Valores referidos a 20 °C para disjuntores de 10 A a 60 A e a 40 °C para disjuntores de 70 A a 100 A.
**O primeiro valor refere-se ao tipo unipolar e o segundo, ao multipolar.

4.5 Proteção Contra Corrente de Curto-Circuito

Devem ser previstos dispositivos de proteção para interromper toda corrente de curto-circuito nos condutores dos circuitos, antes que os efeitos térmicos e mecânicos dessa corrente possam tornar-se perigosos aos condutores e suas ligações.

Para tanto, as características dos dispositivos de proteção contra curtos-circuitos devem atender às seguintes condições:

a) Sua capacidade de interrupção deve ser, no mínimo, igual à corrente de curto-circuito presumida no ponto da instalação, ou seja:

$$I_{int} \geq I_{cc}$$

em que:

I_{int} = capacidade de interrupção do dispositivo de proteção;
I_{cc} = corrente de curto-circuito presumida no ponto de aplicação do dispositivo de proteção.

Um dispositivo com capacidade inferior é admitido se outro dispositivo com capacidade de interrupção necessária for instalado a montante. Nesse caso, as características dos dois dispositivos devem ser coordenadas de tal forma que a energia que eles deixam passar não seja superior à que podem suportar, sem danos, o dispositivo situado a jusante e as linhas protegidas por esse dispositivo.

b) A integral de Joule que o dispositivo deixa passar deve ser inferior ou igual à integral de Joule necessária para aquecer o condutor, desde a temperatura máxima para o serviço contínuo até a temperatura limite de curto-circuito, indicado pela expressão seguinte:

$$\int_0 i^2 dt \leq K^2 S^2$$

em que:

$\int_0 i^2 dt$ = integral de Joule que o dispositivo deixa passar em ampères² × s;
K^2S^2 = integral de Joule para aquecimento do condutor desde a temperatura máxima em serviço contínuo até a temperatura de curto-circuito, admitindo o aquecimento adiabático (sem troca de calor com o ambiente), sendo:
K = 115 para condutores de cobre com isolação de PVC;
K = 135 para condutores de cobre com isolação EPR e XLPE;
K = 74 para condutores de alumínio com isolação em PVC;
K = 87 para condutores de alumínio com isolação EPR ou XLPE;
S = seção em mm.

Para curtos-circuitos de qualquer duração, em que a assimetria da corrente não seja significativa, e para curtos-circuitos assimétricos de duração $0{,}1\ s < t < 5\ s$, pode-se escrever:

$$I^2 \times t < K^2 S^2$$

em que:

I = corrente de curto-circuito presumida, em A;
t = duração do curto-circuito em segundos.

A corrente nominal do dispositivo de proteção contra curtos-circuitos pode ser superior à capacidade de condução de corrente dos condutores do circuito.

4.5.1 Seleção dos dispositivos de proteção contra curtos-circuitos

Para a aplicação das prescrições relativas aos curtos-circuitos de duração, no máximo, igual a 5 segundos, as condições seguintes devem ser respeitadas pelos dispositivos fusíveis e pelos disjuntores:

a) Dispositivos fusíveis: I_a (interseção das curvas C e F – ver Figura 4.6) deve ser igual ou inferior à corrente de curto-circuito mínima presumida.

b) Disjuntores: Para os disjuntores, duas condições devem ser cumpridas: – I_a (interseção das curvas C e D_1 – ver Figura 4.7) deve ser igual ou inferior à corrente de curto-circuito mínimo presumida;

c) I_b (interseção das curvas C_1 e D_2 – ver Figura 4.8) deve ser, no mínimo, igual à corrente de curto-circuito presumida no ponto de instalação do disjuntor.

4.5.2 Limitação das sobrecorrentes através das características da alimentação

São considerados protegidos contra toda sobrecorrente os condutores alimentados por uma fonte cuja impedância seja tal que a corrente máxima que ela pode fornecer não seja superior à capacidade de condução dos condutores (como é o caso de certos transformadores de solda e certos tipos de geradores termelétricos).

Notas:

1. Quando as características de funcionamento (F na Figura 4.6 ou D_1 na Figura 4.7) do dispositivo de proteção encontrarem-se abaixo da curva C dos condutores para todos os tempos inferiores a 5 segundos, a corrente I_a é considerada igual à corrente de atuação do dispositivo de proteção em 5 segundos.
2. Para correntes de curto-circuito cuja duração seja superior a vários períodos, a integral de Joule I^2t do dispositivo de proteção pode ser calculada, multiplicando-se o quadrado do valor eficaz da corrente da característica de funcionamento $I(t)$do dispositivo de proteção pelo tempo de atuação t. Para correntes de curto-circuito de duração menor, devem-se fazer referências às características I^2t fornecidas pelo fabricante.
3. A corrente de curto-circuito mínima presumida é geralmente considerada igual à corrente de curto-circuito de impedância desprezível, ocorrendo no ponto mais distante da linha protegida.

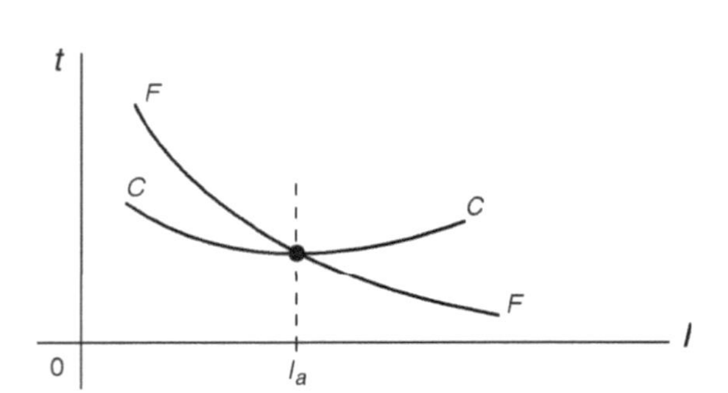

Figura 4.6 Valor mínimo para correntes de CC para circuitos protegidos por fusíveis.

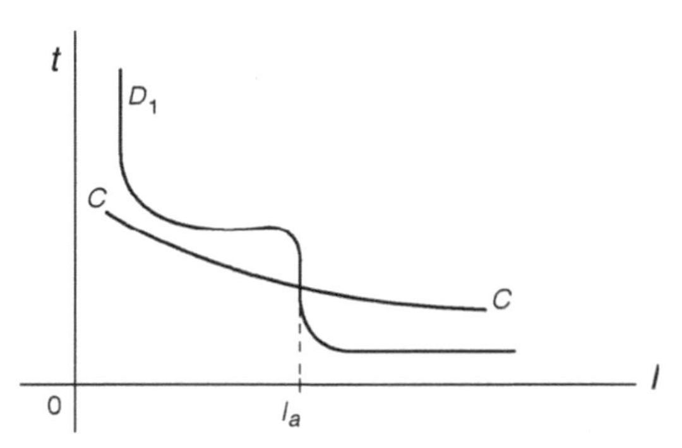

Figura 4.7 Valor mínimo da corrente de CC protegida por disjuntores.

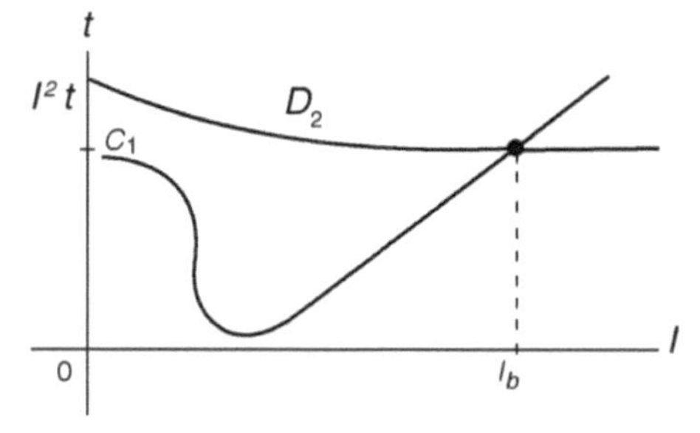

Figura 4.8 Interseção da integral de Joule do condutor (C_1) com a do disjuntor (D_2).

4.5.3 Coordenação entre a proteção contra sobrecargas e a proteção contra curtos-circuitos

- **Proteções garantidas pelo mesmo dispositivo**

Se um dos dispositivos de proteção escolhido contra sobrecarga possuir capacidade de interrupção pelo menos igual à corrente de curto-circuito presumida no ponto de instalação, o mesmo pode ser considerado também como proteção contra curtos-circuitos para a linha a jusante desse ponto.

- **Proteções garantidas por dispositivos distintos**

Aplicam-se as prescrições anteriores, respectivamente, para os dispositivos de proteção contra sobrecargas e para os dispositivos de proteção contra curtos-circuitos.

As características dos dispositivos devem ser coordenadas de tal maneira que a energia que o dispositivo de proteção contra curtos-circuitos deixa passar, por ocasião de um curto, não seja superior à que pode suportar, sem danos, o dispositivo de proteção contra sobrecargas.

4.5.4 Correntes de curtos-circuitos presumidas

Devem ser determinadas em todos os pontos de instalação julgados necessários. Essa determinação pode ser feita por cálculo ou medida.

As Equações 1 e 2, que possuem boa precisão para sistemas com cabos de até 120 mm², em que $R >> X$ (condutor), permitem a determinação simplificada das correntes de curto-circuito em sistemas de baixa tensão de residências, escritórios e pequenos galpões industriais.

Para 220/127 V:

$$I_k = \frac{12{,}7}{\sqrt{\dfrac{162}{I_{k_0}^2} + \dfrac{57 \times \cos\phi k_0 \times l}{I_{k_0} \times S} + \dfrac{5l^2}{S^2}}} \tag{1}$$

Para 380/200 V:

$$I_k = \frac{22}{\sqrt{\dfrac{484}{I_{k_0}^2} + \dfrac{100 \times \cos\phi k_0 \times l}{I_{k_0} \times S} + \dfrac{5l^2}{S^2}}} \tag{2}$$

em que:

I_k = corrente de curto-circuito presumida em kA;
I_{k0} = corrente de curto-circuito presumida a montante em kA (Tabela 4.8);
cos ϕk_0 = fator de potência de curto-circuito aproximado, dado pela Tabela 4.7;
l = comprimento do circuito (m);
S = seção dos condutores (mm²).

Observação: Dobrando o valor do comprimento l, a expressão para sistemas de 380/220 V é aplicável a circuitos monofásicos de 220 V, o mesmo ocorrendo com a equação para sistemas 220/127 V, que pode ser empregada para circuitos monofásicos de 127 V.

Tabela 4.7 Fator de potência aproximado

k_0 (kA)	1,5 a 3	3,1 a 4,5	4,6 a 6	6,1 a 10	10,1 a 20	Acima de 20
Cos ϕ_{k0}	0,9	0,8	0,7	0,5	0,3	0,25

Tabela 4.8 Correntes de curto-circuito presumidas no secundário de transformadores trifásicos

Potência do transformador (kVA)	I_{k0} (kA)	
	127/220 V	220/380 V
15	1,12	0,65
30	2,25	1,30
45	3,37	1,95
75	5,62	3,25
112,5	8,44	4,88
150	11,25	6,51
225	13,12	7,59
300	17,50	10,12
500	26,24	15,19
750	39,36	22,78
1 000	52,49	30,37

EXEMPLO

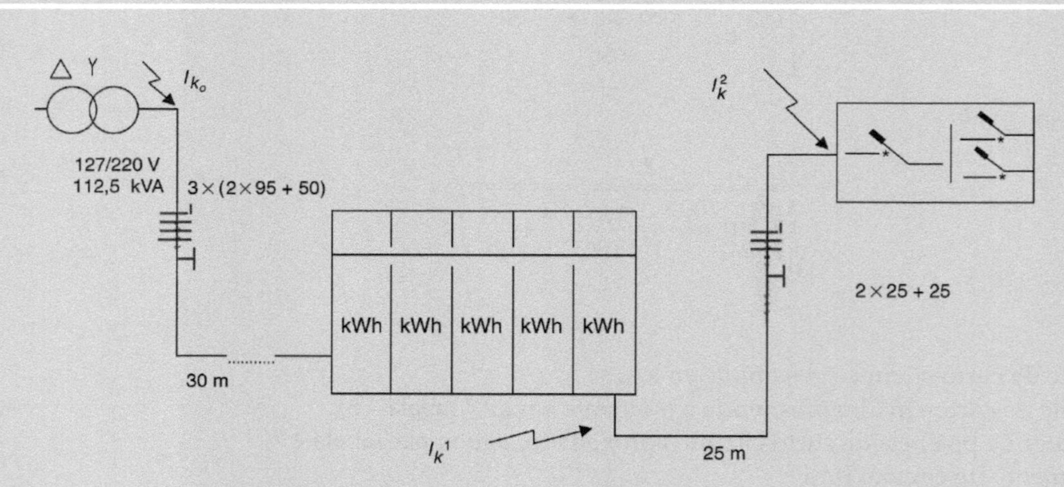

a) Cálculo de I_k^1

$I_{k0} = 8{,}44$ kA (Tabela 4.8)

$\cos \phi_{k_0} = 0{,}5$ (Tabela 4.7)

$l = 30$ m

$S = 2 \times 95 = 190$ mm²

$$I_k^1 = \frac{12{,}7}{\sqrt{\frac{162}{8{,}44^2} + \frac{57 \times 0{,}5 \times 30}{8{,}44 \times 190} + \frac{5 \times 30^2}{190^2}}} = 7{,}43 \text{ kA}$$

b) Cálculo de I_k^2

$I_k^1 = 7{,}43$ kA

$\cos \phi_{k_0} = 0{,}5$

$l = 2 \times 25 = 50$ m (circuito monofásico 220 V)

$S = 25$ mm²

$$I_k^2 = \frac{12{,}7}{\sqrt{\frac{162}{7{,}43^2} + \frac{57 \times 0{,}5 \times 50}{7{,}43 \times 25} + \frac{5 \times 50^2}{25^2}}} = 2{,}3 \text{ kA}$$

4.6 Coordenação e Seletividade da Proteção

Os dispositivos de proteção são especificados pelos fabricantes com determinada capacidade de ruptura, de acordo com a tensão de serviço. Essas capacidades de ruptura são ditadas pelas correntes de curto-circuito presumíveis, capazes de suportar sem sofrer avarias. Na Figura 4.9, vemos um exemplo levantado pela Siemens, num local afastado do interior de São Paulo, de distribuição em rede aérea. Foi escolhido um transformador de 45 kVA e foram fixadas as distâncias médias. Nos pontos indicados pelas setas, foram calculadas as correntes de curto-circuito entre fase e neutro (127 V) e de fase-fase (220 V). Verificou-se que os cabos limitam bastante as correntes de curto-circuito e que, nos pontos em que se situam os disjuntores, as correntes de CC são baixas, não se justificando disjuntores de alta capacidade de ruptura. Constatou-se que em 127 V a corrente de curto num ponto a 20 m do disjuntor seria de 140 A e que o disjuntor L10 dispara com segurança, protegendo os condutores.

Quando dois ou mais dispositivos de proteção forem colocados em série e quando a segurança ou as necessidades de utilização o justificarem, suas características de funcionamento deverão ser escolhidas de forma a somente seccionar parte da instalação na qual ocorreu a falta.

A seletividade entre dispositivos de proteção deve ser obtida comparando suas características de funcionamento e verificando que, para qualquer corrente de falta, o tempo de atuação do dispositivo mais próximo da fonte seja superior ao do mais distante.

Vamos agora, através de um exemplo, estudar como se processa o desligamento dos disjuntores do tipo 3VE da Siemens, em face de um curto-circuito (Figura 4.10). Trata- se de um quadro geral na subestação, alimentando os pavilhões 1 e 2. É desejável que, para um curto-circuito nos pontos A e B, atuem o minidisjuntor 5SL1-Curva C da Siemens (pavilhão 1) 3VE7 (pavilhão 2) antes que operem os demais disjuntores que alimentam os quadros.

Suponhamos uma corrente de curto-circuito em A:

$$I_{cc} = 700 \text{ A}$$

Alta/média tensão	Transformador 45 kVA 127/220 V monofásico $V_k = 3\,\%$ $I_n = 118$ A	Rede aérea	Ramal do consumidor	Alimentador do quadro de luz	Ramal de carga
Cabo/fio		70 mm² (213 A)	4 mm² (35 A)	4 mm² (35 A)	1,5 mm² (17,5 A)
Comprimento		50 m	15 m	20 m	20 m
Corrente de curto-circuito					
127 V	$IkT = 4{,}4$ kA	$Ik_{ra} = 2{,}1$ kA	$Ik_{rc} = 0{,}65$ kA	$Ik_a = 0{,}33$ kA	$Ik_r = 0{,}14$ kA
220 V	$IkT = 6{,}5$ kA	$Ik_{ra} = 3{,}5$ kA	$Ik_{rc} = 1{,}2$ kA	$Ik_a = 0{,}63$ kA	$Ik_r = 0{,}27$ kA

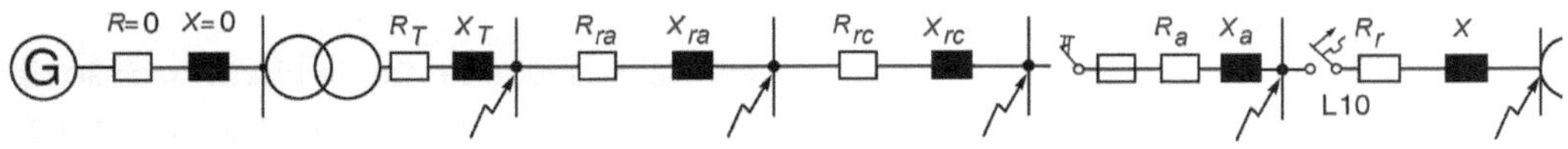

G R=0 X=0 R_T X_T R_{ra} X_{ra} R_{rc} X_{rc} R_a X_a R_r X L10

Nota: Fatores não considerados no cálculo:
a) impedância das linhas de transmissão de média e alta tensão;
b) resistência de chave e dispositivo de proteção;
c) resistência das conexões.

Figura 4.9 Coordenação da proteção de um pequeno sistema elétrico.

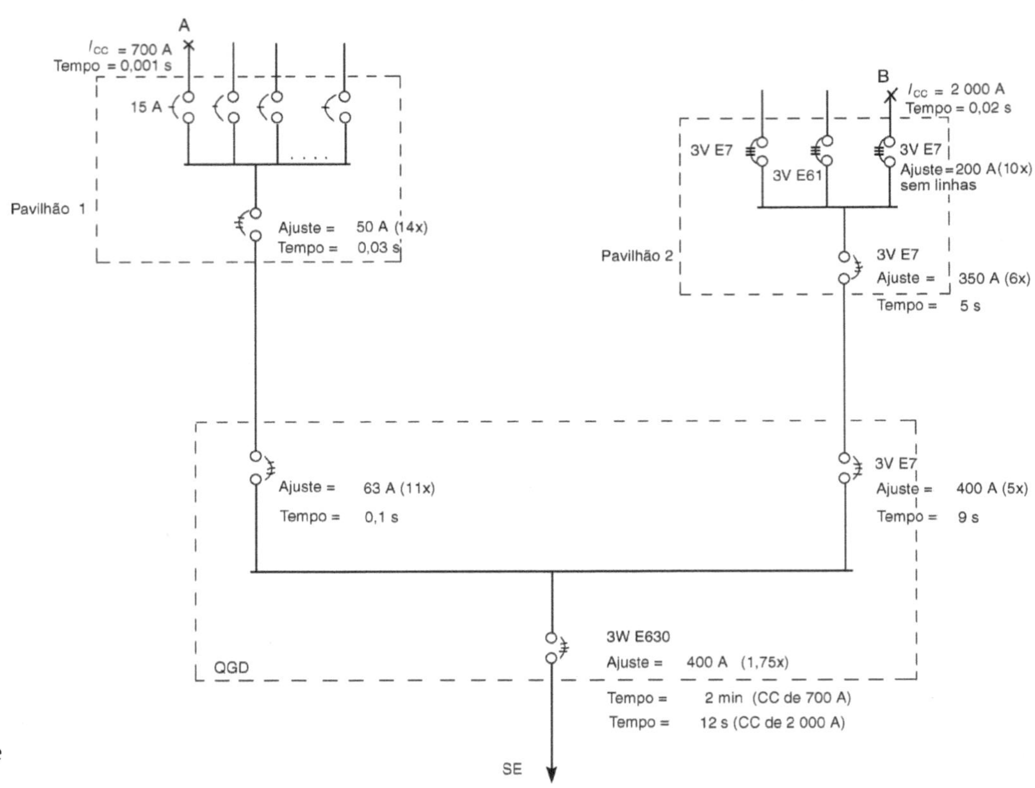

Figura 4.10 Seletividade da proteção.

O disjuntor de 15 A, com capacidade de ruptura de 3 kA, atuará em um tempo inferior a 0,01 s, Figura 4.11(a). Se houvesse falha nesse disjuntor, o 3VE4, o disjuntor seguinte para essa corrente (14 vezes a ajustada), atuaria em 0,035 s (ver Figura 4.11(b)). Se persistissem as falhas, o disjuntor 3VE4 do QGD, ajustado para 63 A, ou seja, para 11 vezes a corrente ajustada, atuaria em 0,1 s.

O disjuntor geral do QGD do tipo 3WE630, ajustado para 400 A, para o curto de 700 A, ou seja, 1,75 vez a corrente ajustada, atuaria em 2 minutos (ver Figura 4.11 (c)).

Vamos supor agora o curto-circuito em *B* de 2 000 A. Raciocinando de maneira semelhante, os disjuntores atuariam em 0,02 s, 5 s, 9 s e 12 s, ficando assegurada a seletividade (ver Figuras 4.10 e 4.11(d)).

4.7 Os Dispositivos Diferencial-Residuais (DR)[1]

Um dispositivo diferencial-residual (dispositivo DR) é constituído, em suas linhas essenciais, pelos seguintes elementos principais (Figura 4.12):

- contatos fixos e contatos móveis;
- transformador diferencial;
- disparador diferencial (relé polarizado).

Os contatos têm por função permitir a abertura e o fechamento do circuito, e são dimensionados de acordo com a corrente nominal (I_N) do dispositivo. Quando se trata de um disjuntor termomagnético diferencial, os contatos são dimensionados para poder interromper correntes de curto-circuito até o limite dado pela capacidade de interrupção de corrente nominal do dispositivo.

[1]Extraído, com autorização, do catálogo "Proteção das Pessoas contra Choques Elétricos", da BTicino.

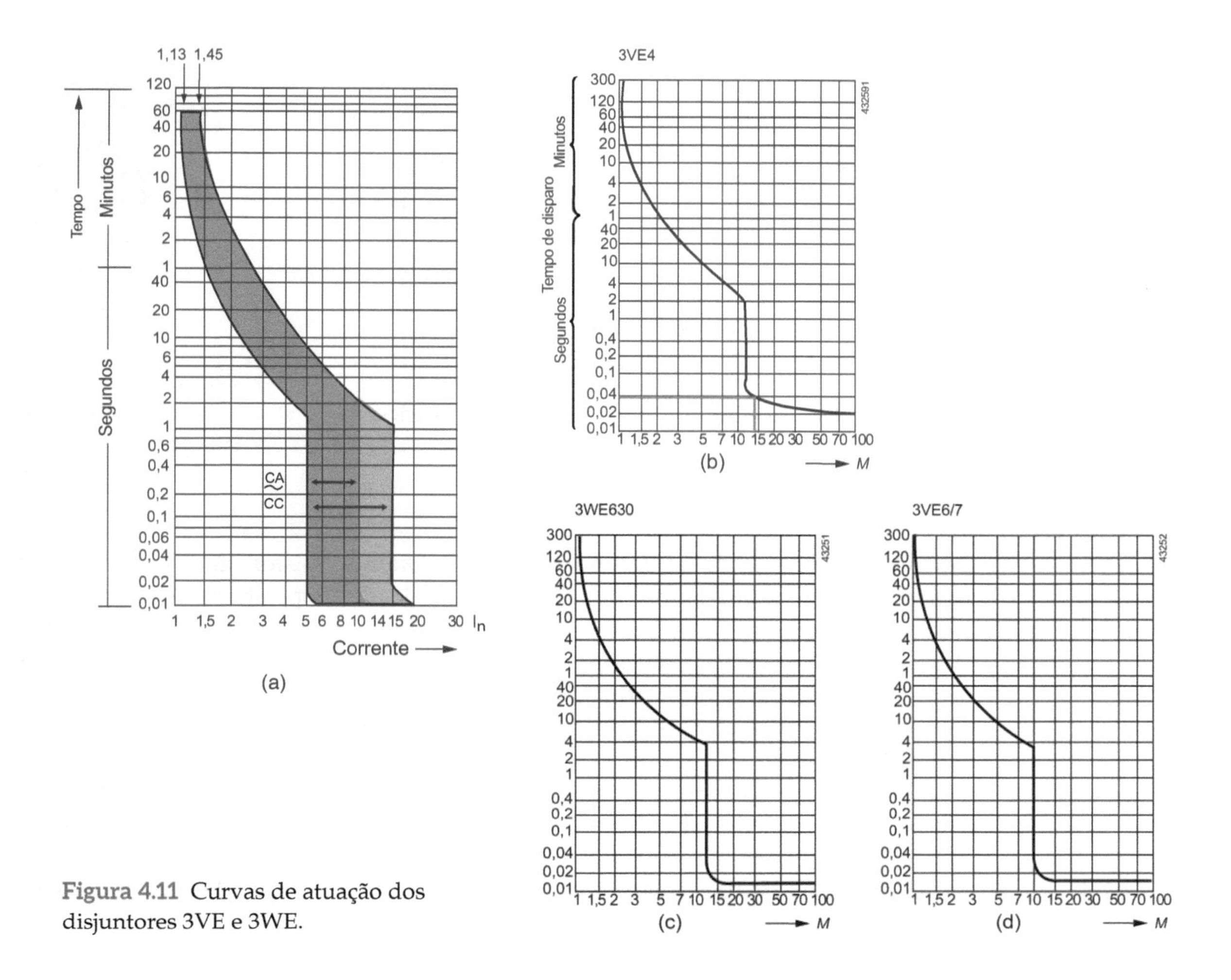

Figura 4.11 Curvas de atuação dos disjuntores 3VE e 3WE.

O transformador é constituído por um núcleo laminado, de material com alta permeabilidade, com tantas bobinas primárias quantos forem os polos do dispositivo (no caso do dispositivo da Figura 4.13, bipolar, duas bobinas) e uma bobina secundária destinada a detectar a corrente diferencial-residual. As bobinas primárias são iguais e enroladas de modo que, em condições normais, seja praticamente nulo o fluxo resultante no núcleo. A bobina secundária tem por função "sentir" um eventual fluxo resultante. O sinal na saída da bobina secundária é enviado a um relé polarizado que aciona o mecanismo de disparo para abertura dos contatos principais.

O disparador diferencial é um relé polarizado constituído por um ímã permanente, uma bobina ligada à bobina secundária do transformador e uma peça móvel fixada de um lado por uma mola e ligada mecanicamente aos contatos do dispositivo. Na condição de repouso, a peça móvel permanece na posição fechada, encostada no núcleo e tracionando a mola. A aplicação do relé polarizado por desmagnetização ou por saturação é generalizada nos dispositivos diferenciais BTicino, uma vez que com ele é suficiente uma pequena energia para acionar mecanismos de uma certa complexidade.

Em condições de funcionamento normal, o fluxo resultante no núcleo do transformador, produzido pelas correntes que percorrem os condutores de alimentação, é nulo, e na bobina secundária não é gerada nenhuma força eletromotriz. A parte móvel do disparador diferencial está em contato com o núcleo (Figura 4.13), tracionando a mola, atraída pelo campo do ímã permanente.

O funcionamento do DR se dará quando o fluxo resultante no núcleo do transformador for diferente de zero, isto é, quando existir uma corrente diferencial-residual, I_{DR} (Figura 4.14), será gerada uma força eletromotriz na bobina secundária, e uma corrente

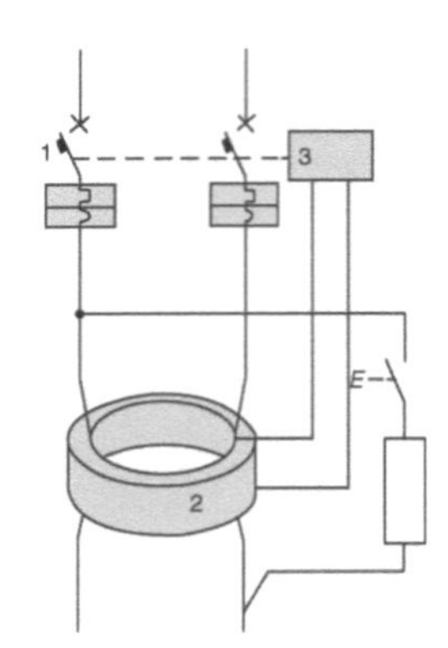

Figura 4.12 Esquema do disjuntor diferencial.

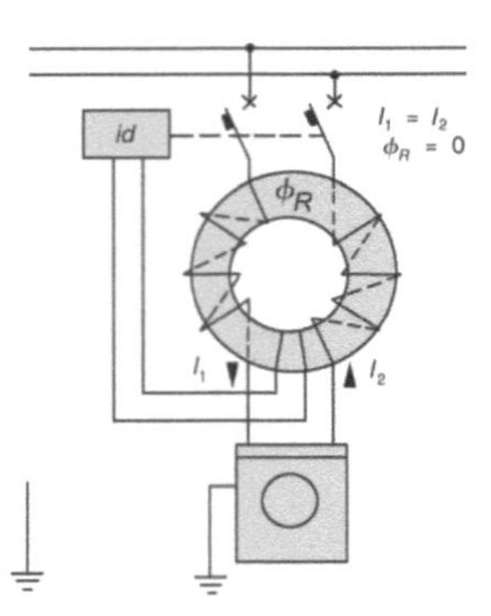

Figura 4.13 Ausência de falta para terra.

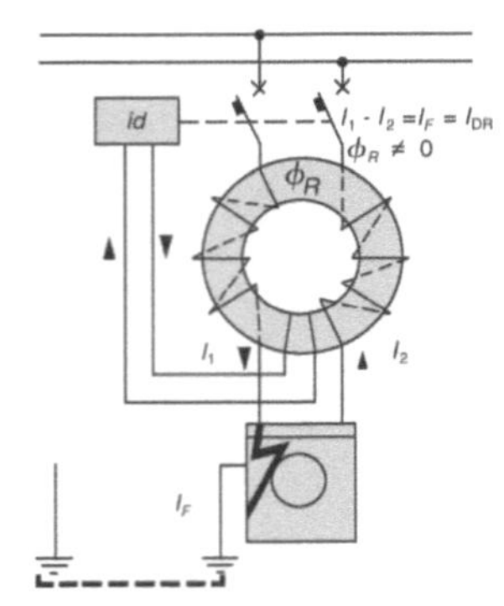

Figura 4.14 Condição de falta para terra.

percorrerá a bobina do núcleo do disparador. Quando I_{DR} for igual ou superior a $I_{\Delta N}$ (corrente diferencial-residual nominal de atuação do dispositivo), o fluxo criado no núcleo do disparador pela corrente proveniente da bobina secundária do transformador provocará a desmagnetização do núcleo, abrindo o contato da parte móvel e, consequentemente, os contatos principais do dispositivo. Os dispositivos DR com $I_{\Delta N}$ superior a 30 mA (baixa sensibilidade) são destinados à proteção contra contatos indiretos e contra incêndio.

Os dispositivos com $I_{\Delta N}$ igual ou inferior a 30 mA (alta sensibilidade), além de proporcionarem proteção contra contatos indiretos, se constituem, como vimos, numa proteção complementar contra contatos diretos. Em condições normais, a soma das correntes que percorrem os condutores vivos do circuito (I_1, I_2, I_3 e I_N) é igual a zero, isto é, $I_{DR} = 0$, mesmo que haja desequilíbrio de correntes.

4.7.1 Aplicação dos dispositivos DR (ver item 5.1.3.2 da NBR 5410:2004)

As instalações elétricas sempre apresentam correntes de fuga. O valor de tais correntes, que fluem para a terra, dependerá de diversos fatores, entre os quais a qualidade dos componentes e dos equipamentos de utilização empregados, a qualidade da mão de obra de execução da instalação, a idade da instalação, o tipo de prédios etc. Via de regra, as correntes de fuga variam desde uns poucos miliampères até alguns centésimos de ampère.

É evidente que, para poder instalar um dispositivo DR na proteção de um circuito ou de uma instalação (proteção geral), as respectivas correntes de fuga deverão ser inferiores ao limiar de atuação do dispositivo. Observe-se, por exemplo, que não se poderia nunca utilizar um dispositivo DR (pelo menos um de alta sensibilidade) numa instalação na qual exista um chuveiro elétrico metálico com resistência nua (não blindada).

Nessas condições, antes de instalar um dispositivo DR, sobretudo em instalações mais antigas, é necessário efetuar uma medição preventiva destinada a verificar a existência, pelo menos, de correntes de fuga superiores a um certo limite. Se o resultado dessa prova for favorável, isto é, se não existirem correntes significativas fluindo para a terra, poder-se-á instalar um dispositivo DR como proteção geral contra contatos indiretos. Caso contrário, só poderão ser instalados dispositivos DR nas derivações da instalação (geralmente em circuitos terminais).

É importante observar que pequenas correntes de fuga aumentam a eficácia dos dispositivos DR. De fato, se considerarmos uma instalação protegida por um diferencial com $I_{\Delta N} = 30$ mA, cujo limiar de atuação seja de 0,025 A, e que apresente uma corrente de fuga permanente de 0,008 A, um incremento de corrente diferencial (provocado, por exemplo, por uma pessoa tocando numa parte viva, ou por uma falta fase-massa em um equipamento de utilização) de 0,017 A será suficiente para determinar a atuação da proteção.

Para os esquemas TT, a NBR 5410 recomenda que, se a instalação for protegida por um único dispositivo DR, este deverá ser colocado na origem da instalação, como proteção geral contra contatos indiretos [Figura 4.15(a)], a menos que a parte da instalação compreendida entre a origem e o dispositivo não possua qualquer massa e satisfaça a medida de proteção pelo emprego de equipamentos classe II ou por aplicação de isolação suplementar. Na prática, essa condição pode ser realizada se entre a origem (situada, por exemplo, na caixa de entrada da instalação) e o dispositivo DR único (instalado, por exemplo, no quadro de distribuição) existirem apenas condutores isolados contidos em eletrodutos isolantes ou cabos uni ou multipolares (contidos, ou não, em condutores isolantes). A opção de utilização de um único DR é o uso de vários dispositivos, um em cada derivação (geralmente nos circuitos terminais), como mostra a Figura 4.15(b).

A Figura 4.16 mostra uma aplicação típica de um dispositivo DR em um esquema TT. Um pequeno prédio (um único consumidor) é alimentado a partir de uma rede pública de baixa tensão, com duas fases e neutro. No quadro de entrada, além do medidor existe um disjuntor termomagnético diferencial, que constitui a proteção geral da instalação. O aterramento das massas é feito junto ao quadro, no qual se localiza o terminal de aterramento principal da instalação. Do quadro de entrada, parte o circuito de distribuição principal, com duas fases, neutro e condutor de proteção, que se dirige ao quadro de distribuição (terminal) da instalação, onde, eventualmente, poderão existir outros dispositivos DR (por exemplo, outros disjuntores termomagnéticos diferenciais), devidamente coordenados com o primeiro, para a proteção de certos circuitos terminais. A coordenação pode ser conseguida tendo-se para o dispositivo geral $I_{\Delta N} = 300$ mA e para os demais $I_{\Delta N} = 30$ mA.

Valores máximos da resistência de aterramento das massas (R_A) num esquema TT, em função da corrente diferencial-residual de atuação do dispositivo DR($I_{\Delta N}$) e da tensão de contato limite (V_L).

$I_{\Delta N}$ (A)	Valor máximo de R_A (Ω)	
	Situação 1 (V_L = 50 V)	Situação 2 (V_L = 25 V)
0,03	1 667	833
0,3	167	83,3
0,5	100	50

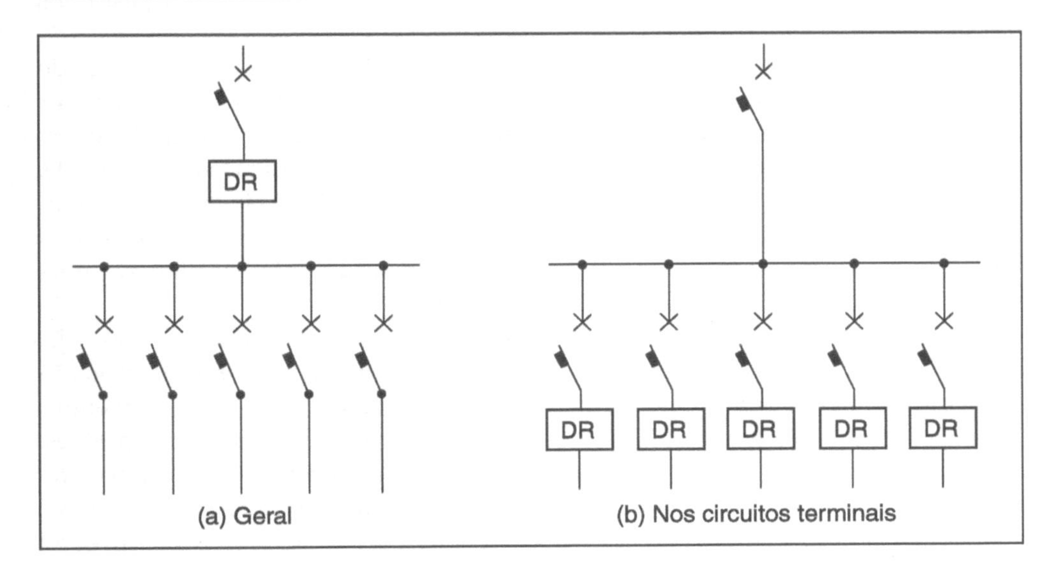

Figura 4.15 Uso de dispositivos DR.

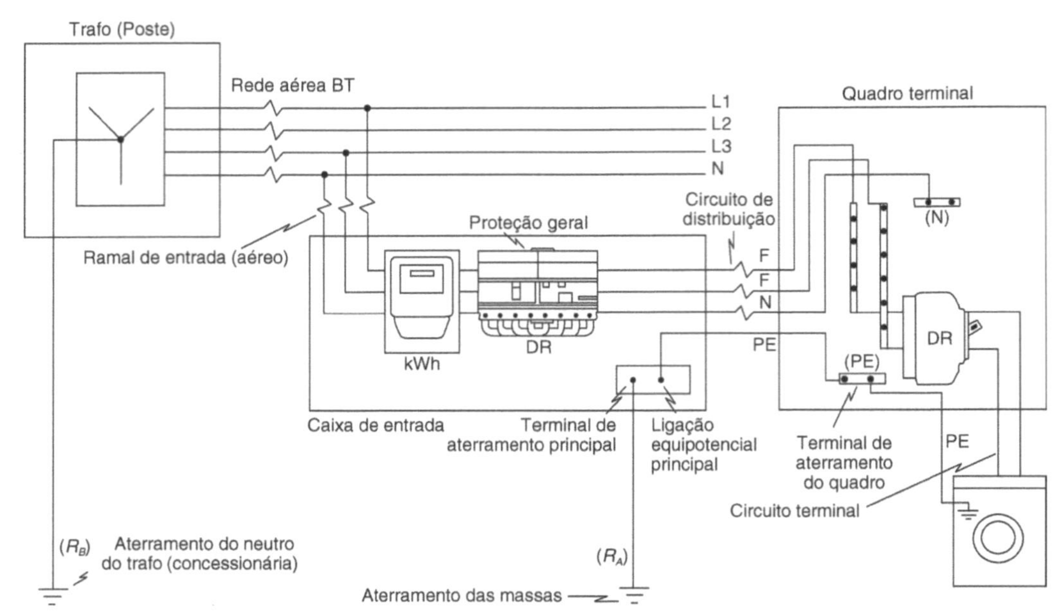

Figura 4.16 Instalação alimentada por rede pública BT utilizando dispositivos DR.

4.7.2 Observações complementares

Como foi visto, numa instalação com esquema TT, utilizando dispositivos DR na proteção contra contatos indiretos, é possível termos um aterramento de proteção com valor de resistência (de aterramento) bastante elevado.

No caso de uma única instalação protegida por um dispositivo DR geral, a determinação do valor máximo da resistência de aterramento das massas, R_A, é bastante simples. No entanto, se tivermos duas instalações distintas utilizando o mesmo aterramento de proteção, uma protegida por dispositivo a sobrecorrente e a outra por dispositivo DR, o valor da resistência de aterramento R_A deverá ser definido em função do dispositivo a sobrecorrente, isto é, a partir da corrente de atuação em 5 segundos do dispositivo. Caso contrário, uma eventual falta fase-massa na instalação protegida pelo dispositivo a sobrecorrente poderá dar origem a tensões de contato perigosas não interrompidas em tempo hábil na própria instalação. Mais ainda, graças ao condutor de proteção (principal) comum, poderão ocorrer tensões de contato perigosas também na outra instalação, sem provocar a atuação do dispositivo diferencial que a protege. É o que passamos a explicar.

A Figura 4.17 mostra duas instalações, (1) e (2), representadas por equipamentos de utilização, uma protegida por um disjuntor termomagnético e outra por um disjuntor termomagnético diferencial, com um aterramento de proteção comum cujo R_A foi escolhido em função do dispositivo diferencial. Ocorrendo uma falta fase-massa em (1), aparecerá uma tensão de contato V_{B1}, provavelmente superior à tensão de contato limite, que não será eliminada em tempo hábil. O condutor de proteção comum colocaria as massas da instalação (2) sob tensão de contato V_{B2}, e o disjuntor DR não atuaria, uma vez que a corrente de falta para terra não passaria por ele.

Consideremos agora o caso de um prédio com vários consumidores (ou seja, com várias instalações), utilizando o esquema TT e com um aterramento de proteção comum, cada um com sua proteção diferencial geral (Figura 4.18). Como sabemos, cada instalação terá sua corrente de fuga "natural", da ordem de alguns miliampères. Normalmente, tais correntes não provocam a atuação dos respectivos DRs e, portanto, fluem pelo condutor de proteção comum, podendo provocar o aparecimento de tensões de contato perigosas (sem a necessária atuação do DR), o que se torna mais provável

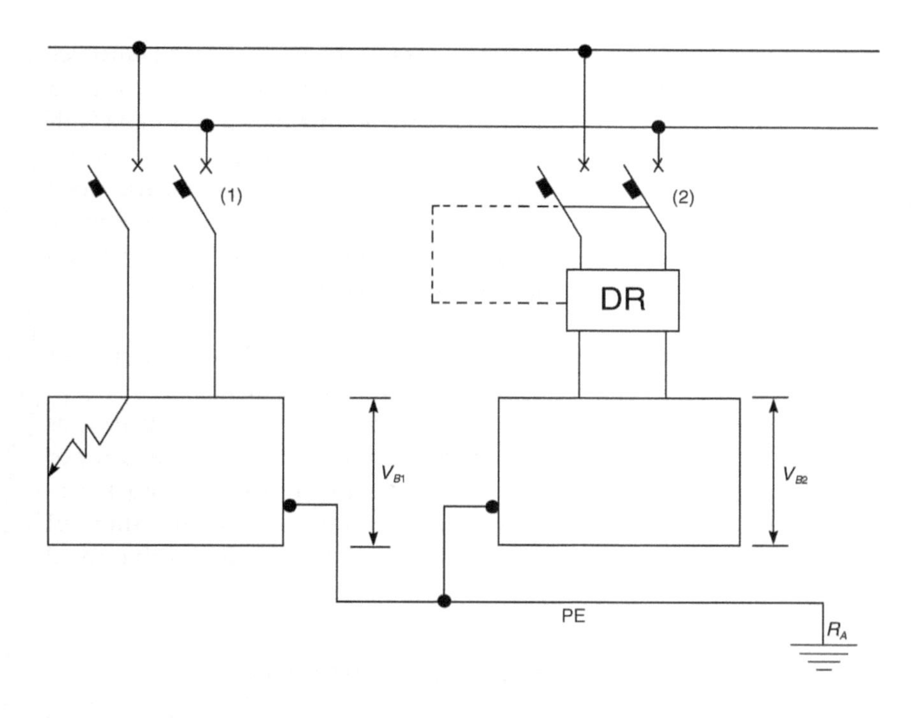

Figura 4.17 Proteção termomagnética e DR.

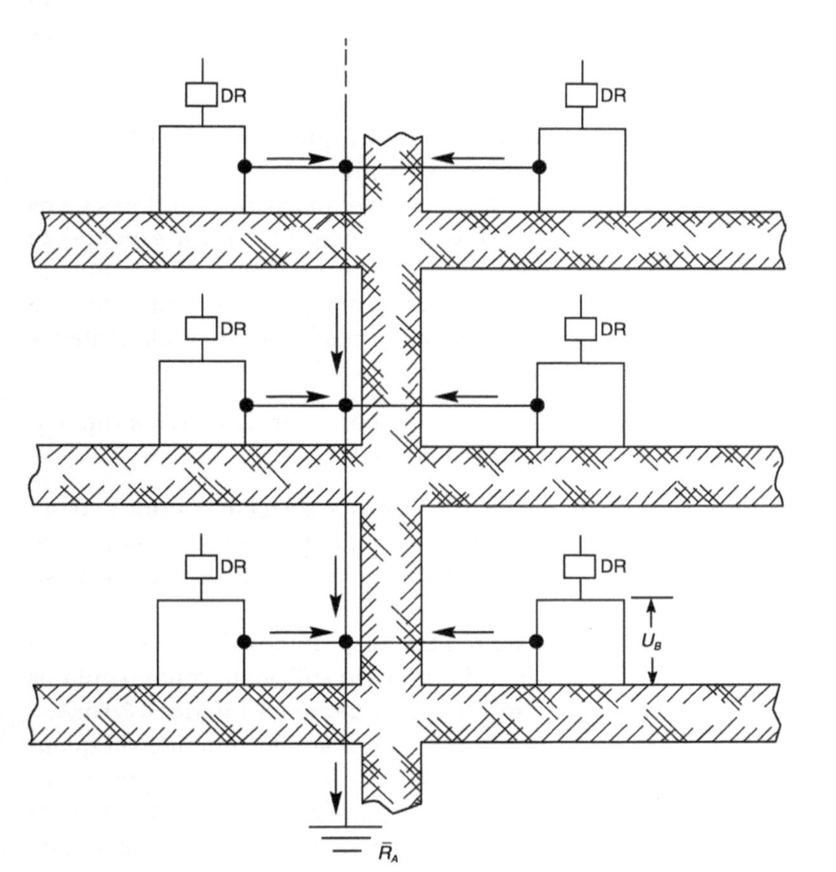

Figura 4.18 Uso de DR para vários consumidores.

quando há muitos consumidores. Nessa situação a resistência R_A deveria ser coordenada com a soma das correntes de fuga. No entanto, sendo esse valor de difícil determinação, o mais prático é realizar um aterramento (comum) com uma resistência inferior a 100 Ω.

Em um prédio residencial ou comercial existem, como sabemos, várias instalações a considerar, uma por unidade de consumo. Assim, temos uma instalação para cada apartamento, loja ou conjunto comercial (salas) e geralmente uma para a chamada "administração" do prédio, englobando todas as áreas comuns. Os medidores e as proteções gerais das diversas instalações e, portanto, as respectivas origens, estão agrupados em um ou mais centros de medição, sendo o caso mais comum, para prédios verticais, o de um único centro de medição no pavimento térreo ou no subsolo do prédio. Cada instalação deverá possuir proteção diferencial própria, observando-se que:

- para a administração, geralmente é mais prático utilizar vários DRs, um por setor (iluminação dos *halls* e escadas, apartamento do zelador, garagem etc.);
- para os apartamentos, lojas ou conjuntos comerciais, os DRs podem ser localizados nas respectivas origens ou nos quadros de distribuição de cada unidade, um por circuito terminal ou um para cada grupo de circuitos terminais (iluminação, tomadas de uso geral e tomadas de uso específico para aparelhos fixos). O disjuntor DR que, como sabemos, protege também contra sobrecorrentes é o dispositivo ideal para todas essas aplicações.

4.7.3 Condições gerais da instalação dos dispositivos DR

Os dispositivos DR devem garantir o seccionamento de todos os condutores vivos do circuito. No esquema TN-S, o condutor neutro pode não ser seccionado se as condições de alimentação forem tais que possamos considerá-lo como estando seguramente no potencial de terra.

Sistemas TN-C não admitem dispositivo DR, a não ser que sejam convertidos em sistema TN-C-S a montante da instalação do dispositivo DR.

O circuito magnético dos dispositivos DR deve envolver todos os condutores vivos do circuito, inclusive o neutro. Por outro lado, o condutor de proteção correspondente deve passar exteriormente ao circuito magnético.

Os dispositivos DR devem ser selecionados de tal forma que as correntes de fuga à terra suscetíveis de circular durante o funcionamento normal das cargas alimentadas não possam provocar atuação desnecessária do dispositivo.

Nota: Os dispositivos DR podem operar para qualquer valor da corrente diferencial-residual superior a 50 % da corrente de disparo normal.

Quando equipamentos elétricos suscetíveis de produzir corrente contínua forem instalados a jusante de um dispositivo DR, devem ser tomadas precauções para que em caso de falta à terra as correntes contínuas não perturbem o funcionamento do dispositivo DR nem comprometam a segurança.

O uso dos dispositivos DR associados a circuitos desprovidos de condutores de proteção não é considerado como uma medida de proteção suficiente contra contatos indiretos, mesmo se sua corrente diferencial-residual de atuação for inferior a 30 mA.

Quando houver risco de que o condutor de proteção seja interrompido ou quando as condições de utilização dos equipamentos elétricos forem severas (por exemplo, quando a boa isolação dos equipamentos pode ser anulada ou prejudicada pela presença da umidade), recomenda-se o uso dos dispositivos DR de alta sensibilidade ($I_{\Delta_N} \leq 30$ mA).

Qualquer que seja o esquema de aterramento, devem ser utilizados dispositivos diferencial-residual (DR) de alta sensibilidade ($I_{\Delta_N} \leq 30$ mA) para proteção complementar contra contatos diretos nas seguintes situações:

- circuitos que sirvam pontos em locais providos de banheira ou chuveiros;
- circuitos que alimentem tomadas de corrente situadas em áreas externas à edificação;

- circuitos de tomadas de corrente situadas em áreas internas que possam alimentar equipamentos no exterior;
- circuitos de tomadas de corrente de cozinhas, copas-cozinhas, lavanderias, garagens, áreas de serviço e qualquer outro ambiente sujeito a lavagem.

Podem ser excluídos da obrigatoriedade do uso de dispositivos DR, nas áreas aqui classificadas, os circuitos que alimentam luminárias localizadas a mais de 2,5 m de altura e as tomadas não diretamente acessíveis, destinadas a alimentar refrigeradores e congeladores.

4.7.4 Seleção dos equipamentos DR de acordo com o seu modo de funcionamento

Os dispositivos DR podem ser do tipo com ou sem fonte auxiliar, que pode ser a própria rede de alimentação.

O uso de dispositivos DR com fonte auxiliar que não atuem automaticamente em caso de falha de fonte auxiliar é admitido somente se uma das duas condições seguintes for satisfeita: (a) a proteção contra contatos indiretos for assegurada por outros meios no caso de falha da fonte auxiliar; (b) os dispositivos forem instalados em instalações operadas, testadas e mantidas por pessoas advertidas ou qualificadas.

Esquema TN: Se para certos equipamentos ou para certas partes da instalação, uma ou mais condições enunciadas (item 5.1.2.2.4.2 da NBR 5410) não puderem ser respeitadas, essas partes podem ser protegidas por um dispositivo DR, o mesmo ocorrendo com os circuitos terminais. Neste caso, as massas não precisam ser ligadas ao condutor de proteção do esquema TN, desde que sejam ligadas a um eletrodo de aterramento com resistência compatível com a corrente de atuação do dispositivo DR.

Esquema TT: Se uma instalação for protegida por um único dispositivo DR, este deve ser colocado na origem da instalação, a menos que a parte da instalação compreendida entre a origem e o dispositivo não possua qualquer massa e satisfaça a medida de proteção pelo emprego de equipamentos classe II ou pela aplicação de isolação suplementar.

Esquema IT: Quando a proteção for assegurada por um dispositivo DR e o seccionamento à primeira falta não for cogitado, a corrente diferencial-residual de não atuação do dispositivo deve ser, no mínimo, igual à corrente que circula quando uma primeira falta franca à terra afete um condutor-fase.

4.7.5 Associação entre dispositivos de proteção à corrente diferencial residual e dispositivos de proteção contra sobrecorrentes

Quando um dispositivo DR for incorporado ou associado a um dispositivo de proteção contra sobrecorrentes, as características do conjunto de dispositivos (capacidade de interrupção, características de operação em relação à corrente nominal) deverão satisfazer as prescrições da "proteção contra correntes de sobrecarga" e "proteção contra correntes de curto-circuito".

Quando um dispositivo não for incorporado nem associado a um dispositivo de proteção contra sobrecorrentes: (a) a proteção contra sobrecorrentes deverá ser assegurada por dispositivos de proteção apropriados, conforme as prescrições da NBR 5410:2004; (b) o dispositivo DR deve poder suportar, sem danos, as solicitações térmicas e mecânicas a que for submetido em caso de curto-circuito a jusante do seu local de instalação.

O dispositivo DR não deve ser danificado nessas condições de curto-circuito, mesmo se ele vier a se abrir (em virtude de um desequilíbrio de corrente ou de um desvio de corrente para a terra).

Nota: As solicitações mencionadas dependem do valor da corrente de curto-circuito presumida no ponto de instalação do dispositivo DR e das características de atuação do dispositivo que assegura a proteção contra curtos-circuitos.

4.8 Dispositivos de Proteção contra Sobretensões Transitórias (DPS)

Os dispositivos de proteção (DPS) devem ser instalados na origem da instalação (painel geral de baixa tensão) e devem ser do tipo não curto-circuitante, constituídos por para-raios de resistência não linear ou por para-raios de expulsão, instalados entre cada fase e a barra BEP.

Os dispositivos de proteção primária devem possuir corrente nominal igual ou superior a 10 kA (20 kA em áreas críticas, com elevada exposição a raios) com máxima tensão residual de 700 V (valor de pico). São as seguintes as tensões nominais:

- $V_n > 175$ V – para tensões fase-terra < 127 V; e
- $V_n > 275$ V – para tensões fase-terra < 220 V.

A NBR 5410:2004 indica as condições e obrigatoriedade de uso do DPS em seu item 5.4.2.

4.8.1 Nível de proteção efetivo

a) Quando o limitador de sobretensões for ligado entre o neutro da instalação e a terra, o nível de proteção efetivo assegurado pelo limitador será igual à soma da tensão nominal de descarga 100 % à frequência industrial do limitador com a tensão fase e neutro da instalação.

b) Quando o limitador de sobretensões for ligado entre uma fase da instalação de baixa tensão e a terra, o nível de proteção assegurado pelo limitador será igual à soma da tensão nominal de descarga 100 % à frequência industrial do limitador com a tensão entre fases da instalação.

4.8.2 Instalação dos limitadores de sobretensão

O terminal de entrada dos limitadores de sobretensão deve ser ligado a um condutor vivo da instalação no ponto desejado, sempre a montante dos dispositivos de seccionamento. A Figura 4.19 mostra os esquemas de conexão do DPS, e a Tabela 4.9 indica os dados técnicos do DPS.

Notas referentes à Figura 4.19:

a) A ligação ao BEP (Barramento de Equipotencialização Principal) ou à barra PE depende de onde, exatamente, os DPS serão instalados e de como o BEP é implementado na prática. Assim, a ligação será no BEP quando:
- o BEP se situar a montante do quadro de distribuição principal (com o BEP localizado, como deve ser nas proximidades imediatas do ponto de entrada da linha na edificação) e os DPS forem instalados juntos do BEP e não no quadro; ou
- os DPS forem instalados no quadro de distribuição principal da edificação e a barra PE do quadro acumular a função de BEP. Por consequência, a ligação será na barra PE propriamente dita quando os DPS forem instalados no quadro de distribuição e a barra PE do quadro não acumular a função de BEP.

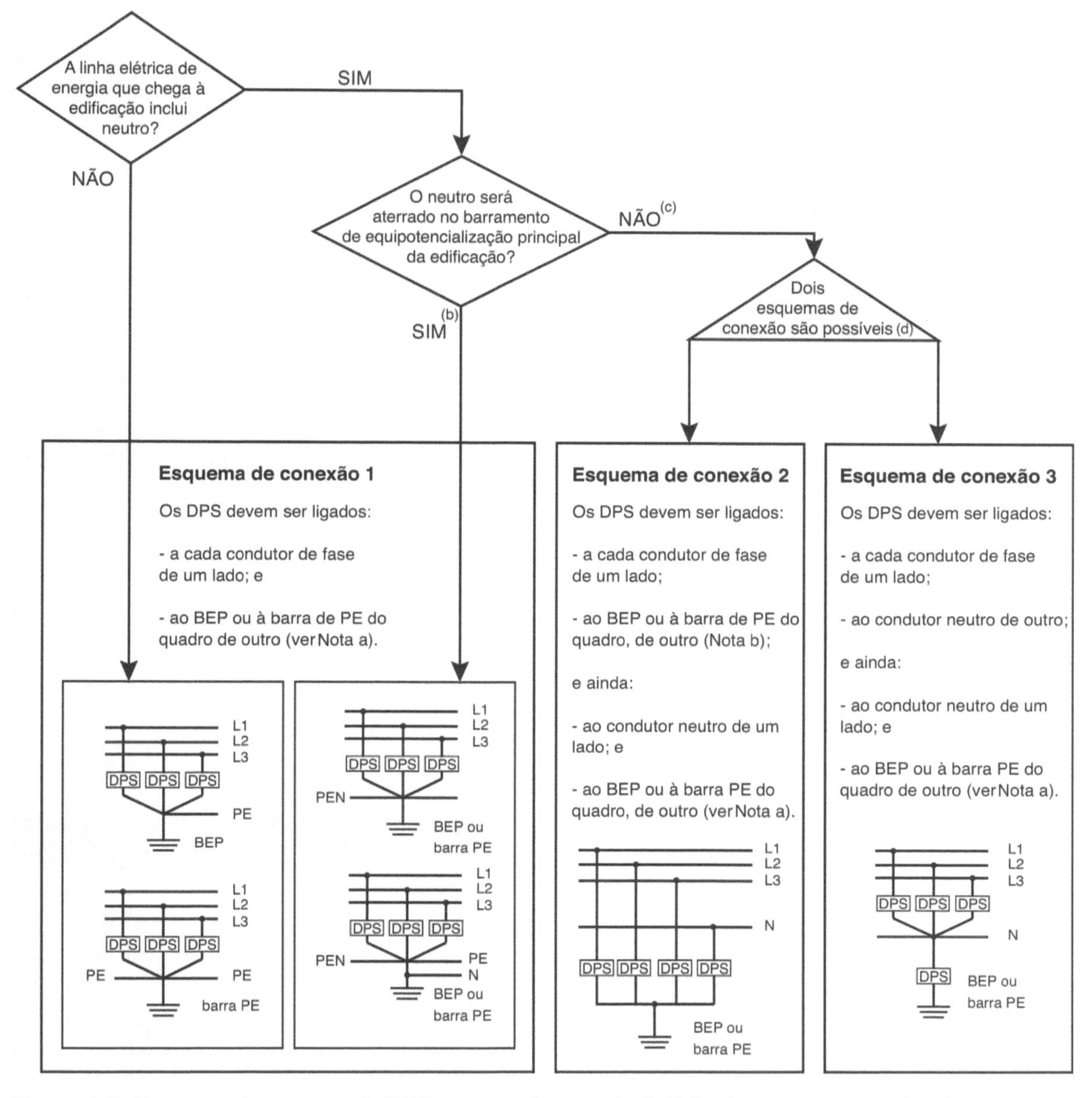

Figura 4.19 Esquemas de conexão do DPS no ponto de entrada da linha de energia ou quadro de distribuição principal da edificação (NBR 5410:2004).

b) A hipótese configura um esquema que entra TN-C e que prossegue instalação adentro TN-C ou que entra TN-C e, em seguida, passa a TN-S. O neutro de entrada, necessariamente PEN, deve ser aterrado no BEP direta ou indiretamente. A passagem do esquema TN-C a TN-S, com a separação do condutor PEN, seria feita no quadro de distribuição principal (globalmente, o esquema é TN-C-S).

c) A hipótese configura três possibilidades de esquema de aterramento: TT (com neutro), IT com neutro e linha que entra na edificação já em esquema TN-S.

d) Há situações em que um dos dois esquemas se torna obrigatório, como a do caso relacionado na alínea b de 6.3.5.2.6 (NBR 5410:2004).

4.8.3 Ligação à terra

O terminal de terra dos limitadores de sobretensão deve ser ligado de uma das maneiras citadas a seguir: (a) a um conjunto interligado, compreendendo todas as massas de instalação e todos os elementos condutores estranhos à instalação dos locais servidos

Tabela 4.9 Dispositivo protetor de surto

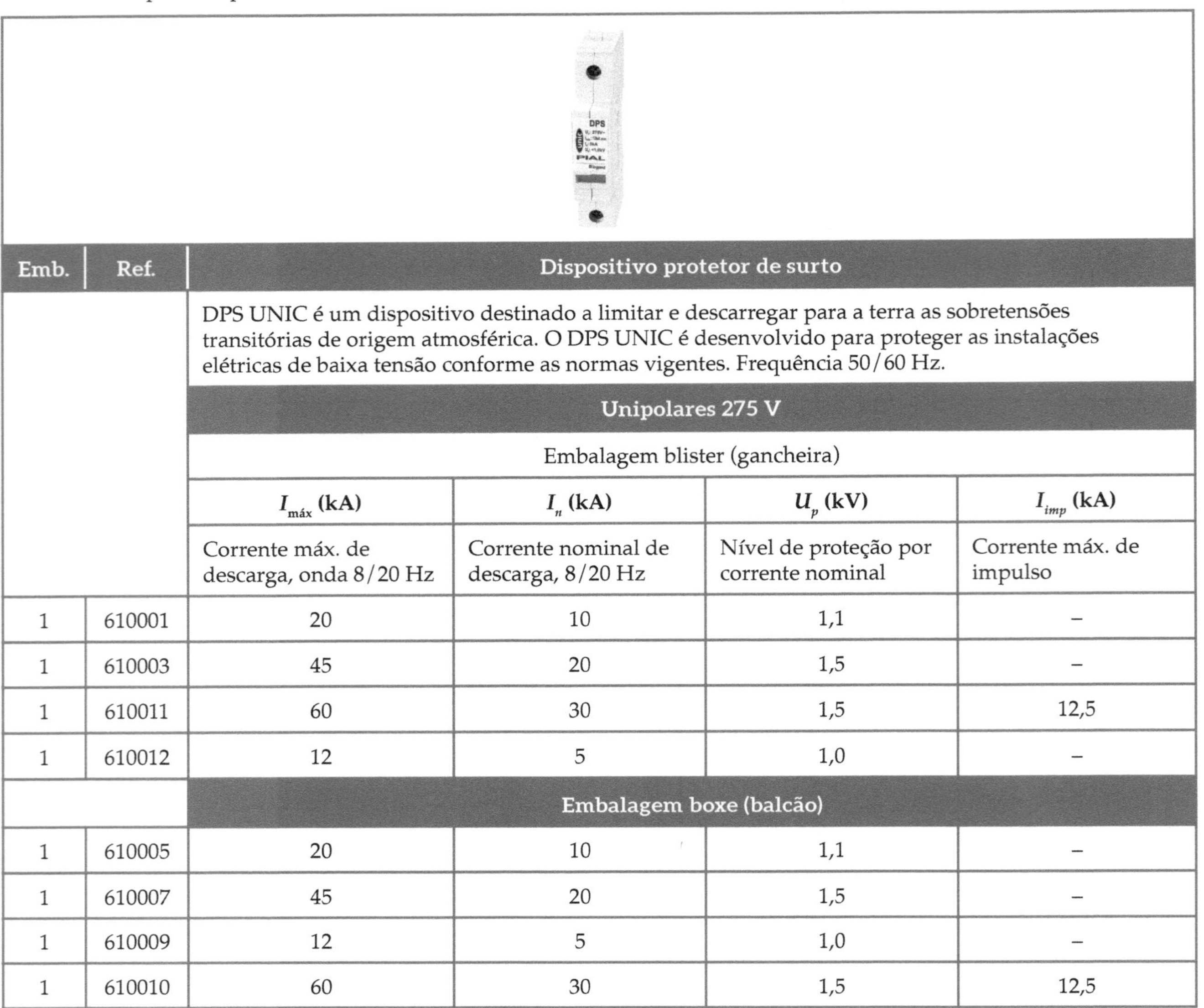

Emb.	Ref.	Dispositivo protetor de surto			
		DPS UNIC é um dispositivo destinado a limitar e descarregar para a terra as sobretensões transitórias de origem atmosférica. O DPS UNIC é desenvolvido para proteger as instalações elétricas de baixa tensão conforme as normas vigentes. Frequência 50/60 Hz.			
		Unipolares 275 V			
		Embalagem blister (gancheira)			
		$I_{máx}$ (kA)	I_n (kA)	U_p (kV)	I_{imp} (kA)
		Corrente máx. de descarga, onda 8/20 Hz	Corrente nominal de descarga, 8/20 Hz	Nível de proteção por corrente nominal	Corrente máx. de impulso
1	610001	20	10	1,1	-
1	610003	45	20	1,5	-
1	610011	60	30	1,5	12,5
1	610012	12	5	1,0	-
		Embalagem boxe (balcão)			
1	610005	20	10	1,1	-
1	610007	45	20	1,5	-
1	610009	12	5	1,0	-
1	610010	60	30	1,5	12,5

por essa instalação; (b) a um eletrodo de aterramento independente, que apresente uma resistência no máximo igual ao quociente do nível de isolamento mínimo da instalação, diminuindo a tensão entre fases e neutro, conforme o modo de ligação do limitador, pela corrente máxima de falta para a terra da instalação de tensão mais elevada.

4.8.4 Condutores de ligação do limitador

O condutor que liga o limitador de sobretensões a um condutor vivo ou ao eletrodo de aterramento deve ser capaz de suportar as correntes suscetíveis de atravessar o limitador.

Quando vários condutores de saída de limitadores forem ligados em conjunto através de um único condutor ao eletrodo de aterramento, esse condutor deverá ser capaz de suportar a soma das correntes suscetíveis de atravessar cada limitador. A seção desses condutores deve ser determinada conforme as prescrições para os condutores de proteção. O condutor que liga o terminal de entrada do limitador de sobretensões aos condutores vivos deve ser isolado da mesma forma que estes.

4.8.5 Coordenação com para-raios

Se a instalação for equipada com para-raios para escoamento de sobretensões de origem atmosférica, esses para-raios não poderão atuar antes dos limitadores de sobretensões, ou seja, a tensão disruptiva à frequência industrial dos para-raios deve ser superior ao nível de proteção efetivo assegurado pelo limitador de sobretensões.

4.9 Dispositivos de Proteção contra Quedas e Faltas de Tensão

Na seleção dos dispositivos de proteção contra quedas e faltas de tensão, devem ser satisfeitas as prescrições 5.5 da NBR 5410:2004.

Os dispositivos de proteção contra quedas e faltas de tensão poderão ser temporizados se o funcionamento do equipamento protegido puder admitir, sem inconvenientes, uma falta ou queda de tensão de curta duração.

Se forem usados contatores de abertura ou fechamento temporizados, estes não devem impedir o restabelecimento instantâneo de outros dispositivos de comando e proteção.

Quando o restabelecimento de um dispositivo de proteção for suscetível de criar uma situação de perigo, o restabelecimento não deverá ser automático.

EXERCÍCIOS DE REVISÃO

1. Qual o tempo necessário para que, num curto-circuito, seja atingida a temperatura limite pelos condutores? Dados: condutor PVC/70 de 95 mm^2, corrente de curto-circuito presumível de 6 kA.
2. Um disjuntor 3VE5, relé 80-100, está regulado para 85 A. Para um curto-circuito de 4,25 kA, em que tempo haverá o disparo? (Ver Figura 4.10.)

5 Aterramento de Instalações em Baixa Tensão — BT

5.1 Sistemas de Aterramento em BT

Aterramento é a ligação de estruturas ou instalações com a terra, a fim de se estabelecer uma referência para a rede elétrica e permitir que fluam para a terra correntes elétricas de naturezas diversas, tais como:

- correntes de raios;
- descargas eletrostáticas;
- correntes de filtros, supressores de surtos e para-raios de linha;
- correntes de faltas (defeitos) para a terra.

Nas instalações elétricas, são considerados dois tipos básicos de aterramento:

- o aterramento funcional, que consiste na ligação à terra de um dos condutores do sistema (geralmente o neutro) e está relacionado com o funcionamento correto, seguro e confiável da instalação;
- o aterramento de proteção, que consiste na ligação à terra das massas e dos elementos condutores estranhos à instalação, visando à proteção contra choques elétricos por contato direto.

Podemos citar também o aterramento de trabalho, cujo objetivo é tornar possíveis – e sem perigo – ações de manutenção sobre partes da instalação normalmente sob tensão, colocadas fora de serviço para esse fim. Trata-se de um aterramento de caráter provisório, que é desfeito tão logo cessa o trabalho de manutenção. Falaremos aqui apenas sobre o aterramento de proteção.

Os critérios de aterramento de instalações de baixa tensão encontram-se bem estabelecidos na norma NBR 5410:2004 (Instalações Elétricas de Baixa Tensão), podendo ser complementados com as recomendações constantes da norma NBR 5419:2015 (Proteção de Estruturas contra Descargas Atmosféricas). A adoção dos padrões, dos critérios e das recomendações constantes nessas duas normas proporciona proteção adequada às pessoas e edificações, bem como às instalações elétricas de baixa tensão e aos equipamentos. A NBR 5410:2004, dentro das suas atribuições conforme seu capítulo 1, fixa as condições que devem ser satisfeitas pelas instalações elétricas, a fim de garantir seu funcionamento adequado, a segurança de pessoas e animais domésticos e a conservação de bens, abrangendo todas as redes elétricas de energia ou de sinal, internas ou externas à edificação. É a similar nacional da National Electric Code (NEC) dos Estados Unidos e está em conformidade com as normas da IEC, sendo apropriada e compatível com as condições brasileiras.

As atualizações das últimas revisões da NBR 5410:2004, relativas ao aterramento e à compatibilidade eletromagnética das instalações, podem ser assim resumidas:

- o aterramento único para toda a instalação deve ser integrado à estrutura da edificação – o eletrodo de aterramento preferencial em uma edificação é o constituído pelas armaduras de aço embutidas no concreto das fundações das edificações;
- as entradas dos serviços públicos de energia e sinais (telefonia, TV a cabo etc.) têm de estar localizadas próximas entre si e junto ao aterramento comum (os aterramentos de energia e de sinal dos equipamentos devem ser comuns na entrada da instalação);
- o aterramento do neutro deve ser feito somente na entrada da edificação – daí em diante, o neutro recebe o tratamento de um condutor vivo (energizado) – esquema TN-S;
- o condutor de aterramento tem de ser conduzido junto à cabeação de energia, desde a entrada da instalação.

O sistema de aterramento de instalações de baixa tensão inclui os seguintes elementos:

- condutores de proteção;
- condutores de ligação equipotencial e de aterramento;
- eletrodos de aterramento.

A esses elementos devem ser acrescentados os dispositivos de proteção primária contra sobretensões, a serem instalados na entrada de energia.

As definições relativas aos eletrodos de aterramento são mais amplas e completas na NBR 5419:2015, elaborada com base na norma internacional IEC 61024:1998, que contempla a utilização de ferragens estruturais para a função de eletrodos de aterramento.

5.1.1 Integração dos aterramentos

A moderna tecnologia para o dimensionamento de sistemas de aterramento de instalações industriais / comerciais, conforme estabelecido pelas normas NBR 5410:2004 e NBR 5419:2005, recomenda a integração dos seus diversos subsistemas, dentre os quais se destacam:

- o neutro e os condutores de proteção da rede de distribuição de energia;
- o aterramento do sistema de proteção contra descargas atmosféricas;
- o aterramento das entradas de sinais e o "plano terra" para o aterramento de instalações contendo equipamentos eletrônicos (laboratórios, CPDs, estações de telecomunicações, sistemas de controle de processo etc.);
- o aterramento de estruturas metálicas diversas (ferragens estruturais, esquadrias, tubulações, tanques, cercas, *racks*, painéis etc.).

Tal integração resulta em benefícios para o funcionamento do sistema, devendo, porém, ser realizada com os devidos cuidados, de modo a evitar interferências indesejadas entre os diversos subsistemas. Dentre as vantagens da integração dos aterramentos, destacam-se:

- equipotencialização de massas metálicas;
- unificação das referências de terra;
- redução da resistência de aterramento da instalação, em função da maior área da malha.

5.2 Esquemas de Aterramento e de Proteção Associado

As redes de distribuição são classificadas segundo diversos esquemas de aterramento, que diferem entre si em função da situação da alimentação e das massas com relação à terra. Os diferentes sistemas são classificados segundo um código de letras na forma XYZ, em que:

X = identifica a situação da alimentação em relação à terra:
T = sistema diretamente aterrado;
I = sistema isolado ou aterrado por impedância.
Y = identifica a situação das massas da instalação com relação à terra:
T = massas diretamente aterradas;
N = massas ligadas ao ponto de alimentação, onde é feito o aterramento.
Z = disposição dos condutores neutro e de proteção:
S = condutores neutro e de proteção separados;
C = neutro e de proteção combinados em um único condutor (PEN).

Os diversos esquemas de aterramento TN, TT e IT são apresentados na Figura 5.1.

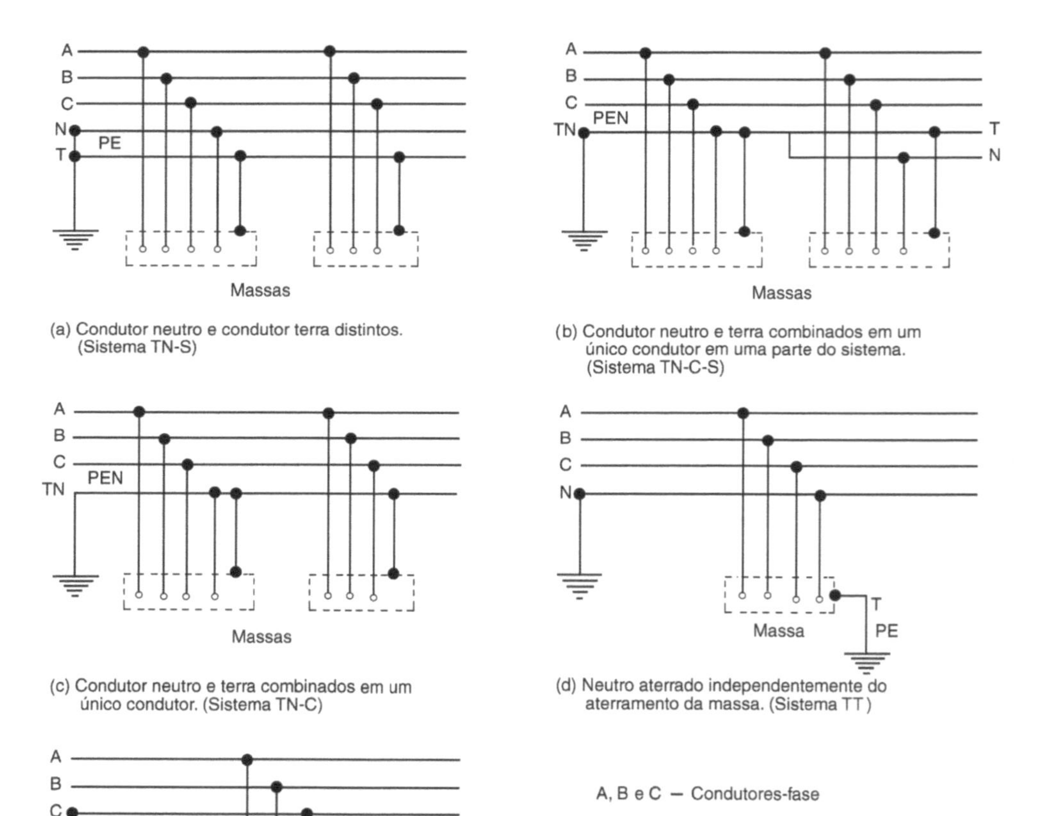

Figura 5.1 Esquemas de aterramento.

A NBR 5410:2004 estabelece que as massas metálicas devem ser ligadas a condutores de proteção, compondo uma rede de aterramento, e que um dispositivo de proteção deve seccionar automaticamente a alimentação do circuito por ele protegido, sempre que uma falta entre parte viva e massa der origem a uma tensão de contato perigosa.

A tensão de contato limite – aquela que uma pessoa pode suportar de maneira indefinida e sem risco – é a função do modo como esse contato é estabelecido (umidade local e caminho percorrido no corpo humano) e das condições ambientes (tipo de local onde ocorre o contato e de piso). A NBR 5410:2004 identifica quatro níveis de risco a que uma pessoa pode ser submetida a um choque elétrico, associados às condições do contato, apresentados nas Tabelas 5.1 e 5.2.

Tabela 5.1 Resistência elétrica do corpo humano (Tabela 19 da NBR 5410:2004)

Código	Classificação	Características	Aplicações e exemplos
BB1	Alta	Condições secas	Circunstâncias nas quais a pele está seca (nenhuma umidade, nem mesmo suor)
BB2	Normal	Condições úmidas	Passagem da corrente elétrica de uma mão a outra ou de uma mão a um pé, com a pele úmida de suor, sendo a superfície de contato significativa
BB3	Baixa	Condições molhadas	Passagem da corrente elétrica entre as duas mãos e os dois pés, estando as pessoas com os pés molhados ao ponto de se poder desprezar a resistência da pele e dos pés
BB4	Muito baixa	Condições imersas	Pessoas imersas na água, por exemplo em banheiras e piscinas

Tabela 5.2 Contato das pessoas com o potencial de terra (Tabela 20 da NBR 5410:2004)

Código	Classificação	Características	Aplicações e exemplos
BC1	Nulo	Locais não condutivos	Locais cujos piso e paredes sejam isolantes e que não possuem nenhum elemento condutivo
BC2	Raro	Em condições habituais, as pessoas não estão em contato com elementos condutivos ou postadas sobre superfícies condutivas	Locais cujos piso e paredes sejam isolantes, com elementos condutivos em pequena quantidade ou de pequenas dimensões e de tal maneira que a probabilidade de contato possa ser desprezada
BC3	Frequente	Pessoas em contato com elementos condutivos ou postadas sobre superfícies condutivas	Locais cujos piso e paredes sejam condutivos ou que possuam elementos condutivos em quantidade ou de dimensões consideráveis
BC4	Contínuo	Pessoas em contato permanente com paredes metálicas e com pequena possibilidade de poder interromper o contato	Locais como caldeiras ou vasos metálicos, cujas dimensões sejam tais que as pessoas que neles penetrem estejam em contínuo contato com as paredes. A redução da liberdade de movimento das pessoas pode, por um lado, impedi-las de romper voluntariamente o contato e, por outro, aumentar os riscos de contato involuntário.

O tempo máximo de seccionamento é determinado diretamente em função da tensão nominal da instalação e do esquema de aterramento, conforme a Tabela 5.3.

Tabela 5.3 Tempos de seccionamento máximo (Tabelas 25 e 26 da NBR 5410:2004)

Esquemas de aterramento	Tensão nominal (V) TN – fase-terra IT – fase-fase	Tempo de seccionamento (s)	
		Situação 1	Situação 2
TN	115, 120, 127	0,8	0,35
	220, 254, 277	0,4	0,20
	400	0,2	0,05
IT	208, 220, 230	0,8	0,40
	380, 400, 480	0,4	0,20
	690	0,2	0,06

5.2.1 Esquema TN

O esquema TN (Figura 5.1(a), (b) e (c)) possui um ponto de alimentação diretamente aterrado, sendo as massas ligadas a esse ponto por condutores de proteção. A corrente de falta direta fase-massa é uma corrente de curto-circuito. Em função da combinação condutor de proteção / condutor neutro, o esquema TN apresenta as seguintes variações possíveis:

- esquema TN-S (Figura 5.1(a)), em que o condutor neutro (N) e o condutor de proteção (PE) são separados;
- esquema TN-C-S (Figura 5.1(b)), em que as funções de neutro e de proteção são combinadas em um único condutor (PEN) em uma parte da instalação;
- esquema TN-C (Figura 5.1(c)), em que as funções de neutro e de proteção são combinadas em um único condutor (PEN) ao longo de toda a instalação.

No esquema TN-C, a proteção apenas pode ser realizada por dispositivo a sobrecorrente (disjuntor convencional), uma vez que esse esquema é incompatível com o disjuntor DR (diferencial-residual), enquanto no esquema TN-S ambos os dispositivos podem ser utilizados.

Em instalações alimentadas por rede de alimentação pública que utilize esquema TN, quando não puder ser garantida a integridade do condutor PEN, devem ser utilizados disjuntores DR.

Nos sistemas TN, as características do dispositivo de proteção e as impedâncias dos circuitos devem atender à seguinte condição:

$$Z_s \times I_a \leq U_0$$

em que:

Z_s = impedância do percurso da corrente de falta;
I_a = corrente que assegura a atuação do dispositivo de proteção em um tempo máximo, conforme a Tabela 5.3;
U_0 = tensão nominal fase-terra.

5.2.2 Esquema TT

O esquema TT (Figura 5.1(d)) possui um ponto de alimentação diretamente aterrado, estando as massas da instalação ligadas a pontos de aterramento distintos do ponto de aterramento da instalação. A corrente de falta direta fase-massa é inferior a uma corrente de curto-circuito, podendo apresentar, porém, magnitude suficiente para produzir tensões de contato perigosas. Nos sistemas TT, a proteção por disjuntor DR é obrigatória, devendo ser atendida a seguinte condição:

$$R_A \times I_{Dn} \leq U_L$$

em que:

R_A = resistência de aterramento das massas;
I_{Dn} = corrente diferencial-residual nominal;
U_L = tensão de contato limite.

5.2.3 Esquema IT

O esquema IT (Figura 5.1(e)) não possui nenhum ponto da alimentação diretamente aterrado (sistema isolado ou aterrado por impedância), estando, no entanto, as massas da instalação diretamente aterradas. As correntes de falta fase-massa não são elevadas o suficiente para dar origem a tensões de contato perigosas. Esses sistemas não devem possuir o neutro distribuído pela instalação, sendo obrigatória a utilização de dispositivo supervisor de isolamento (DSI) com alerta sonoro e/ou visual. As massas podem ser aterradas de dois modos:

- individual (ou por grupos) — proteção igual à de sistemas TT;
- coletivamente aterradas — valem as regras do esquema TN.

O esquema IT deve ser restrito às seguintes aplicações:

- suprimento de instalações industriais de processo contínuo, em que a continuidade da alimentação seja essencial, com tensão de alimentação igual ou superior a 380 V, com atendimento obrigatório das seguintes condições:
  - o neutro não é aterrado;
  - existe detecção permanente de falta para a terra;
  - a manutenção e a supervisão ficam a cargo de pessoal habilitado.
- suprimento de circuitos de comando, cuja continuidade seja essencial, alimentados por transformador isolador, com tensão primária inferior a 1 kV, com atendimento obrigatório das seguintes condições:
  - detecção permanente de falta para a terra;
  - manutenção e supervisão a cargo de pessoal habilitado;
  - circuitos isolados de reduzida extensão em instalações hospitalares, onde a continuidade da alimentação e a segurança dos pacientes seja essencial;
  - alimentação exclusiva de fornos industriais;
  - alimentação de retificadores dedicados a acionamentos de velocidade controlada.

5.3 Eletrodos de Aterramento

O eletrodo de aterramento pode ser constituído por um único elemento ou por um conjunto de elementos. O termo tanto se aplica a uma simples haste enterrada quanto a várias hastes enterradas e interligadas e, ainda, a outros tipos de condutores em diversas configurações.

Um eletrodo deve oferecer para diversos tipos de corrente (faltas para a terra, descargas atmosféricas, eletrostáticas, de supressores de surto etc.) um percurso de baixa impedância para o solo. A eficiência do aterramento é caracterizada, em princípio, por uma baixa resistência. Na realidade, o fenômeno depende de muitos fatores, sobretudo a resistividade do solo, estendida a todo o volume de dispersão, que representa a maior incógnita por ser bastante variável segundo a natureza do terreno, a umidade, a quantidade de sais dissolvidos e a temperatura (quanto maior a resistividade do terreno, maior a resistência de aterramento, mantidas as demais condições).

Em razão da incerteza e da dificuldade na obtenção dos dados, é suficiente que o dimensionamento do aterramento forneça, no mínimo, as seguintes indicações:

- os materiais a serem utilizados;
- a geometria do eletrodo;
- a locação no terreno.

Na prática, é utilizado um eletrodo em anel (Figura 5.2) lançado no perímetro da edificação, que pode ser constituído por condutores horizontais e hastes interligadas entre si, diretamente enterrados no solo e/ou pelas próprias ferragens das fundações da edificação.

A chamada "malha de terra" (Figura 5.3) é constituída pela combinação de hastes e condutores que têm também a função de equalizar os potenciais na superfície do terreno, controlando as tensões de passo e de contato em níveis suportáveis para o corpo humano.

A resistência de aterramento de instalações de baixa tensão deve ser, se possível, inferior a 10 Ω, o que pode ser obtido pela interligação de eletrodos radiais ou em anel, admitindo-se também configurações mistas. Esse valor de 10 Ω é apenas referencial. A NBR 5419:2015 enfatiza esse aspecto. O valor da resistência de aterramento é importante, porém o estabelecimento de equipotencialidade é essencial. Em muitas situações, a combinação de solo de elevada resistividade e da pouca disponibilidade de área para o lançamento do aterramento torna impossível a obtenção de resistências inferiores a 10 Ω (por exemplo, no caso de estações de telecomunicações no topo de morros).

O item 6.4.1.1.1 da NBR 5410:2004 estabelece que, quando o aterramento pelas fundações não for praticável, o eletrodo de aterramento deve ser no mínimo constituído por um anel, complementado por hastes verticais, circundando o perímetro da edificação.

O item 6.4.1.1.4 da NBR 5410:2004 estabelece que não devem ser usadas como eletrodo de aterramento canalizações metálicas de fornecimento de água e outros serviços, o que não exclui a ligação equipotencial das mesmas à barra de aterramento principal (BEP).

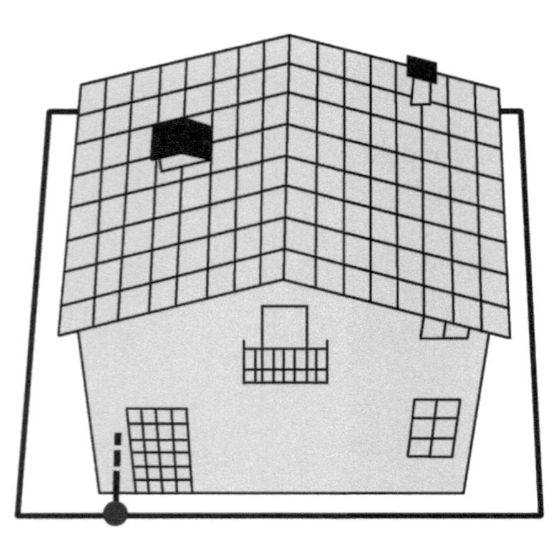

Figura 5.2 Eletrodo em anel.

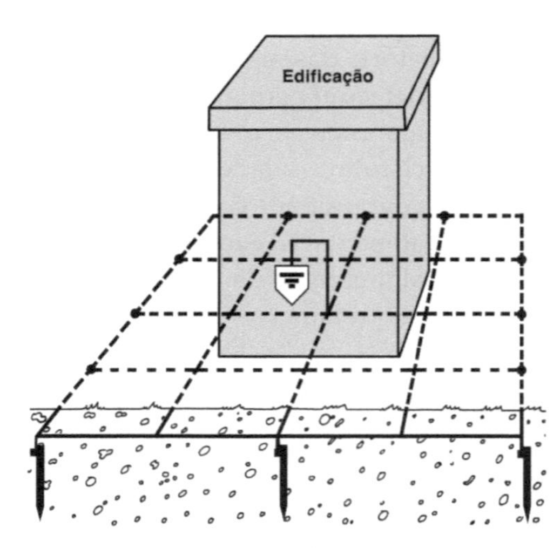

Figura 5.3 Malha de terra.

A Tabela 5.4 apresenta as dimensões mínimas de diferentes tipos de eletrodos de aterramento, bem como as recomendações quanto ao posicionamento destes, em que se destacam:

- condutores nus;
- hastes, cantoneiras ou tubos;
- fitas ou cabos de aço;
- ferragens do concreto armado.

Quanto aos aterramentos para sistemas de proteção contra descargas atmosféricas, a NBR 5419:2015 admite duas alternativas de configuração para os eletrodos do sistema de aterramento:

Arranjo A Composto por eletrodos radiais (verticais, horizontais ou inclinados) e indicado para pequenas estruturas (com perímetro de até 25 m) em solos de baixa resistividade (de até 100 $\Omega \times$ m), e cada condutor de descida deve ser conectado, no mínimo, a um eletrodo distinto, com extensão mínima de 5 m para condutores horizontais e 2,5 m para hastes verticais (enterrados a uma profundidade de 0,5 m e distantes pelo menos 1 m das fundações da edificação), de modo que resultem em resistências de aterramento inferiores a 10 Ω, como explicado anteriormente.

Tabela 5.4 Dimensões mínimas de eletrodos de aterramento (Tabela 51 da NBR 5410:2004)

Material	Superfície	Forma	Dimensões mínimas			
			Diâmetro (mm^2)	Seção (mm^2)	Espessura do material (mm)	Espessura média do revestimento (μm)
Aço	Zincada a quente[1] ou inoxidável[1]	Fita[2]		100	3	70
		Perfil[2]		120	3	70
		Haste de seção circular[3]	15			70
		Cabo de seção circular		95		50
		Tubo	25		2	55
	Capa de cobre	Haste de seção circular[3]	15			2 000
	Revestida de cobre por eletrodeposição	Haste de seção circular[3]	15			254
Cobre	Nu[1]	Fita		50		
		Cabo de seção circular		50	2	
		Cordoalha	1,8 (cada veio)	50		
		Tubo	20		2	
	Zincada	Fita[2]		50	2	40

[1]Pode ser utilizado para embutir no concreto.

[2]Fita com cantos arredondados.

[3]Para eletrodo de profundidade.

Arranjo B Composto de eletrodos em anel ou embutidos nas fundações da estrutura, sendo obrigatório nas estruturas de perímetro superior a 25 m.

Vale lembrar que – mais do que os horizontais – os eletrodos de aterramento verticais apresentam maior eficiência na dissipação de descargas impulsivas para o solo, tais como as que caracterizam as descargas atmosféricas. Os aterramentos do sistema de proteção contra descargas atmosféricas e da instalação elétrica devem ser interligados, de preferência, em um eletrodo comum, conforme apresentado na Figura 5.5.

O arranjo B, quando embutido nas fundações da edificação, apresenta diversas vantagens com relação ao arranjo A, dentre as quais se destacam:

- menor custo de instalação;
- vida útil compatível com a da edificação;
- resistência de aterramento mais estável;
- maior proteção contra seccionamentos e danos mecânicos.

5.3.1 Ligações de aterramento

O item 6.4.2.1.3 da NBR 5410:2004 estabelece que, em qualquer instalação, junto ou próximo da entrada da alimentação elétrica, deve ser previsto um terminal ou uma BEP, que deve localizar-se na edificação, podendo ser a ele ligados os seguintes condutores:

- condutor de aterramento (que interliga o eletrodo de aterramento à BEP);
- condutores de proteção principais (PE);
- condutores de equipotencialização principais;
- condutores terra paralelos (PEC);
- condutor neutro, se o aterramento deste for previsto neste ponto;
- barramento de equipotencialização funcional, se necessário;
- condutores de equipotencialização ligados a eletrodos de aterramento de outros sistemas (por exemplo, SPDA);
- elementos condutivos da edificação.

A interligação do neutro da rede externa de distribuição, quando a alimentação for realizada em baixa tensão, é essencial para a obtenção do grau mínimo de efetividade de aterramento do neutro, conforme os projetos de redes de distribuição padronizados pelas concessionárias de energia elétrica.

A Figura 5.4 apresenta um esquema de ligação equipotencial para a utilização em instalações prediais. A Figura 5.5 apresenta as diferentes configurações de aterramento de mastro para-raios e de antenas, com relação ao terminal de ligação equipotencial.

As conexões para o aterramento de tubulações metálicas devem utilizar cintas/braçadeiras do mesmo material do tubo, de modo a evitar corrosão por formação de pares galvânicos. No caso da canalização de gás, deve ser instalada uma luva isolante próximo à sua entrada na edificação, de modo a promover a separação elétrica entre a rede pública de gás e a instalação do consumidor.

Os condutores utilizados para as ligações equipotenciais ao terminal principal devem possuir seção no mínimo igual à metade do condutor de proteção de maior bitola da instalação, com um mínimo de 6 mm^2 em cobre, 16 mm^2 em alumínio ou 50 mm^2 em aço. Admite-se um máximo de 25 mm^2 para condutores de cobre ou seção equivalente para outros metais. Os condutores destinados à conexão de massas metálicas aos eletrodos enterrados deverão possuir as bitolas mínimas constantes da Tabela 5.5.

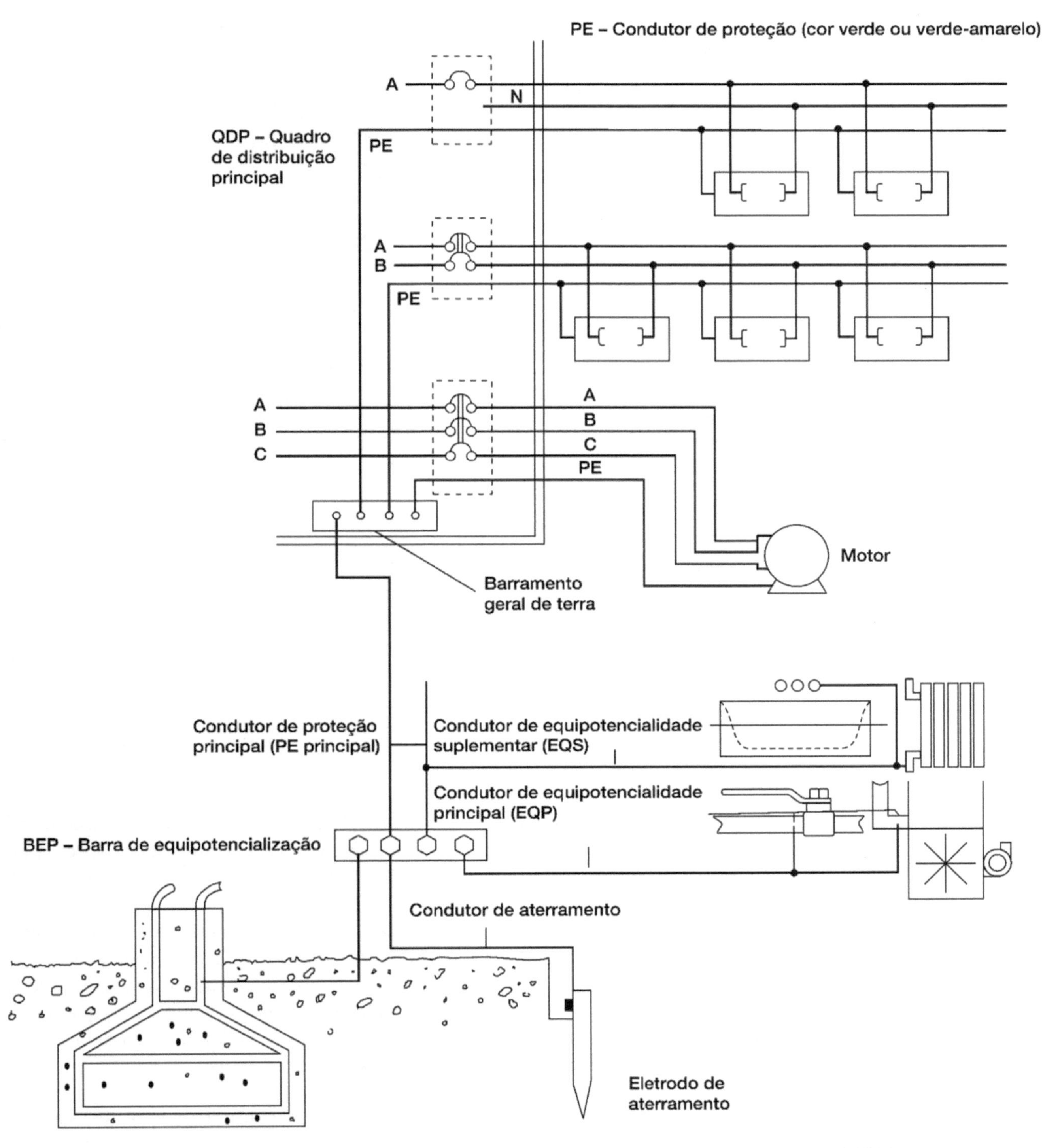

Figura 5.4 Descrição dos componentes de aterramento de acordo com a NBR 5410:2004.

Tabela 5.5 Seções mínimas de condutores de aterramento enterrados no solo (Tabela 52 da NBR 5410:2004)

	Protegidas contra danos mecânicos	Não protegidas contra danos mecânicos
Protegidos contra erosão	Cobre: 2,5 mm² Aço: 10 mm²	Cobre: 16 mm² Aço: 16 mm²
Não protegidos contra erosão	Cobre: 50 mm² (solos ácidos ou alcalinos) Aço: 80 mm²	

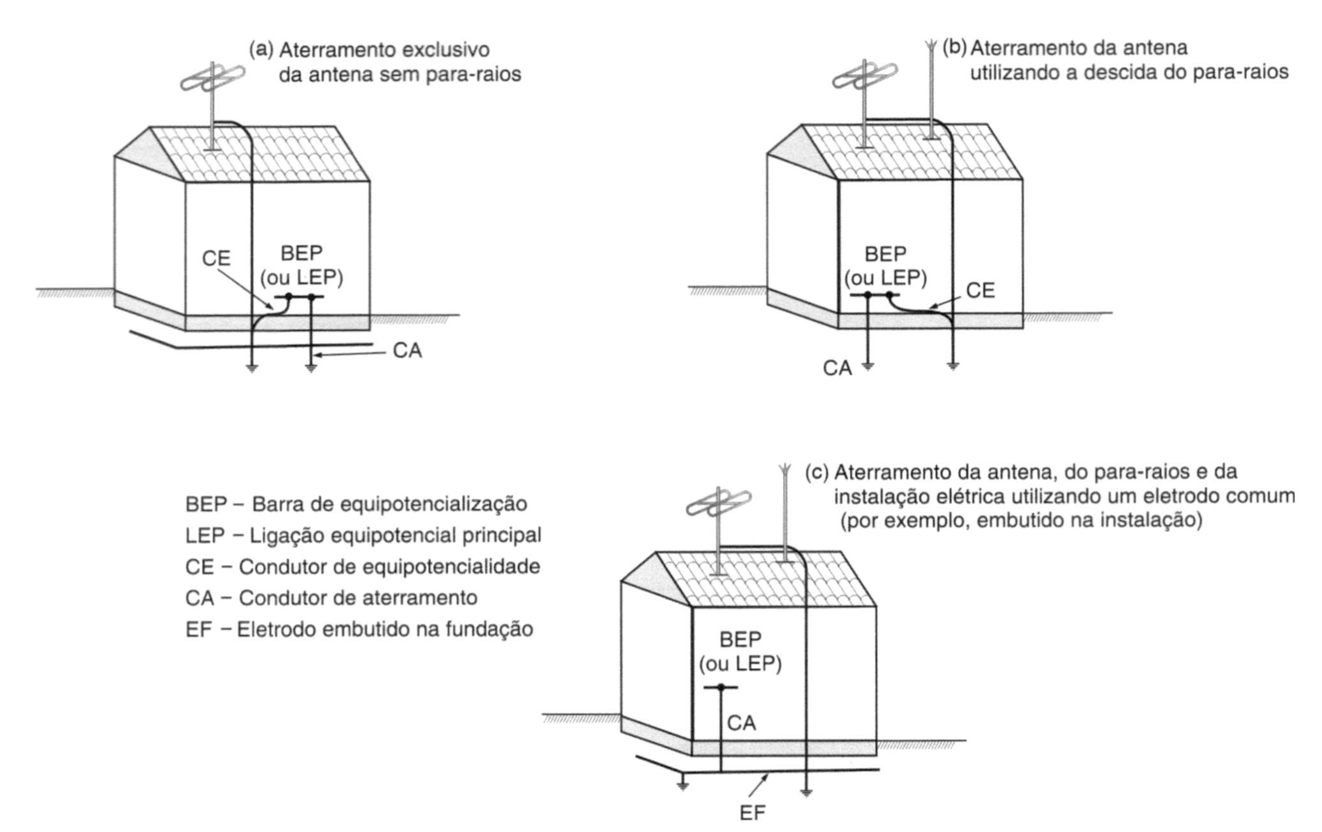

Figura 5.5 Ligação equipotencial e aterramento de para-raios e de antenas.

Em redes industriais, as ligações equipotenciais podem ser realizadas pela conexão dos condutores de proteção dos equipamentos elétricos ao barramento PEN dos quadros/painéis de distribuição e/ou pela conexão direta de estruturas metálicas, em geral, à malha de aterramento.

A utilização dos condutores de proteção dos equipamentos elétricos para o aterramento do maquinário por eles acionado é adequada, usualmente, para instalações abrigadas no interior de prédios, galpões etc. No caso de instalações abertas ou ao tempo, é importante – além do uso de condutores de proteção dos motores elétricos – que sejam realizadas conexões das estruturas metálicas diretamente à malha de aterramento, procedimento este que se justifica por diversas razões, entre as quais:

- as distâncias entre os motores e os CCMs (centros de controle de motores) são, em geral, maiores do que no interior de edificações;
- em condição de chuva, as tensões de toque e passo são agravadas em função de as superfícies das estruturas e do piso estarem molhadas;
- há riscos associados à exposição direta a descargas atmosféricas.

As descidas de um sistema de proteção contra descargas atmosféricas constituem-se em casos particulares de condutores de aterramento. O condutor de descida não deve ser encaminhado no interior de um duto metálico ou, quando embutido em colunas de concreto, não deve ser lançado no centro das ferragens, de modo a evitar o aumento da sua impedância. A Tabela 5.6 apresenta as seções mínimas para esses condutores, em função dos materiais utilizados e da fração da corrente de descarga prevista para neles circular.

Tabela 5.6 Seções mínimas dos condutores de descida e eletrodo de aterramento (Tabelas 6 e 7 da NBR 5419:2015)

Material	Seção do condutor (mm²)	
	Descida	Eletrodo de aterramento
Cobre	35	50
Alumínio	70	–
Aço galvanizado a quente	50	70
Aço cobreado	50	50

5.4 Condutores de Proteção

O condutor de proteção tem, por função, o aterramento das massas metálicas de equipamentos elétricos. O seu dimensionamento visa à proteção de pessoas contra choques elétricos decorrentes de contatos indiretos – ou seja, o toque na carcaça de um equipamento (ou estrutura metálica anexa) que ficou sob tensão em consequência de uma falha de isolamento interna –, bem como ao desempenho adequado dos dispositivos protetores, sejam por sobrecorrente (fusíveis e disjuntores) ou a corrente diferencial-residual (interruptor ou disjuntor DR).

Em função do esquema de aterramento da instalação, o condutor de proteção proverá o aterramento das massas metálicas a ele conectadas, diretamente no ponto de aterramento da alimentação (esquema TN, predominante em redes industriais) ou em ponto distinto do de aterramento da alimentação (esquemas TT e IT).

A NBR 5410:2004 considera que a continuidade do condutor de proteção vem a ser um dos cinco ensaios básicos a que uma instalação deve ser submetida quando do seu comissionamento.

A seção mínima do condutor pode ser determinada pela expressão (aplicável apenas para tempos de atuação dos dispositivos de proteção inferiores a 5 segundos):

$$S \geq \frac{\sqrt{I^2 \times t}}{K},$$

em que:

S = seção mínima do condutor de proteção (mm²);
I = valor (eficaz) da corrente de falta que pode circular pelo dispositivo de proteção, para uma falta direta (A);
t = tempo de atuação do dispositivo de proteção (s);
K = constante definida na Tabela 5.7 (fator que depende do material do condutor de proteção, de sua isolação e outras partes, bem como das temperaturas inicial e final).

Essa expressão leva em consideração apenas as condições de aquecimento do condutor à passagem da corrente de falta, podendo resultar em seções muito pequenas, que podem não atender aos requisitos de resistência mecânica e, principalmente, de impedância mínima.

A seção mínima do condutor de proteção pode ser determinada em função da seção dos condutores-fase do respectivo circuito, contanto que os condutores em questão sejam constituídos do mesmo material, conforme indicado na Tabela 5.8. Para isso, deve-se escolher o condutor de maior área das duas alternativas de dimensionamento.

Tabela 5.7 Valores de *K* – Dimensionamento de condutores de proteção, temperatura ambiente de 30 °C (Tabelas 53 a 57 da NBR 5410:2004)

Cabos isolados		Material da cobertura	
Tipo de condutor	Material do condutor	PVC 70 °C	EPR/XLPE 90 °C
Independentes (condutor isolado, cabo unipolar ou cabo nu em contato com a cobertura do cabo)	Cobre	143	176
	Alumínio	95	116
	Aço	52	64
Veias de cabos unipolares	Cobre	115	143
	Alumínio	76	94

	Material		
Cabos nus condições de aplicação	Cobre	Alumínio	Aço
Visível e em área restrita (500 °C)	228	125 (300 °C)	82
Condições normais (200 °C)	159	105	58
Risco de incêndio (150 °C)	138	91	50

Tabela 5.8 Seção mínima do condutor de proteção (mm^2) em função da seção do condutor-fase (Tabela 58 da NBR 5410:2004)

Condutores-fase	Condutor de proteção
$S < 16$	S
$16 < S < 35$	16
$S > 35$	S/2

Nas instalações fixas, com esquemas de aterramento TN, as funções de condutor de proteção e neutro podem ser combinadas (condutor PEN), desde que essa parte da instalação não seja protegida por um dispositivo DR, sendo admitidas as seguintes seções mínimas:

- 10 mm^2 em cobre;
- 16 mm^2 em alumínio;
- 4 mm^2 se o condutor fizer parte de um condutor concêntrico.

Tal esquema de aterramento exige continuidade do condutor PEN desde o transformador e recomenda o multiaterramento do condutor de proteção, sobretudo nas entradas de edificações. Se, a partir de um ponto qualquer da instalação, o neutro e o condutor de proteção forem separados, não é permitido religá-los após esse ponto. No ponto de separação, devem ser previstos terminais ou barras separadas para o condutor de proteção PE e o neutro. O condutor PEN deve ser ligado ao terminal ou à barra previstos para o condutor de proteção PE e aterrado na BEP da edificação (esquema TN-C-S).

A seção mínima de qualquer condutor de proteção que não faça parte do mesmo invólucro que os condutores vivos deverá ser de 2,5 ou 4,0 mm^2, respectivamente, se possuir ou não proteção mecânica. Podem ser utilizados como condutores de proteção:

- veias de cabos multipolares;
- condutores isolados ou cabos unipolares em um conduto comum aos condutores vivos;
- condutores isolados, cabos unipolares ou condutores nus independentes, com trajeto idêntico aos circuitos protegidos;
- proteções metálicas ou blindagens de cabos;
- eletrodutos e outros condutos metálicos.

Elementos metálicos – tais como proteções e blindagens de cabos de energia, invólucros de barramentos blindados e eletrodutos – poderão ser interligados como condutores de proteção se a sua continuidade elétrica for garantida e se a sua condutância atender aos critérios de dimensionamento aqui apresentados. Cabem, ainda, as seguintes observações:

- os invólucros de barramentos blindados devem permitir a conexão de condutores de proteção em todos os cofres de derivação;
- as canalizações de água e gás não devem ser utilizadas como condutores de proteção;
- somente cabos ou condutores podem ser utilizados como condutores PEN;
- um condutor de proteção pode ser comum a vários circuitos de distribuição ou terminais, quando estes estiverem contidos em um mesmo conduto (devendo, nesse caso, ser dimensionado com base no condutor-fase do circuito mais carregado).

É fundamental ressaltar a importância do agrupamento do elemento de proteção (condutor, blindagem ou eletroduto) próximo aos condutores vivos do circuito correspondente, de modo a minimizar a impedância do circuito, garantindo um caminho de retorno natural para as correntes de falta fase-terra, tendo em vista a melhor atuação das proteções por sobrecorrente.

Outros caminhos de retorno – tais como malha de aterramento ou estruturas metálicas – apresentam elevada impedância, em função dos afastamentos em relação aos condutores vivos, e permitem o surgimento de tensões ou correntes induzidas em outros circuitos ou estruturas condutoras existentes nas imediações.

Há riscos associados ao campo eletromagnético resultante do retorno inadequado de altas correntes de curto-circuito. Entre eles, além dos potenciais de toque perigosos, podem ser citados o surgimento de centelhamentos em conexões metálicas eletricamente imperfeitas (crítico em ambientes de atmosferas explosivas) e induções de tensões e correntes em circuitos de sinal, com consequências que vão do simples ruído à queima de placas e componentes.

5.5 Aterramento de Equipamentos Eletrônicos Sensíveis

Também chamados Equipamentos de Tecnologia da Informação (ETI), incluem:

- equipamentos de telecomunicação e de transmissão de dados, equipamentos de processamentos de dados ou instalações que utilizam transmissão de sinais com retorno à terra, interna ou externamente ligada a uma edificação;
- fontes de corrente contínua que alimentam ETIs no interior de uma edificação;
- equipamentos e instalações de CPCT – Central Privativa de Comutação Telefônica (PABX);
- redes locais;

- sistemas de alarme contra incêndio e contra roubo;
- sistemas de automação;
- sistemas CAM (*Computer Aided Manufacturing*) e outros que utilizam sistema microprocessados.

De modo a reduzir os problemas de interferências, a alimentação desses equipamentos nunca deve ser em esquema TN-C, o que significa que devem ser lançados condutores neutro e de proteção separados desde a origem da instalação (Quadro de Distribuição Principal da edificação e aterrado na BEP da mesma – esquema TN-C-S). Se a instalação elétrica possuir um transformador, grupo gerador, sistemas UPS (*Uninterruptible Power Systems*) ou fonte análoga responsável pela alimentação de ETIs, e se essa fonte for, ela própria, alimentada em esquema TN-C, deve-se adotar o esquema TN-C-S em sua saída.

A BEP pode ser prolongada por um Barramento de Equipotencialidade Funcional (BEF) para aterrar os ETIs em qualquer ponto da edificação onde eles se encontrem instalados. Ao BEF podem ser ligados:

- quaisquer dos elementos normalmente ligados à barra BEP da edificação;
- blindagens e proteções metálicas dos cabos e equipamentos de sinais;
- condutores de equipotencialização dos sistemas de trilhos;
- condutores de aterramento dos DPSs;
- condutores de aterramento de antenas de radiocomunicação;
- condutor de aterramento do polo "terra" de alimentações em corrente contínua ETIs;
- condutores de aterramento funcional;
- condutores de equipotencialização que interligam o eletrodo de aterramento dos sistemas de proteção contra descargas atmosféricas;
- condutores de ligações equipotenciais suplementares.

Para o atendimento dos ETIs, o BEF deve ser, de preferência, em barra chata (que apresenta indutância inferior à de um condutor cilíndrico), podendo constituir um anel fechado em ambientes restritos, desde que acessível em toda a sua extensão. A confiabilidade da ligação equipotencial entre dois pontos do barramento de equipotencialização funcional depende da impedância do condutor utilizado, a qual é determinada pela seção e pelo percurso. Para frequências de 50 Hz ou de 60 Hz, caso mais comum, um condutor de cobre de 50 mm^2 de seção nominal constitui uma boa relação entre custo e impedância. A ligação equipotencial pode incluir condutores, capas metálicas de cabos e partes metálicas da edificação, tais como tubulações de água e eletrodutos, ou uma malha instalada em cada pavimento ou em parte de um pavimento. É conveniente incluir as armaduras de concreto da edificação na ligação equipotencial.

Quando a instalação de um eletrodo ou um sistema adicional de eletrodos de aterramento local (aterramento funcional) for requerida para o funcionamento de ETIs, deve ser providenciada uma conexão do mesmo à BEP da instalação, por um condutor de aterramento funcional, que deve ter a seção mínima de 10 mm^2 e ser de cobre ou de material com condutância equivalente. Dispositivos eletromagnéticos (grampos de núcleo de ferrite, por exemplo) podem ser incorporados a esse condutor de aterramento funcional para que se reduzam as interferências eletromagnéticas de alta frequência.

5.6 Aterramento em Armaduras de Estruturas de Concreto

A utilização das ferragens de fundação de edificações como elementos naturais para o aterramento de instalações de baixa tensão e de sistemas de proteção de estruturas e edificações contra descargas atmosféricas diretas é uma técnica recomendada pelas normas brasileiras (NBR 5410:2004 e NBR 5419:2015) e de outros países.

A NBR 5410:2004, no item 5.1.3.1.1 (Subsistema de Aterramento), estabelece:

> Do ponto de vista da proteção contra o raio, um subsistema de aterramento único integrado à estrutura é preferível e adequado para todas as finalidades (ou seja, proteção contra o raio, sistemas de potência de baixa tensão e sistemas de sinal).

A experiência tem demonstrado que as armaduras de aço das estacas, dos blocos de fundação e das vigas baldrame, interligadas nas condições correntes de execução, constituem um eletrodo de aterramento de excelentes características elétricas. As armaduras de aço das fundações, juntamente com as demais armaduras do concreto da edificação, podem constituir, nas condições prescritas pela NBR 5419:2005, o sistema de proteção contra descargas atmosféricas (aterramento e gaiola de Faraday, complementado por um sistema captor).

O uso das armaduras do concreto armado da edificação como elementos naturais do sistema de aterramento e de proteção contra descargas atmosféricas permite melhor distribuição da corrente do raio entre as colunas, com a consequente redução dos campos magnéticos no interior da estrutura, beneficiando, também, a equalização dos potenciais.

Os elementos das fundações, do ponto de vista de contribuição para o sistema de aterramento, podem ser classificados de duas maneiras:

Componentes unitários – blocos e sapatas – que apresentam, individualmente, resistências da ordem de 50 Ω, e cuja contribuição deve ser medida pelo número de elementos em paralelo.

Componentes contínuos – estacas, tubulações e vigas baldrame – cuja contribuição é função da extensão da superfície de contato com o solo.

O item 6.4.1.1.10 da NBR 5410:2004 estabelece que, no caso de fundações em alvenaria, o eletrodo de aterramento pode ser constituído por uma fita de aço ou barra de aço de construção, imersa no concreto das fundações, formando um anel em todo o perímetro da edificação. A fita deve ter, no mínimo, 100 mm² de seção e 3 mm de espessura. Além disso, deve ser disposta na posição vertical. A barra precisa ter, no mínimo, 95 mm² de seção. A fita ou a barra tem de ser envolvida por uma camada de concreto com espessura mínima de 5 cm.

A NBR 5419:2015 admite a alternativa anterior para esse tipo de aterramento, assim como a utilização das armações de aço das estacas, de blocos de fundações e de vigas baldrame, que devem ser firmemente amarradas com arame torcido em cerca de 50 % dos cruzamentos, e as barras de aço precisam ser sobrepostas em uma extensão mínima de 20 vezes o seu diâmetro com pelo menos dois estribos (Figura 5.6).

Quando da utilização da primeira alternativa em fundações de concreto armado, a barra ou a fita deve ser lançada logo acima da ferragem mais profunda e a ela amarrada, a intervalos regulares, por meio de arame torcido, conforme ilustrado na Figura 5.7. Se não houver ferragem na fundação, deverão ser utilizados suportes no fundo da forma, espaçados de 2 m, de modo que se posicione o eletrodo de fundação a uma distância mínima de 5 cm do solo.

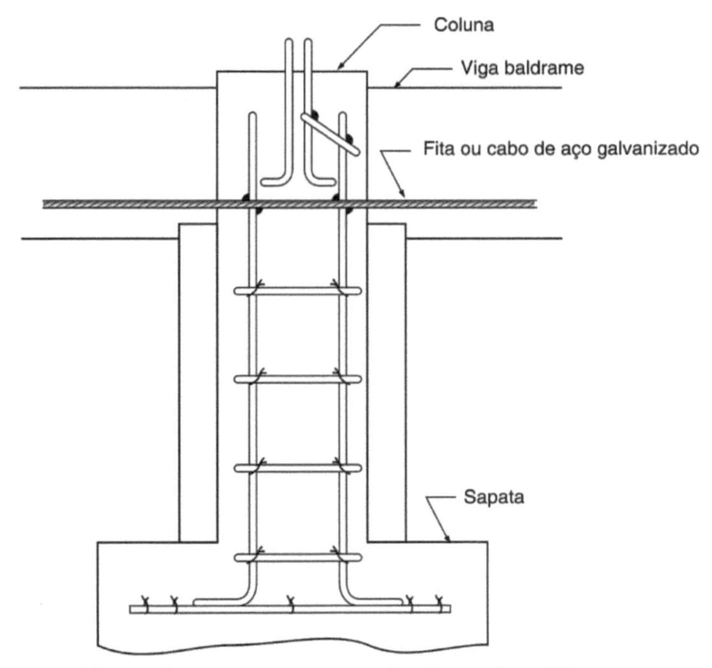

Figura 5.6 Aterramento em fundação de edificação.

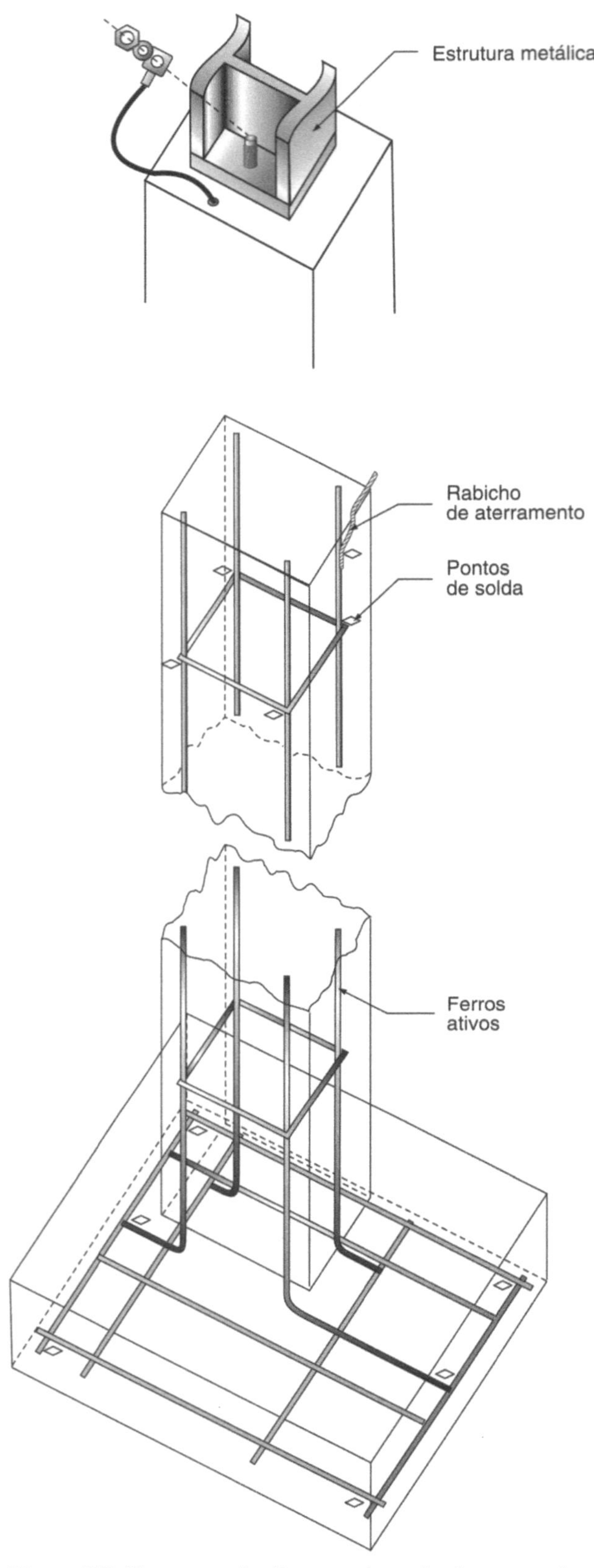

Figura 5.7. Ferragens de diversos tipos de elementos de fundações.

No caso de opção pela segunda alternativa, podem ser incluídas algumas ferragens adicionais nas fundações, para que se exerça também a função de eletrodos de aterramento. Essas ferragens devem ser interligadas entre si, por meios mecânicos ou eletricamente soldadas, e amarradas às demais ferragens da construção, de modo que se garanta a continuidade elétrica dos diversos elementos componentes das fundações. A utilização de solda elétrica nas ferragens estruturais não é aconselhável, pois alguns tipos de ferro podem tornar-se quebradiços e, assim, comprometer a sua função estrutural.

Para ambas as opções, devem ser previstas conexões de interligação externas sempre que a continuidade elétrica de ferragens de elementos construtivos distintos não puder ser garantida antes da concretagem (por exemplo, em juntas de dilatação). É mais importante assegurar a continuidade dos elementos periféricos da fundação da edificação do que daqueles localizados no seu interior, pois é maior a contribuição destes últimos para a redução da resistência de aterramento do conjunto (em razão da maior área de malha obtida e do menor efeito de acoplamento mútuo entre os elementos periféricos).

Em construções com concreto protendido, os cabos tensionados não podem ser considerados integrantes do sistema de escoamento de descarga de raios (telhas de concreto protendido, por exemplo). Porém, as armaduras dos pilares (que nunca são protendidas) e as armaduras passivas, que sempre existem nas lajes com elementos protendidos, podem ser utilizadas, sem restrição, como parte da gaiola de Faraday.

O item 6.4.1.2.3 da NBR 5410:2004 estabelece que, quando o eletrodo de aterramento estiver embutido nas fundações, a ligação ao eletrodo deve ser realizada diretamente, por solda elétrica, à armadura do concreto mais próxima, com seção não inferior a 50 mm^2, de preferência com diâmetro não inferior a 8 mm ou ao ponto mais próximo do anel (fita ou barra) embutido nas fundações. Em ambos os casos, deve ser utilizado um condutor de aço com diâmetro mínimo de 10,6 mm ou uma fita de aço de 25 mm × 4 mm. Com o condutor de aço citado, acessível fora do concreto, a ligação à barra ou ao condutor de cobre para utilização deve ser feita por solda exotérmica ou por processo equivalente do ponto de vista elétrico e da corrosão. Em alternativa, podem ser usados acessórios específicos de aperto mecânico para derivar o condutor de terra diretamente da armadura do concreto, ou da barra de aço embutida nas fundações, ou, ainda, do condutor de aço derivado para o exterior do concreto.

Nos projetos de novas edificações, o uso da ferragem pode ser implementado pela inserção de barras específicas de aço em adição às barras estruturais.

Nas fundações, devem ser instaladas barras de aço adicionais, com área de 150 mm^2 (retangular de 50 mm × 3 mm ou redonda de 10 mm de diâmetro), soldadas entre si ou presas firmemente com conectores aparafusados, formando um anel no perímetro externo do prédio. Nos prédios de grandes dimensões, poderão ser lançados ferros adicionais, transversais, formando malhas de 20 m × 20 m, aproximadamente. De uma dessas transversais deverá sair (por conexão ou solda) um cabo ou barra de cobre isolado de 35 mm, para interligação à BEP – ou à LEP. Essas barras adicionais deverão ser amarradas à ferragem estrutural por arame de aço recozido.

No caso de fundações construídas com uma proteção externa para impermeabilização, os ferros que desempenharão a função de aterramento deverão ser imersos na camada de concreto que é lançada na valeta (de 0,1 a 0,15 m de espessura) antes da colocação da manta de impermeabilização (dentro da qual é lançada a fundação).

Nas colunas, pelo menos a cada 20 m no perímetro externo do prédio, deverão ser instaladas barras de aço (desde a fundação até a cobertura), preferencialmente de superfície lisa, dedicadas ao SPDA. Tais barras deverão ser soldadas (ou firmemente presas com conectores) entre si e às barras de aço da fundação dedicadas ao SPDA. Nos prédios grandes, elas deverão ser instaladas também nas colunas internas correspondentes às barras transversais de aterramento.

Em prédios altos (com mais de 20 m), deverão ser instaladas barras horizontais a cada 20 m, formando anéis fixados por solda (ou conectores) às barras verticais específicas do SPDA e amarradas por arame de aço recozido à ferragem do concreto armado.

Na coluna correspondente ao *shaft* das prumadas, deve ser instalada uma barra vertical ligada à barra das fundações, mas que não deverá chegar à cobertura. A essa barra serão ligados elementos de interligação (rabichos, derivação em vergalhão ou placa de aterramento) em cada andar ou a cada 3 andares, dependendo do projeto de instalação elétrica, para ser o ponto de aterramento de todas as unidades de cada andar ou cada grupo de 3 andares. A esses elementos serão interligados os condutores PE ou PEN dos quadros de distribuição do edifício, desde a BEP.

Em prédios comerciais, nos locais onde seja prevista a instalação de grupos de ETIs, é possível que se melhorem as condições de aterramento e blindagem por meio de medidas adicionais, como, por exemplo, instalando:

- no piso, uma tela de fios de aço soldados (ϕ = 3 a 5 mm) com reticulado de 10 cm × 10 cm, aproximadamente;
- nas paredes externas, também telas de mesmo reticulado, podendo ser de fios mais finos (ϕ = 3 mm);
- quadros com as molduras metálicas ligadas à ferragem estrutural;
- vidros das janelas do tipo aramado (com uma tela de fios de aço entre duas lâminas de vidro).

As telas de piso e paredes deverão ser interligadas entre si e à ferragem estrutural. Os ferros no topo dos pilares deverão ser interligados à armação da laje e ser eletricamente acessíveis na superfície externa da cobertura, para interligação com a estrutura metálica de cobertura ou com um sistema próprio de elementos captores de descargas (mastros para-raios, terminais aéreos, cabos captores, gaiola de Faraday etc.).

Em construções pré-moldadas, deve-se solicitar ao fabricante que deixe os ferros acessíveis nas bordas ou extremidades de cada peça, para interligação quando da montagem na obra.

Devem ser previstos pontos internos e externos de conexão às ferragens estruturais, que servirão para o aterramento de elementos da construção e das instalações prediais, assim como para a realização de testes de continuidade.

Esses pontos deverão ser acessíveis na superfície acabada de paredes, vigas, colunas e pisos, por meio de placas de aterramento, rabichos em fita ou cabo nu, vergalhão de ferro etc. A seleção dos materiais deverá levar em consideração os riscos de corrosão no local de instalação. As interligações com o ferro estrutural devem ser feitas com conectores mecânicos, de modo que não se comprometa a sua resistência com esforços térmicos resultantes do uso de solda, seja elétrica ou exotérmica. A solda poderá ser utilizada em ferro adicional nas colunas e fundações, com a função específica de aterramento e de proteção elétrica.

Os pontos de aterramento externos estarão usualmente localizados no topo ou na base da edificação. No primeiro caso, disponibilizam pontos de interligação das ferragens das colunas com a rede captora de raios. No segundo caso, visam à interligação dos elementos de fundação a estruturas externas, tais como torres, postes de iluminação, fundações de edificações próximas etc. Essa interligação deverá ser feita em placas de aterramento localizadas nas paredes externas da edificação, 0,3 m acima do nível do solo. Os pontos internos disponibilizam conexões de aterramento nas ferragens estruturais, para elementos da infraestrutura da edificação, tais como:

- *shafts* de energia e comunicações, nos diversos pavimentos da edificação;
- nas entradas de energia e de telefonia (DG);
- em salas técnicas – subestações, casas de máquinas de elevadores e de ar-condicionado, porões de bombas, CPDs, salas de telecomunicações etc.

5.7 Tensões Associadas ao Aterramento

A intensidade da corrente elétrica que atravessa uma impedância depende diretamente, como demonstra a lei de Ohm, da tensão aplicada. Daí a necessidade de que se classifiquem as diversas situações de perigo em função do valor da tensão que possa ser aplicada ao corpo humano, considerado do ponto de vista elétrico uma impedância (resistência).

A NBR 5410:2004 classifica as tensões de uma instalação em duas faixas: I e II. A faixa I corresponde a tensões nominais menores ou iguais a 50 V (CA) ou a 120 V (CC), e nela podemos considerar:

- *a extrabaixa tensão de segurança* – fonte isolada da terra, circuitos e equipamentos de utilização também isolados da terra, bem como de outros circuitos, e obedecendo a critérios particulares;
- *a extrabaixa tensão funcional* – quando tensões inferiores a 50 V (ou a 120 V) são necessárias para o funcionamento de equipamentos, não sendo tomadas medidas específicas de separação em relação a circuitos de tensão superior.

A faixa II corresponde a tensões nominais superiores a 50 V e até 600 V (entre fase e neutro) e 1 000 V (entre fases), em CA, e a tensões nominais superiores a 120 V e até 900 V (entre polo e terra) e 1 500 V (entre polos), em CC. Para essas tensões, o contato é considerado perigoso, e devem ser tomadas medidas de proteção. As instalações podem utilizar os esquemas TT, TN ou IT, ou ser isoladas da terra por separação elétrica.

5.7.1 Segurança humana em instalações de baixa tensão

A tensão de contato limite, tensão que uma pessoa pode suportar indefinidamente sem risco, é função da forma como esse contato é estabelecido (umidade local e caminho percorrido no corpo humano) e das condições ambientes (tipo de local em que ocorre o contato e do piso). A norma NBR 5410:2008 identifica quatro níveis de risco a que uma pessoa pode ser submetida a um choque elétrico, associados às condições do contato, apresentado na Tabela 5.9.

Tabela 5.9 Situações de risco de choque classificadas pela NBR 5410

Código	Resistência do corpo	Condições	Descrição	Tensões máximas
BB1	Elevada	Seca	Pele seca	
BB2	Normal	Úmida	Pele úmida de suor	50 VCA e 120 VCC
BB3	Fraca	Molhada	Despreza-se a resistência de contato dos pés	25 VCA e 60 VCC
BB4	Muito fraca	Imersa	Piscinas e banheiras	Tensão nominal < 12 V

5.7.2 Tensão de falta (tensão total em relação à terra) (V_F)

É a tensão que aparece, quando de uma falha de isolamento, entre uma massa e a terra. Só ocorre se a alimentação possuir um ponto aterrado, neutro (Figuras 5.8 e 5.9). Pode ser menor ou, no limite, igual à tensão nominal em relação à terra ($V_F \leq V_O$).

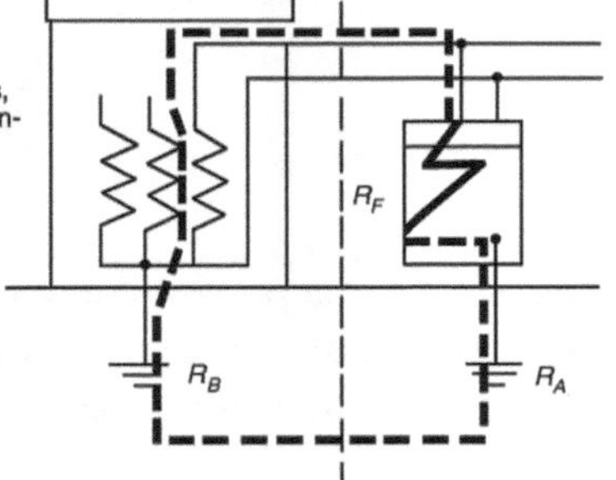

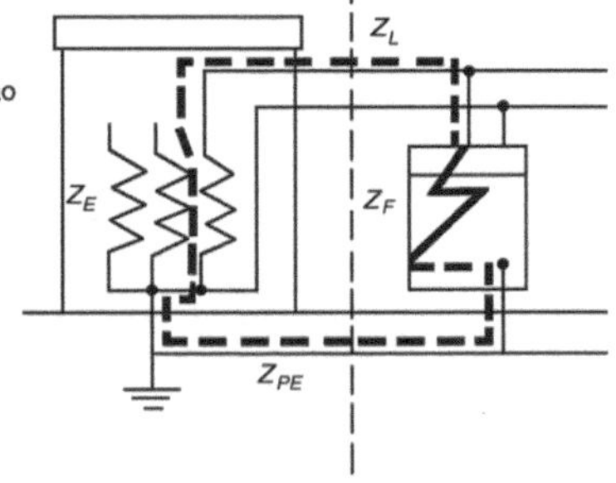

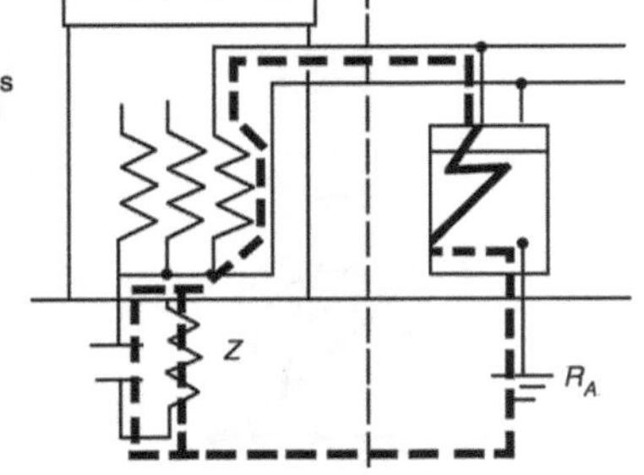

Figura 5.8 Tensão de falta V_F, em função da tensão nominal para terra V_O.

5.7.3 Tensão de toque (V_B)

É a tensão entre o pé e a mão que toca uma massa metálica energizada em relação à terra, ocasionada, por exemplo, por uma falha de isolamento, como mostrado na Figura 5.9.

A tensão de contato V_B entre mão e pé depende do valor da tensão V_R que assume o solo (elemento condutor) sob os pés durante a passagem da corrente.

$$V_B = V_F - V_R$$

- R é a resistência entre o elemento condutor e a terra;
- V_R é a tensão entre o elemento condutor e a terra;
- Se houver uma ligação equipotencial entre a massa e o elemento condutor $V_F = V_R$ e $V_B = 0$.

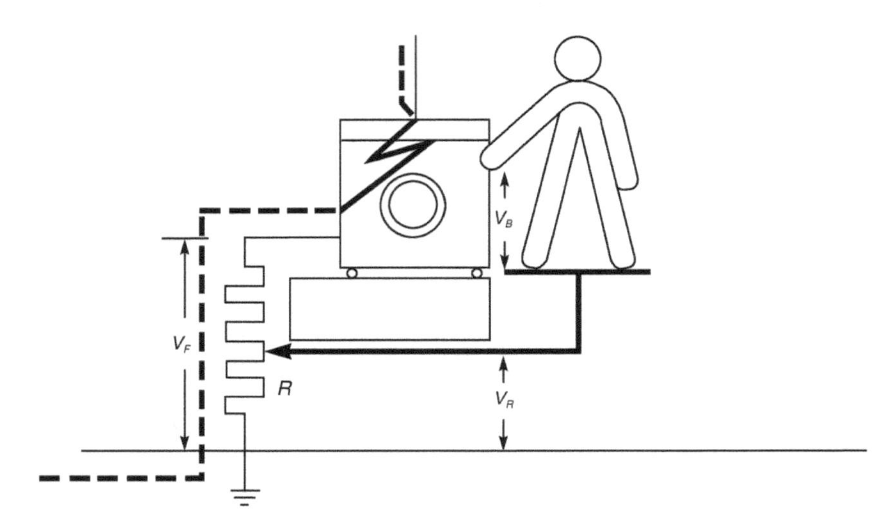

Figura 5.9 Tensão de contato V_B.

5.7.4 Tensão de passo (V_P)

É a tensão que surge no solo entre os pés de uma pessoa, como mostrado na Figura 5.10, que está próxima de um eletrodo (ou malha) de aterramento no instante em que passa pelo solo uma corrente elétrica proveniente, por exemplo, de uma descarga atmosférica ou de um defeito para a terra.

A tensão de passo V_P máxima situa-se na vizinhança imediata da haste.

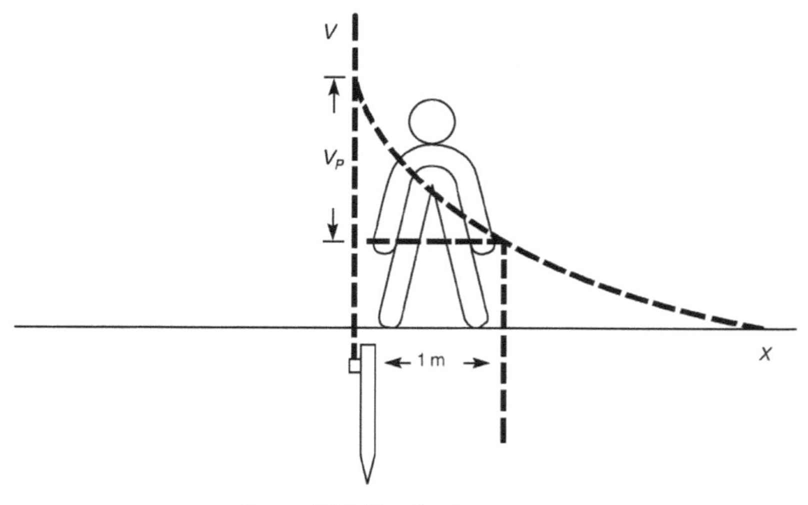

Figura 5.10 Tensão de passo.

Instalações para Força Motriz e Serviços de Segurança

6

Os circuitos de distribuição para instalações de motores, aquecimento, solda elétrica ou equipamentos industriais diversos deverão ser separados dos circuitos de iluminação, podendo os circuitos alimentadores ser comuns a ambos.

6.1 Instalações de Motores

6.1.1 Generalidades

Motor elétrico é a máquina capaz de transformar a energia elétrica em mecânica, usando, em geral, o princípio da reação entre dois campos magnéticos. A potência mecânica no eixo é expressa em hp[1] (*horsepower*) ou cv (cavalo-vapor), ou mesmo em kW. A potência elétrica de entrada é igual à potência mecânica do eixo, em hp, do motor dividida pelo rendimento, que é da ordem de 85 % (Tabela 6.8) para os motores médios e ainda maior para os grandes motores.

A corrente aparente nominal do motor, em ampères, pode ser obtida por meio da seguinte expressão:[2]

$$I = \frac{\text{hp} \times 746}{\text{Tensão} \times \text{Fator de Potência} \times \text{Rendimento}} \quad \text{ou} \quad I = \frac{\text{cv} \times 736}{V \times \cos\theta \times \eta}$$

V = volts entre fases; cos θ = fator de potência; η = rendimento.

Observação: Se o motor for trifásico, aparece o fator $\sqrt{3}$ no denominador.

EXEMPLO

Motor de 15 hp (11,18 kW), trifásico, de 220 volts entre fases, fator de potência 90 % e rendimento de 80 %. Qual a corrente?

$$I = \frac{15 \times 746}{\sqrt{3} \times 220 \times 0{,}9 \times 0{,}8} = 40 \text{ A}$$

[1]Em catálogos de equipamentos e manuais de procedimentos de empresas prestadoras de serviços, os leitores encontrarão também a grafia HP.

[2]$P_{kW} = P_{hp} \times 0{,}746$; $P_{kW} = P_{cv} \times 0{,}736$.

6.1.2 Classificação dos motores

Os motores podem ser classificados como:

a) De corrente contínua, que, de acordo com o campo, podem ser:
   - motor *Shunt* (paralelo);
   - motor-série.
b) De corrente alternada, que, de acordo com a velocidade de rotação, podem ser:
   - síncronos — acompanham a velocidade síncrona;
   - assíncronos (de indução) — giram abaixo do sincronismo;
   - diassíncronos ou universais— giram ora abaixo, ora acima do sincronismo.

6.1.3 Aplicação dos motores

Os motores de corrente contínua são aplicados em locais em que a fonte de suprimento de energia elétrica é a de corrente contínua, ou quando se exige a fina variação da velocidade.

A aplicação mais difundida dos motores de corrente contínua é na tração elétrica (bondes, ônibus, trens etc.), especialmente o motor-série, pelas inúmeras vantagens que oferece.

Os motores de corrente alternada são os mais encontrados, por ser de corrente alternada a quase totalidade das fontes de suprimento de energia.

Para potências pequenas e médias e em aplicações em que não haja necessidade de variar a velocidade, é quase exclusivo o emprego do motor assíncrono (de indução), por ser mais robusto e de mais fácil fabricação (menor custo). Exemplo: ventiladores, compressores, elevadores, bombas etc.

Esse tipo de motor é conhecido como "rotor em gaiola", pelo fato de seu rotor ser laminado e ligado em curto-circuito. Tais motores podem ser monofásicos ou trifásicos. Os monofásicos têm o inconveniente de exigir um dispositivo de partida (capacitores, enrolamento de partida etc.), já que, na partida, seu torque seria nulo. É essa a razão pela qual sempre se deve preferir o motor de indução trifásico, pois, assim, elimina-se uma fonte de possíveis defeitos.

Há também motores de indução com rotor bobinado (anéis). Eles são trifásicos, e as bobinas estão ligadas a uma resistência variável também trifásica – ligação em estrela –, com a finalidade de se diminuir a corrente de partida. No início de funcionamento, essa resistência variável deve estar com seu valor máximo e, à proporção que o motor aumenta a rotação, ela vai sendo retirada até se estabelecer o curto-circuito com a rotação plena.

Atualmente, com a difusão dos inversores de frequência que permitem operar os motores de indução com velocidade variável, os motores de indução passaram a ser mais utilizados nos locais das instalações onde há necessidade de velocidade variável, passando a substituir os motores de corrente contínua (para mais detalhes, ver Subseção 6.1.16).

Os motores assíncronos giram abaixo do sincronismo de acordo com a relação a seguir, conhecida pelo nome de escorregamento:

$$S = \frac{n_s - n}{n_s} \times 100,$$

em que:

S = escorregamento, variando de 3 a 6 %;
n_s = rotação síncrona;
n = rotação do motor.

Para grandes potências, usam-se mais frequentemente os motores síncronos, cujo grande inconveniente é o de exigir uma fonte de corrente contínua para o campo. Tais motores giram rigorosamente dentro do sincronismo, de acordo com o número de polos e a frequência, segundo a fórmula:

$$N = \frac{120f}{p}$$

em que:

N = número de rpm (rotações por minuto);
f = frequência da rede em ciclos por segundo;
p = número de polos.

Tabela 6.1 Rotações síncronas

Polos	Frequência (c/s)	
	50	60
2	3 000	3 600
4	1 500	1 800
6	1 000	1 200
8	750	900
10	600	720
12	500	600
14	428,6	514,2
16	375	450
18	333,3	400
20	300	360

Assim, temos o quadro de rotações síncronas (Tabela 6.1).

Os motores síncronos podem também ser utilizados no melhoramento do fator de potência de uma instalação, desde que sejam superexcitados (capacitivos).

Os motores diassíncronos, também chamados universais, funcionam com corrente contínua ou alternada e encontram a sua melhor aplicação nos aparelhos eletrodomésticos.

6.1.4 Identificação dos motores

Os motores elétricos possuem uma placa identificadora (Fig. 6.1), colocada pelo fabricante, a qual, pelas normas, deve ser fixada em local bem visível.

Para se instalar adequadamente um motor, é imprescindível que o instalador saiba interpretar os dados da placa, que são:

- marca comercial e tipo, modelo e número de carcaça;
- tensão nominal;
- número de fases;
- tipo de corrente (contínua ou alternada);
- frequência;
- potência nominal;
- corrente nominal;
- rotação nominal;
- regime de trabalho;

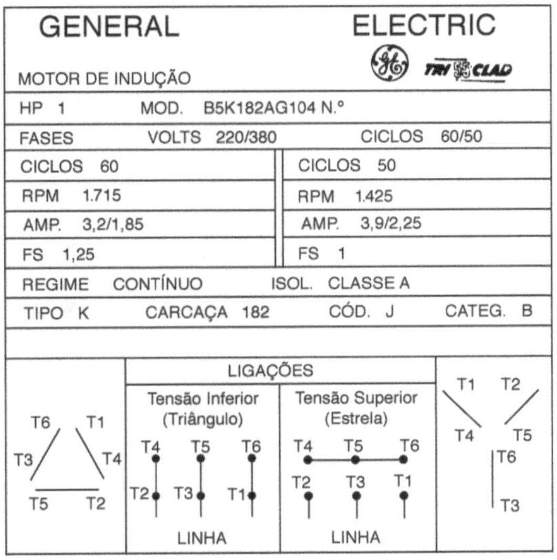

Figura 6.1 Exemplo de placa de motor.

- classe do isolamento ou aquecimento permissível;
- letra-código ou a relação I_p / I_n;
- fator de serviço (f.s.);
- grau de proteção (IP);
- ligações.

O fator de serviço (f.s.) é o multiplicador que, aplicado à potência nominal de um motor, indica a carga que pode ser acionada continuamente, sob tensão e frequência nominais e com um determinado limite de elevação de temperatura do enrolamento. Esse fator, citado na norma NBR 17094:2018, tem sido pouco utilizado pelos fabricantes de motores elétricos.

O grau de proteção é um código padronizado, formado pelas letras IP seguidas de um número de dois algarismos: o primeiro número define o tipo de proteção do motor contra a entrada de água e o segundo contra objetos sólidos.

Exemplo: Um motor de 15 cv (11 kW), com corrente nominal de 40 A, fator de serviço 1,25, poderá sofrer a seguinte sobrecarga:

$$1{,}25 \times 40 = 50 \text{ ampères ou } 1{,}25 \times 15 = 18{,}75 \text{ cv } (13{,}98 \text{ kW})$$

Esse dado deve ser considerado no dimensionamento dos condutores e das proteções.

Ligação dos motores

Os terminais dos motores de corrente alternada podem ser em bornes ou chicotes, devidamente marcados (com letras ou números) e encerrados na caixa de ligações, permitindo ao instalador ligá-los à rede, de acordo com o esquema que o fabricante habitualmente fornece na placa. Na Figura 6.1, vemos a placa de um motor da General Electric, com as respectivas indicações para a sua ligação à rede. Quando não há indicação na placa, somos obrigados a identificar os terminais.

Os motores trifásicos de origem americana, para 220/380 volts, podem ter os terminais das bobinas identificados da seguinte maneira: sempre os terminais 1-2-3 são para ligação à linha; acrescentando 3 a cada um, temos o outro terminal das bobinas do motor. Assim, temos as bobinas descritas a seguir.

Para ligação na tensão inferior, usa-se a ligação em triângulo e, para tensão superior, a ligação é em estrela (Figura 6.2).

Para motores trifásicos, americanos, de 760/380 volts, podemos ter a seguinte identificação: os terminais 1-2-3 são ligados à linha; pelo processo anterior, temos as seguintes bobinas (Figura 6.3).

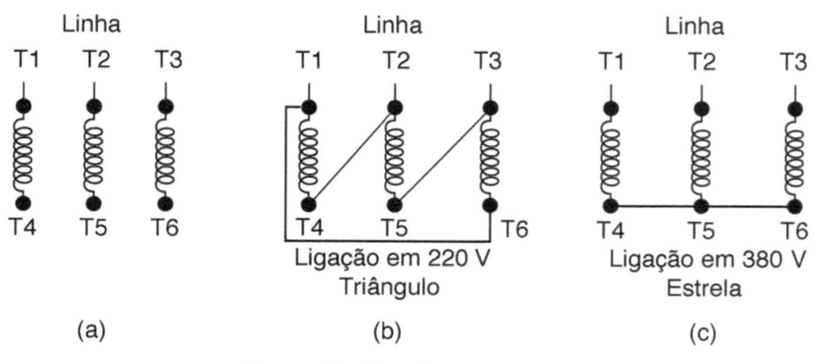

Figura 6.2 Ligação de motores.

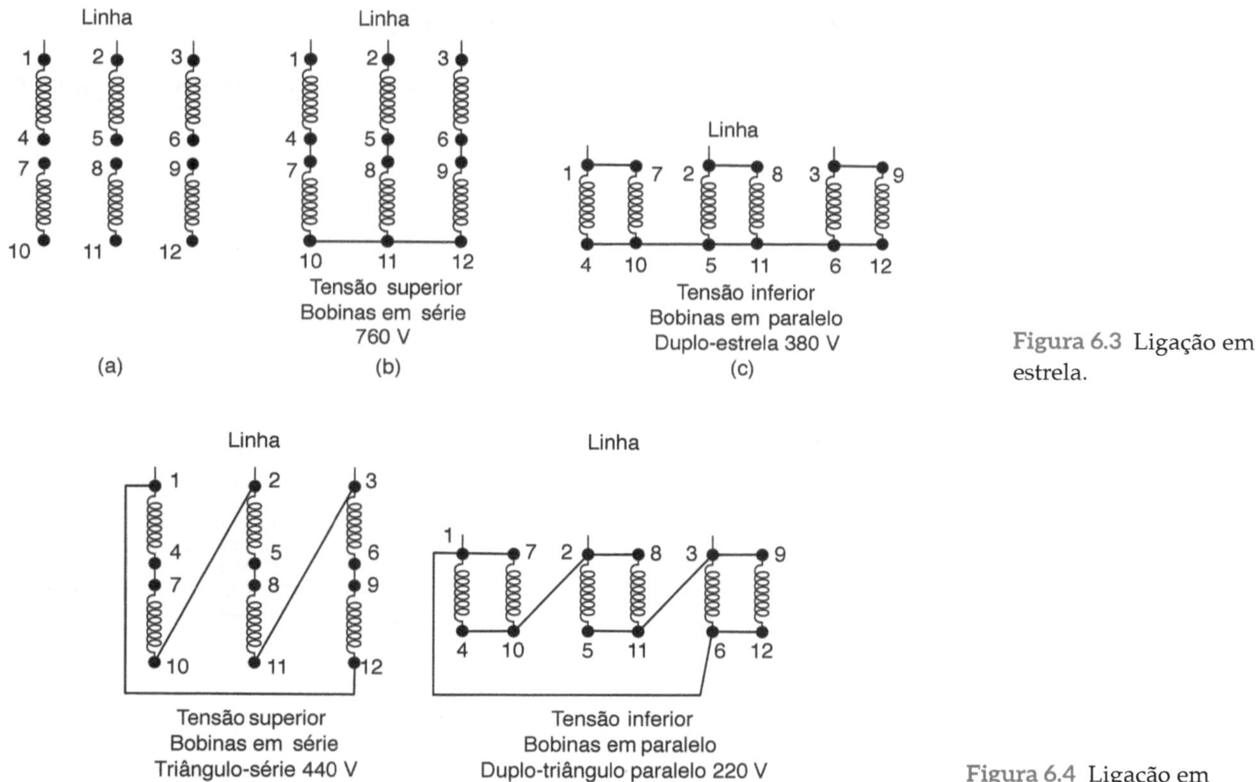

Figura 6.3 Ligação em estrela.

Figura 6.4 Ligação em triângulo.

Estes motores podem ser ligados em triângulo ou em estrela: quando se usa a tensão superior (440 V), a ligação é em série; quando se usa a tensão inferior (220 V), a ligação é em paralelo (Figura 6.4).

Os motores de origem alemã têm as bobinas marcadas com as letras *U –V –W* (entradas) e *X–Y–Z* (saídas), sendo a linha designada por *R–S–T* (Rede de Sistema Trifásico).

Classe de isolamento

Classe de isolamento define a temperatura admissível de operação de um motor. Estabelece o nível térmico máximo em que o motor poderá operar sem que seja afetada sua vida útil, sendo definido de acordo com os tipos de materiais isolantes utilizados na sua fabricação. O isolante, por sua vez, deve ser adequado para suportar a temperatura máxima, a do ponto mais quente. A Tabela 6.2 apresenta as classes de isolamento empregadas em máquinas elétricas e os respectivos limites de temperatura, conforme a NBR 17094:2018.

Os motores normalmente disponíveis no mercado são fabricados nas classes B e F.

Tabela 6.2 Classes de isolamento

Classe	Temperatura-limite (°C)
A	105
E	120
B	130
F	155
G	180

6.1.5 Esquemas típicos para instalação de motores

As figuras a seguir apresentam exemplos de esquemas para instalação de motores.

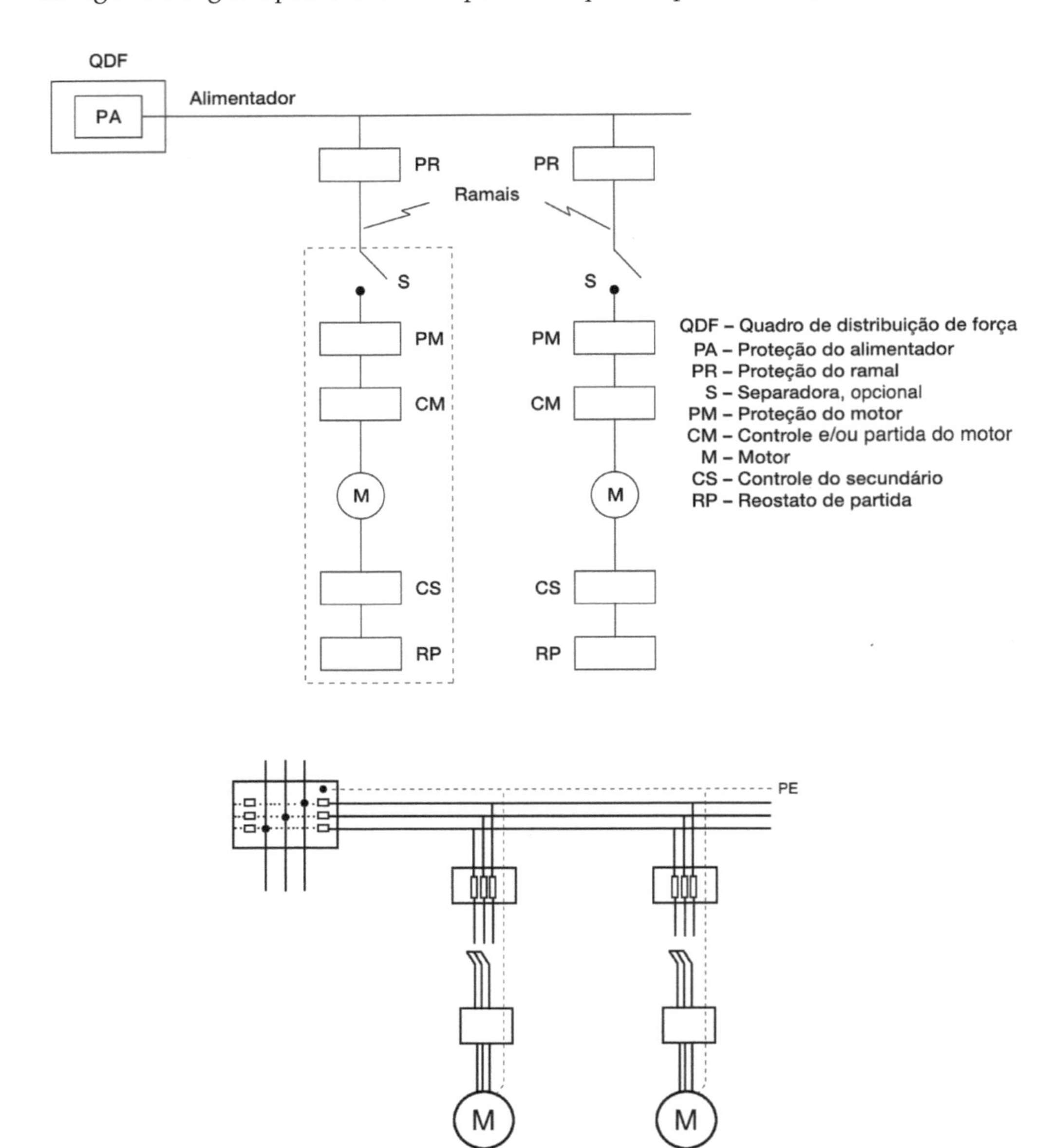

Figura 6.5 Alimentação linear e esquema trifilar.

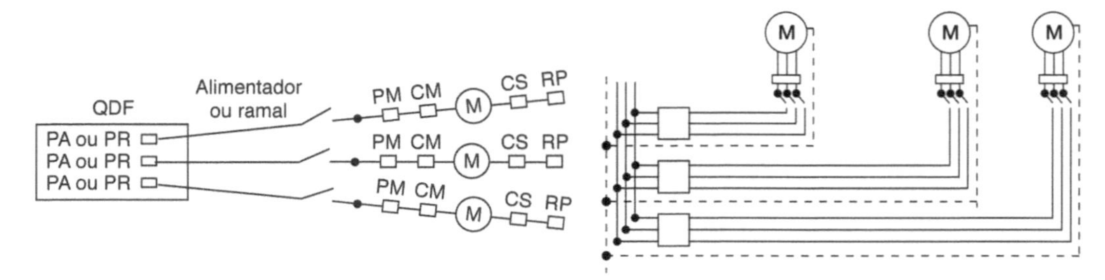

Figura 6.6 Alimentação radial individual e esquema em diagrama trifilar.

Observação: Este esquema é usado quando as posições dos motores no terreno são muito afastadas ou quando as potências são bastante diferentes.

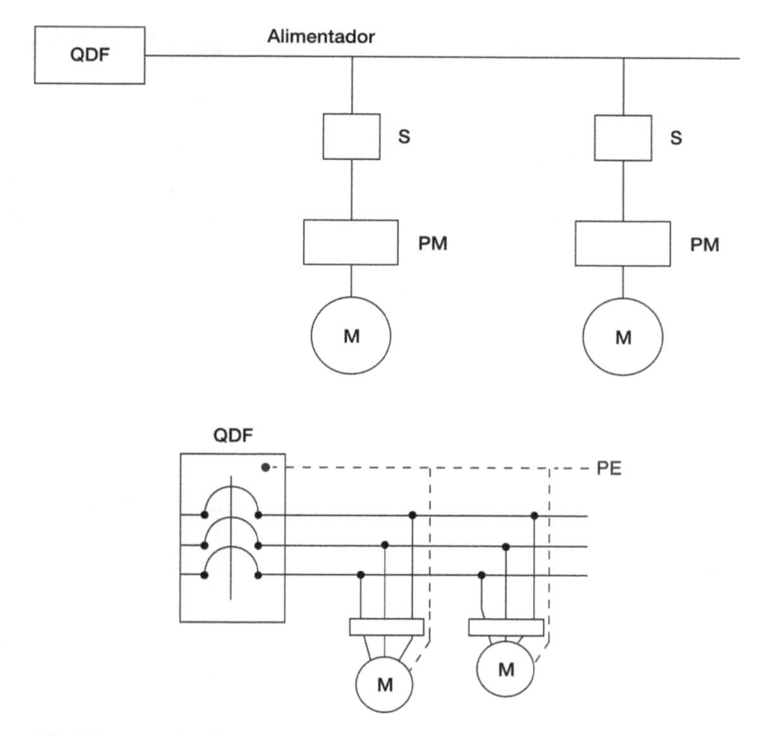

Figura 6.7 Alimentação linear com ramais curtos e esquema em diagrama trifilar.

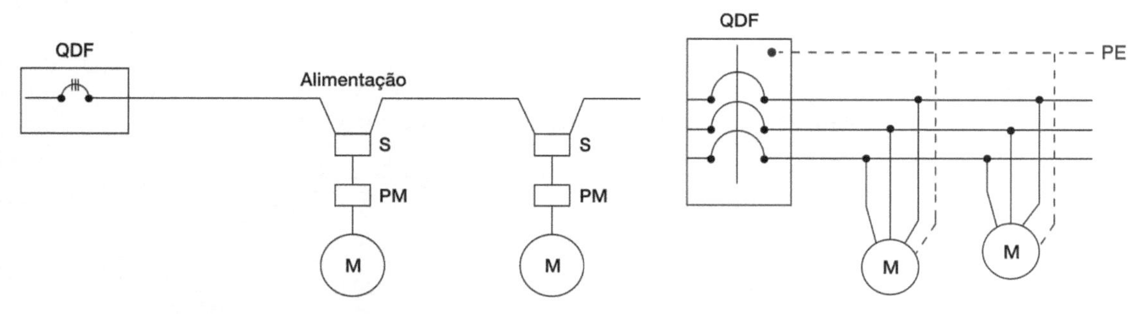

Figura 6.8 Alimentação linear sem ramal de motor e diagrama trifilar.

Observação: Usado quando os motores ficam junto ao alimentador. Não há necessidade de proteção do ramal.

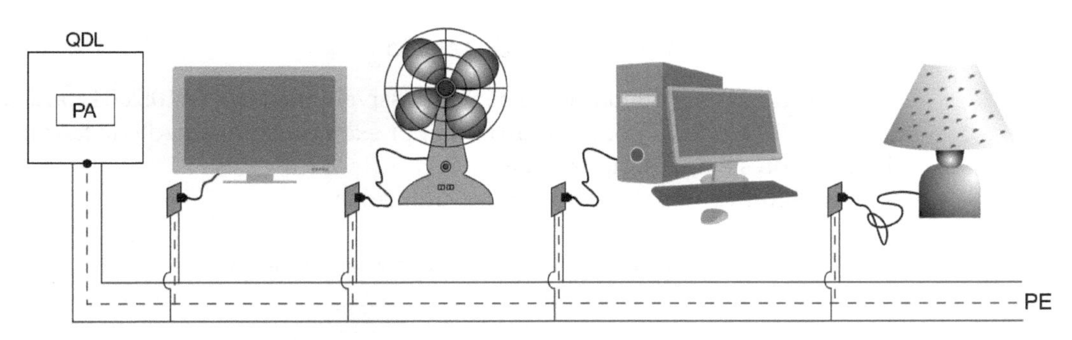

Figura 6.9 Diagrama bifilar de alimentação de pequenos aparelhos.

6.1.6 Circuitos alimentadores - dimensionamentos

Dimensionamento pela capacidade de corrente

Os condutores de circuito terminal que alimentam um ou mais motores devem possuir uma capacidade de condução de corrente igual ou maior que a soma das correntes nominais de cada motor, multiplicadas pelos respectivos fatores de serviços (f.s.).

$$I(\text{alimentador}) \geq \sum_{i=1}^{n} \text{f.s.}_i \times I_{n\,i}$$

EXEMPLO

Um alimentador deve abastecer os seguintes motores trifásicos:

- elevador social – 10 cv (4 polos);
- elevador de serviço – 7,5 cv (4 polos);
- bomba-d'água – 5 cv (2 polos);
- bomba de recalque de esgotos – 1 cv (2 polos);
- exaustor – 1 cv (2 polos).

Todos os motores são de indução, com rotor em gaiola e partida direta, tensão 220 volts – 60 Hz, sendo o de 10 cv com f.s. = 1,25 e os demais com f.s. = 1,0.

Qual a capacidade de corrente desse alimentador?

Solução

Pela Tabela 6.8, tiram-se as seguintes correntes aparentes:

Motor	Corrente (ampères)
10 cv	26,6
7,5 cv	20,6
5 cv	13,7
1 cv	3,34

I (alimentador) = 1,25 × 26,6 + 20,6 + 13,7 + 3,34 + 3,34 = 74,23 A

Pela Tabela 3.7, verifica-se que deve ser usado, no mínimo, o cabo de 25 mm², supondo que sejam utilizados método de instalação B1 e condutores de cobre com isolação PVC 70 °C.

Dimensionamento pela queda de tensão

Como já foi visto, a queda de tensão admissível pela NBR 5410:2004 para circuitos de força é de 5 %. Assim, podemos atribuir, por exemplo, uma queda de tensão de 3 % nos alimentadores e de 2 % nos ramais.

As seguintes equações podem ser utilizadas:

- Para circuitos monofásicos ou para corrente contínua

$$S = \frac{2\rho \Sigma Il}{u}$$

- Para circuitos trifásicos

$$S = \frac{\sqrt{3}\rho \Sigma Il}{u}$$

em que:

S = seção em mm²;

ρ = resistividade do cobre = $\frac{1}{56}\frac{\text{ohm}\cdot\text{mm}^2}{\text{m}}$(cobre) ou $\frac{1}{32}\frac{\text{ohm}\cdot\text{mm}^2}{\text{m}}$(alumínio) ;

I = corrente aparente nominal × f.s.;

u = queda de tensão absoluta;

l = comprimento em metros;

Σ = somatório.

Destaca-se que a corrente I deve ser multiplicada pelo f.s. do motor, se houver.

Devemos observar também que, durante a partida dos motores, a queda de tensão não pode ultrapassar 10 % da tensão nominal.

Tabela 6.3 Escolha do condutor em função dos ampères × metros – sistemas monofásico e bifásico

Sistemas monofásicos ou corrente contínua Dimensionamento dos condutores pela máxima queda de tensão							
Tensões nominais 127 V	1 %	2 %	3 %	4 %	5 %	6 %	7 %
Tensões nominais 220 V	0,58 %	1,16 %	1,74 %	2,32 %	2,90 %	3,48 %	4,06 %
Condutor de PVC/70 série métrica (mm²)	Ampères × metros Condutores singelos de cobre – modo de instalar de A-B-C-D (Tabela 3.7)						
1,5	53	106	159	212	266	319	372
2,5	89	177	266	354	443	531	620
4	142	283	425	566	708	850	991
6	212	425	637	850	1 062	1 275	1 487
10	354	708	1 062	1 416	1 770	2 124	2 478
16	566	1 133	1 699	2 266	2 832	3 399	3 965
25	885	1 770	2 655	3 541	4 426	5 311	6 196
35	1 239	2 478	3 718	4 957	6 196	7 435	8 674
50	1 770	3 541	5 311	7 081	8 852	10 622	12 392
70	2 478	4 957	7 435	9 914	12 392	14 871	17 349
95	3 364	6 727	10 091	13 454	16 818	20 181	23 545
120	4 249	8 497	12 746	16 995	21 244	25 492	29 741
150	5 311	10 622	15 933	21 244	26 555	31 865	37 176

Tabela calculada pela fórmula: $S = \frac{2\rho \Sigma Il}{u}$ em que $\rho = \frac{1}{56}\frac{\text{ohm}\cdot\text{mm}^2}{\text{m}}$;

I = corrente na linha em ampères (considerando o f.s. = 1); l = distância em metros; u = queda de tensão admissível em volts.

Tabela 6.4 Escolha dos condutores em função dos ampères × metros – sistema trifásico

Sistemas monofásicos ou corrente contínua Dimensionamento dos condutores pela máxima queda de tensão							
Tensões nominais 220 V	1 %	2 %	3 %	4 %	5 %	6 %	7 %
Tensões nominais 380 V	0,58 %	1,16 %	1,74 %	2,32 %	2,90 %	3,48 %	4,06 %
Condutor de PVC/70 série métrica (mm²)	Ampères × metros Condutores singelos de cobre — modo de instalar de A-B-C-D (Tabela 3.7)						
1,5	106	213	320	426	533	639	746
2,5	178	355	533	711	888	1 066	1 244
4	284	568	853	1 137	1 421	1 705	1 990
6	426	853	1 279	1 705	2 132	2 558	2 985
10	711	1 421	2 132	2 842	3 553	4 262	4 974
16	1 137	2 274	3 411	4 548	5 685	6 822	7 959
25	1 776	3 553	5 329	7 106	8 882	10 659	12 435
35	2 487	4 974	7 461	9 948	12 435	14 923	17 410
50	3 553	7 106	10 659	14 212	17 765	21 318	24 871
70	4 974	9 948	14 923	19 891	24 871	29 845	34 819
95	6 751	13 501	20 252	27 003	33 753	40 504	47 255
120	8 527	17 054	25 582	34 109	42 636	51 163	59 690
150	10 659	21 318	31 977	42 636	53 295	63 954	74 613

Tabela calculada pela fórmula: $S = \frac{\sqrt{3}\rho\Sigma Il}{u}$ em que $\rho = \frac{1}{56}\frac{\text{ohm}\cdot\text{mm}^2}{\text{m}}$;

I = corrente na linha em ampères (considerando o f.s. = 1); l = distância em metros; u = queda de tensão admissível em volts.

EXEMPLO

No exemplo anterior admitimos as seguintes distâncias ao QDF:

- elevador: 30 m;
- bomba-d'água: 10 m;
- exaustor e bomba de recalque: 5 m.

Com base no arranjo da Figura 6.11, temos:

$$S = \frac{\sqrt{3}(26{,}6 \times 30 + 20{,}6 \times 30 + 13{,}7 \times 10 + 2 \times 3{,}34 \times 5)}{56 \times 220 \times 0{,}04} = 5{,}6 \text{ mm}^2$$

Então, será usado o cabo de 25 mm² pelo critério da capacidade de corrente, pois a seção transversal do cabo é maior do que pela queda de tensão.

Proteção dos circuitos alimentadores contra curtos-circuitos

A capacidade nominal do dispositivo de proteção do circuito alimentador de motores deverá ser menor ou igual à proteção do ramal de maior capacidade, mais a soma das correntes nominais dos motores restantes, multiplicadas pelo f.s., se houver.

Simbolicamente,

I (proteção do alimentador) $\leq I$ (proteção do ramal de maior capacidade) + Σf.s.I (motores restantes).

6.1.7 Circuitos dos ramais – dimensionamentos

Dimensionamento pela capacidade de corrente

As correntes dos ramais para motores elétricos deverão ser maiores ou iguais ao fator de serviço multiplicado pela corrente nominal do motor para serviço contínuo.

Simbolicamente:

$$I \text{ (ramal)} \geq \text{f.s.} \times I \text{ (motor)}.$$

Dimensionamento pela queda de tensão

Usa-se a mesma expressão dos alimentadores, atribuindo-se, por exemplo, uma queda de tensão de 2 %.

Proteção dos ramais contra curtos-circuitos

A capacidade de proteção dos dispositivos de proteção dos ramais de motores deverá ficar compreendida entre 150 e 300 % da corrente nominal do motor, conforme o tipo do motor.

A Tabela 6.5 apresenta a percentagem a ser usada pelos dispositivos de proteção em função do tipo de motor, do método de partida e da letra-código.

Tabela 6.5 Proteção dos ramais dos motores

Tipo do motor	Método de partida	Motores sem letra-código (%)	Motores com letra-código	
			Letra	%
Monofásicos, trifásicos de rotor em gaiola e síncronos	A plena tensão	300	A	150
			B até E	250
			F até V	300
	Com tensão reduzida	Corrente nominal	A	150
		Até 30 A – 250 %	B até E	200
		Acima de 30 A – 200 %	F até V	250
Trifásicos de anéis	–	150		

Observação: Essa capacidade poderá ser aumentada até 400 % em condições de partida muito severas e a proteção poderá ser dispensada quando o ramal for menor que 8 metros.

Nos motores de origem americana, encontra-se na sua placa a letra-código (Tabela 6.6), que indica a relação entre a potência em kVA demandada da rede por hp de potência

Tabela 6.6 Letra-código

Letra-código	kVA/hp com rotor preso
A	de 0 a 3,14
B	de 3,15 a 3,54
C	de 3,55 a 3,99
D	de 4,0 a 4,49
E	de 4,5 a 4,99
F	de 5,0 a 5,59
G	de 5,6 a 6,29
H	de 6,3 a 7,09
J	de 7,1 a 7,99
K	de 8,0 a 8,99
L	de 9,0 a 9,99
M	de 10 a 11,19
N	de 11,2 a 12,49
P	de 12,5 a 13,99
R	de 14,0 a 15,99
S	de 16,0 a 17,99
T	de 18,0 a 19,99
U	de 20,0 a 22,39
V	de 22,4 em diante

do motor com rotor bloqueado, que representa o instante de partida quando o rotor ainda não entrou em operação. Na placa apresentada na Figura 6.1, encontra-se J como letra-código do motor. Nos motores nacionais é usada a relação I_p/I_n, conforme a Tabela 6.8.

6.1.8 Proteção contra sobrecarga e curto-circuito dos motores

Dispositivos usados:

a) Relés térmicos não ajustáveis, fazendo parte integrante do motor.
b) Chaves magnéticas com relés térmicos (contator-motor), usadas na partida e na proteção dos motores. Os relés são instalados nos condutores-fase.
c) Disjuntores-motores.
d) Disjuntores.
e) Fusíveis de ação retardada em todos os condutores do ramal não ligados à terra. Podem-se usar fusíveis comuns, desde que o motor parta com tensão reduzida (fusíveis gL, gG e aM).

6.1.9 Ajuste da proteção dos motores contra sobrecargas

Os motores utilizados em regime contínuo devem ser protegidos contra sobrecargas por um dispositivo integrante do motor, ou um dispositivo de proteção independente, geralmente com relé térmico com corrente nominal ou de ajuste igual ou inferior ao valor obtido multiplicando-se a corrente nominal de alimentação a plena carga do motor (I_n) pelo fator de serviço, conforme a seguir:

Fator de serviço do motor (f.s.)	Ajuste da corrente do relé[3]
1,0 até 1,15	I_n × f.s.
> 1,15	(I_n × f.s.) – 5 %

Para motores até 1 cv, com partida direta, próximo à máquina acionada, o dispositivo de proteção do ramal é o suficiente.

Usamos para proteção de motores os fusíveis comuns ou disjuntores térmicos. Os fusíveis, para atenderem bem ao fim a que se destinam, devem ter certo retardo para que não atuem com a corrente de partida, que pode atingir 10 vezes a corrente nominal. Os relés térmicos são dispositivos, em geral, ligados em série com os circuitos de controle das chaves magnéticas, desligando-as quando a corrente atinge determinado valor.

O disjuntor-motor é um equipamento que permite a partida e a proteção dos motores de modo compacto, além de possuir alta capacidade de interrupção. A proteção é assegurada por meio de disparadores térmicos ajustáveis, possuindo mecanismo diferencial com sensibilidade para falta de fases. A Tabela 6.7 apresenta as características técnicas de um disjuntor-motor. A Figura 6.10 mostra um disjuntor-motor com a curva de atuação típica.

[3]Esse é um ajuste de referência que deve ser complementado por um ajuste mais "fino" em função da potência do motor e das condições de partida, normalmente efetuado em testes de campo.

Tabela 6.7 Disjuntor-motor termomagnético MPW – proteção contra sobrecarga e curto-circuito (WEG)

Tabela orientativa para seleção da proteção de motores trifásicos 60 Hz-4 polos						Corrente nominal I_n(A)	Faixa de ajuste da corrente nominal I_n(A)	Disparo magnético instantâneo I_m (A)
220-240 V cV/kW	380-415 V cv/kW	440-480 V cv/kW	500 V cv/kW	500-600 V cv/kW	600 V cv/kW			
–	–	–	–	–	–	0,16	0,1 ... 0,16	2,08
–	–	–	–	–	0,16/0,12	0,25	0,16 ... 0,25	3,26
–	–	0,16/0,12	0,16/0,12	0,16/0,12	0,25/0,18	0,4	0,25 ... 0,4	5,2
–	0,16/0,12	0,25/0,18	0,25/0,18	0,33/0,25	0,33/0,25	0,63	0,4 ... 0,63	8,2
0,16/0,12	0,33/0,25	0,33/0,25	0,5/0,37	0,5/0,37	0,75/0,55	1	0,63 ... 1	13
0,33/0,25	0,6/0,37	1/0,75	1/0,75	1/0,75	1,5/1,1	1,6	1 ... 1,6	20,8
0,6/0,37	1/0,75	1,5/1,1	1,5/1,1	1,5/1,1	2/1,5	2,5	1,6 ... 2,5	32,5
1/0,75	2/1,5	2/1,5	2/1,5	3/2,2	4/3	4	2,5 ... 4	52
0,6/0,1	3/2,2	4,3	4/3	0,5/0,37	5,5/4	6,3	4 ... 6,3	82
3/2,2	6/4,5	7,5/5,5	5,5/4	7,5/5,5	10/7,5	10	6,3 ... 10	130
4/3	7,5/5,5	7,5/5,5	10/7,5	10/7,5	12,5/9,2	12	8 ... 12	166
5/3,7	10/7,5	12,5/9,2	12,5/9,2	15/11	15/11	16	10 ... 16	208

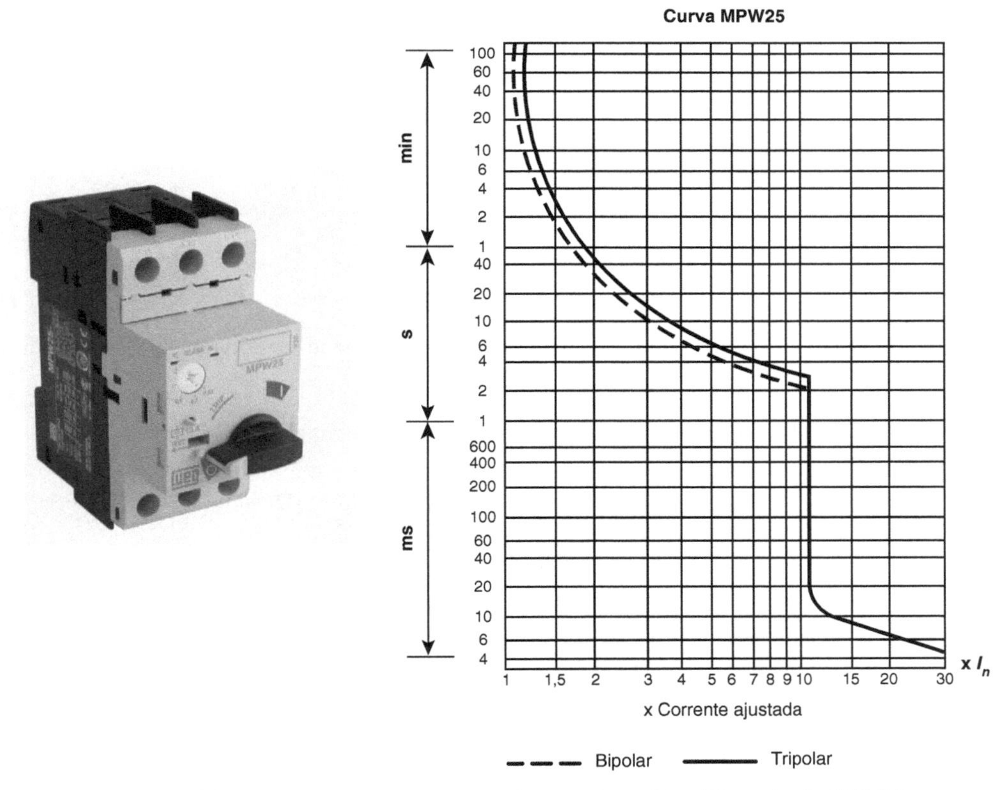

Figura 6.10 Disjuntor-motor e curva de atuação a frio. (Cortesia da WEG.)

EXEMPLO

Determinar a regulagem das chaves magnéticas de proteção dos motores, listados abaixo, e o valor de proteção dos ramais da instalação de motores indicada na Figura 6.11.

Motor 3 ϕ 220 V, 60 Hz, 1 800 rpm	Letra-código	Fator de serviço (f.s.)
10 cv (7,36 kW)	A	1,25
7,5 cv (5,52 kW)	A	1,25
5 cv (3,68 kW)	A	1,15
1 cv (0,74 kW)	J	1,15

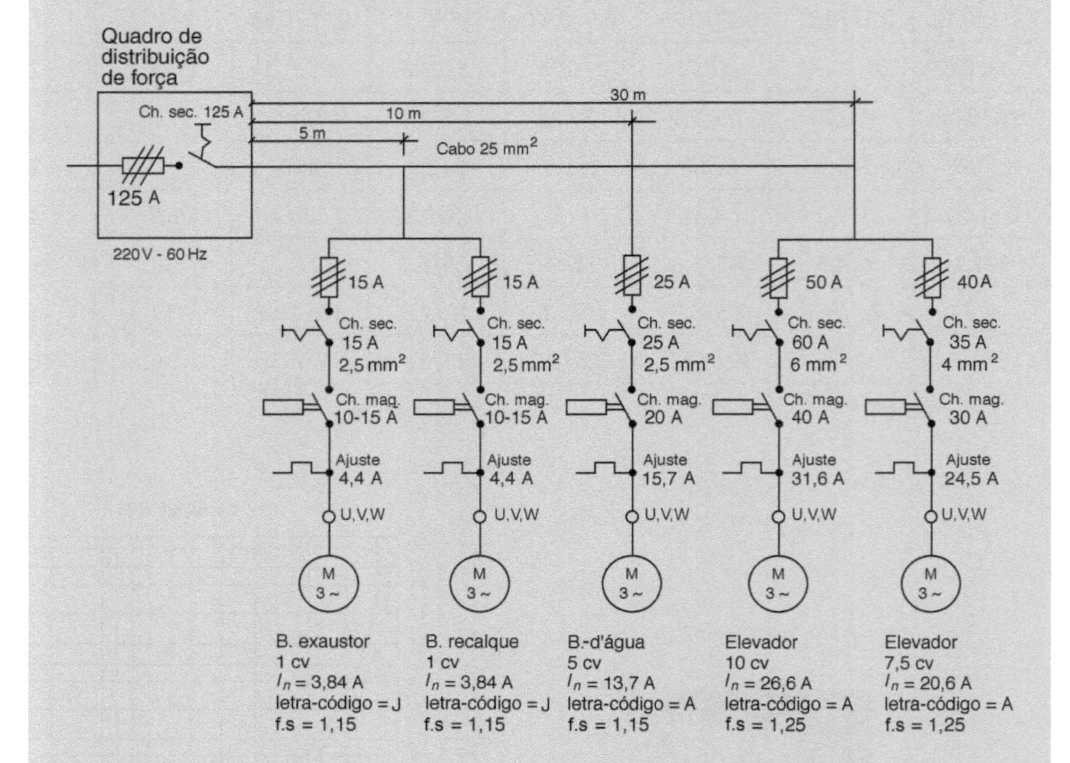

Motores de indução, rotor em gaiola, trifásicos, partida a plena tensão (direta).

Figura 6.11 Exemplo de dimensionamento de uma instalação de motores.

1. Proteção dos motores (ajustagem da chave magnética):

Motor	Ajustagem
10 cv (7,36 kW)	0,95 × 1,25 × 26,6 = 31,6 ampères
7,5 cv (5,52 kW)	0,95 × 1,25 × 20,6 = 24,5 ampères
5 cv (3,68 kW)	1,15 × 13,7 = 15,7 ampères
1 cv (0,74 kW)	1,15 × 3,84 = 4,4 ampères

continua

(Continuação)

2. Proteção dos ramais:

Motor	Amperagem	Fusível indicado
10 cv (7,36 kW)	1,5 × 1,25 × 26,6 = 49,9	50 ampères
7,5 cv (5,52 kW)	1,5 × 1,25 × 20,6 = 38,6	40 ampères
5 cv (3,68 kW)	1,5 × 1,15 × 13,7 = 23,6	25 ampères
1 cv (0,74 kW)	3,0 × 1,15 × 3,8 = 13,1	15 ampères

3. Proteção do alimentador:

$$50+(1{,}25\times 20{,}6)+(1{,}15\times 13{,}7)+2\times(1{,}15\times 3{,}8)=100{,}2.$$

Fusível indicado: 125 ampères.

6.1.10 Dispositivos de seccionamento e controle dos motores

Os dispositivos de seccionamento devem atuar sobre os condutores vivos da instalação em sua origem.

Nos sistemas em que há condutores terra e neutro separados, o neutro não pode ser seccionado; em nenhum sistema o condutor terra pode ser seccionado.

Cada motor deverá ser dotado da chave separadora individual colocada antes do seu dispositivo de proteção, exceto quando há vários motores acionando as diversas partes de uma mesma máquina, caso em que se usa uma única chave para o conjunto.

Os dispositivos de controle dos motores devem ser capazes de partir e parar os motores mesmo que estes estejam travados.

Capacidade das chaves separadoras:

a) Para motores fixos em geral, a capacidade da chave deverá ser, pelo menos, de 115 % da corrente nominal do motor.
b) Para motores de potência igual ou inferior a 1,5 kW (2 cv) e tensão inferior a 300 V, o controle pode ser feito por interruptores de uso geral, mas com capacidade de corrente igual ou superior ao dobro da corrente nominal do motor.

6.1.11 Partida de motores com corrente reduzida

Em quase todas as concessionárias de fornecimento de energia elétrica, permite-se partida direta – a partida com a tensão de abastecimento – para motores até 5 cv (4 kW).

Acima dessa potência, usam-se dispositivos que diminuem a tensão aplicada aos terminais dos motores e, dessa maneira, limita-se a corrente de partida. Tais dispositivos são:

1. **Chave estrela-triângulo (Figura 6.12)**

Essa chave, que pode ser manual ou automática, aplica-se quando o motor é de indução, trifásico e com rotor em gaiola. Estudaremos o funcionamento de uma chave desse tipo usando os equipamentos da marca Siemens, conforme diagrama da Figura 6.12(a).

a) Acionamento por botão. O acionamento dessa chave pode ser por botão ou chave. No acionamento por botão, a operação é a seguinte:

O botão de comando $b1$ aciona o contator estrela $c2$ e, ao mesmo tempo, o dispositivo de retardamento $d1$; o contato fechador de $c2$ atua sobre o contato de $c1$, fechando a bobina $c1$ do contator da rede. Assim, o motor parte em estrela.

Diagrama de força

Diagrama de controle

3 ~ 60 Hz / 380 V

1 ~ 60 Hz / 220 V

1 ~ 60 Hz / 220 V

Acionamento por botão

Acionamento por chave

Figura 6.12(a) Diagramas de ligação da chave estrela-triângulo.

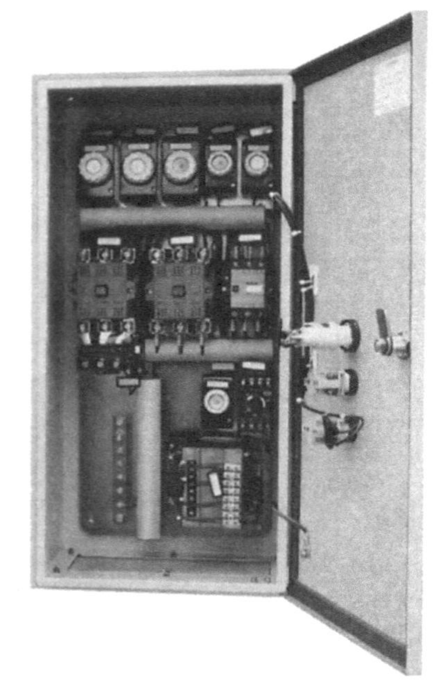

Figura 6.12(b) Chave estrela-triângulo automática.

Decorrido o tempo de retardamento, o contato abridor *d*1 opera, e o contator estrela *c*2 é desligado. Quando o contato abridor de *c*2 abre, fecha o contator triângulo *c*3, pois o contato fechador de *c*1 já estava fechado quando *c*1 ligou. O motor opera em triângulo. Se quisermos parar o motor, acionamos o botão *b*0, interrompendo o contator de rede *c*1. O contato fechador de *c*1 abre-se; o contator triângulo é desligado, e o motor para.

b) Acionamento por chave. O dispositivo de comando *b*1 liga e desliga os contatores como no acionamento por botão.

2. **Compensador ou autotransformador de partida (Figura 6.13(a))**

É utilizada para redução da corrente partida de motores com potência superior a 15 cv. A redução da tensão nos terminais da máquina é realizada com uso de autotransformador que possui *taps* de 50 %, 65 % e 80 % da tensão nominal.

a) Acionamento por botão. O botão de comando *b*1 aciona a bobina de *c*1 e o relé temporizado *d*1. Assim, fecha-se o contato fechador de *c*1, e a bobina de *c*3 é energizada. O motor parte com tensão reduzida, e fecha-se o contato fechador e o contato de selo de *c*3.

Decorrido o tempo pré-ajustado, o relé *d*1 comuta a ligação e, então, abre-se o contato fechador e fecha-se o abridor de *c*1; energiza-se a bobina *c*2. Assim, abre-se o contato abridor de *c*2; a bobina de *c*3 é desenergizada e o motor parte com tensão plena.

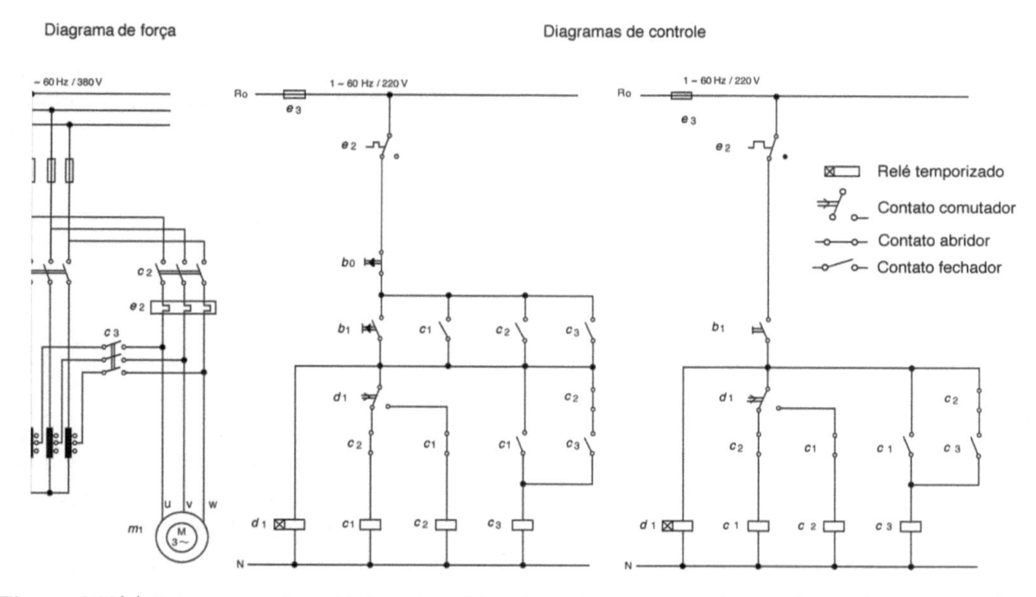

Figura 6.13(a) Diagramas de partida automática de motores com autotransformador (Siemens).

Quando se deseja parar o motor, aciona-se o botão $b0$, o que desenergiza a bobina $c2$ e o relé comutador, parando-se o motor.

b) Acionamento por chave. A chave de comando $b1$ liga e desliga como no acionamento a botão.

3. **Partida de motores trifásicos com rotor de anéis (Figura 6.14)**

Os motores trifásicos de indução, com o rotor bobinado, podem partir suavemente com reostato de partida ligado ao rotor.

Na Figura 6.14, vemos um motor trifásico com rotor de anéis, com reostato de partida manual e chave auxiliar $b1$. Ligando-se $r1$ na posição 1, o contator $c1$ é ligado à rede, fechando-se o contato de selo $c1$ e provocando a partida do motor.

Figura 6.13(b) Chave de partida com autotransformador (Siemens).

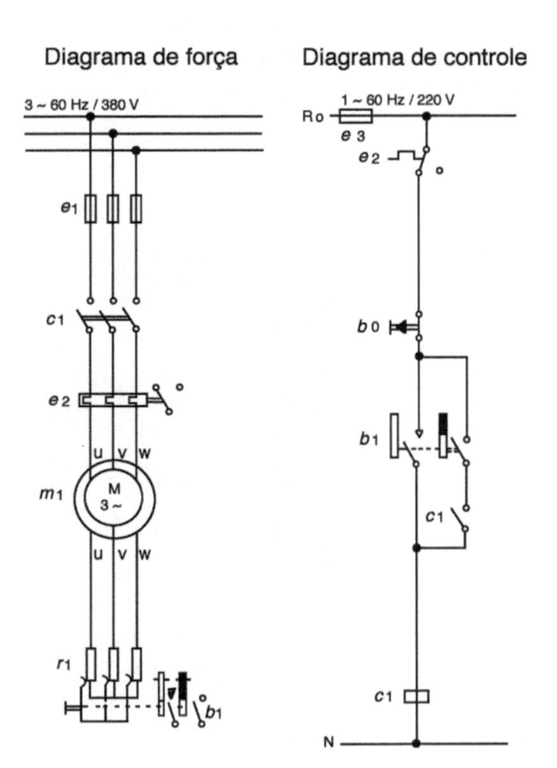

Figura 6.14 Partida de motores trifásicos com rotor de anéis (Siemens).

4. ***Soft-starter*, inversores de frequência**

Conforme foi visto na Subseção 6.1.3, a rotação de um motor de CA é proporcional à frequência de alimentação. Para um motor de indução, a rotação obedece à seguinte equação:

$$N = \frac{120f(1-s)}{p}$$

em que:

N = rotação (rpm);
f = frequência da rede (Hz);
p = número de polos;
s = escorregamento.

Assim vemos que a melhor maneira de variar a velocidade de um motor de indução é por meio da variação da frequência de alimentação. Os inversores de frequência estáticos (Figura 6.15) transformam a tensão da rede, de amplitude e frequência constantes, em uma tensão de amplitude e frequência variáveis. Essa fonte de frequência variável aplicada ao motor permite o controle da sua velocidade.

Para que o motor trabalhe em uma faixa de velocidades, não basta variar a frequência de alimentação. Deve-se variar também a amplitude da tensão de alimentação, de maneira proporcional à variação de frequência. Assim, o fluxo e o torque do motor permanecem constantes. Portanto, há um ajuste contínuo de velocidade e torque com relação à carga mecânica, enquanto o escorregamento do motor é mantido constante (para mais detalhes, ver Subseção 6.1.16).

A variação da relação V_1 / f_1 é feita linearmente até a frequência nominal do motor. Acima dessa, a tensão, que é igual à nominal do motor, permanece constante e há apenas a variação da frequência de alimentação. O torque fornecido pelo motor, portanto, é constante até a frequência-base de operação. Como a potência é o resultado do produto do torque pela rotação, a potência útil do motor cresce linearmente até a frequência nominal e permanece constante acima desta.

Os *soft-starters* (Figura 6.15) são chaves de partida estática destinadas à aceleração, desaceleração e proteção de motores de indução que, com o ajuste adequado das variáveis, adaptam o torque produzido à necessidade da carga. Esse controle permite que se faça a partida do motor de modo suave (*soft-starter*), evitando uma corrente de partida elevada.

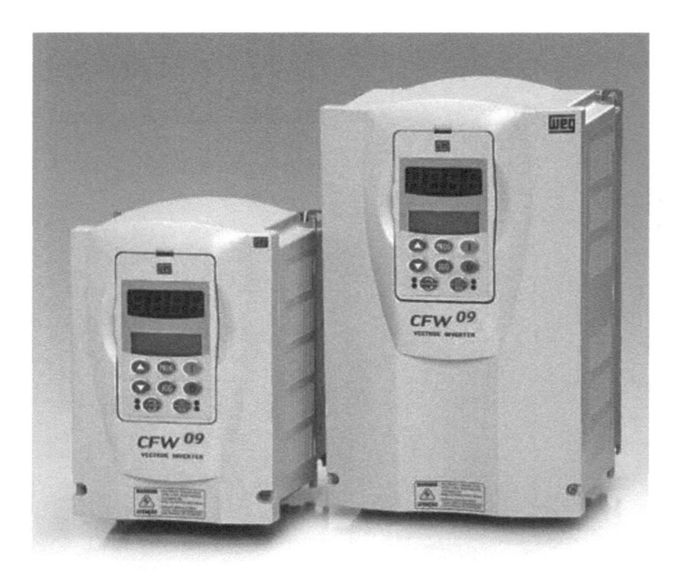

Figura 6.15 Inversor de frequência e *soft-starter*. (Cortesia da WEG.)

A Figura 6.16 apresenta um esquema de acionamento típico do *soft-starter*.

A Figura 6.17 mostra uma comparação do valor da corrente para partida direta, com chaves estrela-triângulo e com *soft-starter*.

São aplicados em: bombas centrífugas, ventiladores, exaustores, compressores de ar, refrigeração, refinadores de papel, serras e plainas, moinhos e transportadores de carga.

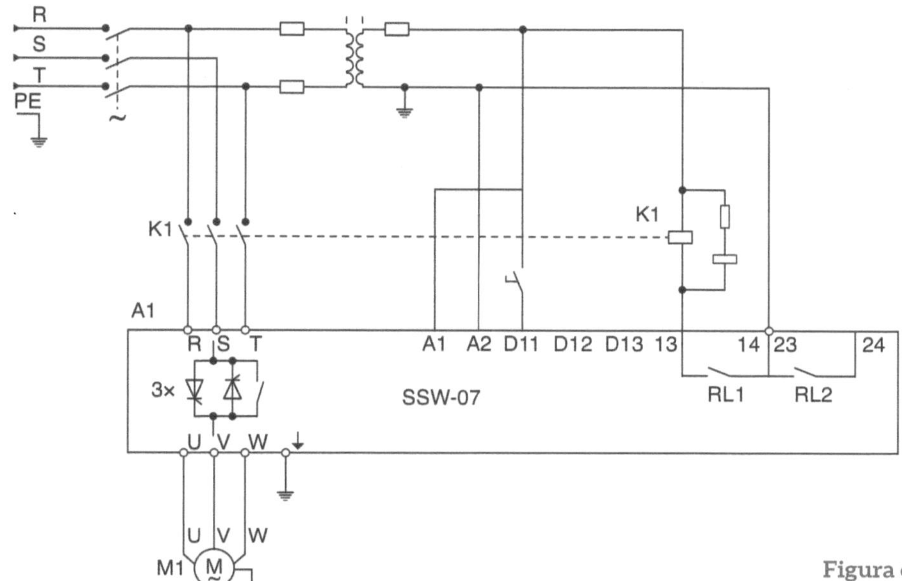

Figura 6.16 Esquema de acionamento típico do *soft-starter*. (Cortesia da WEG.)

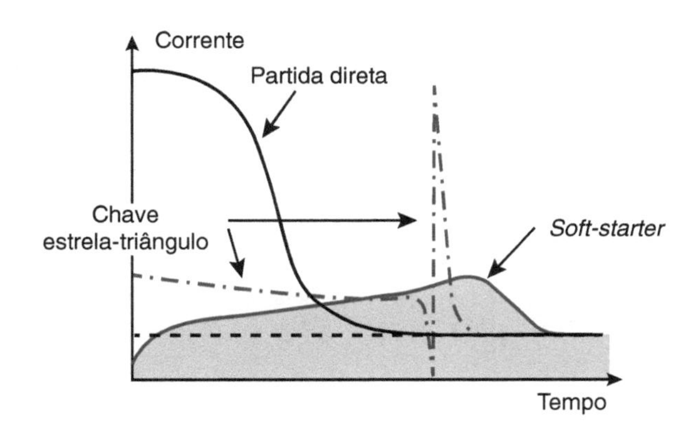

Figura 6.17 Comparação de correntes de partida.

6.1.12 Partida direta com inversão de rotação (Figura 6.18)

Acionamento por botão. Quando o botão *b*1 é acionado, energiza-se a bobina do contator *c*1 e abre-se o contato fechador de *c*1; o motor parte com o sentido de rotação, por exemplo, para a direita.

Quando se aciona o botão *b*2, o contator *c*1 "DESLIGA", por meio do contato abridor de *c*2, e o contator *c*2 "LIGA" por meio do contato fechado por botão de comando. A ordem "LIGA" para o contator *c*2 só é efetivada quando o contato abridor do contator *c*1 estiver fechado. O motor é frenado e passa a girar no sentido contrário, por exemplo, para a esquerda.

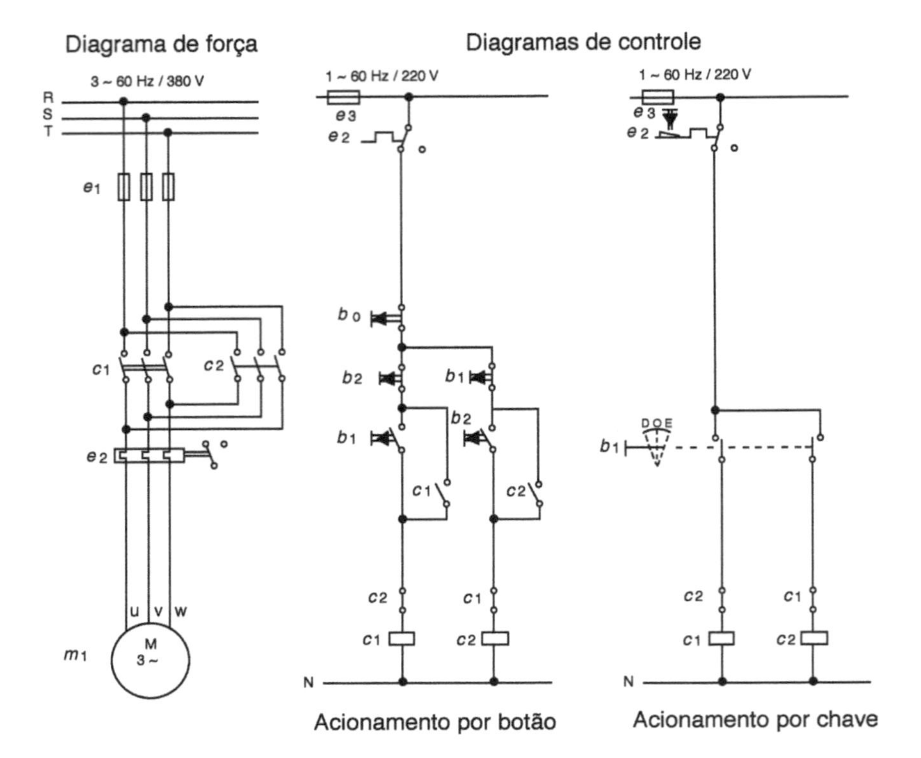

Figura 6.18 Inversão do sentido de rotação de motores (Siemens).

6.1.13 Queda de tensão na partida do motor

Conforme a NBR 5410:2004, o dimensionamento dos condutores que alimentam motores deve ser tal que a queda de tensão nos terminais dos dispositivos de partida não seja maior que 10 % da tensão nominal, e deve ser considerado que o fator de potência do motor com rotor bloqueado seja igual a 0,3.

Exemplo de dimensionamento de circuito BT por queda da tensão durante a partida de um motor, considerando os demais em operação

Considere todos os circuitos trifásicos constituídos de condutores de cobre com isolação de PVC/70 °C, instalados em eletrodutos isolantes, na temperatura ambiente de 30 °C, cujos dados se encontram a seguir.

Circuito	S (mm²) (1)	R (2) (Ω/km)	X (2) (Ω/km)
Motor	2,5	8,89	-
Alimentador	70	0,322	0,0963

(1) Da tabela da NBR 5410.

(2) Do catálogo do fabricante.

Cálculos das grandezas nominais de cada motor

$I_n = 14{,}9$ A, de acordo com a Tabela 6.8

$$\cos\,\theta = 0{,}77;\ \text{sen}\ \theta = 0{,}63$$

$$N = \frac{\text{cv} \times 0{,}736}{\eta \times \cos\theta} = \frac{5 \times 0{,}736}{0{,}85 \times 0{,}77} = 5{,}6\ \text{kVA}$$

$$P = N \times \cos\theta = 5{,}6 \times 0{,}77 = 4{,}3\ \text{kW}$$

$$Q = N \times \text{sen}\ \theta = 5{,}6 \times 0{,}63 = 3{,}5\ \text{kvar}$$

Motor na partida

Considere: I partida = 6 × I nominal, cos θ = 0,3 e sen θ = 0,9

$$I_p = 6 \times 14,9 = 89,4 \text{ A}$$
$$P_p = \sqrt{3} \times V \times I \cos\theta = \sqrt{3} \times 220 \times 89,4 \times 0,3 = 10,2 \text{ kW}$$
$$Q_p = \sqrt{3} \times V \times I \text{ sen}\,\theta = \sqrt{3} \times 220 \times 89,4 \times 0,95 = 32,3 \text{ kvar}$$

No CCM:

$$P = P_p + \Sigma P \text{ (demais motores)} = 10,2 + 9 \times 4,3 = 48,9 \text{ kW}$$
$$Q = Q_p + \Sigma Q \text{ (motores)} = 32,3 + 9 \times 3,5 = 63,8 \text{ kvar}$$
$$\text{tg}\,\theta = \frac{Q}{P} = \frac{63,8}{48,9} = 1,3 \text{ então } \cos\theta = 0,60 \text{ e sen}\,\theta = 0,79$$
$$I = \frac{P}{\sqrt{3} \times V \cos\theta} = \frac{48,9 \times 10^3}{\sqrt{3} \times 220 \times 0,60} = 214 \text{ A}$$

Cálculo da queda da tensão no alimentador

$$\Delta V_1 = \sqrt{3} \times I \times L_1 (R \cos\theta + X \text{ sen}\,\theta)$$
$$\Delta V_1 = \sqrt{3} \times 214 \times \frac{40}{1\,000}(0,322 \times 0,6 + 0,0963 \times 0,79)$$
$$\Delta V_1 = 3,98 \text{ V}$$

No motor:

$$\Delta V_m = \sqrt{3} \times I \times L_2 (R \cos\theta)$$
$$\Delta V_m = \sqrt{3} \times 89,4 \times \frac{20}{1\,000} \times 8,89 \times 0,3$$
$$\Delta V_m = 8,24 \text{ V}$$

A queda de tensão durante a partida será:

$$\Delta V = \Delta V_1 + \Delta V_m = 3,98 + 8,24 = 12,2 \text{ V} = 5,55\ \% \text{ de } 220 \text{ V.}$$

Logo, $\Delta V < 10\ \%$ de V_n

6.1.14 Potência necessária de um motor

A escolha de um motor para uma determinada aplicação é uma tarefa que exige o conhecimento de inúmeros dados relativos à operação que se tem em vista. Assim, por exemplo, podemos necessitar de uma operação contínua com carga estável (caso das bombas-d'água) ou operação contínua com carga variável (caso dos compressores de ar). Também podemos ter operações descontínuas, com variação e inversão de rotação. Em suma, é um problema que deve ser estudado em detalhe pelo instalador.

Para fixar ideias, calculemos a potência necessária para motor de guincho, de acordo com os dados do esquema da Figura 6.19.

- Relação de engrenagens = $\frac{1}{10} = 0,1$;
- Rendimento da transmissão mecânica: 45 %;
- Carga = 800 kg (incluindo o peso do cabo e roldana);
- Velocidade do cabo = 45 metros por minuto (a da carga será a metade);

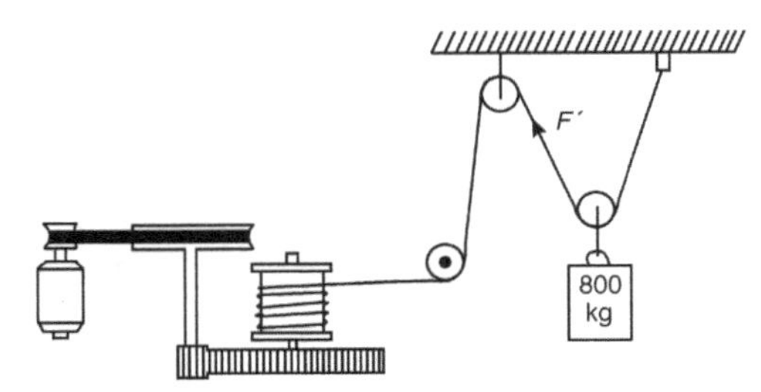

Figura 6.19

- Diâmetro do tambor: 0,40 m;
- Diâmetro do volante: 0,60 m;
- Diâmetro da polia do motor: 0,15 m.

$$P = \frac{F \times V}{75}$$

em que:

P = potência em cv;
F = força em kg;
V = velocidade em m/s.

Aplicando os dados:

A força necessária = $F' = \frac{800}{2} = 400$ kg, considerando o η da transmissão mecânica = 0,45, então: $F = \frac{400}{0,45} = 890$ kg.

Logo, a potência será:

$$P = \frac{890 \times 45}{75 \times 60} = 8,9 \text{ cv}$$

Qual a rotação necessária do motor?

- Rotação do tambor:

$$\eta_1 = \frac{V}{\pi \cdot d} = \frac{45}{3,14 \times 0,40} = 36 \text{ rpm.}$$

- Rotação do volante:

$$n_2 = \frac{36}{0,1} = 360 \text{ rpm.}$$

- Rotação do motor:

$$n = 360 \times \frac{0,60}{0,15} = 1\,440 \text{ rpm.}$$

Motor escolhido: 10 cv (7,45 kW) – como não é rotação padrão em 60 Hz, temos de escolher um motor de 1 740 rpm – 4 polos ou um de 1 165 rpm – 6 polos, fazendo ajustes nos diâmetros das polias.

6.1.15 Regras práticas para a escolha de um motor

Embora o assunto mereça um estudo mais profundo, em especial para grandes potências, podemos sugerir a seguinte sequência para se escolher um motor:

a) Dados sobre a fonte de energia: contínua ou alternada, monofásica ou trifásica, frequência de 50 ou 60 ciclos/segundo.
b) Potência necessária: deverá ser a mais próxima possível da exigência da carga – nem muito acima (baixo rendimento) nem muito abaixo (sobrecarga).
Fórmulas:

$$P = \frac{F + V}{75} = \frac{C \times N}{716}$$

em que:

P = potência em cv;
F = força em kg;
V = velocidade em m/s;
C = conjugado em kgm;
N = rotação em rpm.

$$P = \frac{T \times N}{5\ 250}$$

em que:
P = potência em hp;
T = conjugado ou torque em lb · ft;
N = rotação em rpm.

c) Velocidade do motor: precisamos saber se o acoplamento do motor à máquina acionada é direto ou indireto (engrenagens, caixas redutoras, polias com correias ou cabos). Os dados da placa do motor referem-se à rpm em plena carga; em vazio, a rotação dos motores de indução é ligeiramente superior. Os motores de corrente contínua tipo série não podem partir em vazio. Na Tabela 6.1, temos as velocidades síncronas em função do número de polos e da frequência (60 Hz). Na maioria dos motores, emprega-se a rotação constante, por exemplo, bombas, compressores, ventiladores, tornos etc.

Quando há necessidade de variar a rotação, pode-se usar: para pequenas potências (fração de cv), reostato divisor de tensão e, para maiores potências, motores de corrente contínua ou de indução com rotor bobinado. Se o motor aciona a máquina operatriz por meio de correia, deve-se manter a correia razoavelmente frouxa, pois correias muito apertadas se estragam, além de trazer danos aos mancais e ao motor – elas aumentam a potência necessária à máquina. Correias em V devem ser preferidas. Para motores maiores que 1/2 cv (0,37 kW), duas ou mais correias em V em paralelo dão melhores resultados. Evitar escolher polias muito pequenas, pois nestas a superfície de contato pode ser insuficiente, causando deslizamento e redução na vida das correias. A Tabela 6.8 ajudará na escolha das polias para as diferentes velocidades na máquina operatriz. Essa tabela é para um motor de 1 750 rpm.

d) "Torque" ou conjugado: precisamos saber se o motor parte em vazio ou em carga para escolhermos um motor de baixo ou alto conjugado de partida. Segundo a ABNT, os motores de baixo conjugado de partida são da categoria B (K para a NEMA), e os de alto conjugado de partida, da categoria C (KG para a NEMA).

Exemplos de baixo conjugado na partida (categoria B ou K): ventiladores, bombas centrífugas, serras, tornos, transportadoras sem carga, compressores centrífugos etc.

Exemplos de alto conjugado na partida (categoria C ou KG): bombas e compressores recíprocos, transportadoras com carga etc.

Conjugado máximo: deve-se escolher sempre um motor com um "torque" máximo pelo menos 30 % maior que os picos de carga.

A Tabela 6.10 informa os conjugados máximos dos motores de 60 Hz com uma velocidade.

É evidente que, para a escolha mais criteriosa do motor, necessitamos conhecer o comportamento da carga. Durante a fase de partida, isto é, desde o repouso até a velocidade nominal, o motor deverá desenvolver um conjugado, que terá de ser a soma do conjugado da carga e do conjugado de aceleração.

$$C_M = C_c + C_a$$

em que:

C_M = conjugado do motor;

C_c = conjugado da carga;

C_a = conjugado de aceleração.

Na rotação nominal, $C_a = 0$ e, na desaceleração, C_a é negativo.

e) Tipo da carcaça: conforme o ambiente em que vai ser usado, o motor deve ser especificado com as seguintes características:

- À prova de explosão: destina-se a trabalhar em ambiente contendo vapores combustíveis de petróleo, gases naturais, poeira metálica, explosivos etc.

- Totalmente fechado: idem, em ambiente contendo muita poeira, corrosivos e expostos ao tempo.
- À prova de pingos: para ambientes normais de trabalho razoavelmente limpos, tais como residências, edifícios, indústrias etc.

Na Tabela 6.10 são descritas as tabelas da Siemens utilizadas para as instalações de motores trifásicos de indução de corrente alternada.

Tabela 6.8 Diâmetro de polias de máquinas

Diâmetro da polia do motor	Diâmetro da polia da máquina em polegadas														
	1 1/4	1 1/2	1 3/4	2	2 1/4	2 1/2	3	4	5	6 1/2	8	10	12	15	18
1 1/4	1 725	1 435	1 230	1 075	950	850	715	540	430	330	265	215	175	140	115
1 1/2	2 075	1 725	1 475	1 290	1 140	1 030	850	645	515	395	320	265	215	170	140
1 3/4	2 400	2 000	1 725	1 500	1 340	1 200	1 000	750	600	460	375	315	250	200	165
2	2 775	2 290	1 970	1 725	1 530	1 375	1 145	850	685	530	430	345	285	230	190
2 1/4	3 100	2 580	2 200	1 930	1 725	1 550	1 290	965	775	595	485	385	325	255	215
2 1/2	3 450	2 870	2 460	2 150	1 900	1 725	1 435	1 075	850	660	540	430	355	285	240
3	4 140	3 450	2 950	2 580	2 290	2 070	1 725	1 290	1 070	800	615	515	430	345	285
4	5 500	4 575	3 950	3 450	3 060	2 775	2 295	1 725	1 375	1 060	860	700	575	460	375
5	6 850	5 750	4 920	4 300	3 825	3 450	2 865	2 150	1 725	1 325	1 075	860	715	575	475
6 1/2	8 950	7 475	6 400	5 600	4 975	4 480	3 730	2 790	2 240	1 725	1 400	1 120	930	745	620
8	—	9 200	7 870	6 900	6 125	5 520	4 600	3 450	2 750	2 120	1 725	1 375	1 140	915	765
10	—	—	9 850	8 620	7 670	6 900	5 750	4 300	3 450	2 650	2 150	1 725	1 430	1 140	950
12	—	—	—	—	9 200	8 280	6 900	5 160	4 130	3 180	2 580	2 075	1 725	1 375	1 140
15	—	—	—	—	—	—	8 635	6 470	5 170	3 970	3 230	2 580	2 150	1 725	1 425
18	—	—	—	—	—	—	—	7 750	6 200	4 770	3 880	3 100	2 580	2 070	1 725

Tabela 6.9 Conjugado máximo em % do conjugado de plena carga

Potência em regime contínuo	Velocidade síncrona — rpm			
	3 600	1 800	1 200	900
1 cv (0,75 kW)	333	270	234	—
2 cv (1,49 kW)	250	275	225	200
3 cv (2,29 kW)	250	248	225	225
5 cv (3,72 kW)	202	225	225	225
7 1/2 cv (5,59 kW)	215	215	215	215
10 cv (7,45 kW)	200	200	200	190
15 cv (11,18 kW)	200	200	200	190
20 cv (14,91 kW) a 25 hp (18,64 kW)	200	200	200	190
30 cv (22,37 kW) ou mais	200	200	200	190

Tabela 6.10 Motores trifásicos com rotor em curto-circuito

Potência					Corrente nominal				Corrente partida	Conj. partida	Torque nominal	GD^2
cv	kW	Modelo	Peso kg	rpm nominal	220 V	380 V	Rendimento %	Fator de potência cos ϕ	I_p/I_n	TP/ TN%	kgm	kgm^2
2 polos — 3 600 rpm												
0,75	0,55	71a2	7,2	3 420	2,46	1,42	74	0,81	5,5	180	0,158	0,0022
1	1,75	71b2	8,2	3 440	3,34	1,93	76	0,76	6,2	180	0,208	0,0025
1,5	1,1	80a2	11,4	3 450	4,67	2,70	78	0,82	6,1	180	0,315	0,0048
2	1,5	80b2	12,5	3 455	6,51	3,76	78	0,76	6,3	180	0,415	0,0056
3	2,2	90S2	17	3 490	9,18	5,30	83	0,76	8,3	180	0,619	0,0100
5	4	100L2	24	3 490	13,7	7,90	84	0,83	9,0	180	1,02	0,0170
7,5	5,5	112M2	42	3 480	19,2	11,5	88	0,83	7,4	180	1,54	0,0322
10	7,5	132S2	64	3 475	28,6	16,2	81	0,85	6,7	180	2,05	0,0640
15	11	132M2	78	3 500	40,7	23,5	87	0,82	7,0	180	3,07	0,0836
4 polos — 1 800 rpm												
0,5	0,37	71a4	7	1 680	1,94	1,12	71	0,70	4,2	200	0,213	0,0035
0,75	0,55	71b4	8	1 690	3,10	1,79	72	0,66	4,5	200	0,318	0,0041
1	0,75	80a4	11,6	1 715	3,84	2,22	76	0,65	5,7	200	0,420	0,0087
1,5	1,1	80b4	12,2	1 685	5,37	3,10	76	0,73	5,2	200	0,635	0,0094
2	1,5	90S4	16,5	1 720	5,95	3,44	87	0,74	6,6	200	0,835	0,0180
3	2,2	90L4	20,3	1 720	9,52	5,50	83	0,73	6,6	200	1,23	0,0250
5	4	100L4	26,5	1 720	13,7	7,90	84	0,83	7,0	200	2,07	0,0300
7,5	5,5	112M4	44,6	1 735	20,6	11,9	86	0,81	7,0	200	3,10	0,0650
10	7,5	132S4	64	1 740	26,6	15,4	86	0,85	6,6	190	4,11	0,1440
15	11	132L4	83,1	1 760	45,0	26,0	87	0,75	7,8	190	6,12	0,2100
6 polos — 1 200 rpm												
0,5	0,37	80a6	10,8	1 160	2,30	1,33	67	0,62	4,6	190	0,308	0,0091
1,75	0,55	80b6	11,2	1 150	3,26	1,88	70	0,63	4,2	180	0,465	0,0095
1	0,75	80c6	12	1 130	3,65	2,11	72	0,73	3,8	170	0,631	0,0110
1,5	1,1	90S6	16,3	1 160	5,13	2,96	80	0,72	4,7	170	0,927	0,0220
2	1,5	90L6	18,7	1 150	7,45	4,30	75	0,70	5,1	170	1,25	0,0260
3	2,2	100L6	26	1 150	10,2	5,87	81	0,70	5,9	170	1,88	0,0490
5	4	132S6	57,5	1 160	14,9	8,60	85	0,77	6,0	160	3,07	0,1150
7,5	5,5	132Ma6	70	1 150	21,1	12,2	86	0,79	6,4	160	4,68	0,1650
10	7,5	132L6	79,5	1 165	31,0	18,0	85	0,72	6,7	160	6,18	0,2060
8 polos — 900 rpm												
0,5	0,37	80c8	12	860	2,80	1,60	61	0,57	3,4	175	0,417	0,0110
0,75	0,55	90S8	16,3	865	4,70	2,70	66	0,50	3,5	175	0,620	0,0220
1	0,75	90L8	16,7	865	5,00	2,90	68	0,56	4,0	175	0,828	0,0260
1,5	1,1	100La8	22,5	860	7,10	4,10	74	0,54	4,5	175	1,25	0,0390
2	1,5	100L8	26	845	7,00	4,00	77	0,72	4,1	130	1,69	0,0490
3	2,2	112M8	38	860	13,5	7,73	77	0,60	3,8	130	2,50	0,0680
5	4	132M8	71,5	860	18,8	10,9	78	0,67	5,1	130	4,20	0,1640

6.1.16 Controle da velocidade dos motores de indução e de corrente contínua

Os controles das velocidades dos motores de indução e de CC podem ser obtidos pelos seguintes processos:

O motor é acionado pela energia elétrica da rede, com velocidade constante e um sistema mecânico que pode ser por engrenagens ou polias com correias (Tabela 6.8), que varia a velocidade da máquina operatriz.

Por sistemas mecânicos - polias

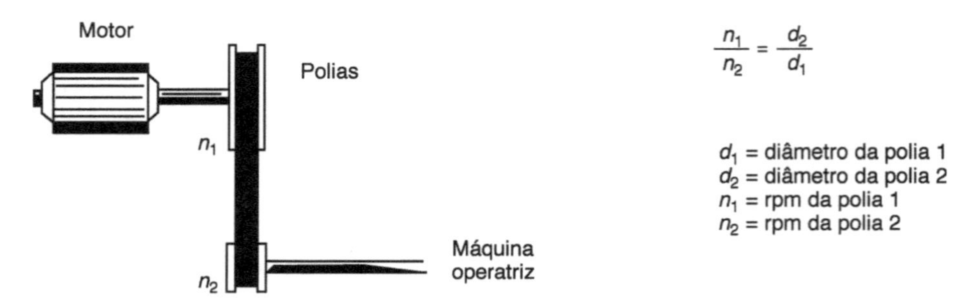

Figura 6.20 Acionamento por polias.

Por sistemas mecânicos - engrenagens

Neste sistema, a variação da velocidade da máquina operatriz pode ser feita por meio de uma caixa de mudanças semelhante à dos automóveis, em que a rotação constante do motor pode variar por meio de engrenagens de diferentes diâmetros, imersas em óleo (Figura 6.21).

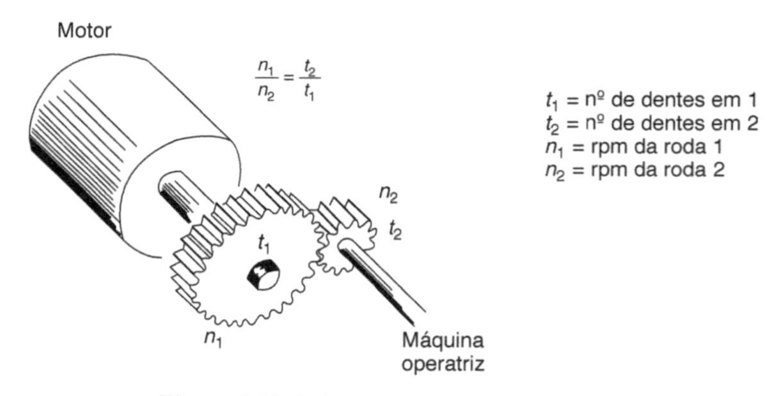

Figura 6.21 Acionamento por engrenagens.

Pela variação do campo dos motores de corrente contínua

Neste sistema, consegue-se variar a rotação dos motores de corrente contínua (em série ou paralelo), alterando-se a corrente aplicada no campo ou na armadura.

É uma aplicação de equações para os motores CC:

$$E = C \cdot N \cdot \phi \text{ e } V = E + RI_a$$

em que:

E = força contraeletromotriz;

C = constante da máquina;

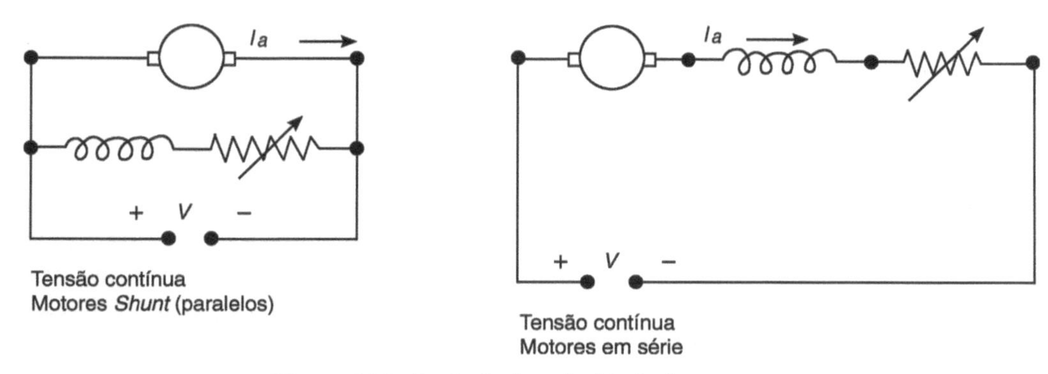

Figura 6.22 Controle da velocidade de motores.

N = rotação da máquina;
ϕ = fluxo magnético do campo;
V = tensão aplicada;
R = soma das resistências do circuito da armadura;
I_a = corrente da armadura.

Pela variação da resistência nos rotores dos motores de indução com rotor bobinado (motores de anéis)

Neste sistema pode-se variar a velocidade assíncrona, intercalando-se resistências variáveis no circuito do rotor bobinado, desde um máximo (rotação mínima) até um mínimo, quando o rotor é curto-circuitado (rotação máxima).

Também se poderia variar a rotação do motor de indução, conectando-se um reostato em série no circuito do estator, o que ocasionaria a variação da tensão do estator, alterando-se o "escorregamento".

Tal solução é pouco indicada em razão do excessivo aquecimento quando se aplicam tensões abaixo da nominal.

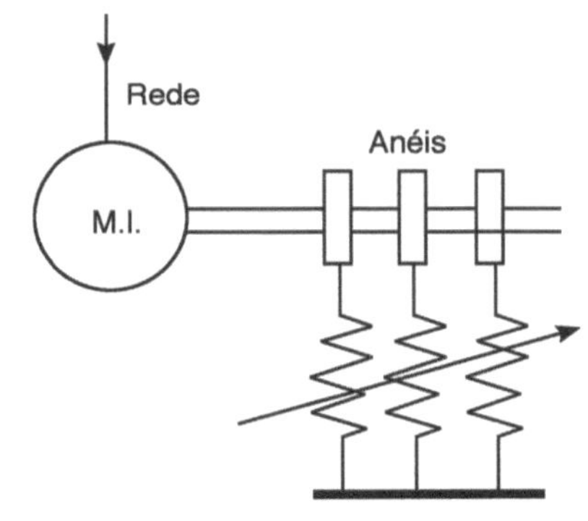

Figura 6.23 Variação da velocidade de motores de indução (rotor bobinado).

Pela introdução do SCR (Silicon Controlled Rectifier) nos sistemas industriais

Trata-se de uma ponte retificadora controlada, responsável pela alimentação da armadura dos motores de CC.

Esse sistema tem alto rendimento (90 %), ampla faixa de variação de velocidade, torque constante em toda a faixa de variação etc.

Pelo variador eletromagnético

Um motor de velocidade constante é acoplado à carga por meio de uma embreagem eletromagnética. A excitação da bobina da embreagem tem a sua tensão controlada por um SCR e, em consequência, consegue-se variar tanto o torque acoplado à carga quanto a velocidade.

Embora seja muito usado, esse método apresenta certas limitações, como, por exemplo, baixo rendimento, manutenção das bobinas e pouca precisão na regulação da velocidade.

Pela variação do número de polos

Já foi visto que a rotação das máquinas síncronas se baseia na relação:

$$N_s = \frac{120f}{p} \text{ (Subseção 6.1.3)}$$

e que as máquinas assíncronas (motor de indução) giram abaixo dessa rotação por meio da relação:

$$N_s = \frac{120f}{p}(1-s) \text{ ou } N = N_s(1-s)$$

Desse modo, para variar a rotação de uma máquina, podemos mudar o número de polos "p", que pode ser feito com ou sem paralisação da máquina e em poucas etapas, ou ainda pela regulagem do escorregamento "s", a qual pode ser feita pela variação de tensão no estator, por meio de um SCR. Como esse método resulta em grande aquecimento e vibrações, é empregado somente em casos especiais.

Pela variação de frequência – inversor de frequência

Os motores de indução são equivalentes a um transformador no qual o primário é o estator do motor, e o secundário, o rotor.

O fluxo alternado "j_1" resultante da tensão alternada V_1 no estator induz uma f.e.m. no rotor, a qual produz um fluxo "j_2", que é proporcional à tensão V_2 e inversamente proporcional à frequência:

$$\varphi_2 \propto \frac{V_2}{f}.$$

Para um fluxo constante, a relação $\frac{V_2}{f}$ deve ser constante a fim de que se tenha um torque constante. A tensão U_2 não pode ser medida, mas pode ser calculada conhecendo-se todas as componentes do "circuito equivalente" do motor.

É possível fazer a conversão de frequência aplicada ao motor por meio do circuito simplificado a seguir.

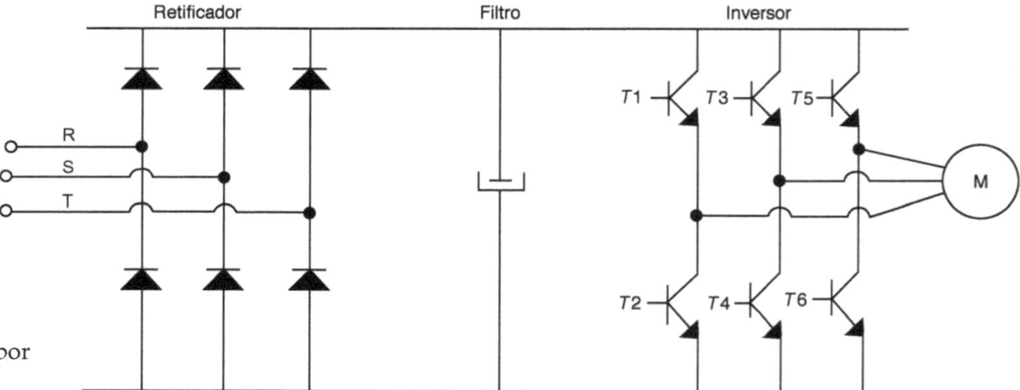

Figura 6.24 Acionamento por variação de frequência.

Como funciona:

Na rede de entrada, a frequência é fixa (60 Hz) e a tensão é transformada pelo retificador de entrada em contínua pulsada (onda completa).

O capacitor (filtro) transforma-a em tensão contínua pura de valor aproximado de:

$$V_{dc} = \sqrt{2} \times V_{\text{rede}}$$

Essa tensão contínua é conectada ciclicamente aos terminais de saída pelos transistores T_1 a T_6, que funcionam no modo corte ou saturação (como uma chave estática).

O controle desses transistores é feito pelo circuito de comando, de modo que se obtenha um sistema de tensão pulsada, cujas frequências fundamentais estão defasadas de 120°. A tensão e a frequência de saída são escolhidas de maneira que a tensão V_2 seja proporcional à frequência f, para que o fluxo f_2 seja constante e o torque também o seja.

As tensões de saída têm forma de onda senoidal, conforme se pode notar na Figura 6.25 para duas frequências diferentes (período T e $2T$).

A tensão de saída varia de acordo com um método de modulação conhecido como PWM senoidal, o que possibilita uma corrente senoidal no motor para uma frequência de modulação de 2 kHz.

Esse sistema de controle permite o acionamento de motores de indução com frequências compreendidas entre 1 e 60 Hz com um torque constante, sem aquecimentos anormais nem vibrações exageradas. Outras vantagens são:

- rendimento de 90 % em toda a faixa de velocidades;
- fator de potência de 96 %;
- acionamento de cargas de torque constante ou variável;
- faixa de variação de velocidade podendo chegar a 1:20;
- eliminação de correntes de partidas elevadas (partida em rampa);
- aplicação em motores normalizados etc.

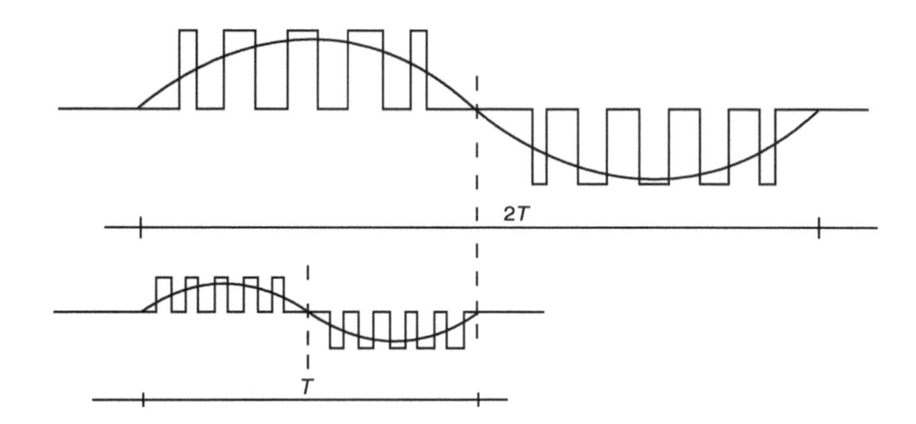

Figura 6.25 Tensão de saída.

6.2 Instalações Elétricas para Serviços de Segurança

A NBR 5410 denomina "serviços de segurança" as instalações elétricas que – por motivos seja de segurança, sejam econômicos ou administrativos – não podem sofrer interrupções.

Tais instalações são classificadas em quatro tipos:

a) ***Instalações de segurança sem seccionamento***

Neste tipo, as cargas ligadas às instalações de segurança estão permanentemente alimentadas pela fonte de segurança, tanto em serviço normal (concessionária) como em caso de falha da alimentação normal. Esse é o caso dos equipamentos conhecidos por *no-break* (sem interrupção), muito usados em instalações de computadores, salas de operação de hospitais etc., ou em dispositivos de segurança (contra incêndio, roubo etc.).

Existem *no-breaks* estáticos e *no-breaks* dinâmicos. Os estáticos usam componentes eletrônicos (retificadores e inversores), que transformam a corrente alternada em contínua e vice-versa, sem usar máquinas rotativas. Os dinâmicos usam máquinas rotativas para as transformações de energia.

A Figura 6.26 apresenta o esquema de uma instalação de um *no-break* estático, no qual a carga de segurança pode operar em corrente contínua.

A Figura 6.27 mostra o esquema de um *no-break* estático, cuja carga opera somente em corrente alternada; daí termos de converter a corrente contínua das baterias e retificadores em corrente alternada. Para isso, usa-se um inversor.

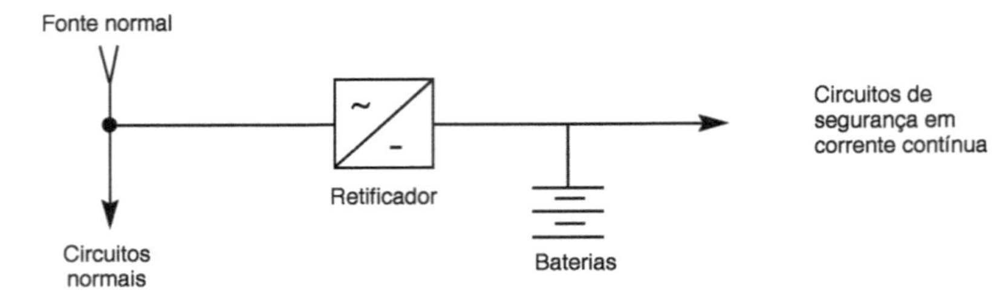

Figura 6.26 Instalação de segurança: esquema de um *no-break* estático, operando em corrente contínua.

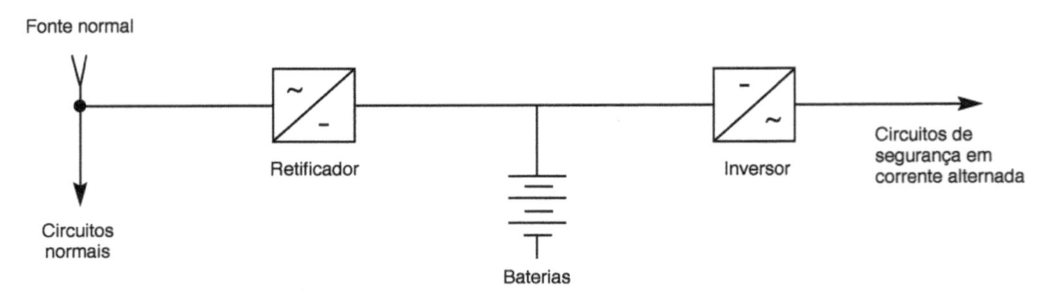

Figura 6.27 Instalação de segurança: esquema de um *no-break* estático, operando em corrente alternada.

Normalmente, as baterias dão uma autonomia de 20 a 30 minutos à carga. Caso a interrupção do fornecimento de energia da fonte normal leve mais que esse tempo, há necessidade de se utilizar um grupo motor-gerador que substitua essa fonte. Tal é o esquema da Figura 6.28, em que o grupo está permanentemente em funcionamento.

Em instalações mais sofisticadas, em que é exigida maior confiabilidade, podem-se usar dois *no-breaks* em paralelo ou com *by-pass* simples (Figuras 6.29 e 6.30), ou ainda é possível intercalar um grupo motor-gerador.

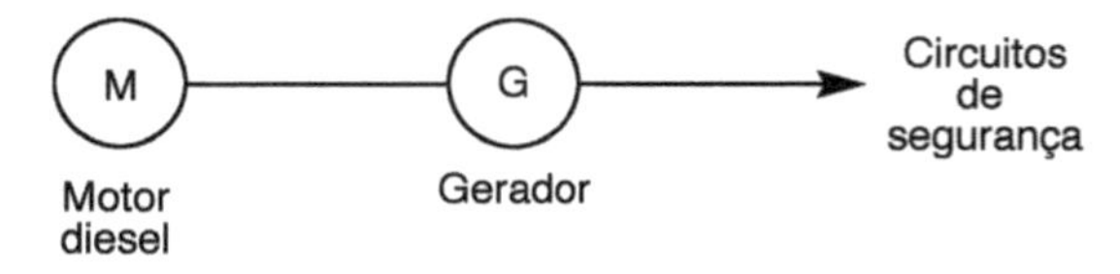

Figura 6.28 Instalação de segurança: esquema de uma instalação com grupo motor-gerador.

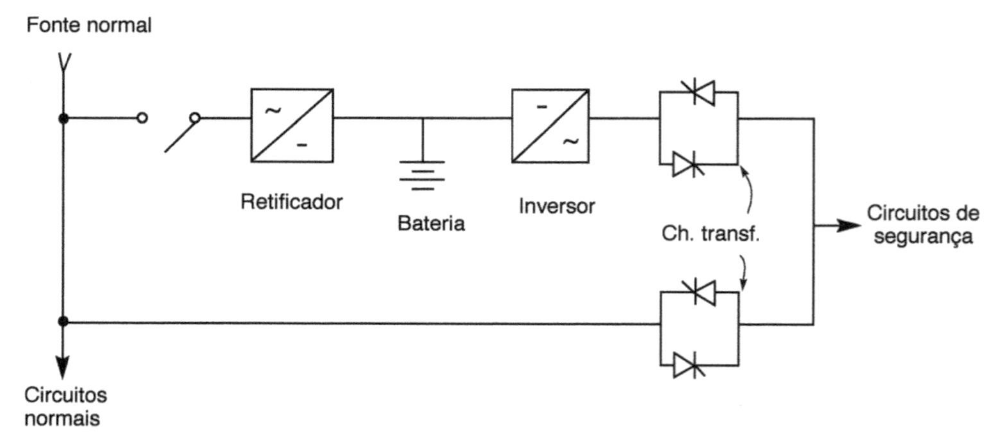

Figura 6.29 Instalação de segurança: um *no-break* estático, em *by-pass*, operado por chaves de transferência estática.

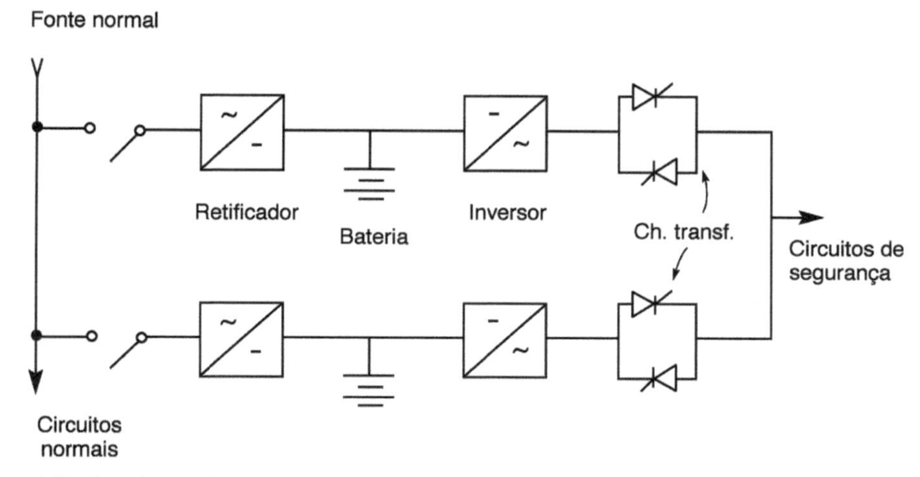

Figura 6.30 Instalação de segurança: esquema de dois *no-breaks* em paralelo, operando por chave de transferência estática.

b) ***Instalações de segurança permanentes, com seccionamento***

Nessas instalações há dois tipos de fonte: normal e de segurança. Ocorrendo uma falha de alimentação normal, a fonte de segurança é ligada automaticamente, restabelecendo-se a alimentação dos circuitos de segurança em breve intervalo (de 2 a 10 segundos). Esse é o exemplo típico de gerador de emergência com partida e transferência automática. Deve ser usado em locais onde haja expressiva aglomeração de pessoas, como teatros, cinemas, grandes lojas etc., em que a interrupção da iluminação ou dos elevadores pode comprometer a segurança (Figura 6.31).

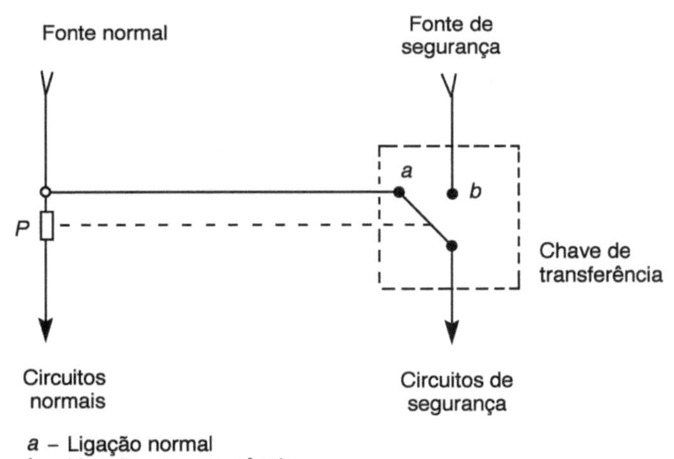

Figura 6.31 Instalação de segurança permanente, com fonte normal e fonte de segurança.

c) ***Instalações de segurança não permanentes***

Nesse tipo de instalação, os circuitos de segurança não estão permanentemente ligados, o que somente acontece quando ocorre falha no abastecimento normal. Desse modo, a confiabilidade é bem menor. Por isso, é usado em locais de menor aglomeração de pessoas, como hotéis, museus, salas de aula etc.

Um exemplo típico desse sistema é o da iluminação de emergência de escadas, caixas de banco etc., com fonte de bateria e carregador (retificador) sempre ligados (em flutuação), de modo que, ocorrendo uma falha na rede normal, somente sejam acesas as lâmpadas ligadas aos circuitos de segurança (Figura 6.32).

Também se enquadram neste sistema os circuitos de segurança alimentados apenas por gerador de emergência, que parte automaticamente quando há falha na fonte normal (Figura 6.33).

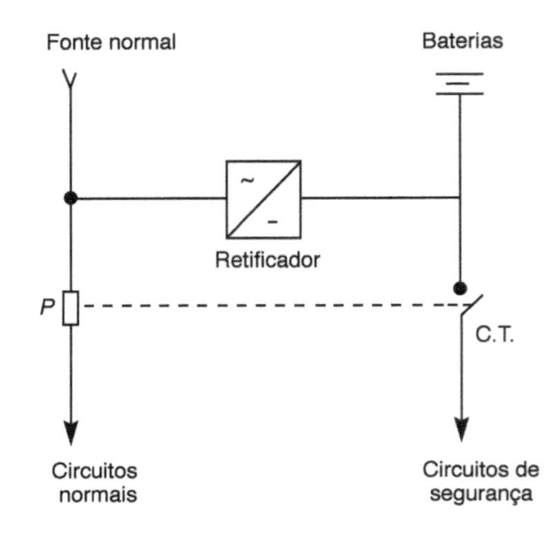

Figura 6.32 Instalação de segurança não permanente, usando baterias.

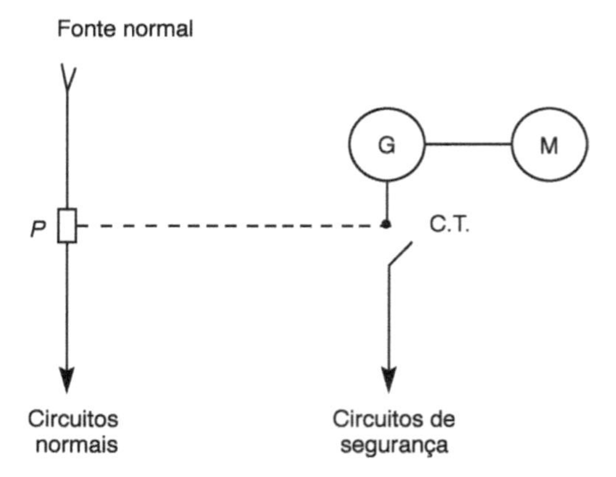

Figura 6.33 Instalação de segurança não permanente, usando gerador de emergência.

d) ***Instalações de segurança não automáticas***

Este é o tipo de instalação menos sofisticado, em que as falhas do abastecimento normal não necessitam ser prontamente atendidas pela fonte de segurança. Pode ser usado em pequenos hotéis, restaurantes, edifícios etc., em que, ocorrendo interrupção na fonte normal, a fonte de segurança é ligada manualmente.

6.2.1 Exemplos de Instalação de Segurança

Vamos desenvolver um projeto de instalações elétricas para um local onde, por motivos de segurança, deve ser restabelecido o abastecimento com gerador de emergência, poucos segundos após a interrupção da concessionária, que será ligado na posição *b* (Figura 6.31). Trata-se de uma instalação em que o sistema elétrico foi dividido em dois circuitos: normal e essencial. Todos os quadros elétricos possuem dois barramentos, havendo um único quadro de reversões junto ao gerador de emergência.

Há outro sistema possível, com barramento único, mas, junto aos disjuntores dos circuitos normais, instalam-se contatores que desarmam quando é acionado o gerador de emergência. Esse sistema tem a vantagem de usar um único alimentador para os dois circuitos (normal e essencial), mas com o inconveniente de usar vários contatores e circuito de controle dos contatores.

Na Figura 6.34 é apresentado o diagrama unifilar do quadro geral de distribuição (QGD), de onde partem os alimentadores dos quadros parciais. Nota-se, por exemplo, o quadro QD com dois alimentadores: QD no barramento normal (183 400 W) e QD no barramento essencial (7 160 W). Esses dois alimentadores separados se ligam aos barramentos normal e essencial do QD.

A Figura 6.35 mostra o diagrama unifilar de um arranjo com 2 grupos motor-gerador especificados para atender às cargas essenciais, ou seja, aquelas que não podem ser desligadas e funcionam com a rede normal de alimentação ou com a energia vinda do gerador de emergência.

O gerador de emergência é acionado por um motor diesel que, na partida, utiliza baterias semelhantes às de automóvel, tão logo seja cortada a energia normal. A Figura 6.36 mostra a instalação dos 2 grupos motor-gerador.

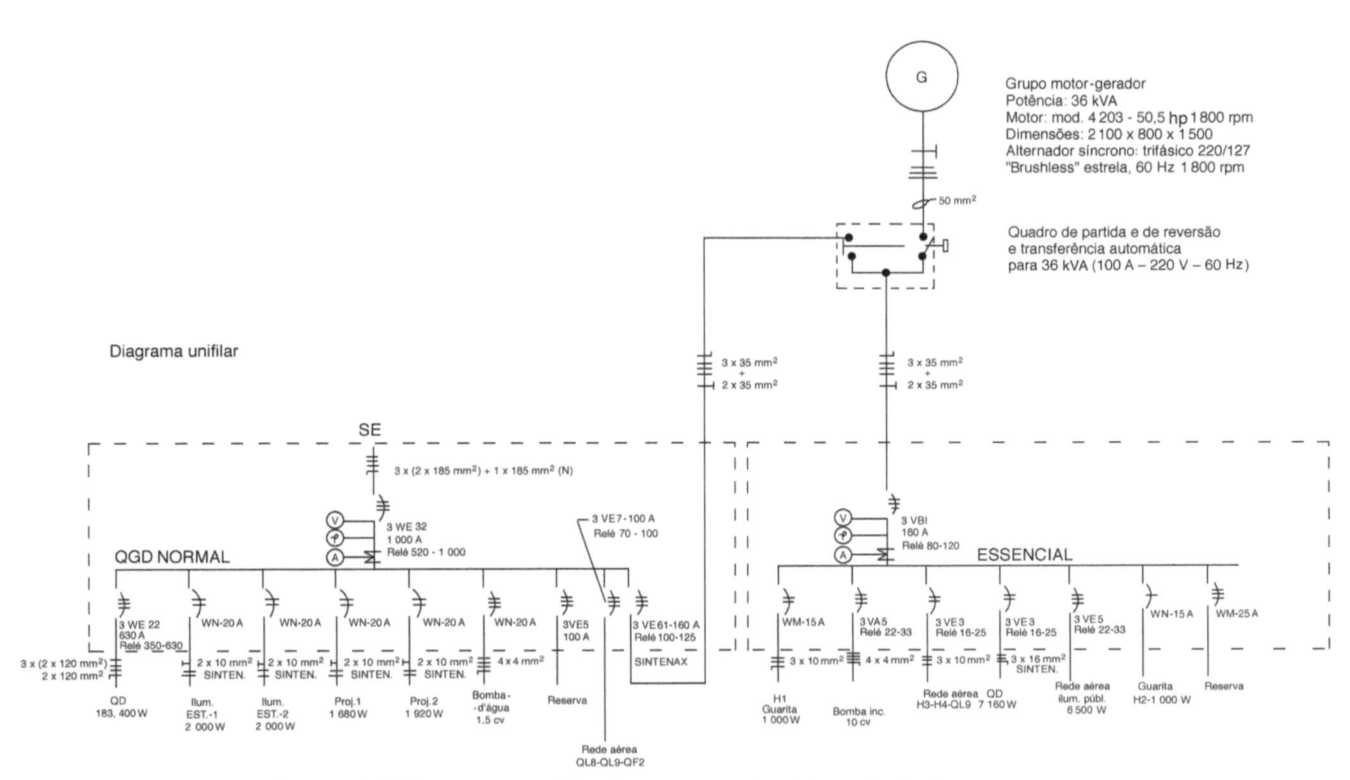

Figura 6.34 Diagrama unifilar de um exemplo de instalação de segurança.

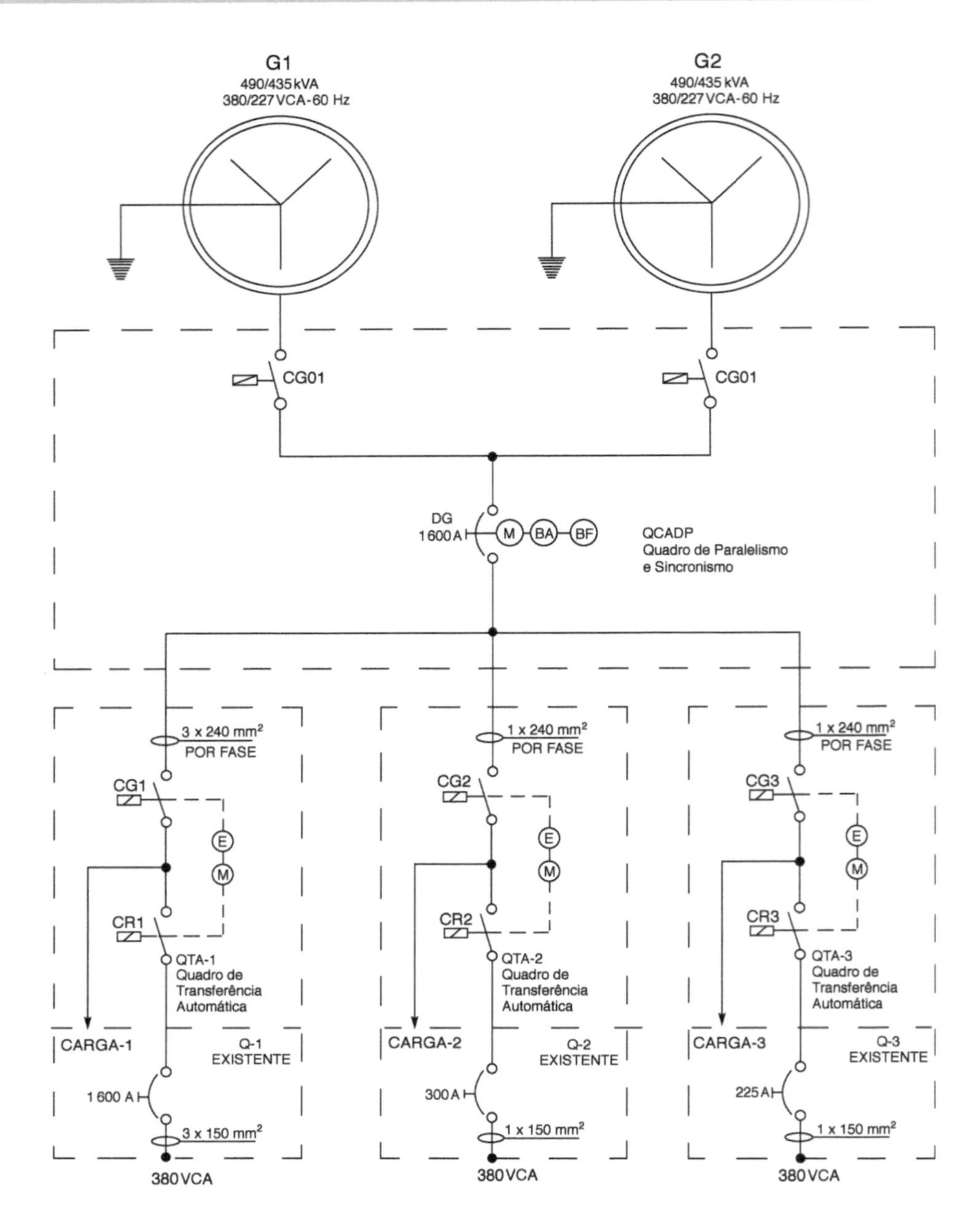

Figura 6.35 Exemplo com 2 grupos motor-gerador.

Figura 6.36 Instalação com 2 grupos motor-gerador.

6.3 Controles com Intertravamento

Instalações de ar-condicionado central

Em diversas instalações elétricas torna-se necessário o intertravamento entre equipamentos, ou seja, que determinada máquina só entre em operação quando são satisfeitas certas condições relativas a outras máquinas. O intertravamento elétrico é muito utilizado em instalações industriais e eletromecânicas (elevadores, ar-condicionado etc.).

Tomemos, por exemplo, uma instalação central de ar-condicionado, sistema de água gelada, a qual exige que sejam satisfeitas certas condições antes que a unidade central de água gelada entre em funcionamento. Esse tipo de instalação possui os seguintes equipamentos básicos (Figura 6.37):

- Uma unidade central de água gelada (PWC), na qual é produzida a água gelada a ser distribuída por meio de bombas de água gelada (BAG) aos diversos pontos do prédio (*fan-coils*).
- Uma ou mais torres de arrefecimento, por onde passa a água de condensação necessária à refrigeração dos condensadores da unidade PWC. Essa água circula por meio das bombas de água de condensação (BAC). Cada bomba possui sempre uma de reserva (a qual foi omitida, na figura, para facilitar a compreensão).

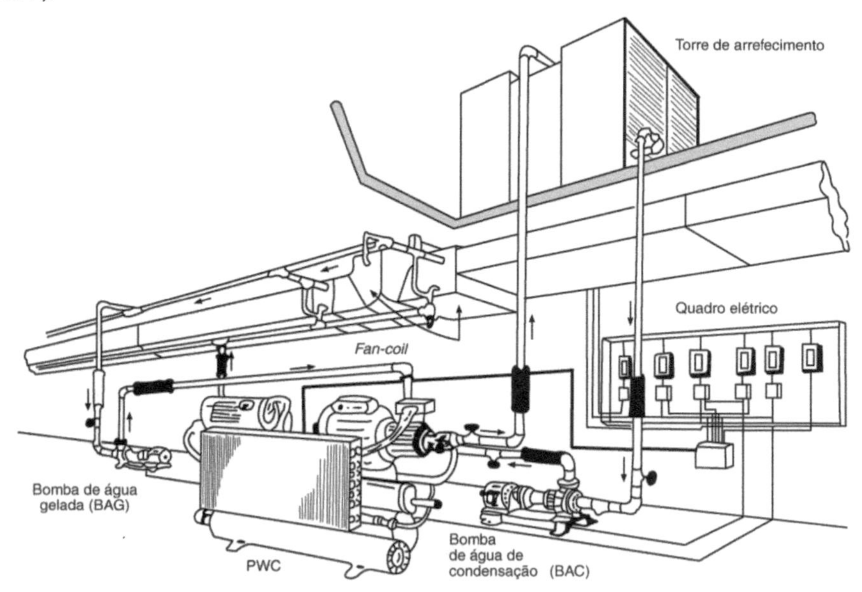

Figura 6.37 Instalação de ar-condicionado – Sistema de água gelada.

As condições necessárias para que a unidade PWC possa entrar em operação são as seguintes:

1ª) que haja água no reservatório e as torres estejam funcionando;
2ª) que a bomba de água de condensação esteja funcionando;
3ª) que a bomba de água gelada esteja funcionando.

Se quisermos representar por um gráfico a entrada em funcionamento desses componentes, poderemos colocar em um eixo horizontal os tempos e, em um eixo vertical, os diversos equipamentos (conforme Figura 6.38).

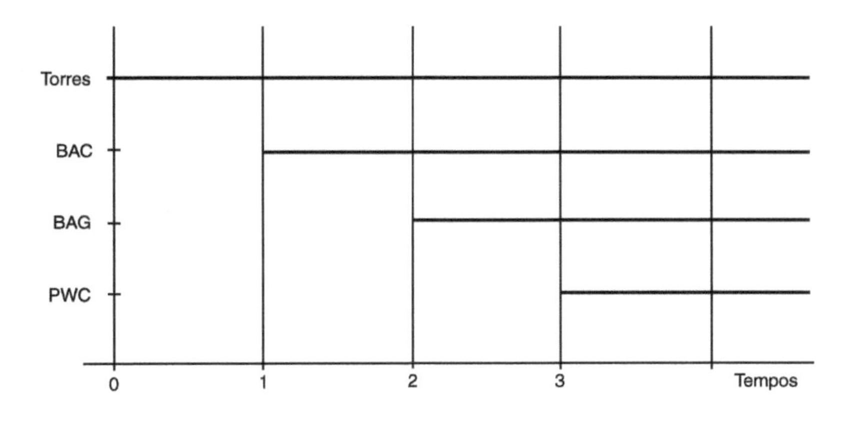

Figura 6.38 Gráfico de sequência de entrada em funcionamento em uma instalação de ar-condicionado.

Agora que já temos noção de um sistema de ar-condicionado, vejamos como seria projetado o circuito de controle. Antes, porém, observemos certas definições básicas:

- *Circuito de controle*: utiliza baixas correntes e diversos componentes que permitem a energização da bobina de ligação do circuito de força.
- *Circuito de força*: principal do contator que permite a ligação do motor da máquina operatriz. Utiliza correntes elevadas.
- *Contato normalmente aberto (NA)*: contato acionado automaticamente pela bobina de ligação; quando a bobina não está energizada, ele está aberto. Seu símbolo é:

- *Contato normalmente fechado (NF)*: contato que, quando a bobina não está energizada, está fechado. Seu símbolo é:

- *Botões de comando*: servem para ligar e parar o motor da máquina operatriz. Por meio dos botões de comando, completa-se o circuito da bobina de ligação (botão LIGA) ou interrompe-se o circuito (botão DESLIGA). Seus símbolos são:

- *Contato comutador*: inverte a ligação.

- *Contato térmico*: serve para desligar o circuito, quando há sobrecorrente. É também denominado relé térmico ou relé bimetálico. Seu símbolo é:

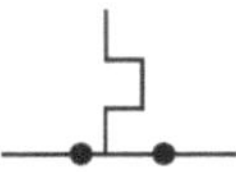

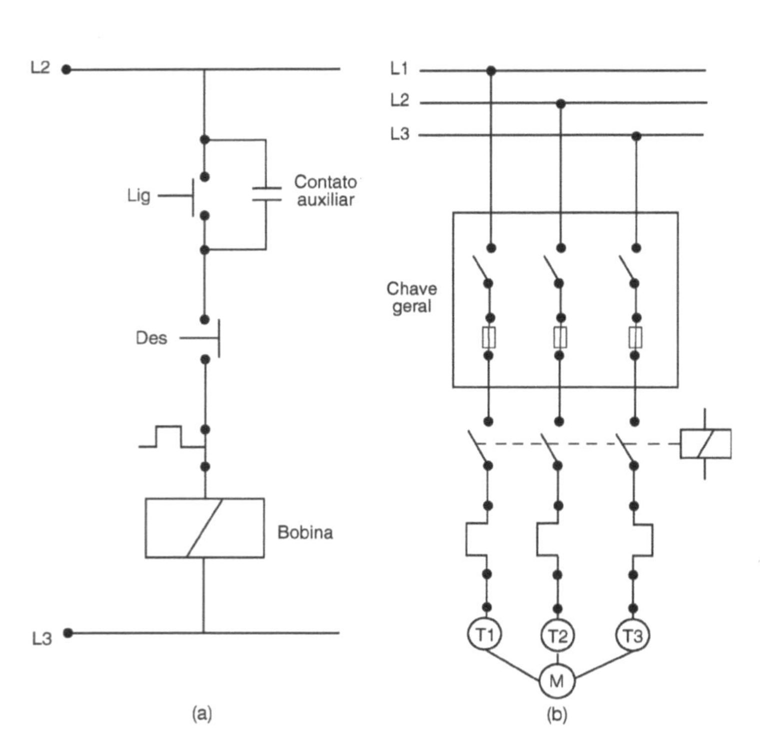

Figura 6.39 (a) Diagrama de controle e (b) diagrama de força.

Os circuitos de controle e de força costumam ser representados em diagramas separados para facilitar sua compreensão (Figura 6.39).

Pelo diagrama de controle, vemos que, ao ser acionada a botoeira LIGA, completa-se o circuito elétrico entre as duas fases L2 e L3, energizando-se a bobina de acionamento, que fecha os contatos do circuito de força. Ao mesmo tempo, é fechado o contato auxiliar (ou selo), o que possibilita que o dedo da botoeira LIGA seja retirado e o motor continue funcionando. Quando se desejar parar o motor, bastará acionar a botoeira DESLIGA, e a bobina de acionamento será desenergizada, abrindo-se os contatos de força e o contato auxiliar.

Agora que já temos as noções fundamentais de um circuito de controle, observemos a Figura 6.40, que é um diagrama do contator 3TA, da Siemens. Esse contator serve para acionamento de motores trifásicos e possui contatos de força (entrada 1-3-5; saída 2-4-6), acionados

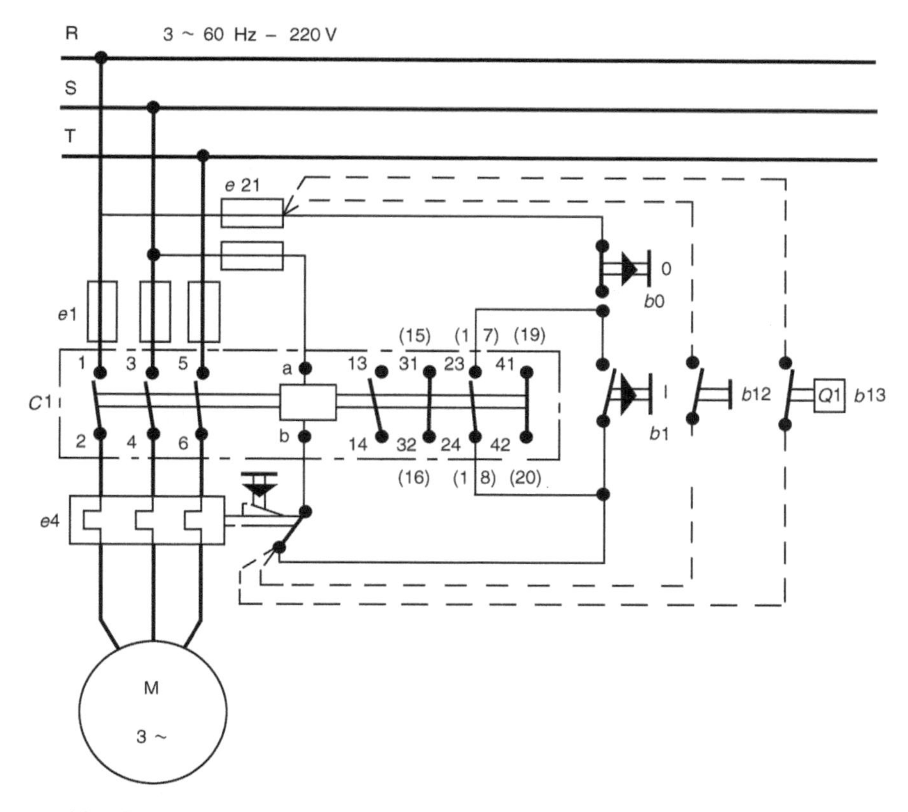

Figura 6.40 Diagrama dos contatores 3RT10,3TF6, da Siemens.

pela bobina $a - b$, e os contatos auxiliares normalmente fechados e normalmente abertos. Tais contatos também são acionados pela bobina $a - b$.

Usando esse contator e mais relés térmicos, botoeiras, lâmpadas sinalizadoras, chaves-boia etc., projetaremos um circuito de controle (Figura 6.41) de uma instalação central de ar-condicionado, sistema de água gelada. As restrições – ou seja, a sequência de entrada de funcionamento das máquinas – são as seguintes:

1ª) Havendo água, a chave-boia fecha seu contato; então, podemos dar a partida nas torres de arrefecimento de água, acionando-se as botoeiras LIG 1 e 2.

2ª) Quando as bobinas 1 e 2 são energizadas, fecham-se os contatos de força das torres e os contatos auxiliares normalmente abertos RA 1 e RA 2 (contatos de selo), podendo-se tirar o dedo das botoeiras, continuando as torres em funcionamento.

3ª) Estando as torres em funcionamento, podemos dar a partida nas bombas de circulação de água do condensador, do seguinte modo:
- os contatos RA 1 e RA 2 estão fechados pelas bobinas das torres (Bob. 1 e Bob. 2);
- vira-se a chave de reversão para a posição BAC (bomba de água de circulação do condensador normal) ou BACR (bomba de água de circulação de reserva);
- aperta-se o botão da botoeira LIG 3 (ou LIG 4), e a bomba BAC entra em funcionamento (ou BACR), fechando os contatos de selo RA 3 ou RA 4.

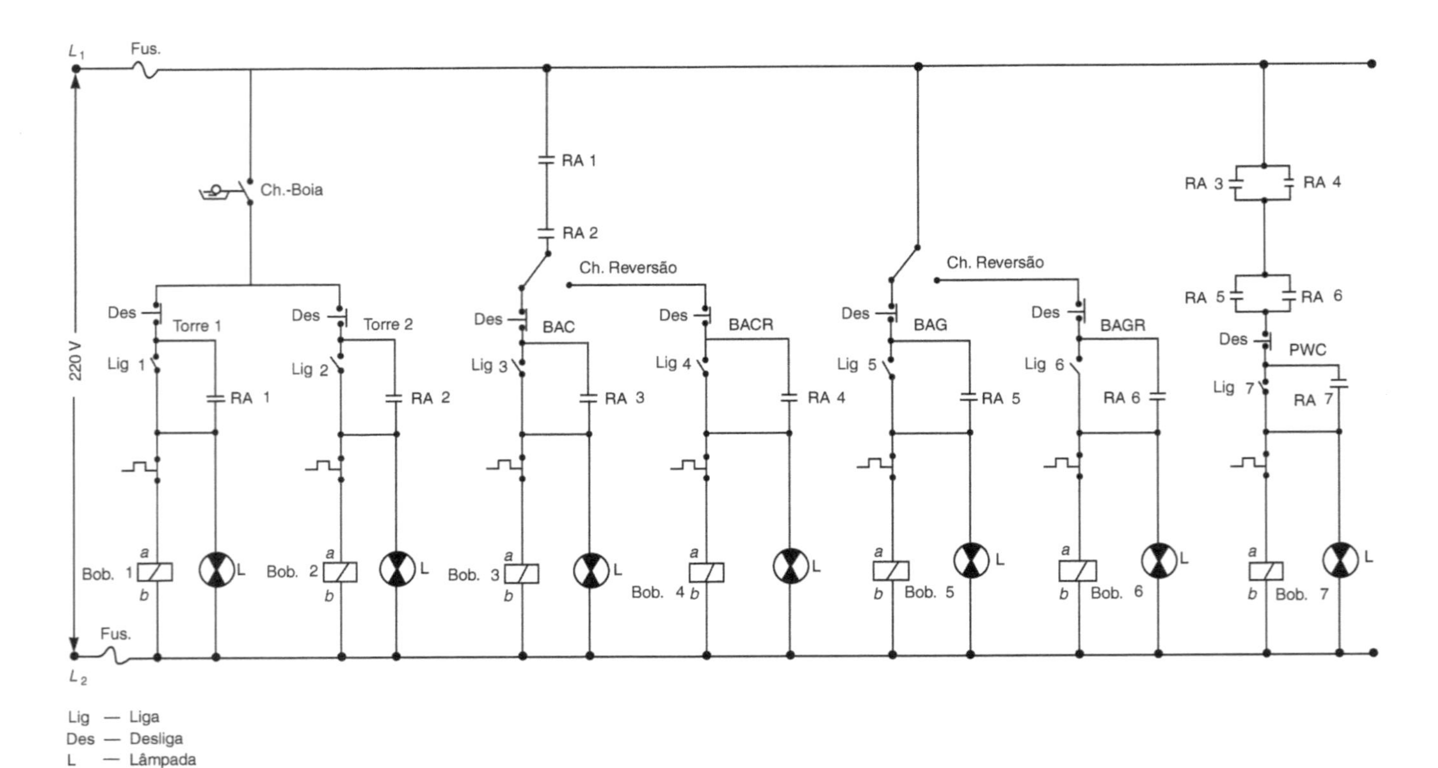

Figura 6.41 Circuito de controle de uma instalação central de água gelada.

4ª) Para as bombas de água gelada entrarem em funcionamento, não há restrições especiais. Basta que a chave de reversões esteja em uma das posições BAC ou BACR e se aperte a botoeira LIG 5 ou LIG 6. As bobinas 5 ou 6 serão energizadas, fechando-se os contatos de selo RA 5 ou RA 6.

Funcionamento da unidade central de água gelada (PWC)

Para que a unidade central entre em funcionamento, é necessário que as bombas de circulação de água do condensador e as bombas de água gelada estejam funcionando, ou seja, os contatos RA 3 (ou RA 4) e RA 5 (ou RA 6) estejam fechados. Já vimos que os contatos RA 3 (ou RA 4) são fechados quando a BAC (ou BACR) está funcionando. Agora, usando os segundos contatos normalmente abertos dos contatores, fazemos com que esses contatos em série com RA 5 (ou RA 6) das bombas de água gelada satisfaçam as condições para que a botoeira LIG 7 da PWC possa completar o circuito da bobina 7 e, assim, iniciar a partida da unidade central (PWC).

Em todos os contatos, foi colocada uma lâmpada sinalizadora L para o operador se certificar de que há corrente no circuito.

Este foi apenas um exemplo de circuito de controle com intertravamento. Usando contatores, botoeiras, chaves-boia, reversão e a imaginação do projetista, podem-se projetar diversos tipos de controle, cada qual adaptado às restrições impostas para o tipo de acionamento desejado.

Instalações supervisoras do funcionamento de equipamentos críticos

Há certos tipos de equipamentos que, por motivos de segurança de pessoas ou de danos materiais, não podem parar ou a sua parada deve ser logo constatada por avisos luminosos ou sonoros. Incluem-se nessas instalações as bombas de recalque de água ou esgotos, as bombas de incêndio, as bombas de drenagem de subsolos etc.

Nas Figuras 6.42 e 6.43, vemos dois diagramas funcionais das bombas, cujos quadros de força estão representados nas Figuras 6.44 e 6.45.

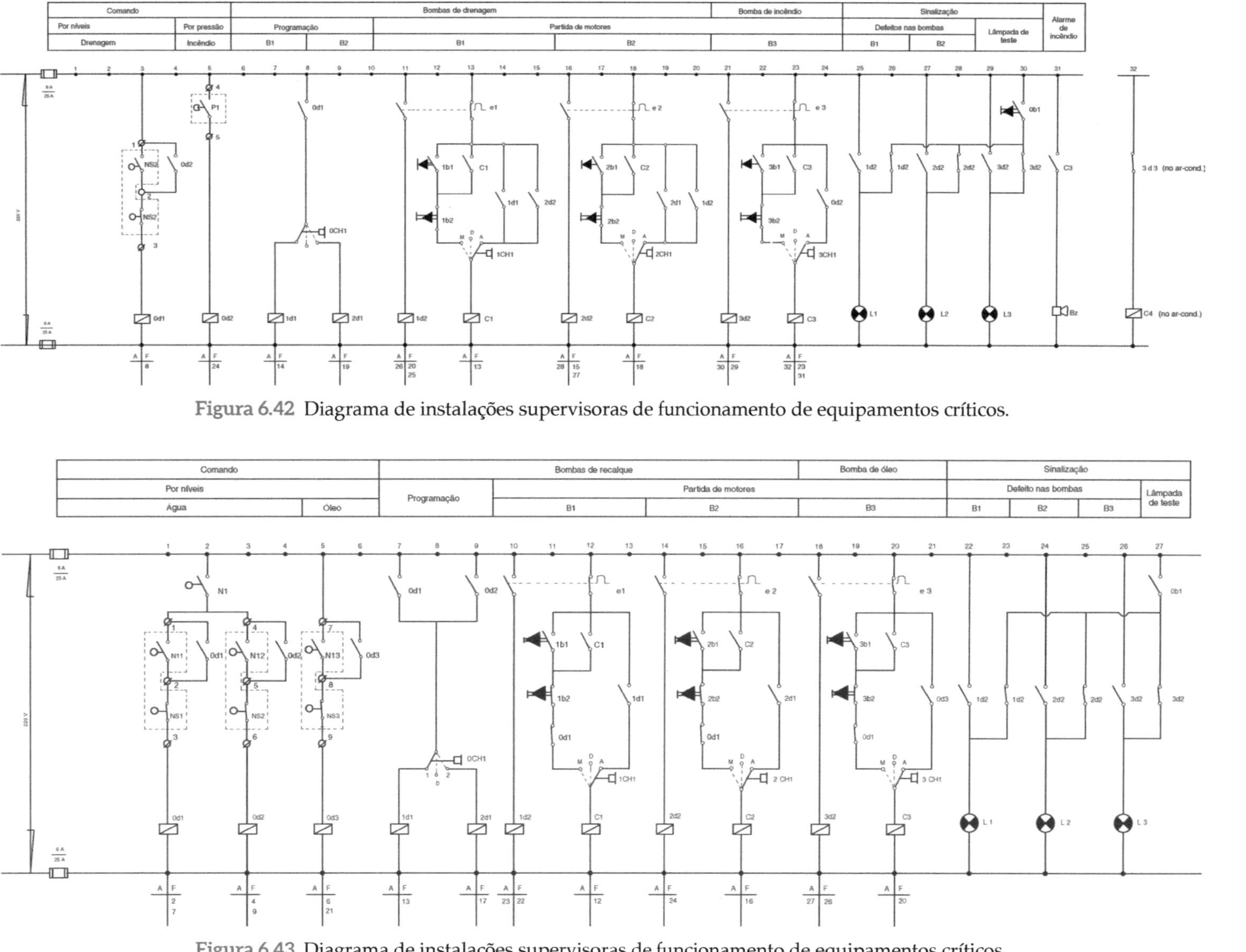

Figura 6.42 Diagrama de instalações supervisoras de funcionamento de equipamentos críticos.

Figura 6.43 Diagrama de instalações supervisoras de funcionamento de equipamentos críticos.

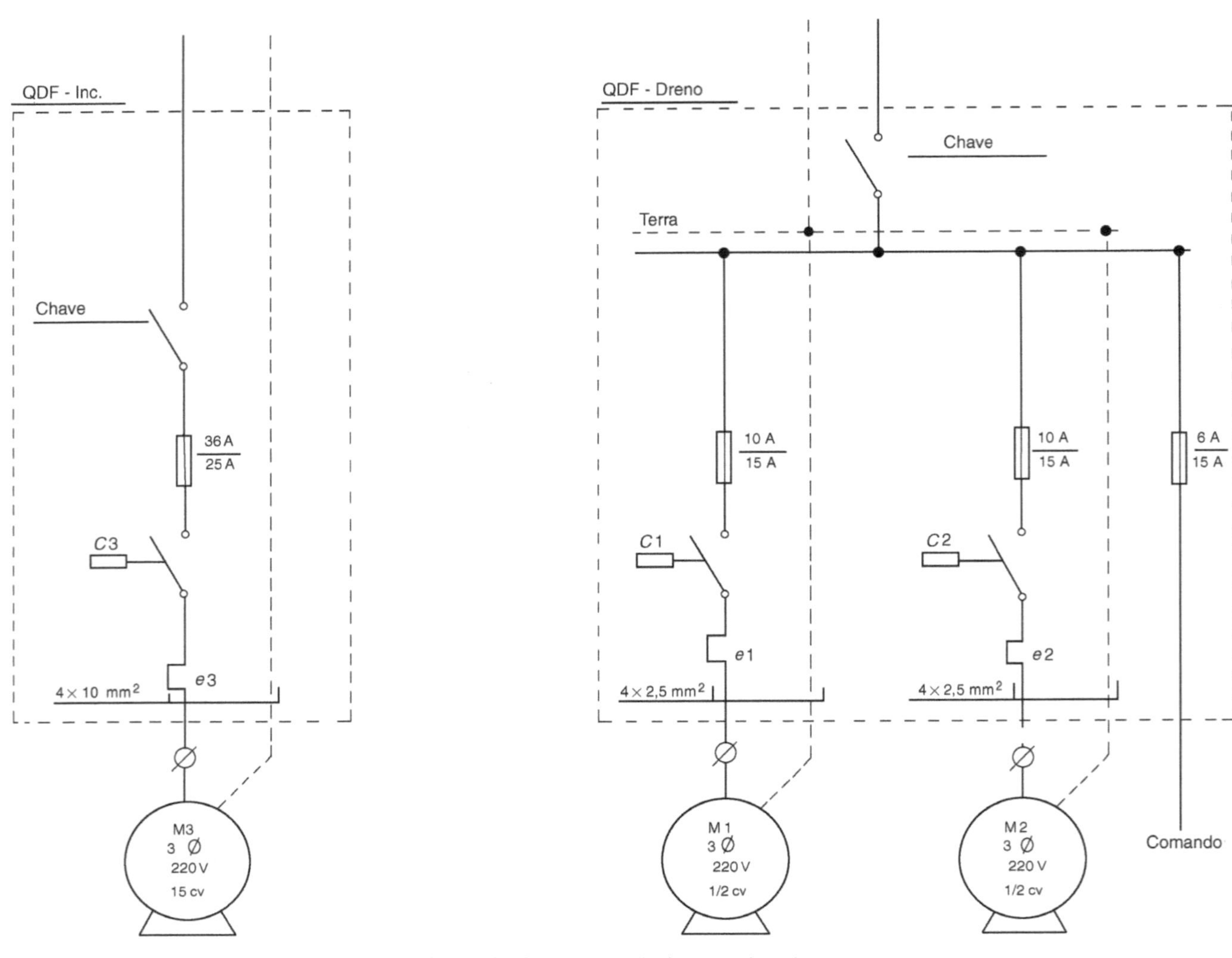

Figura 6.44 Quadros de força de bombas.

O comando das bombas pode ser por níveis e por pressão. Na parte inferior das figuras, está indicada a localização dos contatos que abrem e fecham.

Acompanhemos o funcionamento das bombas de drenagem (Figura 6.42).

Por comando de nível, a chave-boia NS2 fecha seu contato; a bobina 0*d*1 é energizada e, em 8, fecha o contato 0*d*1. Vamos supor que a chave reversora em 8 esteja ligada, como mostra a figura. Então é energizada a bobina auxiliar 1*d*1 em 7 e fechado o contato 1*d*1 em 14. Assim, é energizada a bobina *C*1 do contator da bomba que, desse modo, parte, fechando-se o contato *C*1 em 13. Se houver qualquer anormalidade na bomba, abre-se o relé térmico em 13 e fecha-se o contato em 11, energizando-se a bobina auxiliar 1*d*2, abrindo-se o contato 1*d*2 em 26 e fechando-se os contatos 1*d*2 em 20 e 1*d*2 em 25. Dessa maneira, energiza-se a bobina *C*2, partindo-se a bomba de reserva, fechando-se o contato *C*2 em 18 e acendendo-se a lâmpada *L*1, o que indica defeito na bomba de drenagem.

Vejamos agora o funcionamento da bomba de incêndio.Comandado por queda de pressão na tubulação de água, no momento em que é acionada a mangueira de incêndio, fecha-se o contato *P*1, localizado em 5. Assim, energiza-se a bobina 0*d*2, fechando-se o contato 0*d*2 em 24, que energiza a bobina *C*3, partindo-se a bomba de incêndio. Desse modo, abre-se o contato 3*d*3 em 32, desligando-se a bobina *C*4, que corta o sistema de ar-condicionado e liga-se o contato *C*3 em 31 acionando-se a buzina de alarme de incêndio. Caso haja defeito na bomba de incêndio, abre-se o relé térmico em 23 e fecha-se o

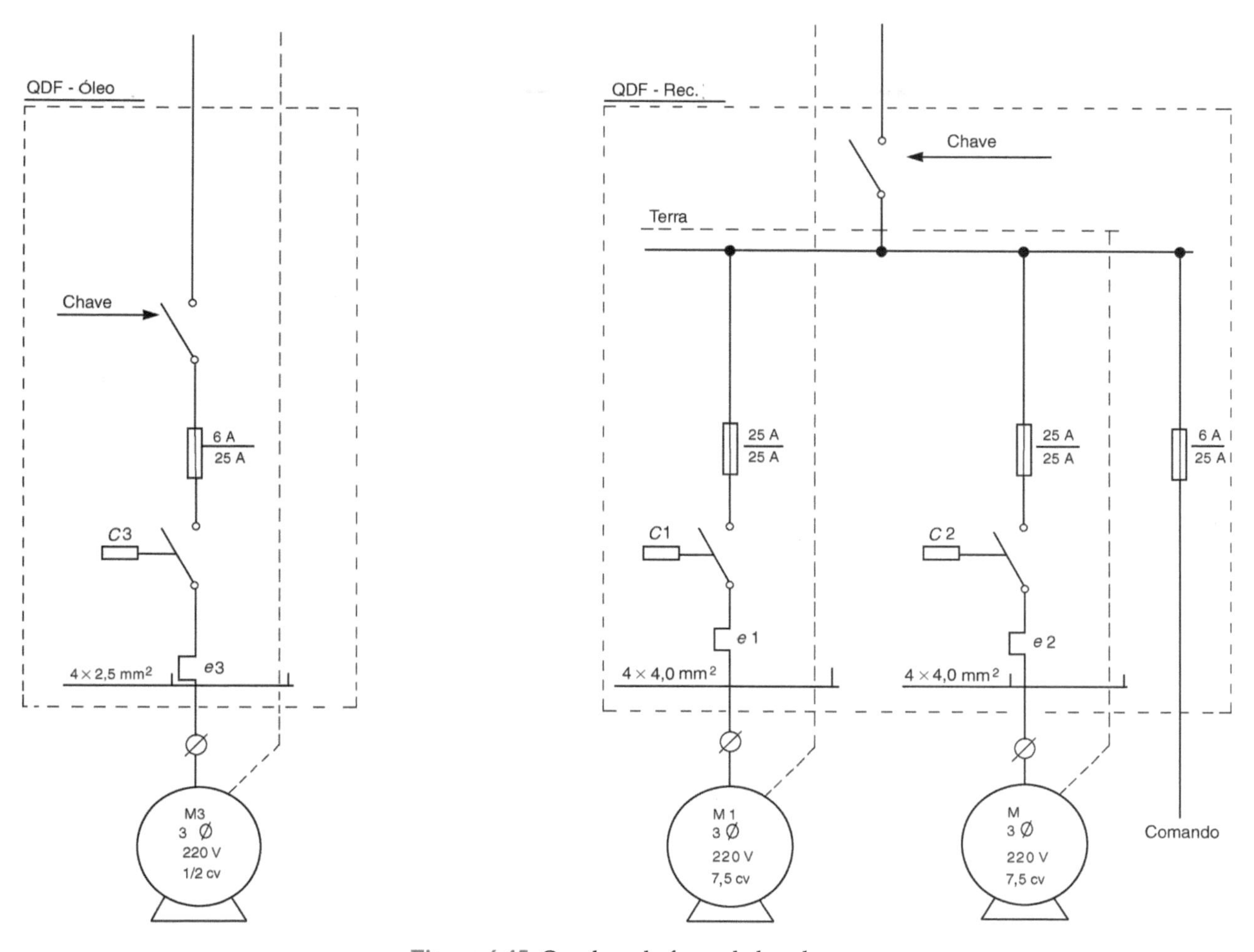

Figura 6.45 Quadros de força de bombas.

contato auxiliar em 21, energizando-se a bobina auxiliar 3*d*2. Assim, abre-se o contato 3*d*2 em 30 e fecha-se o contato 3*d*2 em 29, acendendo-se a lâmpada *L*3 em 29.

Nota: Localizada em 30, temos uma botoeira 0*b*1 que serve para checar se as lâmpadas estão em boas condições.

Agora estudemos o funcionamento das bombas-d'água *B*1 e *B*2 e de óleo *B*3 (Figura 6.43). Para as bombas-d'água, temos dois níveis a controlar: o da cisterna e o da caixa elevada (N1 e N11). Quando os dois contatos, N1 e N11, são fechados, energiza-se a bobina auxiliar 0*d*1 localizada em 1. Assim, fecham-se os contatos 0*d*1 em 2 e 7, energizando-se a bobina auxiliar 1*d*1, fechando-se o contato 1*d*1 em 13. Desse modo, energiza-se a bobina *C*1 e parte da bomba *B*1, fechando-se o contato *C*1 em 12. Caso haja defeito na bomba *B*1, abre-se o relé térmico em 12 e fecha-se o contato em 10, energizando-se a bobina auxiliar 1*d*2, abrindo-se o contato 1*d*2 em 23 e fechando-se 1*d*2 em 22, acendendo-se a lâmpada *L*1, o que indica defeito na bomba *B*1. Para a bomba *B*2, o funcionamento é semelhante. Para a bomba de óleo *B*3 funcionar, deve-se fechar a chave-boia N13 em 5, o que energiza a bobina auxiliar 0*d*3, que fecha o contato 0*d*3 em 6 e 21, energizando-se a bobina *C*3, que dá a partida na bomba *B*3. Se houver defeito em *B*3, abre-se o relé térmico em 20 e fecha-se o contato em 18, energizando-se a bobina 3*d*2, que abre o contato 3*d*2 em 27 e fecha o contato 3*d*2 em 26, acendendo-se a lâmpada de defeito *L*3. Do mesmo modo, a botoeira em 27 serve para teste das lâmpadas.

EXERCÍCIOS DE REVISÃO

1. Deseja-se instalar um motor de 100 cv (75 kW), trifásico com rotor em curto-circuito, tensão 220 V, 6 polos (1 200 rpm). A distância entre o motor e o painel elétrico é de 50 m. Calcular o alimentador pela capacidade de corrente, maneira de instalar nº 1, condutores PVC/70 (cobre).
2. Usar o mesmo exemplo, porém com dimensionamento pela queda de tensão, admitida como de 4 %.
3. Supondo, no Exercício 1, o motor partindo com tensão reduzida (letra-código E), qual será a capacidade da chave de proteção do alimentador contra curtos-circuitos?

   Usar as Tabelas 3.24 e 6.5.
4. Deseja-se saber a regulagem máxima da chave magnética de proteção do motor do Exercício 1, supondo-se que permite elevação de temperatura até 40 °C.
5. Deseja-se escolher um motor em 220 V, cujo torque nominal seja de 6 kgm e que, na partida, a relação TP/TN seja de 160 %, rotação 1 200 rpm (6 polos).

7 Geração Fotovoltaica

7.1 Introdução

Neste capítulo apresentaremos um estudo de caso prático de Geração Fotovoltaica (Distribuída – GD) conectada à rede da Distribuidora (*on-grid*).

O conceito da geração distribuída se refere à produção de energia no local de consumo ou em suas proximidades, diferindo-se da geração centralizada, em que grandes usinas geram energia longe dos centros de carga, dependendo das linhas de transmissão para o transporte dessa energia.

No Brasil, desde 2012 é possível que o consumidor gere a sua própria energia elétrica a partir de fontes renováveis ou cogeração qualificada, podendo inclusive fornecer o excedente da geração para a rede de distribuição da Distribuidora de energia da sua localidade.

Dentre os benefícios que a geração distribuída proporciona ao sistema elétrico, podemos citar: o adiamento na expansão do sistema de transmissão e distribuição de energia, sustentabilidade, diminuição do carregamento das redes, redução de perdas e também a diversificação da matriz energética.

Porém, devemos ter em mente alguns desafios provenientes do aumento de pequenos geradores espalhados pela rede de distribuição, tais como o aumento da complexidade da operação da rede e da forma de cobrança pelo uso do sistema elétrico, além da adequação dos procedimentos das distribuidoras para operar, controlar e proteger suas redes.

Com relação à fonte de energia, a solar fotovoltaica predomina na geração distribuída no Brasil, representando praticamente 100 % das instalações. Por isso, nossa análise será baseada em um exemplo de GD com um sistema fotovoltaico.

7.2 Regulamentação e Normas Técnicas

Conforme mencionado, a partir de 2012, pela Resolução Normativa nº 482/2012 da ANEEL, permitiu-se que o consumidor produza a sua própria energia estando conectado à rede de distribuição da Distribuidora.

Com relação aos limites de potência instalada nos sistemas de GD, atualmente é definida como microgeração distribuída a unidade geradora com potência de até 75 kW e minigeração distribuída a unidade com potência acima de 75 kW e menor ou igual a 5 MW, conectadas à rede por meio de unidades consumidoras.

Em novembro de 2015, foi publicada a Resolução Normativa nº 687/2015, que revisa a Resolução Normativa nº 482/2012 com o objetivo de desburocratizar e facilitar o acesso à rede pelo consumidor. Essa desburocratização foi vista principalmente na padronização de formulários e redução do prazo total para a Distribuidora conectar as usinas de até 75 MW, passando de 82 para 34 dias.

A nova regulamentação também permite o acúmulo de créditos de energia sempre que a quantidade de energia gerada em determinado mês for superior ao consumo no mesmo período. Os créditos têm validade de 60 meses e podem ser compensados em outra unidade consumidora, desde que a titularidade esteja sob o mesmo CPF ou CNPJ, e que essa outra unidade consumidora esteja na mesma área de atendimento da Distribuidora em que foi conectada a unidade geradora. Esse formato de compensação é intitulado autoconsumo remoto.

Um outro avanço da revisão foi a possibilidade de instalação de geração distribuída em condomínios (EMUC – Empreendimentos de múltiplas unidades consumidoras). Nesses casos, a energia gerada pode ser dividida entre os condôminos em porcentagens definidas pelos próprios consumidores.

Além do EMUC, foi criada a figura da "geração compartilhada", que permitiu que os consumidores se organizem em consórcios ou cooperativas para a instalação de uma unidade de micro ou minigeração, utilizando a energia gerada para o abatimento nas contas dos consorciados ou cooperados.

Por se tratar de um tema relativamente recente no Brasil, com a sua popularização foi necessária a criação de normas técnicas que padronizassem os requisitos mínimos para as instalações em sistemas fotovoltaicos e também a conexão destes à rede da Distribuidora. Na data da publicação deste livro, as normas em vigor que os instaladores e projetistas devem conhecer para evitar não conformidades são:

- ABNT NBR 5410:2004 – Instalações elétricas de baixa tensão;
- ABNT NBR 16149:2013 – Sistema fotovoltaicos (FV) – Características da interface de conexão com a rede elétrica de distribuição;
- ABNT NBR 16274:2014 – Sistemas fotovoltaicos conectados à rede – Requisitos mínimos para documentação, ensaios de comissionamento, inspeção e avaliação de desempenho;
- ABNT NBR 16690:2019 – Instalações elétricas de arranjos fotovoltaicos – Requisitos de projeto;
- ABNT NBR 5419-1:2015 – Proteção contra descargas atmosféricas;
- NR 10 – Segurança em instalações e serviços em eletricidade;
- NR 35 Trabalho em altura.

7.3 Estudo de Caso – GD com Sistema Fotovoltaico

Nesta etapa, iremos desenvolver as avaliações básicas para a implementação de um sistema fotovoltaico conectado à rede, passando pelo dimensionamento, projeto, homologação junto à Distribuidora, instalação e manutenção.

O estudo a seguir foi desenvolvido para apoiar e nortear os estudantes de engenharia, técnicos e interessados no tema com relação à elaboração de um projeto de geração distribuída. Entretanto, deve-se ter em mente que outras abordagens também podem ser consideradas para o desenvolvimento de um projeto de GD, afinal cada projeto e instalação possui características específicas.

Antes de iniciarmos o estudo de caso, vamos apresentar aqui os dois principais equipamentos de um sistema fotovoltaico conectado à rede:

- Inversor Fotovoltaico Conectado à Rede

Os inversores fotovoltaicos são equipamentos responsáveis pela conversão da energia elétrica produzida em corrente contínua pelos módulos fotovoltaicos para corrente alternada, de frequência e tensão compatíveis com a energia disponibilizada pela Distribuidora de distribuição de energia.

Atualmente, é possível encontrar inversores de *string* e inversores com tecnologia MLPE, estes últimos divididos em microinversores e inversores com otimizador de potência.

- Módulo Fotovoltaico

Os módulos fotovoltaicos são equipamentos que possuem a função de converter a energia solar incidente em energia elétrica.

Atualmente, temos duas principais tecnologias sendo comercializadas, os módulos fotovoltaicos de silício monocristalino e os de policristalino.

A produção de energia de um módulo fotovoltaico dependerá de uma série de fatores como nível de irradiação, ângulo azimutal, ângulo de inclinação com relação à superfície terrestre, temperatura, sujidade, sombreamento, dentre outros.

Para permitir a avaliação entre os diferentes módulos e diferentes fabricantes, foram estabelecidas condições padrões, chamadas STC (*Standard Test Conditions*) que têm por objetivo informar a eficiência de um módulo quando a temperatura da célula é de 25 °C, submetida a uma irradiância de 1 000 W / m^2 e massa de ar de 1,5.

7.3.1 Dimensionamento

O sistema que iremos estudar é de uma residência no município do Rio de Janeiro (RJ), área de concessão da Light, com padrão de fornecimento trifásico, classificado no grupo tarifário B.

Para iniciarmos o dimensionamento do sistema fotovoltaico, primeiramente será necessário definir, por meio do estudo do perfil de consumo da unidade, qual o consumo de energia que será suprido por esse gerador fotovoltaico. Nesse sentido, temos duas possibilidades: a primeira é analisar o histórico de consumo da residência nos últimos doze meses e a segunda, caso seja uma instalação nova, é verificar a potência de cada equipamento que será instalado e também identificar o tempo médio de uso estimado para que se possa estimar o consumo da instalação.

No caso em estudo, a avaliação foi realizada com base no consumo histórico dos últimos doze meses e na área disponível para a instalação do sistema, conforme a seguir:

Tabela 7.1 Consumo da residência (tabela cedida pela Energon Brasil)

Consumo mensal (kWh)	
Janeiro / 2019	930
Fevereiro / 2019	1 360
Março / 2019	1 150
Abril / 2019	820
Maio / 2019	800
Junho / 2019	660
Julho / 2019	560
Agosto / 2019	600
Setembro / 2019	570
Outubro / 2019	590
Novembro / 2019	850
Dezembro / 2019	740
Média	**803**

A partir da informação da média de consumo de 803 kWh por mês, podemos iniciar o dimensionamento do gerador fotovoltaico para suprir o referido consumo. Cabe ressaltar que outras possibilidades podem ser consideradas para o dimensionamento, como, por exemplo, o consumo mínimo ou o consumo máximo. Nesse caso foi adotado o consumo médio como referência a fim de evitar sobredimensionar ou subdimensionar o gerador fotovoltaico.

Existem *softwares* que auxiliam no dimensionamento do sistema, incluindo o estudo de sombreamento e elaboração de diagramas. Entretanto, para sistemas de menor porte como o que iremos analisar, é possível realizar o dimensionamento de forma mais simplificada com o apoio de uma planilha, por exemplo.

Um segundo passo adotado para otimizar o gerador fotovoltaico para o melhor custo-benefício é subtrair o custo de disponibilidade da Distribuidora do consumo médio. O custo de disponibilidade para consumidores monofásicos é de 30 kWh, bifásico de 50 kWh e 100 kWh para o trifásico. Portanto, consideraremos para os nossos cálculos um gerador que seja capaz de fornecer na média anual 703 kWh por mês.

Após identificar o consumo e as características de fornecimento da Distribuidora (tensão, potência, tipo do padrão de entrada de energia) devemos verificar também:

a) área disponível para a instalação dos módulos fotovoltaicos;
b) condições do local da instalação e necessidade de algum trabalho prévio à instalação do sistema fotovoltaico;
c) melhor orientação geográfica disponível para a instalação;
d) possíveis pontos de sombreamento;
e) local de instalação dos inversores.

Um fator limitador encontrado foi área disponibilizada para a instalação dos módulos fotovoltaicos, que nesse caso foi de 17 m². Veremos mais à frente que essa área não é suficiente para instalar um sistema fotovoltaico com capacidade de suprir os 703 kWh necessários.

Já com relação à orientação para a instalação dos módulos, temos presente a situação ideal, em que os módulos ficam voltados para o Norte, garantindo uma boa eficiência. Referente à angulação com a superfície, temos 20°. O ideal seria uma inclinação igual à latitude da região onde será feita a instalação, no caso do Rio de Janeiro aproximadamente 23°, mas normalmente o impacto não é grande o suficiente a ponto de inviabilizar uma obra ou requerer o uso de aparatos para realizar o ajuste.

Outro ponto favorável é que o sistema não estará sujeito a áreas de sombra em função de edificações vizinhas ou objetos como antenas, caixa-d'água etc.

Com as informações de quanto queremos gerar de energia com o gerador fotovoltaico e qual a área disponível para a instalação, calcularemos a seguir a potência do sistema para atender às duas variáveis.

Primeiramente, devemos conhecer a irradiação na área em que queremos instalar o sistema. Para isso, utilizamos a base de dados do CRESESB (www.cresesb.cepel.br/index.php?section=sundata), que reúne os dados da irradiação solar diária média mensal de qualquer ponto desejado em território nacional (ver Tabela 7.2).

Com base nas coordenadas geográficas da instalação, escolhemos os valores com a angulação, com relação à superfície, mais próximos da angulação real em que será feita a instalação. Esse valor corresponde às horas de sol pleno (HSP) e para o nosso caso foi considerada a angulação de 20° N.

Assim, escolhemos para esse projeto a utilização de módulos de 400 W, com 19,88 % de eficiência, com uma área de 2,01 m² por módulo. A escolha por esse módulo foi feita por ser o módulo mais eficiente encontrado comercialmente à época desse projeto, com o intuito de obter melhor aproveitamento da área disponível para a instalação.

Tabela 7.2 HSP – CRESESB

HSP = E(Wh/m²*dia)/G(W/m²) = Irradiação solar no plano inclinado – média mensal [kWh/m² · dia]	
Janeiro	5,53
Fevereiro	5,98
Março	5,19
Abril	4,89
Maio	4,36
Junho	4,23
Julho	4,11
Agosto	4,86
Setembro	4,66
Outubro	4,97
Novembro	4,77
Dezembro	5,29
Média	**4,90**

Fonte: Disponível em www.cresesb.cepel.br.

Vamos agora determinar a estimativa de geração mensal de um módulo. Como premissa para o cálculo, consideramos as perdas em aproximadamente 20 %, incluindo perdas no cabeamento CA (corrente alternada) e CC (corrente contínua), inclinação, temperatura, *mismatch*, sujeira e perdas no inversor.

Tabela 7.3 Produção de energia (tabela cedida pela Energon Brasil)

Mês	Energia média diária produzida por 1 módulo de 400 W (kWh)	Energia média mensal produzida por 1 módulo de 400 W (kWh)
Janeiro	1,75	54,22
Fevereiro	1,89	52,89
Março	1,65	51,02
Abril	1,56	46,93
Maio	1,40	43,55
Junho	1,37	41,04
Julho	1,33	41,26
Agosto	1,57	48,71
Setembro	1,51	45,16
Outubro	1,60	49,56
Novembro	1,53	45,82
Dezembro	1,69	52,24
Média	**1,57**	**47,70**

Sabendo a média mensal de geração de energia por um módulo, basta agora dividirmos o quanto queremos produzir de energia pela média:

$$\text{Quantidade de módulos} = \frac{\text{Consumo médio mensal (kWh)}}{\text{Energia média produzida (kWh)}} = \frac{703}{47{,}70} = 14{,}74 \text{ módulos}$$

Ou seja, para a geração média de 703 kWh, precisaríamos instalar 15 módulos fotovoltaicos de 400 W. Vamos agora verificar se a área disponível de 17 m^2 é suficiente para a instalação dos 15 módulos.

$$\text{Quantidade de módulos} = \frac{\text{Área disponível para instalação (m}^2\text{)}}{\text{Área de um módulo fotovoltaico (m}^2\text{)}} = \frac{17}{2{,}01} = 8{,}46 \text{ módulos}$$

Sendo assim, confirmamos que o fator limitador é a área disponível que permite a instalação de apenas 8 módulos fotovoltaicos, totalizando um sistema com potência instalada de 3 200 Wp, com base no módulo previamente escolhido de 400 W. É importante observar que, além do espaço para a instalação dos módulos, deve-se prever um espaço suficiente para o acesso a manutenções.

Para o dimensionamento do inversor fotovoltaico *on-grid* para o sistema, iremos avaliar as características técnicas do módulo escolhido e determinar um arranjo para a instalação.

- Potência 400 W
- Tensão de máxima potência (V_{MPP}) = 40,3 V
- Corrente de máxima potência (I_{MPP}) = 9,92 A
- Tensão de circuito aberto (V_{OC}) = 49,0 V
- Corrente de curto-circuito (I_{SC}) = 10,45 A
- Eficiência do módulo $\eta_m(\%)$ = 19,7

Consideramos para esse sistema um arranjo com uma *string* com 8 módulos em série. Nessa configuração, devemos buscar um inversor que atenda às seguintes características:

- Tensão máxima de entrada > 8 × 49,0 = 392 V
- Corrente máxima de entrada > 10,45 A
- Potência máxima de saída entre 2 400 W e 4 000 W

O inversor escolhido para esse projeto possui as seguintes características:

- Potência nominal = 3 000 W
- Corrente máxima de entrada por MPPT = 12 A
- Faixa de tensão MPP entre 200 V e 800 V
- Tensão inicial de operação = 80 V

A escolha do inversor deverá levar em conta fatores como a possibilidade de expansão futura, tensão mínima de operação, corrente máxima admissível por MPPT e perdas no sistema.

É importante observar no dimensionamento do inversor que não é interessante para nós que ele trabalhe a maior parte do tempo sub ou sobrecarregado. Assim, é preciso otimizá-lo para reduzir o custo da energia gerada.

Também devemos ter em mente que os módulos sofrem influência da temperatura e dificilmente irão atingir a sua potência nominal. Por isso é comum subdimensionar o inversor por conta de tal característica e também para obter um melhor custo-benefício com o sistema fotovoltaico.

Para o caso em estudo, o fator de dimensionamento do inversor (FDI) adotado foi de 0,9375, sendo o FDI a relação entre a potência nominal CA do inversor e a potência de pico do gerador.

Por último, apresentamos a seguir um resumo dos principais equipamentos selecionados para o sistema dimensionado e a expectativa de geração mensal.

Sistema FV conectado à rede de 3,2 kWp

- 8 módulos fotovoltaicos de 400 W conectados em série
  - 1 inversor *on-grid* de 3 000 W

Tabela 7.4 Geração estimada (tabela cedida pela Energon Brasil)

Mês	Geração estimada (kWh/mês)
Janeiro	433,76
Fevereiro	423,12
Março	408,13
Abril	375,45
Maio	348,40
Junho	328,34
Julho	330,07
Agosto	389,65
Setembro	361,26
Outubro	396,48
Novembro	366,55
Dezembro	417,94
Média	**381,59**

7.3.2 Projeto e homologação

Após a definição do tamanho do sistema fotovoltaico e dos principais componentes, é necessário elaborar o projeto e fazer a solicitação de acesso à rede da Distribuidora.

Para a microgeração com potência inferior a 10 kW, de acordo com a regulamentação vigente, é obrigatória a apresentação à Distribuidora do diagrama unifilar contemplando geração/proteção e medição; memorial descritivo do projeto; ART (Anotação de Responsabilidade Técnica) de projeto e execução; certificado de conformidade do inversor ou número de registro da concessão do Inmetro; formulário preenchido com os dados para registrar a central geradora junto à ANEEL; lista de unidades consumidoras que participarão do sistema de compensação (se houver) e os respectivos percentuais de rateio.

Já na microgeração com potência superior a 10 kW e na minigeração, além da documentação já mencionada, será necessário apresentar o diagrama trifilar, diagramas esquemáticos e funcionais, além de um descritivo operacional da planta de geração.

Caso seja um empreendimento com múltiplas unidades consumidoras e geração compartilhada, é mandatório apresentar a cópia do instrumento jurídico que comprove o compromisso de solidariedade entre os integrantes.

Exclusivamente para a minigeração, é preciso apresentar o estágio do empreendimento, cronograma de implantação e expansão.

Voltando agora para o nosso caso em estudo, referente a um sistema de microgeração com potência inferior a 10 kW, vamos apresentar o diagrama unifilar do projeto e comentar sobre os equipamentos especificados para o projeto.

Além dos módulos e inversores já especificados, deve-se observar do lado de corrente contínua:

- os cabos devem atender ao preconizado na ABNT NBR 16612, contando com proteção UV;
- o DPS do lado CC é específico para corrente contínua e para o sistema de energia solar, não sendo permitido a aplicação de DPS de corrente alternada no lado de

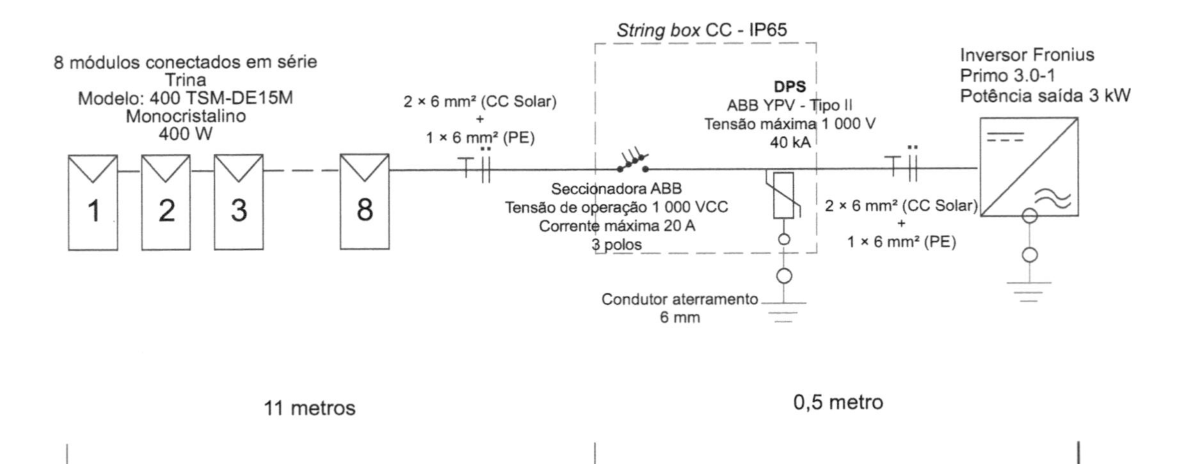

Figura 7.1 Diagrama unifilar – microgeração – módulos FV até inversor.

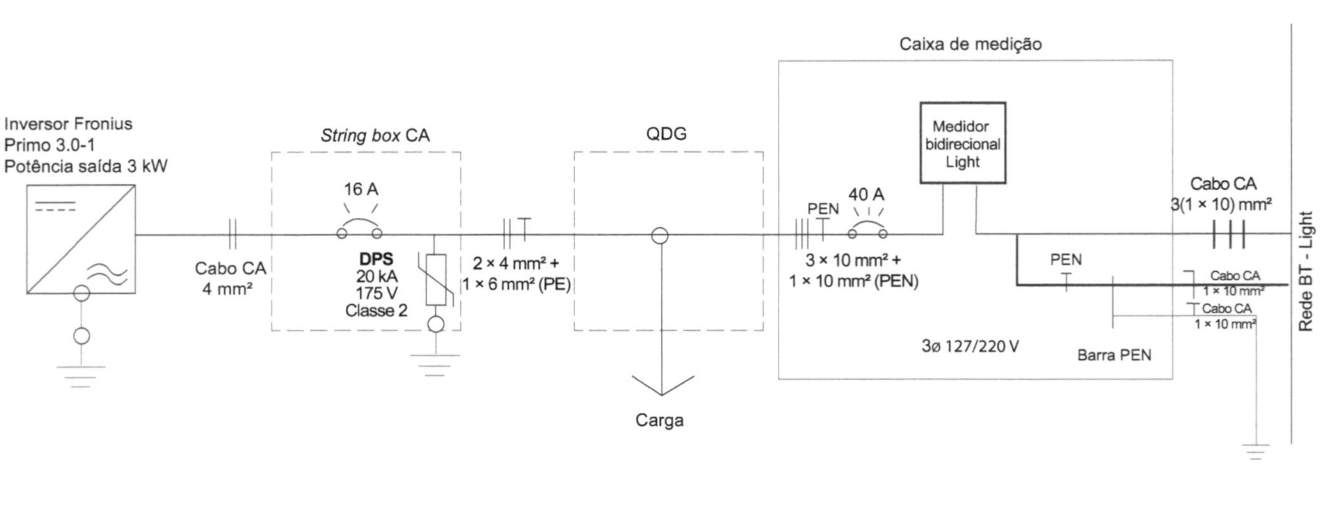

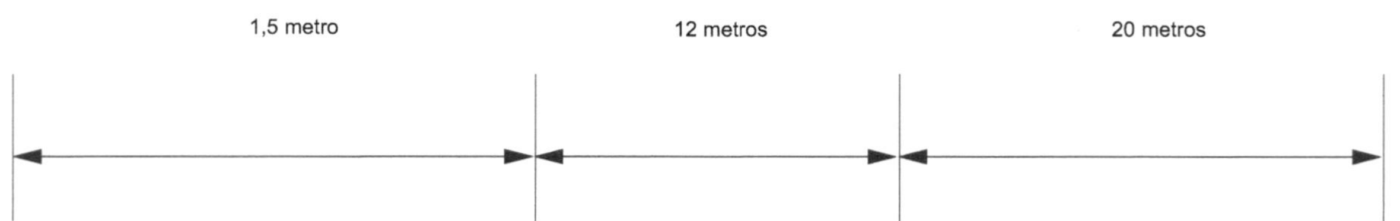

Figura 7.2 Diagrama unifilar – microgeração – inversor até medição.

corrente contínua, e por mais óbvio que isso possa parecer, esse é um dos erros mais encontrados;

- a chave seccionadora do lado CC também é específica para sistema de corrente contínua, sendo extremamente perigoso a aplicação de dispositivos de seccionamento de corrente alternada em corrente contínua, principalmente em razão da extinção do arco elétrico em corrente contínua, em que as câmaras de extinção destes dispositivos devem ser apropriadas para a extinção do arco em corrente contínua.

Já no lado CA, a instalação deve ser de acordo com o preconizado na ABNT NBR 5410. No estudo em questão, foi especificado:

- cabo de cobre estanhado CC de 6 mm² 0,6/1 kV 1 500 V_{CC} com proteção UV aplicado no lado CC da instalação;
- cabo de cobre para malha de aterramento de 6 mm² 750 V;
- cabo de cobre 4 mm² 750 V aplicado no lado CA da instalação até o ponto de conexão com a rede;
- na *string box* CC com IP65, utilizamos uma seccionadora de três polos com tensão máxima de 1 000 VCC e corrente máxima de 20 A;
- também na *string box* CC foram utilizados DPS Tipo II, 40 kA, 1 000 VCC;
- na *string box* CA foi utilizado um disjuntor para a proteção contra curto-circuito de 16 A e dois DPS CA 20 kA e 175 V.

Quanto ao aterramento do sistema, como a instalação é feita em um prédio já construído e sem possibilidade de se implementar uma malha de terra independente, foram utilizados o sistema TN-C, com o condutor PEN levado até o quadro de distribuição e, a partir do quadro de distribuição, o sistema TN-C-S, em que o condutor PEN foi conectado ao barramento de terra e, em seguida, derivado para o barramento de neutro, tendo a partir dali as funções de neutro e terra em condutores distintos.

7.3.3 Instalação do sistema

O sistema em estudo foi instalado na cobertura de um prédio em março de 2020. Os módulos foram posicionados sobre uma estrutura de madeira e apoiados sobre uma cantoneira de alumínio projetada para a fixação.

Um ponto importante na instalação é com relação aos condutores de fontes distintas que não podem estar em um mesmo conduto fechado. Ou seja, os condutores do lado de corrente contínua não devem estar no mesmo conduto dos condutores de corrente alternada, conforme indicado na ABNT NBR 5410.

Além disso, é importante atentar-se à instalação do cabeamento para minimizar a possibilidade da indução de surtos por descargas atmosféricas. Para isso, recomenda-se que os condutores sejam instalados em paralelo, ou seja, percorrendo o mesmo caminho desde a conexão do primeiro módulo da *string* até a *string box* CC, e que sua área de laço seja mínima.

Na Figura 7.5, é possível verificar a correta separação dos condutores de fontes diferentes. Na *string box* CC do lado esquerdo temos a chegada dos polos positivo e negativo da série de módulos e o condutor de aterramento, em que os três cabos seguem para o lado de entrada CC do inversor e da saída CA do inversor seguem para a *string box* CA, onde são feitas as conexões com o dispositivo de proteção CA e os DPS CA.

Outro ponto de atenção relaciona-se ao local de instalação das *string boxes* CC e CA, que devem ser instaladas em local que garanta o fácil acesso para manobras e manutenções.

Figura 7.3 Instalação – módulos fotovoltaicos. (Imagem cedida pela Energon Brasil.)

Figura 7.4 Instalação – módulos fotovoltaicos. (Imagem cedida pela Energon Brasil.)

Figura 7.5 Instalação – inversor e *string box* CC e CA. (Imagem cedida pela Energon Brasil.)

7.3.4 Comissionamento

Os ensaios de comissionamento devem ser realizados de acordo com a ABNT NBR 16274:2014.

A ABNT NBR 16274:2014 separa os ensaios em duas categorias: a categoria 1 para sistemas menores e de baixa complexidade, e os ensaios da categoria 2 são complementares aos ensaios da categoria 1 e indicados para sistemas maiores e mais complexos.

Os ensaios da categoria 2 só devem ser realizados após o sistema aprovado com os ensaios da categoria 1.

Os ensaios da categoria 1 incluem:

- ensaio do(s) circuito(s) CA segundo os requisitos da IEC 60364-6;
- continuidade da ligação à terra e/ou dos condutores de ligação equipotencial;
- ensaio de polaridade;
- ensaio da(s) caixa(s) de junção;
- ensaio de corrente da(s) série(s) fotovoltaica(s) (curto-circuito ou operacional);
- ensaio de tensão de circuito aberto da(s) série(s) fotovoltaica(s);
- ensaios funcionais;
- ensaio de resistência de isolamento do(s) circuito(s) CC.

Ensaios da categoria 2:

- ensaio de curva IV da(s) série(s) fotovoltaica(s);
- inspeção com câmera infravermelha.

Alguns ensaios adicionais são indicados em caso de requerimento específico do cliente ou ainda para a detecção de alguma falha ou anomalia que ainda não foi encontrada com os ensaios padrões. São eles:

- tensão de solo – para sistemas com aterramento resistivo;
- ensaio de diodo de bloqueio;
- ensaio de resistência de isolamento úmido;
- avaliação do sombreamento.

7.3.5 Monitoramento

Atualmente, a maioria dos inversores fornece por meio de sistema proprietário, normalmente *on-line*, os dados operacionais obtidos das séries fotovoltaicas.

Porém, também é possível implementar um sistema de monitoramento independente e com uma gama de informações maiores que certamente ajudarão o mantenedor a tomar melhores decisões e garantir a confiabilidade do sistema. No entanto, isso representa um custo a mais e normalmente não é viável para sistemas menores, mas sendo de grande valia para grandes sistemas e usinas.

Os dados comumente disponibilizados pelos inversores são as tensões e correntes do lado CC e do lado CA, potência, frequência da rede e temperatura.

Nas Figuras 7.6, 7.7 e 7.8, temos a tela inicial do sistema de monitoramento referente ao nosso caso em estudo e a tela em que é possível analisar os parâmetros medidos.

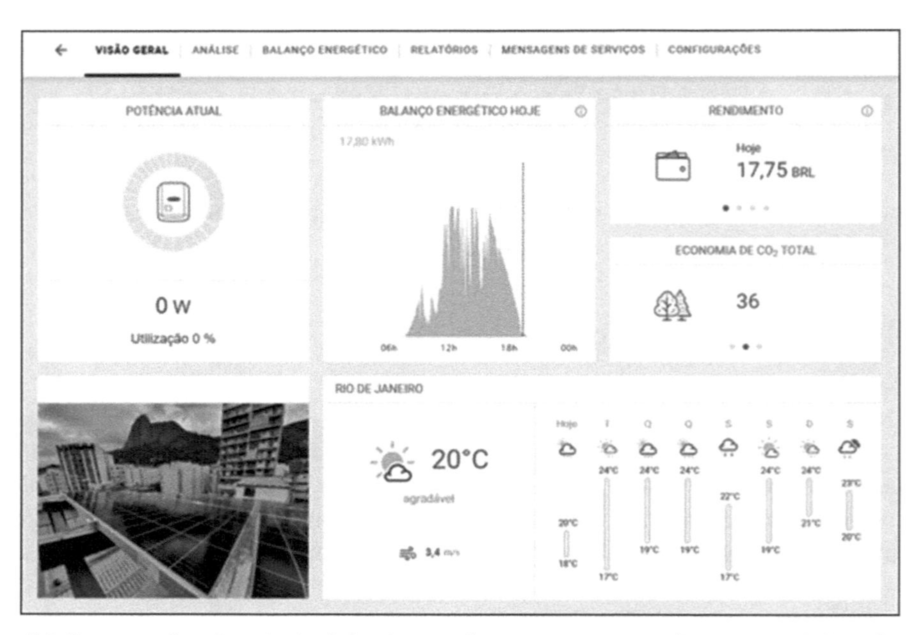

Figura 7.6 Imagem da tela principal do sistema de monitoramento. (Imagem cedida pela Energon Brasil.)

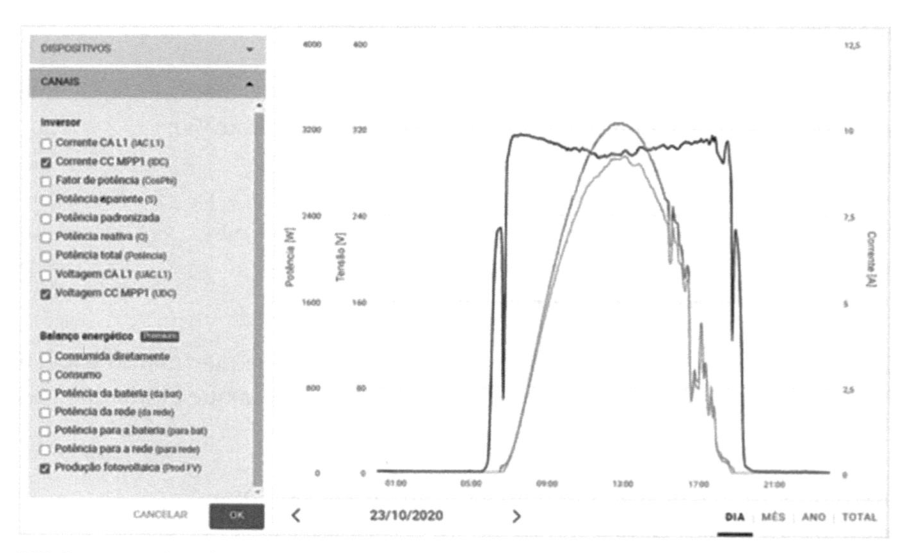

Figura 7.7 Imagem da tela com parâmetros disponíveis para monitoramento. (Imagem cedida pela Energon Brasil.)

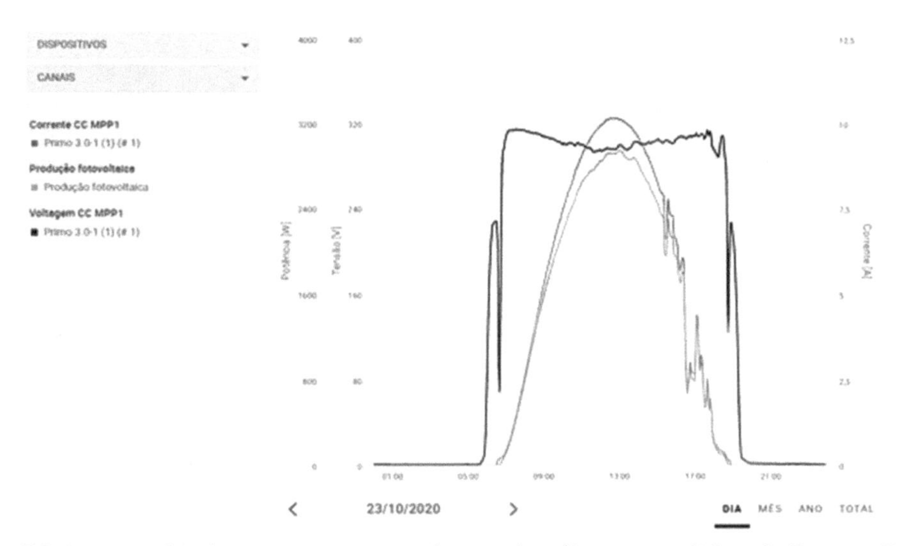

Figura 7.8 Imagem da tela com parâmetros selecionados. (Imagem cedida pela Energon Brasil.)

7.3.6 Manutenção

A manutenção preventiva de um sistema fotovoltaico é relativamente simples se comparada a outros sistemas de geração de energia.

Normalmente, para um sistema residencial na microgeração, as seguintes ações devem ser previstas:

- inspeção visual a fim de avaliar a condição física dos módulos e células fotovoltaicas, constatando que não existem sinais de descoloração ou rachaduras;
- avaliação de sombreamento em função do crescimento de alguma vegetação próxima ao sistema;
- limpeza com periodicidade máxima de um ano. Para ambientes mais sujeitos a poeira recomenda-se que seja feita a cada seis meses;
- medição da tensão de circuito aberto (V_{OC}) e da corrente de curto circuito (I_{SC}) para a avaliação de desempenho do gerador;
- reaperto de conexões e inspeção visual nos cabos e sua condição de isolamento;
- inspeção no aterramento dos módulos e estruturas.

É recomendada a limpeza dos módulos a cada seis meses e os testes elétricos anualmente.

A atividade de limpeza e inspeção visual muitas vezes pode ser efetuada pelo próprio usuário, desde que orientado para isso.

Os monitoramentos são um grande aliado na avaliação dos microgeradores, permitindo uma detecção rápida e simples de algum problema no sistema.

7.3.7 Avaliação de resultados

Agora iremos avaliar os resultados observados desde a instalação do sistema. Apesar de ainda não ter completado um ciclo anual de geração, já é possível verificar se a geração prevista em projeto está acontecendo na prática.

Desse modo, terminamos a nossa análise e, com os resultados que temos até o momento, podemos concluir que o sistema vem respondendo de forma muito satisfatória ao dimensionamento e às premissas adotadas, em que a diferença percentual entre geração efetiva e a geração estimada foi de apenas 0,03 %, um desvio considerado muito pequeno para esse dimensionamento.

Tabela 7.5 Geração estimada (tabela cedida pela Energon Brasil)

Mês	Geração estimada (kWh/mês)	Medição aferida (kWh/mês)	Percentual de geração estimada
Abril/2020	375,45	371,48	99
Maio/2020	348,40	349,43	100
Junho/2020	328,34	293,42	89
Julho/2020	330,07	306,37	93
Agosto/2020	389,65	403,34	104
Setembro/2020	361,26	382,83	106
Outubro/2020	396,48	422,02	106
Novembro/2020	366,55	ND	ND
Dezembro/2020	417,94	ND	ND
Janeiro/2021	433,76	ND	ND
Fevereiro/2021	423,12	ND	ND
Março/2021	408,13	ND	ND
Média (período de abril a outubro/2020)	**361,38**	**361,27**	**99,62**

Instalações de Para-raios Prediais

8

8.1 Generalidades sobre os Raios

8.1.1 Formação das nuvens de tempestade

A formação das nuvens de tempestade ocorre comumente nos finais de tarde (entre as 16 e as 18h), como consequência do aquecimento da Terra pelo Sol, que produz correntes ascendentes de ar úmido, as quais vão ao encontro de camadas mais altas e mais frias da baixa atmosfera. Sobre as montanhas, o horário mais propício para a formação dessas nuvens é entre as 13 e as 14h.

O processo de formação das nuvens de tempestades inicia-se com o aquecimento da mistura de ar e vapor d'água nos dias quentes, que se expande, diminui de densidade e sobe para camadas mais frias da atmosfera. Se nessas camadas a temperatura for igual ou inferior ao ponto de orvalho (ou de condensação), o vapor volta ao estado líquido sob a forma de gotículas, dando origem às nuvens.

As nuvens comuns – chamadas de *cumulus* – combinam-se em *cumulus congestus*, nuvens que produzem chuvas sem relâmpagos. Instabilidades térmicas na atmosfera promovem a transformação da nuvem *cumulus congestus* para *cumulonimbus* (Cbs), nuvens convectivas eletrificadas, as quais apresentam processos internos de transporte de massa, calor e cargas elétricas, com produção de um a quatro relâmpagos por minuto.

8.1.2 Separação de cargas nas nuvens

A descarga atmosférica é um processo de transformação de energia eletrostática em energia eletromagnética (ondas de luz e de rádio), térmica e acústica. Em estágios mais avançados de carregamento da nuvem, os valores de campo elétrico no nível do solo abaixo da nuvem atingem 10 kV/m (100 vezes maiores do que em condição de tempo bom) e, no interior da nuvem, os campos atingem centenas de milhares de volts por metro.

Esses processos de separação de cargas, na maioria das vezes (95 %), resultam em nuvens com uma estrutura elétrica tetrapolar, conforme mostra a Figura 8.1, com:

- centro de cargas principal positivo (cerca de 30 coulombs) – espalhado pela parte superior da nuvem, próximo ao topo;
- centro de cargas principal negativo (cerca de 30 coulombs) – concentrado em uma camada horizontal em uma região da nuvem em que a temperatura é de, aproximadamente, 210 °C;
- centro de cargas secundário positivo (cerca de 5 coulombs) – próximo à base da nuvem, formado por processo termoelétrico.

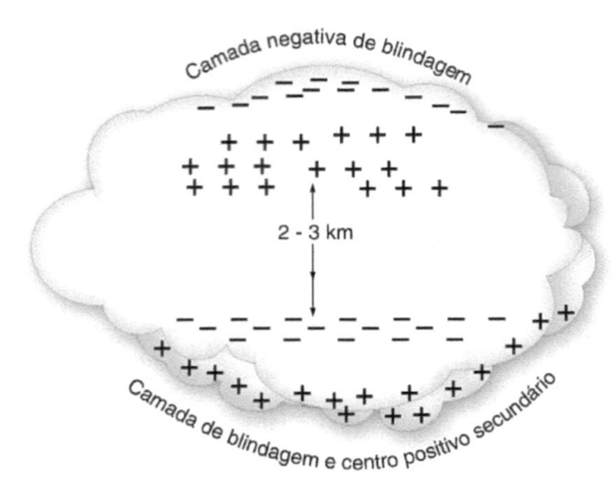

Figura 8.1 Estrutura elétrica de uma típica nuvem de tempestade.

8.1.3 Formação do raio

Os raios descendentes de polaridade negativa são os mais frequentes (90 % em estruturas com altura inferior a 100 m), de acordo com pesquisas realizadas em todo o mundo, e sua formação, de maneira geral, passa pelas seguintes etapas (Figura 8.2):

- a concentração de cargas na parte central da nuvem excede a suportabilidade do ar (de 10 a 30 kV / cm) e ocorre uma descarga;
- a descarga se propaga em direção às regiões da nuvem mais eletricamente carregadas, com intensa formação de descargas secundárias em forma de ramificações;
- uma descarga-piloto consegue sair da nuvem (cerca de apenas 15 % das que se formam no interior da nuvem), chamada de "líder escalonado" ou "líder descendente", e inicia uma descida em direção ao solo em saltos de direção aleatória, transportando uma carga negativa de 10 ou mais coulombs;
- cada salto possui a extensão de dezenas de metros e pode ser caracterizado por pulsos de corrente da ordem de 1 kA (valor de pico) com duração de 1 ms, espaçados por intervalos de 20 a 50 ms, resultando em uma corrente média de algumas centenas de ampères a uma velocidade média de descida da ordem de 200 km / s;
- essa descida do raio em saltos discretos é atribuída, entre outros fatores, ao efeito do vento, que dispersa a frente de ar ionizado e impõe um processo intermitente de ionização e ruptura do dielétrico do ar;
- próximo ao solo, o campo elétrico, associado a uma diferença de potencial superior a 1 MV entre o "líder descendente" e a terra, promove o rompimento do dielétrico do ar nas irregularidades do terreno, propiciando a formação de *streamers*;

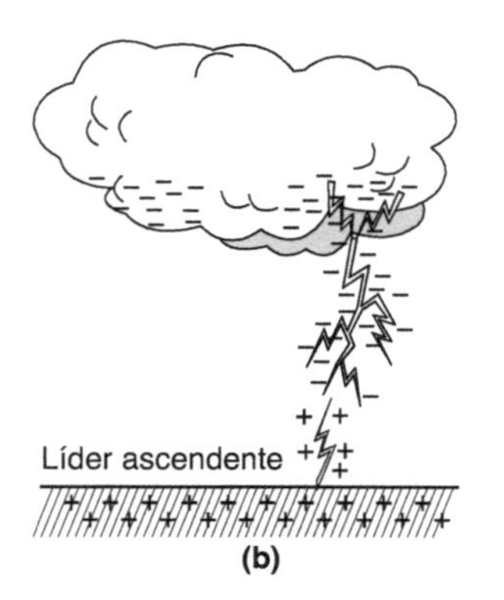

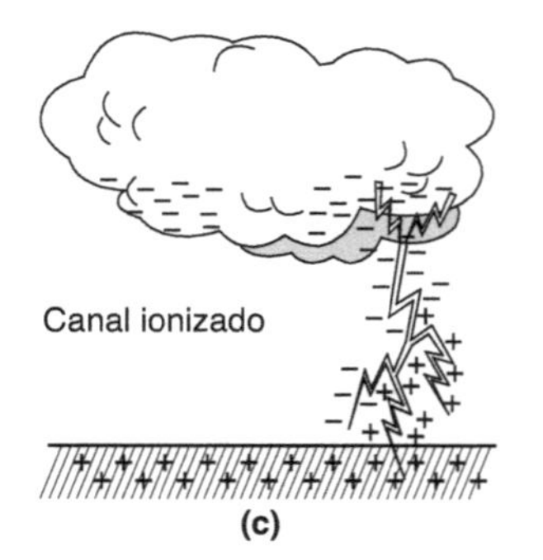

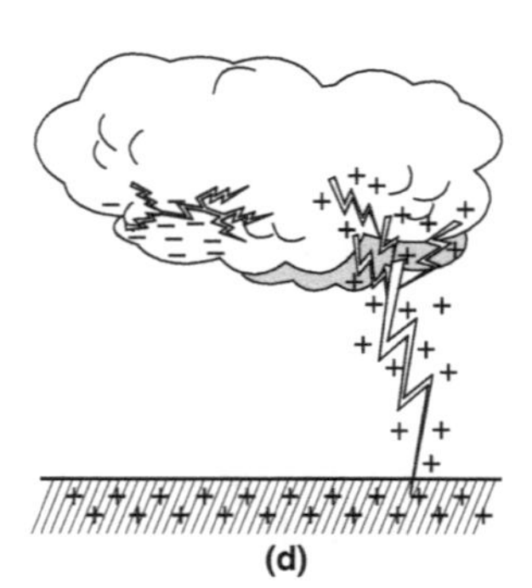

Etapas de formação do raio.

Figura 8.2 Etapas de formação do raio.

- quando um "líder descendente" encontra o "líder ascendente", ou o solo na falta do mesmo, estabelece-se um canal condutor ionizado entre a nuvem e o solo, por onde circula a descarga de retorno;
- a extensão do salto inicial da descarga de retorno é proporcional à intensidade da sua corrente (para uma descarga de 10 kA, o salto é da ordem de 45 metros), com uma velocidade de subida próximo ao solo na faixa de 1/3 da metade da velocidade da luz, diminuindo à medida que se aproxima da nuvem, e um tempo de trajeto da ordem de 100 ms;
- após a descarga de retorno, que se constitui na componente mais intensa do relâmpago e responsável pela sua luminosidade, podem ocorrer outras pelo mesmo canal, de polaridades alternadas e intensidades usualmente menores, e o tempo típico de duração de relâmpago é da ordem de meio segundo.

A Figura 8.3 apresenta as quatro alternativas possíveis para descargas para o solo, que se distinguem pela origem e polaridade da descarga inicial, a saber:

1) raio nuvem-solo de polaridade negativa;
2) raio solo-nuvem de polaridade positiva;
3) raio nuvem-solo de polaridade positiva;
4) raio solo-nuvem de polaridade negativa.

Dependendo do percurso do raio, as descargas atmosféricas podem ser classificadas de acordo com as seguintes categorias: intranuvens (mais de 50 % dos raios), internuvens, para a terra, para o ar e para a ionosfera.

8.1.4 Parâmetros dos raios

As variáveis mais importantes associadas às descargas atmosféricas são:

- frequência de ocorrência;
- intensidade e polaridade da corrente;
- ângulo de incidência.

O índice que indica os níveis de incidência de raios em determinado local é o índice de Densidade de Descargas Atmosféricas – Ng. A norma NBR 5419:2015 – Parte 2, Anexo F, apresenta os mapas do Brasil e das quatro regiões com as Densidades de Descargas Atmosféricas – Ng, gerados pelo ELAT/INPE, parâmetro mais adequado para o dimensionamento do Sistema de Proteção contra Descargas Atmosféricas – SPDA. A Figura 8.4 apresenta o mapa dos valores de Ng para o Brasil.

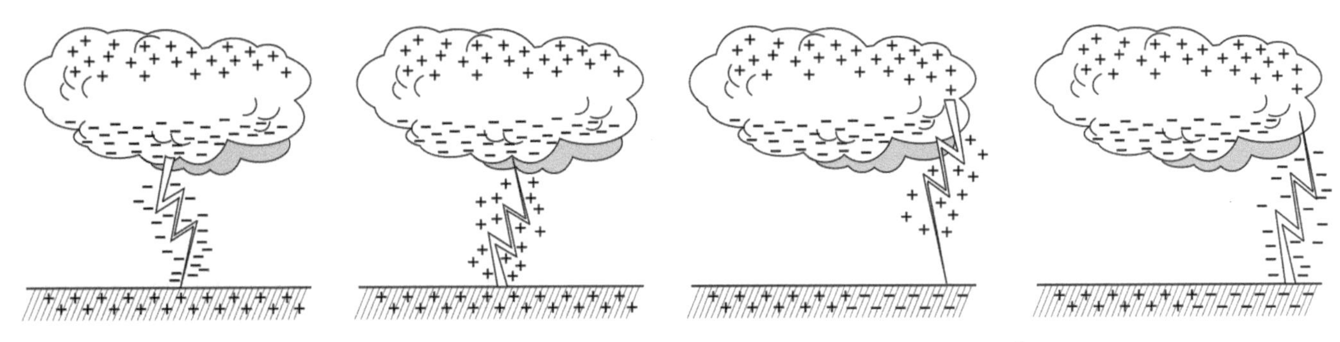

Figura 8.3 Quatro alternativas possíveis para descargas nuvem-solo.

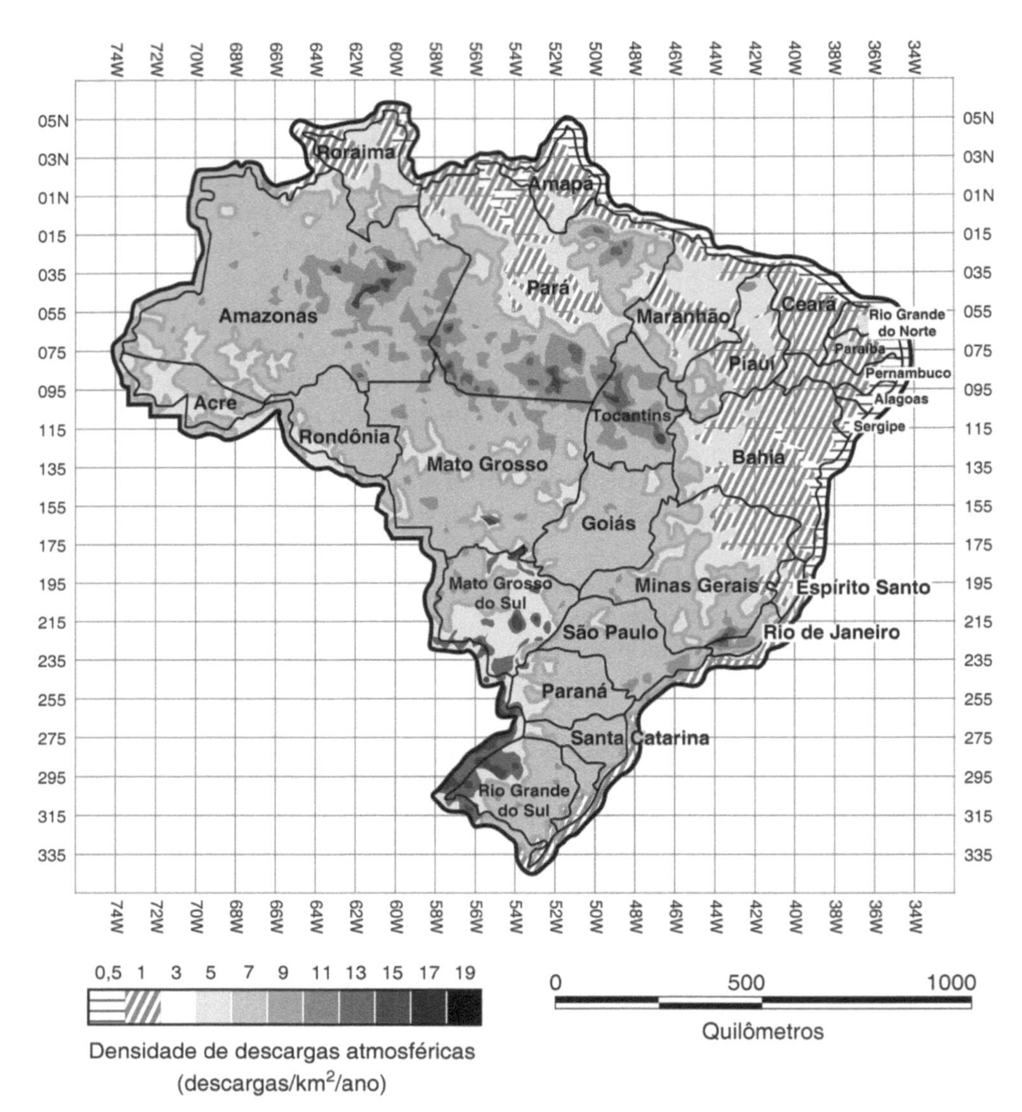

Figura 8.4 Densidade de descargas atmosféricas – Ng. Mapa do Brasil (descargas atmosféricas/ km²/ano). (Adaptado de http://www.inpe.br/webelat/ABNT_NBR5419_Ng.)

Definimos que a probabilidade de uma estrutura ser atingida por um raio em um ano é dada pelo produto da densidade de descargas atmosféricas para a terra pela área de exposição equivalente da estrutura (Subseção 8.4.3).

O valor da corrente de crista de uma descarga apresenta uma distribuição estatística, na qual se tem uma relação inversa entre a intensidade da corrente e a sua probabilidade de ocorrência. A Tabela 8.1 apresenta os valores de probabilidade P (%) de ocorrência de uma descarga com valor de pico da corrente superior à corrente I (kA).

Tabela 8.1 Valores de probabilidade P (%) em função da corrente de descarga I (kA) (Tabela A.3 da NBR 5419:2015 – Parte 1)

***I* (kA)**	0	3	5	10	20	30	35	40	50	60	80	100	150	200	300	400	600
***P* (%)**	100	99	95	90	80	60	50	40	30	20	10	5	2	1	0,5	0,2	0,1

8.2 Sistemas de Proteção contra Descargas Atmosféricas – SPDA

As descargas atmosféricas podem ser diretas ou indiretas. Edificações em geral e linhas de transmissão de energia são estruturas que devem ser protegidas contra a incidência direta de raios. É também adequado que instalações de eletroeletrônicos sejam protegidas contra os efeitos indiretos dos raios, que se traduzem em surtos induzidos (por acoplamento indutivo ou capacitivo) ou injetados (por acoplamento resistivo, via aterramento), os quais podem danificar as linhas de energia e de sinal, bem como os equipamentos terminais.

O Sistema de Para-raios e Aterramentos não protege equipamentos eletrônicos sensíveis contra tensões induzidas. Esse é um assunto afeto à compatibilidade eletromagnética, tema que é abordado na Seção 4.8 e na Parte 4 da NBR 5419:2015.

Descargas atmosféricas diretas são aquelas que incidem diretamente sobre edificações, linhas de transmissão de energia ou qualquer outra instalação exposta ao tempo. Os sistemas de proteção contra descargas atmosféricas (SPDA) diretas podem ser divididos, classicamente, em três partes, a saber:

- rede captora de descargas – elementos horizontais (condutores suspensos ou em malhas) e elementos verticais (hastes e mastros);
- descidas;
- aterramentos.

A rede de interligação dos aterramentos e das massas metálicas da instalação, em uma concepção mais atual, pode ser considerada a quarta parte dos sistemas de proteção contra descargas atmosféricas.

Os sistemas de proteção contra descargas atmosféricas diretas têm por objetivo básico interceptar raios e conduzi-los à terra. Considerando a complexidade do fenômeno e as simplificações contidas nos modelos, não se pode obter uma proteção com 100 % de garantia, o que significa dizer que, por melhor que seja dimensionado o sistema de proteção de uma estrutura, ela poderá, eventualmente, ser atingida por um raio, especialmente pelos de menor intensidade.

Os danos causados por um raio são proporcionais à energia contida nele, que, por sua vez, é em função do quadrado da sua intensidade de corrente.

Portanto, tem-se que, para uma edificação provida de sistema de proteção contra raios adequadamente dimensionado, pode-se esperar as seguintes reduções na sua vulnerabilidade às descargas diretas:

- drástica redução da ocorrência de danos por quedas diretas (falhas de blindagem);
- danos de menor magnitude – quando ocorrerem –, em razão de as falhas de blindagem estarem associadas a raios de baixa intensidade de corrente.

As características e o dimensionamento da rede captora de um sistema de proteção contra descargas atmosféricas diretas de uma edificação são determinadas pelos aspectos geométricos da estrutura a ser protegida e pelo nível de proteção considerado.

A Tabela 8.2 apresenta as quatro classes do SPDA (I a IV) que correspondem aos níveis de proteção para descargas atmosféricas definidos na NBR 5419:2015 – Parte 1.

As quatro classes do SPDA (I, II, III e IV) são definidas por um conjunto de regras de construção, baseadas nos correspondentes níveis de proteção (NP). Cada conjunto inclui regras dependentes do nível de proteção (por exemplo, raio da esfera rolante, largura da malha etc.) e regras independentes do nível de proteção (por exemplo, seções transversais de cabos, materiais etc.).

A classe do SPDA requerido para a instalação deve ser selecionada com base em uma avaliação de risco conforme a NBR 5410:2015 – Parte 2 (ver Subseção 8.4.3).

Tabela 8.2 Relação entre níveis de proteção para descargas atmosféricas e classe do SPDA

Nível de proteção	Classe do SPDA
I	I
II	II
III	III
IV	IV

O bom projeto de uma rede captora de descargas diretas não deverá, porém, atender apenas à solução geométrica, uma vez que os aspectos de estética (impacto visual) e de custo (executabilidade do projeto) são também variáveis importantes a serem consideradas.

São três os modelos de proteção admitidos pela normalização brasileira, a saber: Modelo Eletrogeométrico, Método de Franklin e Método de Faraday.

8.2.1 Modelo eletrogeométrico (Método da esfera rolante)

O modelo eletrogeométrico (MEG) resgatou, com um atraso de quase 100 anos, porém embasado em extensivo trabalho de pesquisa, o modelo sugerido por Preece em 1881, que previa que o volume de proteção de um elemento captor seria definido por um cone com vértice na extremidade do captor, delimitado pela rotação de um segmento de círculo tangente ao solo. O raio desse segmento de círculo é em função do nível de proteção desejado para a instalação.

O MEG para aplicação na proteção das estruturas admite as seguintes hipóteses simplificadoras:

- só são consideradas as descargas negativas iniciadas nas nuvens;
- o líder descendente é único (não tem ramificações);
- a descarga final se dá para o objeto aterrado mais próximo, independentemente de sua massa ou condições de aterramento;
- as hastes verticais e os condutores horizontais têm o mesmo poder de atração;
- a probabilidade de ser atingida uma estrutura aterrada ou o plano de terra é a mesma se o líder estiver à mesma distância de ambos.

A Figura 8.5 ilustra a aplicação do modelo eletrogeométrico a uma igreja, onde se verifica que o para-raios existente no topo do campanário protege apenas uma parte da igreja (deixando desprotegida a quina acima da curva cheia), fazendo-se necessário mais um para-raios na ponta da nave da igreja para complementar a proteção. De acordo com esse modelo, os pontos do segmento de círculo determinam o lugar geométrico dos possíveis locais de onde pode partir o "líder ascendente", que vai ao encontro do "líder descendente" localizado no centro do círculo, de modo a completar o canal ionizado, por onde se fará a descarga de retorno.

No MEG, a distância de atração, ou raio de atração R_a, é calculada por $R_a = a \cdot I^b_{\text{máx}}$ em que $I_{\text{máx}}$ é o valor de pico da corrente de retorno do raio, e as constantes a e b variam conforme diferentes propostas de vários pesquisadores. Quando aplicado às estruturas, a norma NBR 5419:2015 adota $a = 10$ e $b = 0{,}65$:

$$R_a = 10 \cdot I^{0,65}_{\text{máx}}.$$

O modelo eletrogeométrico é compatível com a constatação prática de que estruturas muito altas são suscetíveis de ser atingidas por descargas laterais. Efetivamente, se a estrutura tiver uma altura superior à distância *R*, um elemento captor no seu topo não garantirá uma proteção adequada, pois o segmento de círculo tangente ao solo tocará lateralmente na estrutura, conforme mostra a Figura 8.6.

A análise até aqui apresentada foi conduzida considerando-se apenas duas dimensões. A extensão desse modelo para três dimensões resulta no conceito da "esfera rolante", graficamente apresentado na Figura 8.7. A esfera vem a ser o lugar geométrico de todos os pontos de onde poderá partir um "líder ascendente" em direção ao "líder descendente" localizado no seu centro.

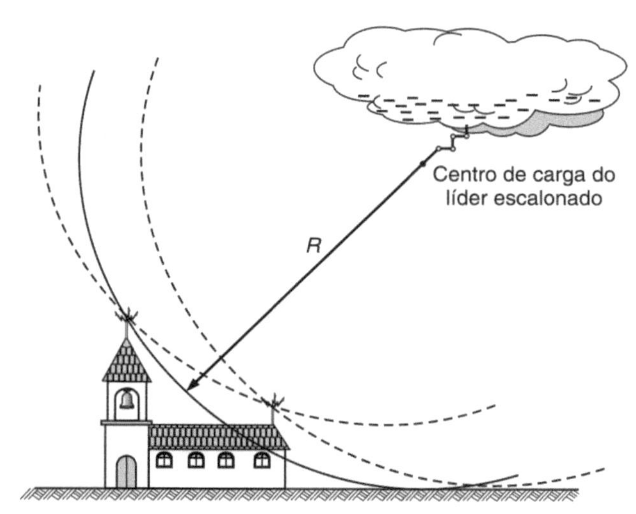

Figura 8.5 Princípio da proteção pelo modelo eletrogeométrico.

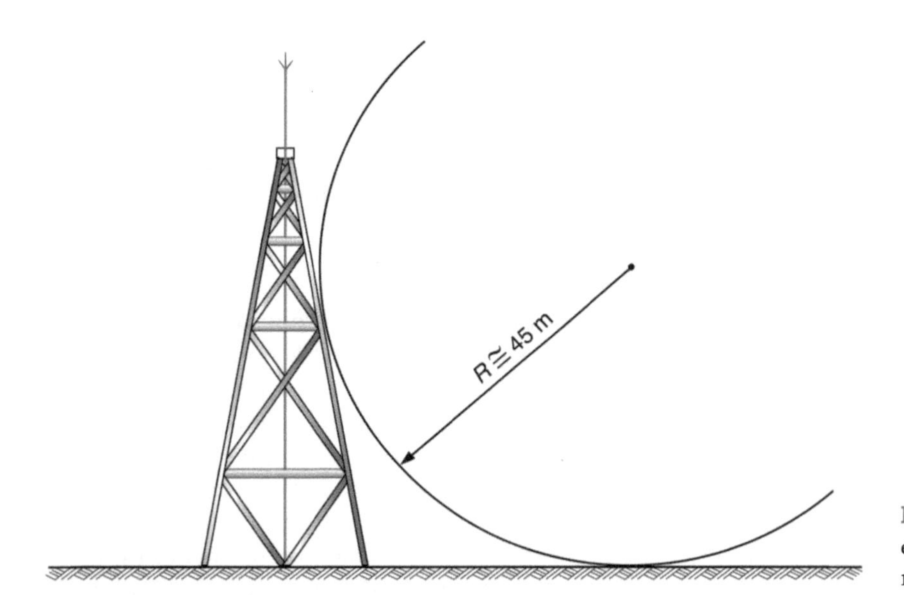

Figura 8.6 Aplicação do modelo eletromagnético a uma estrutura muito alta.

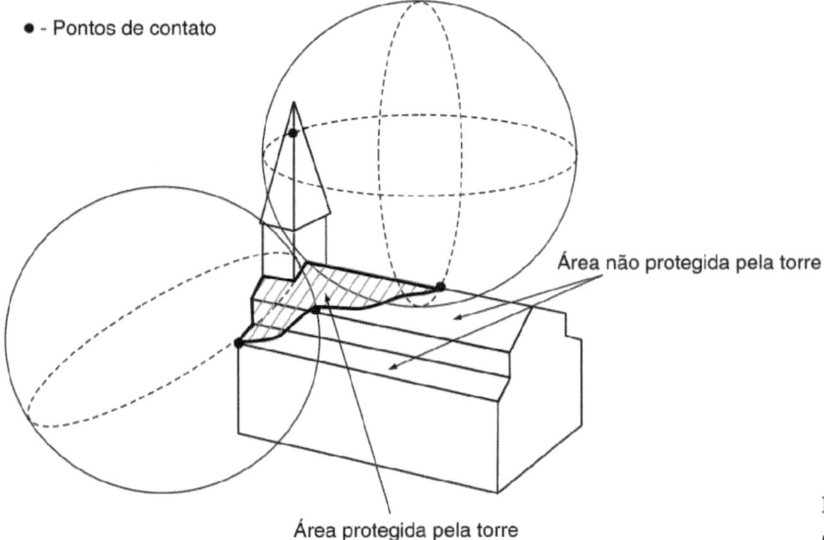

Figura 8.7 Exemplo de volume de proteção definido por uma "esfera rolante".

Pode-se visualizar que, se essa esfera for rolada por toda a área de uma instalação protegida por determinada geometria de elementos captores, ela não poderá nunca tocar em qualquer parte que não seja elemento captor. As partes da edificação eventualmente tocadas pela esfera poderão ser consideradas falhas de blindagem e serão pontos suscetíveis de serem atingidos por uma descarga atmosférica direta.

É importante observar que essa esfera, ao ser rolada por uma área com muitas edificações, tocará apenas nas suas partes mais altas. Tem-se, portanto, que o correto dimensionamento de um sistema de proteção contra descargas atmosféricas de uma instalação complexa, ou localizada próximo a outras estruturas de dimensões semelhantes ou maiores, deve considerar o conjunto de estruturas e de edificações, e não cada uma em separado. Esse tipo de consideração permite a execução de projetos mais econômicos e de menor impacto visual, que se beneficiam do efeito de proximidade entre elementos captores de estruturas próximas.

8.2.2 Método de Franklin (Método do ângulo de proteção)

O Método de Franklin nada mais é do que um caso particular do MEG, em que o segmento de círculo é aproximado por um segmento de reta, tangente ao círculo na altura do captor. Em termos geométricos, é de mais fácil aplicação do que o MEG, porém pode resultar em um sistema superdimensionado, uma vez que o volume de proteção proporcionado pelo segmento de círculo sempre será superior ao proporcionado pelo segmento de reta.

Esse método é geralmente empregado para edificações de pequenas dimensões.

8.2.3 Método de Faraday (Método das malhas)

Nesse sistema de proteção, uma rede de condutores, lançada na cobertura e nas laterais da instalação a ser protegida, forma uma blindagem eletrostática, destinada a interceptar as descargas atmosféricas incidentes. Elementos metálicos estruturais, de fachada e cobertura podem integrar essa rede de condutores desde que atendam a requisitos específicos.

Edificações com estrutura metálica na cobertura e continuidade elétrica nas ferragens estruturais e aterramento em fundação (ou anel) têm bom desempenho como Gaiolas de Faraday. Galpões em estrutura metálica (colunas e cobertura) constituem-se em Gaiolas de Faraday naturais, que devem ser complementados com um aterramento adequado, preferencialmente integrado às armaduras das fundações. Mesmo quando recoberta por telhas de fibrocimento, a estrutura metálica exercerá a sua função de proteção, cabendo aos ganchos metálicos de fixação das telhas na estrutura a função de captação das descargas. Nesse caso, quando da incidência de uma descarga, o súbito deslocamento de ar poderá quebrar uma telha.

O Método de Faraday é também aplicável a edificações de grande área de cobertura (usualmente prédios industriais), em que a adoção de outras técnicas de dimensionamento da rede captora implica a utilização de grande número de mastros captores, os quais demandam uma ampla rede de condutores de interligação que, por si só, já é uma aproximação de uma Gaiola de Faraday. Frequentemente esse tipo de prédio é construído com telhas de concreto protendido, com grande vão livre. Nesse caso, é importante evitar a incidência de descargas diretas nessas telhas, pois a corrente procurará a ferragem da estrutura, dando origem ao risco de rachadura do concreto e de danos na ferragem estrutural ou de exposição desta última ao tempo.

As estruturas altas podem estar sujeitas a descargas laterais, como se tem observado. Edifícios excedendo 20 a 30 metros de altura devem, portanto, ser providos de elementos captores nas fachadas. Revestimentos, caixilhos de janelas, trilhos, condutores de descida e outros elementos metálicos presentes nas fachadas da estrutura podem ser usados com essa finalidade.

8.3 Descidas

Tais condutores, que podem ser considerados parte da malha de aterramento, devem ser múltiplos, de modo a reduzir a impedância entre os elementos captores e a malha de aterramento, para distribuir a corrente de descarga por diversos condutores e por segurança, no caso de alguma descida se romper ou apresentar problema em uma conexão. No mínimo, deverão ser instaladas duas descidas, independentemente de o cálculo efetuado indicar um valor menor.

Do ponto de vista da compatibilidade eletromagnética, esses múltiplos condutores contribuem para limitar os efeitos indutivos no interior da edificação, desde que não estejam muito próximos a aparelhos eletrônicos ou sistemas sensíveis.

Em edificações de pequeno porte, as descidas podem constituir a única conexão entre os elementos captores e a malha de aterramento. É possível que esse arranjo seja pouco eficiente nas edificações de maior porte, com estruturas metálicas ou com maior número de pavimentos. Nesses casos, a melhor solução, do ponto de vista da compatibilidade eletromagnética, é ter os elementos de captação e descida não isolados das estruturas, e sim conectados a sistemas de aterramento em cada pavimento ou a cada conjunto de pavimentos.

Neste último caso, considerando-se que a corrente de raios é de natureza impulsiva, a maior parte da corrente do raio permanecerá nos condutores externos, em razão da interação de campos eletromagnéticos (efeito pelicular). Somente uma pequena fração fluirá para o interior da edificação, evitando, portanto, o perigo de uma descarga lateral entre os condutores de descida e os elementos aterrados no interior da edificação. A última preocupação representa mais uma saída de segurança do que um recurso de compatibilidade eletromagnética, uma vez que são usualmente inúteis os cuidados para manter correntes de raios **completamente** fora da edificação.

Deve-se ter em mente ainda que, na maioria das edificações comerciais e industriais, existem muitos equipamentos aterrados no topo dos prédios (iluminação, ar condicionado, ventilação, aparelhos de telecomunicação etc.), os quais podem atuar como captores não intencionais de raios. A interação eletromagnética entre os campos estabelecidos pelas correntes de raios fluindo em vários condutores de descida distribuídos ao redor da edificação assegura que a maior parte da corrente de descarga descerá pelos condutores externos (condutores de descida) e pelas armaduras de aço da edificação, cabendo aos condutores internos apenas uma pequena parcela da corrente de descarga.

Se o condutor de descida tiver de passar por um duto metálico, deverá ser interligado a este em ambas as extremidades. Se tiver de passar por uma superfície metálica, não deverá atravessá-la, e sim ser interligada a ela em ambos os lados.

O número de descidas deve ser em função do tipo de rede captora utilizada, da geometria da instalação a ser protegida (área de cobertura e altura), bem como dos seus aspectos arquitetônicos.

Deve-se evitar o lançamento de descidas paralelas a dutos que abrigam cabos de sinal, de modo a se evitar induções nos mesmos. Descidas de para-raios paralelas a tubulações de gás deverão manter entre si uma distância mínima de acordo com a Subseção 8.4.5. A equalização entre elas deverá ser feita por meio de um dispositivo provido de *gap*.

A colocação dos condutores de descida em *shafts*, em geral no interior do edifício, além de não respeitar as normas, resulta em que 100 % da energia radiada pela descida no *shaft* penetre em zonas ocupadas. Como o *shaft* está, habitualmente, próximo de ambientes de pequenas dimensões – como banheiros –, é maior a probabilidade de acidentes fatais por parada cardíaca em virtude de circularem pelo corpo humano correntes resultantes de indução pela corrente do raio.

A instalação de condutores de descida distribuídos ao redor das fachadas resulta em que apenas 25 % a 50 % da energia radiada penetre em zonas ocupadas e, em função do afastamento entre condutores de descida, em nenhum local ocupado a densidade de energia radiada é mais elevada que na proximidade imediata de cada condutor.

Tabela 8.3 Valores típicos de distância entre os condutores de descida e entre os anéis condutores de acordo com a classe do SPDA

Classe do SPDA	Distâncias (m)
I	10
II	10
III	15
IV	20

Nota: É aceitável uma variação no espaçamento dos condutores de descidas de ± 20 %.

Um condutor de descida deve ser instalado, preferencialmente, em cada canto saliente da estrutura, além dos demais condutores impostos pela distância de segurança calculada.

Os condutores de descida devem ser instalados de forma exequível, que formem uma continuação direta dos condutores do subsistema de captação e devem ser instalados em linha reta e vertical, constituindo o caminho mais curto, direto para a terra e sem emendas.

A utilização das ferragens estruturais e das fundações da edificação como elementos de interligação e de aterramento é incentivada, desde que sejam atendidos os requisitos de continuidade elétrica. Com a utilização das armaduras da construção como condutores de descida, a distribuição da corrente do raio por um expressivo número de condutores diminui a níveis baixos a energia radiada na proximidade dos elementos de descida.

8.4 Critérios da Norma Brasileira - NBR 5419:2015

8.4.1 Aterramento do SPDA

A norma NBR 5419 recomenda a integração dos aterramentos da instalação, o que deve ser feito com as devidas precauções, a fim de que se evitem interferências indesejadas entre subsistemas distintos. De acordo com a norma, deve-se obter a menor resistência de aterramento possível, o que será em função, basicamente, da área disponível e da resistividade do solo no local. São previstas duas alternativas básicas de aterramento:

- anel de cabo de cobre nu de seção mínima de 50 mm^2, diretamente enterrado no solo, no perímetro externo da edificação; ou
- ferragem da armadura da fundação, embutida no *radier* da construção.

O concreto completamente seco tem resistividade (elétrica) muito elevada, mas, quando está embutido no solo, por ser higroscópico, permanece úmido, e a sua resistividade torna-se semelhante à do solo circundante. Por essa razão, as armaduras do concreto das fundações, quando bem interligadas, constituem um bom eletrodo de aterramento.

A adoção das armaduras do concreto como elementos integrantes dos sistemas de descida e aterramento de redes captoras de raios vem a ser quase uma unanimidade nas normas internacionais, em virtude do extenso histórico de utilização e por tornar mais simples e econômico o sistema de proteção contra raios.

O uso das armaduras das construções como elementos de descida e aterramento para sistemas de proteção contra raios constituiu um grande avanço na técnica da proteção contra descargas atmosféricas, porque permitiu que se tratassem as estruturas em concreto armado como um caso particular das estruturas metálicas, simplificando o SPDA sem o comprometimento da estética das edificações.

A armadura de aço, dentro de estruturas de concreto armado, é considerada eletricamente contínua quando pelo menos 50 % das conexões entre barras horizontais e verticais estiverem firmemente conectadas. As conexões entre barras verticais devem ser soldadas ou unidas com arame recozido, cintas ou grampos, trespassadas com sobreposição mínima de 20 vezes seu diâmetro.

Visando garantir a continuidade elétrica, as medidas acima devem ser especificadas pelo projetista do SPDA em trabalho conjunto com o construtor e/ou engenheiro civil, desde o início da obra.

Para as edificações de concreto armado existentes, poderá ser implantado um SPDA com descidas externas ou, opcionalmente, poderão ser utilizadas como descidas as armaduras do concreto. Neste último caso, devem ser realizados testes de continuidade, em conformidade com o Anexo F da norma NBR 5419 – Parte 3, os quais devem resultar em resistências medidas inferiores a 1,0 Ω.

8.4.2 Testes de continuidade

A continuidade elétrica da armadura deve ser aferida de acordo com o Anexo F da NBR 5419 – Parte 3, por meio de ensaios elétricos efetuados entre as cotas mais alta (último pavimento ou cobertura) e mais baixa (pavimento térreo ou subsolo) do prédio. As medições são realizadas entre o topo e a base de alguns pilares (Figura 8.8) e também entre as armaduras de pilares diferentes, para averiguar a continuidade por meio das vigas e das lajes.

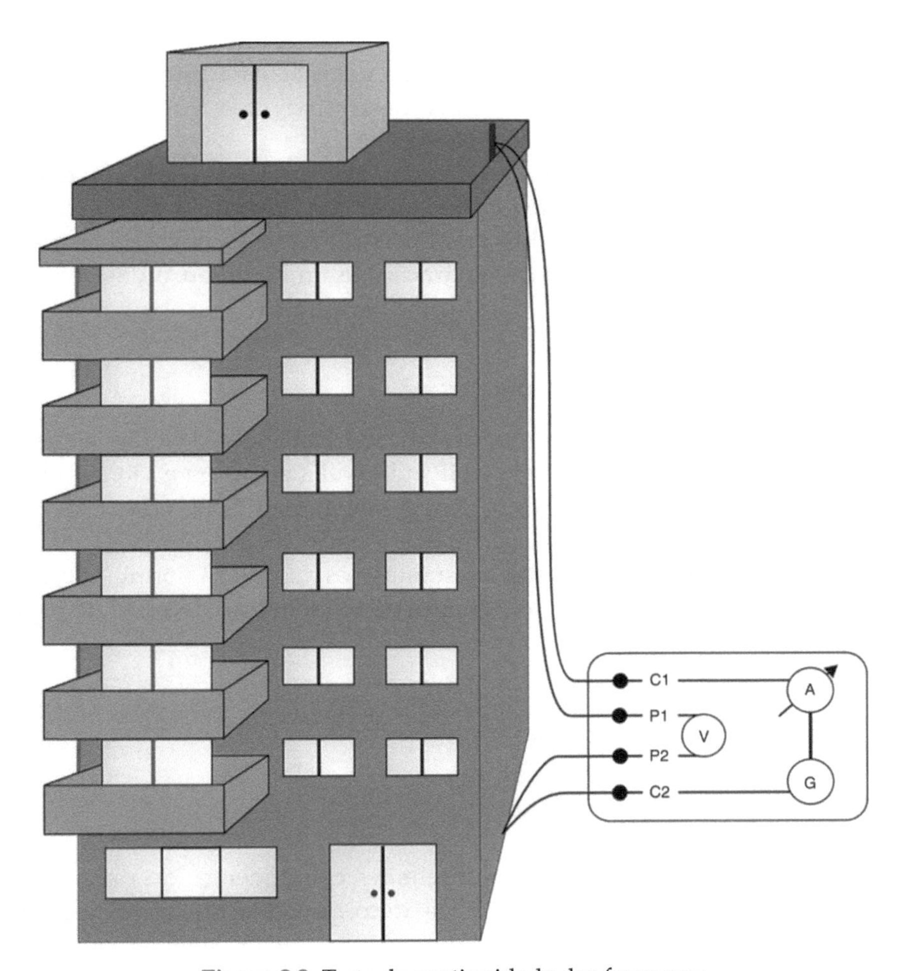

Figura 8.8 Teste de continuidade das ferragens.

O instrumento adequado para medir a resistência deve injetar uma corrente mínima de 1 A entre os pontos extremos da armadura sob ensaio, sendo capaz de, ao mesmo tempo que injeta essa corrente, medir a queda de tensão entre esses pontos. Considerando que o afastamento dos pontos de medição pode ser de várias dezenas de metros, o sistema de medida deve utilizar a configuração de quatro fios, sendo dois para corrente e dois para potencial (conforme ilustrado na Figura 8.8), evitando assim o erro provocado pela resistência própria dos cabos de teste e de seus respectivos contatos. Podem ser utilizados para essa medição de continuidade miliohmímetros ou microhmímetros de quatro terminais em escalas cuja corrente seja igual ou superior a 1 A. Não é admissível a utilização de um multímetro convencional na função de ohmímetro, pois a corrente que esse instrumento injeta no circuito é insuficiente para que se obtenham resultados representativos.

O procedimento de teste considera a medição da resistência ôhmica entre as partes superior e inferior da estrutura, com diversas medições entre pontos diferentes:

- resistência de elementos individuais (colunas e vigas) – são aceitáveis valores iguais ou inferiores a 1 Ω;
- resistência entre elementos distintos (topo de uma coluna com a base de outra) – são aceitáveis valores medidos iguais ou inferiores a 0,2 Ω.

Se esses valores não forem alcançados, ou se não for possível a execução desse ensaio, a armadura de aço não pode ser validada como condutor natural da corrente da descarga atmosférica. Nesse caso, é recomendado que um sistema convencional de proteção seja instalado.

No caso de estruturas de concreto armado pré-fabricado, a continuidade elétrica da armadura de aço também deve ser realizada entre os elementos de concreto pré-fabricado adjacentes. Os diferentes elementos construtivos da estrutura devem ter suas armaduras interligadas por meio de conexões externas.

Nos prédios existentes, a recomposição das aberturas feitas no concreto para o acesso às ferragens da edificação deverá ser feita com argamassa aditivada com um produto que proporcione uma melhor aderência do cimento novo sobre o concreto antigo, de modo a evitar a posterior penetração de umidade ou o deslocamento do recobrimento.

8.4.3 Classificação das instalações

Os critérios de proteção a serem adotados em cada instalação deverão ser selecionados de acordo com o Nível de Proteção – NP aplicável à estrutura e são definidos pela análise de Gerenciamento (avaliação) de Riscos, segundo a NBR 5419:2015 – Parte 2. Essa análise é feita com parâmetros calculados a partir da geometria da instalação a ser protegida, e/ou obtidos das tabelas constantes dos anexos da norma. São quatro os tipos de risco a serem analisados e que conduzirão à definição do nível de proteção e consequente classe do SPDA:

- R1 – risco à vida;
- R2 – risco de perda de serviço público;
- R3 – risco de perda de patrimônio cultural;
- R4 – risco de perda de valor econômico.

Cada uma dessas categorias possui diferentes componentes de risco, cuja soma resulta no risco total. Cada componente de risco depende do número de eventos perigosos por ano, da probabilidade de dano e da perda consequente, de acordo com parâmetros estabelecidos na norma.

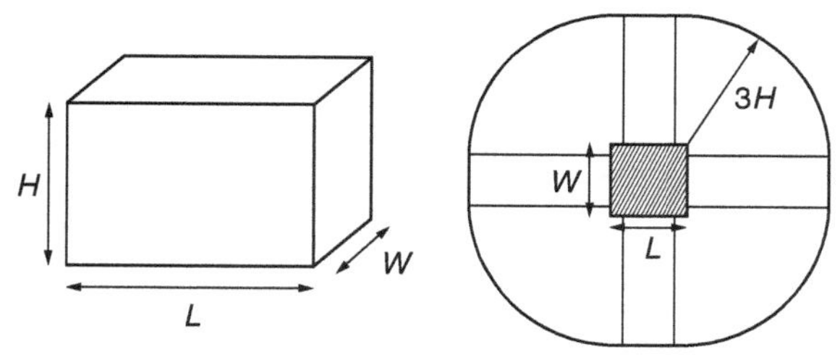

Figura 8.9 Edificação em forma de paralelograma e respectiva área de exposição equivalente.

A análise utiliza, principalmente, a área de exposição equivalente (AD), apresentada na Figura 8.9, calculada pela expressão:

$$AD = L \cdot W + 2 \cdot (3 \cdot H) \cdot (L + W) + \pi \cdot (3 \cdot H)^2.$$

Utiliza, também, a Densidade de Descargas Atmosféricas para a terra (Ng), Subseção 8.1.4, parâmetro este que pode ser extraído diretamente pelos mapas de densidade de descargas atmosféricas obtidos no site do INPE (disponível em: http://www.inpe.br/webelat/ABNT_NBR5419_Ng).

A Tabela 8.4 apresenta os efeitos das descargas atmosféricas nos vários tipos de estruturas e classificações típicas de classe do SPDA.

Tabela 8.4 Efeitos das descargas atmosféricas nos vários tipos de estruturas

Tipo de estrutura de acordo com sua finalidade	Efeitos das descargas atmosféricas	Classificações típicas de classes no SPDA*
Casa de moradia	Perfuração da isolação das instalações elétricas, incêndio e danos materiais. Danos normalmente limitados a objetos expostos ao ponto de impacto ou no caminho da corrente da descarga atmosférica. Falha de equipamentos e sistemas elétricos e eletrônicos instalados (por exemplo: aparelhos de TV, computadores, *modems*, telefones etc.).	III
Edificação em zona rural	Risco maior de incêndio e tensões de passo perigosas, assim como danos materiais. Risco secundário devido à perda de energia elétrica e risco de vida dos animais de criação devido à falha de sistemas de controle eletrônicos de ventilação e suprimento de alimentos etc.	IV ou III
Teatro ou cinema Hotel Escola *Shopping centers* Áreas de esportes	Danos em instalações elétricas que tendem a causar pânico (por exemplo, iluminação elétrica). Falhas em sistemas de alarme de incêndio, resultando em atrasos nas ações de combate a incêndio.	II

(continua)

Tabela 8.4 Efeitos das descargas atmosféricas nos vários tipos de estruturas (*Continuação*)

Tipo de estrutura de acordo com sua finalidade	Efeitos das descargas atmosféricas	Classificações típicas de classes no SPDA*
Banco Empresa de seguros Estabelecimento comercial etc.	Conforme acima, adicionando-se os problemas resultantes da perda de comunicação, falha de computadores e perda de dados.	II
Hospital Casa de tratamento médico Casa para idosos Creche Prisão	Conforme acima, adicionando-se os problemas relacionados com pessoas em tratamento médico intensivo e a dificuldade de resgatar pessoas incapazes de se mover.	II
Indústria	Efeitos adicionais dependendo do conteúdo das fábricas, que vão desde os menos graves até danos inaceitáveis e perda de produção.	III a I
Museu e sítio arqueológico Igreja	Perda de patrimônio cultural insubstituível.	II
Estação de telecomunicações Estação de geração e transmissão de energia elétrica	Interrupções inaceitáveis de serviços ao público.	I
Fábrica de fogos de artifícios Trabalhos com munição	Incêndio e explosão com consequências à planta e arredores.	I
Indústria química Refinaria Usina nuclear Indústria e laboratório de bioquímica	Incêndio e mau funcionamento da planta com consequências prejudiciais ao meio ambiente local e global.	I

*Valores típicos que devem ser corroborados por análise de gerenciamento de risco conforme NBR 5419:2015 – Parte 2.

8.4.4 Rede captora de raios

O que acontece com um prédio de concreto armado não protegido quando ele é atingido por um raio? O raio descasca o concreto até encontrar um ferro estrutural e, a partir daí, desce até as ferragens das fundações fluindo para o solo, sem nenhum comprometimento da estrutura (não há nenhum registro na literatura técnica de desabamento de um prédio de concreto armado provocado por queda de raio). O que pode ocorrer é a queda de pedaços de reboco, revestimento ou mesmo de concreto no ponto de injeção de corrente do raio, especialmente quando a incidência ocorre na borda do prédio.

O valor de crista da corrente do raio está associado à sua capacidade de destruição, admitindo-se que correntes de descarga superiores a 10 kA são capazes de transferir energia para a umidade contida no concreto, em quantidade suficiente para vaporizá-la. O súbito aumento do volume do vapor de água nos poros do concreto provoca a sua rachadura.

Tem-se que 90 % dos raios possuem a corrente de descarga com intensidade superior a 10 kA.

Tabela 8.5 Valores máximos dos raios da esfera rolante, tamanho da malha, ângulo de proteção e corrente de descarga correspondente à classe do SPDA

Classe do SPDA	Valor de crista de $I_{máx}$ (kA)	Raio da esfera rolante (m)	Largura do módulo da malha (m)	Espaçamento entre descidas (m)	Ângulo de proteção α°
I	3	20	5 × 5	10	Ver Figura 8.10
II	5	30	10 × 10	10	
III	10	45	15 × 15	15	
IV	15	60	20 × 20	20	

O nível de proteção III, associado à corrente de descarga de 10 kA, pode ser considerado, então, um critério de aplicação geral para o dimensionamento do sistema de proteção de instalações. A definição do nível de proteção será dada pelos cálculos realizados em conformidade com os critérios estabelecidos na Parte 2 da NBR 5419:2015.

Para as instalações com uma expectativa de risco menor, o nível IV talvez possa ser aplicado.

O Método de Franklin leva em consideração a variação do ângulo de proteção com a altura do captor, bem como o nível de proteção desejado em função do tipo de instalação a ser protegida.

8.4.5 Proximidade do SPDA com outras instalações

Devem ser previstos espaçamentos adequados entre os elementos aterrados externa e internamente, de modo a se evitar a ocorrência de centelhamentos entre eles. A distância mínima de segurança $\geq d$ entre elementos dos sistemas de proteção interno e externo é determinada pela expressão:

$$\frac{K_l}{K_m} \cdot K_c \cdot l$$

em que:

l = extensão de paralelismo;
K_l = função do nível de proteção (Tabela 8.6);
K_m = função do material isolante entre os dois sistemas (Tabela 8.6);
K_c = função do aspecto geométrico das descidas.

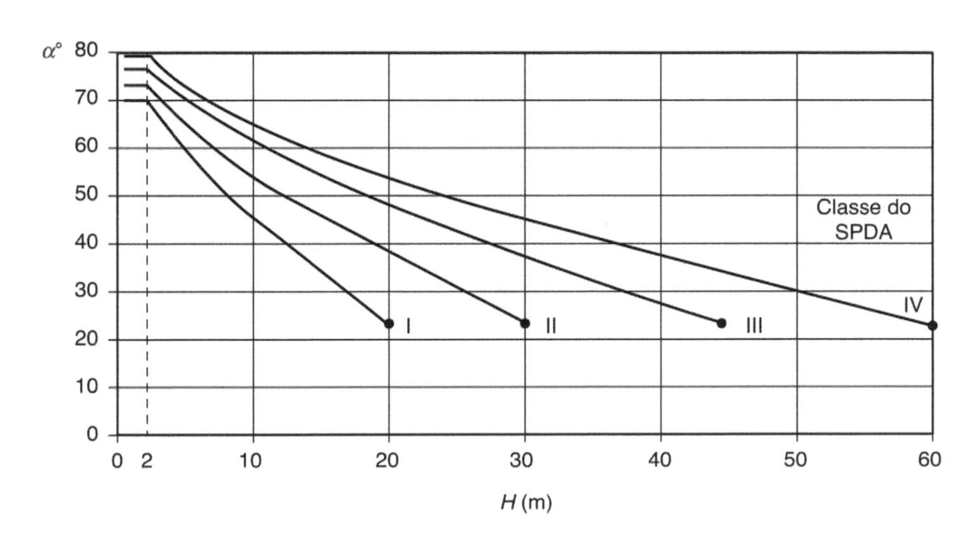

Figura 8.10 Ângulo de proteção α° correspondente à classe do SPDA.

Tabela 8.6 Fatores para o cálculo da distância mínima de segurança entre elementos dos sistemas de proteção interno e externo

Nível de proteção	K_i	Material de separação	K_m	Aspecto geométrico	K_c [1]
I	0,08	Ar	1	1 (somente para SPDA isolado)	1
II	0,06	Concreto, tijolos	0,5	2	0,66
III e IV	0,04			3	0,44

[1] Valores aproximados de K_c.

Esse cálculo é dispensável quando se utilizam as armaduras como condutores de descida, porque a distribuição da corrente do raio por inúmeros condutores torna impossível o centelhamento para condutores no entorno.

A Tabela 8.6 apresenta os valores a serem utilizados para as constantes K_i, K_m e K_c, e a Figura 8.11 ilustra um aspecto geométrico e respectivo valor típico de K_c, que geralmente leva a resultados mais conservadores.

8.4.6 Equipotencialização e materiais

A Tabela 8.7 apresenta alguns materiais e as bitolas mínimas de condutores que podem fazer parte de um SPDA.

Tabela 8.7 Seções mínimas dos materiais do SPDA (Tabelas 6 e 7 da NBR 5419:2015 – Parte 3)

Material	Captor, anéis intermediários e descidas (mm^2)	Eletrodo de aterramento (mm^2)
Cobre	35	50
Alumínio	70	–
Aço galvanizado a quente encordoado	50	70

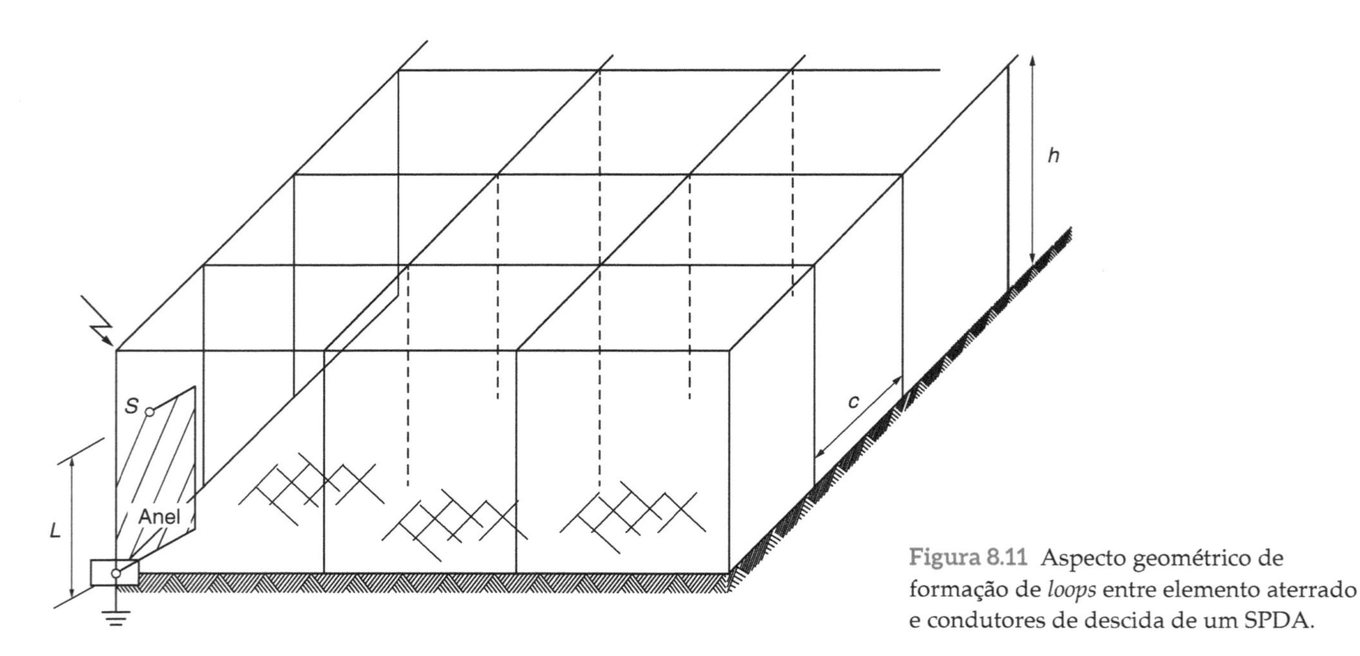

Figura 8.11 Aspecto geométrico de formação de *loops* entre elemento aterrado e condutores de descida de um SPDA.

Quaisquer elementos condutores expostos – isto é, que possam ser atingidos por descargas diretas – devem ser considerados parte do SPDA. Estruturas com cobertura metálica de espessura mínima igual a 0,5 mm podem ser consideradas autoprotegidas contra descargas diretas, desde que convenientemente aterradas e que não seja importante a prevenção contra eventuais perfurações e/ou pontos quentes na face interna da chapa. Caso essa última restrição não possa ser aceita, são aplicáveis as espessuras mínimas constantes da Tabela 8.8, em função do material utilizado na cobertura.

Elementos condutores expostos que não suportem o impacto direto do raio devem ser colocados dentro da zona de proteção de captores específicos, integrados ao SPDA. Em áreas contendo produtos inflamáveis, o uso de captores naturais requer uma análise de risco.

Os elementos condutores expostos – tais como os relacionados a seguir – devem ser analisados para certificar-se de que as suas características são compatíveis com os critérios estabelecidos na norma:

- coberturas metálicas sobre o volume a se proteger;
- mastros ou outros elementos condutores salientes nas coberturas;
- rufos e/ou calhas periféricas de recolhimento de águas pluviais;
- estruturas metálicas de suporte de envidraçados, para fachadas, acima de 60 m do solo ou de uma superfície horizontal circundante;
- guarda-corpos, ou outros elementos condutores expostos, para fachadas, acima de 60 m da superfície horizontal circundante;
- tubos e tanques metálicos construídos em material de espessura igual ou superior à indicada na Tabela 8.8.

É importante observar que, em qualquer um dos três métodos de proteção, é fundamental a equipotencialização de todas as massas metálicas existentes na instalação. Os elementos metálicos existentes externamente à estrutura – em especial aqueles localizados na cobertura, mais sujeitos, portanto, à incidência de descargas diretas – deverão ser interligados à rede captora de descargas. Os elementos metálicos existentes no interior da edificação terão de ser aterrados, devendo-se utilizar como elemento de interface com os eletrodos enterrados a barra de ligação equipotencial principal da estrutura (BEP – Barra de Equipotencialização Principal, de acordo com a NBR 5410), que usualmente coincide com a barra de terra da entrada de energia. Os eletrodos enterrados deverão ser comuns a ambos os sistemas (externo e interno).

Todos os condutores dos sistemas elétricos de potência e de sinal devem ser direta ou indiretamente conectados à ligação equipotencial. Condutores vivos devem ser conectados somente por meio de DPS (Dispositivos de Proteção contra Surtos). Em esquemas de aterramento TN (definido na NBR 5410), os condutores de proteção PE ou PEN devem ser conectados diretamente à ligação equipotencial principal. O condutor

Tabela 8.8 Espessura mínima de chapas ou tubulações metálicas em sistemas de captação – Classe de proteção de I a IV

Material	Espessura mínima (mm)	
	Não perfura[a]	Pode perfurar[b]
Aço	4	0,5
Cobre	5	0,5
Alumínio	7	0,65

[a] Previne perfuração, pontos quentes ou ignição.

[b] Somente para chapas metálicas, se não for importante prevenir a perfuração, pontos quentes ou problemas com ignição.

de proteção pode – e, em geral, deve – ser ligado a outras eventuais ligações equipotenciais, porém o condutor neutro só deve ser ligado à ligação equipotencial principal. Em edifícios comerciais com mais de 20 m de altura, os condutores de proteção devem obedecer às ligações equipotenciais adicionais, podendo-se prever a ligação dos condutores de proteção às armaduras em todos os andares, por meio de insertos ligados à ferragem na coluna correspondente ao *shaft*. Nesse caso, é recomendável que essa coluna seja interna (não periférica) à edificação, uma vez que as ferragens dessas colunas estão menos expostas à circulação de parcelas de correntes de raios.

8.4.7 Aplicação da norma a uma edificação

A Figura 8.12 apresenta a aplicação dos critérios da norma para a proteção de uma edificação, em que se podem observar:

- a rede captora de descargas;
- as descidas;
- o aterramento;
- as equipotencializações, em cada pavimento, com a rede elétrica e com as ferragens estruturais.

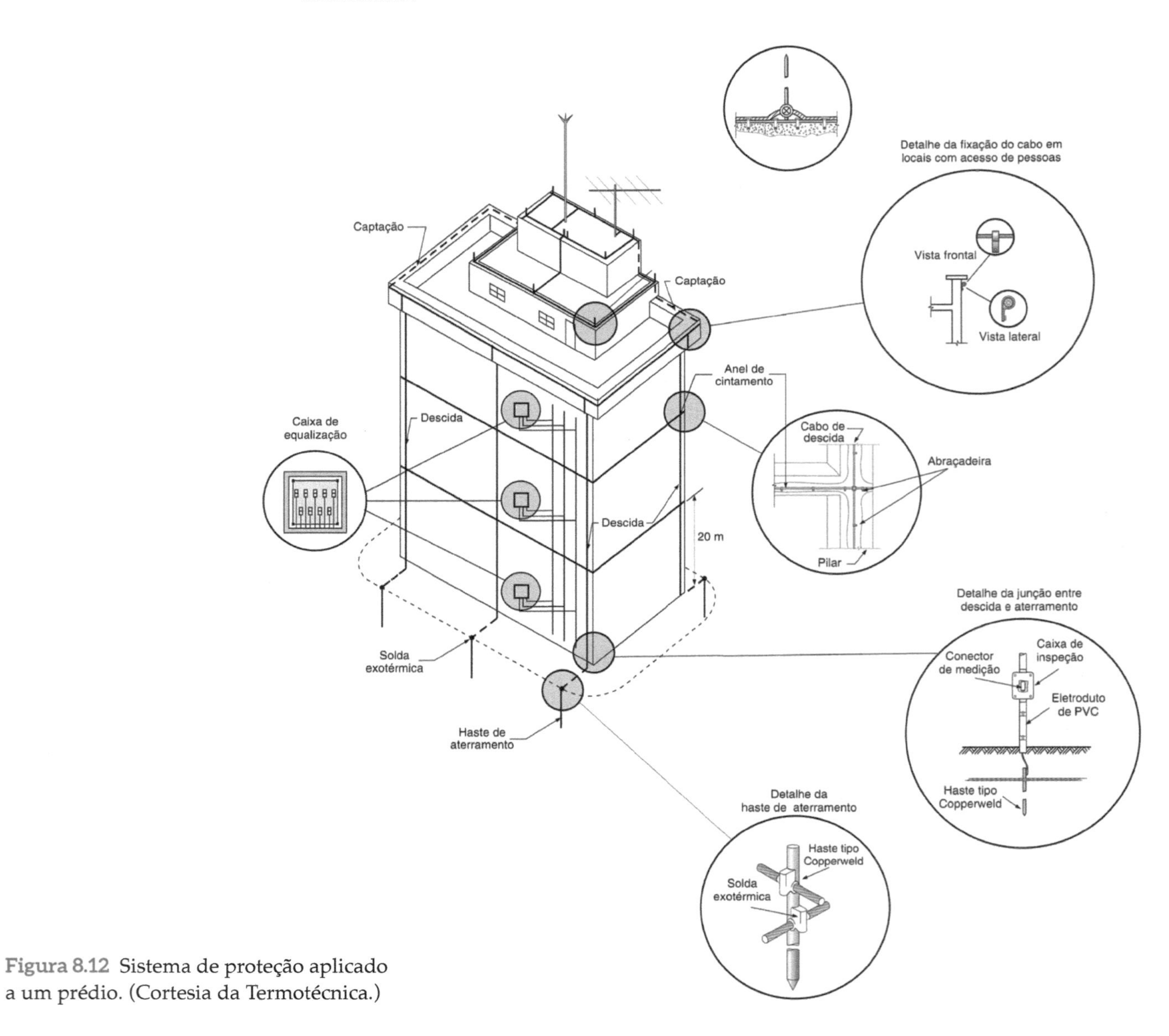

Figura 8.12 Sistema de proteção aplicado a um prédio. (Cortesia da Termotécnica.)

8.5 Materiais Utilizados em Sistemas de Proteção contra Descargas Atmosféricas – SPDA

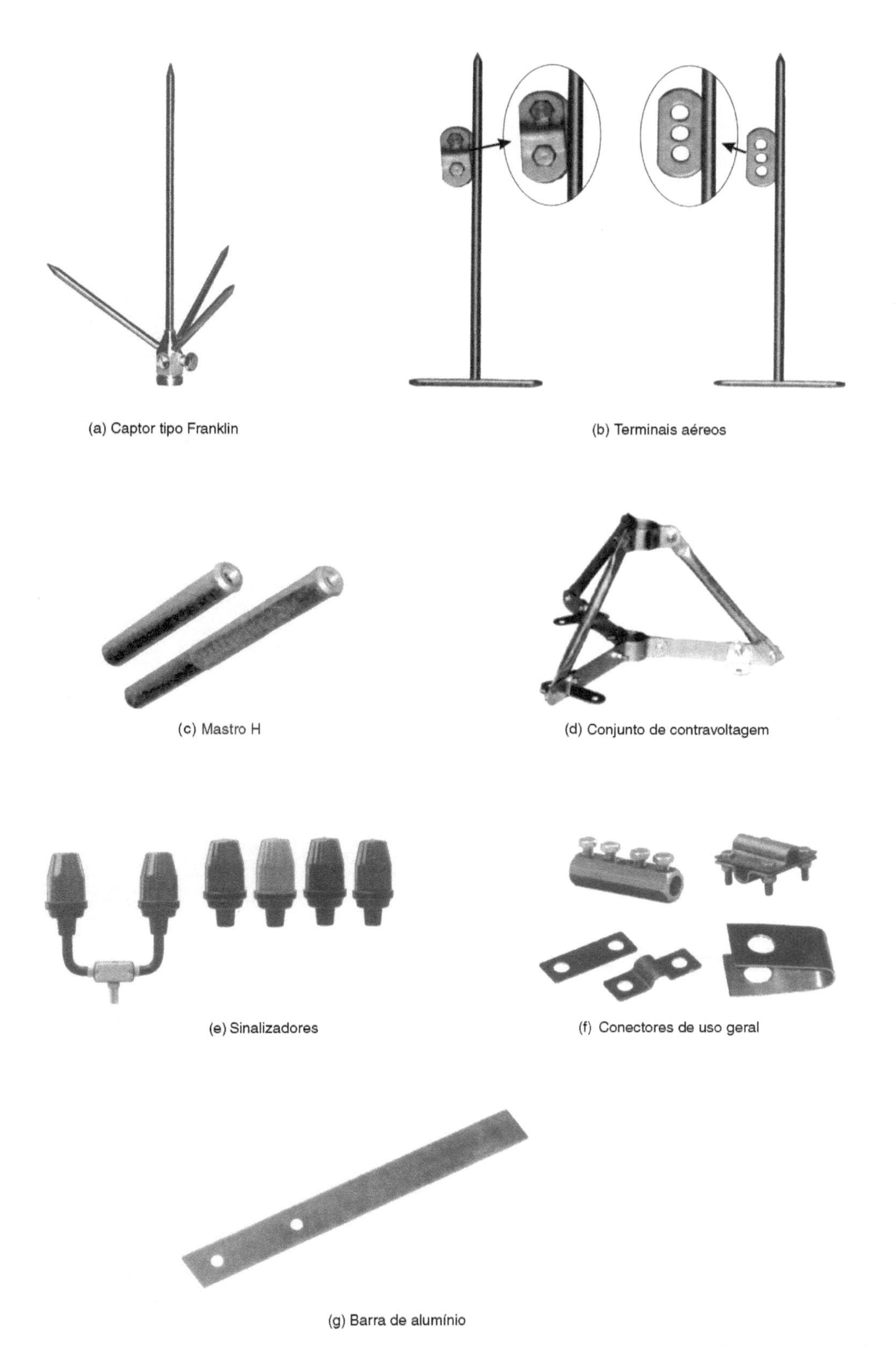

Figura 8.13 Materiais para instalações de para-raios. (Cortesia da Paratec – Linha de produtos.)

8.6 Exemplos de Instalações de Para-raios

A Figura 8.14 ilustra diversos exemplos de instalações de para-raios em residências e prédios.

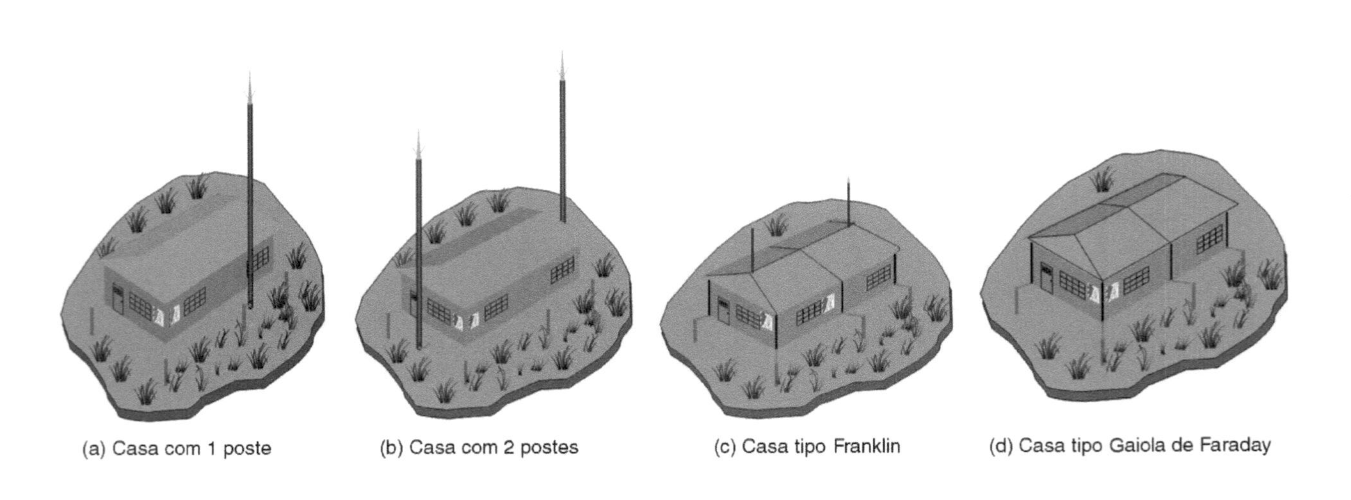

(a) Casa com 1 poste (b) Casa com 2 postes (c) Casa tipo Franklin (d) Casa tipo Gaiola de Faraday

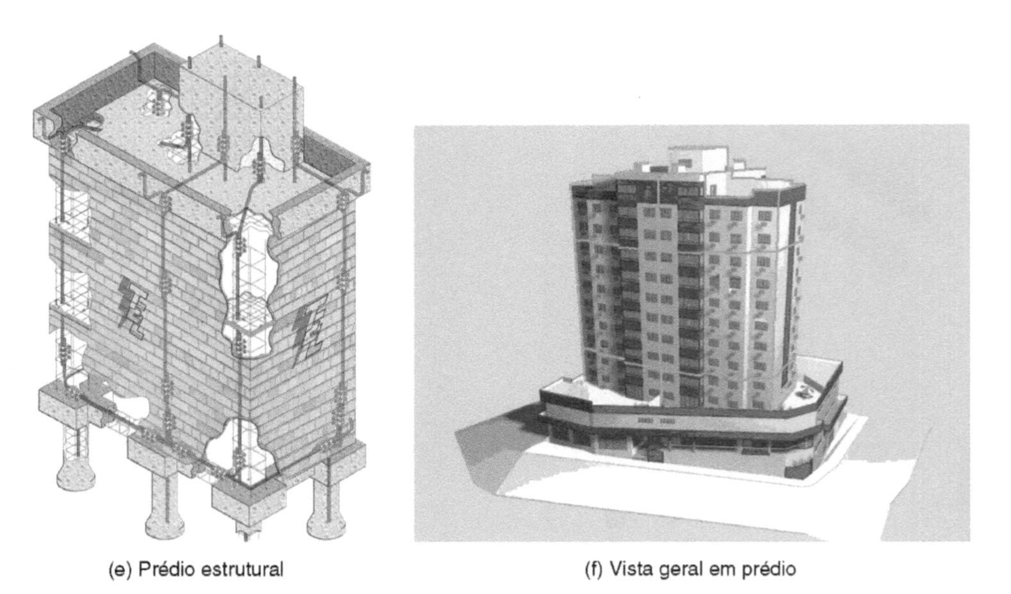

(e) Prédio estrutural (f) Vista geral em prédio

Figura 8.14 Instalação de para-raios. (Cortesia da Termotécnica.)

9 Correção do Fator de Potência e Instalação de Capacitores

9.1 Generalidades

A correção do fator de potência constitui uma preocupação constante dos profissionais responsáveis pela manutenção, operação e pelo gerenciamento de instalações industriais, comerciais e até residenciais. Tal fato se deve à cobrança de valores adicionais pelas concessionárias de energia, correspondentes aos excedentes de demanda reativa e de consumo reativo, caso as unidades consumidoras não atendam ao limite de referência do fator de potência e aos demais critérios de faturamento estabelecidos pela ANEEL – Agência Nacional de Energia Elétrica, em sua Resolução nº 414/2010 – Condições Gerais de Fornecimento de Energia Elétrica, de 9 de setembro de 2010, em seus artigos 95, 96 e 97, atualmente em vigor.

Adicionalmente, o baixo fator de potência pode provocar sobrecarga em cabos e transformadores, bem como aumento das perdas no sistema, das quedas de tensão e do desgaste em dispositivos de proteção e manobra.

Como equipamentos responsáveis por um baixo fator de potência de uma instalação elétrica, podem ser destacados:

- motores de indução;
- transformadores de potência;
- reatores eletromagnéticos de lâmpadas fluorescentes;
- retificadores;
- equipamentos eletrônicos.

O método mais difundido para a correção do fator de potência consiste na instalação de bancos de capacitores em paralelo com a rede elétrica, em razão do seu menor custo de implantação e do fato de serem equipamentos estáticos de baixo custo de manutenção. O uso de motores síncronos superexcitados consiste em uma alternativa para a correção do fator de potência, porém é necessário que a sua aplicação seja economicamente viável.

Este capítulo é dedicado à aplicação de capacitores em baixa tensão, sendo abordadas, resumidamente, as aplicações em média e alta tensões, as quais deverão ser objeto de análise mais detalhada em função das sobretensões e sobrecorrentes de elevada magnitude e frequência que surgem por ocasião do chaveamento dos bancos de capacitores em níveis de tensão mais elevados.

A presença de correntes harmônicas nos sistemas e sua interação com os bancos de capacitores são questões também abordadas, em face da suscetibilidade desses equipamentos a sobrecargas e sobretensões decorrentes de ressonâncias série e/ou paralela no sistema elétrico.

9.2 Fundamentos Teóricos

Como é sabido, existem dois tipos de potência em um sistema elétrico: a potência ativa e a potência reativa, cuja soma vetorial resulta na potência aparente ou total.

O conceito físico das potências mencionadas pode ser explicado da seguinte maneira: qualquer equipamento que transforme a energia elétrica em outra forma de energia útil (térmica, luminosa, cinética) é um consumidor de energia ativa. Qualquer equipamento que possua enrolamentos (transformadores, motores, reatores etc.) e, portanto, necessite de energia magnetizante como intermediária na utilização de energia ativa, é um consumidor de energia reativa.

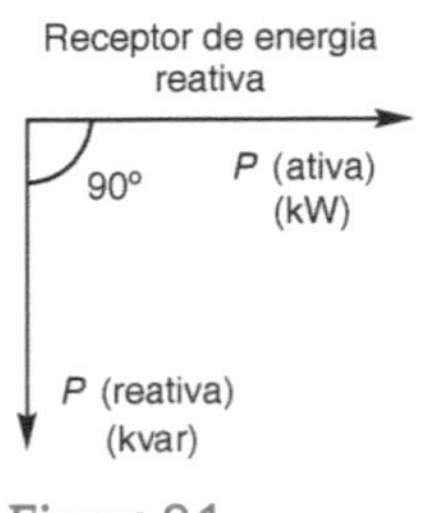

Figura 9.1

Vetorialmente, a potência reativa (unidade típica: kvar) é representada com um defasamento de 90 em relação à potência ativa (unidade típica: kW), podendo estar atrasada (receptor de energia reativa) ou adiantada (fornecedor de energia reativa), conforme ilustrado na Figura 9.1.

Como consumidores de potência reativa, podem ser citados: transformadores de potência, motores de indução, motores síncronos subexcitados e reatores eletromagnéticos. Como fornecedores de potência reativa, podem ser citados: capacitores, motores síncronos superexcitados e compensadores síncronos. A Figura 9.2 ilustra os diagramas vetoriais de potência para geradores suprindo consumidores e fornecedores de potência reativa.

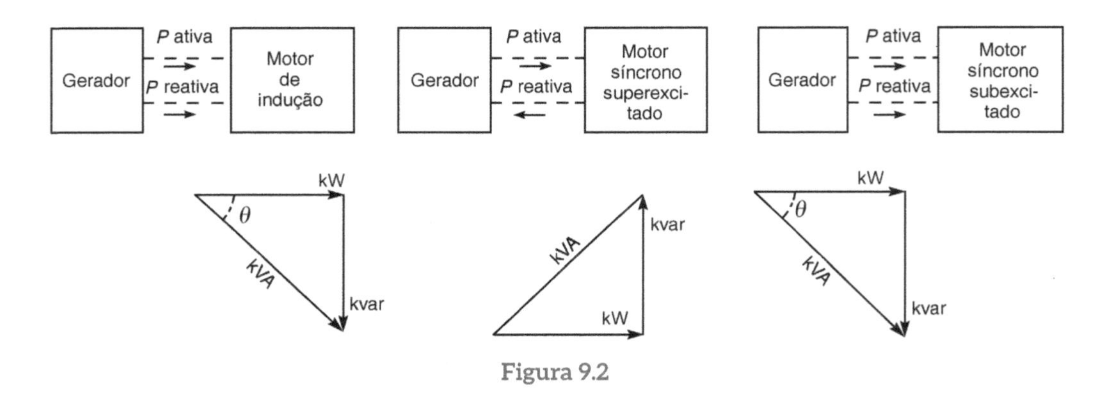

Figura 9.2

Convém registrar que – segundo o Decreto nº 81.621, de 3 de maio de 1978, que aprova o Quadro Geral de Unidades de Medida – o nome e o símbolo da grandeza "potência reativa" são o var, ambos grafados em letras minúsculas, sendo definida como "potência reativa de um circuito percorrido por uma corrente alternada senoidal com valor eficaz de 1 ampère, sob uma tensão elétrica com valor eficaz de 1 volt, defasada de $\pi/2$ radianos em relação à corrente".

9.3 Significado do Fator de Potência

O fator de potência, também conhecido pela designação "cos θ", é o número que expressa, a cada instante, o cosseno do ângulo de defasagem entre a corrente e a tensão. Se o circuito for indutivo, consumidor de energia reativa, o fator de potência é dito em atraso. Se o circuito for capacitivo, fornecedor de energia reativa, o fator de potência é dito em avanço, conforme ilustrado na Figura 9.3.

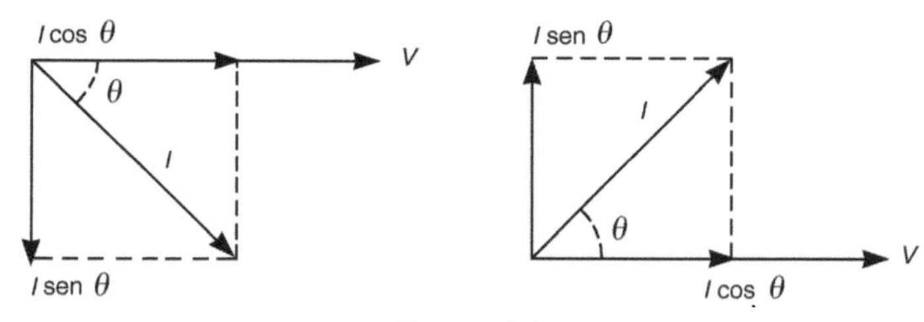

Figura 9.3

em que:

$I \cos \theta$ = componente ativa ou em fase da corrente;

$I \operatorname{sen} \theta$ = componente reativa ou em quadratura da corrente.

Em um circuito trifásico, as potências ativa e reativa são:

$$P_{at} = \sqrt{3}\ VI \cos\ \theta(\text{unidade watt ou kW})$$
$$P_{reat} = \sqrt{3}\ VI\ \operatorname{sen}\theta(\text{unidade var ou kvar})$$

Referindo-se ao triângulo de potências da Figura 9.4:

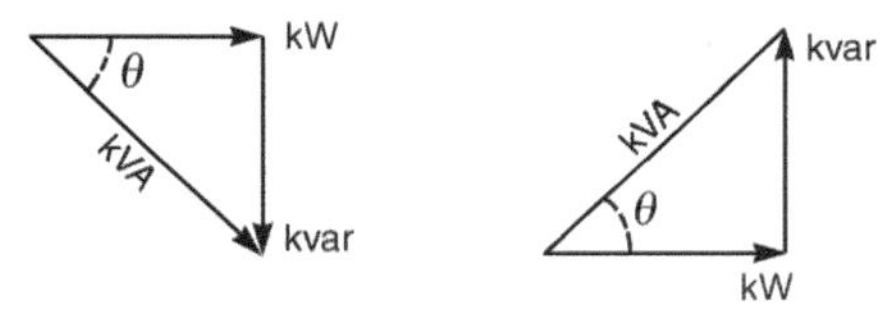

Figura 9.4

podem ser deduzidas das figuras as seguintes expressões:

$$\text{FP} = \cos\theta = \frac{\text{kW}}{\text{kVA}}$$
$$\text{kW} = \text{kVA} \times \cos\theta$$
$$\text{kVA} = \frac{\text{kW}}{\cos\theta}$$
$$\text{kVA} = \sqrt{3}\ VI\ 10^{-3}$$
$$\text{kW} = \sqrt{3}\ VI(\cos\ \theta)10^{-3}$$
$$\text{kvar} = \sqrt{3}\ VI(\operatorname{sen}\theta)10^{-3}$$
$$\text{kVA} = \sqrt{\text{kW}^2 + \text{kvar}^2} \text{ ou } S = \sqrt{P^2 + Q^2}$$

em que:

V = tensão entre fases em volts;

I = corrente de linha em ampères.

O fator de potência pode ser também calculado a partir dos consumos de energia ativa (kWh) e reativa (kvarh), referentes a determinado período de tempo, por meio das expressões:

$$\text{FP} = \frac{\text{kWh}}{\sqrt{(\text{kWh})^2 + (\text{kvar})^2}}$$
$$\text{FP} = \cos\ \text{arctg}\frac{\text{kvarh}}{\text{kWh}}$$

EXEMPLO

a) Em uma instalação, medindo com um wattímetro, achamos 8 kW e, com o varímetro, 6 kvar. Determine o fator de potência e a potência aparente.

$$\cos\theta = \frac{\text{kW}}{\text{kVA}}$$

$$\text{kVA} = \sqrt{\text{kW}^2 + \text{kvar}^2}$$

$$\text{kVA} = \sqrt{8^2 + 6^2} = 10$$

$$\cos\theta = \frac{8}{10} = 0{,}8 \text{ ou } 80\ \% \text{ (Figura 9.5)}$$

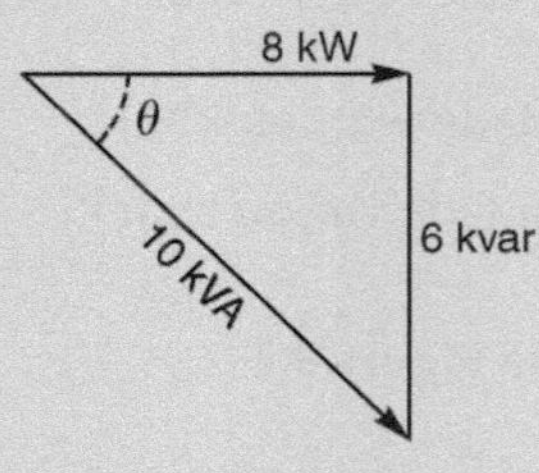

Figura 9.5

Do triângulo retângulo

$$\text{kVA} = 10.$$

b) Calcule o fator de potência de uma instalação se:

$I = 100$ ampères
$V = 380$ volts
kW = 35

$$\cos\theta \frac{\text{kW}}{\sqrt{3} \times VI \times 10^{-3}} = \frac{35}{\sqrt{3} \times 380 \times 100 \times 10^{-3}} = 0{,}53$$

9.4 Fator de Potência de uma Instalação com Diversas Cargas

Consideremos três tipos de carga:

1. Iluminação de 50 kVA, proveniente de lâmpadas incandescentes (fator de potência unitário).
2. Motor de indução de 180 hp operando com cos ϕ indutivo igual a 0,85 e rendimento de 90 %; 3) motor síncrono com 95 kW operando com cos ϕ capacitivo igual a 0,80 e rendimento de 95 %.

Para a carga de iluminação, tem-se:

$$\text{kW} = \text{kVA} = 50.$$

Para o motor de indução, tem-se:

$$\text{kW} = \frac{\text{hp} \times 0{,}746}{\eta} = \frac{180 \times 0{,}746}{0{,}90} = 149{,}2$$

$$\text{kVA} = \frac{\text{kW}}{\cos\phi} = \frac{149{,}2}{0{,}85} = 175{,}5$$

$$\text{kvar} = \sqrt{175{,}5^2 + 149{,}2^2} = 92{,}4.$$

Para o motor síncrono, tem-se:

$$\text{kW} = \frac{\text{Potência ativa}}{\text{Rendimento}} = \frac{95}{0{,}95} = 100$$

$$\text{kVA} = \frac{100}{0{,}80} = 125$$

$$\text{kvar} = \sqrt{125^2 - 100^2} = 75.$$

A representação por meio dos triângulos de potência dessas três cargas será:

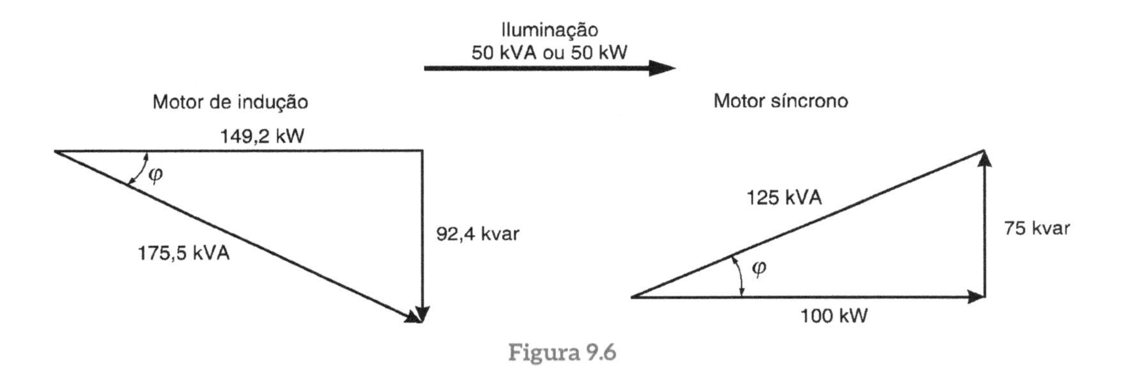

Figura 9.6

O fator de potência do conjunto de cargas apresentado é obtido determinando-se a soma das cargas como se segue:

1. Potência ativa:

$$50 + 149{,}2 + 100 = 299{,}2\,\text{kW}.$$

2. Potência reativa: como o motor síncrono está sobre-excitado e fornecendo, consequentemente, potência reativa, deve-se subtrair os kvar capacitivos dos indutivos:

kvar = (0 + 92,4) – (75) = 17,4 kvar, ou seja, 17,4 kvar indutivos.

3. Potência aparente:

$$\text{kVA} = \sqrt{299{,}2^2 + 17{,}4^2} = 299{,}7\ \text{kVA}.$$

4. Fator de potência do conjunto:

$$\cos\phi = \frac{\text{kW}}{\text{kVA}} = \frac{299{,}2}{299{,}7} = 0{,}998\ \text{indutivo}.$$

9.5 Correção do Fator de Potência

A correção do fator de potência tem por objetivo especificar a potência reativa necessária para a elevação do fator de potência, de modo a: (1) evitar a ocorrência de cobrança pela concessionária dos valores referentes aos excedentes de demanda reativa e de consumo reativo e (2) obter os benefícios adicionais em termos de redução de perdas e de melhoria do perfil de tensão da rede elétrica.

Para ilustrar como se corrige o fator de potência em um caso simples, consideremos uma instalação de 80 kW que tenha um fator de potência médio igual a 80 % e se queira corrigi-lo para 90 %. Pede-se a determinação da potência reativa a ser instalada para se obter o resultado desejado.

Solução

Para uma melhor visualização, empregaremos o método de resolução que utiliza o triângulo de potências:

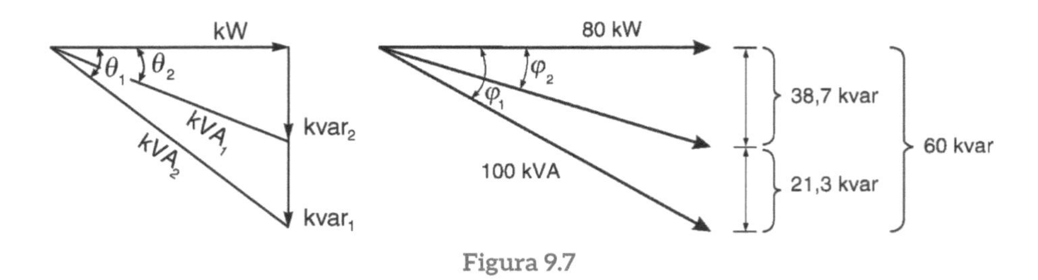

Figura 9.7

Com um $\cos \phi_1 = 0{,}8$, tem-se:

$$\text{kW} = 80$$

$$\text{kVA} = \frac{80}{0{,}8} = 100$$

$$\text{kvar} = \sqrt{(100)^2 - (80)^2} = 60.$$

Com um $\cos \phi_2 = 0{,}9$, tem-se:

$$\text{kW} = 80$$

$$\text{kVA} = \frac{80}{0{,}9} = 88{,}9$$

$$\text{kvar} = \sqrt{(88{,}9)^2 - (80)^2} = 38{,}7.$$

Assim:

$$\text{kvar (necessários)} = 60 - 38{,}7 = 21{,}3.$$

Na prática, métodos mais simples, utilizando tabelas que determinam multiplicadores, permitem a determinação dos kvar necessários a partir do valor em kW pela aplicação da fórmula:

$$\text{kvar (necessários)} = \text{kW} \times (\text{tg}\, \phi_1 - \text{tg}\, \phi_2)$$

em que os valores de $\text{tg}\, \phi_1 - \text{tg}\, \phi_2$ correspondem aos apresentados na Tabela 9.1.

Tabela 9.1 Multiplicadores para determinação dos kvar necessários para a correção do fator de potência

Original	FATOR DE POTÊNCIA															
	Desejado															
	0,85	0,86	0,87	0,88	0,89	0,90	0,91	0,92	0,93	0,94	0,95	0,96	0,97	0,98	0,99	1,00
0,50	1,112	1,139	1,165	1,192	1,220	1,248	1,276	1,306	1,337	1,369	1,403	1,440	1,481	1,529	1,589	1,732
0,51	1,067	1,094	1,120	1,147	1,175	1,203	1,231	1,261	1,292	1,324	1,358	1,395	1,436	1,484	1,544	1,687
0,52	1,023	1,050	1,076	1,103	1,131	1,159	1,187	1,217	1,248	1,280	1,314	1,351	1,392	1,440	1,500	1,643
0,53	0,980	1,007	1,033	1,060	1,088	1,116	1,144	1,174	1,205	1,237	1,271	1,308	1,349	1,397	1,457	1,600
0,54	0,939	0,966	0,992	1,019	1,047	1,075	1,103	1,133	1,164	1,196	1,230	1,267	1,308	1,359	1,416	1,559
0,55	0,899	0,926	0,952	0,079	1,007	1,035	1,063	1,093	1,124	1,156	1,190	1,227	1,268	1,316	1,376	1,519
0,56	0,860	0,887	0,913	0,940	0,968	0,996	1,024	1,054	1,085	1,117	1,151	1,188	1,229	1,277	1,337	1,480
0,57	0,822	0,849	0,875	0,902	0,930	0,958	0,986	1,016	1,047	1,079	1,113	1,150	1,191	1,239	1,299	1,442
0,58	0,785	0,812	0,838	0,865	0,893	0,921	0,949	0,979	1,010	1,042	1,076	1,113	1,154	1,202	1,262	1,405
0,59	0,749	0,776	0,802	0,829	0,857	0,885	0,913	0,943	0,974	1,006	1,040	1,077	1,118	1,166	1,226	1,369
0,60	0,713	0,740	0,766	0,793	0,821	0,849	0,877	0,907	0,938	0,970	1,004	1,041	1,082	1,130	1,190	1,333
0,61	0,679	0,706	0,732	0,759	0,787	0,815	0,843	0,873	0,904	0,936	0,970	1,007	1,048	1,096	1,156	1,299
0,62	0,646	0,673	0,699	0,726	0,754	0,782	0,810	0,840	0,871	0,903	0,937	0,974	1,015	1,063	1,123	1,266
0,63	0,613	0,640	0,666	0,693	0,721	0,749	0,777	0,807	0,838	0,870	0,904	0,941	0,982	1,030	1,090	1,233
0,64	0,581	0,608	0,634	0,661	0,689	0,717	0,745	0,775	0,806	0,838	0,872	0,909	0,950	0,998	1,058	1,201
0,65	0,490	0,576	0,602	0,629	0,657	0,685	0,713	0,743	0,774	0,806	0,840	0,877	0,918	0,966	1,026	1,169
0,66	0,518	0,545	0,571	0,598	0,626	0,654	0,682	0,712	0,743	0,775	0,809	0,846	0,887	0,935	0,995	1,138
0,67	0,488	0,515	0,541	0,568	0,596	0,624	0,652	0,682	0,713	0,745	0,779	0,816	0,857	0,905	0,965	1,108
0,68	0,458	0,485	0,511	0,538	0,566	0,594	0,622	0,652	0,683	0,715	0,749	0,786	0,827	0,875	0,935	1,078
0,69	0,429	0,456	0,482	0,509	0,537	0,565	0,593	0,623	0,654	0,686	0,720	0,757	0,798	0,846	0,906	1,049
0,70	0,400	0,427	0,453	0,480	0,508	0,536	0,564	0,594	0,625	0,657	0,691	0,728	0,769	0,817	0,877	1,020
0,71	0,372	0,399	0,425	0,452	0,480	0,508	0,536	0,566	0,597	0,629	0,663	0,700	0,741	0,789	0,849	0,992
0,72	0,344	0,371	0,397	0,424	0,542	0,480	0,508	0,538	0,569	0,601	0,635	0,672	0,713	0,761	0,821	0,964
0,73	0,316	0,343	0,369	0,396	0,424	0,452	0,480	0,510	0,541	0,573	0,607	0,644	0,685	0,733	0,793	0,936
0,74	0,289	0,316	0,342	0,369	0,397	0,425	0,453	0,483	0,514	0,546	0,580	0,617	0,658	0,706	0,766	0,909
0,75	0,262	0,289	0,315	0,342	0,370	0,398	0,426	0,456	0,487	0,519	0,553	0,590	0,631	0,679	0,739	0,882
0,76	0,235	0,262	0,288	0,315	0,343	0,371	0,399	0,429	0,460	0,492	0,526	0,563	0,604	0,652	0,712	0,855
0,77	0,209	0,236	0,262	0,289	0,317	0,345	0,373	0,403	0,434	0,466	0,500	0,537	0,578	0,626	0,680	0,829
0,78	0,182	0,209	0,235	0,262	0,290	0,318	0,346	0,376	0,407	0,439	0,473	0,510	0,551	0,599	0,659	0,802
0,79	0,156	0,183	0,209	0,236	0,264	0,292	0,320	0,350	0,381	0,413	0,447	0,484	0,525	0,573	0,633	0,776
0,80	0,130	0,157	0,183	0,210	0,238	0,266	0,294	0,324	0,355	0,387	0,421	0,458	0,499	0,547	0,609	0,750
0,81	0,104	0,131	0,157	0,184	0,212	0,240	0,268	0,298	0,329	0,361	0,395	0,432	0,473	0,521	0,581	0,724

continua

Tabela 9.1 Multiplicadores para determinação dos kvar necessários para a correção do fator de potência (*Continuação*)

Original	FATOR DE POTÊNCIA															
	Desejado															
0,82	0,078	0,105	0,131	0,158	0,186	0,214	0,242	0,272	0,303	0,335	0,369	0,406	0,447	0,495	0,555	0,698
0,83	0,052	0,079	0,105	0,132	0,160	0,188	0,216	0,246	0,277	0,309	0,343	0,380	0,421	0,469	0,529	0,672
0,84	0,026	0,053	0,079	0,106	0,134	0,162	0,190	0,220	0,251	0,283	0,317	0,354	0,395	0,443	0,503	0,646
0,85	0,000	0,027	0,053	0,080	0,108	0,136	0,164	0,194	0,225	0,257	0,291	0,328	0,369	0,417	0,477	0,620
0,86		0,000	0,026	0,053	0,081	0,109	0,137	0,167	0,198	0,230	0,264	0,301	0,342	0,390	0,450	0,593
0,87			0,000	0,027	0,055	0,083	0,111	0,141	0,172	0,204	0,238	0,275	0,316	0,364	0,424	0,567
0,88				0,000	0,028	0,056	0,084	0,114	0,145	0,177	0,211	0,248	0,289	0,337	0,397	0,540
0,89					0,000	0,028	0,056	0,086	0,117	0,149	0,183	0,220	0,261	0,309	0,369	0,512
0,90						0,000	0,028	0,058	0,089	0,121	0,155	0,192	0,233	0,281	0,341	0,484
0,91							0,000	0,030	0,061	0,093	0,127	0,164	0,205	0,253	0,313	0,456
0,92								0,000	0,031	0,063	0,097	0,134	0,175	0,223	0,283	0,426
0,93									0,000	0,032	0,066	0,103	0,144	0,192	0,252	0,395
0,94										0,000	0,034	0,071	0,112	0,160	0,220	0,363
0,95											0,000	0,037	0,079	0,126	0,186	0,329
0,96												0,000	0,041	0,089	0,149	0,292
0,97													0,000	0,048	0,108	0,251
0,98														0,000	0,060	0,203
0,99															0,000	0,143
1,00																0,000

Para ilustrar o uso da Tabela 9.1, o exercício anterior seria resolvido da seguinte maneira:

Da Tabela 9.1, obtém-se o valor 0,266 para o multiplicador, que deve ser aplicado sobre a potência ativa (kW) da instalação, para que se obtenha a correção de 0,80 para 0,90.

$$\text{kvar necessários} = 0{,}266 \times 80 = 21{,}3.$$

9.6 Regulamentação para Fornecimento de Energia Reativa

A regulamentação para o fornecimento de energia reativa pelas distribuidoras de energia elétrica, quanto ao limite de referência do fator de potência e aos demais critérios de faturamento do reativo excedente, é estabelecida pela ANEEL (Agência Nacional de Energia Elétrica) em sua Resolução nº 414/2010 – Condições Gerais de Fornecimento de Energia Elétrica, de 9 de setembro de 2010, em seus Artigos 95, 96 e 97, atualmente em vigor.

A regulamentação em questão estabelece como limite mínimo de referência o fator de potência de 0,92 da instalação consumidora. Dessa maneira, o consumidor cujo fator de potência de sua instalação se situe em valor inferior a 0,92 sofrerá a cobrança por energia reativa excedente, conforme os critérios de faturamento apresentados neste capítulo.

A regulamentação estabelece que a energia reativa indutiva deverá ser medida ao longo das 24 horas do dia. A critério da distribuidora de energia elétrica, poderá ser efetuada também a medição da energia reativa capacitiva, neste caso deverá fazê-lo durante um período de 6 horas consecutivas compreendidas entre as 23h30min e as 6h30min (período definido pela distribuidora), ficando, desse modo, a medição da energia reativa indutiva limitada ao período das 18 horas complementares ao período definido como de verificação da energia reativa capacitiva.

O cálculo do fator de potência é feito pelas distribuidoras com a expressão:

$$FP = \cos \operatorname{arctg} \frac{kvarh}{kWh}$$

9.6.1 Cálculo da energia reativa excedente

O cálculo da energia reativa excedente, para a avaliação horária, é feito utilizando-se a seguinte expressão:

$$E_{RE} = \sum_{T=1}^{n} \left[EEAM_T \times \left(\frac{0,92}{f_T} - 1 \right) \right] \times VR_{ERE}$$

em que:

E_{RE} = valor correspondente à energia elétrica reativa excedente à quantidade permitida pelo fator de potência de referência "f_R", no período de faturamento, em reais (R$);

$EEAM_T$ = montante de energia elétrica ativa medida em cada intervalo "T" de 1 (uma) hora, durante o período de faturamento, em megawatt-hora (MWh);

f_T = fator de potência da unidade consumidora, calculado em cada intervalo "T" de 1 (uma) hora, durante o período de faturamento;

VR_{ERE} = valor de referência equivalente à tarifa de energia "TE" da bandeira verde aplicável ao subgrupo B1, em reais por megawatt-hora (R$/MWh);

T = indica intervalo de 1 (uma) hora, no período de faturamento;

n = número de intervalos de integralização "T" do período de faturamento para os postos tarifários ponta e fora de ponta.

9.6.2 Cálculo da demanda reativa excedente

O cálculo da demanda reativa excedente é feito utilizando-se a seguinte expressão:

$$D_{RE}(p) = \left[\underset{T=1}{\overset{n}{MAX}} \left(PAM_T \times \frac{0,92}{f_T} \right) - PAF(p) \right] \times VR_{DRE}$$

em que:

$D_{RE}(p)$ = valor, por posto horário "p", correspondente à demanda de potência reativa excedente à quantidade permitida pelo fator de potência de 0,92 no período de faturamento, em reais (R$);

PAM_T = demanda de potência ativa medida no intervalo de integralização de 1 (uma) hora "T", durante o período de faturamento, em quilowatt (kW);

$PAF(p)$ = demanda de potência ativa faturável, em cada posto tarifário "p" no período de faturamento, em quilowatt (kW);

VR_{DRE} = valor de referência, em reais por quilowatt (R$/kW), equivalente às tarifas de demanda de potência – para o posto tarifário fora de ponta – das tarifas de fornecimento aplicáveis aos subgrupos do grupo A para a modalidade tarifária horária azul;

MAX = função que identifica o valor máximo da equação, dentro dos parênteses correspondentes, em cada posto tarifário "p";

T = indica intervalo de 1 (uma) hora, no período de faturamento;

p = indica posto tarifário ponta ou fora de ponta para as modalidades tarifárias horárias ou período de faturamento para a modalidade tarifária convencional binômia;

n = número de intervalos de integralização "T", por posto tarifário "p", no período de faturamento.

f_T = fator de potência da unidade consumidora, calculado em cada intervalo "T" de 1 (uma) hora, durante o período de faturamento.

Para a apuração do ERE e DRE(p), deve-se considerar:

- o período de 6 (seis) horas consecutivas, compreendido, a critério da distribuidora, entre as 23h30min e as 6h30min, apenas os fatores de potência "f_T" inferiores a 0,92 capacitivo, verificados em cada intervalo de 1 (uma) hora "T";
- para o período diário complementar as 6 (seis) horas mencionadas, apenas os fatores de potência "f_T" inferiores a 0,92 indutivo, verificados em cada intervalo de 1 (uma) hora "T".

O registrador digital determina a cada hora o valor de f_T em função dos montantes de kWh e de kvarh medidos. Se esse valor for menor que o valor de referência (0,92), o registrador acumula o valor de EEAMT, calculando ainda o valor de MAX correspondente. Ao final do ciclo de faturamento, o registrador fornece um total acumulado de EEAMT e o valor máximo de MAX. Com base nesses valores, o sistema de faturamento calcula os faturamentos ERE e DRE(p).

9.6.3 Avaliação horária

O cálculo da energia reativa excedente, para a avaliação horária, é feito utilizando-se a seguinte expressão:

$$\mathrm{E_{RE}} = \sum_{T=1}^{n}\left[\mathrm{EEAM}_T \times \left(\frac{0,92}{f_T} - 1\right)\right] \times \mathrm{VR_{ERE}}$$

em que:

$\mathrm{E_{RE}}$ = valor correspondente à energia reativa excedente à quantidade permitida pelo fator de potência de referência de 0,9, no período de faturamento, em reais (R$);

EEAM_T = montante de energia ativa medida em cada intervalo "T" de 1 (uma) hora, durante o período de faturamento, em R$/MWh;

f_T = fator de potência da unidade consumidora, calculado em cada intervalo "T" de 1 (uma) hora, durante o período de faturamento;

$\mathrm{VR_{DRE}}$ = valor de referência equivalente à tarifa de energia "TE" da tarifa de fornecimento, em R$/MWh;

T = indica intervalo de 1 (uma) hora no período de faturamento;

n = número de intervalos de integralização "T", por posto horário "p", no período de faturamento.

O cálculo da demanda reativa excedente é feito utilizando-se a seguinte expressão:

$$\mathrm{D_{RE}}(p) = \left[\underset{T=1}{\overset{n}{\mathrm{MAX}}}\left(\mathrm{PAM}_T \times \frac{0,92}{f_T}\right) - \mathrm{PAF}(p)\right] \times \mathrm{VR_{ERE}}$$

em que:

$D_{RE}(p)$ = valor, por posto horário "p", correspondente à demanda de potência reativa excedente à quantidade permitida pelo fator de potência de referência, no período de faturamento, em reais (R$);

p = indica posto horário, ponta ou fora de ponta, para as tarifas horossazonais;

MAX = função que identifica o valor máximo da equação entre os parênteses, em cada posto horário "p";

T = indica intervalo de 1 (uma) hora no período de faturamento;

n = número de intervalos de integralização "T", por posto horário "p", no período de faturamento, em quilowatt (kW);

PAM_T = demanda de potência ativa medida no intervalo de integralização de 1 (uma) hora "T", durante o período de faturamento, em kW;

f_T = fator de potência da unidade consumidora, calculado em cada intervalo "T" de 1 (uma) hora, durante o período de faturamento;

$PAF(p)$ = demanda de potência ativa faturável, em cada posto horário "p" no período de faturamento, em quilowatt (kW);

VR_{DRE} = valor de referência equivalente às tarifas de demanda de potência das tarifas de fornecimento aplicáveis aos subgrupos do grupo A.

No caso de consumidores classificados na tarifação horossazonal (horário de ponta e de fora de ponta de carga), as cobranças mencionadas nessa avaliação deverão ser diferenciadas de acordo com os respectivos postos horários.

O registrador digital determina, a cada hora, o valor de f_T em função dos montantes de kWh e de kVArh. Se esse valor for menor que o de referência (0,92), o registrador acumula o valor de EEAMT, calculando ainda o valor de MAX correspondente. No final do ciclo de faturamento, o registrador fornece um total acumulado de EEAMT e o valor máximo de MAX. Com base nesses valores, o sistema de faturamento calcula os faturamentos ERE e DRE(p).

EXEMPLO

Uma unidade industrial possui uma demanda contratada junto à concessionária de 200 kW, sendo faturada na modalidade tarifária convencional e a verificação do fator de potência feita pela média mensal. O consumo mensal em determinado mês foi de 60 000 kWh, e a demanda medida foi de 190 kW. O fator de potência médio mensal apurado foi de 0,80. Informe os valores faturados referentes a E_{RE} e D_{RE}.

$$\text{Energia reativa excedente} = 60\ 000 \times \left(\frac{0,92}{0,80} - 1\right) = 9\ 000$$

$$\text{Demanda reativa excedente} = 190 \times \frac{0,92}{0,80} - 200 = 18,5$$

Desse modo, o valor em reais a ser faturado em razão do fator de potência inferior a 0,92 seria de 9 000 × tarifa de energia "TE" + 18,5 × tarifa de demanda de potência.

9.7 Causas do Baixo Fator de Potência

Antes de realizar investimentos para corrigir o fator de potência de uma instalação, deve-se procurar identificar as causas da sua origem, uma vez que a solução das mesmas pode resultar na correção, ao menos parcial, do fator de potência. A seguir, são apresentadas as principais razões que dão origem a um baixo fator de potência.

9.7.1 Nível de tensão acima do nominal

O nível de tensão tem influência negativa sobre o fator de potência das instalações, pois, como se sabe, a potência reativa (kvar) é aproximadamente proporcional ao quadrado da tensão. Assim, no caso dos motores, que são responsáveis por mais de 50 % do consumo de energia elétrica na indústria, a potência ativa só depende da carga dele solicitada, e quanto maior for a tensão aplicada nos seus terminais, maior será a quantidade de reativos absorvida e, consequentemente, menor o fator de potência da instalação.

A Tabela 9.2 apresenta a variação percentual do fator de potência em função da carga e da tensão aplicada em motores.

Neste caso, devem ser conduzidos estudos específicos para melhorar os níveis de tensão, utilizando-se uma relação mais adequada de *taps* dos transformadores ou da tensão nominal dos equipamentos.

Tabela 9.2 Influência da variação da tensão no fator de potência

Tensão aplicada (% de V_n do motor)	Carga nos motores (em relação à nominal)		
	50 %	75 %	100 %
120 %	Decresce de 15 % a 40 %	Decresce de 10 % a 30 %	Decresce de 5 % a 15 %
115 %	Decresce de 8 % a 20 %	Decresce de 6 % a 15 %	Decresce de 4 % a 9 %
110 %	Decresce de 5 % a 6 %	Decresce 4 %	Decresce 3 %
100 %	–	–	–
90 %	Cresce de 4 % a 5 %	Cresce de 2 % a 3 %	Cresce 1 %

9.7.2 Motores operando em vazio ou superdimensionados

Os motores elétricos de indução consomem praticamente a mesma quantidade de energia reativa quando operando em vazio ou a plena carga. A potência reativa consumida pelos motores classe B são aproximadamente iguais às potências dos capacitores indicadas nas Tabelas 9.3 e 9.4.

Tabela 9.3 Capacitores para motores de baixa tensão

Potência do motor (hp)	Velocidade síncrona (rpm)/Número de polos do motor											
	3 600 2		1 800 4		1 200 6		900 8		720 10		600 12	
	kvar[1]	% *I*[2]	kvar	% *I*	kvar	% *I*	kvar	% *I*	kvar	% *I*	kvar	% *I*
3	1,5	14	1,5	15	1,5	20	2	27	2,5	35	3,5	41
5	2	12	2	13	2	17	3	25	4	32	4,5	37
7,5	2,5	11	2,5	12	3	15	4	22	5,5	30	6	34
10	3	10	3	1	3,4	14	5	21	6,5	27	7,5	31
15	4	9	4	10	5	13	6,5	18	8	23	9,5	27
20	5	9	5	10	6,5	12	7,5	16	9	21	12	25
25	6	9	6	10	7,5	11	9	15	11	20	14	23
30	7	8	7	9	9	11	10	14	12	18	16	22
40	9	8	9	9	11	10	12	13	15	16	20	20

continua

Tabela 9.3 Capacitores para motores de baixa tensão (*Continuação*)

Potência do motor (hp)	Velocidade síncrona (rpm)/Número de polos do motor											
	3 600 2		1 800 4		1 200 6		900 8		720 10		600 12	
	kvar(1)	% I(2)	kvar	% I	kvar	% I	kvar	% I	kvar	% I	kvar	% I
50	12	8	11	9	13	10	15	12	19	15	24	19
60	14	8	14	8	15	10	18	11	22	15	27	19
75	17	8	16	8	18	10	21	10	26	14	32,5	18
100	22	8	21	8	25	9	27	10	32,5	13	40	17
125	27	8	26	8	30	9	32,5	10	40	13	47,5	16
150	32,5	8	30	8	35	9	37,5	10	47,5	12	52,5	15
200	40	8	37,5	8	42,5	9	47,5	10	60	12	65	14
250	50	8	45	7	52,5	8	57,5	9	70	11	77,5	13
300	57,5	8	52,5	7	60	8	65	9	80	11	87,5	12
350	65	8	60	7	67,5	8	75	9	87,5	10	95	11
400	70	8	65	6	75	8	85	9	95	10	105	11
450	75	8	67,5	6	80	8	92,5	9	100	9	110	11
500	77,5	8	72,5	6	82,5	8	97,5	9	107,5	9	115	10

(1)Máxima potência capacitiva recomendada.

(2)Redução percentual de corrente da linha após a instalação dos capacitores recomendados.

Tabela 9.4 Capacitores para motores de média tensão

Potência do motor (hp)	Velocidade síncrona (rpm)/Número de polos do motor											
	3 600 2		1 800 4		1 200 6		900 8		720 10		600 12	
	kvar(1)	% I(2)	kvar	% I	kvar	% I	kvar	% I	kvar	% I	kvar	% I
100	20	7	25	10	25	11	25	11	30	12	45	17
125	30	7	30	9	30	10	30	10	30	11	45	15
150	30	7	30	8	30	8	30	9	30	11	60	15
200	30	7	30	6	45	8	60	9	60	10	75	14
250	45	7	45	5	60	8	60	9	75	10	90	14
300	45	7	45	5	75	8	75	9	75	9	90	12
350	45	6	45	5	75	8	75	9	75	9	90	11
400	60	5	60	5	60	6	90	9	90	9	90	10
450	75	5	60	5	75	6	90	8	90	8	90	8
500	75	5	75	5	90	6	120	8	120	8	120	8
600	75	5	90	5	90	5	120	7	120	8	135	8
700	90	5	90	5	90	5	135	7	150	8	150	8
800	90	5	120	5	120	5	150	7	150	8	150	8

(1) Máxima potência capacitiva recomendada.

(2) Redução percentual de corrente da linha após a instalação dos capacitores recomendados.

Na prática, observa-se que, para motores operando com cargas abaixo de 50 % de sua potência nominal, o fator de potência cai bruscamente. Nesses casos, deve-se verificar a possibilidade, por exemplo, de que se substituam os motores por outros de menor potência, com torque de partida mais elevado e mais eficiente.

9.7.3 Transformadores em vazio ou com pequenas cargas

É comum, nos momentos de baixa carga, encontrar transformadores operando em vazio ou alimentando poucas cargas. Nessas condições, ou quando superdimensionados, eles poderão consumir uma elevada quantidade de reativos.

A Tabela 9.5 apresenta, ilustrativamente, a potência reativa média solicitada a vazio por transformadores de até 1 000 kVA.

Tabela 9.5 Solicitação de reativos de transformadores em vazio

Potência do transformador (kVA)	Carga reativa em vazio (kvar)
10,0	1,0
15,0	1,5
30,0	2,0
45,0	3,0
75,0	4,0
112,5	5,0
150,0	6,0
225,0	7,5
300,0	8,0
500,0	12,0
750,0	17,0
1 000,0	19,5

9.8 Localização dos Capacitores

Em princípio, os capacitores podem ser instalados de acordo com as alternativas de localização caracterizadas na Figura 9.8 e descritas a seguir:

- no lado de alta tensão dos transformadores (tipo centralizado);
- nos barramentos secundários dos transformadores (tipo centralizado);
- nos barramentos secundários onde exista um agrupamento de cargas indutivas (tipo distribuído);
- junto às grandes cargas indutivas (tipo individual).

Os motores síncronos, por sua vez, só se mostram em condições de competir economicamente com os capacitores nas tensões elevadas, mas, a exemplo destes, têm de ser também instalados nas barras de carga cujo fator de potência deva ser melhorado.

Sempre que houver possibilidade, os capacitores precisam ser instalados o mais próximo possível das cargas, para que os benefícios decorrentes de sua instalação se reflitam em toda a rede elétrica.

A Figura 9.9 mostra os capacitores de baixa tensão utilizados nas instalações localizadas nos pontos *B* e *E*, indicados na Figura 9.8.

A Figura 9.10 apresenta alguns capacitores de alta tensão a serem instalados no ponto A da Figura 9.8.

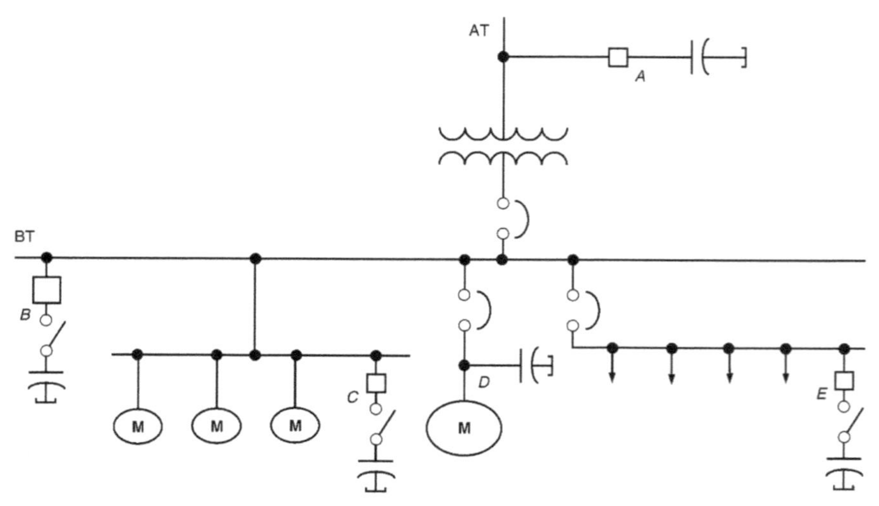

Figura 9.8 Alternativas de localização de capacitores.

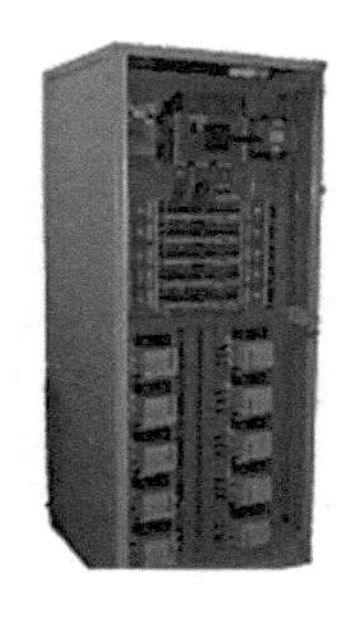

Figura 9.9 Capacitores de baixa tensão. (Cortesia da THOR SAP Eletro Eletrônico Ltda. e WEG.)

Figura 9.10 Capacitores de alta tensão, classe 15 kV, de, respectivamente, 100 kvar, 50 kvar e 25 kvar.

9.9 Capacitores junto às Grandes Cargas Indutivas

É prática usual conectar capacitores diretamente nos terminais dos motores para se obter uma redução no custo de instalação equivalente ao preço dos equipamentos de manobra, bem como proteção dos capacitores, que, nesse caso, deixam de ser utilizados.

A instalação de capacitores para corrigir o fator de potência de motores é particularmente interessante, em razão do fato de estes tornarem a curva do fator de potência praticamente plana, o que garante um fator de potência constante e próximo de 100 % para qualquer carregamento, conforme se observa na Figura 9.11.

A localização dos capacitores pode variar dependendo do caso. Para instalações novas, o capacitor pode ser ligado diretamente nos terminais do motor. Quando a instalação é existente, a ligação preferida pode ser entre o relé térmico e o contator. Para os casos em que os capacitores devam ficar permanentemente ligados, é possível conectá-los entre o dispositivo de proteção e o contator.

A fim de que se evitem sobretensões por autoexcitação após a abertura do contator, a potência dos capacitores não deve ser maior do que a potência reativa consumida pelo motor em vazio.

Como regra básica, deve-se ter em conta que a corrente dos capacitores não exceda a 90 % o valor da corrente de magnetização do motor.

Quando os valores reais da corrente de magnetização não forem disponíveis, as Tabelas 9.3 e 9.4 fornecem os valores de potência dos capacitores a serem instalados nos terminais dos motores de indução, tipo gaiola da classe B, de torque e corrente de partida normais.

Para que se possa redimensionar o relé térmico do motor, as Tabelas 9.3 e 9.4 fornecem, ainda, os valores percentuais de redução da corrente de carga dos referidos motores.

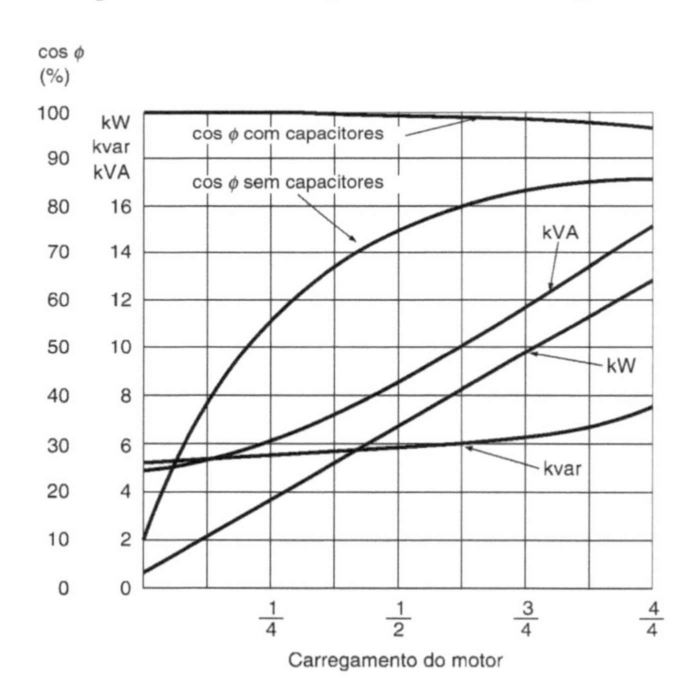

Figura 9.11 Características dos motores de indução.

9.10 Capacitores no Secundário dos Transformadores

Nesse tipo de ligação, os capacitores são instalados no barramento secundário, por meio de dispositivos de manobra e proteção, que permitem desligá-los quando a instalação estiver operando com baixa carga.

Esse tipo de instalação, pela utilização do fator de demanda, permite ao consumidor obter uma apreciável redução nos custos em relação à correção feita individualmente junto às cargas.

Deve-se analisar também a conveniência de que sejam instalados bancos automáticos para evitar que, ao se desligar um bloco grande de cargas, a carga restante permaneça conectada a um grande banco de capacitores.

Adicionalmente, é possível avaliar a elevação de tensão no ponto, que pode ser estimada a partir da potência total do banco de capacitores e da potência e impedância nominais do transformador segundo a expressão:

$$\Delta V\% = \frac{\text{kvar}_{\text{cap}}}{\text{kVA}_{\text{trafo}}} \times Z_{\text{trafo}}(\%)$$

Por exemplo, um banco de capacitores de 200 kvar instalado no secundário de um transformador de 1 000 kVA, de impedância 7 %, acarretaria uma elevação da tensão de 1,4 %.

Convém ainda registrar que a potência gerada pelo capacitor varia diretamente com o quadrado da tensão no ponto, conforme a expressão:

$$\text{kvar}_{\text{gerado}} = \text{kvar}_{\text{cap}} \times V^2$$

em que:

kvar_{cap} = potência nominal do capacitor;

V = tensão aplicada ao capacitor em pu.

9.11 Níveis Admissíveis Máximos de Tensão e de Corrente

A Tabela 9.6, extraída da norma IEC 831-1, apresenta as tensões máximas, em regime permanente, suportadas pelos capacitores de tensão nominal igual e abaixo de 1 000 V.

Tabela 9.6 Níveis de tensão admissíveis

Frequência	Tensão (valor eficaz)	Duração máxima
Nominal	1,00 V_n	Contínua
Nominal	1,10 V_n	8 horas por período de 24 horas
Nominal	1,15 V_n	30 minutos por período de 24 horas
Nominal	1,20 V_n	5 minutos
Nominal	1,30 V_n	1 minuto
Nominal mais harmônicos	Valor tal que a corrente não exceda a 1,30 I_n	

Notas:

a) A amplitude da sobretensão que pode ser tolerada sem significativa deterioração do capacitor depende da sua duração, do número total de ocorrências e da temperatura do capacitor.

b) As sobretensões indicadas foram assumidas considerando-se que valores superiores a 1,15 V_n ocorrem até 200 vezes durante a vida útil do capacitor.

A corrente máxima admissível (incluindo harmônicos) nos capacitores é de 1,3 vez a corrente à tensão nominal e à frequência nominal. Levando-se em conta que a tolerância de fabricação do capacitor é de 1,15 vez a capacitância nominal, a máxima corrente poderá alcançar 1,5 vez a corrente nominal.

9.12 Dispositivos de Manobra e Proteção dos Capacitores

A tolerância de fabricação da capacitância dos capacitores até 1 000 V, pela norma IEC 831-1, é de:

–5 % a +15 % para unidades ou bancos até 100 kvar;

0 % a 110 % para unidades ou bancos acima de 100 kvar.

Considerando que os capacitores devem operar de maneira contínua a uma corrente eficaz de 1,3 vez a sua corrente nominal, a tensão e frequência nominais, excluindo os transitórios, e levando-se em conta que a tolerância da capacitância é de 115 %, a corrente máxima seria de $1{,}3 \times 1{,}15 = 1{,}5$ vez a corrente nominal.

Enquanto a abertura de um circuito capacitivo é simples, o mesmo não ocorre com a operação de fechamento, devido ao arco formado, que provocará a redução da vida útil do equipamento.

Desse modo, os dispositivos de manobra (disjuntores, contatores e chaves) devem ser dimensionados para 150 % da corrente nominal do capacitor. No caso de chaves seccionadoras para a operação em carga e dos fusíveis, recomenda-se que esse percentual seja de 165 % da corrente nominal do capacitor.

Os fusíveis devem ser preferencialmente do tipo NH. Os disjuntores podem ser do tipo caixa moldada.

9.13 Capacidade de Corrente dos Condutores

Do mesmo modo que os dispositivos de manobra, os condutores de ligação deverão possuir uma capacidade de corrente mínima de 150 % da corrente nominal dos capacitores, além das que dizem respeito a fatores de agrupamento e de correção da temperatura.

EXEMPLO

Para um capacitor de 560 kvar, instalado em rede trifásica de 6 000 volts entre fases, qual deverá ser o condutor?

$$Q = \sqrt{3} \times E \times I \text{ sen}\,\theta \quad I\ \frac{560}{\sqrt{3} \times 6} = 54 \text{ ampères.}$$

Capacidade de corrente = 54 × 1,50 = 81 ampères – condutor de 16 mm².

9.14 Liberação de Capacidade do Sistema

Conforme dito inicialmente, a instalação de capacitores torna possível aumentar-se a carga de um sistema sem ultrapassar os kVA da subestação. Em muitos casos, somente melhorando o fator de potência, amplia-se uma indústria sem necessidade de aumentar a subestação. Vejamos como isso é possível.

EXEMPLO

Em uma instalação fabril, tem-se uma subestação de 1500 kW com fator de potência igual a 0,8. Deseja-se adicionar uma carga de 250 kW com f.p. de 0,85.

Que potência de capacitor (kvar) deve ser adicionada para que a subestação não seja sobrecarregada?

– Carga original

$$\text{kW} = 1\,500$$

$$\text{kVA} = \frac{1\,500}{0{,}8} = 1\,875$$

$$\cos\theta_1 = 0{,}8$$

$$\text{kvar} = \sqrt{\text{kVA}^2 - \text{kW}^2} = \sqrt{1\,875^2 - 1\,500^2} = 1\,125.$$

continua

(Continuação)

– Carga adicional

$$kW = 250$$

$$kVA = \frac{250}{0{,}85} = 294$$

$$\cos\theta_2 = 0{,}85$$

$$kvar = \sqrt{294^2 - 250^2} = 155.$$

– Carga total

$$kW = 1\,500 + 250 = 1\,750$$

$$kvar = 1\,125 + 155 = 1\,280.$$

Os 1 875 kVA da subestação não podem ser ultrapassados; então, o máximo de kvar deverá estar dentro do círculo *MN*.

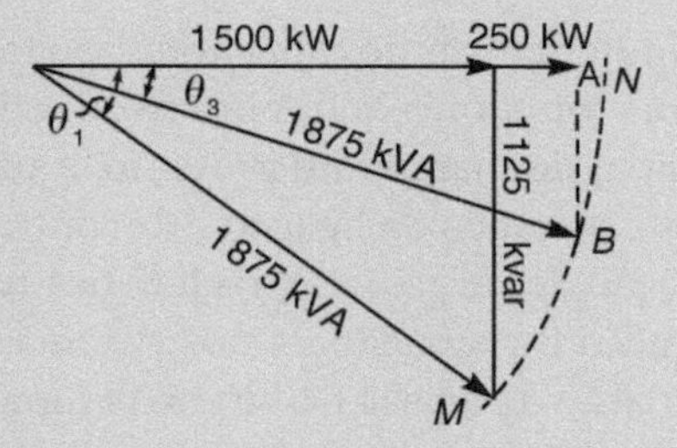

Da figura, tiramos:

$$\cos\theta_3 = \frac{1\,750}{1\,875} = 0{,}934$$

que deve ser o f.p. mínimo admissível; então, *AB* deve ser o máximo de kvar:

$$AB\ 5 + 750\ \text{tg}\ \theta_3 - 1\,750 \times 0{,}379 = 664\ \text{kvar}.$$

Assim, como o total de kvar exigido pelo sistema é 1 280, os capacitores devem fornecer:

$$1\,280 - 664 = 616\ \text{kvar}.$$

Pela figura, constata-se que, se a carga adicional fosse somente resistiva (f.p. = 1), seria possível adicionar:

$$1\,875 - 1\,500 = 375\ \text{kW}$$

sem sobrecarregar a subestação.

9.15 Bancos Automáticos de Capacitores

Com base nos critérios de faturamento de energia e de demanda de potência reativa em intervalos de integralização de 1 hora, tornam-se praticamente obrigatórios, para a grande maioria das instalações consumidoras, o fracionamento dos bancos de capacitores em estágios e a utilização do controle automático do fator de potência, por meio do chaveamento desses estágios através de contatoras, em função da solicitação da carga. Tal procedimento tem por objetivo evitar, por exemplo, que, durante a situação de carga mínima do sistema, no período compreendido entre as 0h30min e 6h30min, o fator de potência se torne capacitivo e inferior a 0,92.

O controlador automático do fator de potência (CAFP) é constituído por um sensor eletrônico que verifica a defasagem entre a tensão e a corrente a cada passagem da tensão pelo zero. Essa defasagem é comparada à faixa operativa de variação do fator de potência para o qual o CAFP está ajustado, sendo enviados os sinais para ligar ou desligar as contatoras que acionam os estágios do banco de capacitores. O CAFP pode realizar a monitoração trifásica do fator de potência para o caso de instalações com desequilíbrios de carga entre as fases, ou monitoração monofásica para sistemas equilibrados.

As informações de corrente são obtidas por meio de transformadores de corrente, e as de tensão são tomadas diretamente do barramento de baixa tensão ou por transformadores de potencial no caso de bancos de capacitores em alta tensão.

É possível que haja oscilações frequentes da carga que levem o fator de potência a níveis indesejáveis e não compensados pelos capacitores fixos instalados junto a motores e nos pontos de concentração de cargas para corrigir o fator de potência da carga mínima. Nesse caso, deve-se verificar se é justificável como solução técnica e econômica a instalação de bancos automáticos que complementem a compensação proporcionada pelos bancos fixos.

Os bancos automáticos de capacitores são fornecidos em painéis nos quais se alojam os capacitores, as contatoras que colocam ou retiram de operação os capacitores, o equipamento principal de manobra e proteção, a unidade de controle (CAFP), os fusíveis, os barramentos e os cabos de ligação e de controle.

A combinação de cargas de característica não linear, geradoras de harmônicos, e a crescente aplicação de capacitores nos sistemas elétricos das concessionárias de energia, para a regulação de tensão e o alívio da capacidade de transmissão e transformação, bem como a aplicação de capacitores para a correção do fator de potência em consumidores atendidos em alta tensão, tornam o sistema suscetível à ocorrência de ressonâncias, na faixa de centenas de hertz, e à consequente sobrecarga em componentes da rede.

9.16 Harmônicos × Capacitores

A ressonância é uma condição especial de qualquer circuito elétrico, que ocorre sempre que a reatância capacitiva se iguala à reatância indutiva em dada frequência particular – a qual é conhecida como frequência de ressonância.

$$X_L = X_C \rightarrow \pi f L = \frac{1}{2\pi f C} \rightarrow f^2 = \frac{1}{4\pi^2 LC}.$$

Portanto, a frequência natural de ressonância de um circuito é dada pela expressão

$$fr = \frac{1}{2\pi}\sqrt{\frac{1}{LC}}$$

em que:

fr = frequência de ressonância (em hertz);
L = indutância do circuito (em henry);
C = capacitância do circuito (em farad).

Quando não há um banco de capacitores instalado no sistema, a frequência de ressonância da maioria dos circuitos se estabelece na faixa de kHz. Como normalmente não existem fontes de corrente de frequência tão elevada, a ressonância, nessa condição, não constitui um problema.

Entretanto, ao se instalar um banco de capacitores para a correção do fator de potência em circuitos com cargas não lineares, a frequência de ressonância se reduz, podendo criar uma condição de ressonância com as correntes harmônicas geradas.

Duas situações de ressonância podem manifestar-se: a ressonância série e a ressonância paralela, conforme ilustrado nas Figuras 9.12 e 9.13.

A ressonância série ocorre, usualmente, quando a associação de um transformador com um banco de capacitores forma um circuito sintonizado próximo à frequência gerada por fontes de harmônicos do sistema, constituindo, dessa maneira, um caminho de baixa impedância para o fluxo de uma dada corrente harmônica. Como $I = V / Z$, uma impedância harmônica reduzida pode resultar em elevada corrente, mesmo quando excitada por uma tensão harmônica não muito alta.

A ressonância paralela ocorre quando a indutância equivalente do sistema supridor da concessionária e um banco de capacitores da instalação consumidora entram em ressonância em uma frequência próxima à gerada por uma fonte de harmônicos, constituindo um caminho de alta impedância para o fluxo de determinada corrente harmônica. Como $V = Z \times I$, mesmo uma pequena corrente harmônica pode dar origem a uma sobretensão significativa na frequência ressonante.

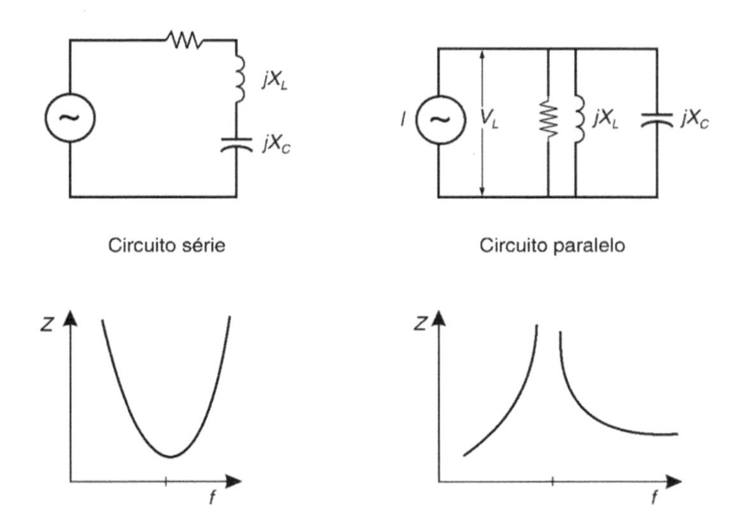

Figura 9.12 Circuitos e diagramas impedância × frequência para as condições de ressonâncias série e paralela.

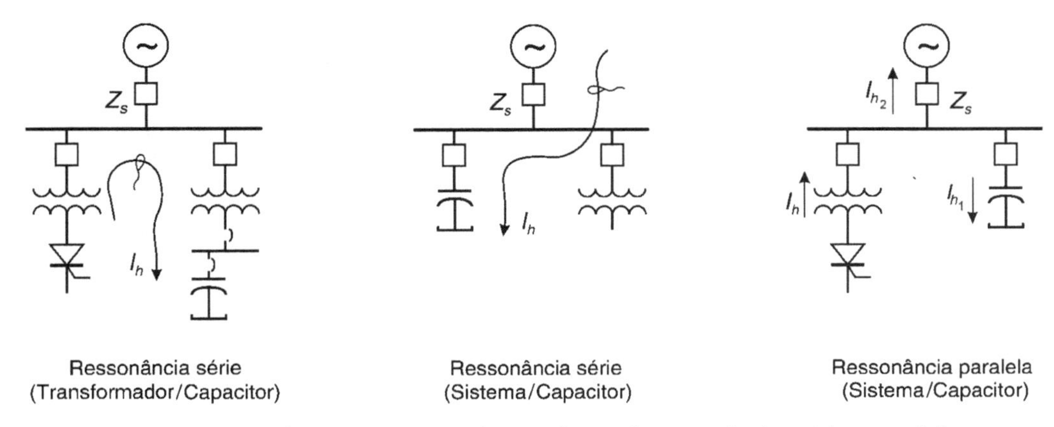

Figura 9.13 Configurações típicas das condições de ressonâncias série e paralela.

A verificação expedita da possibilidade de ocorrência da ressonância série em um circuito formado por um transformador e um banco de capacitores pode ser feita por meio da expressão:

$$h_s = \sqrt{\frac{MVA_{trafo}}{Mvar_{cap} \times Z_{trafo}}}$$

em que:

h_s = ponto de ressonância série em pu da frequência fundamental;
MVA_{trafo} = potência nominal do transformador;
$Mvar_{cap}$ = potência nominal do banco de capacitores;
Z_{trafo} = impedância do transformador em pu.

A ressonância paralela entre um banco de capacitores e o resto do sistema pode ser estimada por meio da expressão:

$$h_p = \sqrt{\frac{MVA_{sc}}{Mvar_{cap}}} = \sqrt{\frac{X_C}{X_L}}$$

em que:

h_p = ordem do harmônico de ressonância (frequência de ressonância/frequência fundamental);
MVA_{sc} = nível de curto-circuito, visto do ponto de instalação do banco de capacitores;
$Mvar_{cap}$ = potência nominal do banco de capacitores;
X_C = reatância capacitiva do banco de capacitores;
X_L = reatância indutiva equivalente do sistema, vista da barra do banco de capacitores.

Uma vez detectada a ocorrência da ressonância em uma frequência em que exista uma corrente harmônica presente na instalação, uma das seguintes soluções deverá ser analisada:

- Remoção parcial ou integral do banco de capacitores para outro ponto do sistema elétrico.
- Conexão de um reator de dessintonia, em série, com o capacitor, a fim de que se reduza a frequência de ressonância do circuito para um valor inferior ao da corrente harmônica perturbadora.

9.17 Instalação de Capacitores no Lado de Alta Tensão

Esta solução deverá ser objeto de análise técnica e econômica, em razão do custo dos equipamentos de manobra e proteção e uma vez que os bancos de capacitores instalados em alta tensão devem, preferencialmente, ser chaveados o mínimo possível, em virtude das sobretensões e sobrecorrentes transitórias decorrentes desses chaveamentos.

Quando um banco de capacitores é energizado no instante do chaveamento, a baixa impedância do banco faz com que apareça uma corrente de ligamento, também conhecida como corrente de *inrush*, que possui magnitude e frequência elevadas. O valor da corrente e da frequência depende do total da capacitância e da indutância do circuito, assim como do valor da tensão aplicada.

Tal situação se torna ainda mais crítica quando um banco de capacitores é energizado com outros bancos de capacitores já operando em paralelo, situação esta conhecida como energização *back-to-back*.

O projeto do capacitor e o arranjo do banco de capacitores devem levar em consideração os altos valores da corrente de ligamento, bem como a sua frequência. Assim, a instalação de reatores de amortecimento (ou reatores limitadores de corrente de *inrush*) protegerá a chave ou o disjuntor a ser utilizado para o chaveamento.

Os valores máximos de corrente de ligamento e sua frequência, considerando a energização de um único banco de capacitores (sem outros bancos de capacitores em paralelo), podem ser determinados a partir das expressões:

$$I_{\text{máx}} = \frac{E}{X_C - X_L}\left[1 + \sqrt{\frac{X_C}{X_L}}\right]$$

$$f_{\text{máx}} = 60 \times \sqrt{\frac{X_C}{X_L}}$$

em que:

E = tensão fase-terra do sistema em kV;
X_C = reatância capacitiva do banco por fase em V;
X_L = reatância indutiva do sistema, vista do ponto de instalação do banco, por fase em V;
$I_{\text{máx}}$ = valor máximo da corrente de ligamento em kA;
$f_{\text{máx}}$ = valor máximo da frequência da corrente de ligamento em Hz.

Os valores de X_C e X_L são calculados a partir das expressões:

$$X_C = \frac{(\text{kV})^2}{\text{Mvar}}$$

$$X_L = \frac{(\text{kV})^2}{\text{MVA}_{cc}}$$

em que:

kV = tensão fase-fase do sistema;
Mvar = potência trifásica do banco de capacitores;
MVA_{cc} = potência de curto-circuito do sistema.

O valor da corrente de ligamento se situa, usualmente, em cerca de 15 vezes a corrente nominal do banco de capacitores.

Quando um banco de capacitores em paralelo com um ou mais bancos de capacitores é energizado, uma corrente de ligamento adicional fluirá devido à descarga dos capacitores energizados sobre o banco de capacitores que está sendo energizado. Nesse caso, os valores da corrente e da frequência dependem basicamente da indutância existente entre os bancos de capacitores.

Os valores máximos de corrente de ligamento e frequência associada podem ser calculados pelas fórmulas:

$$I_{\text{máx}} = \sqrt{2}E\sqrt{\frac{C}{L_0}}$$

$$f_{\text{máx}} = \frac{1}{2\pi\sqrt{C \times L_0}}$$

em que:

E = tensão fase-terra do sistema em kV;
C = capacitância equivalente do circuito em mF;
L_0 = indutância entre os bancos de capacitores em mH;
$I_{\text{máx}}$ = valor máximo da corrente de ligamento em kA;
$f_{\text{máx}}$ = valor máximo da frequência da corrente de ligamento em Hz.

A Figura 9.14 ilustra a situação descrita.

A indutância L_0 possui valor baixo, dependendo basicamente da distância entre dois bancos de capacitores adjacentes.

Os valores máximos de corrente de ligamento se situam em uma faixa de 20 até 250 vezes a corrente nominal. Esse valor deve ser sempre verificado para se assegurar que a chave ou o disjuntor sejam capazes de suportá-lo.

A forma de se garantir um valor menor de corrente de ligamento consistiria na aplicação de reatores limitadores de corrente em série com os bancos de capacitores.

A determinação da corrente e frequência de ligamento associadas à energização de bancos de capacitores pode ser feita com maior precisão. Para isso, utiliza-se um programa computacional específico para análise de transitórios, tal como o ATP – Alternative Transients Program, que permite uma modelagem detalhada dos elementos do sistema, inclusive de elementos não lineares com característica $V \times I$ de para-raios e de curvas de saturação de transformadores, e a simulação de diversas situações de chaveamento, facilitando a especificação de reatores limitadores, disjuntores, para-raios etc.

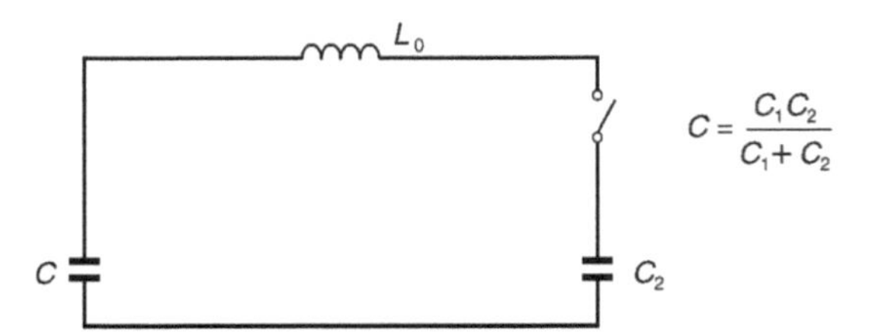

Figura 9.14 Chaveamento de bancos de capacitores em paralelo.

9.18 Estudo de Correção do Fator de Potência

O estudo de correção do fator de potência visando ao dimensionamento de capacitores abrange a definição de sua potência e tensão nominais, a sua localização física e a sua característica de atuação (modo fixo ou automático), devendo ser elaborado a partir da disponibilidade das seguintes informações principais:

- Medições de demanda e fator de potência nos pontos de interesse (por exemplo: secundário do transformador abaixador da instalação consumidora) em intervalos de 1 hora, em conformidade com os critérios estabelecidos pela regulamentação da ANEEL, durante um período representativo da operação do sistema, contemplando a variação da carga em seus níveis máximo e mínimo.
- Medições de corrente e tensão nos capacitores existentes para verificação se os mesmos operam em suas condições nominais.
- Análise das contas de energia por um período mínimo de 12 meses (consumo e demanda ativa e reativa, fator de potência, fator de carga, tarifas de ultrapassagem da demanda contratada, adequação do tipo de tarifação adotado, se convencional ou horossazonal azul ou verde).
- Diagrama unifilar do sistema elétrico.
- Levantamento das características operativas do sistema, turnos de trabalho, previsão de inclusão ou exclusão de cargas significativas, planos de expansão etc.
- Levantamento, no local, da disponibilidade de espaço físico para instalação dos capacitores.
- Plantas de arranjo físico da subestação principal e de subestações de distribuição internas, caso existentes.

- Identificação das cargas de maior porte (regime de operação, características elétricas e localização).
- Identificação da existência de cargas não lineares responsáveis pela geração de correntes harmônicas que poderão sobrecarregar e danificar os capacitores.
- Identificação de medidas corretivas a serem adotadas para a melhoria do fator de potência, que não dependam da instalação de bancos de capacitores (por exemplo: substituição de motores super ou subdimensionados, substituição de reatores eletromagnéticos de lâmpadas fluorescentes por reatores de alto fator de potência, desligamento de transformadores operando em vazio, remanejamento da operação de determinadas cargas para outros períodos do dia etc.).

Em face das diversas alternativas que se apresentam para a implantação da correção do fator de potência, é essencial que seja feita uma análise técnico-econômica criteriosa, a partir das medições/informações coletadas.

Levantadas as informações, inicia-se o estudo com a análise das causas, para que, em seguida, realize-se um diagnóstico que as identifique e indique as melhores soluções.

É bom lembrar que a correção do fator de potência pode ser feita, até certo ponto, corrigindo-se as causas, o que levará à utilização de bancos de capacitores de menor potência.

É oportuno observar que, para as instalações de grande porte, o Estudo de Fluxo de Carga, que faz uso de programa computacional específico, pode apresentar-se como ferramenta auxiliar poderosa na pesquisa das causas e na análise das medidas a serem recomendadas para a correção do fator de potência.

9.19 Dados para os Projetos

A fim de facilitar a especificação dos capacitores de baixa tensão, segue a Tabela 9.7, com dados para a instalação em três níveis de tensão. Mais informações sobre os capacitores deverão ser obtidas por meio de catálogos.

Tabela 9.7 Dados para instalação de capacitores

Tensão nominal (V)	Potência	Corrente	Cap.	Cabo	Chave seccionadora	Fusível de proteção	Contator 3Ø Corrente - AC3	Peso	Modelo sem proteção	Modelo com proteção
	kVar - 60 Hz	(A)	μF	(mm²)	(A)	(NH-00)	(A)	(kg)		
220 - 3 Ø	2,5	6,56	137,0	1,5	125	10	12	2,5	EG0	EG3
	5	13,12	274,0	2,5	125	20	22	3,5	EG0	EG3
	7,5	19,68	411,0	4	125	36	32	4,5	EG2	EG4
	10	26,24	548,1	6	125	50	38	5,5	EG2	EG4
	12,5	32,80	685,1	10	125	63	63	6,5	EG3	EG5
	15	39,36	822,1	16	125	63	63	7,5	EG3	EG5
	17,5	45,93	959,1	16	125	80	63	8,5	EG4	EG5
	20	52,49	1 096,1	25	125	100	75	10,0	EG4	EG5
	22,5	59,05	1 233,1	25	125	100	85	12,0	EG5	EG6
	25	65,61	1 370,1	25	125	125	110	14,0	EG5	EG6
	30	78,73	1 644,2	35	125	125	140	16,0	EG5	EG6
380 - 3 Ø	2,5	3,80	45,9	1,5	125	6	9	2,5	EG0	EG3
	5	7,60	91,8	1,5	125	16	12	3,5	EG0	EG3
	7,5	11,40	137,8	2,5	125	20	22	4,5	EG0	EG3
	10	15,19	183,7	4	125	25	22	5,5	EG0	EG3
	12,5	18,99	229,6	4	125	36	32	6,5	EG2	EG4
	15	22,79	275,5	6	125	36	38	7,5	EG2	EG4
	17,5	26,59	321,5	6	125	50	38	8,5	EG2	EG4
	20	30,39	367,4	10	125	50	45	10,0	EG2	EG4
	22,5	34,19	413,3	10	125	63	63	12,0	EG3	EG5
	25	37,98	459,2	10	125	63	63	14,0	EG3	EG5
	30	45,58	551,1	16	125	80	75	16,0	EG3	EG5
	35	53,18	642,9	25	125	100	85	18,0	EG4	EG5
	40	60,77	734,8	25	125	100	110	20,0	EG4	EG5
	45	68,37	826,6	35	125	125	110	22,0	EG5	EG6
	50	75,97	918,5	35	125	125	110	24,5	EG5	EG6

EXERCÍCIOS DE REVISÃO

1. No exemplo da Seção 9.13, qual será a capacitância equivalente, em microfarads, do capacitor?
2. No mesmo exemplo, qual deverá ser a capacidade do fusível de alta tensão, de proteção do capacitor?
3. Idem, qual deverá ser a capacidade mínima da chave seccionadora?
4. Qual será a reatância capacitiva em ohms para o capacitor do exemplo?
5. Em uma instalação elétrica, a potência ativa é de 500 kW, e o fator de potência, 65 % (atrasado). Qual deverá ser a potência em capacitores a fim de que se eleve o fator de potência para 90 %?

10 Técnica da Execução das Instalações Elétricas

10.1 Prescrições para Instalações

As prescrições gerais para as instalações constam da NBR 5410:2004 e determinam, além de outras, as seguintes condições:

1. As linhas elétricas de baixa tensão e as linhas de tensão superior a 1 000 volts não devem ser colocadas nas mesmas canalizações ou poços, a menos que sejam tomadas precauções adequadas para evitar que, em caso de falta, os circuitos de baixa tensão sejam submetidos a sobretensões.
2. Nos espaços de construção, nos poços, galerias etc., devem ser tomadas precauções adequadas para evitar a propagação de um incêndio.
3. Os eletrodutos, calhas e blocos alveolados poderão conter condutores de mais de um circuito, nos seguintes casos:
   a. quando as três condições seguintes forem simultaneamente atendidas:
      - os circuitos pertençam à mesma instalação, isto é, se originam de um mesmo dispositivo geral de manobra e proteção, sem a interposição de equipamentos que transformem a corrente elétrica;
      - as seções normais dos condutores-fase estejam contidas de um intervalo de três valores normalizados sucessivos;
      - os condutores isolados ou cabos isolados tenham a mesma temperatura máxima para serviço contínuo.

   b. no caso de circuitos de força e/ou sinalização de um mesmo equipamento.
4. Os cabos unipolares e os condutores isolados pertencentes a um mesmo circuito devem ser instalados nas proximidades imediatas uns dos outros, assim como os condutores de proteção.
5. Quando vários condutores forem reunidos em paralelo, devem ser reunidos em tantos grupos quantos forem os condutores em paralelo, cada grupo contendo um condutor de cada fase da polaridade. Os condutores de cada grupo devem estar instalados nas proximidades imediatas uns dos outros.

10.1.1 Eletrodutos

Os eletrodutos são utilizados para proteção de condutores elétricos, cabos de comunicação, transmissão de dados e similares.

Nos eletrodutos só devem ser instalados condutores isolados, cabos unipolares, ou cabos multipolares, admitindo-se a utilização de condutor nu em eletroduto isolante exclusivo, quando tal condutor se destina a aterramento.

As dimensões internas dos eletrodutos e respectivos acessórios de ligação devem permitir instalar e retirar facilmente os condutores ou cabos. Para isso é necessário que:

a. a taxa máxima de ocupação em relação à área da seção transversal dos eletrodutos não seja superior a:

- 53 % no caso de um condutor ou cabo;
- 31 % no caso de dois condutores ou cabos;
- 40 % no caso de três ou mais condutores ou cabos (Tabela 10.7);

b. não haja trechos contínuos (sem interposição de caixas ou equipamentos) retilíneos de tubulação maiores que 15 m; nos trechos com curvas essa distância deve ser reduzida de 3 m para cada curva de 90°.

Nota: Quando o ramal de eletrodutos passar obrigatoriamente através de locais em que não seja possível o emprego de caixa de derivação, a distância em (b) pode ser aumentada, desde que:

- seja calculada a distância máxima permissível (levando-se em conta o número de curvas de 90° necessários);
- para cada 6 m, ou fração de aumento dessa distância, utiliza-se eletroduto de tamanho nominal imediatamente superior ao do eletroduto que normalmente seria empregado para a quantidade e tipo dos condutores ou cabos.

Em cada trecho de tubulação, entre duas caixas e entre extremidade e caixa podem ser previstas, no máximo, três curvas de 90°, ou seu equivalente até, no máximo, 270°.

Em nenhum caso devem ser previstas curvas de deflexão maior que 90°.

As curvas feitas diretamente nos eletrodutos não devem reduzir o seu diâmetro interno.

Nas Tabelas 10.1 a 10.3 são apresentados alguns tipos de eletrodutos de aço-carbono, com suas respectivas dimensões.

Os eletrodutos plásticos para instalações elétricas de baixa tensão seguem a NBR 15465:2020 que especifica os requisitos de desempenho para eletrodutos plásticos rígidos (até DN 110) ou flexíveis (até DN 40) e conexões (complementos dos eletrodutos) a serem estocados, transportados, instalados e aplicados permanentemente à temperatura entre –5 °C e 60 °C. As Tabelas 10.4 e 10.5 fornecem dados das dimensões de alguns tipos de eletrodutos de plástico.

Tabela 10.1 Eletrodutos de aço-carbono, esmaltados, com costura (NBR 5624:2011 – confirmada em 2020)

Tamanho nominal		Diâmetro *standard*	Espessura da parede	Peso com luva
(pol.)	(mm)	(mm)	(mm)	kg/vara de 3 metros
1/2	15	20,00	1,50	2,13
3/4	20	25,40	1,50	2,75
1	25	31,60	1,50	3,50
1 1/4	32	40,70	2,00	5,99
1 1/2	40	46,80	2,25	7,75
2	50	58,50	2,25	9,90
2 1/2	65	74,50	2,65	14,82
3	80	87,20	2,65	17,47

Tabela 10.2 Eletrodutos rígidos de aço-carbono, esmaltados, tipos pesado e extra (NBR 5597:2013 – confirmada em 2017)

Tamanho nominal		Diâmetro externo	Espessura da parede (mm)	
(pol.)	(mm)	(mm)	Tipo pesado	Tipo extra
1/2	21	21,3	2,25	2,65
3/4	27	26,7	2,25	2,80
1	33	33,4	2,65	3,35
1 1/4	42	42,2	3,00	3,55
1 1/2	48	48,3	3,00	3,55
2	60	60,3	3,35	3,75
2 1/2	73	73	3,75	5,00
3	89	88,9	3,75	5,30
3 1/2	102	101,6	4,25	5,60
4	114	114,3	4,25	6,00

Tabela 10.3 Eletrodutos rígidos, galvanizados, com rosca e luva (NBR 5598:2009 – confirmada em 2017)

Tamanho nominal		Diâmetro *standard*	Espessura da parede	Peso com luva
(pol.)	(mm)	(mm)	(mm)	kg/vara de 3 metros
1/2	15	21,30	2,25	3,43
3/4	20	26,70	2,25	4,41
1	25	33,40	2,65	6,50
1 1/4	32	42,20	3,00	9,35
1 1/2	40	48,00	3,00	10,76
2	50	59,90	3,35	15,09
2 1/2	65	75,50	3,35	19,31
3	80	88,20	3,75	25,18

Tabela 10.4 Eletroduto de PVC da Tigre – rígido tipo rosqueável

Rígido, tipo rosqueável – classe B					
		Dimensões			
Referência de rosca	Diâmetro nominal	D_i (aprox.) mm	e mm	L mm	S (aprox.) mm²
1/2	20	16,4	2,2	3 000	211,2
3/4	25	21,3	2,3	3 000	356,3
1	32	27,5	2,7	3 000	593,9
1 1/4	40	36,1	2,9	3 000	1 023,5
1 1/2	50	41,4	3,0	3 000	1 346,1
2	60	52,8	3,1	3 000	2 189,6
2 1/2	75	67,1	3,8	3 000	3 536,2
3	85	79,6	4,0	3 000	4 976,4

D_i = diâmetro interno; e = espessura da parede; L = comprimento; S = área da seção transversal interna.

Tabela 10.5 Eletroduto de PVC da Tigre – rígido tipo soldável

Rígido, tipo soldável — classe B				
	Dimensões			
Diâmetro nominal	D_i (aprox.) mm	e mm	L mm	S (aprox.) mm²
16	14,0	1,0	3 000	153,9
20	18,0	1,0	3 000	254,5
25	23,0	1,0	3 000	415,5
32	30,0	1,0	3 000	706,8
40	38,0	1,0	3 000	1 134,1
50	47,8	1,1	3 000	1 794,5

D_i = diâmetro interno; e = espessura da parede; L = comprimento; S = área da seção transversal interna.

Tabela 10.6 Fixação de eletrodutos de PVC, instalação aparente

Dist. máx. entre elementos de fixação de eletrodutos rígidos isolantes (PVC rígido)	
Diâmetro nominal do eletroduto (mm)	Distância máxima entre elementos de fixação de eletrodutos isolantes (m)
16-32	0,90
40-60	1,50
75-85	1,80

Tabela 10.7 Taxa máxima de ocupação dos eletrodutos por cabos isolados

Número de cabos isolados	Taxa máxima de ocupação
1	0,53
2	0,31
3 e acima	0,40

10.1.1.1 *Condições de emprego*

Os eletrodutos rígidos são encontrados comercialmente em varas de 3 metros de comprimento, com uma luva numa das extremidades e roscas. Normalmente são de ferro esmaltado de preto, ferro galvanizado, PVC rígido ou alumínio. Estes três últimos não são sujeitos à corrosão, uma vantagem sobre os de ferro esmaltado, que não poderão ser usados em ambiente agressivo (Figura 10.3).

Cada tipo de eletroduto é regido por norma específica; por exemplo:

- eletroduto em aço-carbono, com costura, rosca NPT — NBR 5597:2013 – confirmada em 2020;
- eletroduto em aço-carbono, com costura, rosca BSP — NBR 5598:2013 – confirmada em 2020;
- sistemas de eletrodutos plásticos para instalações elétricas de baixa tensão — NBR 15465:2020.

Nas instalações elétricas abrangidas pela norma NBR 5410:2004 só são admitidos eletrodutos não propagantes de chama e sem produção de fumaça tóxica. Os eletrodutos devem suportar, em qualquer situação de instalação, as solicitações mecânicas, químicas, elétricas e térmicas a que forem submetidos sem sofrerem qualquer tipo de deformação.

As emendas em eletrodutos deverão ser feitas por cortes perpendiculares ao seu eixo, abrindo-se nova rosca, retirando-se cuidadosamente as rebarbas. Qualquer emenda deve garantir:

a. perfeita continuidade elétrica nos eletrodutos metálicos;
b. resistência mecânica equivalente à da tubulação;
c. vedação suficiente;
d. continuidade e regularidade da superfície interna.

10.1.1.2 Curvas

Não poderão ser empregadas curvas de deflexão maiores que 90°.

Em trechos entre duas caixas ou entre a extremidade e a caixa, poderão ser empregadas, no máximo, três curvas de 90°, ou seu equivalente, até no máximo 270°. Se os condutores contidos nos eletrodutos forem de capa de chumbo, poderão ser usadas, no máximo, duas curvas de 90°.

Poderão ser feitas curvas a frio nos eletrodutos rígidos, com o cuidado de não reduzir a seção interna, somente até a bitola de 1". Acima de 1" só é permitido o uso de curvas pré-fabricadas, ou o uso de ferramentas especiais para tal fim.

10.1.1.3 Instalações em lajes pré-fabricadas e estruturais

Há no mercado inúmeros tipos de lajes pré-fabricadas para as quais há necessidade de se tomarem algumas precauções quanto às instalações elétricas. A maioria dessas lajes é composta de várias vigotas entre as quais é aplicado um tijolo de formato especial. Evidentemente, não seria possível perfurar as vigotas para a passagem dos eletrodutos; então, é usual aplicar os dutos sobre a laje, cobrindo os mesmos ou pelo piso ou por um cimentado (1,5 a 3 cm de espessura). Nos pontos de luz, o tijolo deverá ser removido, apoiando-se a caixa por uma tábua fixada por baixo da laje (Figura 10.1). As caixas deverão ser de fundo móvel (octogonais) e com altura de 4", para ultrapassar a laje. A cavidade em volta da caixa deverá ser preenchida com concreto.

Nas lajes estruturais as caixas de fundo móvel são fixadas na madeira de suporte da laje, como mostra a Figura 10.2.

10.1.2 Caixas de derivação

Devem ser empregadas caixas de derivação (Figuras 10.3 e 10.5):

a. em todos os pontos de entrada ou saída dos condutores na tubulação, exceto nos pontos de transição ou passagem de linhas abertas para linhas em eletrodutos, os quais, nesses casos, devem ser rematados com buchas;
b. em todos os pontos de emenda e derivação de condutores;
c. para dividir a tubulação em trechos não maiores que os especificados no item (b).

Figura 10.1 Instalação em lajes pré-fabricadas.

Figura 10.2 Instalação em lajes estruturais.

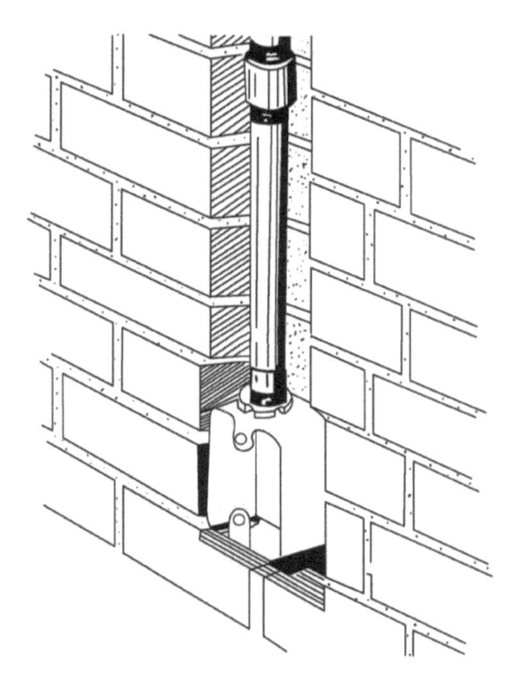

Figura 10.3 Exemplo de instalação embutida em eletroduto rígido.

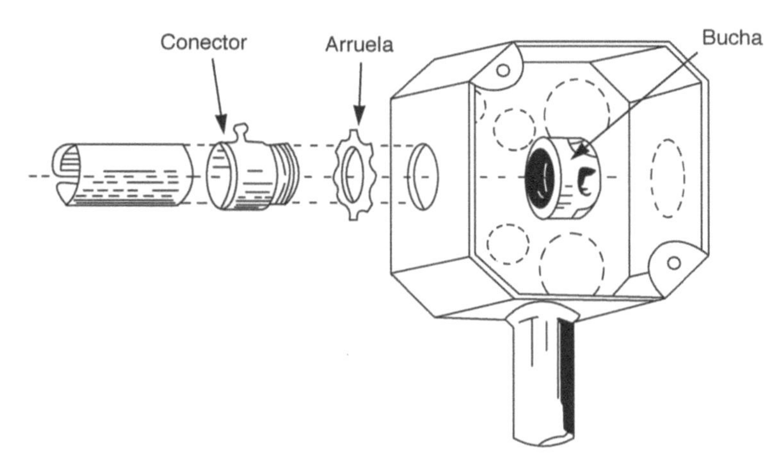

Figura 10.4 Peças para a instalação de eletrodutos sem rosca e conector com rosca.

Figura 10.5 Caixas de derivação.

As caixas devem ser colocadas em lugares facilmente acessíveis e ser providas de tampas. As caixas de saída para alimentação de equipamentos podem ser fechadas pelas placas destinadas à fixação desses equipamentos.

Os condutores devem formar trechos contínuos entre as caixas de derivação e as emendas e derivações devem ser colocadas dentro das caixas. Condutores emendados ou cuja isolação tenha sido danificada e recomposta com fita isolante ou outro material não devem ser enfiados em eletrodutos. Os eletrodutos embutidos em concreto armado devem ser colocados de modo a evitar a sua deformação durante a concretagem, devendo ainda ser fechadas as caixas e bocas de eletrodutos com peças apropriadas para impedir a entrada de argamassas ou nata de concreto durante a concretagem.

As junções dos eletrodutos embutidos devem ser efetuadas com auxílio de acessórios estanques em relação aos materiais de construção.

Quando necessário, os eletrodutos rígidos isolantes devem ser providos de juntas de expansão para compensar as variações térmicas.

Os condutores só devem ser enfiados depois de completada a rede de eletrodutos e concluídos todos os serviços de construção que os possam danificar. A enfiação só deve ser iniciada após a tubulação ser perfeitamente limpa e seca.

Para facilitar a enfiação dos eletrodutos podem ser usados:

a. guias de puxamento que, entretanto, só devem ser introduzidas no momento da enfiação dos condutores e não durante a execução das tubulações;
b. talco, parafina ou outros lubrificantes que não prejudiquem a isolação dos condutores.

Nas molduras só devem ser instalados condutores isolados ou cabos unipolares.

As ranhuras das molduras, rodapés e similares devem possuir dimensões tais que os cabos ou condutores possam alojar-se facilmente.

Só é permitido passar em uma ranhura condutores ou cabos de um mesmo circuito.

As molduras não devem ser embutidas na alvenaria, nem cobertas por papéis de parede, tecido ou qualquer outro material, devendo sempre permanecer aparentes.

10.1.3 Instalações aparentes

É comum o emprego de instalações elétricas aparentes, isto é, não embutidas, nos seguintes casos:

- por questões estruturais;
- em indústrias ou instalações comerciais onde há manutenção frequente;
- em instalações em que há modificações constantes;
- em ampliações das instalações.

Nas instalações aparentes usam-se molduras, canaletas, eletrodutos etc. Nessas instalações há necessidade de melhor aparência pelo fato de ficarem expostos os eletrodutos. Por isso usam-se caixas de passagens especiais, comumente conhecidas como "conduletes", fabricadas em alumínio fundido ou em plástico.

Na Figura 10.6, vemos os tipos de caixas mais usuais que são especificadas por letras. Nota-se que essas caixas já vêm rosqueadas para serem ligados os eletrodutos nas seguintes bitolas BSP: 1/2", 3/4", 1", 1 1/4", 1 1/2" e 2". Também temos fixações sem rosca, para eletrodutos "soldáveis", fixados por pressão ou como indicado nas Figuras 10.4 e 10.6. Nesse tipo de instalação, dentro dessas caixas ficarão instaladas as tomadas e os interruptores, e delas sairão eletrodutos para a adaptação de luminárias, mediante suportes especiais. Na Figura 10.6, vemos um condulete em detalhes.

Na Figura 10.7, vemos um exemplo de uma instalação aparente com caixas de passagem tipo "conduletes" conforme indicado. Nota-se que as tampas de cada caixa devem ficar em posição favorável à sua fácil remoção.

Os eletrodutos rígidos expostos (não embutidos) deverão ser fixados de modo a constituírem um sistema de boa aparência e firmeza. As distâncias máximas para fixação deverão seguir a Tabela 10.8.

Toda a rede de eletrodutos rígidos deverá formar um sistema eletricamente contínuo e ligado à terra.

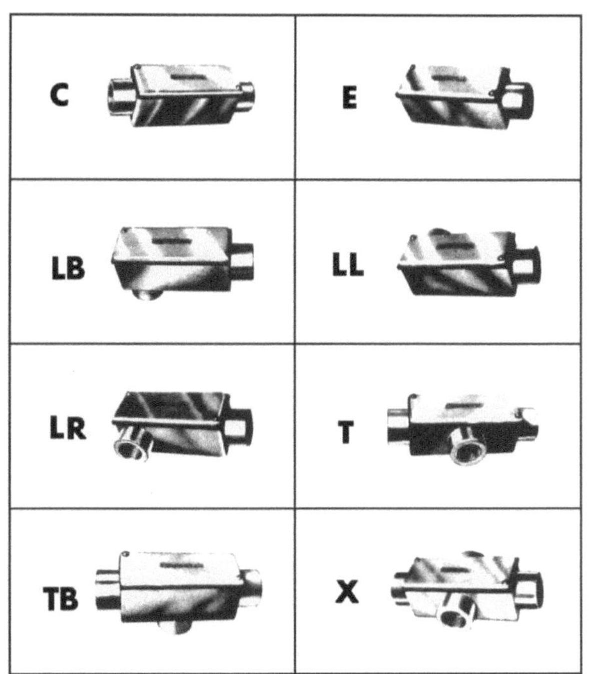

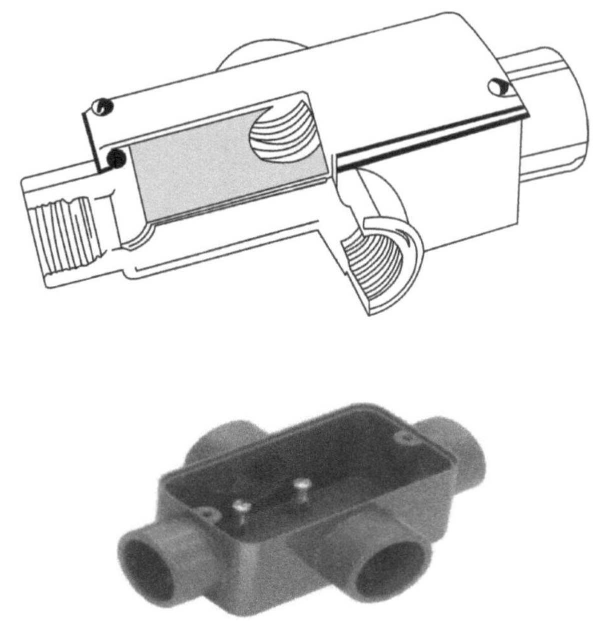

Denominação dos acessórios	
1 INT. SIMPLES 10 A-250 V	3 INT. SIMPLES 10 A-250 V
1 INT. PARALELO 10 A-250 V	3 INT. PARALELOS 10 A-250 V
1 CAMPAINHA 2 A-250 V	2 INT. SIMPLES + 1 INT.PARALELO 10 A-250 V
2 INT. SIMPLES 10 A-250 V	1 INT. SIMPLES + 2 INT. PARALELOS 10 A-250 V
2 INT. PARALELOS 10 A-250 V	2 INT. SIMPLES + 1 CAMPAINHA 10 A-250 V
1 INT. SIMPLES + 1 INT. PARALELO 10 A-250 V	1 INT. BIPOLAR SIMPLES 20 A-250 V
1 INT. SIMPLES + 1 CAMPAINHA 10 A-250 V	1 INT. BIPOLAR PARALELO 20 A-250 V
1 INT. PARALELO + 1 CAMPAINHA 10 A-250 V	1 INT. INTERMEDIÁRIO 10 A-250 V

Figura 10.6 Caixas de passagem (derivação) para instalação aparente, detalhes de um condulete e possíveis acessórios.

Nos trechos verticais extensos das instalações em eletrodutos rígidos, os condutores deverão ser apoiados na extremidade superior da canalização e a intervalos não maiores que:

Até 50 mm^2	25 metros
Até 70 a 95 mm^2	20 metros
Acima de 95 mm^2	10 metros

Os apoios dos condutores deverão ser feitos por suportes isolantes, com resistência mecânica adequada ao peso a suportar e que não danifiquem seu isolamento.

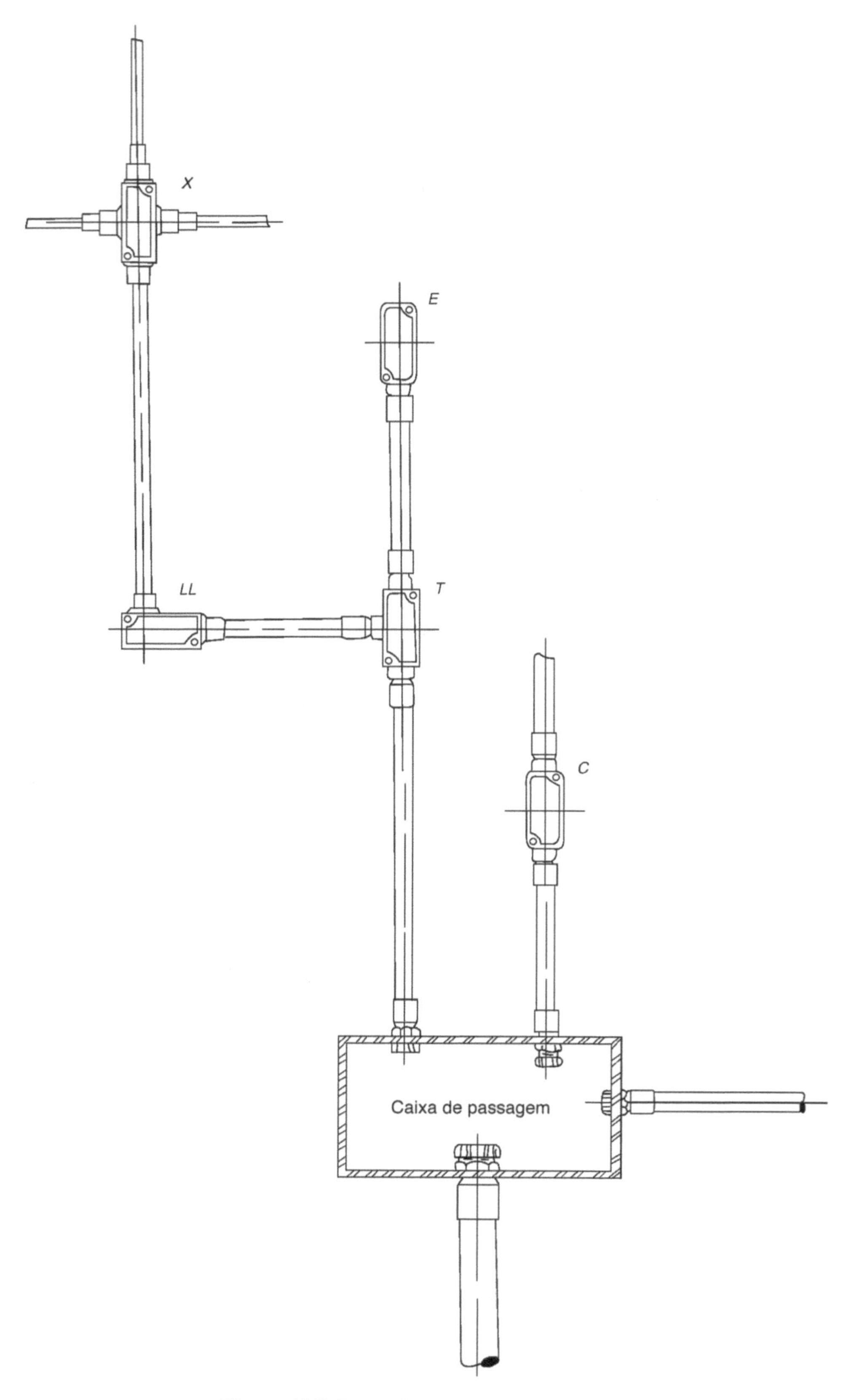

Figura 10.7 Exemplo de instalação aparente.

Tabela 10.8 Distâncias máximas de fixação dos eletrodutos rígidos metálicos

Bitola do eletroduto		Distância máxima entre suportes (metros)
Posição vertical:	1/2" e 3/4"	3,00
	1"	3,70
	1 1/4" - 1 1/2"	4,30
	2" - 2 1/2"	4,80
	Maiores que 3"	6,00
Posição não vertical:	1/2" e 3/4"	2
	Maiores que 1"	3

10.1.4 Instalação ao ar livre (fixação direta ou em bandejas, escadas para cabos, prateleiras ou suportes)

Nas instalações ao ar livre, só devem ser utilizados cabos unipolares ou cabos multipolares. Os cabos podem ser instalados:

a. fixos às paredes com auxílio de argolas, braçadeiras ou outros meios de fixação;
Nota: Não se recomenda o uso de materiais magnéticos quando os mesmos estiverem sujeitos à indução significativa de corrente.

b. sobre bandejas, escadas para cabos, prateleiras ou suportes.

Os meios de fixação, bandejas, prateleiras e suportes devem ser escolhidos e dispostos de maneira a não trazer prejuízo aos cabos. Eles devem possuir propriedades que lhes permitam suportar sem danos as influências externas a que são submetidos.

Nos percursos verticais deve ser assegurado que os esforços de tração exercidos pelo peso dos cabos não conduzam a deformações ou rupturas nos condutores. Tais esforços de tração não devem ser exercidos sobre as conexões.

Nas bandejas, escadas para cabos e prateleiras, os cabos devem ser dispostos preferencialmente em uma única camada.

Recomenda-se que o volume de material combustível dos cabos por metro linear de linha elétrica não deve exceder a 3,5 ou 7 dm^3 para os cabos de categoria BF ou da categoria AF ou AF/R da NBR NM IEC 60332:2005, respectivamente.

10.1.5 Calhas

Nas calhas podem ser instalados condutores isolados, cabos unipolares ou cabos multipolares.

Os cabos isolados só podem ser instalados em calhas de paredes maciças cujas tampas possam ser removidas apenas com auxílio de ferramentas.

Nota: Admite-se a instalação de condutores isolados em calhas com paredes perfuradas e/ou com tampas desmontáveis sem auxílio de ferramentas em locais só acessíveis a pessoas advertidas ou qualificadas.

As calhas devem ser escolhidas e dispostas de maneira a não poder trazer prejuízos aos cabos. Elas devem possuir propriedades que lhes permitam suportar sem danos as influências externas a que são submetidas.

10.1.6 Instalações em calhas, com ou sem cobertura

É muito comum, em instalações elétricas, os condutores passarem através de calhas feitas no próprio piso, de concreto ou alvenaria. Em subestações é usual a saída de baixa tensão dos transformadores ser feita por calhas cobertas, no piso, até o quadro geral.

A instalação dos condutores sem calhas é permitida, pela NBR 5410:2004, nos seguintes casos:

a. quando a calha for de paredes maciças e com cobertura desmontável por meio de ferramenta;
b. nos locais de serviço elétrico onde só tenham acesso pessoas qualificadas ou admitidas;
c. dentro de teto falso não desmontável.

10.1.7 Canaletas e prateleiras (leito para cabos)

Nas canaletas só devem ser usados cabos unipolares ou cabos multipolares. Os condutores isolados podem ser utilizados, desde que contidos em eletrodutos.

As canaletas são classificadas, sob o ponto de vista das condições de influências externas, como AD4 (locais em que, além de haver água nas paredes, os componentes das instalações elétricas são submetidos a projeções de água, por exemplo, certos aparelhos de iluminação, painéis de canteiros de obras etc.).

A Figura 10.8 mostra um leito para cabos.

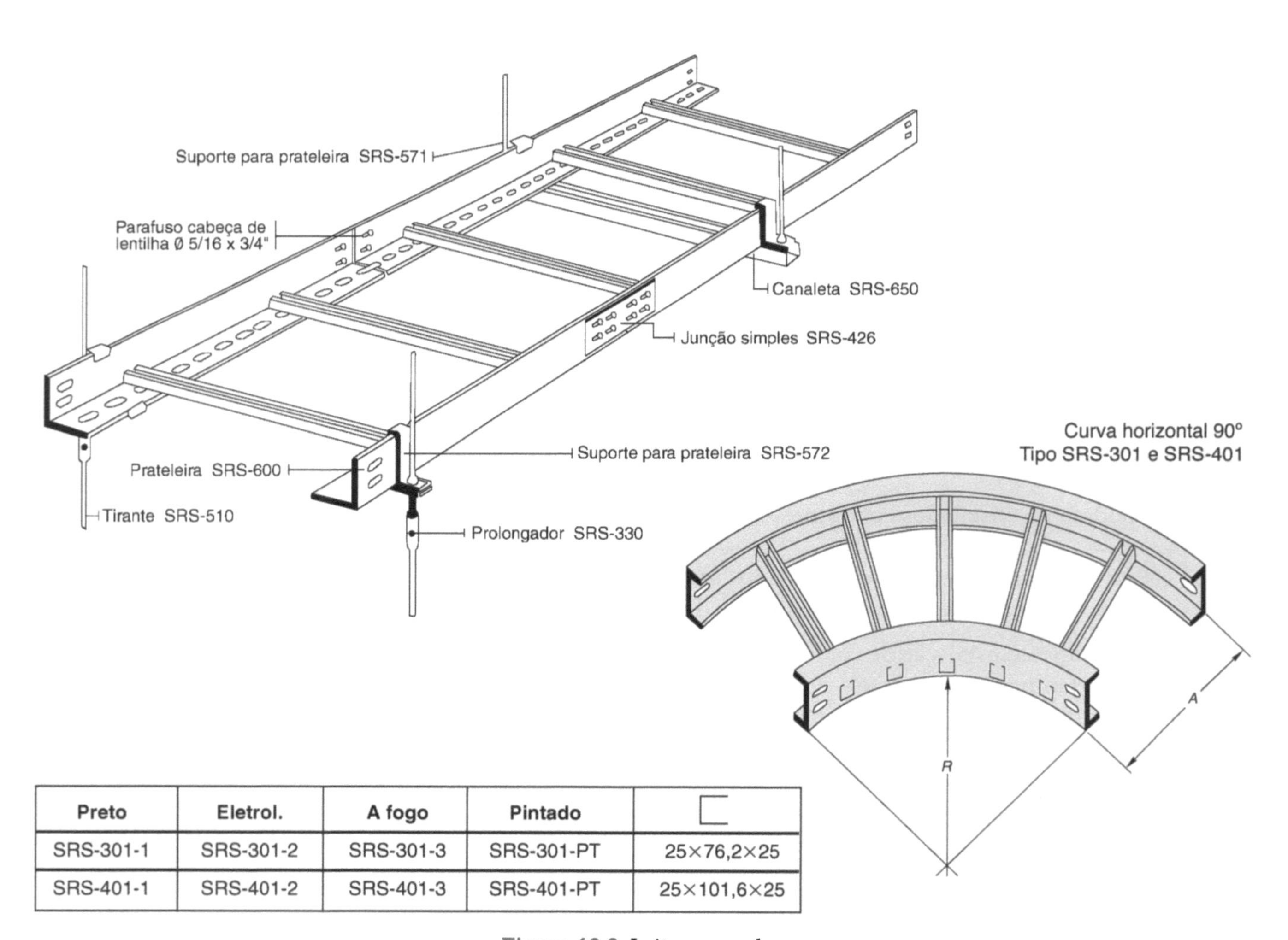

Preto	Eletrol.	A fogo	Pintado	
SRS-301-1	SRS-301-2	SRS-301-3	SRS-301-PT	25×76,2×25
SRS-401-1	SRS-401-2	SRS-401-3	SRS-401-PT	25×101,6×25

Figura 10.8 Leito para cabos.

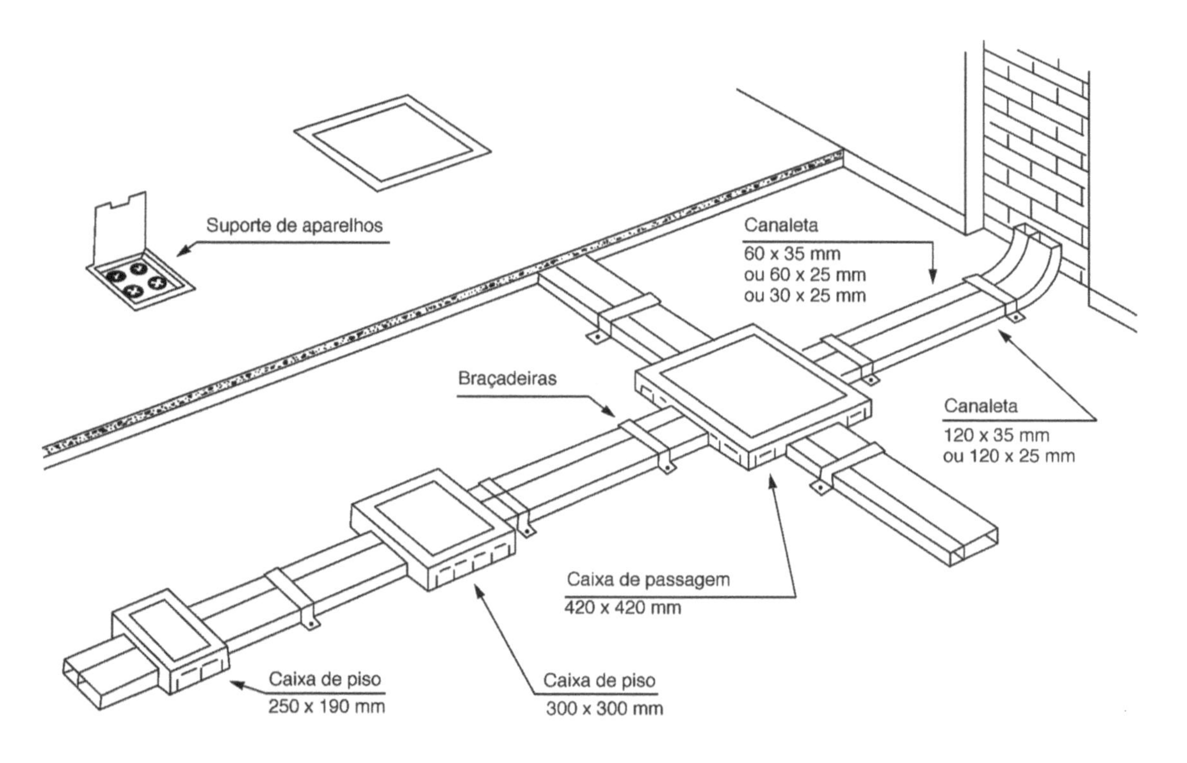

Figura 10.9 Sistema de calha de piso (Siemens).

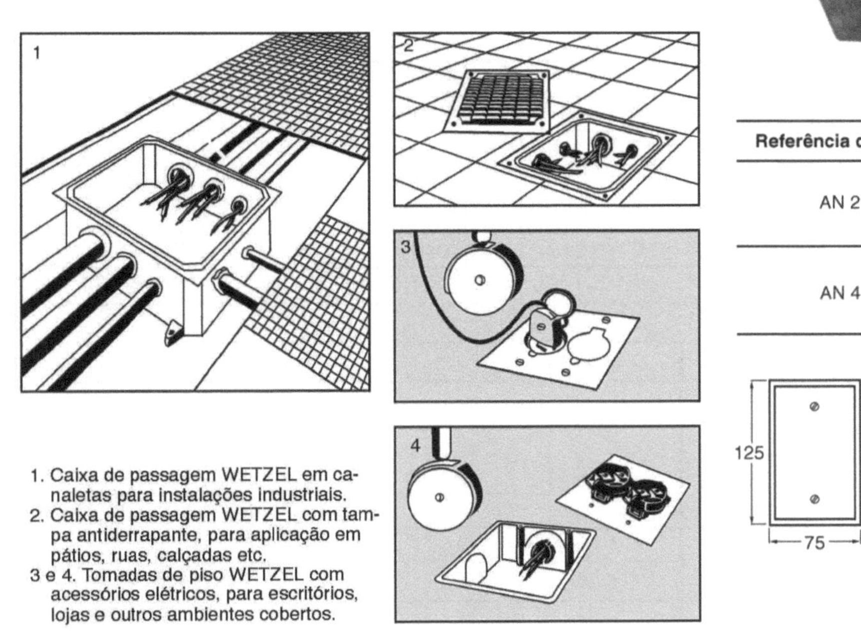

Figura 10.10 Caixas de passagem e tomadas de piso.

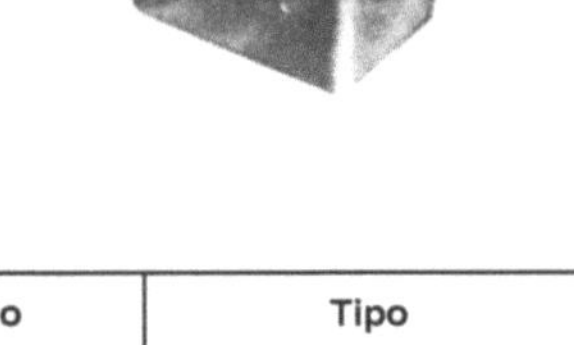

Referência do anel	Tamanho	Tipo
AN 2	4 x 2	
AN 4	4 x 4	

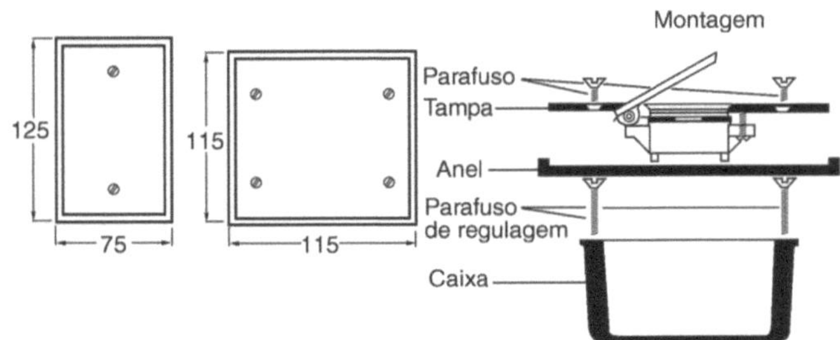

Figura 10.11 Tomadas de piso.

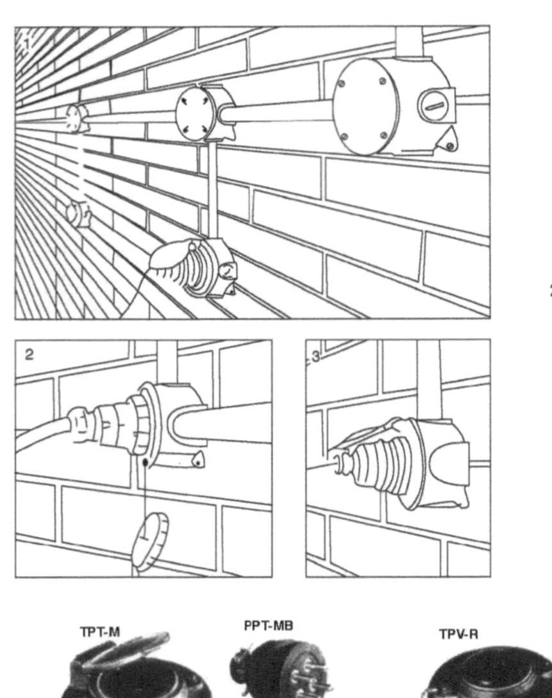

1. Caixa de ligação WETZEL-CPT, em 4 tamanhos e 2 alturas, com amplo espaço interno para abrigar maior número de emendas. Oferece perfeita vedação e dispensa braçadeiras de fixação para os tubos, conforme ilustração.

2 e 3. Tomadas blindadas WETZEL montadas em caixa com entradas rosqueadas nas bitolas de 1/2" e 3/4" próprias para plugues WETZEL em alumínio ou borracha.

Modelos: TPV-R À PROVA DE GASES E VAPORES (2)

TPT-M À PROVA DE TEMPO com tampa-mola (3)

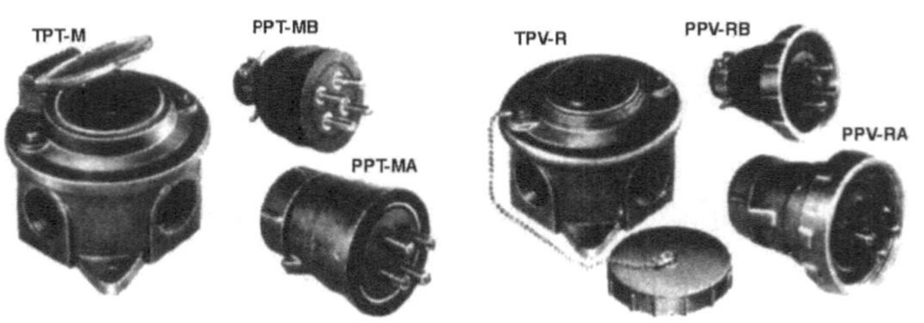

Referência					
À prova de tempo			À prova de gases e vapores		
Tomadas	Plugues		Tomadas	Plugues	
	Em alumínio	Em barracha		Em alumínio	Em barracha
TPT-17M	PPT-17/1 MA	PPT-17/1 MB	TPV-17 R	PPV-17/1 RA	PPV-17/1 RB
TPT-18M	PPT-18/1 MA	PPT-18/1 MB	TPV-18 R	PPV-18/1 RA	PPV-18/1 RB
TPT-19M	PPT-19/1 MA	PPT-19/1 MB	TPV-19 R	PPV-19/1 RA	PPV-19/1 RB
TPT-20M	PPT-20/1 MA	PPT-20/1 MB	TPV-20 R	PPV-20/1 RA	PPV-20/1 RB
TPT-21M	PPT-21/1 MA	PPT-21/1 MB	TPV-21 R	PPV-21/1 RA	PPV-21/1 RB
TPT-22M	PPT-22/1 MA	PPT-22/1 MB	TPV-22 R	PPV-22/1 RA	PPV-22/1 RB
TPT-23M	PPT-23/1 MA	PPT-23/1 MB	TPV-23 R	PPV-23/1 RA	PPV-23/1 RB

<table>
<tr><th>*</th><th>Circuito</th><th>Fases</th><th>Polos</th><th>Ampères</th><th>Volts</th></tr>
<tr><td>17</td><td rowspan="3">2 Fios</td><td rowspan="4">1</td><td rowspan="3">2</td><td>10</td><td>110</td></tr>
<tr><td>18</td><td>15</td><td>220</td></tr>
<tr><td>19</td><td>30</td><td>380</td></tr>
<tr><td>20</td><td>2 Fios + Terra</td><td>3</td><td rowspan="2">15</td><td rowspan="4">380</td></tr>
<tr><td>21</td><td>3 Fios + Terra</td><td>3</td><td>4</td></tr>
<tr><td>22</td><td>2 Fios + Terra</td><td>1</td><td>3</td><td rowspan="2">30</td></tr>
<tr><td>23</td><td>3 Fios + Terra</td><td>3</td><td>4</td></tr>
</table>

* Os números identificados na primeira coluna desta tabela correspondem aos das referências da tabela acima.

Figura 10.12 Equipamentos à prova de tempo da marca Wetzel.

(continua)

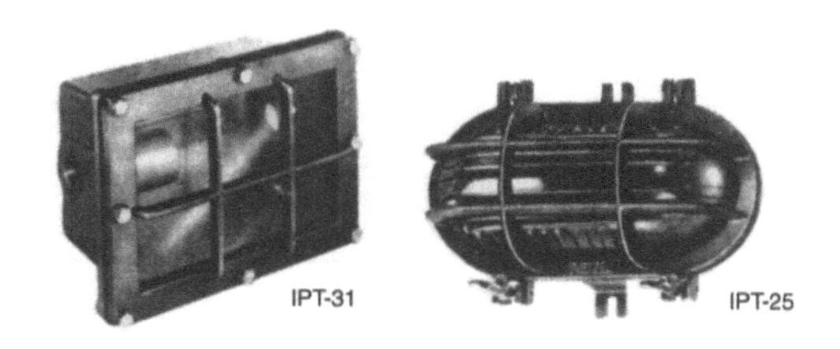

Referência	Lâmpadas		
	Potência	Tipo	Soquete
IPT-31-1	100 W	Incandescente	E-27
IPT-31-2	200 W		
	160 W	Mista	
	125 W	Mercúrio	

Referência	Potência	Tipo	Soquete
IPT-25	100 W	Incandescente	E-27

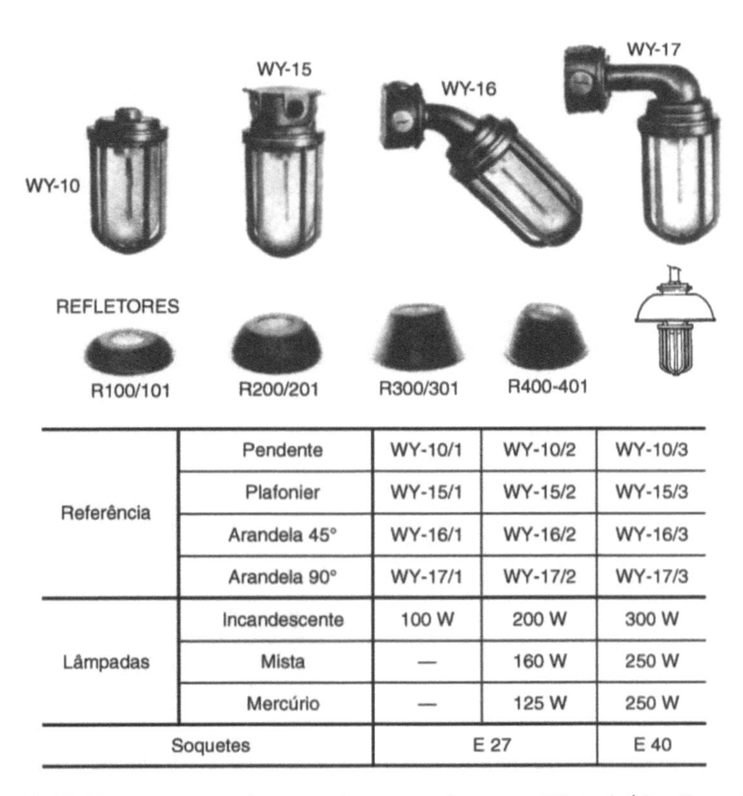

Referência	Pendente	WY-10/1	WY-10/2	WY-10/3
	Plafonier	WY-15/1	WY-15/2	WY-15/3
	Arandela 45°	WY-16/1	WY-16/2	WY-16/3
	Arandela 90°	WY-17/1	WY-17/2	WY-17/3
Lâmpadas	Incandescente	100 W	200 W	300 W
	Mista	—	160 W	250 W
	Mercúrio	—	125 W	250 W
Soquetes		E 27		E 40

Figura 10.12 Equipamentos à prova de tempo da marca Wetzel. (*Continuação*)

Referência	Dimensões (mm)										
	A	B	C	D	E	F	G	H	I	J	ØK
CLPE-1208-06	147	107	117	77	—	—	90	65	120	87	7,5
CLPE-1410-12	190	150	140	100	86	126	90	105	154	137	7,5
CLPE-1714-15	235	205	170	140	122	152	100	135	205	167	12
CLPE-2214-15	285	205	220	140	122	202	160	135	205	167	12
CLPE-2814-15	340	205	275	140	122	256	200	135	205	167	15
CLPE-3414-15	405	205	340	140	122	322	265	135	205	167	15
CLPE-2222-18	310	310	220	220	200	200	140	165	284	197	15
CLPE-2228-18	310	365	220	275	255	200	140	165	339	197	15
CLPE-2828-18	365	365	275	275	255	253	200	165	339	197	15
CLPE-3428-18	430	365	340	275	255	320	260	165	339	208	15
CLPE-5628-18	645	365	555	275	255	535	475	165	339	208	15

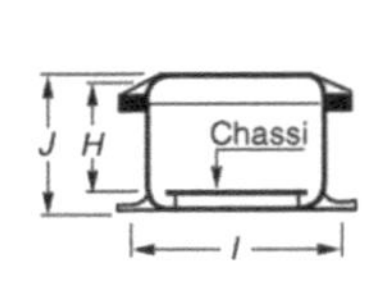

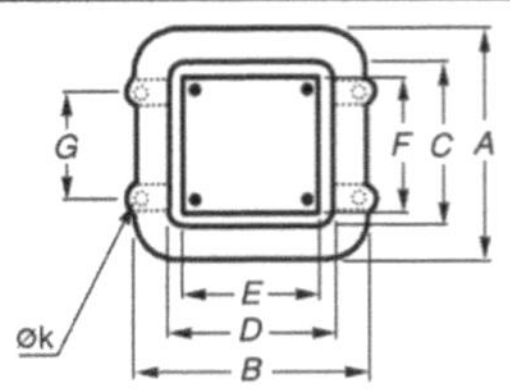

POSICIONAMENTO DAS ENTRADAS

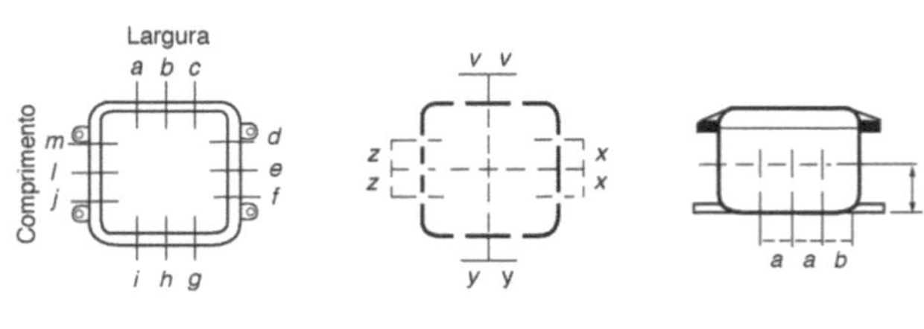

UNIDADE SELADORA À PROVA DE EXPLOSÃO

Esta unidade detém a vazão dos gases inflamados, dentro de uma caixa de ligação para outra caixa, através dos eletrodutos.

Corpo, tampa e bujões em alumínio fundido de alta resistência mecânica e à corrosão, nas bitolas de 1/2" a 3".

Conforme ABNT P EB-239 Grupos IIA e IIB atendem às exigências do National Electrical Code (NEC), classe I grupos C e D.

Figura 10.13 Caixas de ligação e unidade seladora à prova de explosão.

(continua)

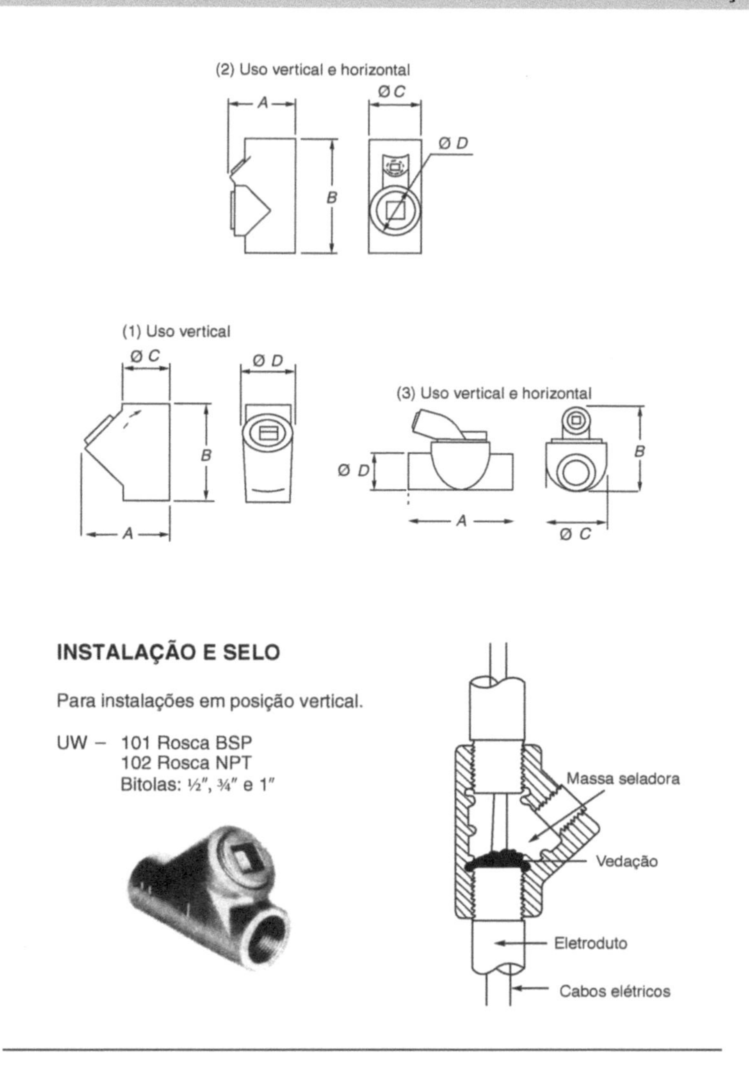

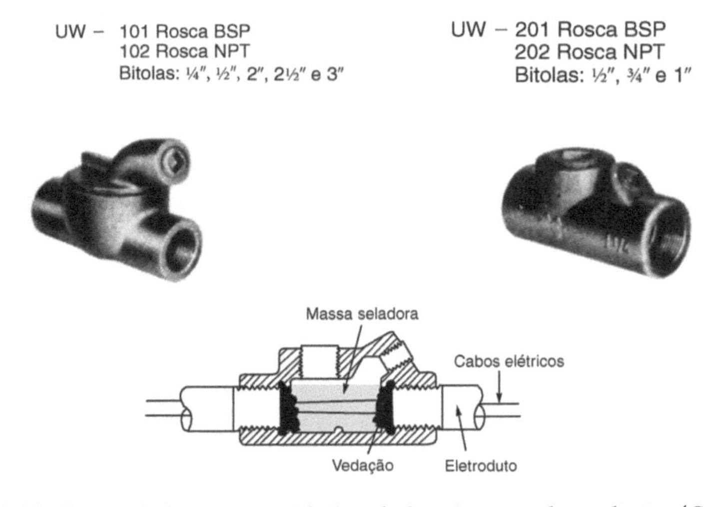

Figura 10.13 Caixas de ligação e unidade seladora à prova de explosão. (*Continuação*)

10.1.8 Linhas elétricas enterradas

São admitidos apenas em instalações diretamente enterradas cabos uni ou multipolares.

Os cabos devem ser protegidos contra as deteriorações causadas por movimentos de terra, contatos com corpos duros, choque de ferramentas em caso de escavações, bem como contra a umidade e ações químicas causadas pelos elementos do solo.

Como prevenção contra os efeitos de movimentação de terra, os cabos devem ser instalados em terreno normal, pelo menos a 0,70 m da superfície do solo. Essa profundidade deve ser aumentada para 1 m na travessia de vias acessíveis a veículos e numa zona de 0,50 m de largura, de um lado e de outro dessas vias. Essas profundidades podem ser reduzidas em terreno rochoso ou quando os cabos estiverem protegidos, por exemplo, por eletrodutos que suportem sem danos as influências externas a que possam ser submetidos.

Quando uma linha enterrada cruzar com outra linha elétrica enterrada, elas devem, em princípio, manter uma distância mínima de 0,20 m.

Quando uma linha elétrica enterrada estiver ao longo ou cruzar com condutor de instalações não elétricas, uma distância mínima de 0,20 m deve existir entre seus pontos mais próximos.

Essa distância pode ser reduzida se as linhas e os condutores de outras instalações forem separados por meios que proporcionem uma segurança equivalente.

Toda linha enterrada deve ser continuamente sinalizada por um elemento de advertência (por exemplo, fita colorida não sujeita à deterioração), situado, no mínimo, a 0,10 m acima dela.

EXEMPLO

Dimensionamento de Cabo Subterrâneo

Na instalação de uma clínica, queremos dimensionar o ramal de entrada com cabos subterrâneos singelos PVC, com os seguintes dados:

- carga total instalada: 117 250 W;
- distância até o quadro geral: 38 m;
- tensão da rede: 220 volts entre fases;
- queda admissível: 2 % (4,4 volts);
- temperatura do solo: 30 °C;
- 4 cabos espaçados um do outro, singelos, em canaletas;
- fator de potência unitário.

Solução

Demanda

40 % até 50 000 W = 20 000 W

20 % do restante = 13 450 W

Total = 33 450 W

Total de ampères:

$$I = \frac{P}{\sqrt{3}\ V} = \frac{33\ 450}{\sqrt{3} \times 220} = 88 \text{ ampères.}$$

Correção da temperatura: 0,89 (Tabela 3.11)

$$I_{\text{corrigida}} = \frac{88}{0{,}89} = 98{,}8 \text{ A.}$$

Correção de agrupamento de cabos: 0,65 (Tabela 3.12)

$$I_{\text{corrigida}} = \frac{98,8}{0,65} = 152 \text{ A}.$$

Da Tabela 3.7, condutores isolados, isolação de PVC – 70 °C, método de instalação B1, 3 condutores carregados, temos:
Cabo escolhido: 70 mm² de cobre;
Verificação pela queda de tensão
$\Delta V = 0,67 \times 88 \times 0,038 = 2,2$ volts.

10.1.9 Instalações sobre isoladores

Nas instalações sobre isoladores podem ser usados condutores nus, condutores isolados em feixe ou barras.

Essa maneira de instalar não deve ser usada em locais destinados a habitações.

As instalações sobre isoladores devem obedecer às prescrições relativas à "proteção por colocação fora do alcance".

As barras só são admitidas quando instaladas em locais de serviço elétrico.

Em locais comerciais ou assemelhados, as linhas com condutores nus são admitidas como linhas de contato alimentando lâmpadas ou equipamentos móveis, desde que sejam alimentadas em extrabaixa tensão de segurança.

A instalação de condutores nus sobre isoladores em estabelecimentos industriais ou assemelhados deve ser limitada aos locais de serviço elétrico ou à utilização específica (por exemplo, alimentação de pontes rolantes).

Na instalação de condutores nus ou barras sobre isoladores, devem ser considerados:

a. os esforços a que eles podem ser submetidos em serviço normal;
b. os esforços eletrodinâmicos a que eles podem ser submetidos em condições de curto-circuito;
c. os esforços relativos à dilatação devida às variações de temperatura que possam acarretar a flambagem dos condutores ou a destruição dos isoladores; pode ser necessário prever juntores de dilatação. Convém, por outro lado, tomar precauções contra as vibrações excessivas dos condutores utilizando suportes suficientemente próximos.

São permitidas ligações no interior de edifícios em linha aberta, isto é, fora de dutos, desde que não seja obrigatório o emprego de eletrodutos, e os condutores não fiquem expostos a danificações de agentes externos. Os condutores deverão ficar no mínimo a 3 metros do piso ou a 2,50 metros no caso de edificações com 2,50 m de pé-direito, caso em que deverão ser fixados no forro.

Não deverão ser empregadas linhas abertas:

a. nos locais úmidos, ambientes corrosivos e localizações perigosas;
b. nos teatros, cinemas e assemelhados;
c. nos poços dos elevadores.

Os condutores podem ser instalados:

a. fixos às paredes com auxílio de argolas, braçadeiras ou isoladores;
b. sobre bandejas, prateleiras ou suportes análogos.

Para fixação direta a paredes, a distância entre dois pontos de fixação sucessivos não deve ser superior, em percurso horizontal, a:

a. 0,40 m para os cabos que não comportem qualquer proteção metálica e para os cabos resistentes ao fogo;
b. 0,75 m para os cabos que comportem proteção metálica.

Nota: Em percurso vertical, essas distâncias podem ser aumentadas até um valor de 1 m.

Nas bandejas e prateleiras, os cabos devem ser dispostos, de preferência, em uma só camada. Eles devem ser sempre fixados em ambos os lados de qualquer mudança de direção e nas proximidades imediatas das entradas nos aparelhos.

Quando for usado material magnético para a fixação de cabos unipolares, para evitar a circulação de correntes induzidas que resultam em aquecimento acima do normal, devem-se juntar os cabos de um mesmo circuito trifásico. Entre circuitos trifásicos diferentes ou entre circuitos monofásicos ou bifásicos, devem ser observadas as distâncias mínimas da Tabela 10.9.

Tabela 10.9 Afastamento mínimo entre condutores

Tensão entre condutores	Entre condutores (mm)	Entre condutores e superfícies próximas (mm)
Até 300 volts	60	12
De 300 a 600 volts	100	25

10.1.10 Instalações aéreas

São instalações externas aos edifícios, destinadas à distribuição permanente ou temporária de energia elétrica.

Os condutores, quando singelos de cobre, podem ser isolados ou não, porém a sua seção mínima em vãos até 15 m corresponderá à bitola 4 mm^2 e, em vãos de mais de 15 m, corresponderá à bitola 6 mm^2. Podem, também, ser empregados condutores de menor seção, desde que presos a fio ou cabo mensageiro com resistência mecânica adequada. Em qualquer caso, o espaçamento dos suportes deve ser igual ou inferior a 30 m.

Quando forem instaladas diversas linhas em diferentes níveis de uma mesma posteação:

a. os circuitos devem ser dispostos por ordem decrescente de tensões de serviço, a partir do topo;
b. os circuitos de telefonia, sinalização e semelhantes devem ficar em nível inferior aos condutores de energia;
c. a instalação dos circuitos em postes ou em outras estruturas deve ser feita de modo a permitir o acesso dos condutores mais altos com facilidade e segurança, sem interferir nos condutores situados em níveis mais baixos;
d. os afastamentos verticais mínimos serão os seguintes:

- 1,00 m entre circuitos de alta tensão (entre 15 000 e 38 000 V) e de baixa tensão;
- 0,80 m entre circuitos de alta tensão (até 15 000 V) e de baixa tensão;
- 0,60 m entre circuitos de baixa tensão;
- 0,60 m entre circuitos de baixa tensão e circuitos de telefonia, sinalização e congêneres.

As alturas mínimas em relação ao solo deverão ser:

- 5,50 m, em locais acessíveis a veículos pesados;
- 4,00 m, em entradas de garagens residenciais, estacionamentos ou outros locais não acessíveis a veículos pesados;

- 3,50 m, em locais acessíveis apenas a pedestres;
- 4,50 m, em áreas rurais (cultivadas ou não).

As linhas aéreas deverão ficar fora do alcance de janelas, sacadas, escadas, saídas de incêndio, terraços ou locais análogos, atendendo a uma das condições a seguir:

- estar a uma distância horizontal igual ou superior a 1,20 m; ou
- estar a uma distância vertical igual ou superior a 2,50 m acima do solo de sacadas, terraços ou varandas; ou
- estar a uma distância vertical igual ou superior a 0,50 m abaixo do solo de sacadas, terraços ou varandas.

Nota: Se a linha aérea passar sobre uma zona acessível da edificação, deverá ser obedecida a altura mínima de 3,50 m. As linhas aéreas não poderão passar por cima de edifícios. As emendas e derivações devem ser feitas a distâncias iguais ou inferiores a 0,30 m dos isoladores.

Podem ser utilizadas paredes de edificações como suportes, não devendo, entretanto, ser utilizadas árvores, canalizações de qualquer espécie ou elementos de para-raios.

Os vãos devem ser calculados em função da resistência mecânica dos condutores e das estruturas de suportes, não devendo os condutores ficar submetidos, nas condições mais desfavoráveis de temperatura e vento, a esforços de tração maiores do que a metade da respectiva carga de ruptura. Além disso, os vãos não devem exceder:

- 10,00 m em cruzetas ao longo de paredes;
- 30,00 m nos demais casos (Figura 10.15).

A ligação das linhas aéreas à instalação interna deverá ser feita de modo que não haja penetração de água nos eletrodutos.

Os condutores deverão ser fixados a isoladores apropriados, presos a cruzetas ou outros suportes por parafusos galvanizados. Toda a ferragem deverá ser também galvanizada, e as madeiras deverão receber tratamento para evitar apodrecimento. Estas, quando enterradas, deverão ser tratadas até no mínimo 50 cm acima do solo.

Os isoladores em cruzetas horizontais deverão ser afastados, no mínimo, 20 cm para condutores isolados e 30 cm para condutores não isolados (Figura 10.14).

Quando os isoladores do tipo carretel forem dispostos em armação vertical (armação Presbow), as distâncias poderão ser reduzidas até 15 cm, para condutores isolados, e 25 cm para condutores não isolados (Figura 10.16).

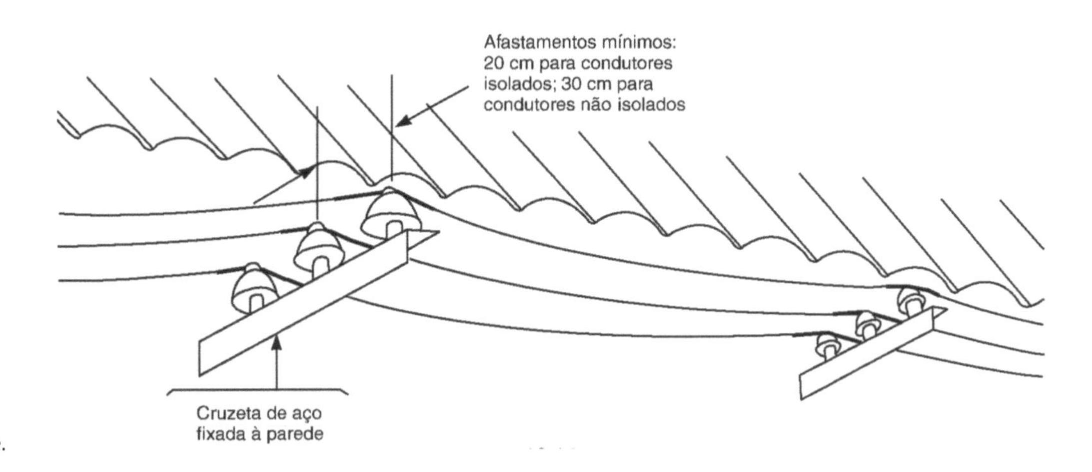

Figura 10.14 Rede de baixa tensão sobre cruzetas fixadas à parede.

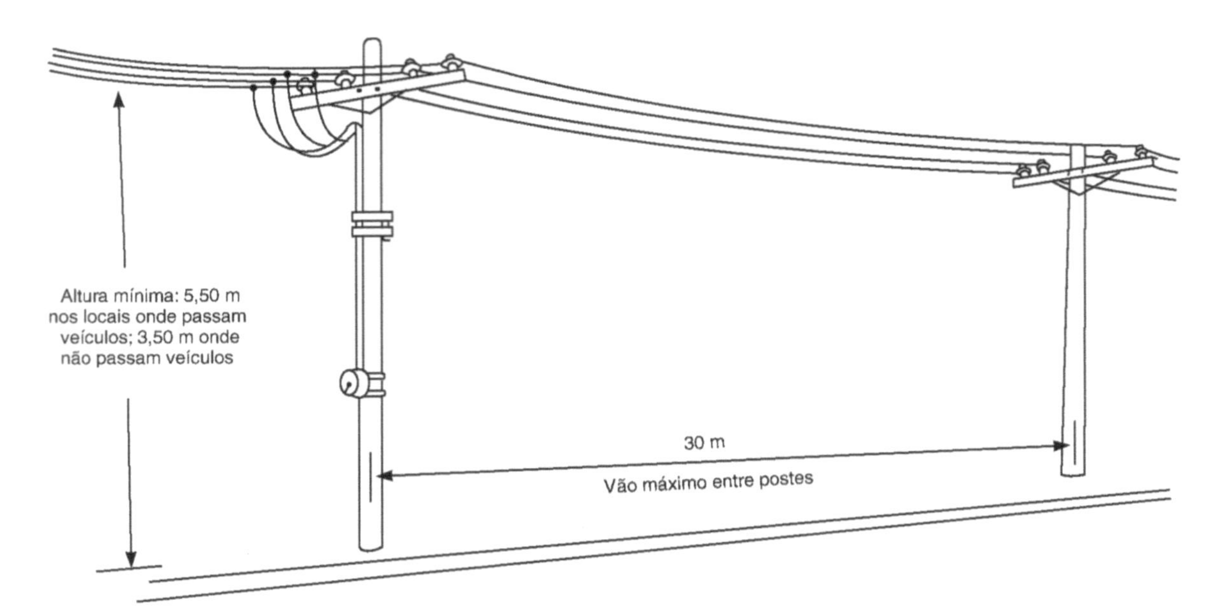

Figura 10.15 Rede de baixa tensão sobre poste.

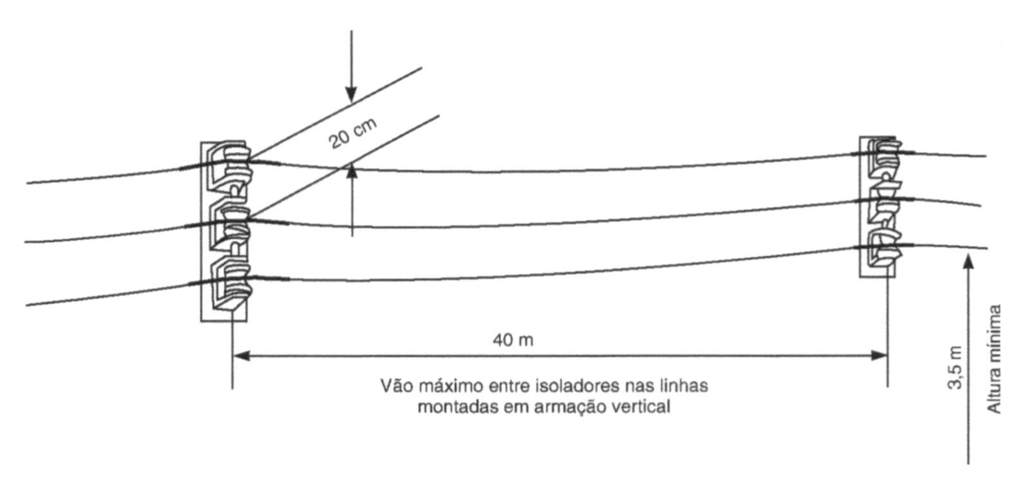

Figura 10.16 Rede disposta na vertical.

10.1.11 Linhas aéreas externas

Nas linhas aéreas externas podem ser usados condutores nus ou providos de cobertura resistente às intempéries, condutores isolados ou cabos multiplexados em feixes e montados sobre postes ou estruturas.

Quando uma linha aérea servir a locais que apresentam riscos de explosões (BE-3), ou seja, presença, tratamento ou armazenamento de materiais explosivos, a alimentação deve ser efetuada por intermédio de linha enterrada de um comprimento mínimo de 20 m.

Os condutores nus devem ser isolados de forma que seu ponto mais baixo observe as seguintes alturas mínimas em relação ao solo:

- 5,50 m onde houver tráfego de veículos pesados;
- 4,50 m onde houver tráfego de veículos leves;
- 3,50 m onde houver passagem exclusiva de pedestres.

Os condutores nus devem ficar fora do alcance das janelas, sacadas, escadas, saídas de incêndio, terraços ou locais semelhantes. Para que essa prescrição seja satisfeita, os condutores devem atender a uma das condições seguintes:

a. estar a uma distância horizontal igual ou superior a 1,20 m;
b. estar acima do nível superior das janelas;
c. estar a uma distância vertical igual ou superior a 3,50 m acima do piso de sacadas, terraços ou varandas;
d. estar a uma distância vertical superior a 0,50 m abaixo do piso das sacadas, terraços ou varandas.

10.1.12 Linhas pré-fabricadas

As linhas pré-fabricadas não devem ser instaladas em locais contendo banheira ou chuveiro.

Os invólucros ou coberturas devem assegurar a proteção contra contatos diretos em serviço normal. Devem possuir um grau de proteção, no mínimo, igual a IP2X, e para sua abertura ou desmontagem deve ser respeitada uma das condições seguintes:

- fora da zona de alcance normal, cujo volume é mostrado na NBR 5410:2004;
- partes acessíveis que se achem a tensões diferentes, distanciadas a mais de 2,5 m.

Na Figura 10.17, vemos uma parte de linha pré-fabricada, um elemento reto.

Esses elementos são executados em todos os calibres KU em tripolar ou tetrapolar + terra, em comprimentos normalizados de 1, 1,5, 2 e 3 mm. São entregues com os dispositivos de junção, bem como os parafusos e porcas necessários à sua montagem.

10.1.13 Instalações em espaços de construção e poços

Podem ser utilizados cabos isolados em eletrodutos ou cabos uni ou multipolares, sob qualquer forma normalizada de instalação, desde que:

a. possam ser enfiados ou retirados sem intervenção nos elementos de construção do prédio;
b. os eletrodutos utilizados sejam estanques e não propaguem a chama;
c. os cabos instalados diretamente, isto é, sem eletrodutos, nos espaços de construção ou poços, atendam às prescrições da NBR 5410:2004.

A área ocupada pela instalação, com todas as proteções incluídas, deve ser igual ou inferior a 25 % da seção do espaço de construção ou poço utilizado. Os poços de elevadores não devem ser utilizados para a passagem de instalações elétricas, com exceção dos circuitos de controle do elevador. São considerados espaço de construção os espaços entre tetos e soalhos, exceto os tetos falsos desmontáveis e paredes constituídas de tijolos, placas de gesso, blocos manufaturados etc. não projetados como condutores de passagem das instalações elétricas.

10.1.14 Conexões não rosqueadas

São dispositivos que permitem a ligação de eletroduto a eletroduto ou de eletrodutos às caixas ou painéis, sem o uso de roscas que normalmente oneram a instalação.

Há fabricantes que indicam "conexões retas" para a emenda de eletrodutos sem necessidade de luvas, uniões ou juntas de expansões ou "conexões cônicas" usadas nas entradas e saídas de painéis, caixas de passagem comuns ou do tipo petroletes.

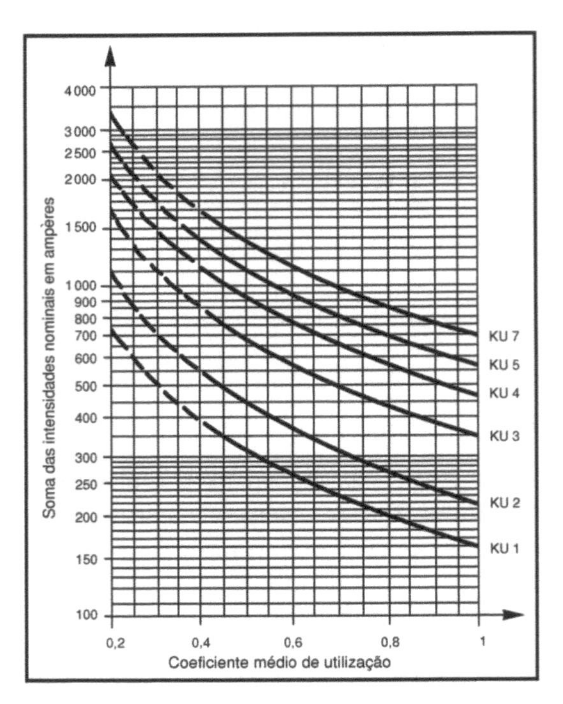

Determinação do calibre em função da soma das intensidades nominais e do coeficiente médio de demanda.

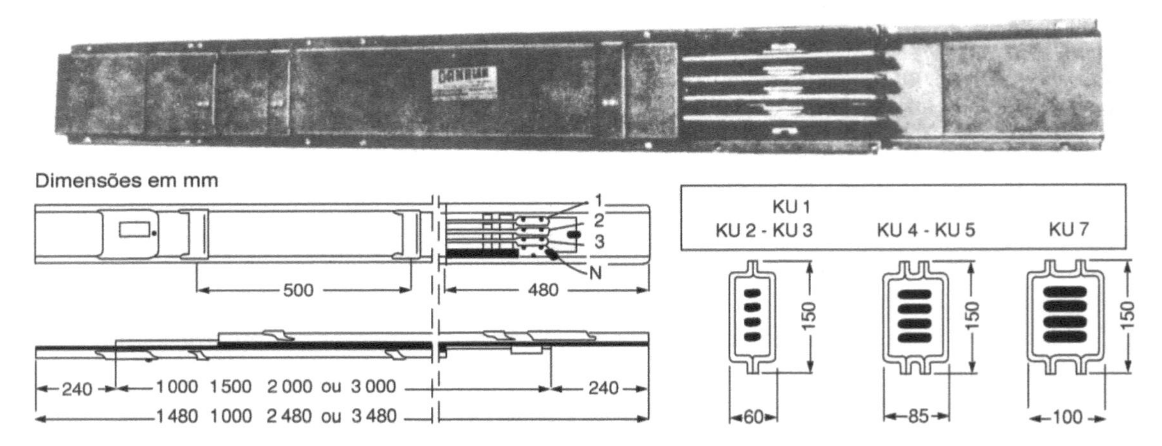

Figura 10.17 Linha pré-fabricada (*bus-way canalis*) da Schneider Electric.

Na Figura 10.18 vemos exemplos de instalações usando conexões não rosqueadas indicadas pelo fabricante para utilização em instalações aparentes comuns ou à prova de tempo, instalações embutidas em alvenaria ou concreto, instalações subterrâneas ou para tubos flexíveis.

10.1.15 Emendas de condutores

É muito comum, nas redes aéreas, a derivação para o ramal de entrada dos prédios. Essas redes podem ser de cobre ou de alumínio, e as derivações são em cobre. Nesses tipos de derivações, cuidados especiais devem ser tomados para evitar a corrosão resultante do contato de dois metais diferentes (cobre e alumínio). Pode-se evitar a corrosão ou oxidação estanhando a parte do cobre a ser conectada com o alumínio ou, então, usando um conector bimetálico. Esse segundo método é mais eficiente (Figura 10.19). A oxidação resultante da ligação direta dos dois metais tem sido a causa de falhas em redes, porque aumenta muito a resistência ôhmica dos condutores.

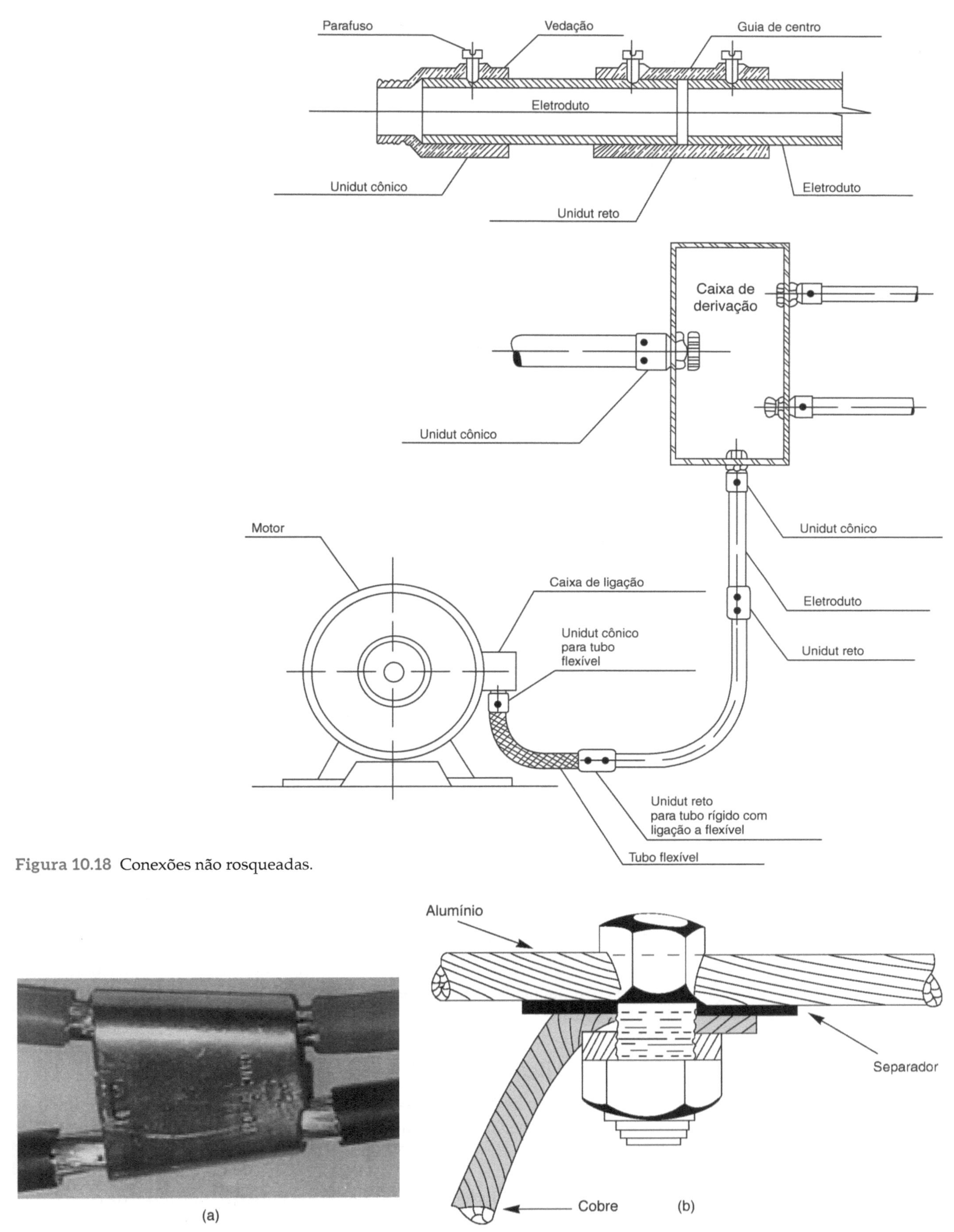

Figura 10.18 Conexões não rosqueadas.

Figura 10.19 Conectores bimetálicos.

11 Entrada de Energia Elétrica nos Prédios em Baixa Tensão

11.1 Disposições Gerais do Fornecimento em BT para Algumas Distribuidoras

Este capítulo, apresentado como orientação para o projeto de entrada de energia elétrica nas edificações em BT, está baseado nos padrões utilizados pela Light, uma das empresas de distribuição de energia elétrica do Estado do Rio de Janeiro, por meio do RECON-BT, bem como na Resolução nº 414/2010 da ANEEL – Agência Nacional de Energia Elétrica, que dispõe sobre as condições gerais de fornecimento de energia elétrica no país.

Para realização de qualquer projeto, é imprescindível a consulta aos padrões da distribuidora do local em que ele será implantado.

O limite de demanda para o atendimento de entradas de serviços coletivas, em baixa tensão, deverá ser obtido previamente pelo responsável técnico pela instalação, junto à distribuidora, que determinará a configuração elétrica mais otimizada para o fornecimento, em função das características da carga e da rede de distribuição local (aérea ou subterrânea).

A distribuidora deve dispor, em suas normas técnicas, as regras para definição se o fornecimento em tensão primária ou secundária será por meio de ligação monofásica, bifásica ou trifásica, considerando, entre outros fatores, a carga instalada e as maiores potências dos equipamentos e, na área rural, a rede de distribuição existente.

Em condições específicas de projeto, o fornecimento em baixa tensão será efetivado a partir de unidade transformadora, instalada pela distribuidora na parte interna ao limite de propriedade com a via pública, em local cedido pelo cliente para essa finalidade.

11.1.1 Tensões de fornecimento

O fornecimento de energia elétrica em BT será feito em corrente alternada, a tensão de distribuição secundária e frequência de 60 Hz. Para fornecimento em baixa tensão, as tensões mais usuais no Brasil são 220/127 V, 230/115 V e 380/220 V, valores esses utilizados pela Light.

11.1.2 Limite das ligações em BT

De acordo com a resolução nº 414/2010 da ANEEL, compete à distribuidora informar ao interessado a tensão de fornecimento para a unidade consumidora, com observância dos seguintes critérios (Art. 12 da Resolução ANEEL nº 414/2010):

> I – tensão secundária em rede aérea: quando a carga instalada na unidade consumidora for igual ou inferior a 75 kW;

II – tensão secundária em sistema subterrâneo: até o limite de carga instalada, conforme padrão de atendimento da distribuidora.

Em relação ao tipo de medição, o limite de demanda adotado pela Light para o fornecimento em entrada de energia elétrica individual com medição direta em baixa tensão é de 76 kVA (220/127 V) ou 131 kVA (380/220 V). Para demandas superiores, a medição será indireta, por meio de transformadores de corrente (TC).

11.1.3 Tipos de atendimento

São três os tipos de atendimento, conforme o número de fases, usualmente designados:

- monofásico: uma fase e neutro (2 fios);
- bifásico: duas fases e neutro (3 fios), também designado por monofásico a 3 fios;
- trifásico: três fases e neutro (4 fios).

O número de fases depende do tipo de consumidor e da demanda. A categoria de atendimento depende da distribuidora local. Por exemplo, a Light prescreve as seguintes categorias de atendimento:

Tabela 11.1 Categorias de atendimento das entradas de energia elétrica individual e coletiva

Tensão de fornecimento	Categoria de atendimento	Demanda (kVA)(1)
220/127 V (Urbano)	UM1 (1) (3)	$D \leq 5$
	UM2 (1)	$5 < D \leq 8$
	UB1 (1) (2)	$D \leq 8$
	T	$8 < D \leq 76$
	TI	$D > 76$
230-115 V (Rural)	RM1 (1) (3)	$D \leq 4$
	RM2 (1) (3)	$4 < D \leq 9$
	RM3 (1)	$9 < D \leq 14$
380/220 V (Urbano especial)	UME1 (1)	$D \leq 8$
	UME2 (1)	$8 < D \leq 13$
	TE	$D > 13$

UM – Urbano monofásico
UME – Urbano monofásico especial
UB – Urbano bifásico
RM – Rural monofásico
T – Trifásico (medição direta)
TI – Trifásico (medição indireta)
TE – Trifásico especial
D – Demanda avaliada a partir da carga instalada

Notas:

1) Valores determinados a partir da demanda calculada conforme critério descrito na Seção 11.12.

2) A categoria urbano bifásica (UB1) é opcional, podendo ser aplicada em casos especiais em que ocorra a presença comprovada de equipamentos que operem na tensão 220 V.

3) As categorias UM1, RM1 ou RM2 são recomendadas somente para instalações que não utilizem equipamentos monofásicos especiais para aquecimento de água (chuveiro, torneira, aquecedor etc.) com potência superior a 4,4 kVA.

4) As diversas subdivisões das categorias de atendimento monofásico e trifásico, para efeito de dimensionamento dos componentes do sistema de medição e proteção geral, estão definidas nas Tabelas 11.1, 11.2 e 11.3, em função da demanda calculada.

11.2 Terminologia e Definições

11.2.1 Consumidor

Pessoa física ou jurídica, de direito público ou privado, legalmente representada, que solicite o fornecimento, a contratação de energia ou o uso do sistema elétrico à distribuidora, assumindo as obrigações decorrentes desse atendimento à(s) sua(s) unidade(s) consumidora(s), segundo disposto nas normas e nos contratos.

11.2.2 Unidade consumidora

Conjunto composto por instalações, ramal de entrada, equipamentos elétricos, condutores e acessórios, caracterizado pelo recebimento de energia elétrica em apenas um ponto de entrega, com medição individualizada, correspondente a um único consumidor e localizado em uma mesma propriedade ou em propriedades contíguas.

11.2.3 Edificação

Construção constituída por uma ou mais unidades consumidoras.

11.2.4 Entrada consumidora individual

Entrada consumidora com a finalidade de alimentar uma edificação com uma única unidade de consumo.

11.2.5 Entrada consumidora coletiva

Entrada consumidora com a finalidade de alimentar uma edificação de uso coletivo.

11.2.6 Ponto de entrega

a. O ponto de entrega de energia elétrica situa-se no limite de propriedade com a via pública em que se localiza a unidade consumidora. É o ponto até o qual a Light deve adotar todas as providências técnicas de modo a viabilizar o fornecimento de energia elétrica, observadas as condições estabelecidas na legislação, as resoluções e os regulamentos aplicáveis, em especial nas definições das responsabilidades financeiras da Light e do consumidor no custeio da infraestrutura de fornecimento até o ponto de entrega.
b. Quando o atendimento se der por meio de ramal de ligação aéreo, o ponto de entrega é no ponto de ancoramento do ramal fixado, na fachada, no pontalete ou no poste instalado na propriedade particular, situado no limite da propriedade com a via pública.
c. No atendimento com ramal de ligação subterrâneo derivado de rede aérea com descida no poste da Light, por conveniência do consumidor, o ponto de entrega é na conexão entre o ramal de ligação e a rede secundária de distribuição.
d. No caso de atendimento com ramal de ligação subterrâneo derivado de rede subterrânea, o ponto de entrega é fixado no limite da propriedade com a via pública no que se refere ao cumprimento das responsabilidades estabelecidas na Resolução nº 414/2010 da ANEEL. Entretanto, considerando a necessidade técnica de evitar a realização de emendas entre os ramais de ligação e de entrada junto ao limite de propriedade, apenas sob o aspecto estritamente técnico e operacional, a Light realiza a instalação contínua do ramal de ligação até o primeiro ponto de conexão interno ao consumidor (padrão de entrada).

e. Em se tratando de atendimento através de unidade de transformação interna ao imóvel, o ponto de entrega é no primeiro ponto de conexão interno ao consumidor (padrão de entrada).

11.2.7 Ramal de ligação

Conjunto de condutores e acessórios instalados, pela distribuidora, entre o ponto de derivação da rede da distribuidora e o ponto de entrega.

11.2.8 Ramal de entrada

Conjunto de equipamentos, condutores e acessórios, instalados pelo consumidor entre o ponto de entrega e a medição ou proteção de suas instalações.

11.2.9 Limite de propriedade

Alinhamento, determinado pelos Poderes Públicos, que limita a propriedade de um consumidor às propriedades vizinhas, bem como à via pública.

11.2.10 Recuo técnico

Distância entre as projeções horizontais dos perímetros externos das edificações e os alinhamentos (sempre voltada para a parte interna da propriedade), destinados à instalação da caixa de medição, bem como à proteção geral em entradas individuais ou, quando se tratar de entrada coletiva, para instalação do painel de medidores.

11.2.11 Carga instalada

Somatório das potências nominais de todos os equipamentos elétricos e dos pontos de luz instalados na unidade consumidora, expressa em kW.

11.2.12 Demanda da instalação

Valor máximo de potência absorvida em um dado intervalo de tempo por um conjunto de cargas existentes em uma instalação. É obtido a partir da diversificação dessas cargas por tipo de utilização, definida em múltiplos de VA ou kVA para efeito de dimensionamento de condutores, disjuntores, níveis de queda de tensão ou ainda qualquer outra condição assemelhada.

11.3 Solicitação de Fornecimento

A solicitação de fornecimento de energia elétrica deve ser sempre precedida por prévia consulta à Light, a fim de que sejam informadas ao interessado as condições do atendimento. Dependendo do tipo de sistema de distribuição na área do atendimento, as características da configuração elétrica e do ramal de ligação a serem empregados podem ser diferentes. A prévia consulta definirá as características elétricas padronizadas para o atendimento (ramal aéreo, ramal subterrâneo, nível de tensão, tipo de padrão de ligação etc.) antes da elaboração do projeto e/ou da execução das instalações.

11.3.1 Dados fornecidos à Light

A solicitação de fornecimento de energia elétrica à Light deve ser feita pelo próprio interessado ou, se desejado, por profissional autorizado por ele, por meio de apresentação de formulários padronizados e, quando for o caso, projeto de entrada previamente aprovado, informando os dados do consumidor, os dados da instalação de entrada, assim como outras informações e documentos cabíveis.

11.3.2 Dados fornecidos pela Light

A Light fornecerá os seguintes elementos:

- Cópia dos padrões de ligação, para as modalidades relacionadas nos subitens "a" e "b" a seguir;
- Formulários padronizados, conforme o caso;
- Condições estabelecidas para o atendimento;
- Tipo de atendimento;
- Tensão de fornecimento;
- Níveis de curto-circuito no ponto de entrega (valores padronizados), quando necessário;
- Valor da participação financeira a ser pago pelo consumidor, quando existente.

Modalidades de fornecimento e responsabilidade técnica:

a. Ligações novas e alterações de carga, com carga instalada até **15 kW, sem obrigatoriedade de apresentação de ART, RRT ou TRT** para as seguintes modalidades:

   - Entradas individuais isoladas, **exclusivamente residenciais**, monofásicas e polifásicas ligadas em sistema **220/127 V**, com carga instalada até **15 kW**, localizadas em regiões de redes de distribuição urbana, aérea e subterrânea.
   - Entradas individuais isoladas, **exclusivamente residenciais**, monofásicas a 2 ou 3 fios ligadas em sistema **230/115 V**, com carga instalada até **15 kW**, localizadas em região de rede de distribuição aérea rural.

b. Ligações novas e alterações de carga, com carga instalada até **15 kW**, com obrigatoriedade de apresentação de **ART, RRT ou TRT** por responsável técnico habilitado pelo CREA, CAU ou CFT para as seguintes modalidades:

   - Entradas individuais isoladas, **não residenciais**, monofásicas e polifásicas ligadas em sistema **220/127 V**, com carga instalada até **15 kW**, localizadas em regiões de redes de distribuição urbana, aérea e subterrânea.
   - Entradas individuais isoladas, **não residenciais**, monofásicas a 2 ou 3 fios ligadas em sistema **230/115 V**, com carga instalada até **15 kW**, localizadas em região de rede de distribuição aérea rural.
   - **Entradas individuais situadas em via pública**, tais como provisórias de obra, festivas, bancas de jornal, quiosques, banco 24 horas, cabines telefônicas, mobiliário urbano, terminais rodoviários, equipamentos de operação de outras distribuidoras de serviços públicos etc., monofásicas e polifásicas ligadas em sistema **220/127 V ou 230/115 V**, com carga instalada até **15 kW** localizadas em regiões de redes de distribuição urbana ou rural, aérea e subterrânea.

c. Ligações novas e alterações de carga, com carga instalada acima de **15 kW**, com obrigatoriedade de apresentação de **ART, RRT ou TRT**, por responsável técnico habilitado pelo CREA, CAU ou CFT. **Quando for o caso, será necessária a apresentação de projeto elétrico (projeto de entrada) previamente aprovado**.

11.3.3 Apresentação de projeto da instalação de entrada de energia elétrica

A exigência ou não da apresentação do projeto de entrada completo está condicionada ao tipo de medição a ser adotado na unidade consumidora: em entrada individual com medição indireta e em entrada coletiva.

Nos casos de ligações, alterações de carga e reformas em entradas individuais, deve ser apresentado, em forma digital, projeto da instalação de entrada elaborado por *software* em formato A1, A2 ou A3, contendo:

- tensão de fornecimento;
- diagrama unifilar;
- quadro de cargas;
- avaliação de demanda;
- planta de localização;
- planta baixa e cortes com detalhes do centro de medição, dos trajetos de linhas de dutos e circuitos de energia elétrica não medida;
- detalhes construtivos, assim como configuração elétrica (parte interna) de caixas e painéis especiais, quando for o caso;
- detalhes construtivos da malha de aterramento;
- planta de situação com localização do compartimento (infraestrutura) que permita a instalação de equipamentos de transformação, proteção e outros necessários ao atendimento da(s) unidade(s) consumidora(s) da edificação, com a indicação do desenho padrão Light a ser empregado na instalação, quando for o caso;
- características técnicas dos equipamentos e materiais que compõem a entrada consumidora.

Nota: Entradas coletivas que possuam até 6 unidades consumidoras, exclusivamente residenciais, mais a unidade de serviço (totalizando 7 unidades) com demandas individuais até 15 kVA, ficam dispensadas da apresentação do Projeto de Entrada Completo. Para esses casos, o responsável técnico deve apresentar um Projeto Simplificado por meio de formulários específicos, disponíveis na internet no endereço www.light.com.br ou nas agências comerciais da Light.

11.3.4 Ligações festivas

São estabelecidas para o atendimento de cargas de caráter não definitivo (ligações festivas, parques, circos, feiras, exposições etc.). Deve ser feita prévia consulta, a fim de que seja definido o padrão de ligação a ser empregado na área do atendimento.

11.3.5 Ligações provisórias

São estabelecidas de caráter não definitivo a uma unidade consumidora cuja atividade seja um canteiro de obras.

Deverá ser feita prévia consulta à distribuidora, a fim de que seja definido o padrão de medição a ser empregado na área de atendimento.

11.4 Limites de Fornecimento em Relação a Demanda e Tipo de Atendimento

De acordo com a configuração da rede existente na área de atendimento e da demanda avaliada da entrada individual ou coletiva, o atendimento pode ser definido conforme a seguir.

11.4.1 Rede de distribuição aérea

O limite de demanda em entradas individuais com atendimento diretamente pela rede de distribuição aérea da Light é de **300 kVA** em 220/127 V.

O limite de demanda para ligações novas em entradas coletivas **não residenciais ou mistas** com atendimento **diretamente pela rede de distribuição aérea da Light** é de **225 kVA** em 220/127 V.

O limite de demanda para ligações novas em entradas coletivas **exclusivamente residenciais** com atendimento **diretamente pela rede de distribuição aérea da Light** é de **300 kVA** em 220/127 V.

Em entradas individuais ou coletivas com **demanda avaliada até 150 kVA**, o ramal de ligação deve ser aéreo, fornecido e instalado pela Light, derivado da rede de distribuição aérea até o ponto de entrega situado no primeiro ponto de ancoramento (poste, pontalete ou fachada) da propriedade particular.

Para os casos com **demanda avaliada acima de 150 kVA, o ramal de ligação deve ser preferencialmente subterrâneo**, derivado da rede de distribuição aérea até o ponto de entrega/ponto de conexão situado no interior da propriedade, sendo o mesmo fornecido e instalado pela Light.

O atendimento por meio de ramal de ligação aéreo é limitado em 225 kVA (600 A) e para demandas superiores o ramal de ligação deve ser obrigatoriamente subterrâneo.

11.4.2 Atendimento por meio de unidade transformadora interna ao limite de propriedade

Sempre que os limites estabelecidos em 11.4.1 relativos à demanda avaliada da entrada coletiva forem extrapolados, o consumidor tem a responsabilidade pela cessão de espaço e construção de compartimento (infraestrutura), no limite da propriedade com a via pública, que permita a instalação de equipamentos de transformação.

O compartimento de transformação deve estar localizado no limite de propriedade com a via pública, respeitada a legislação de ocupação de solo vigente, no pavimento térreo, em local de livre e fácil acesso, em condições adequadas de iluminação, ventilação e segurança de acordo com as dimensões e especificações contidas na **Especificação para Projeto e Construção de Infraestrutura Civil para Rede de Distribuição Subterrânea (câmaras, cabines, caixas e dutos) – PROCT-LIGHT.**

11.4.3 Padrão de ligação de entradas de energia elétrica individuais – localização do padrão de entrada

A caixa para medição deve ser instalada no limite da propriedade, voltada diretamente para a via pública. Para unidades consumidoras sem viabilidade técnica de instalação do padrão de entrada, a caixa poderá ser instalada no interior da propriedade, a no máximo 1 metro de distância do limite da propriedade com a via pública. Para instalações de entrada que utilizem caixas de medição indireta, em até três metros do limite de propriedade com a via pública ou da porta de acesso principal da edificação. Essas condições devem ser previamente autorizadas pela Light, a partir de projeto apresentado para validação.

11.4.4 Padrão de ligação de entrada de energia elétrica coletiva – localização da proteção geral

O padrão de medição deverá ser sempre abrigado por estrutura em alvenaria ou cobertura que o proteja contra intempéries.

O padrão de entrada coletivo deve ser sempre equipado com disjuntor de proteção geral, a fim de limitar e interromper o fornecimento de energia e assegurar proteção ao circuito que alimenta a entrada coletiva.

A proteção geral deve estar localizada a, no máximo, **3 metros da porta de acesso da edificação** (sempre no pavimento térreo).

11.5 Caixas e Painéis Padronizados para as Entradas de Energia

11.5.1 Caixas para medição

São destinadas para abrigar o equipamento de medição monofásico ou polifásico para medição direta ou indireta, além de outros acessórios. As portas ou tampas das caixas devem possuir dispositivos para fixação de selos e demais materiais de segurança conforme padrão Light.

Todas as caixas devem possuir visores em policarbonato a fim de permitir a realização da leitura, com os seguintes tipos:

- CM1 – caixa polimérica monofásica;
- CM3 – caixa polimérica polifásica;
- CM 200 – caixa para medição direta até 200 A;
- CSM200 – caixa para seccionamento e medição direta até 200 A;
- CSM – caixa para seccionamento e medição indireta;
- CSMD – caixa para seccionamento, medição indireta e proteção.

11.5.2 Caixas para medição direta - CM1, CM3, CM 200 e CSM 200

Devem ser utilizadas para abrigar o equipamento de medição monofásico ou polifásico para medição direta, nos casos de atendimento por meio de ramal de ligação aéreo. A Figura 11.1 mostra as caixas CM1 e CM3.

11.5.3 Caixas para seccionamento e medição indireta - CSM

As caixas do tipo CSM destinam-se a abrigar o equipamento de medição polifásico e demais componentes do sistema de medição para medição indireta (acima de 200 ampères), nos casos de atendimento por meio de ramal de ligação aéreo ou subterrâneo. Deve ser instalada no limite da propriedade, voltada diretamente para a via pública.

11.5.4 Caixas para seccionamento, medição indireta e proteção - CSMD

Semelhante às caixas do tipo CSM, destinam-se a abrigar o equipamento de medição polifásico e demais componentes do sistema de medição para medição indireta (acima de 200 ampères), nos casos de atendimento por meio de ramal de ligação aéreo ou subterrâneo.

As caixas do tipo CSMD dividem-se em 3 partes: seccionamento, medição e proteção, sendo este último módulo destinado a abrigar a proteção geral da unidade consumidora ou a proteção geral da edificação, quando for o caso.

Deve ser instalada no limite da propriedade, voltada diretamente para a via pública.

Nota: Para instalações de entrada que utilizem caixas de medição indireta (CSM ou CSMD), onde, comprovado tecnicamente, não for possível a instalação da caixa de medição no limite da propriedade com a via pública, ela poderá ser instalada em até 3 metros desse limite, mediante análise e aprovação prévia da Light.

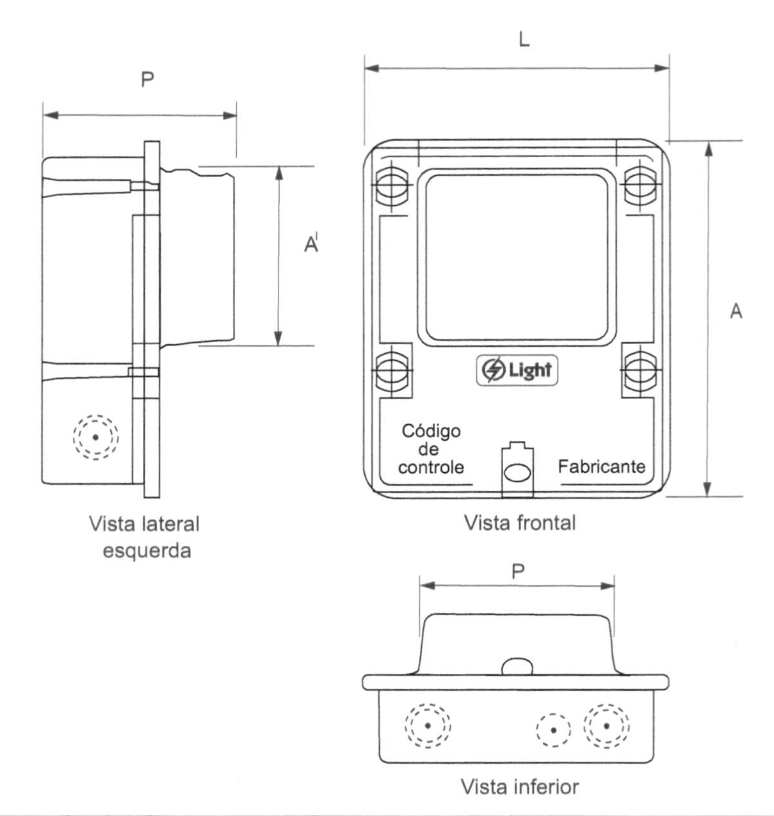

Caixa para medição	Dimensões (mm)				
	A	A'	L	P	P'
Caixa polimérica para medição direta monofásica – CM1	290	155	211	136	140
Caixa polimérica para medição direta polifásica – CM3	367	210	247	185	182

Figura 11.1 Instalação em lajes pré-fabricadas.

11.5.5 Caixas para disjuntor - CDJ

Devem abrigar o disjuntor de proteção geral em entradas de energia elétrica individuais e ser instaladas a jusante (após) e junto da caixa de medição, preferencialmente voltadas para a parte interna da propriedade/edificação (não disponíveis ao acesso externo pela via pública).

Devem ser fabricadas integralmente em policarbonato com tampa totalmente transparente, considerando todas as especificações e ensaios necessários exigidos pela Light, de acordo com as normas atinentes.

- Caixa para disjuntor monofásico – CDJ 1 (Figura 11.2)
  Utilizada em ligação com disjuntor monofásico de até 63 ampères.

- Caixa para disjuntor polifásico – CDJ 3 (Figura 11.2)
  Utilizada em ligação com disjuntor trifásico de até 100 ampères.

11.5.6 Caixas para seccionador - CS (Figura 11.3)

Devem ser utilizadas em **entradas individuais** quando o atendimento à unidade consumidora for por meio de ramal de ligação subterrâneo com caixas de medição direta que não dispõem de seccionamento próprio (exceto quando se tratar de ligação em via pública).

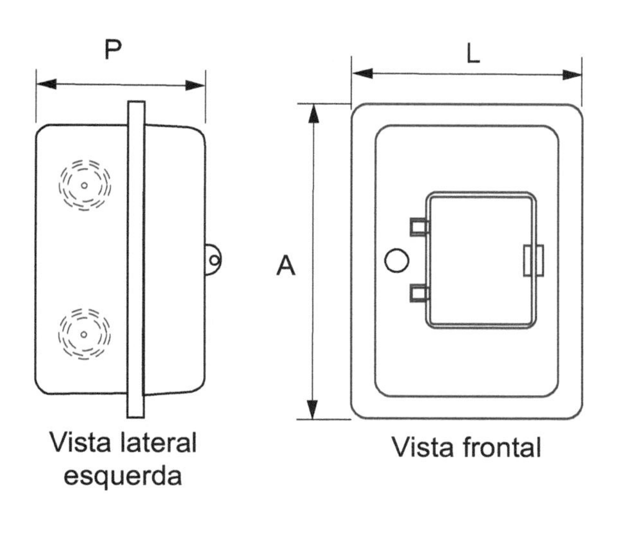

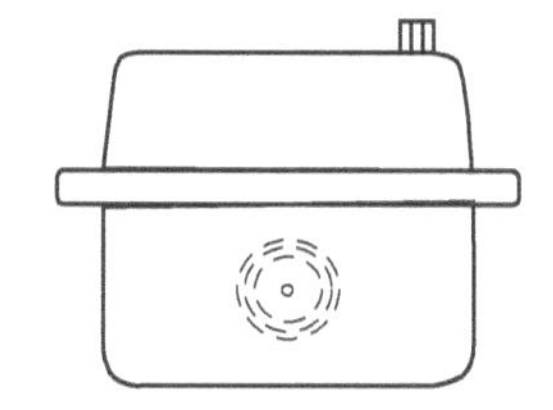

Caixas para disjuntor	Dimensões (mm)		
	A	L	P
Caixa para disjuntor monopolar – CDJ1	202	146	109
Caixa para disjuntor tripolar – CDJ3	290	195	140

Figura 11.2 Caixas para disjuntor – CDJ1 e CDJ3.

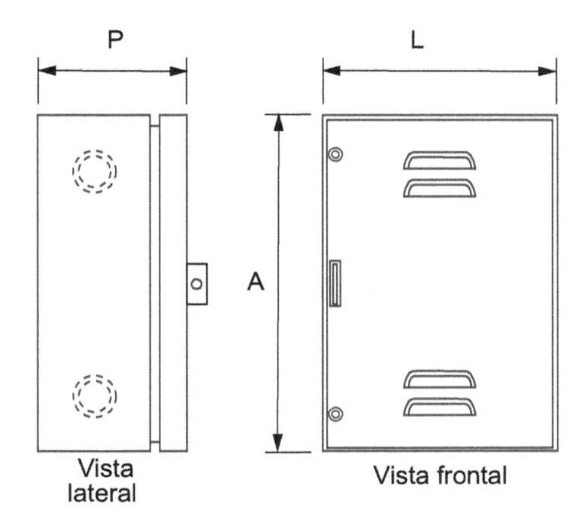

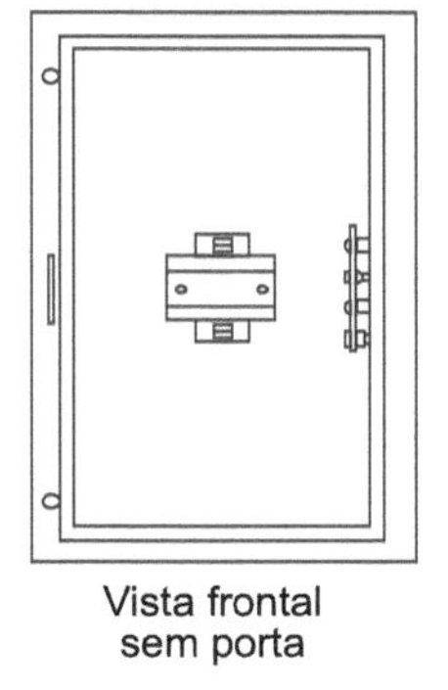

Caixas para seccionamento	Dimensões (mm)		
	A	L	P
CS1	258	174	111
CS3	520	260	190

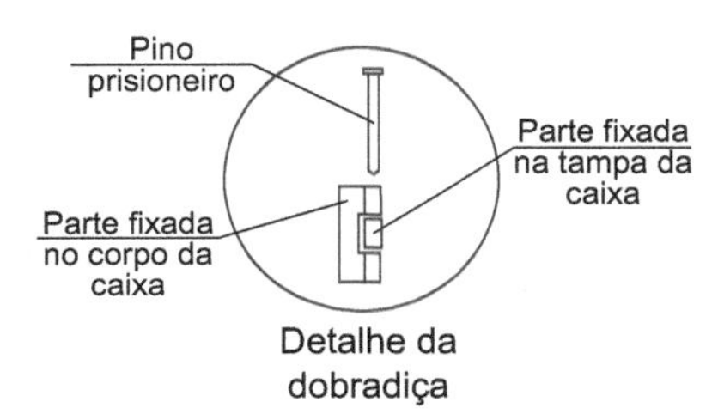

Figura 11.3 Caixas para seccionamento – CS.

Destinadas a abrigar, em ambiente selado, um dispositivo para o seccionamento geral da instalação, podendo ser um seccionador em caixa moldada ou bases fusíveis tipo NH com barras de continuidade (sem fusíveis).

Para toda caixa provida de barramentos (fases, neutro e proteção), estes devem ser dimensionados **1,25 vez** em relação à corrente de demanda máxima prevista para o material. Devem apresentar suportabilidade ao nível de curto-circuito máximo previsto, considerando inclusive seus efeitos térmicos e dinâmicos.

11.5.7 Caixa para proteção geral - CPG (Figura 11.4)

Deve abrigar o disjuntor de proteção geral da instalação de entrada de energia elétrica da unidade consumidora, sempre instalada a jusante (após) e junto da caixa de medição, preferencialmente voltadas para a parte interna da propriedade/edificação (sem acesso externo pela via pública).

Pode ser fabricada em policarbonato ou em aço galvanizado tratado contra corrosão com pintura eletrostática em epóxi ou similar, considerando todas as especificações e ensaios necessários e exigidos pela Light e as normas atinentes.

A porta ou tampa da caixa deve possuir dispositivos para fixação de selos e demais materiais de segurança conforme padrão Light.

Ao consumidor é permitido somente o acesso à alavanca de acionamento do disjuntor. Não é permitido acesso interno à caixa para fins de substituição, manutenção ou alteração da calibração do disjuntor, sem autorização prévia da Light.

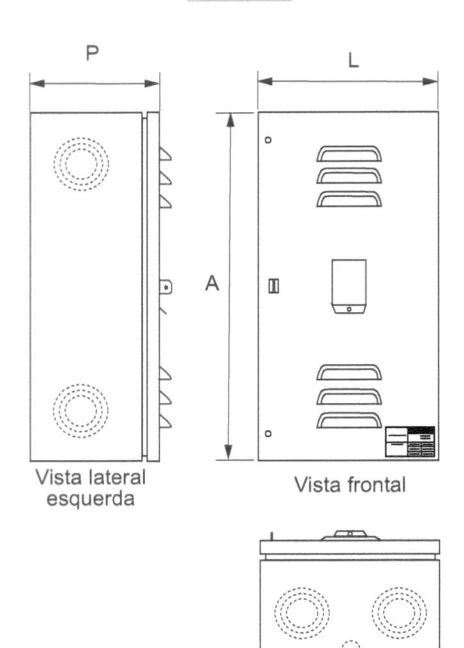

Caixa de proteção geral – CPG	A	L	P	Corrente (A)
CPG 200	520	260	190	200
CPG 600	760	380	270	600
CPG 1500	1 300	600	300	1 500

Dimensões máximas em milímetros

Figura 11.4 Caixa de proteção geral – CPG.

11.5.8 Caixa de passagem

A caixa de passagem, em alvenaria, deve ser construída pelo consumidor sempre que necessária e exigida pela Light. No atendimento por meio de ramal de ligação subterrâneo, deve ser construída junto ao limite externo da propriedade, permitindo a terminação do banco de dutos, de modo a possibilitar ponto acessível para instalação do ramal de ligação no interior da propriedade. Com as dimensões mínimas de 0,80 × 0,80 × 0,80 m.

11.5.9 Caixa de inspeção de aterramento

As caixas para inspeção do aterramento podem ser de alvenaria ou material polimérico e devem ser obrigatoriamente empregadas de maneira a permitir um ponto acessível para conexão de instrumentos para ensaios e verificações das condições elétricas do sistema de aterramento. É necessária apenas uma caixa por sistema de aterramento, na qual deve estar contida a primeira haste da malha de terra e a conexão do condutor de interligação do neutro à malha de aterramento.

11.5.10 Painéis para medidores/proteção

Devem ser aplicados em ligações novas, aumentos de carga e reformas no atendimento de **unidades consumidoras com medição direta até 200 ampères** compreendidas em **entradas coletivas**.

Devem ser fabricados em aço galvanizado tratado contra corrosão com pintura eletrostática em epóxi ou similar, considerando todas as especificações e ensaios necessários e exigidos pela Light e as normas atinentes.

Os painéis metálicos para medidores dividem-se em três tipos, sendo:

Tipo 01:

- painel metálico para medidores e disjuntores individuais até 63 ampères (PMD1);
- painel metálico para disjuntor geral, medidores e disjuntor individuais até 63 ampères (PDMD1), conforme exemplo na Figura 11.5.

Tipo 02:

- painel metálico para medidores e disjuntores individuais até 100 ampères (PMD2);
- painel metálico para disjuntor geral, medidores e disjuntor individuais até 100 ampères (PDMD2).

Tipo 03:

- painel metálico para medidores e disjuntores individuais até 200 ampères (PMD3);
- painel metálico para disjuntor geral, medidores e disjuntor individuais até 200 ampères (PDMD3).

Todos os painéis devem possuir visores em policarbonato a fim de permitir a realização da leitura dos medidores.

11.6 Exemplos de Configurações de Instalações com Entradas de Energia Elétrica Individual e Coletivas

A seguir, são apresentados exemplos de arranjos de atendimento de entrada individual e coletiva, com ramal de ligação aéreo e subterrâneo.

11.6.1 Exemplo de aplicação de entrada individual - ramal de ligação aéreo com ancoramento em poste junto ao muro

Rede aérea de distribuição – Caixa para medidor CTM, CTP ou CSM 200 semiembutida em gabinete no muro e caixa do disjuntor de proteção geral CDJ1 e CDJ3 interna.

Demanda até 38 kVA (100 ampères)

11.6.2 Exemplos de configurações de instalações com entradas de energia elétrica "coletivas"

No atendimento por meio de ramal de ligação aéreo, o condutor do ramal de entrada deve ser protegido por **eletroduto rígido de PVC** do ponto de ancoragem no poste particular, pontalete ou na fachada até a caixa para medição. Deve ser utilizado eletroduto não propagante de chama, resistente a UV próprio para instalação externa, conforme especificações técnicas contidas nas normas ABNT atinentes.

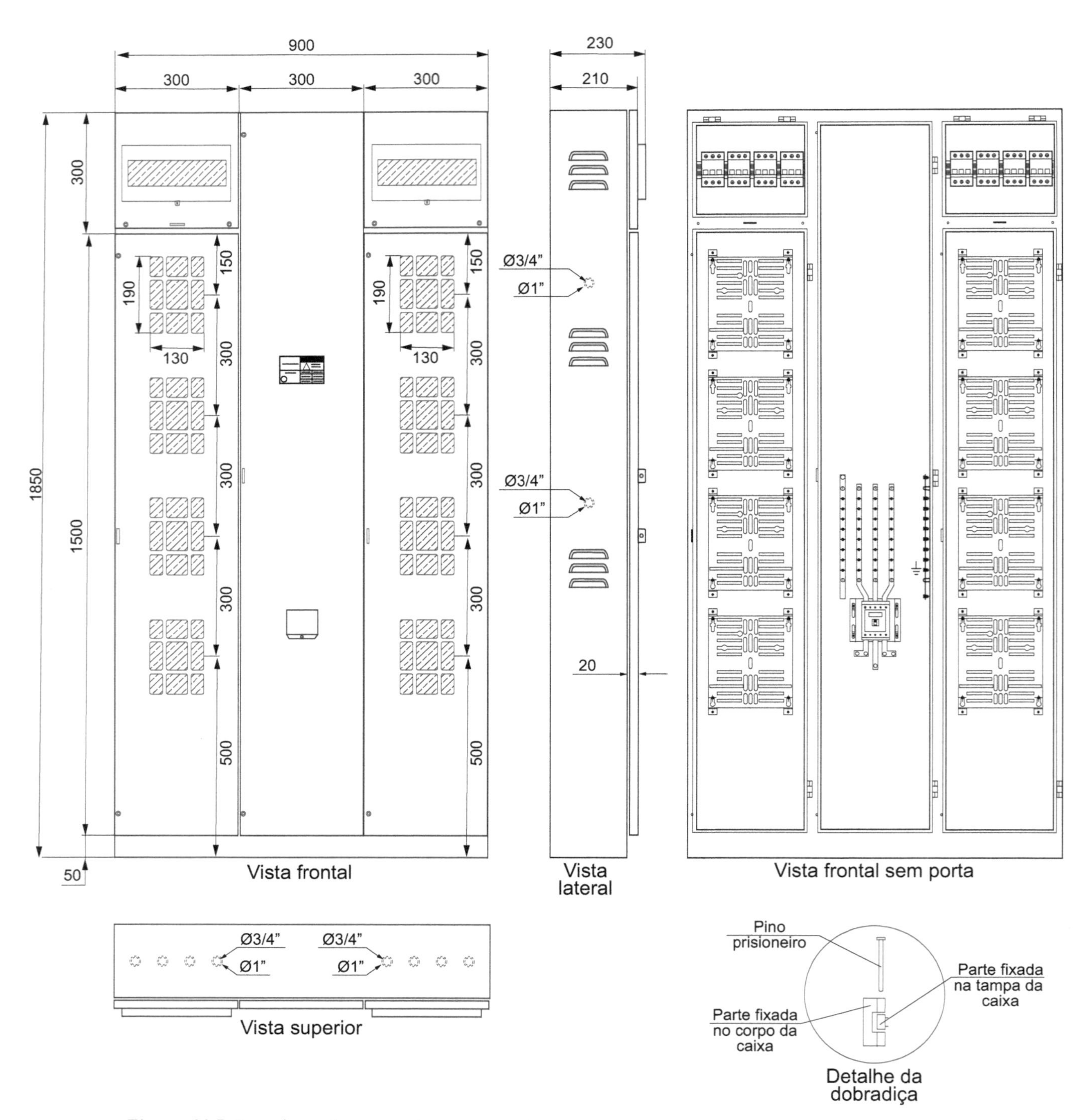

Figura 11.5 Painel metálico para disjuntor geral, medidores e disjuntor individuais até 63 ampères.

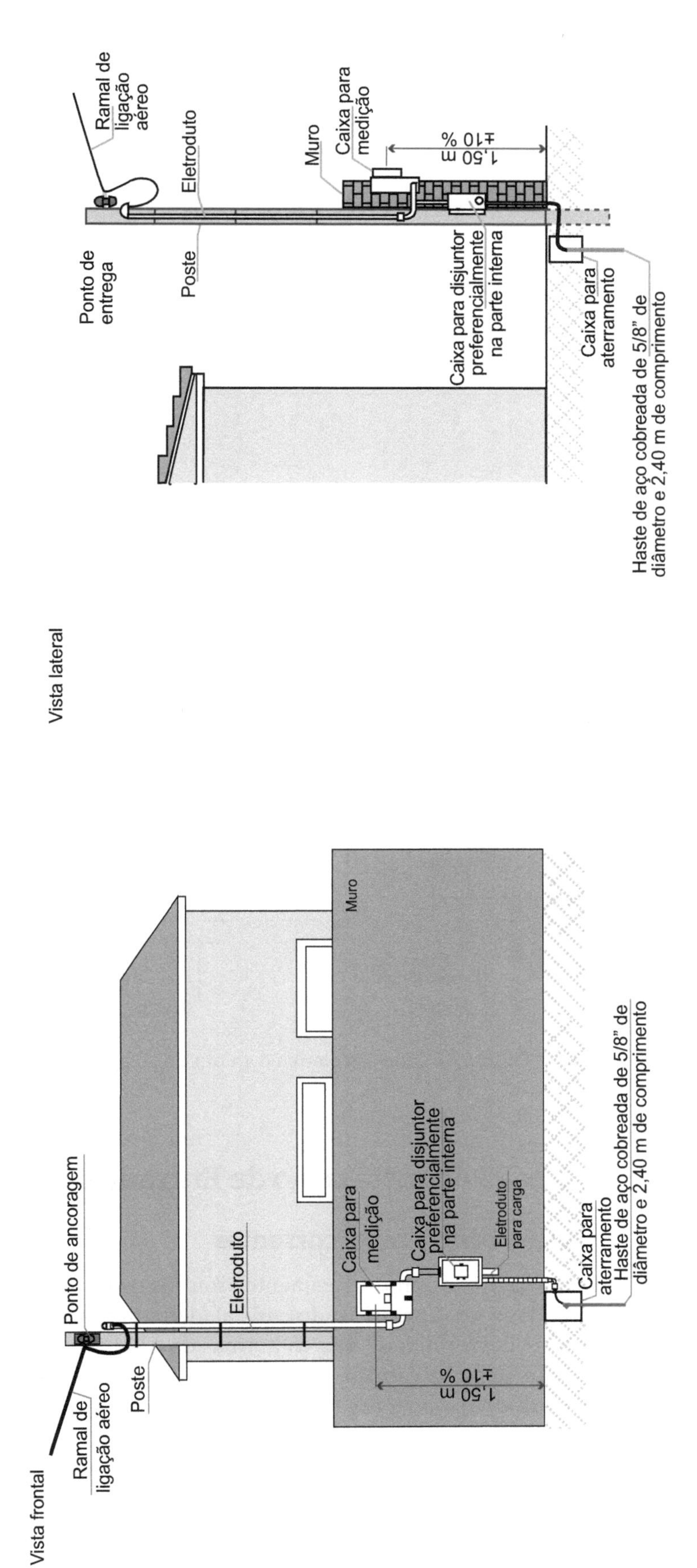

Figura 11.6 Ramal de ligação aéreo com ancoramento em poste particular.

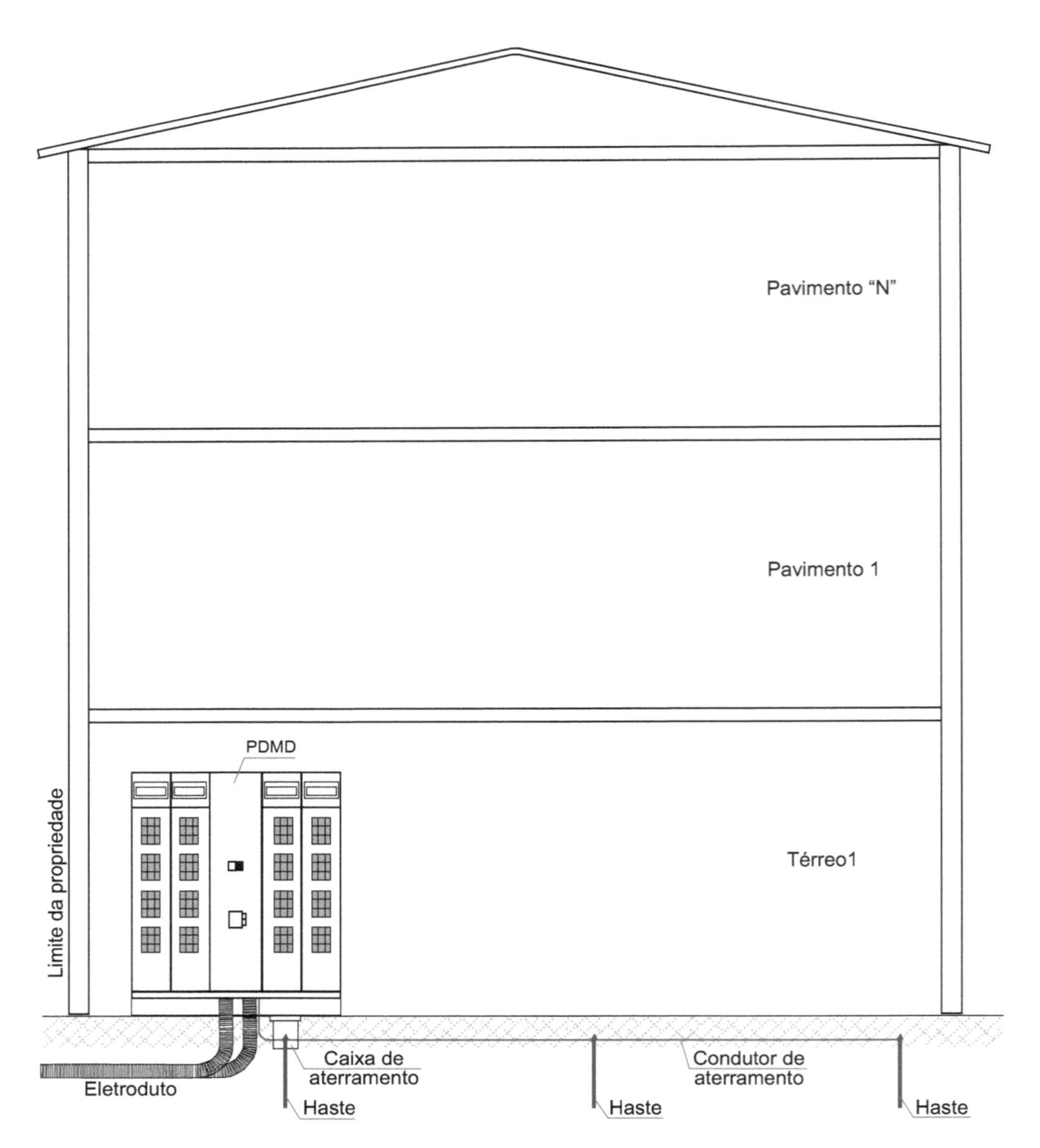

Figura 11.7 Padrão de entrada coletiva com um único agrupamento de medição.

11.7 Proteção da Instalação de Entrada de Energia Elétrica

11.7.1 Proteção contra sobrecorrentes

Dispositivo capaz de prover simultaneamente proteção contra correntes de sobrecarga e de curto-circuito deve ser dimensionado e instalado para proteção geral da entrada de energia elétrica, em conformidade com as normas da ABNT.

A capacidade de interrupção simétrica do dispositivo deve ser compatível com o valor calculado da corrente de curto-circuito, trifásica e simétrica, no ponto de instalação.

Nas entradas individuais, os dispositivos de proteção devem ser eletricamente conectados a jusante da medição, e apresentar corrente nominal conforme padronização para a categoria de atendimento constante nas tabelas de dimensionamento de materiais das entradas de energia elétrica (Tabela 11.2).

Tabela 11.2 Dimensionamento de equipamentos e materiais – medição direta

Tensão nominal (V)	Nº de fases	Categoria de atendimento	Demanda de atendimento "D" (kVA)	Proteção geral (ampères - nº de polos) [2] [3]	Eletroduto do ramal de ligação e/ou do ramal de entrada *aéreo* (PVC rígido) (em polegadas)	Eletroduto do ramal de ligação e/ou do ramal de entrada *subterrâneo* (PVC rígido ou polietileno corrugado) (em polegadas)	Condutor do ramal de entrada (fases + neutro) (mm^2 - Cu - PVC 70 °C) [1]	P = condutor de proteção (mm^2 - Cu - PVC 70 °C)	Condutor de interligação do neutro à malha de aterramento (mm^2 - Cu - PVC 70 °C)
115	1	RM1	$D \leq 3$	32-10	1″	2″	2 (1 × 6)	1 × 6	1 × 6
		RM2	$D \leq 4$	40-10			2 (1 ×10)	1 × 10	1 × 10
230	1	RM3	$4 < D \leq 7$	32-20	2″	2″	3 (1 × 6)	1 × 6	1 × 6
		RM4	$D \leq 9$	40-20			3 (1 × 10)	1 × 10	1 × 10
		RM5	$9 < D \leq 14$	63-20			3 (1 × 25)	1 × 16	1 × 16
127	1	UM1	$D \leq 4$	32-10	1″	2 × 2″	2 (1 × 6)	1 × 6	1 × 6
		UM2	$D \leq 5$	40-10			2 (1 × 10)	1 × 10	1 × 10
		UM3	$5 < D \leq 8$	63-10			2 (1 × 16)	1 × 16	1 × 16
220/127	3	T1	$D \leq 12$	32-30	2″	2 × 3″	4 (1 × 6)	1 × 6	1 × 6
		T2	$D \leq 15$	40-30			4 (1 × 10)	1 × 10	1 × 10
		T3	$15 < D \leq 24$	63-30			4 (1 × 16)	1 × 16	1 × 16
		T4	$24 < D \leq 30$	80-30			4 (1 × 25)	1 × 16	1 × 16
		T5	$30 < D \leq 38$	100-30			4 (1 × 35)	1 × 16	1 × 16
		T6	$38 < D \leq 47$	125-30		2 × 4″	4 (1 × 50)	1 × 25	1 × 25
		T7	$47 < D \leq 57$	150-30			4 (1 × 70)	1 × 35	1 × 35
		T8	$57 < D \leq 66$	175-30	2 1/2″		4 (1 × 95)	1 × 50	1 × 50
		T9	$66 < D \leq 76$	200-30			4 (1 × 95)	1 × 50	1 × 50

Notas:

1) Essas informações consideram apenas a condição de ampacidade (capacidade de corrente) do cabo conforme critérios de carregamento da NBR 5410. Portanto, cabe ao consumidor, por intermédio de seu responsável técnico, verificar o atendimento também para queda de tensão e curto-circuito, providenciando as alterações cabíveis se for o caso.

2) É recomendada a utilização de proteção diferencial-residual (disjuntor DDR, interruptor IDR ou dispositivo diferencial integrado ao disjuntor geral).

3) A capacidade mínima de interrupção de curto-circuito simétrico em "kA" dos disjuntores de proteção geral deve ser compatível com os valores estabelecidos na Tabela 11.4.

Tabela 11.3 Dimensionamento de equipamentos e materiais – medição indireta

Tensão nominal (V)	Nº de fases	Categoria de atendimento	Demanda de atendimento "D" (kVA)	Proteção geral (ampères - nº de polos) [1][2]	Eletroduto do ramal de ligação e/ou do ramal de entrada *aéreo* (PVC rígido) (em polegadas)	Eletroduto do ramal de ligação e/ou do ramal de entrada *subterrâneo* (PVC rígido ou polietileno corrugado) (em polegadas)	Condutor do ramal de entrada (fases + neutro) (mm^2 - Cu - PVC 70 °C) [3]	P = condutor de proteção (mm^2 - Cu - PVC 70 °C)
220/127	3	TI1	$76 < D \leq 85$	225-3Ø	2 1/2″	2 × 4″	4 (1 × 120)	1 × 70
		TI2	$85 < D \leq 95$	250-3Ø	3″		4 (1 × 150)	1 × 95
		TI3	$95 < D \leq 114$	300-3Ø			4 (1 × 185)	1 × 95
		TI4	$114 < D \leq 133$	350- 3Ø	4″		4 (1 × 240)	1 × 120
		TI5	$133 < D \leq 150$	400-3Ø	2 × 3″	–	8 (1 × 150)	1 × 150
		TI6	$150 < D \leq 190$	500-3Ø			8 (1 × 185)	1 × 185
		TI7	$190 < D \leq 225$	600-3Ø	2 × 4″		8 (1 × 240)	1 × 240
		TI8	$225 < D \leq 266$	700-3Ø	Não se aplica		12 (1 × 240)	3 × 120
		TI9	$266 < D \leq 300$	800-3Ø			16 (1 × 185)	2 × 185
		T10	$300 < D \leq 381$	1 000-3Ø			20 (1 × 240)	3 × 240
		T11	$381 < D \leq 457$	1 200-3Ø			24 (1 × 240)	3 × 240
		T12	$457 < D \leq 571$	1 500-3Ø			28 (1 × 240)	4 × 240
		T13	$571 < D \leq 609$	1 600-3Ø			16 (1 × 500)	2 × 500
		T14	$609 < D \leq 762$	2 000-3Ø			24 (1 × 500)	3 × 500
		T15	$762 < D \leq 952$	2 500-3Ø			32 (1 × 500)	4 × 500
		T16	$952 < D \leq 1\,143$	3 000-3Ø			36 (1 × 500)	5 × 500

Notas:

1) A capacidade mínima de interrupção de curto-circuito simétrico em "kA" dos disjuntores de proteção deve ser compatível com os valores estabelecido na Seção 11.12.1 para cada unidade consumidora e em conformidade com a Tabela 10.3 do RECON-BT da Light.

2) É recomendada a utilização de proteção diferencial-residual (disjuntor DDR, dispositivo IDR ou dispositivo diferencial acoplado ao disjuntor geral). Este tipo de proteção diferencial, além de diminuir significativamente a possibilidade de choques elétricos em seres vivos, principalmente se considerados os equipamentos/eletrodomésticos com baixo nível de isolamento em que o aterramento por meio do condutor de proteção antecipa o desligamento do circuito antes que este seja tocado, também se mostra bastante eficiente contra a possibilidade de curto-circuito e alta impedância (baixo valor de corrente) que gera uma falsa sobrecarga e, em algumas situações, inclusive o estabelecimento de arco à terra, o que pode ocasionar incêndio na edificação.

3) A capacidade mínima de interrupção de curto-circuito simétrico em "kA" dos disjuntores de proteção deve ser compatível com os valores estabelecidos na Tabela 11.4.

11.7.2 Proteção diferencial residual

Dispositivo capaz de prover proteção contra correntes de fuga.

Na proteção geral das entradas individuais e das entradas coletivas, podem ser utilizados disjuntores com dispositivo diferencial tipos DR, IDR ou DDR.

A proteção diferencial deve estar em conformidade com as normas brasileiras aprovadas pela ABNT.

Para que a **proteção diferencial residual** não perca a seletividade entre os diversos disjuntores com função diferencial ao longo do sistema elétrico da unidade consumidora, **o condutor de neutro não deve ser aterrado em outros pontos a jusante do primeiro e único ponto de aterramento permitido, que é o ponto junto à proteção geral de entrada.**

11.7.3 Proteção contra sobretensões

A ocorrência de sobretensões em instalações de energia elétrica não deve comprometer a segurança de pessoas e a integridade de sistemas elétricos e equipamentos. Cabe ao consumidor a responsabilidade pela especificação e instalação de proteção contra sobretensões, que deve ser proporcionada basicamente pela adoção de dispositivos de proteção contra surtos – DPS em tensão nominal e nível de suportabilidade compatível com a característica da tensão de fornecimento e com a sobretensão prevista, bem como pela adoção das demais recomendações complementares em conformidade com as exigências contidas na norma brasileira NBR 5410 da ABNT, consideradas as suas atualizações.

Quando da utilização de DPSs, estes devem ser eletricamente conectados a jusante da medição e do disjuntor de proteção geral da entrada de energia elétrica, preferencialmente na entrada do Quadro de Distribuição Geral – QDG interno à edificação.

Tabela 11.4 Capacidade mínima de interrupção simétrica dos dispositivos de proteção geral de entrada

<table>
<tr><th rowspan="3">Condutor do ramal de entrada (Cu - mm²)[1]</th><th colspan="4">Sistema de fornecimento em baixa tensão (com lance de circuito de 15 metros)</th></tr>
<tr><th>Aéreo</th><th colspan="3">Subterrâneo</th></tr>
<tr><th>Radial</th><th>Radial</th><th>Reticulado generalizado</th><th>Reticulado dedicado</th></tr>
<tr><td>6</td><td rowspan="3">5 kA</td><td rowspan="5">15 kA</td><td rowspan="5">15 kA</td><td rowspan="12">(2)</td></tr>
<tr><td>10</td></tr>
<tr><td>16</td></tr>
<tr><td>25</td><td rowspan="2">10 kA</td></tr>
<tr><td>35</td></tr>
<tr><td>50</td><td rowspan="2">15 kA</td><td rowspan="2">25 kA</td><td rowspan="2">25 kA</td></tr>
<tr><td>70</td></tr>
<tr><td>95</td><td rowspan="4">20 kA</td><td rowspan="2">30 kA</td><td rowspan="2">40 kA</td></tr>
<tr><td>120</td></tr>
<tr><td>150</td><td>40 kA</td><td rowspan="2">50 kA</td></tr>
<tr><td>185</td><td>50 kA</td></tr>
<tr><td>Maiores bitolas</td><td>25 kA</td><td>(2)</td><td>(3)</td></tr>
</table>

Notas:

1) Valores relativos a 1 conjunto de cabos.

2) Os valores de curto-circuito serão fornecidos pela Light para cada caso, devendo as capacidades de interrupção dos dispositivos de proteção geral ser compatíveis com o maior dos valores de curto-circuito disponíveis nos respectivos pontos de instalação.

3) O nível de curto-circuito será fornecido pela Light, para cada caso, devendo a capacidade de interrupção do dispositivo de proteção geral ser compatível com esse valor, e nunca inferior a 60 kA.

11.8 Medição

O equipamento de medição e acessórios destinados a medir a energia elétrica são fornecidos e instalados pela Light, em conformidade com as disposições atualizadas da Resolução nº 414/2010 da ANEEL.

11.8.1 Medição individual

Correspondente a um único consumidor e localizado em uma mesma propriedade ou em propriedades contíguas. Essa caracterização se dá pela verificação de endereços individuais e pelo fato de não pertencer a nenhuma condição de condomínio.

11.8.2 Medição e leitura centralizada

Sistema eletrônico destinado à medição de energia elétrica, desempenhando as funções de concentração, processamento e indicação das informações de consumo de forma centralizada de todas as unidades consumidoras que compõem uma determinada entrada coletiva.

11.8.3 Medição de serviço

Destinada a medição e registro do consumo de energia elétrica das cargas de uso comum do condomínio (iluminação comum da edificação, bombas-d'água, elevadores etc.).

11.8.4 Medição totalizadora

Equipamento de medição em baixa tensão dimensionado de acordo com os padrões da Light com a finalidade de medir e registrar a energia elétrica fornecida a um determinado empreendimento contemplando todas as unidades consumidoras existentes.

11.9 Condutores

Os condutores devem ser dimensionados a partir da demanda avaliada da instalação, utilizando classe 2 de encordoamento e classe de tensão 0,6/1 kV. O tipo de isolamento (PVC, XLPE ou EPR) deve ser determinado em função da necessidade requerida pela condição de instalação conforme estabelecido na NBR 5410:2004. Nos trechos internos à edificação, devem ser utilizados, obrigatoriamente, somente condutores com isolamento com características antichama e não emissores de fumaça tóxica.

As Tabelas 3.7 a 3.10, do Capítulo 3, apresentam as ampacidades de condutores, podendo ser consultadas para auxílio em eventuais dimensionamentos, observando que os condutores tratados neste capítulo foram dimensionados apenas pelo critério de ampacidade. Portanto, devem ser observados rigorosamente pelo responsável técnico os demais critérios estabelecidos pela NBR 5410.

11.10 Aterramento das Instalações de Entrada

O sistema de aterramento é a ligação elétrica intencional com a terra, podendo ter os seguintes objetivos:

- funcionais: ligação do condutor neutro à terra;
- proteção: ligação à terra das partes metálicas (carcaças) não destinadas a conduzir corrente elétrica.

O consumidor deve prover em sua instalação, uma infraestrutura de aterramento, denominada "eletrodo de aterramento".

O Sistema de Aterramento ou somente Aterramento deve ser concebido de modo que seja confiável e satisfaça os mínimos requisitos de segurança às pessoas (conforme NBR 5410), uma vez que tem por objetivo conduzir correntes e descargas elétricas de qualquer origem, sejam descargas atmosféricas, correntes de fuga, correntes de curto-circuito, danos em condutores vivos, ou qualquer outro meio de descarga que possa direta ou indiretamente levar alguma ameaça à segurança das instalações e principalmente das pessoas.

11.10.1 Aterramento do condutor neutro

Em cada edificação, junto à **proteção geral de entrada**, como parte integrante da instalação, é obrigatória a construção de malha de terra, constituída de uma ou mais hastes interligadas entre si (no solo), à qual devem ser permanentemente interligados os condutores de neutro do ramal de energia elétrica e o de proteção. O condutor deve ser de cobre isolado na cor azul.

11.10.2 Interligação à malha de terra e condutor de proteção

O sistema de aterramento consiste em condutores de neutro e de proteção interligados e aterrados na malha de terra principal da edificação, junto à proteção geral de entrada.

O condutor de proteção deve ser em cobre, isolado nas cores verde-amarelo ou verde, classe de encordoamento nº 2, na bitola padronizada, devendo percorrer toda a instalação interna. A ele deverão ser conectadas todas as partes metálicas (carcaças) dos aparelhos elétricos existentes, de acordo com as prescrições da NBR 5410:2004.

11.10.3 Eletrodo de aterramento

Deverão ser empregadas uma ou mais hastes de aço cobreado, com comprimento mínimo de 2,40 m e seção mínima de 5/8″, interligadas entre si (no solo).

Quando as condições físicas do local da instalação impedirem a utilização de hastes, deverá ser adotado um dos métodos estabelecidos pela NBR 5410:2004, que garanta o aterramento dentro das características dispostas no parágrafo "Aterramento do Condutor Neutro".

11.11 Número de Hastes da Malha de Terra

Os eletrodos (hastes) da malha de terra deverão ser de aço cobreado, conforme especificado na Seção 11.10.3. As hastes devem ser interligadas entre si por condutor de cobre nu, de seção não inferior a 25 mm², com espaçamento entre hastes superior ou igual ao comprimento da haste utilizada. O **valor máximo da resistência de aterramento**, para qualquer das condições a seguir, não deve ultrapassar **25 ohms**.

11.11.1 Entrada individual de energia elétrica

Para entrada individual isolada com demanda avaliada até 24 kVA, deve ser construída uma malha de aterramento com, no mínimo, uma haste de aço cobreada com seção de 5/8″ com comprimento de 2,40 m.

No caso de entrada com demanda superior a 24 kVA e igual ou inferior a 150 kVA, deve ser construída uma malha de aterramento com, no mínimo, 3 hastes de aço cobreadas com seção de 5/8″ com comprimento de 2,40 m, interligadas entre si por condutor de cobre nu, classe de encordoamento nº 2, de seção não inferior a **50 mm²**, com espaçamento entre hastes superior ou igual ao comprimento da haste utilizada.

Para entrada com demanda superior a 150 kVA, deve ser construída uma malha de aterramento com, no mínimo, 6 hastes.

11.11.2 Entrada coletiva de energia elétrica

Para entrada coletiva com até 6 unidades consumidoras, deve ser construída uma malha de aterramento com, no mínimo, 1 haste de aço cobreada por unidade de consumo. No caso de entradas com mais de 6 unidades consumidoras, deve ser construída uma malha de aterramento com, no mínimo, 6 hastes.

11.12 Como Dimensionar a Demanda da Entrada

Cada distribuidora de serviços de eletricidade estabelece diferentes critérios para o cálculo da demanda do ramal de entrada, que será função de fatores peculiares a cada localidade brasileira. A seguir, são apresentados os critérios adotados pela Light do Rio de Janeiro, devidamente autorizados, que nos parecem bem estudados e adequados ao uso dos consumidores brasileiros das grandes cidades.

11.12.1 Entradas individuais

A demanda deve ser calculada com base na carga instalada. A carga instalada é determinada a partir do somatório das potências nominais dos aparelhos, dos equipamentos elétricos e das lâmpadas existentes nas instalações.

Quando um determinado conjunto de cargas é analisado, verifica-se que, em função da utilização diversificada dessas cargas, um valor máximo de potência é absorvido por esse conjunto num mesmo intervalo de tempo, geralmente inferior ao somatório das potências nominais de todas as cargas do conjunto.

Salienta-se que a Light disponibiliza, no seu site, um simulador para cálculo da demanda, disponível em: http://www.light.com.br/para-residencias/Simuladores/calculo_de_demanda.aspx.

Para o cálculo será usada a seguinte expressão:

$$D(\text{kVA}) = d_1 + d_2 + d_3 + d_4 + d_5 + d_6$$

em que:

d_1(kVA) = demanda de iluminação e tomadas, calculada com base nos fatores de demanda da Tabela 3.20, considerando o fator de potência igual a 1,0.

d_2(kVA) = demanda dos aparelhos de aquecimento de água (chuveiros, aquecedores, torneiras etc.), calculada conforme a Tabela 11.5, considerando o fator de potência igual a 1,0.

d_3(kVA) = demanda dos aparelhos de ar condicionado do tipo janela e similares (*split*, cassete e *fan-coil*), calculada conforme Tabela 11.6 e 11.7, respectivamente, para uso residencial e não residencial.

d_4(kVA) = demanda das unidades centrais de ar condicionado (*self contained*), calculada a partir das respectivas correntes máximas e demais dados de placa fornecidos pelos fabricantes, aplicando os fatores de demanda da Tabela 11.8.

d_5(kVA) = demanda dos motores elétricos e das máquinas de solda tipo motor-gerador, calculada conforme Tabelas 11.9 e 11.10.

d_6(kVA) = demanda das máquinas de solda a transformador, equipamentos odonto-médico hospitalares (aparelhos de raios X, tomógrafos, mamógrafos e outros), calculada conforme a Tabela 11.10.

Tabela 11.5 Fatores de demanda para aparelhos de aquecimento

Nº de aparelhos	Fator de demanda (%)	Nº de aparelhos	Fator de demanda (%)	Nº de aparelhos	Fator de demanda (%)
1	100	**10**	49	**19**	36
2	75	**11**	47	**20**	35
3	70	**12**	45	**21**	34
4	66	**13**	43	**22**	33
5	62	**14**	41	**23**	32
6	59	**15**	40	**24**	31
7	56	**16**	39	**25 ou mais**	30
8	53	**17**	38		
9	51	**18**	37		

Notas:

1) Para o dimensionamento de ramais de entrada ou trechos coletivos destinados ao fornecimento de mais de uma unidade consumidora, fatores de demanda devem ser aplicados para cada tipo de aparelho, separadamente, sendo a demanda total de aquecimento o somatório das demandas obtidas: $d_2 = d_2$ chuveiros + d_2 aquecedores + d_2 torneiras + ...

2) Quando se tratar de sauna, o fator de demanda deverá ser considerado igual a 100 %.

Tabela 11.6 Fatores de demanda para aparelhos de ar-condicionado do tipo janela, *split* e *fan-coil* (utilização residencial)

Nº de aparelhos	Fator de demanda (%)
De 1 a 4	100
De 5 a 10	70
De 11 a 20	65
De 21 a 30	62
De 31 a 40	58
De 41 a 50	55
De 51 a 80	53
Acima de 80	50

Tabela 11.7 Fatores de demanda para aparelhos de ar-condicionado do tipo janela, *split* e *fan-coil* (utilização residencial)

Nº de aparelhos	Fator de demanda (%)
De 1 a 10	100
De 11 a 20	85
De 21 a 30	80
De 31 a 40	75
De 41 a 50	70
De 51 a 80	65
Acima de 80	60

Tabela 11.8 Demanda média de motores – valores equivalentes individuais (cv × kVA)

Potência (cv)	1/4	1/3	1/2	3/4	1	1 ½	2	3	4
(kVA)	0,66	0,77	0,87	1,26	1,52	2,17	2,70	4,04	5,03
Potência (cv)	5	7 ½	10	15	20	25	30	40	50
(kVA)	6,02	8,65	11,54	16,65	22,10	25,83	30,52	39,74	48,73

Tabela 11.9 Fator de demanda × número de motores

Número total de motores	1	2	3	4	5	6	7	8	9	≥ 10
Fator de demanda (%)	100,0	75,0	63,33	57,50	54,00	50,00	47,14	45,00	43,33	42,00

Obs.: Motores classificados como "Reserva" não devem ser computados nos cálculos, tanto de carga instalada quanto demandada.

Tabela 11.10 Fatores de demanda para máquinas de solda e equipamentos odonto-médico-hospitalares (aparelhos de raios X, tomógrafos, mamógrafos e outros)

Equipamento	Quantidade de equipamentos	Fator de demanda (%)
Máquina de solda	1	100
	De 2 a 3	70
	De 4 a 7	60
	Mais de 7	50
Aparelho de raios X	1	100
Tomógrafo	De 2 a 5	60
Mamógrafo	De 6 a 10	50
Ressonância magnética Outros similares	Mais de 10	40

Nota: Quando a demanda de um grupo de equipamentos for inferior à potência individual do maior equipamento do conjunto, deve ser considerado o valor de potência do maior equipamento como a demanda do conjunto.

EXERCÍCIOS DE APLICAÇÃO

1. Verificação da demanda para 4 motores trifásicos de 5 cv, 1 motor trifásico de 3 cv, 1 motor trifásico de 2 cv, 1 motor trifásico de 1 cv, totalizando 7 motores.

   Logo, utilizando as Tabelas 11.8 e 11.9, temos:

   $D = [(4 \times 6{,}02) + (1 \times 4{,}04) + (1 \times 2{,}7) + (1 \times 1{,}52)] \times 0{,}4714 = 15{,}25$ kVA,

   $D = 15{,}25$ kVA.

   Atenção especial deve ser dada aos casos de demanda entre motores diferentes, mas com diferença de potência entre eles acentuadamente elevada.

2. Verificação da demanda para 1 motor de 50 cv + 1 motor de 5 cv. Nesse caso, se a condição demandada for menor que a potência do maior motor, deve prevalecer como demanda total a potência do maior motor. Logo, a inequação a seguir deve ser atendida:

   $N_{(\text{maior motor})} > D_{(\text{condição demandada})}$

em que:

$N_{(\text{maior motor})}$ = potência do maior motor;

$D_{(\text{condição demandada})}$ = demanda em função das Tabelas 11.8 e 11.9.

Logo, para o exemplo em questão, temos:

$D = (48,73 + 6,02) \times 0,75 = 41,06$ kVA.

Portanto, como a condição demandada não atendeu à inequação apresentada anteriormente (48,73 < 41,06), a demanda total a ser considerada é

$D = 48,73$ kVA.

EXEMPLO

Residência isolada com 200 m² de área útil

a. Carga instalada
   - Iluminação e tomadas: 8 000 VA;
   - 1 chuveiro elétrico: 4 400 VA;
   - 2 aparelhos de ar condicionado: 2 × 1 cv;
   - 1 bomba-d'água de ½ cv: monofásico.

b. Carga mínima instalada (Tabela 3.20)
   30 VA / m², ou seja, 6 000 VA.

c. Cálculo da demanda
   d_1 (kW) = 0,80 + 0,75 + 0,65 + 0,60 + 0,50 + 0,45 + 0,40 + 0,35 = 4,50 kVA;
   d_2 (kW) = 4,4 kVA;
   d_3 (cv) = 2 cv;
   d_5 (kVA) = 0,87 kVA;
   D (kVA) = $d_1 + d_2 + d_3 + d_5$;
   D (kVA) = 4,50 + 4,40 + (2 × 1,52) + 0,87 = 12,81 kVA.

Pela Tabela 11.2 para entradas individuais trifásicas (4 fios) – 220 / 127 V, temos:

- disjuntor: 40 A;
- condutor em eletroduto: 4 (1 × 10) mm².

EXEMPLO

Escola com 1 000 m² de área útil

a. Carga instalada
   - Iluminação e tomadas: 32 000 VA;
   - 3 chuveiros de 4 400 VA;
   - 3 aparelhos de ar condicionado de 1 cv;
   - 2 motores de 3 cv – bomba-d'água trifásica (1 de reserva);
   - 2 elevadores de 10 cv – trifásico.

b. Carga mínima instalada (Tabela 3.20)
   30 W / m², ou seja, 30 000 W.

c. Cálculo da demanda
   d_1 (kW) = 12 × 0,80 + 20 × 0,5 = 19,6 VA;
   d_2 (kW) = 3 × 4,4 × 0,7 = 9,24 kVA;
   d_3 (cv) = 3 × 1 cv = 3 cv;
   d_5 (kVA) = (4,04 + 2 × 11,54) × 0,7 = 18,98 kVA;
   D (kVA) = $d_1 + d_2 + d_3 + d_5$ = 19,6 + 9,24 + (3 × 1,52) + 18,98 = 52,54 kVA.

Pela Tabela 11.2 temos:

- disjuntor: 175 A;
- condutor em eletroduto: 4 (1 × 95) mm².

12 Projeto de uma Subestação Abaixadora

O Capítulo 12 (páginas 299 a 324) encontra-se integralmente *online*, disponível no *site* **www.grupogen.com.br**.
Consulte a página de Material Suplementar após o Prefácio para detalhes sobre acesso e *download*.

Noções de Luminotécnica 13

13.1 Lâmpadas e Luminárias

As lâmpadas fornecem a energia luminosa que lhes é inerente com auxílio das luminárias, que são os seus sustentáculos, por meio das quais se obtêm melhor distribuição luminosa, melhor proteção contra as intempéries, permitem ligação à rede, além de proporcionarem aspecto visual agradável e estético.

Basicamente, as lâmpadas elétricas pertencem a três tipos:

- incandescentes;
- descargas;
- estado sólido – LED (*Light Emitting Diode*).

As lâmpadas incandescentes de uso geral, em razão do baixo rendimento luminoso, foram retiradas do mercado mundial e do Brasil desde 30 de junho de 2016, conforme Portaria Interministerial nº 1007, de 31/12/2010, do Ministério de Minas e Energia, de Ciência e Tecnologia e do Ministério do Desenvolvimento, Indústria e Comércio Exterior.

Excluíram-se da regulamentação os seguintes tipos de lâmpadas:

a. incandescentes com bulbo inferior a 45 milímetros de diâmetro e com potências iguais ou inferiores a 40 W;
b. incandescentes específicas para estufas, estufas de secagem, estufas de pintura, equipamentos hospitalares e outros;
c. incandescentes refletoras/defletoras ou espelhadas, caracterizadas por direcionar os fachos luminosos;
d. incandescentes para uso em sinalização de trânsito e semáforos;
e. incandescentes halógenas;
f. infravermelhas utilizadas para aquecimento específico por meio de emissão de radiação infravermelha; e
g. para uso automotivo.

13.2 Lâmpadas Halógenas Comuns e Dicroicas

São um tipo aperfeiçoado das lâmpadas incandescentes, constituídas por um tubo de quartzo, dentro do qual existem um filamento de tungstênio e partículas de iodo, flúor e bromo adicionados ao gás normal. Têm como vantagens em relação às lâmpadas incandescentes comuns uma vida mais longa, ausência de enegrecimento do tubo, alta eficiência luminosa - são até 20 % mais eficientes do que as lâmpadas incandescentes comuns. Possuem excelente reprodução de cores e são totalmente dimerizáveis e com dimensões reduzidas.

Como desvantagens pode ser citado que desprendem intenso calor e são pressurizadas, podendo estilhaçar-se inesperadamente, o que faz necessária a sua utilização em luminárias que tenham proteção. Atualmente, usa-se a lâmpada halógena comum (Figura 13.1), e seus valores típicos apresentados na Tabela 13.1, em alguns casos, para substituir as antigas incandescentes, sendo as lâmpadas quartzo-halógenas, dicroicas, as mais utilizadas.

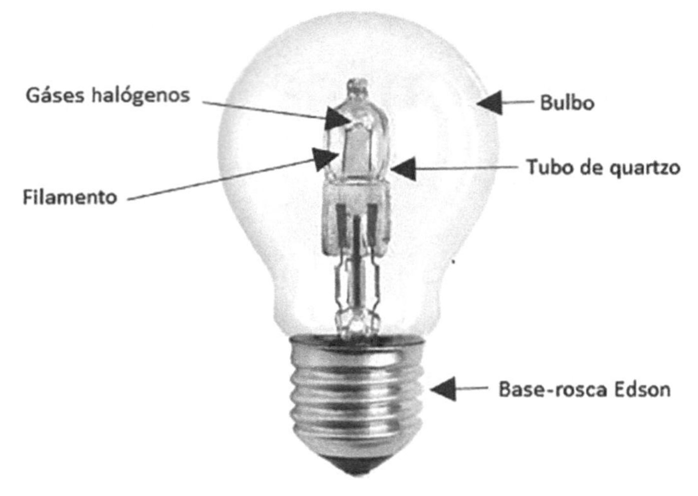

Figura 13.1 Lâmpada halógena comum.

As lâmpadas dicroicas são indicadas para os mesmos locais das lâmpadas projetoras, com a grande vantagem de oferecerem luz clara e branca, com excelente reprodução de cores, ressaltando o colorido dos objetos, tornando-os mais ricos, vibrantes e naturais.

O refletor multifacetado é recoberto por uma película constituída por um filtro químico, o que permite a reflexão da luz visível e a transmissão, para a retaguarda da lâmpada, de mais de 50 % da radiação infravermelha, resultando, assim, num facho de luz mais frio, mesmo sendo uma lâmpada halógena. De qualquer modo, é recomendável o uso de luminárias com protetores, caso a lâmpada dicroica fique próxima dos olhos do usuário.

Na Figura 13.2 temos (a) a constituição da lâmpada, (b) as características do refletor dicroico e (c) a curva da reflexão típica de um espelho dicroico, e na Tabela 13.2 temos alguns valores típicos das lâmpadas dicroicas.

Graças à sua agradável temperatura de cor, combina bem com outras lâmpadas halógenas ou fluorescentes, sem mudança do equilíbrio e tonalidade de cor do ambiente.

Além das vantagens citadas, essa lâmpada emite um facho de luz cerca de 60 % mais frio que o das lâmpadas refletoras convencionais de mesmo fluxo luminoso e mesma abertura de facho, o que a torna indicada para objetos sensíveis ao calor.

Como as lâmpadas dicroicas possuem o rendimento lumínico em lumens por watt muito mais alto que o das lâmpadas refletoras comuns, é possível consumir menos watts de potência para o mesmo nível de iluminamento, o que resulta em 50 ou 60 % de economia de energia, além do dobro da vida útil.

Tabela 13.1 Lâmpada halógena clássica – valores típicos

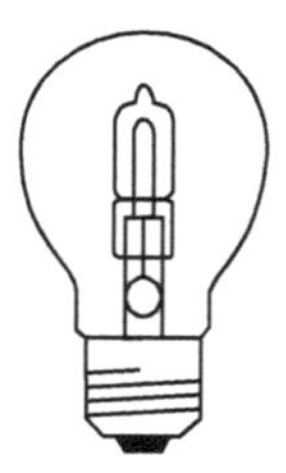

Potência (W)	Tensão (V)	Fluxo luminoso (lm)	Vida média (h)	Base
42	110-130	730	2 000	E27
70	110-130	1 450	2 000	E27

(a)

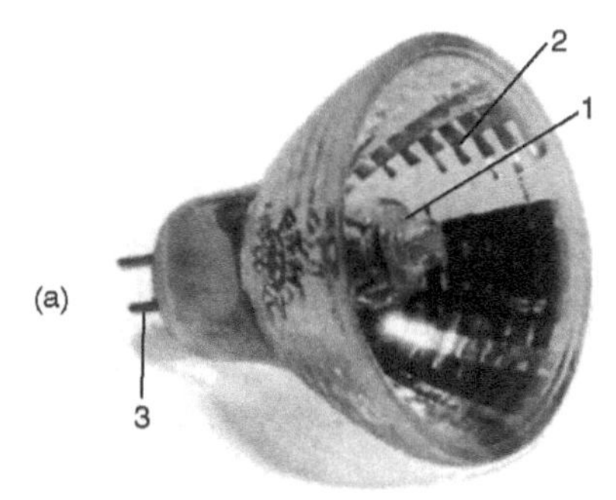

1 - Lâmpada halógena com bulbo de quartzo
2 - Espelho dicroico
3 - Base bipino para conexão elétrica segura

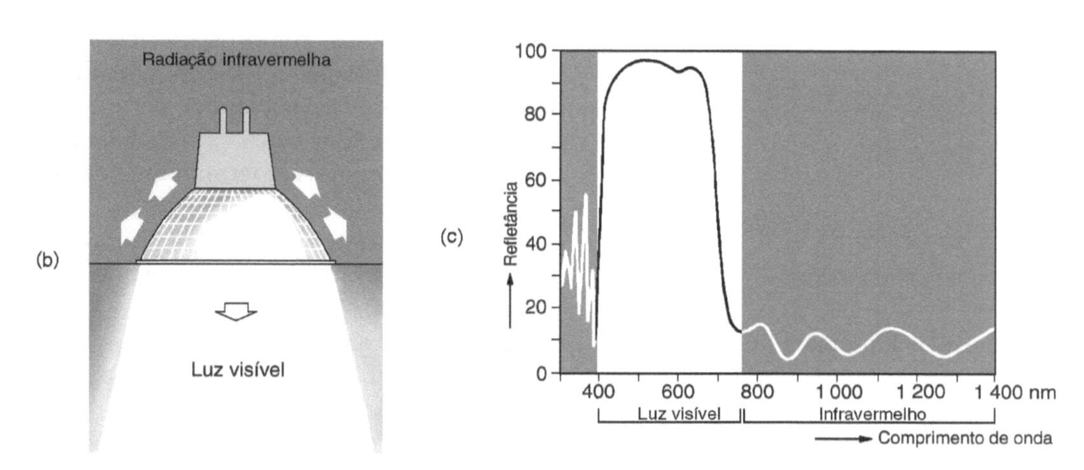

Figura 13.2 Lâmpada dicroica da Philips.

Tabela 13.2 Lâmpada dicroica – valores típicos

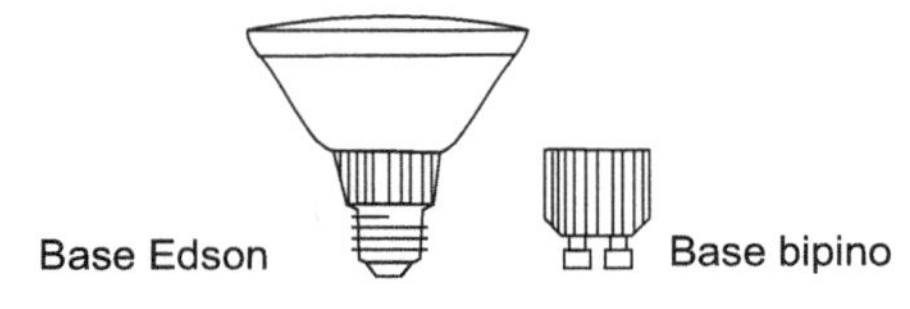

	Potência (W)	Tensão (V)	Fluxo luminoso (lm)	Vida média (h)	Graus	Base
Refletor dicroico	50	110-130	785	2 000	35	GZ10
	50	220-240	900	2 000	35	GZ10
Refletor de alumínio	50	110-130	700	2 000	35	GU10
	75	110-130	2 950	2 000	25	E27
	90	110-130	3 680	2 000	30	E27

13.3 Lâmpadas de Descarga

São lâmpadas que funcionam pela passagem de uma descarga elétrica em um meio de gases metálicos – mercúrio, xenônio, sódio etc.

13.3.1 Lâmpadas fluorescentes

Consistem em um bulbo cilíndrico de vidro, tendo em suas extremidades eletrodos metálicos de tungstênio (catodos), por onde circula corrente elétrica. Em seu interior existe vapor de mercúrio ou argônio a baixa pressão, e as paredes internas do tubo são pintadas com materiais fluorescentes, conhecidos por cristais de fósforo (*phosphor*) (Figura 13.3).

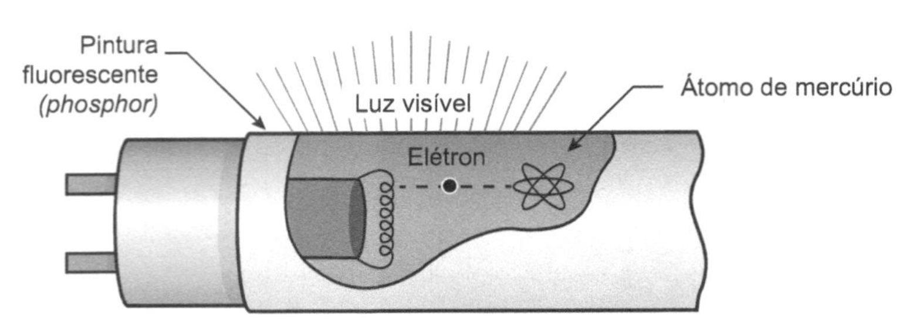

Figura 13.3 Lâmpada fluorescente.

Essas lâmpadas que, por seu ótimo desempenho, são mais indicadas para iluminação de interiores, como escritórios, lojas, indústrias, tendo espectros luminosos indicados para cada aplicação. Elas não permitem o destaque perfeito das cores, porém, a lâmpada branca fria ou morna permite uma razoável visualização do espectro de cores.

Em residências, as lâmpadas fluorescentes podem ser usadas em cozinhas, banheiros, garagens etc.

Entre as lâmpadas fluorescentes, a que tem grande aplicação em escritórios, mercados, lojas, por sua alta eficiência, é a do tipo HO (*high output*), que é indicada por questões de economia, pois a sua eficiência luminosa é muito elevada.

Para funcionamento das lâmpadas, é indispensável o uso de reatores eletrônicos com a função de fornecer a sobretensão para a partida da lâmpada e limitar a corrente de operação (Figura 13.4).

O reator representa uma pequena perda de energia (carga), medida em watts, devendo-se levar em consideração os cálculos de circuitos com lâmpadas fluorescentes, principalmente em locais com muitas lâmpadas instaladas, tais como escritório, salas de aulas, indústrias etc.

Como exemplo, cita-se a perda de 4 W num reator eletrônico para lâmpada fluorescente de 40 W, T-12. O fator de potência desses reatores é superior a 0,95. A Figura 13.5 mostra diagramas de ligação destas lâmpadas.

13.3.1.1 *Lâmpadas fluorescentes compactas*

São lâmpadas fluorescentes que possuem um sistema eletrônico incorporado à sua base, o que permite a substituição das lâmpadas incandescentes sem nenhum tipo de acessório. Existem com vários tipos de tonalidades de luz. Possuem uma durabilidade,

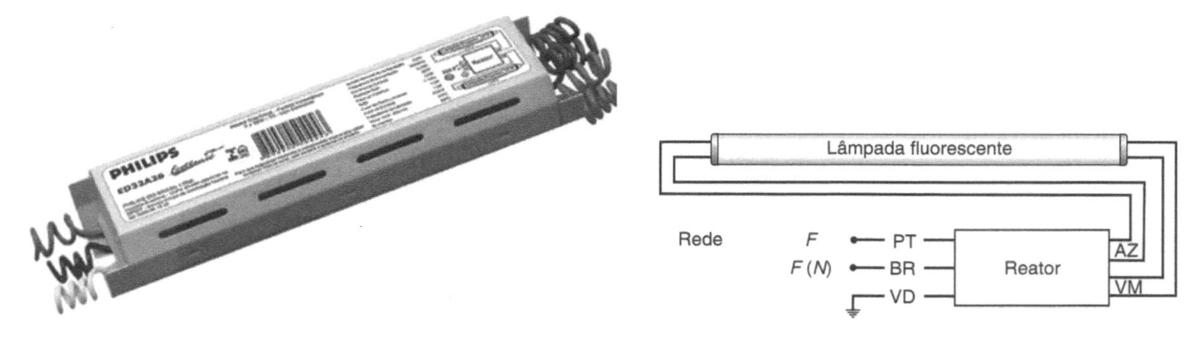

Figura 13.4 Reator eletrônico e sua ligação. (Cortesia da Philips.)

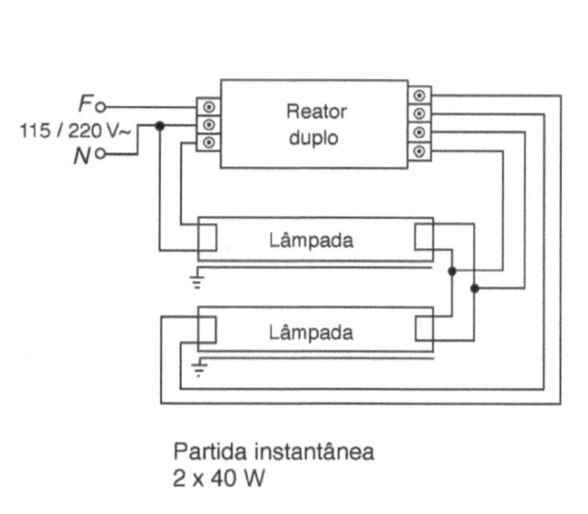

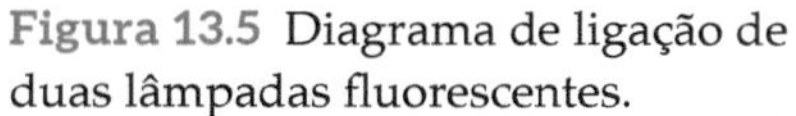

Figura 13.5 Diagrama de ligação de duas lâmpadas fluorescentes.

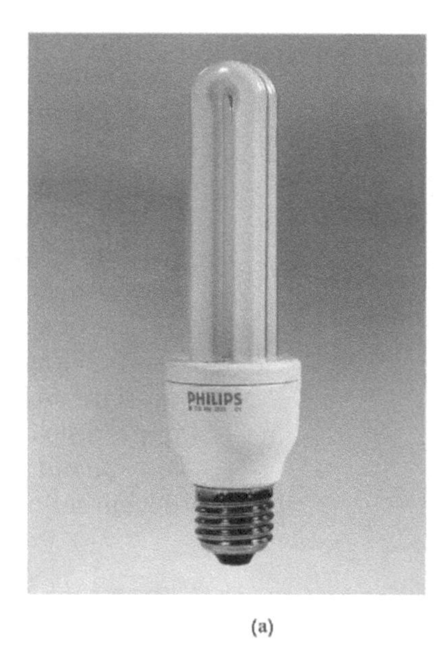

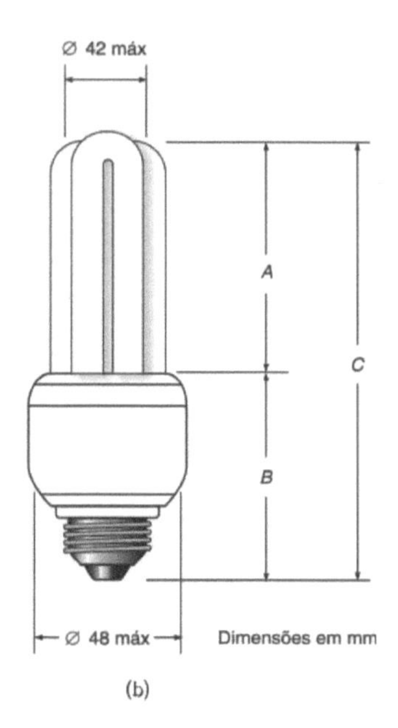

(a) (b)

Figura 13.6 Lâmpada fluorescente compacta. (Cortesia da Philips.)

em média, 10 vezes maior que as incandescentes, além de serem até 80 % mais econômicas. São ideais para instalações residenciais e comerciais. São produzidas na faixa de 5 a 25 W. A Figura 13.6 mostra o aspecto dessas lâmpadas.

13.3.1.2 Lâmpadas fluorescentes circulares

São fluorescentes circulares (Figura 13.7), empregadas em aplicações domésticas, como em cozinhas e banheiros, onde se deseja iluminação uniforme e com bom nível.

Essas lâmpadas foram originalmente projetadas para operarem em circuitos utilizando *starter*, mas, atualmente, a grande utilização é com reatores eletrônicos de partida rápida.

13.3.2 Lâmpadas a vapor de mercúrio

A lâmpada a vapor de mercúrio (VM) também utiliza o princípio da descarga elétrica por meio de gases, de forma semelhante à luz fluorescente.

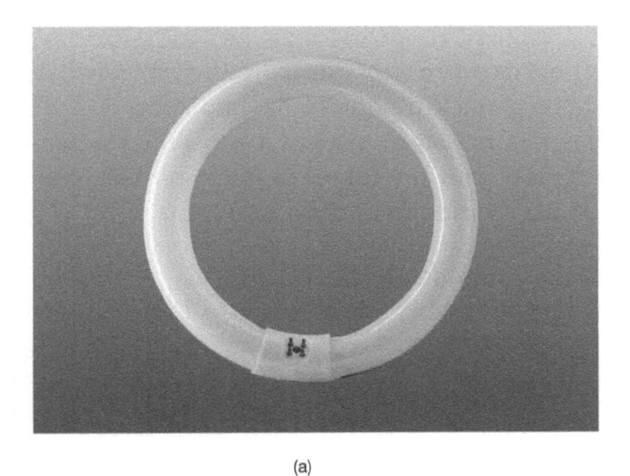

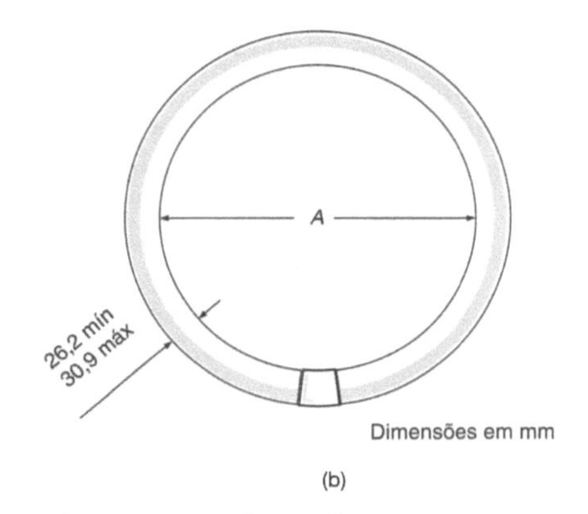

(a) (b)

Figura 13.7 Lâmpada fluorescente circular. (Cortesia da Philips.)

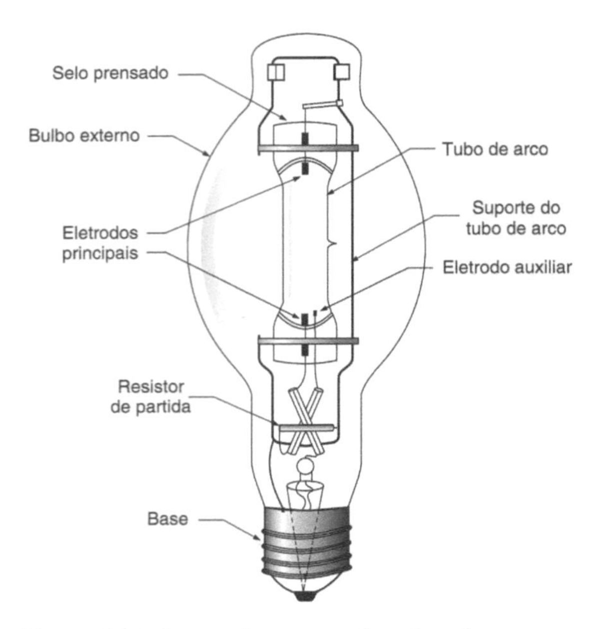

Figura 13.8 Lâmpada a vapor de mércurio. (General Electric.)

Basicamente, consta de um bulbo de vidro duro (tipo borossilicato ou nonex) que encerra em seu interior um tubo de arco, em que se produzirá o efeito luminoso. O bulbo externo destina-se a suportar os choques térmicos e é apresentado normalmente nos tipos BT (*bulged tubular*) e R (refletor).

O tubo de arco atualmente é fabricado em quartzo, material mais apropriado para resistir às elevadas temperaturas e pressões, além de melhorar o rendimento luminoso (Figura 13.8).

São empregadas em interiores de grandes proporções, em vias públicas e áreas externas. Por sua vida longa e alta eficiência, têm um bom emprego em galpões de pé-direito alto, em que o custo de substituição de lâmpadas e reatores é elevado.

Quando há necessidade de melhor destaque de cores, devem ser usadas lâmpadas com correção de cor.

13.3.2.1 Equipamentos auxiliares

Do mesmo modo que a lâmpada fluorescente, a lâmpada a vapor de mercúrio exige um **reator** (ou um autotransformador), com a finalidade de conectar a lâmpada à rede e limitar a corrente de operação, como na lâmpada fluorescente.

No interior da lâmpada há um resistor de partida (Figuras 13.8 e 13.9), que é uma resistência elétrica de alto valor (cerca de 40 quilo-ohms) cuja finalidade é interromper a corrente de partida por meio do eletrodo auxiliar, criando um caminho de alta impedância para o eletrodo auxiliar. Esta resistência é parte integrante da lâmpada.

13.3.2.2 Funcionamento

Como a lâmpada fluorescente, a lâmpada de vapor de mercúrio possui, dentro do tubo de arco, mercúrio e pequena quantidade de argônio que, depois de vaporizados, comunicam ao ambiente interno uma alta pressão (dezenas de atmosferas). A vaporização do mercúrio processa-se da seguinte maneira:

- Fechado o contato do interruptor I, uma tensão é aplicada entre o eletrodo principal e o eletrodo auxiliar, formando-se um arco elétrico. Este arco ioniza o argônio, que aquece o tubo de arco e vaporiza o mercúrio (Figura 13.9).

O vapor de mercúrio formado possibilita o aparecimento de um arco entre os eletrodos principais, e o impacto dos elétrons do arco com os átomos de mercúrio libera energia luminosa.

Note-se que na lâmpada fluorescente, pelo fato de o vapor de mercúrio estar em baixa pressão, a energia radiante liberada está na gama ultravioleta, havendo necessidade da pintura fluorescente do tubo (*phosphor*), para transformá-la em luz visível. Há também lâmpadas a vapor de mercúrio "corrigidas", isto é, o tubo é também pintado com tinta fluorescente para correção do feixe de luz emitido por ação da descarga.

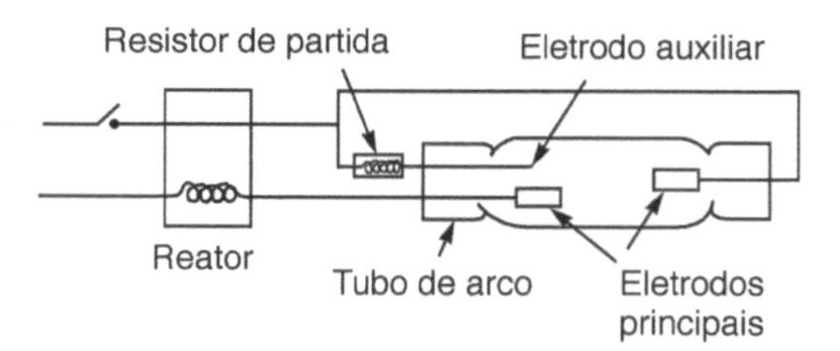

Figura 13.9 Esquema de ligação de uma lâmpada VM.

Depois de iniciada a descarga entre os eletrodos principais, deixa de existir a descarga entre o eletrodo principal e o auxiliar, em virtude da grande resistência oposta pelo resistor de partida. O calor desenvolvido pela descarga principal e o aumento da pressão no tubo de arco fazem vaporizar o restante do mercúrio que ainda estiver no estado líquido, e assim a lâmpada atinge sua luminosidade máxima.

13.3.2.3 Partida da lâmpada a vapor de mercúrio

Embora a partida seja instantânea, isto é, não há necessidade de *starter*, a lâmpada VM só entra em regime aproximadamente oito minutos após ligada a chave. Isto pode ser constatado pelo gráfico correspondente a uma lâmpada VM de 400 watts, da General Electric.

Note-se que a tensão e a potência vão aumentando até atingirem os valores nominais (127 volts e 400 watts), enquanto a corrente, que é maior na partida, decresce até o valor nominal (aproximadamente 3,2 A) (Figura 13.10).

13.3.2.4 Características das lâmpadas VM

Como já foi dito, quanto ao bulbo, podemos ter lâmpadas tipo BT (*bulged tubular*) e R (refletor).

As potências com que normalmente são fabricadas são: 100, 175, 250, 400, 700 e 1 000 watts.

Quanto à cor da luz emitida, as lâmpadas VM podem ser claras ou de cor corrigida. A cor clara deve ser usada para aplicações em que não haja necessidade de distinguir detalhes, como em iluminação de ruas, postos de gasolina etc., e seu aspecto é azul-esverdeado. Para aplicações industriais e comerciais, há necessidade de corrigir a cor, então, usam-se lâmpadas de cor corrigida, em que o bulbo externo é recoberto com pintura fluorescente (*phosphor*).

13.4 Outros Tipos de Lâmpadas de Descarga

13.4.1 Lâmpadas a vapor de sódio de alta pressão

As lâmpadas a vapor de sódio de alta pressão são adequadas para aplicação em ambientes internos e externos. O tubo de descarga é de óxido de alumínio encapsulado por um bulbo de vidro, recoberto internamente por uma camada de pó difusor.

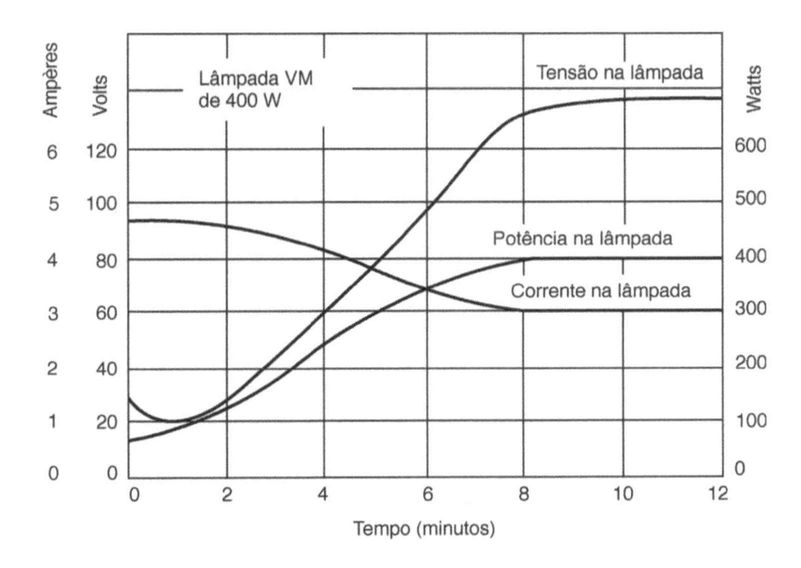

Figura 13.10 Características de partida.

A descarga em alta pressão de sódio possibilita a obtenção de uma alta eficiência luminosa e uma boa aparência de cor branco-dourada. Essa lâmpada possui vida longa, baixa depreciação do fluxo luminoso e operação estável.

A geometria e as características elétricas dessas lâmpadas possibilitam sua utilização nos mesmos sistemas ópticos designados para lâmpadas a vapor de mercúrio.

São as lâmpadas que apresentam a melhor eficiência luminosa. Por isso, para o mesmo nível de iluminamento, podemos economizar mais energia do que em qualquer outro tipo de lâmpada.

Em razão das radiações de banda quente, estas lâmpadas apresentam o aspecto de luz branco-dourada, porém permitem a visualização de todas as cores, porque reproduzem todo o espectro. São utilizadas na iluminação de ruas, áreas externas, indústrias cobertas etc.

13.4.2 Lâmpadas a multivapor metálico

As lâmpadas a multivapor metálico de alta pressão são adequadas para a aplicação em áreas internas e externas. Operam segundo os mesmos princípios de todas as lâmpadas de descarga, sendo a radiação proporcionada por iodeto de índio, tálio e sódio em adição ao mercúrio.

A proporção dos compostos no tubo de descarga resulta em reprodução de cores de muito boa qualidade.

Essas lâmpadas possuem alta eficiência, alto índice de reprodução de cor, baixa depreciação, vida longa e alta confiabilidade.

A lâmpada a multivapor metálico possui uma distribuição espectral especialmente projetada para a obtenção de um excelente sinal às câmaras de televisionamento em cores.

13.5 Iluminação de Estado Sólido – LED

Atualmente estão em franca utilização e desenvolvimento as lâmpadas de estado sólido, os já conhecidos LEDs (*Light Emitting Diodes*) (Figuras 13.11 e 13.12).

Essas fontes de luz têm uma eficiência luminosa muito superior às lâmpadas incandescentes, sendo comparáveis com as fluorescentes. Por exemplo, uma lâmpada incandescente de 60 W pode ser substituída por uma lâmpada LED de 6 W a 8 W. As LEDs são comparáveis às fluorescentes, porém com vida útil muito superior.

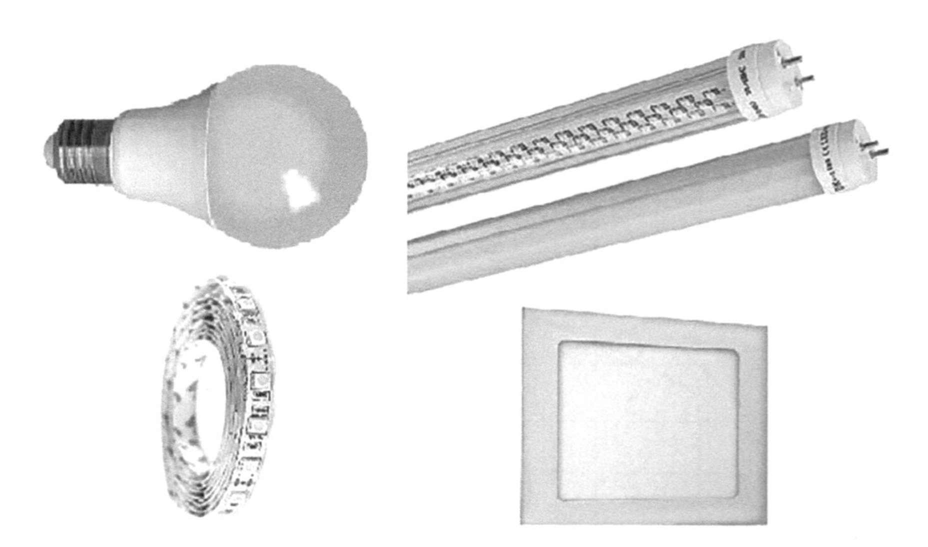

Figura 13.11 Tipos de lâmpadas LED – comum, tubular, fita e de embutir.

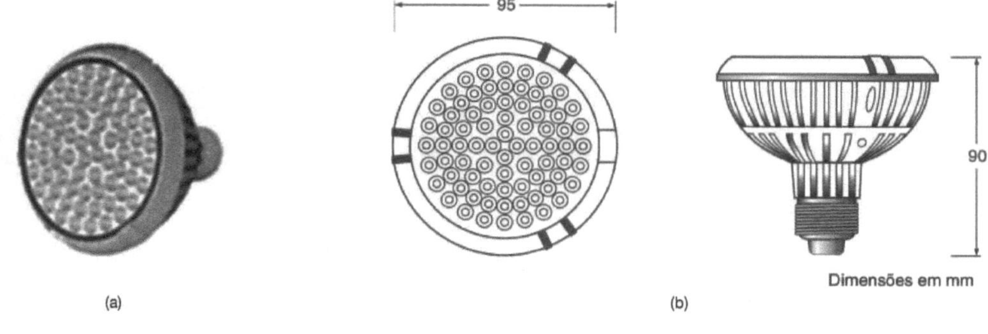

Figura 13.12 Lâmpada LED 22 W. (Cortesia da Neopos Innovation Lighting Technology.)

Estas lâmpadas são muito utilizadas em painéis, aparelhos eletrônicos e em semáforos e, posteriormente, com seu rápido desenvolvimento passaram a ter múltiplas aplicações. Atualmente, as lâmpadas incandescentes, ou mesmo as fluorescentes, estão sendo substituídas pelas lâmpadas de estado sólido — as lâmpadas LEDs. Estas lâmpadas LEDs, além da alta eficiência luminosa, possuem uma vida útil de 25 000 h a 50 000 h, havendo algumas que alcançam 100 mil horas. Elas são fabricadas em diversas formas e tamanhos e possuem, também, uma grande variedade de cores do fluxo luminoso.

13.6 Comparação entre os Diversos Tipos de Lâmpadas

As Tabelas 13.3 e 13.4 apresentam, para fins de comparação e escolha da mais adequada lâmpada para o objetivo do projeto, os valores de vida útil e rendimento de alguns dos tipos de lâmpadas existentes no mercado e os valores típicos de potência e respectivos fluxos luminosos das lâmpadas para uso residencial e comercial.

A Tabela 13.3 mostra a vida útil em horas e o rendimento em lúmen por watt das diversas lâmpadas.

A Tabela 13.4 apresenta os fluxos luminosos emitidos pelas lâmpadas incandescentes, fluorescentes, LEDs e halógenas.

13.7 Grandezas e Fundamentos de Luminotécnica

Para que possamos fazer os cálculos luminotécnicos, devemos tomar conhecimento das grandezas fundamentais, baseadas nas definições apresentadas pela ABNT NBR- ISO/CIE 8995-1:2013, pelo IES – Toe Lighting Handbook – 10ª edição (2011), e pelo Inmetro – Instituto Nacional de Metrologia, Qualidade e Tecnologia.

Tabela 13.3 Vida útil e rendimentos das lâmpadas

	Vida útil (horas)	Rendimento (lm/W)
Incandescente	1 000	10 a 15
Halógena	2 000 a 4 000	10 a 23
Fluorescente	7 500 a 12 000	43 a 84
LED	25 000	43 a 84
Vapor de mercúrio	12 000 a 24 000	44 a 63
Multivapor metálico	10 000 a 20 000	69 a 115
Vapor de sódio	12 000 a 16 000	75 a 105
Sódio de alta pressão	Acima de 24 000	68 a 140

Tabela 13.4 Valores típicos de fluxo luminoso de lâmpadas

Incandescente		Fluorescente		LED		Halógena	
Potência (watts)	Fluxo luminoso (lumens)	Potência (watts)	Fluxo luminoso (lumens)	Potência (watts)	Fluxo luminoso (lumens)	Potência (watts)	Fluxo luminoso (lumens)
25	230	20	1 100	6	600	25	210
40	450	32	2 700	8	800	40	450
60*	800	40	3 000	10	1 000	50	1 100
100*	1500	110	7 800	12	1 200	70	1 600

* Somente para comparação.

13.7.1 Luz

É o aspecto da energia radiante que um observador humano constata pela sensação visual, determinado pelo estímulo da retina ocular.

A faixa das radiações eletromagnéticas capazes de serem percebidas pelo olho humano se situa entre os comprimentos de onda 3 800 a 7 600 angströms. O angström, cujo símbolo é Å, é o comprimento de onda unitário e igual a dez milionésimos do milímetro. O comprimento de onda λ, Figura 13.13, é a distância entre duas cristas sucessivas de uma onda, considerado no gráfico espaço × amplitude. O comprimento de onda vezes a frequência é igual à velocidade da luz que é constante e igual a:

$$c = \lambda \times f \quad \text{ou} \quad \lambda = \frac{c}{f}$$

em que:

f = frequência em ciclos ou Hz;
c = velocidade da luz (300 000 km/s ou 3×10^8 m/s);
λ = comprimento de onda em m.

Os raios cósmicos são as radiações eletromagnéticas de maior frequência até agora conhecidas, da ordem de 3×10^{25} ciclos por segundo, ou seja, comprimento de onda igual a:

$$\lambda = \frac{3 \times 10^8}{3 \times 10^{25}} 10^{-17}\,\text{m} \quad \text{ou} \quad 10^{-7}\,\text{Å}.$$

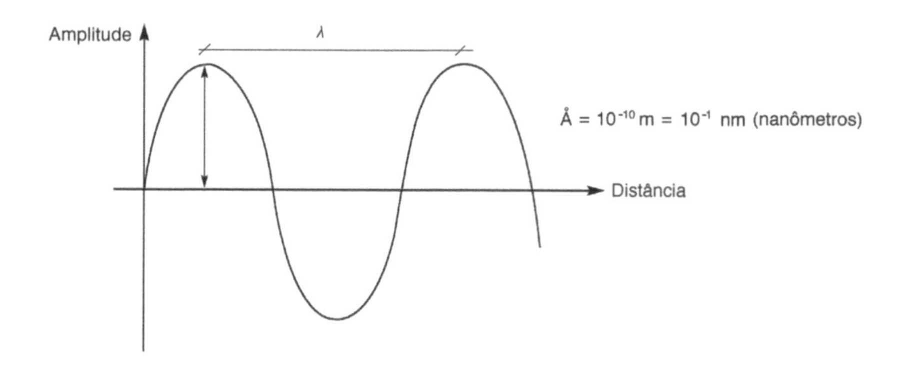

Figura 13.13 Comprimento de onda.

Para a corrente alternada que usamos em nossas residências, $f = 60$ c/s. Então o comprimento de onda será:

$$\lambda = \frac{3 \times 10^8}{6 \times 10} = \frac{10^7}{2} \quad \text{ou} \quad 5\ 000 \text{ km.}$$

Para uma estação de rádio em f.m. de 98,8 MHz, o comprimento de onda será:

$$\lambda = \frac{3 \times 10^8}{98,8 \times 10^6} = 303 \text{ m.}$$

13.7.2 Cor

A cor da luz é determinada pelo comprimento de onda.

A luz violeta é a de menor comprimento de onda visível do espectro, situada em 3 800 a 4 500 Å, e a luz vermelha é a de maior comprimento de onda visível, entre 6 400 e 7 600 Å. As demais cores se situam conforme a curva da Figura 13.14, onde se vê que o amarelo é a cor que dá a maior sensibilidade visual a 5 550 Å.

A Figura 13.15 apresenta o espectro de temperatura da cor em graus Kelvin.

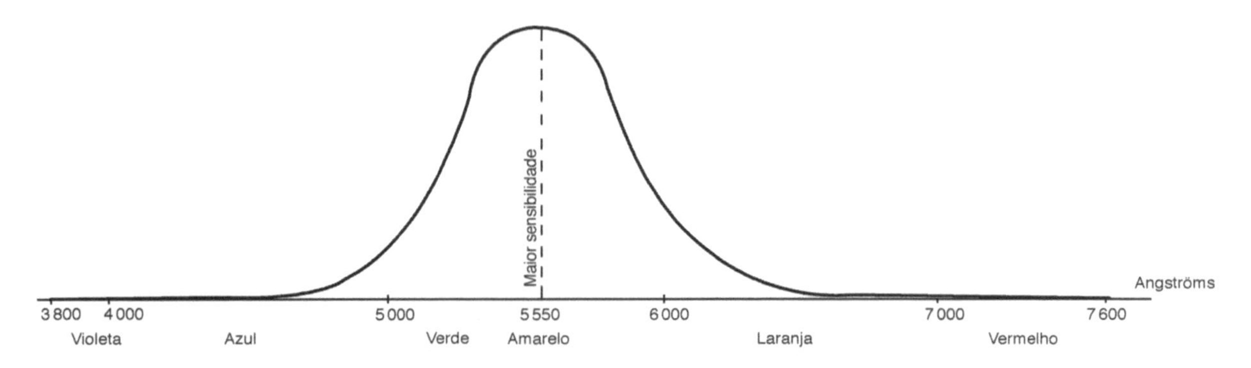

Figura 13.14 Espectro da luz visível em função do comprimento de onda.

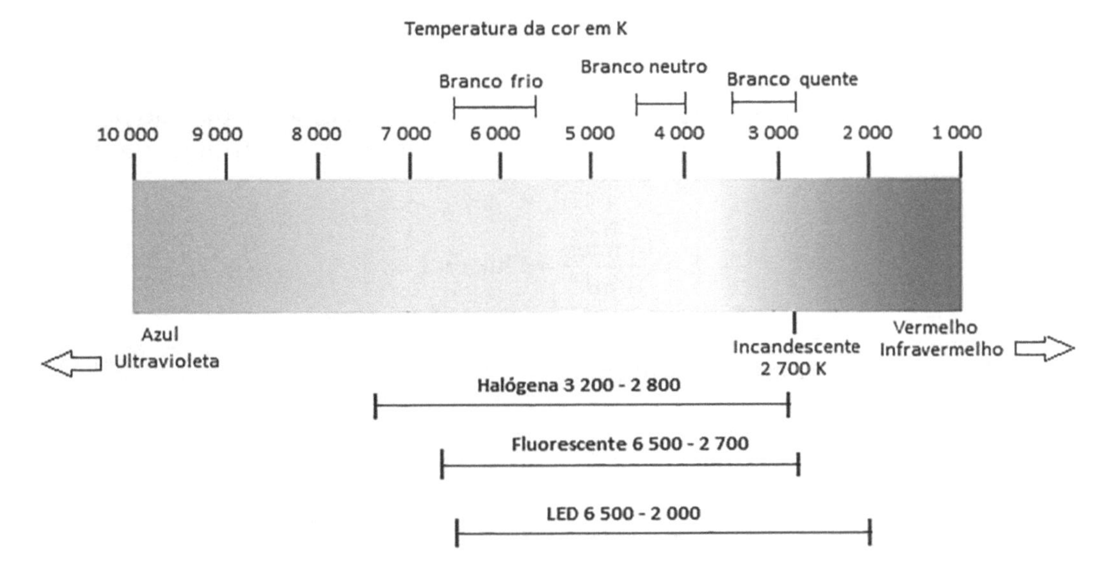

Figura 13.15 Espectro de temperatura da cor em graus Kelvin.

13.7.3 Intensidade luminosa - candela (cd)

A candela é a intensidade luminosa, numa dada direção, de uma fonte que emite uma radiação monocromática de frequência 540 × 10^{12} hertz e que tem uma intensidade radiante nessa direção de 1/683 watt por esferorradiano ou pode ser definida como a intensidade luminosa, na direção perpendicular, de uma superfície plana de área igual a 1/600 000 metros quadrados, de um corpo negro à temperatura de fusão da platina, e sob a pressão de 101 325 newtons por metro quadrado (1 atmosfera).

13.7.4 Fluxo luminoso - lúmen (lm)

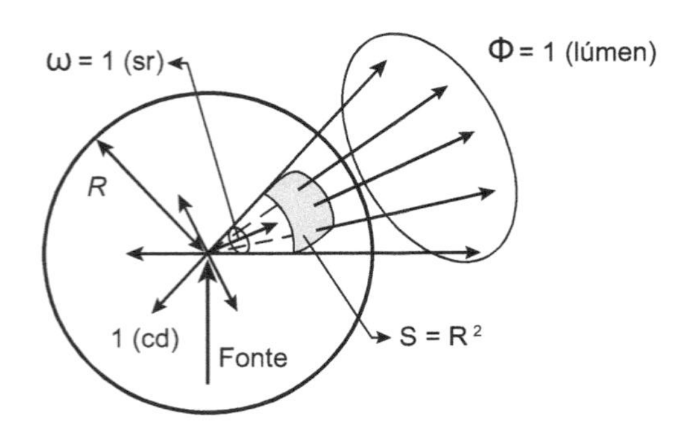

Figura 13.16 Definição de lúmen.

Fluxo luminoso emitido no interior de um ângulo sólido de 1 esferorradiano por uma fonte puntiforme de intensidade invariável e igual a 1 candela, em todas as direções.

Suponhamos, na Figura 13.16, uma esfera de 1 metro de raio, no centro da qual colocamos uma fonte com intensidade de 1 candela, em todas as direções. O ângulo sólido que subentende uma área de 1 m² é um esferorradiano. O fluxo emitido no interior deste ângulo sólido é o lúmen.

$$\text{Área de esfera} = 4\pi R^2 = 12{,}56\, R^2$$

Como em cada m² da superfície desta esfera temos o fluxo de 1 lúmen, o fluxo total recebido será de 12,56 lumens.

13.7.5 Iluminância - lux (lx)

Iluminância, anteriormente chamada de iluminamento, é definida como a relação entre o fluxo luminoso, em lumens, que incide perpendicularmente sobre uma superfície plana, pela área dessa superfície em m². Ou seja:

$$E = \frac{\phi}{A}$$

E = iluminância – lux;
ϕ = fluxo luminoso – lúmen;
A = área – m².

Para uma superfície plana, de área igual a 1 m² que recebe, na direção perpendicular, um fluxo luminoso igual a 1 lúmen, uniformemente distribuído, a iluminância é de:

$$E = \frac{1 \text{ lúmen}}{1 \text{ m}^2} = 1 \text{ lux ou } 1 \text{ lx.}$$

13.7.6 Luminância - cd/m² ou *nit*

É a luminância, em uma determinada direção, de uma fonte de área emissiva igual a 1 m², com intensidade luminosa, na mesma direção, de 1 candela.

13.7.7 Eficiência luminosa - lm/W

É a relação dos lumens emitidos pela lâmpada para cada watt consumido.

13.7.8 Curva de distribuição luminosa

É a maneira pela qual os fabricantes de luminárias representam a distribuição da intensidade luminosa nas diferentes direções. Trata-se de um diagrama polar, em que a luminária é reduzida a um ponto no centro do diagrama, no qual as intensidades luminosas, em função do ângulo formado com a vertical, são medidas e registradas. Como o fluxo inicial das lâmpadas depende do tipo escolhido, as curvas de distribuição luminosa são feitas, normalmente, para 1 000 lumens. Para outros valores do fluxo, basta multiplicar por sua relação a 1 000 lumens (ver o Exemplo no final do Item 13.8.4).

13.8 Métodos de Cálculo para Projetos de Iluminação

Dois métodos de cálculo, apresentados pelo IES, são comumente utilizados para os projetos de iluminação de áreas de trabalho:

- método dos lumens;
- método do ponto a ponto.

Existem no mercado, para execução dos cálculos para projetos de iluminação, diversos programas computacionais de uso livre (DIALux, CalcuLuX etc.) e de uso proprietário (AGI 32, entre outros).

Nesta seção, para fins didáticos e para desenvolvimento de projetos de pequeno porte de maneira expedita, apresentamos uma metodologia resumida dos métodos de cálculo acima indicados.

13.8.1 Definições para projeto

Em complementação às definições apresentadas na Seção 13.7 e de acordo com as referências citadas, a seguir são apresentadas definições importantes para o desenvolvimento dos projetos.

- Área da tarefa: A área parcial em um local de trabalho no qual a tarefa visual está localizada e é realizada.
- Entorno imediato: Uma zona de no mínimo 0,5 m de largura ao redor da área da tarefa dentro do campo de visão.
- Iluminância mantida (E_m): Valor abaixo do qual não convém que a iluminância média da superfície especificada seja reduzida.
- Plano de trabalho: Superfície de referência definida como o plano no qual o trabalho é habitualmente realizado.

13.8.2 Critérios para projetos de iluminação

13.8.2.1 Iluminação do ambiente

Uma boa iluminação do local de trabalho não é apenas para fornecer uma boa visualização da tarefa a ser realizada. É importante que as tarefas sejam realizadas facilmente e com conforto visual. Desta forma a iluminação deve satisfazer os aspectos quantitativos e qualitativos exigidos para a atividade.

Em geral, a iluminação deve assegurar:

- conforto visual;
- a realização das tarefas de forma rápida e precisa, mesmo sob circunstâncias difíceis e durante longos períodos.

Para tanto, é preciso atentar para, entre outros, os seguintes parâmetros:

- escolher o nível de iluminância mantida (E_m) de acordo com a Tabela 13.5;
- fazer uma distribuição adequada da luminância;
- limitar o ofuscamento;
- avaliar manutenção;
- avaliar a luz natural.

Tabela 13.5 Nível de iluminância mantida E_m para algumas atividades – NBR ISSO/CIE 8995-1:2013

Tipo de ambiente, tarefa ou atividade	E_m lux	Observações
1) Áreas gerais da edificação		
Saguão de entrada	100	
Área de circulação e corredores	100	Nas entradas e saídas, estabelecer uma zona de transição, a fim de evitar mudanças bruscas.
2) Padarias		
Preparação e fornada	300	
Acabamento, decoração	500	
3) Indústria de alimentos		
Corte e triagem de frutas e verduras	300	
Fabricação de alimentos finos	500	
4) Cabeleireiros		
Cabeleireiro	500	
5) Subestações		
Salas de controle	500	
6) Marcenaria e indústria de móveis		
Polimento, pintura, marcenaria de acabamento	750	
Trabalho em máquinas de marcenaria	500	
7) Indústria elétrica		
Montagem média, por exemplo, quadros de distribuição	500	
Montagem fina, por exemplo, telefone	750	
Montagem de precisão, por exemplo, equipamentos de medição	1 000	
Oficinas eletrônicas, ensaios, ajustes	1 500	
8) Escritórios		
Arquivamento, cópia, circulação etc.	300	
Escrever, teclar, ler, processar dados	500	
Estações de projeto por computador	500	
9) Restaurantes e hotéis		
Recepção/caixa/portaria	300	
Restaurante, sala de jantar, sala de eventos	200	
Restaurante *self-service*	200	
Sala de conferência	500	
10) Bibliotecas		
Estantes	200	
Área de leitura	500	

(*continua*)

Tabela 13.5 Nível de iluminância mantida E_m para algumas atividades – NBR ISSO/CIE 8995-1:2013 (*Continuação*)

Tipo de ambiente, tarefa ou atividade	E_m lux	Observações
11) Construções educacionais		
Salas de aula	300	
Salas de aulas noturnas, classes e educação de adultos	500	
Quadro-negro	500	
Salas de desenho técnico	750	
Sala de aplicação e laboratórios	500	
Salas dos professores	300	
12) Locais de assistência médica		
Salas de espera	200	
Salas de exame em geral	500	
Salas de gesso	500	
Sala de cirurgia	1 000	
Cavidade cirúrgica	Especial	E_m = 10 000 lux-100 000 lux
13) Locais para celebração de cultos religiosos		
Corpo do local	100	
Cadeira, altar, púlpito	300	

Notas:

1. A iluminância mantida necessária ao ambiente de trabalho pode ser reduzida quando:
   - os detalhes da tarefa são de um tamanho excepcionalmente grande ou de alto contraste;
   - a tarefa é realizada em um tempo excepcionalmente curto.
2. Em áreas de trabalho contínuo, a iluminância mantida não pode ser inferior a 200 lux.

Além desses parâmetros, devemos observar que as luminâncias de todas as superfícies são importantes e são determinadas pela refletância e pela iluminância nas superfícies. As faixas de refletâncias úteis para as superfícies internas mais importantes são:

- teto: 0,6-0,9;
- paredes: 0,3-0,8;
- planos de trabalho: 0,2-0,6;
- piso: 0,1-0,5.

É importante avaliar a uniformidade da iluminância, entendendo que a uniformidade da iluminância é a relação entre o valor mínimo e o valor médio da iluminância. A uniformidade da iluminância na tarefa não pode ser menor que 0,7. A uniformidade da iluminância no entorno imediato não pode ser inferior a 0,5.

A iluminância do entorno imediato deve estar de acordo com a Tabela 13.6.

Tabela 13.6 Valores de iluminância no entorno imediato – NBR ISO/CIE 8995-1:2013

Iluminância da tarefa (lux)	Iluminância do entorno imediato (lux)
≥ 750	500
500	300
300	200
≤ 200	Mesma iluminância da área de tarefa

13.8.3 Método dos lumens

O método dos lumens consiste na determinação do fluxo luminoso total – ϕ, necessário para obter o nível de iluminância adequado para a atividade a ser executada no ambiente. Para tanto, devemos atender às etapas apresentadas a seguir.

$$\phi = \frac{S \times E_m}{u \times d} \quad \text{e} \quad n = \frac{\phi}{\varphi}$$

em que:

ϕ = fluxo luminoso total, em lumens;
S = área do recinto, em metros quadrados;
E_m = nível de iluminância mantida, em lux (Tabela 13.5);
u = fator de utilização ou coeficiente de utilização (Tabela 13.7);
d = fator de depreciação ou de manutenção (Tabela 13.10);
n = número de luminárias;
φ = fluxo por luminárias, em lumens.

Seleção da iluminância mantida (E_m)

Selecionamos a iluminância mantida (E_m) a partir da atividade a ser exercida dentro do ambiente, de acordo com a Tabela 13.5.

Escolha da luminária e da(s) lâmpada(s)

Esta etapa depende de diversos fatores, tais como: objetivo da instalação (comercial, industrial, domiciliar etc.), fatores econômicos, razões da decoração, facilidade de manutenção etc.

Para esse objetivo, torna-se indispensável a consulta de catálogos dos fabricantes.

A fim de tornar mais objetivo nosso estudo, transcreveremos a Tabela 13.7, da Philips, com as quais apresentaremos, adiante, um exemplo de cálculo de iluminância.

Determinação do índice do local

Este índice relaciona as dimensões do recinto, comprimento, largura e altura de montagem, ou seja, altura da luminária em relação ao plano do trabalho de acordo com o tipo de iluminação (direta, semidireta, indireta e semi-indireta). É dado por

$$k = \frac{c \times l}{h_m (c + l)}$$

em que:

c = comprimento do local;
l = largura do local;
h_m = altura de montagem da luminária (distância da fonte de luz ao plano de trabalho ou distância do teto ao plano de trabalho).

Determinação do coeficiente de utilização

De posse do índice do local, estamos em condições de achar o coeficiente de utilização. Este coeficiente relaciona o fluxo luminoso inicial emitido pela luminária (fluxo total) e o fluxo recebido no plano de trabalho (fluxo útil). Por isso, o coeficiente depende das dimensões do local, da cor do teto, das paredes e do acabamento das luminárias.

Tabela 13.7 Coeficientes de utilização

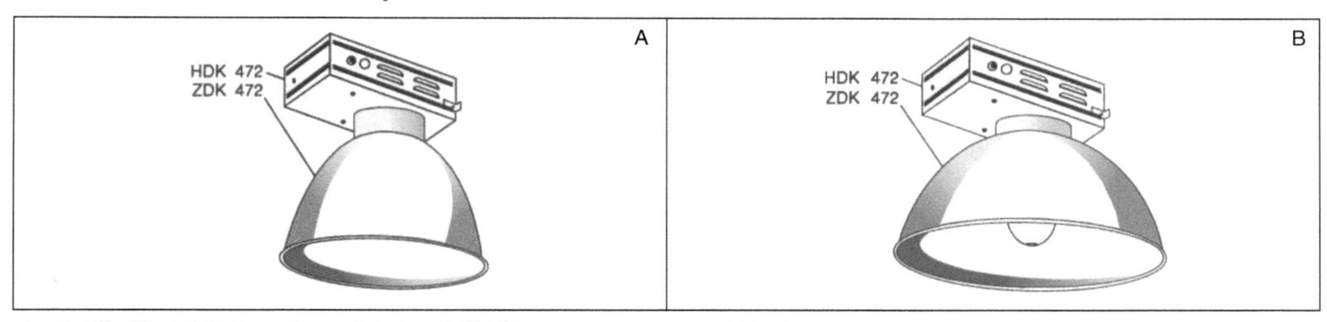

HDK 472 c/ZDK 472 - HPL-N 250 W										SDK 472 c/ZDK 472 - SON 400 W									
ÍNDICE DO LOCAL K	REFLETÂNCIAS									ÍNDICE DO LOCAL K	REFLETÂNCIAS								
	751	731	711	551	531	511	331	311	000		751	731	711	551	531	511	331	311	000
0,60	0,47	0,43	0,40	0,46	0,42	0,40	0,42	0,40	0,38	0,60	0,39	0,35	0,32	0,39	0,35	0,32	0,35	0,32	0,31
0,80	0,54	0,50	0,47	0,53	0,49	0,47	0,49	0,46	0,45	0,80	0,46	0,42	0,39	0,45	0,42	0,39	0,41	0,39	0,38
1,00	0,59	0,55	0,53	0,58	0,55	0,52	0,54	0,52	0,51	1,00	0,51	0,47	0,45	0,50	0,47	0,44	0,47	0,44	0,43
1,25	0,64	0,60	0,58	0,63	0,60	0,57	0,59	0,57	0,56	1,25	0,56	0,52	0,50	0,55	0,52	0,49	0,51	0,49	0,48
1,50	0,67	0,64	0,61	0,66	0,63	0,61	0,62	0,60	0,59	1,50	0,59	0,56	0,53	0,58	0,55	0,53	0,54	0,52	0,51
2,00	0,71	0,69	0,67	0,70	0,68	0,66	0,67	0,66	0,64	2,00	0,63	0,61	0,59	0,62	0,60	0,58	0,59	0,57	0,56
2,50	0,74	0,72	0,70	0,72	0,71	0,69	0,70	0,69	0,67	2,50	0,65	0,63	0,62	0,64	0,62	0,61	0,62	0,60	0,59
3,00	0,75	0,74	0,72	0,74	0,73	0,71	0,72	0,71	0,69	3,00	0,67	0,65	0,64	0,66	0,64	0,63	0,63	0,62	0,61
4,00	0,77	0,76	0,74	0,76	0,74	0,73	0,73	0,72	0,71	4,00	0,69	0,67	0,66	0,67	0,66	0,65	0,65	0,64	0,63
5,00	0,78	0,77	0,76	0,76	0,75	0,75	0,74	0,74	0,72	5,00	0,70	0,68	0,67	0,68	0,67	0,66	0,66	0,65	0,64

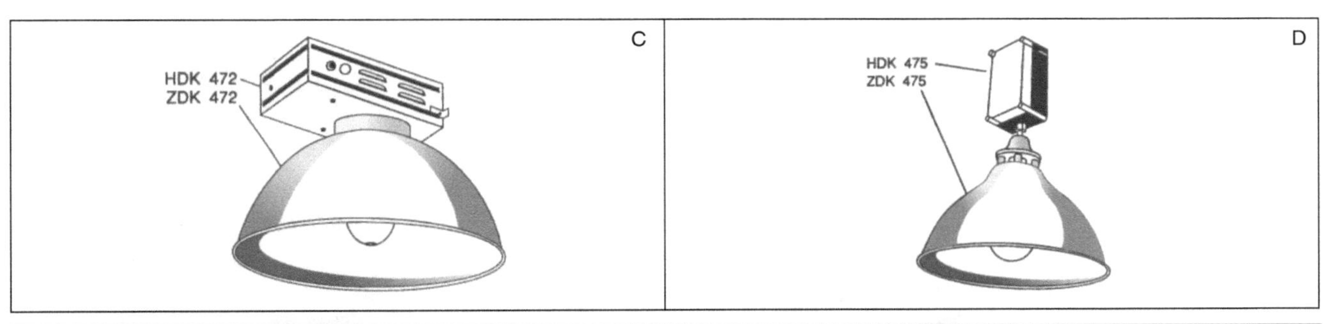

SDK 472 c/ZDK 473 - SON 150 W										HDK 475 c/ZDK 475 - HPL-N 250 W									
ÍNDICE DO LOCAL K	REFLETÂNCIAS									ÍNDICE DO LOCAL K	REFLETÂNCIAS								
	751	731	711	551	531	511	331	311	000		751	731	711	551	531	511	331	311	000
0,60	0,52	0,48	0,45	0,51	0,48	0,45	0,47	0,45	0,44	0,60	0,34	0,29	0,25	0,34	0,28	0,25	0,28	0,25	0,23
0,80	0,58	0,54	0,51	0,57	0,53	0,51	0,53	0,51	0,50	0,80	0,42	0,36	0,32	0,41	0,36	0,32	0,35	0,32	0,30
1,00	0,62	0,59	0,56	0,61	0,58	0,56	0,58	0,56	0,54	1,00	0,48	0,43	0,38	0,47	0,42	0,38	0,41	0,38	0,36
1,25	0,66	0,63	0,61	0,65	0,62	0,60	0,62	0,60	0,59	1,25	0,54	0,48	0,44	0,52	0,48	0,44	0,47	0,44	0,42
1,50	0,69	0,66	0,64	0,68	0,65	0,63	0,65	0,63	0,62	1,50	0,58	0,53	0,49	0,56	0,52	0,49	0,51	0,48	0,46
2,00	0,73	0,71	0,69	0,72	0,70	0,68	0,69	0,68	0,66	2,00	0,63	0,59	0,56	0,62	0,58	0,55	0,57	0,55	0,53
2,50	0,76	0,74	0,72	0,74	0,73	0,71	0,72	0,71	0,69	2,50	0,67	0,64	0,61	0,65	0,62	0,60	0,61	0,59	0,57
3,00	0,77	0,76	0,74	0,76	0,75	0,74	0,74	0,73	0,71	3,00	0,70	0,66	0,64	0,68	0,65	0,63	0,64	0,62	0,60
4,00	0,79	0,78	0,77	0,77	0,77	0,76	0,75	0,75	0,73	4,00	0,72	0,70	0,68	0,71	0,69	0,67	0,67	0,66	0,64
5,00	0,80	0,79	0,78	0,78	0,78	0,77	0,76	0,76	0,74	5,00	0,74	0,72	0,70	0,72	0,71	0,69	0,69	0,68	0,66

(continua)

Tabela 13.7 Coeficientes de utilização (*Continuação*)

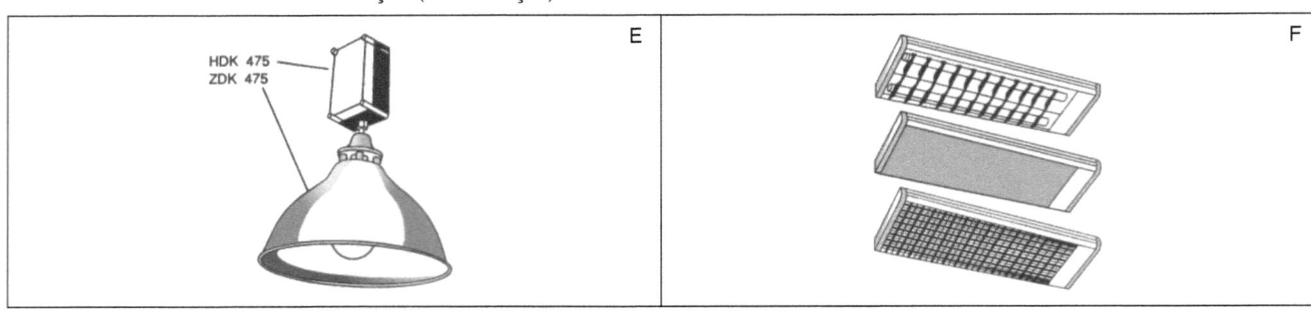

SDK 475 c/ZDK 475 - SON 400 W									
ÍNDICE DO LOCAL K	REFLETÂNCIAS								
	751	731	711	551	531	511	331	311	000
0,60	0,34	0,28	0,24	0,33	0,28	0,24	0,28	0,24	0,23
0,80	0,42	0,36	0,32	0,41	0,36	0,32	0,35	0,31	0,30
1,00	0,48	0,42	0,38	0,47	0,42	0,38	0,41	0,37	0,36
1,25	0,54	0,48	0,44	0,52	0,48	0,44	0,47	0,43	0,42
1,50	0,58	0,53	0,49	0,56	0,52	0,48	0,51	0,48	0,46
2,00	0,64	0,60	0,56	0,62	0,59	0,56	0,58	0,55	0,53
2,50	0,68	0,64	0,61	0,66	0,63	0,60	0,62	0,59	0,57
3,00	0,70	0,67	0,64	0,69	0,66	0,63	0,65	0,63	0,61
4,00	0,73	0,71	0,68	0,72	0,69	0,67	0,68	0,66	0,64
5,00	0,75	0,73	0,71	0,74	0,72	0,70	0,70	0,69	0,67

TCS 029-D - 2 TLD 16 W									
ÍNDICE DO LOCAL K	REFLETÂNCIAS								
	751	731	711	551	531	511	331	311	000
0,60	0,27	0,33	0,20	0,26	0,22	0,19	0,22	0,19	0,18
0,80	0,33	0,28	0,25	0,32	0,28	0,25	0,27	0,24	0,23
1,00	0,37	0,33	0,30	0,36	0,32	0,29	0,32	0,29	0,27
1,25	0,41	0,37	0,34	0,40	0,37	0,34	0,36	0,33	0,32
1,50	0,45	0,41	0,38	0,43	0,40	0,37	0,39	0,37	0,35
2,00	0,49	0,46	0,43	0,48	0,45	0,42	0,44	0,42	0,40
2,50	0,52	0,49	0,47	0,50	0,48	0,46	0,47	0,45	0,43
3,00	0,54	0,51	0,49	0,52	0,50	0,48	0,49	0,47	0,46
4,00	0,56	0,54	0,52	0,55	0,53	0,51	0,52	0,50	0,48
5,00	0,58	0,56	0,54	0,56	0,55	0,53	0,53	0,52	0,50

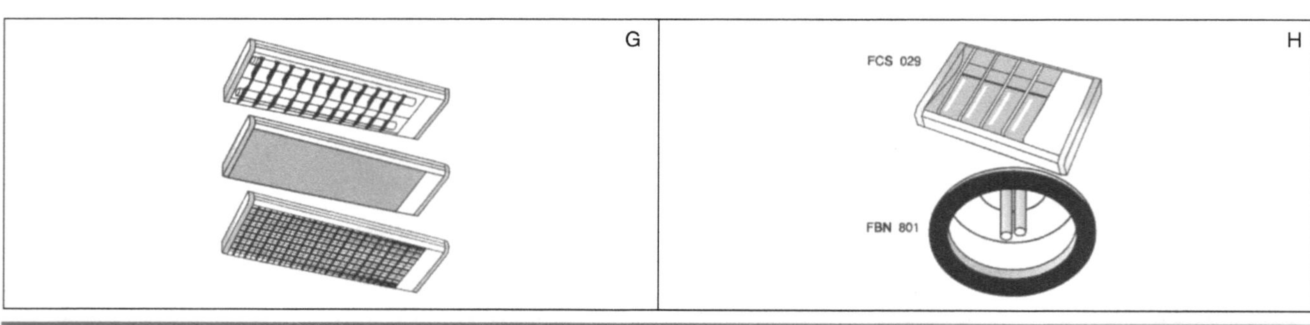

FCS 029 - 2 PL * 11 W									
ÍNDICE DO LOCAL K	REFLETÂNCIAS								
	751	731	711	551	531	511	331	311	000
0,60	0,30	0,26	0,23	0,29	0,26	0,23	0,25	0,23	0,22
0,80	0,36	0,32	0,29	0,35	0,31	0,29	0,31	0,28	0,27
1,00	0,41	0,37	0,33	0,40	0,36	0,33	0,36	0,33	0,32
1,25	0,45	0,41	0,38	0,44	0,40	0,38	0,40	0,37	0,36
1,50	0,48	0,44	0,42	0,48	0,44	0,41	0,43	0,41	0,39
2,00	0,52	0,49	0,47	0,51	0,48	0,46	0,46	0,46	0,44
2,50	0,55	0,52	0,50	0,54	0,51	0,50	0,51	0,49	0,48
3,00	0,57	0,55	0,53	0,55	0,54	0,52	0,53	0,51	0,50
4,00	0,59	0,57	0,55	0,58	0,56	0,55	0,55	0,54	0,52
5,00	0,60	0,59	0,57	0,59	0,57	0,56	0,56	0,55	0,54

TMS 500 – 1 TL 20 W									
ÍNDICE DO LOCAL K	REFLETÂNCIAS								
	751	731	711	551	531	511	331	311	000
0,60	0,31	0,24	0,19	0,28	0,22	0,18	0,20	0,16	0,13
0,80	0,38	0,31	0,26	0,35	0,28	0,24	0,26	0,22	0,17
1,00	0,44	0,37	0,31	0,40	0,34	0,29	0,30	0,26	0,21
1,25	0,50	0,43	0,37	0,45	0,39	0,34	0,35	0,31	0,22
1,50	0,54	0,47	0,42	0,49	0,43	0,38	0,39	0,35	0,29
2,00	0,61	0,54	0,49	0,55	0,50	0,45	0,45	0,41	0,35
2,50	0,65	0,59	0,54	0,59	0,54	0,50	0,49	0,46	0,39
3,00	0,68	0,63	0,58	0,62	0,58	0,54	0,52	0,49	0,42
4,00	0,72	0,68	0,64	0,66	0,62	0,59	0,57	0,54	0,46
5,00	0,75	0,71	0,68	0,68	0,65	0,62	0,60	0,57	0,49

(*continua*)

Tabela 13.7 Coeficientes de utilização (*Continuação*)

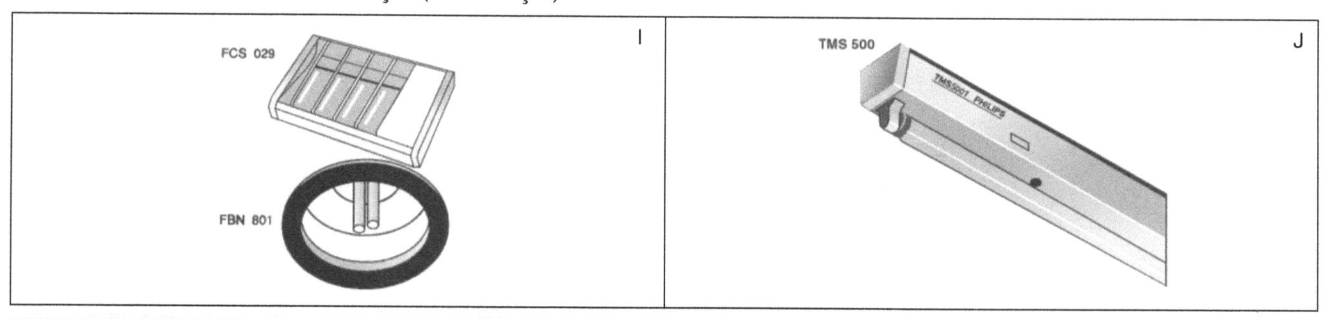

ÍNDICE DO LOCAL K	TMS 500 – 2 TLD 32 W – REFLETÂNCIAS								
	751	731	711	551	531	511	331	311	000
0,60	0,33	0,26	0,21	0,30	0,24	0,19	0,22	0,18	0,14
0,80	0,40	0,33	0,27	0,37	0,30	0,25	0,28	0,23	0,19
1,00	0,46	0,39	0,33	0,42	0,36	0,31	0,33	0,28	0,23
1,25	0,52	0,45	0,39	0,47	0,41	0,36	0,38	0,33	0,28
1,50	0,57	0,50	0,44	0,52	0,46	0,41	0,42	0,38	0,31
2,00	0,64	0,57	0,52	0,58	0,52	0,48	0,48	0,44	0,37
2,50	0,68	0,62	0,57	0,62	0,57	0,53	0,52	0,49	0,42
3,00	0,71	0,66	0,62	0,65	0,61	0,57	0,56	0,52	0,45
4,00	0,76	0,71	0,67	0,69	0,66	0,62	0,50	0,57	0,49
5,00	0,79	0,75	0,71	0,72	0,69	0,66	0,63	0,61	0,52

ÍNDICE DO LOCAL K	TMS 500 c/ RN 500 – 1 TLD 16 W – REFLETÂNCIAS								
	751	731	711	551	531	511	331	311	000
0,60	0,34	0,27	0,22	0,32	0,26	0,22	0,26	0,22	0,20
0,80	0,41	0,35	0,29	0,40	0,34	0,29	0,33	0,29	0,27
1,00	0,48	0,41	0,35	0,46	0,40	0,35	0,39	0,35	0,33
1,25	0,54	0,47	0,42	0,52	0,46	0,41	0,45	0,41	0,39
1,50	0,58	0,52	0,47	0,56	0,51	0,46	0,50	0,46	0,43
2,00	0,65	0,60	0,55	0,63	0,58	0,54	0,54	0,53	0,51
2,50	0,70	0,65	0,61	0,67	0,63	0,60	0,60	0,59	0,57
3,00	0,73	0,69	0,65	0,70	0,67	0,64	0,64	0,63	0,60
4,00	0,77	0,74	0,70	0,75	0,72	0,69	0,69	0,68	0,66
5,00	0,80	0,77	0,74	0,77	0,75	0,72	0,72	0,71	0,69

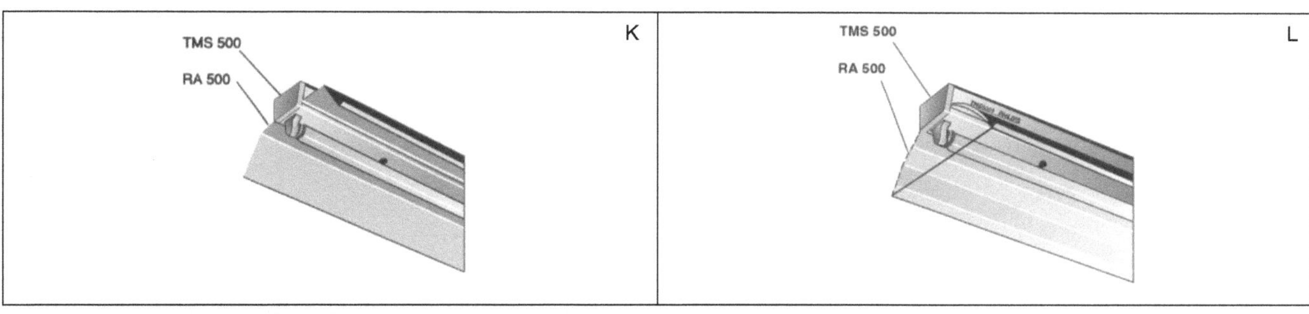

ÍNDICE DO LOCAL K	TMS 500 c/ RA 500 – 1 TLD 32 W – REFLETÂNCIAS								
	751	731	711	551	531	511	331	311	000
0,60	0,44	0,38	0,34	0,43	0,38	0,34	0,38	0,34	0,33
0,80	0,52	0,46	0,42	0,51	0,46	0,42	0,45	0,42	0,40
1,00	0,59	0,53	0,49	0,57	0,52	0,49	0,52	0,48	0,46
1,25	0,64	0,59	0,55	0,63	0,58	0,55	0,58	0,54	0,52
1,50	0,69	0,64	0,60	0,67	0,63	0,59	0,62	0,59	0,57
2,00	0,75	0,71	0,67	0,73	0,70	0,67	0,69	0,66	0,64
2,50	0,79	0,75	0,72	0,77	0,74	0,71	0,73	0,71	0,69
3,00	0,81	0,78	0,76	0,79	0,77	0,75	0,76	0,74	0,72
4,00	0,84	0,82	0,80	0,82	0,80	0,79	0,79	0,78	0,75
5,00	0,86	0,84	0,82	0,84	0,82	0,81	0,81	0,80	0,77

ÍNDICE DO LOCAL K	TMS 500 – 2 TLD 16 W – REFLETÂNCIAS								
	751	731	711	551	531	511	331	311	000
0,60	0,31	0,25	0,21	0,27	0,22	0,18	0,19	0,16	0,12
0,80	0,39	0,32	0,27	0,33	0,28	0,24	0,24	0,21	0,15
1,00	0,44	0,38	0,33	0,38	0,33	0,29	0,29	0,25	0,19
1,25	0,50	0,44	0,39	0,43	0,38	0,34	0,33	0,30	0,22
1,50	0,54	0,48	0,43	0,47	0,42	0,38	0,36	0,33	0,25
2,00	0,60	0,55	0,50	0,52	0,48	0,44	0,41	0,38	0,29
2,50	0,64	0,60	0,55	0,56	0,52	0,49	0,45	0,42	0,32
3,00	0,67	0,63	0,59	0,58	0,55	0,52	0,47	0,45	0,34
4,00	0,71	0,67	0,64	0,62	0,59	0,56	0,51	0,49	0,37
5,00	0,73	0,70	0,67	0,64	0,61	0,59	0,53	0,51	0,39

(*continua*)

Tabela 13.7 Coeficientes de utilização (*Continuação*)

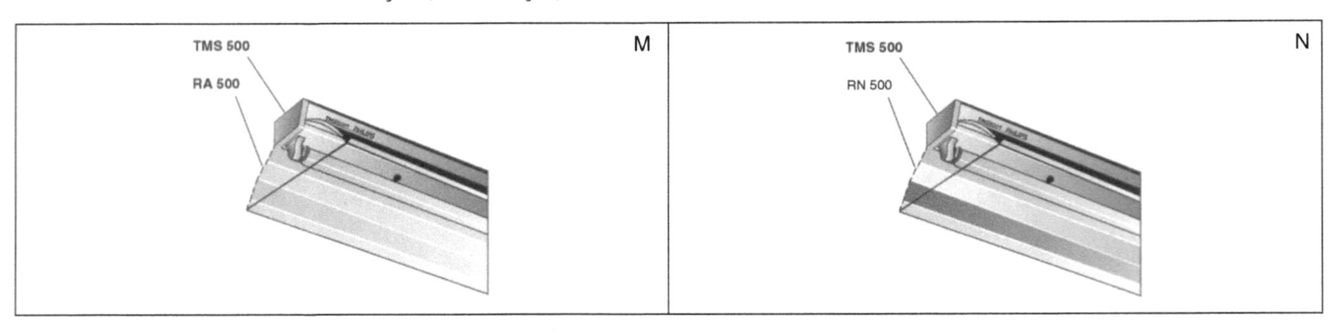

TMS 500 – 2 TLD 32 W									
ÍNDICE DO LOCAL K	REFLETÂNCIAS								
	751	731	711	551	531	511	331	311	000
0,60	0,31	0,25	0,20	0,27	0,22	0,18	0,19	0,16	0,11
0,80	0,38	0,32	0,27	0,33	0,28	0,24	0,24	0,21	0,15
1,00	0,44	0,37	0,32	0,38	0,33	0,29	0,28	0,25	0,18
1,25	0,49	0,43	0,38	0,42	0,37	0,34	0,32	0,29	0,22
1,50	0,53	0,47	0,43	0,46	0,41	0,37	0,35	0,32	0,34
2,00	0,59	0,54	0,50	0,51	0,47	0,44	0,40	0,38	0,28
2,50	0,63	0,58	0,54	0,55	0,51	0,48	0,44	0,41	0,31
3,00	0,66	0,62	0,58	0,57	0,54	0,51	0,46	0,44	0,34
4,00	0,69	0,66	0,63	0,60	0,58	0,55	0,50	0,48	0,36
5,00	0,72	0,69	0,66	0,62	0,60	0,58	0,52	0,50	0,38

TMS 500 c/ RN 500 – 2 TLD 16 W									
ÍNDICE DO LOCAL K	REFLETÂNCIAS								
	751	731	711	551	531	511	331	311	000
0,60	0,32	0,26	0,23	0,31	0,26	0,23	0,26	0,22	0,21
0,80	0,39	0,33	0,29	0,38	0,33	0,29	0,32	0,29	0,27
1,00	0,44	0,39	0,35	0,43	0,38	0,35	0,38	0,34	0,33
1,25	0,49	0,44	0,41	0,48	0,44	0,40	0,43	0,40	0,38
1,50	0,53	0,48	0,45	0,51	0,48	0,44	0,47	0,44	0,42
2,00	0,58	0,54	0,51	0,57	0,54	0,51	0,53	0,50	0,48
2,50	0,62	0,58	0,56	0,60	0,57	0,55	0,56	0,54	0,52
3,00	0,64	0,61	0,59	0,63	0,60	0,58	0,59	0,57	0,55
4,00	0,67	0,65	0,63	0,65	0,63	0,62	0,62	0,61	0,59
5,00	0,69	0,67	0,65	0,67	0,65	0,64	0,64	0,63	0,61

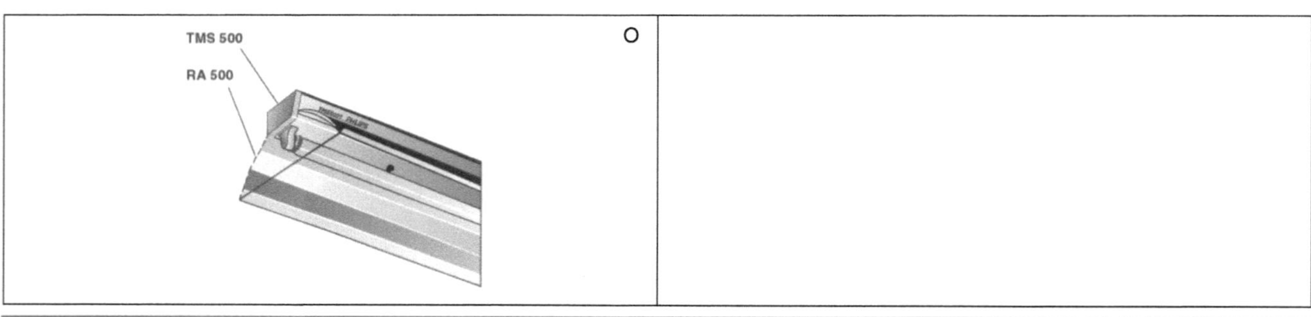

TMS 500 c/RN 500 – 2 TL 65 W									
ÍNDICE DO LOCAL K	REFLETÂNCIAS								
	751	731	711	551	531	511	331	311	000
0,60	0,29	0,25	0,21	0,29	0,24	0,21	0,24	0,21	0,20
0,80	0,36	0,31	0,27	0,35	0,30	0,27	0,30	0,27	0,25
1,00	0,41	0,36	0,32	0,40	0,35	0,32	0,35	0,32	0,30
1,25	0,45	0,41	0,37	0,44	0,40	0,37	0,39	0,37	0,35
1,50	0,49	0,44	0,41	0,47	0,44	0,41	0,43	0,40	0,39
2,00	0,54	0,50	0,47	0,52	0,49	0,47	0,48	0,46	0,44
2,50	0,57	0,54	0,51	0,55	0,53	0,50	0,52	0,50	0,48
3,00	0,59	0,54	0,54	0,58	0,55	0,53	0,54	0,53	0,51
4,00	0,62	0,59	0,57	0,60	0,58	0,57	0,57	0,56	0,54
5,00	0,63	0,61	0,60	0,62	0,60	0,59	0,59	0,58	0,56

TCW 502 - 2 TL 40 W									
ÍNDICE DO LOCAL K	REFLETÂNCIAS								
	751	731	711	551	531	511	331	311	000
0,60	0,23	0,19	0,15	0,22	0,18	0,15	0,17	0,14	0,13
0,80	0,29	0,24	0,20	0,27	0,33	0,19	0,22	0,19	0,17
1,00	0,33	0,28	0,24	0,31	0,27	0,23	0,26	0,23	0,26
1,25	0,37	0,32	0,28	0,35	0,31	0,28	0,30	0,27	0,24
1,50	0,40	0,36	0,32	0,38	0,34	0,31	0,33	0,30	0,27
2,00	0,45	0,41	0,37	0,43	0,39	0,36	0,38	0,35	0,32
2,50	0,48	0,45	0,41	0,46	0,43	0,40	0,41	0,39	0,36
3,00	0,51	0,47	0,44	0,48	0,45	0,43	0,43	0,41	0,38
4,00	0,53	0,51	0,48	0,51	0,49	0,46	0,46	0,45	0,42
5,00	0,55	0,53	0,51	0,53	0,51	0,49	0,49	0,47	0,44

(*continua*)

Tabela 13.7 Coeficientes de utilização (*Continuação*)

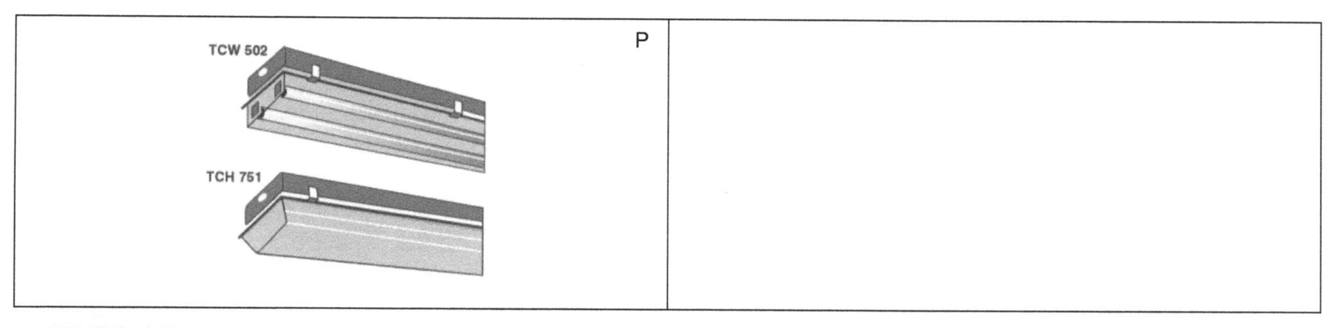

TCH 751 - 2 TL 40 W									
ÍNDICE DO LOCAL K	REFLETÂNCIAS								
	751	731	711	551	531	511	331	311	000
0,60	0,27	0,21	0,17	0,26	0,21	0,17	0,20	0,17	0,15
0,80	0,33	0,27	0,23	0,31	0,26	0,22	0,25	0,22	0,20
1,00	0,37	0,32	0,28	0,36	0,31	0,27	0,30	0,26	0,24
1,25	0,42	0,37	0,32	0,40	0,35	0,32	0,34	0,31	0,29
1,50	0,46	0,41	0,36	0,44	0,39	0,35	0,38	0,35	0,32
2,00	0,51	0,46	0,43	0,49	0,45	0,41	0,43	0,40	0,38
2,50	0,55	0,56	0,47	0,52	0,49	0,46	0,47	0,44	0,42
3,00	0,57	0,53	0,50	0,55	0,51	0,49	0,50	0,47	0,44
4,00	0,60	0,57	0,54	0,58	0,55	0,53	0,53	0,51	0,48
5,00	0,62	0,60	0,57	0,60	0,58	0,55	0,56	0,54	0,51

TCH 751 - 4 TL 40 W									
ÍNDICE DO LOCAL K	REFLETÂNCIAS								
	751	731	711	551	531	511	331	311	000
0,60	0,24	0,19	0,16	0,23	0,19	0,16	0,18	0,16	0,14
0,80	0,29	0,24	0,21	0,28	0,24	0,21	0,23	0,29	0,19
1,00	0,33	0,29	0,25	0,32	0,28	0,25	0,27	0,24	0,23
1,25	0,37	0,33	0,30	0,36	0,32	0,29	0,31	0,28	0,27
1,50	0,40	0,36	0,33	0,39	0,35	0,32	0,34	0,32	0,30
2,00	0,45	0,41	0,38	0,43	0,40	0,37	0,39	0,37	0,34
2,50	0,48	0,45	0,42	0,46	0,43	0,41	0,42	0,40	0,38
3,00	0,50	0,47	0,44	0,48	0,46	0,43	0,44	0,42	0,40
4,00	0,52	0,50	0,48	0,50	0,48	0,47	0,47	0,45	0,43
5,00	0,54	0,52	0,50	0,52	0,50	0,49	0,49	0,47	0,45

Para encontrar o coeficiente de utilização, precisamos entrar na tabela com a refletância dos tetos, paredes e pisos. A refletância é dada pela Tabela 13.8, a seguir:

Exemplo de aplicação da tabela:
A refletância 571 significa que

- o teto tem superfície clara;
- a parede é branca;
- o piso é escuro.

Determinação do fator de manutenção de referência

Este fator, também chamado fator de manutenção, relaciona o fluxo emitido no fim do período de manutenção da luminária e o fluxo luminoso inicial dela.

É evidente que, quanto melhor for a manutenção das luminárias (limpeza e substituições mais frequentes das lâmpadas), mais alto será esse fator, porém mais dispendioso.

A Tabela 13.9 apresenta, para referência, o fator de reflexão de alguns materiais.

O fator de manutenção de referência é determinado pela Tabela 13.10.

Tabela 13.8 Índice de reflexão típica

Índice	Reflexão	Significado
1	10 %	Superfície escura
3	30 %	Superfície média
5	50 %	Superfície clara
7	70 %	Superfície branca

Tabela 13.9 Fator de reflexão de materiais iluminados com luz branca

Estuque novo	0,70-0,80	Chapa de fibra de madeira velha	0,30-0,40
Estuque velho	0,30-0,60	Madeira clara	0,55-0,65
Tinta branca a água	0,65-0,75	Carvalho envernizado, cor clara	0,40-0,50
Tinta branca a óleo	0,75-0,85	Carvalho envernizado, cor escura	0,51-0,40
Tinta de alumínio	0,60-0,75	Imbuia	0,10-0,30
Concreto novo	0,40-0,50	Jacarandá	0,10-0,30
Concreto velho	0,05-0,15	Cabriúva	0,20-0,40
Tijolo novo	0,10-0,30	Cedro	0,20-0,40
Tijolo velho	0,05-0,15	Pau-marfim	0,20-0,40
Chapa de fibra de madeira nova	0,50-0,60	Cerejeira	0,20-0,40

Tabela 13.10 Exemplos de fatores de manutenção para sistemas de iluminação de interiores com lâmpadas fluorescentes – NBR ISO/CIE 8995-1:2013

Fator de manutenção	Exemplo
0,80	Ambiente muito limpo, ciclo de manutenção de um ano, 2 000 h/ano de vida até a queima com substituição da lâmpada a cada 8 000 h, substituição individual, luminárias direta e direta/indireta com uma pequena tendência de coleta de poeira.
0,67	Carga de poluição normal no ambiente, ciclo de manutenção de três anos, 2 000 h/ano de vida até a queima com substituição da lâmpada a cada 12 000 h, substituição individual, luminárias direta e direta/indireta com uma pequena tendência de coleta de poeira.
0,57	Carga de poluição normal no ambiente, ciclo de manutenção de três anos, 2 000 h/ano de vida até a queima com substituição da lâmpada a cada 12 000 h, substituição individual, luminárias com uma tendência normal de coleta de poeira.
0,50	Ambiente sujo, ciclo de manutenção de três anos, 8 000 h/ano de vida até a queima com substituição da lâmpada a cada 8 000 h, LLB, substituição em grupo, luminárias com uma tendência normal de coleta de poeira.

Espaçamento entre luminárias

O espaçamento máximo entre luminárias que depende da abertura do feixe luminoso está indicado na Tabela 13.11.

Tabela 13.11 Espaçamento das luminárias entre si com relação às alturas de montagem

Espaçamento máximo entre as luminárias				
Direta	Semidireta	Geral difusa	Semi-indireta	Indireta
Da luminária ao piso			Do teto ao piso	
0,9	0,9	1	1	1
vezes em h_m			vezes em h_m	

Conhecido o número total de luminárias, resta-nos distribuí-las uniformemente no recinto.

Como dados práticos, toma-se a distância entre luminárias, o dobro da distância entre a luminária e a parede (Figura 13.17). Para pé-direito normal (3 m) e sistema indireto, a distância entre as luminárias deve ser aproximadamente a da altura da montagem acima do piso.

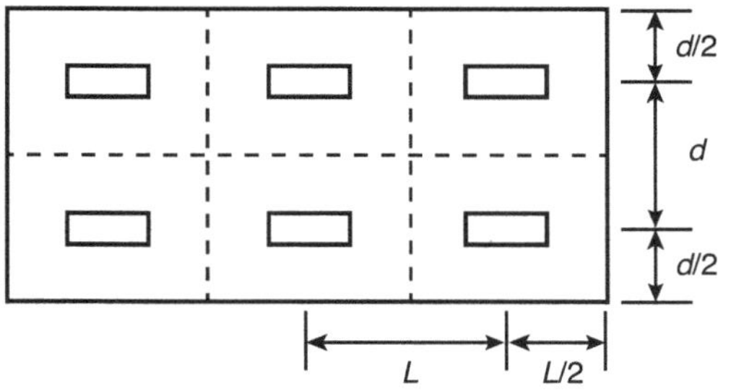

Figura 13.17 Distribuição típica de luminárias.

Notas:

1. Observamos que L e d devem obedecer ao espaçamento máximo recomendado para a luminária (Tabela 13.11).
2. O espaçamento L pode ultrapassar o espaçamento máximo, dependendo do comprimento da luminária/lâmpada.

EXEMPLO

Desejamos iluminar uma oficina de 10,50 × 42 metros, pé-direito 4,60 m. A oficina destina-se à inspeção de equipamentos de medição, operação esta realizada em mesas de 1,0 m. Pretendemos usar lâmpadas fluorescentes em luminárias industriais, com 4 lâmpadas de 32 watts — 127 volts cada.
Assim, seguimos as seguintes etapas para o cálculo e projeto de iluminação da oficina:

1. Iluminância mantida: 1 000 lux (Tabela 13.5)
2. Luminária escolhida: industrial, com 4 lâmpadas de 32 watts (TMS 500 c/RA 500 – Tabela 13.7 K)
3. Índice do local: 3

Observação: Admitindo a montagem das luminárias a 2,80 m acima das mesas, temos que pendurá-las a 0,8 m do teto.

4. Refletância: 731 (teto branco e paredes e pisos escuros) (Tabela 13.8)
5. Coeficiente de utilização: 0,78 (Tabela 13.7 K)
6. Fator de depreciação: 0,67 (Tabela 13.10)

$$\phi = \frac{10,50 \times 42 \times 1\ 000}{0,67 \times 0,78} = 843\ 857 \text{ lumens.}$$

Usando lâmpadas de 32 W com fluxo luminoso de 2 950 lumens (Tabela 13.4),

$$\varphi = 4 \times 2\ 950 = 11\ 800 \text{ lumens por luminária}$$

$$n = \frac{843\ 857}{11\ 800} = 68,44 \text{ luminárias}$$

Vamos adotar, para obtermos uma distribuição equivalente, 70 luminárias. A disposição dos aparelhos encontra-se na Figura 13.18.

Verificação do espaçamento entre luminárias:
Pela Tabela 13.11, para iluminação direta, o espaçamento máximo entre as luminárias será 0,9 da distância da luminária ao piso, ou seja:

$$0,9 \times 3,60 = 3,24 \text{ m.}$$

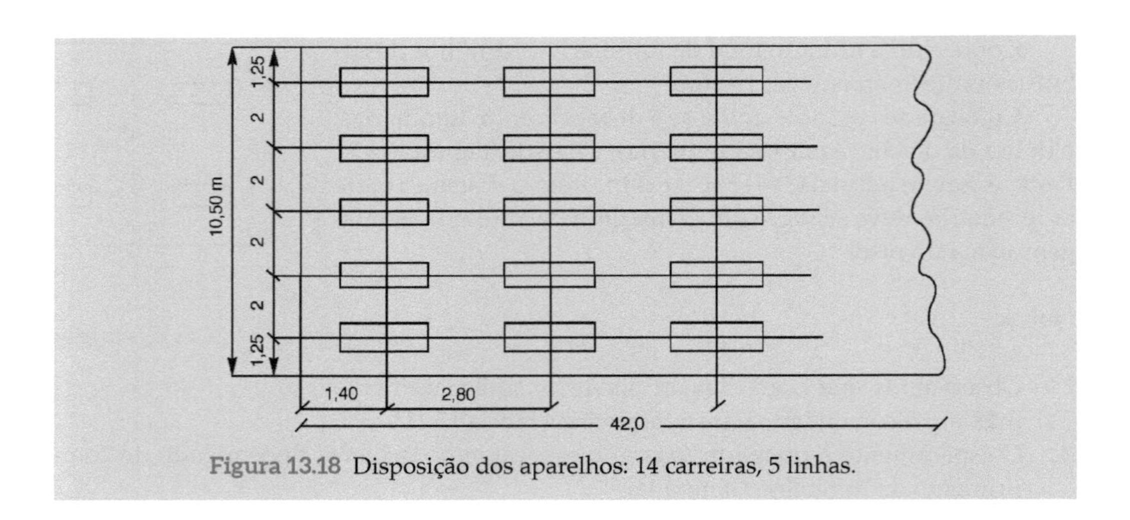

Figura 13.18 Disposição dos aparelhos: 14 carreiras, 5 linhas.

13.8.4 Método ponto a ponto

Este método é baseado na lei de Lambert, que diz:

> A iluminância produzida em um ponto de uma superfície é proporcional à intensidade luminosa da fonte na direção da superfície, proporcional ao cosseno do ângulo de incidência que o raio luminoso faz com a normal ao plano e inversamente proporcional ao quadrado da distância da fonte à superfície.

Assim, para a utilização desse método, temos que conhecer as curvas fotométricas das fontes de luz, por exemplo, a curva da Figura 13.19, preparadas pelos fabricantes ou desenvolvidas em laboratórios de fotometria.

$$Ep_h = \frac{I(\theta)}{D^2} \cos\theta \text{ (iluminância no plano horizontal) lux}$$

$$Ep_v = \frac{I(\theta)}{D^2} \text{sen } \theta \text{ (iluminância no plano vertical) lux}$$

em que:

Ep = iluminamento em P em lumens por metro quadrado (lux);
$I(\theta)$ = intensidade luminosa da fonte na direção de P em candelas;
D = distância do centro da fonte de luz ao ponto P em metros;
θ = ângulo entre a vertical à superfície receptora e D.

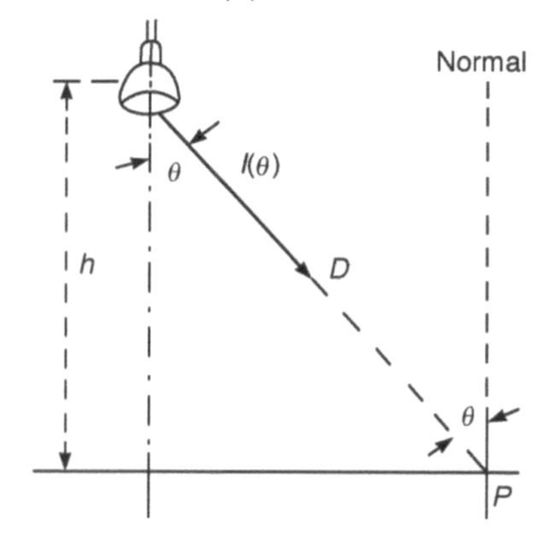

Figura 13.19

Substituindo a distância D pela altura de montagem da luminância, temos:

$$Ep_h = \frac{I(\theta)\cos^3(\theta)}{h^2} \text{lux}$$

$$Ep_v = \frac{I(\theta)\text{sen}(\theta)\cos^2(\theta)}{h^2} \text{lux}$$

EXEMPLO

Em um galpão industrial, calcule o iluminamento em um ponto *P*, na horizontal, iluminado por quatro fontes *A*, *B*, *C* e *D*, com as seguintes distâncias *d* da vertical que passa pelas fontes ao ponto *P* (Figura 13.21):

$d_1 = 0$ m (sob a vertical)
$d_2 = 3$ m
$d_3 = 2$ m
$d_4 = \sqrt{3^2 + 2^2} = 3{,}6$ m.

As fontes *A*, *B*, *C* e *D* estão a 6 m de altura.
As luminárias são de vapor de mercúrio, de 400 W, com fluxo inicial de 20 500 lumens.
Calculando os ângulos θ e os $\cos^3 \theta$:

$\theta_1 = 0 \quad \cos^3(\theta_1) = 1$
$\theta_2 = 28° \quad \cos^3(\theta_2) = 0{,}68$
$\theta_3 = 18° \quad \cos^3(\theta_3) = 0{,}84$
$\theta_4 = 32° \quad \cos^3(\theta_4) = 0{,}60$

Com esses ângulos e entrando na curva das intensidades em função de θ (Figura 13.20):

$I(\theta_1) = 208 \times 20{,}5 = 4\,264$ candelas
$I(\theta_2) = 200 \times 20{,}5 = 4\,100$ candelas
$I(\theta_3) = 205 \times 20{,}5 = 4\,202$ candelas
$I(\theta_4) = 193 \times 20{,}5 = 3\,956$ candelas

Observação: Multiplica-se por 20,5 porque a curva fornece a intensidade luminosa para 1 000 lumens.

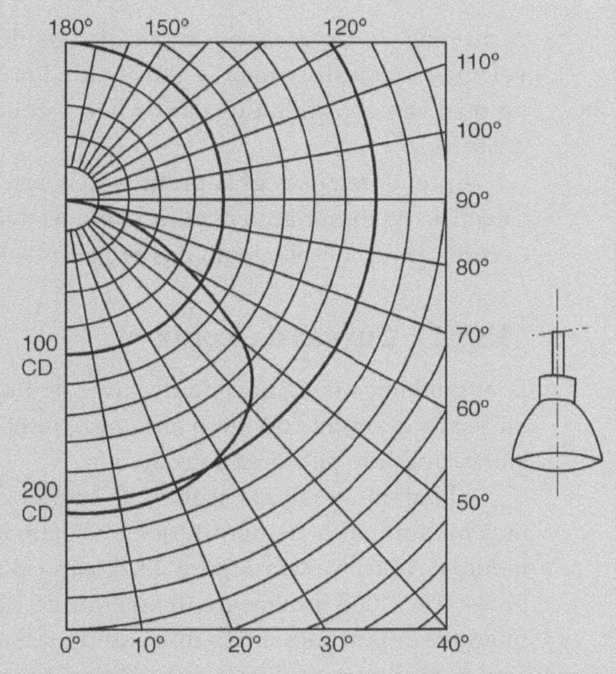

Figura 13.20 Curva de distribuição em candelas/1 000 lumens – Curva de intensidade em função de θ.

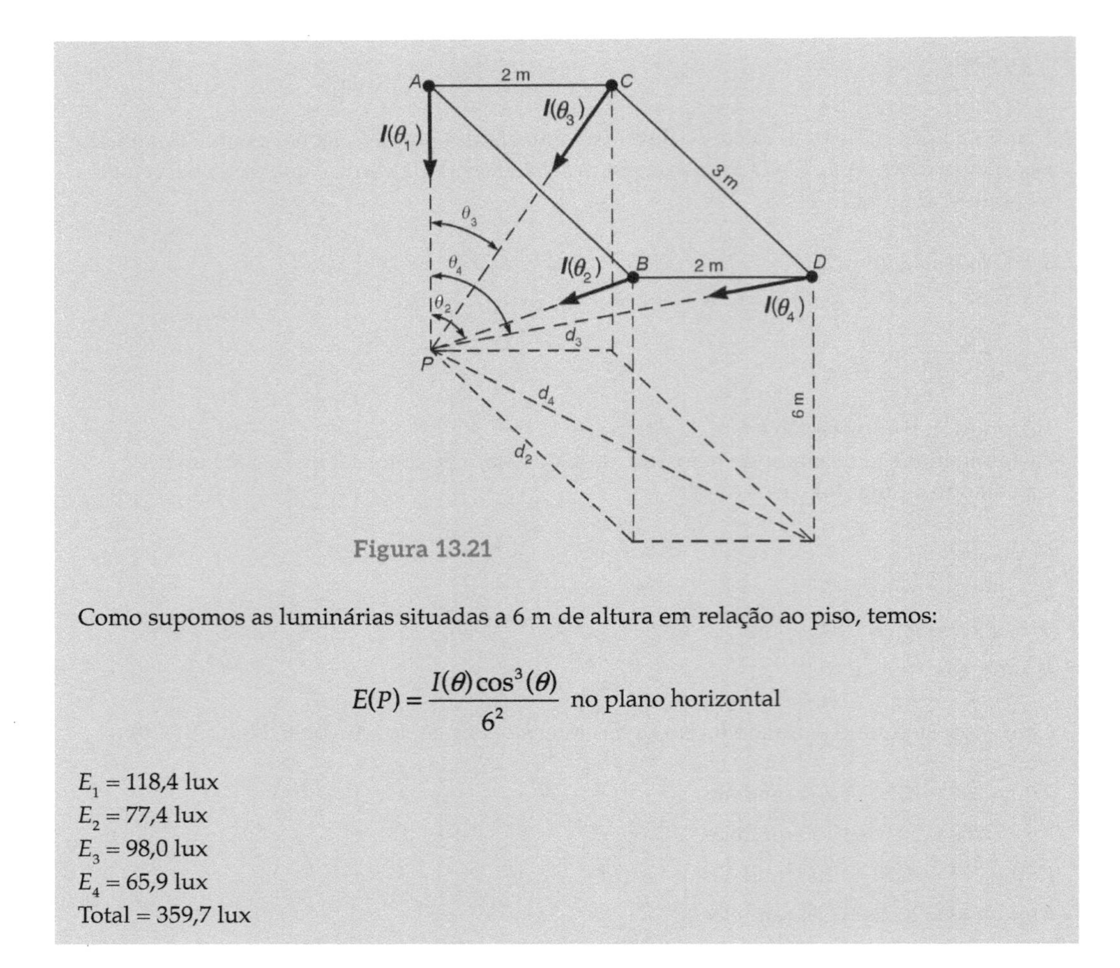

Figura 13.21

Como supomos as luminárias situadas a 6 m de altura em relação ao piso, temos:

$$E(P) = \frac{I(\theta)\cos^3(\theta)}{6^2} \text{ no plano horizontal}$$

$E_1 = 118{,}4$ lux
$E_2 = 77{,}4$ lux
$E_3 = 98{,}0$ lux
$E_4 = 65{,}9$ lux
Total = 359,7 lux

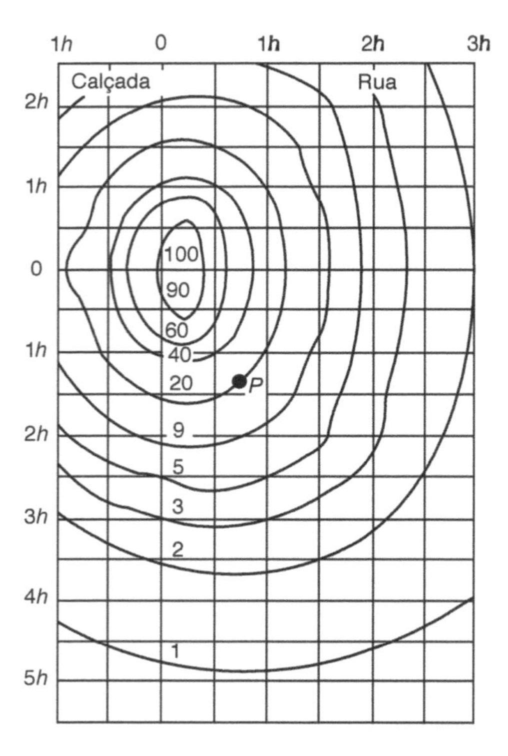

Figura 13.22 Diagrama de curvas isolux relativas em um plano por 1 000 lumens.

13.9 Iluminação de Ruas

A iluminação de ruas, em especial ruas de grande tráfego de veículos e pedestres, merece um estudo luminotécnico apurado, no qual são considerados vários fatores que fogem ao objetivo deste livro.

Aprenderemos regras práticas que servirão para orientar o projetista na iluminação razoável de ruas dentro de padrões modernos, como complemento dos projetos de instalações prediais.

13.9.1 Curvas de isolux

Já aprendemos o significado do nível de iluminamento em lux, ou seja, o quociente do fluxo luminoso, recebido no plano de trabalho, dividido pela área considerada.

Chamam-se curvas isolux as curvas que dão, para uma mesma luminária, os pontos que possuem os mesmos iluminamentos. As curvas da Figura 13.22 são isolux no plano da rua para cada 1 000 lumens de fluxo emitido pela luminária, desenhados em percentuais do nível de iluminamento máximo. Assim, para um ponto P qualquer, temos que o nível é de 20 % do nível máximo. Os valores h representam a altura de montagem da luminária.

EXEMPLO

Queremos saber qual o iluminamento que será obtido num ponto P da Figura 13.22, com a utilização de uma luminária instalada a 10 m de altura e com lâmpada HPL-N 400 da Philips.

Solução

Pelos dados do fabricante, temos:

- fluxo da lâmpada HPL-N 400... $\Phi = 23\ 000$ lumens;
- iluminamento máximo:

$$E_{\text{máx}} = 0{,}128^{(1)} \times \frac{\Phi}{h^2}.$$

Usando os dados do problema:

$$E_{\text{máx}} = 0{,}128 \times \frac{23\ 000}{100} = 29{,}44 \text{ lux}.$$

O iluminamento em P será:

$$E = 0{,}20 \times E_{\text{máx}} = 0{,}20 \times 29{,}44 = 5{,}9 \text{ lux}.$$

Então, no ponto P teremos o iluminamento de 5,6 lux.
(1) Fator característico da luminária escolhida.

13.9.2 Nível médio de iluminamento na rua e na calçada

Nos cálculos de iluminação das ruas e das calçadas, interessamo-nos pelos níveis médios, e não apenas pela iluminação em um ponto.

Deste modo precisamos conhecer o fator ou coeficiente de iluminação, que na Figura 13.23 vemos para a calçada e para a rua, em função da altura de montagem h da luminária.

O coeficiente de utilização representa a percentagem do fluxo da lâmpada que a luminária emite a uma determinada faixa do solo, produzindo um iluminamento E.

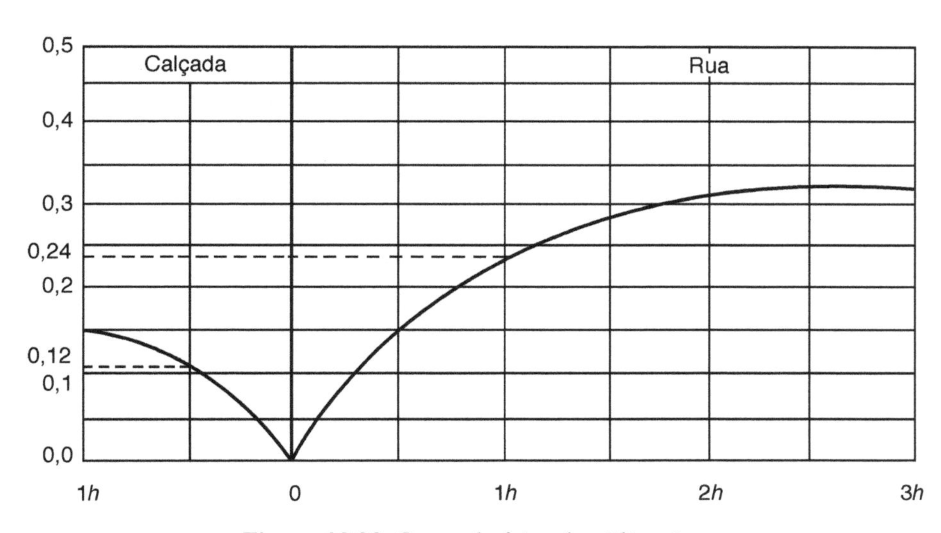

Figura 13.23 Curva do fator de utilização.

Assim, temos as fórmulas:

$$E_r = \frac{\phi \times U_r}{S \times L}$$

em que:

E_r = iluminação na rua em lux;
ϕ = fluxo da lâmpada em lumens;
U_r = fator de utilização do lado da rua;
S = espaçamento entre postes em metros;
L = largura da rua em metros.

$$E_c = \frac{\phi \times U_c}{S \times e}$$

em que:

E_c = iluminação na calçada;
e = largura da calçada;
U_c = fator de utilização do lado da calçada.

EXEMPLO

Desejamos saber, utilizando a mesma luminária do exemplo anterior, quais os níveis médios de iluminamento do lado da rua e do lado da calçada, sabendo que a largura da rua é de 10 m (Figura 13.24), a largura da calçada é de 5 m e o espaçamento entre postes, 25 m.

Solução

Pela Figura 13.24, temos:

$U_r = 0{,}24$;
$U_c = 0{,}12$.

A iluminação do lado da rua será:

$$E_r = \frac{23\ 000 \times 0{,}24}{25 \times 10} = 22 \text{ lux.}$$

A iluminação do lado da calçada será:

$$E_r = \frac{23\ 000 \times 0{,}12}{25 \times 5} = 22 \text{ lux.}$$

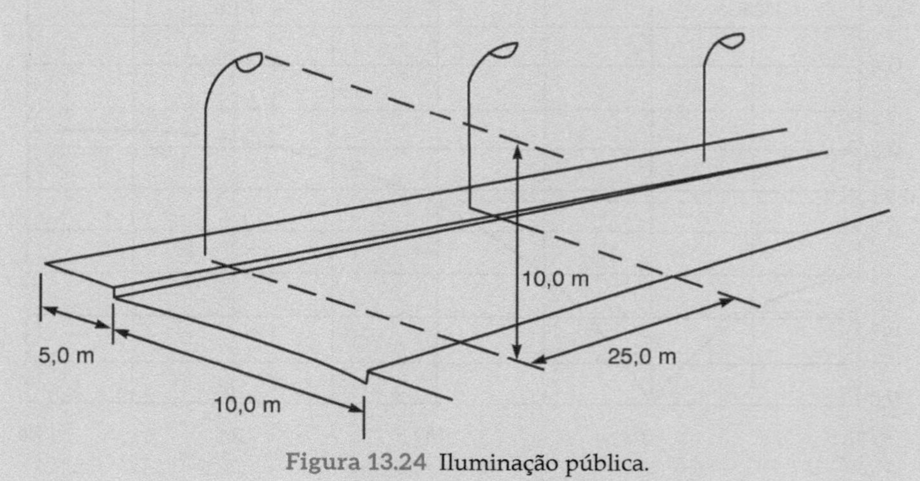

Figura 13.24 Iluminação pública.

13.10 Programas Computacionais

Com o desenvolvimento das ferramentas computacionais por parte das empresas especializadas em iluminação, a execução dos cálculos para os projetos luminotécnicos passaram a se valer deste ferramental.

Existem no mercado, para execução dos cálculos para projetos de iluminação, diversos programas computacionais de uso livre (DIALux, CalcuLuX etc.) e de uso proprietário (AGI 32, entre outros).

Os programas utilizam as curvas fotométricas das luminárias/lâmpadas, como as indicadas nas Figuras 13.20 e 13.26. Essas curvas fotométricas são obtidas a partir de ensaios realizados nos laboratórios dos fabricantes e/ou em laboratórios credenciados pelo Inmetro, tais como o do CEPEL – Centro de Pesquisas de Energia Elétrica, o do IPT – Instituto de Pesquisas Tecnológicas, e outros.

Essas curvas são fornecidas dentro da padronização do CIE (Commission Internationale de l'Éclairage), dentro de extensões digitais no padrão IES, LDT, DIALux e outros.

Uma grande vantagem apresentada pela maioria dos programas é o fato de trabalhar com os dados dos mais diversos fabricantes, bastando que estes forneçam os dados dentro do padrão CIE.

Em particular o programa DIALux, de uso público, apresenta visualização em 3D do ambiente e com a possibilidade de criação de filmes para apresentação do projeto.

O exemplo a seguir apresenta um projeto de iluminação de interior com utilização do programa citado, tomando como referência a luminária e lâmpada OSRAM LUMILUX DUO EL-F/P 2 × 36 W – 6 700 lm total, conforme luminária indicada na Figura 13.25 e com a curva fotométrica indicada na Figura 13.26.

Classificação da luminária conforme CIE: 88

Código de fluxo (CIE): 43 72 90 88 51

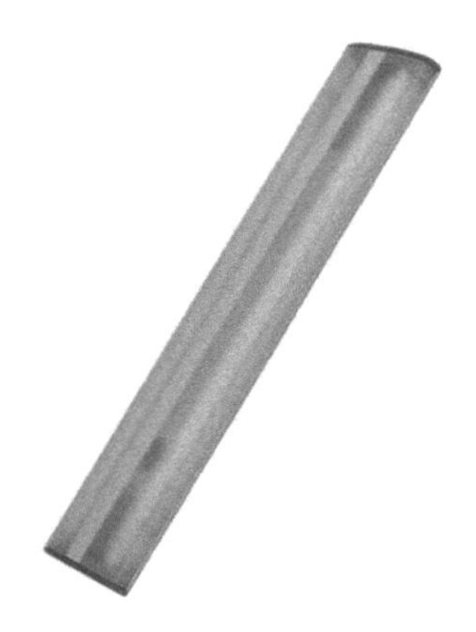

Figura 13.25 Luminária OSRAM LUMILUX DUO EL-F/P 2 × 36 W.

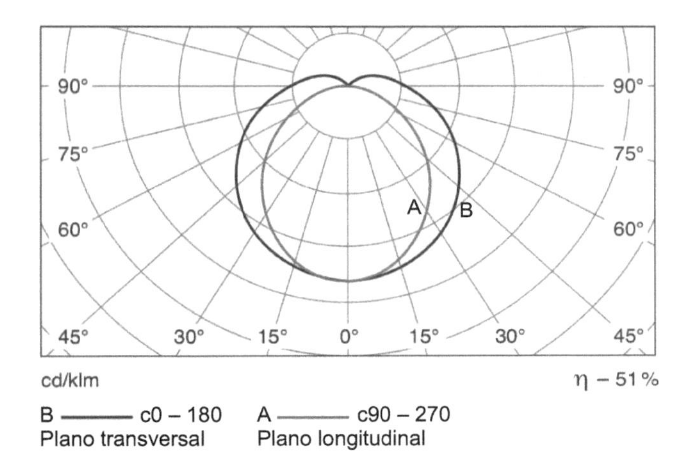

Figura 13.26 Curva fotométrica.

EXEMPLO

Faça o projeto luminotécnico de um escritório com as seguintes dimensões:

Comprimento: 8,50 m
Largura: 6,50 m
Altura: 4,50 m

As luminárias ficarão pendentes 0,50 m do teto. O teto é de concreto, as paredes são brancas e o piso é escuro.

Da Tabela 13.5, vamos adotar um nível de iluminância mantida – E_m = 500 lx. Rodando o programa DIALux com os dados, encontramos o resumo dos resultados luminotécnicos apresentados na Tabela 13.12. A Figura 13.27 mostra a distribuição das luminárias e as curvas isolux obtidas no plano de trabalho.

Tabela 13.12 Resultados luminotécnicos

Fluxo luminoso total: 54 707 lm
Potência total: 1 152,0 W
Fator de manutenção: 0,80
Zona marginal: 0,500 m

Superfície	Iluminâncias médias (lx)			Grau de reflexão (%)	Luminância média (cd/m²)
	Direto	Indireto	Total		
Plano de trabalho	337	178	515	/	/
Piso	264	169	433	20	28
Teto	58	146	204	80	52
Parede 1	224	145	369	50	59
Parede 2	152	150	302	50	48
Parede 3	224	149	373	50	59
Parede 4	145	153	298	50	47

Uniformidades no plano de trabalho
$E_{mín}/E_m$: 0,746 (1:1)
$E_{mín}/E_{máx}$: 0,654 (1:2)

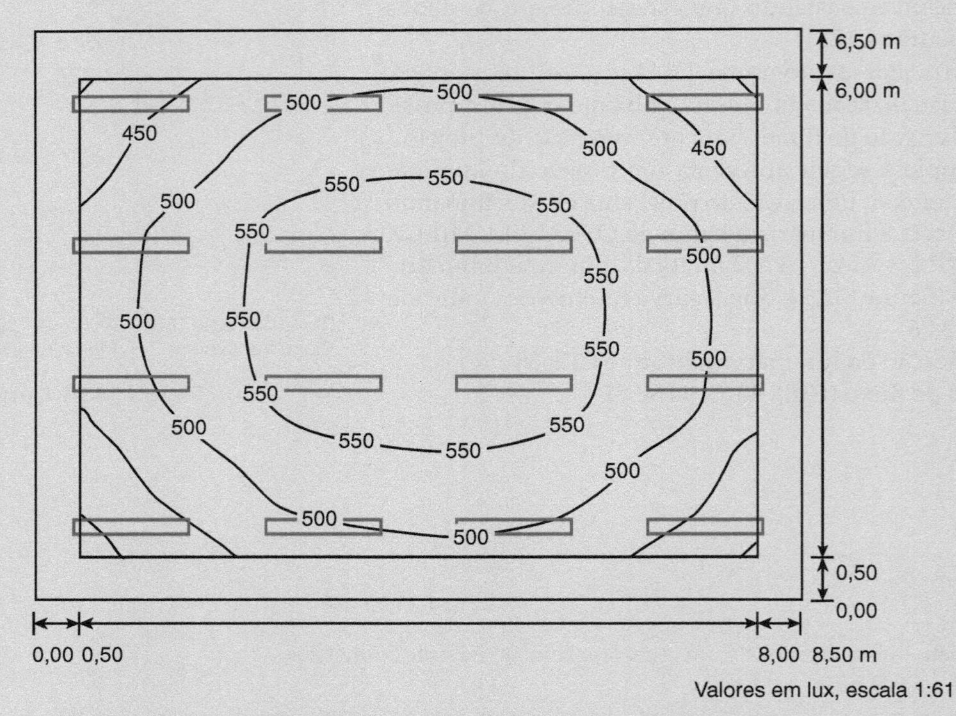

Figura 13.27 Distribuição das luminárias e iluminância obtida (curvas isolux).

EXERCÍCIOS DE REVISÃO

1. Calcular o comprimento de onda – para uma estação que irradia na frequência de 60 MHz (mega-hertz).
2. Calcular o número de luminárias fluorescentes de 4 × 40 W – luz do dia, para iluminar um escritório se usarmos a luminária O (direta) da Tabela 13.7, com as seguintes dimensões do recinto: largura – 10 m, comprimento – 25 m, pé-direito – 3 m, teto e paredes brancos.

14 Transmissão de Dados e Comandos por Infravermelho

O Capítulo 14 (páginas 355 a 366) encontra-se integralmente *online*, disponível no *site* **www.grupogen.com.br**.
Consulte a página de Material Suplementar após o Prefácio para detalhes sobre acesso e *download*.

Roteiro para Execução de Projetos de Instalações Elétricas para Prédios Residenciais

1. Dimensionar e locar em planta pontos de luz e tomadas, quadro de distribuição, interruptores e botões de campainhas (social e de serviço).
2. Desenhar a rede de eletrodutos.
3. Dividir a carga em circuitos.
4. Organizar o quadro de cargas e o diagrama unifilar dos apartamentos de acordo com o modelo da Figura B.3.
5. Organizar o quadro de cargas e o diagrama unifilar dos quadros de luz e força de serviço (luz dos corredores, garagem, jardins e todas as áreas do condomínio).
6. Colocar a fiação (fase, neutro, proteção – PE (T) e retorno) nos eletrodutos e dimensioná-los.
7. Locar a prumada de eletrodutos desde o quadro dos medidores (no térreo ou subsolo) até a parede ou o poço de subida aos apartamentos. Verificar, em cada andar, onde se localiza essa prumada. A alimentação dos quadros dos apartamentos é feita algumas vezes por caixas de passagens instaladas nos corredores de alguns dos andares.
8. Verificar a queda de tensão adotada para os circuitos e escolher os fios dos circuitos parciais dos quadros dos apartamentos. Fiação mínima de 1,5 mm^2 para circuitos de iluminação e 2,5 mm^2 para circuitos de tomadas.
9. Desenhar o esquema vertical, conforme Figura B.6.
10. Dimensionar os alimentadores de cada quadro de luz e força. Para isso, considerar:

    a. A demanda do quadro de acordo com $D = d_1 + d_2 + d_3 + d_4 + d_5$ (kVA) (Capítulo 3).
    b. O número de fases da alimentação de acordo com os critérios das distribuidoras que adotam, de um modo geral, o seguinte:

       Até 4,4 kW – 1 fase + N + T
       De 4,4 kW até 8,8 kW – 2 fases + N + T (exceto a Light)
       Maior que 8,8 kW – 3 fases + N + T

    c. Uma queda de tensão máxima de 1 % a 3 %.
       Exemplos:
       Dimensionar os condutores de alimentação de um quadro geral que possui uma demanda, *D*, de 10 700 W.
       Como a demanda é superior a 8,8 kW, a alimentação será trifásica. Então:

$$I = \frac{10\ 700}{\sqrt{3} \times 220} = 28{,}1 \text{ A}.$$

Suponho que os condutores estejam instalados em eletrodutos embutidos na alvenaria (método B1), temos:

$S = 4$ mm² (Tabela 3.7)

Considerando que os condutores têm um comprimento de 45 m e que a queda de tensão máxima deva ser de 1 % para o alimentador (deixando 4 % para os circuitos terminais), temos, da Tabela A.1 – cos $\phi = 0{,}95$, a queda de tensão unitária = 10,5. Logo:

$$\Delta V = \left(\frac{\text{V}}{\text{A} \times \text{km}}\right) \times I \times \left(\frac{L}{1\,000}\right) \times \sqrt{3}^{1}$$

$$\Delta V = 10{,}5 \times 28{,}1 \times \frac{45}{1\,000} \times \sqrt{3}^{1} = 23{,}0 \text{ V}.$$

O condutor de 4 mm² não atende.
Escolhendo o condutor de 16 mm²:

$$\Delta V = 2{,}70 \times 28{,}1 \times \frac{45}{1\,000} \times \sqrt{3} = 5{,}9 \text{ V}.$$

Não serve também.
Escolhendo o condutor de 50 mm²:

$$\Delta V = 0{,}95 \times 28{,}1 \times \frac{45}{1\,000} \times \sqrt{3}^{1} = 2{,}08 \text{ V}.$$

Serve. Então, o condutor a ser utilizado será o de 50 mm².

11. De posse das cargas dos quadros de luz dos apartamentos e dos serviços, organizar um quadro geral de cargas, separando:

- cargas de pontos de iluminação;
- cargas de pontos de tomadas;
- cargas de chuveiros e aquecedores de água;
- cargas do ar condicionado individual;
- cargas do ar condicionado central;
- cargas de motores.

12. Calcular o fator de diversidade do prédio (Capítulo 3) de acordo com os critérios da distribuidora local.
13. De posse da demanda total em kVA, podem ser usadas as tabelas da distribuidora para se dimensionar o ramal geral de entrada (cabeação e proteção) ou a subestação a ser instalada.

[1] $\sqrt{3}$ – Por considerar a alimentação trifásica.

Tabela A.1 Queda de tensão unitária em V / A · km

Seção nominal (mm²)	Eletroduto e calha fechada (material magnético)[a] Fio e cabo Noflam BWF, Noflam Flex, cabo vinil		Eletroduto, calha fechada, bloco alveolado (material não magnético) Fio e cabo Noflam BWF, cabo Noflam Flex, cabo vinil[b]				Instalação ao ar livre[c]																					
							Cabos unipolares[d] e cabo vinil														Cabo uni/bipolar		Cabo tri/tetrapolar		Cabo BWF 2 condutores		Cabo BWF	
							Sistema monofásico						Sistema trifásico						Sistema trifásico		Sistema monofásico		Sistema trifásico		Sistema monofásico		Sistema trifásico	
	Sistema monofásico e trifásico		Sistema monofásico		Sistema trifásico		S = 10 cm		S = 20 cm		S = 2D		S = 10 cm		S = 20 cm		S = 2D											
	F.P.	F.P.	F.P.	F.P.	F.P.	F.P.	F.P.	F.P.	F.P.	F.P.	F.P.	F.P.	F.P.	F.P.	F.P.	F.P.	F.P.	F.P.	F.P.	F.P.	F.P.	F.P.	F.P.	F.P.	F.P.	F.P.	F.P.	F.P.
	0,8	0,95	0,8	0,95	0,8	0,95	0,8	0,95	0,8	0,95	0,8	0,95	0,8	0,95	0,8	0,95	0,8	0,95	0,8	0,95	08	0,95	0,8	0,95	0,8	0,95	0,8	0,95
1,5	23	27,4	23,3	27,6	20,2	23,9	23,6	27,8	23,7	27,8	23,4	27,6	20,5	24,0	20,5	24,1	20,3	23,9	20,2	23,9	23,3	27,6	20,2	23,9	23,3	27,6	20,8	24,2
2,5	14	16,8	14,3	16,9	12,4	14,7	14,6	17,1	14,7	17,1	14,4	17,0	12,7	14,8	12,7	14,8	12,5	14,7	12,4	14,7	14,3	16,9	12,4	14,7	14,3	16,9	12,9	14,9
4	9,0	10,5	8,96	10,6	7,79	9,15	9,25	10,7	9,35	10,7	9,06	10,6	8,02	9,27	8,08	9,30	7,86	9,19	7,79	9,15	8,96	10,6	7,76	9,14	8,96	10,55	8,37	9,45
6	5,87	7,00	6,03	7,07	5,25	6,14	6,30	7,18	6,41	7,18	6,11	7,09	5,47	6,25	5,52	6,28	5,32	6,17	5,25	6,14	6,03	7,07	5,22	6,12	6,02	7,07	5,64	–
10	3,54	4,20	3,63	4,23	3,17	3,67	3,88	4,35	3,95	4,36	3,71	4,26	3,38	3,79	3,44	3,81	3,24	3,71	3,17	3,67	3,63	4,23	3,14	3,66	–	–	–	–
16	2,27	2,70	2,32	2,68	2,03	2,33	2,56	2,79	2,64	2,82	2,40	2,72	2,42	2,44	2,29	2,47	2,10	2,37	2,03	2,33	2,32	2,68	2,01	2,32	–	–	–	–
25	1,50	1,72	1,51	1,71	1,33	1,49	1,73	1,83	1,80	1,86	1,59	1,76	1,52	1,60	1,57	1,62	1,40	1,53	1,33	1,49	1,51	1,71	1,31	1,48	–	–	–	–
35	1,12	1,25	1,12	1,25	0,98	1,09	1,33	1,36	1,39	1,39	1,20	1,29	1,17	1,19	1,22	1,22	1,06	1,13	0,98	1,09	1,12	1,25	0,97	1,08	–	–	–	–
50	0,86	0,95	0,85	0,94	0,76	0,82	1,05	1,04	1,12	1,08	0,93	0,98	0,93	0,91	0,99	0,94	0,83	0,86	0,76	0,82	0,85	0,94	0,74	0,81	–	–	–	–
70	0,64	0,67	0,62	0,67	0,55	0,59	0,81	0,76	0,87	0,80	0,70	0,71	0,72	0,67	0,77	0,70	0,63	0,62	0,55	0,59	0,62	0,67	0,54	0,58	–	–	–	–
95	0,50	0,51	0,48	0,50	0,43	0,44	0,65	0,59	0,71	0,62	0,56	0,54	0,58	0,52	0,64	0,55	0,50	0,47	0,43	0,44	0,48	0,50	0,42	0,43	–	–	–	–
120	0,42	0,42	0,40	0,41	0,36	0,36	0,57	0,49	0,63	0,52	0,48	0,44	0,51	0,43	0,56	0,46	0,43	0,39	0,36	0,36	0,40	0,41	0,35	0,35	–	–	–	–
150	0,37	0,35	0,35	0,34	0,31	0,30	0,50	0,42	0,56	0,45	0,42	0,38	0,45	0,37	0,51	0,40	0,38	0,34	0,31	0,30	0,35	0,34	0,30	0,30	–	–	–	–
185	0,32	0,30	0,30	0,29	0,27	0,25	0,44	0,36	0,51	0,39	0,37	0,32	0,40	0,32	0,46	0,35	0,34	0,29	0,27	0,25	0,30	0,29	0,26	0,25	–	–	–	–
240	0,29	0,25	0,26	0,24	0,23	0,21	0,39	0,30	0,45	0,33	0,33	0,27	0,35	0,27	0,41	0,30	0,30	0,24	0,23	0,21	0,26	0,24	0,22	0,20	–	–	–	–
300	0,27	0,22	0,23	0,20	0,21	0,18	0,35	0,26	0,41	0,29	0,30	0,23	0,32	0,23	0,37	0,26	0,28	0,21	0,21	0,18	0,23	0,20	0,20	0,17	–	–	–	–

a. As dimensões do eletroduto e da calha fechada adotadas são tais que a área dos fios ou cabos não ultrapasse 40 % da área interna dos mesmos (taxa de ocupação 40 %).

b. Em blocos alveolados, só devem ser usados cabos vinil 0,6/1 kV.

c. Aplicável à fixação direta à parede ou ao teto, à calha aberta, ventilada ou fechada, ao poço, espaço de construção, à bandeja, à prateleira, aos suportes, sobre isoladores e em linha aérea.

d. Aplicável também aos condutos isolados, como, por exemplo, fios e cabos Noflam BWF sobre isoladores e em linha aérea.

Valores tabelados são para fios e cabos com condutores de cobre.

Ref.: Catálogo 17-f-MEI da Siemens.

B Exemplo de um Projeto de Instalação de um Edifício Residencial

A fim de complementar o que se pretendeu apresentar no curso deste livro, anexaremos o extrato de um projeto completo de instalações elétricas, de uma das obras projetadas e conduzidas pelo autor. Trata-se de um edifício residencial com os seguintes pavimentos:

Subsolo — Figura B.1
Pilotis — Figura B.2
Pavimento-tipo — Figura B.3
Cobertura — Figura B.4
Telhado — Figura B.5
Esquema vertical — Figura B.6
Diagramas unifilares — Figura B.7
Quadros de carga — Tabela B.1

Como foi dito no Capítulo 3, um projeto completo compreende:

- Memorial — justificativa, descritiva e de cálculo.
- Projeto propriamente dito, com desenhos em planta baixa, quadro de cargas, esquema vertical e diagramas unifilares (Figuras B.1 a B.7).
- Especificações dos materiais, em que são descritos o material a ser empregado, as normas para a sua aplicação e um resumo dos serviços a serem executados.
- Orçamento, que compreende a listagem dos materiais, o preço unitário e o preço global.

O projeto é desenhado em programas digitais, como, por exemplo, AutoCAD, Lumine V4, CADProj, PRO-Elétrico, bem como os demais programas indicados na Subseção 3.1.1.

Para a execução do projeto, necessitamos das plantas baixas, dos cortes, das fachadas etc., bem como da posição das vigas e dos pilares (plantas de forma do prédio).

São imprescindíveis as informações sobre a tensão de distribuição da distribuidora de energia elétrica local (127/220 V ou 220/380 V), o tipo do ramal de entrada (entrada subterrânea ou aérea) e demais informações conforme apresentadas no Capítulo 11.

Com relação ao projeto desenvolvido a seguir, cabem as observações:

a. Subsolo (Figura B.1)
Nesta planta, observa-se que todos os circuitos partem do QLF (quadro de luz e força), que é alimentado pelo QGS (quadro geral de serviço), localizado no pavimento de pilotis (ver quadro de cargas e serviço). Pelo diagrama unifilar, nota-se que há uma chave geral (disjuntor de 30 A) e mais 4 circuitos, sendo um de vigia (V), que deve

permanecer ligado toda a noite, para fins de segurança. Observam-se também na figura os quadros de bombas-d'água (QFB-3 hp) e de águas servidas (QFAS-1 hp). Nesta mesma planta, vê-se o diagrama de ligação das bombas *B*-1 e *B*-2 e a subida da fiação para as chaves-boia, que comandarão automaticamente os motores das bombas por meio das chaves magnéticas.

b. Pavimento de pilotis (térreo) (Figura B.2)
Nesta planta, está localizada a entrada de energia do prédio, que pode ser direta da rede da rua ou de uma caixa seccionadora. No presente caso, a distribuidora não exigiu a caixa seccionadora porque a chave geral do prédio está em local de fácil acesso em caso de incêndio. No esquema vertical (Figura B.6), estão representadas as caixas seccionadora e de distribuição, de onde partem os alimentadores de diversos medidores de energia. Há 10 medidores dos apartamentos, de onde saem os circuitos dos apartamentos e um medidor de serviço, ponto de origem dos alimentadores dos QLF das partes comuns do prédio (condomínio).
Note-se o sombreamento com duas linhas extremas, partindo dos "medidores", indicando os 10 eletrodutos dos apartamentos que sobem pela parede da escada, o que, na obra, é conhecido como "prumada".

c. Pavimento-tipo (Figura B.3)
Como os pavimentos são exatamente iguais, o mesmo desenho serve para todos os apartamentos. Em cada pavimento, temos quatro apartamentos, cada um com o seu quadro de luz (QDL), alimentado diretamente da prumada localizada na parede da escada. Os alimentadores são eletrodutos que se desenvolvem pelo piso e contêm 3 fases + 1 N + 1 PE em fio de 10 mm e o eletroduto de 25 mm de diâmetro. O quadro de cargas está desenhado na planta baixa (Figura B.3), assim como o diagrama unifilar. Note-se que a carga total de cada apartamento é de 15 924 W (3 F + N + PE). No projeto, procura-se zonear os circuitos dos apartamentos de modo a separar os pontos de tomadas dos pontos de iluminação e projetando um circuito para cada chuveiro. Na sala e na cozinha há interruptor *three-way* para facilidade de utilização. Os aparelhos de ar-condicionado também são ligados em circuitos independentes.

d. Cobertura (Figura B.4)
Existem dois apartamentos na cobertura do prédio, cujo quadro de cargas encontra-se na Tabela B.1. Uma vez que são apartamentos menores que os demais, a carga é menor. Também os circuitos foram divididos de modo a atender às partes social, privada e de serviço.
As demais observações são semelhantes às dos apartamentos do pavimento-tipo.

e. Telhado (Figura B.5)
No telhado, localizam-se a casa de máquinas do elevador e a da bomba de incêndio, cujos alimentadores vêm diretamente do QGS, no pavimento de pilotis. Há um quadro de força do elevador (QFE) e um ponto para a bomba de incêndio, onde está também instalado um quadro de comando, operado por pressostato ligado à tubulação de água para o incêndio. Notem-se a tubulação e a fiação do automático-boia, que controla o nível de água do reservatório superior e manda a informação para a chave magnética da bomba-d'água localizada no subsolo.

f. Esquema vertical (Figura B.6)
Este é um desenho, sem escala, localizando todos os quadros do edifício, possibilitando uma visão global da instalação. São mostrados todos os alimentadores e a prumada de subida dos eletrodutos dos apartamentos, bem como a entrada de energia elétrica.

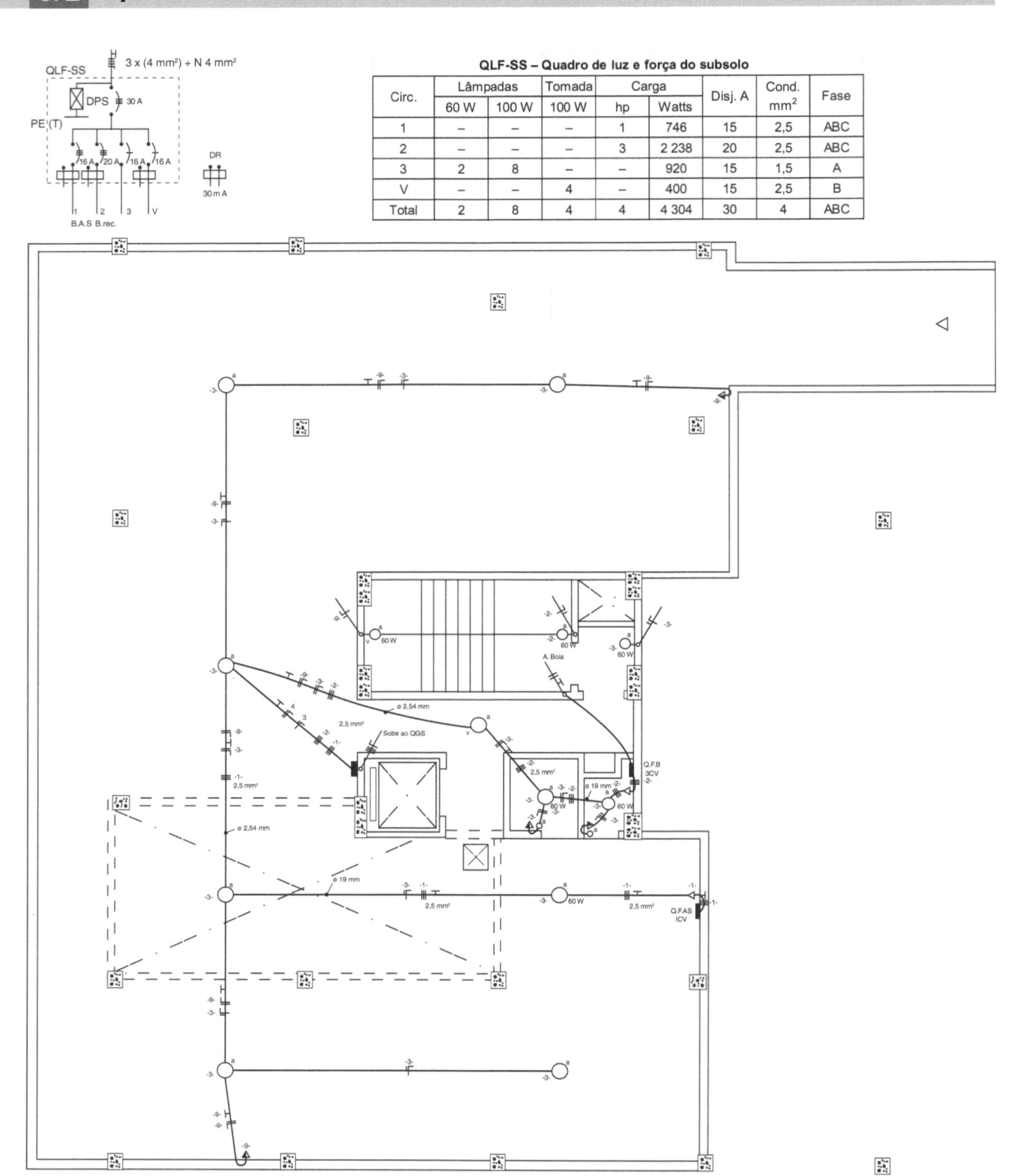

QLF-SS – Quadro de luz e força do subsolo

Circ.	Lâmpadas		Tomada	Carga		Disj. A	Cond. mm²	Fase
	60 W	100 W	100 W	hp	Watts			
1	–	–	–	1	746	15	2,5	ABC
2	–	–	–	3	2 238	20	2,5	ABC
3	2	8	–	–	920	15	1,5	A
V	–	–	4	–	400	15	2,5	B
Total	2	8	4	4	4 304	30	4	ABC

Nota:
Eletroduto não cotado ø12,7 mm
Condutor não cotado 1,5 mm²
Tomada não cotada 100 VA
Ponto de luz não cotado 100 W

Figura B.1 Planta baixa – subsolo.

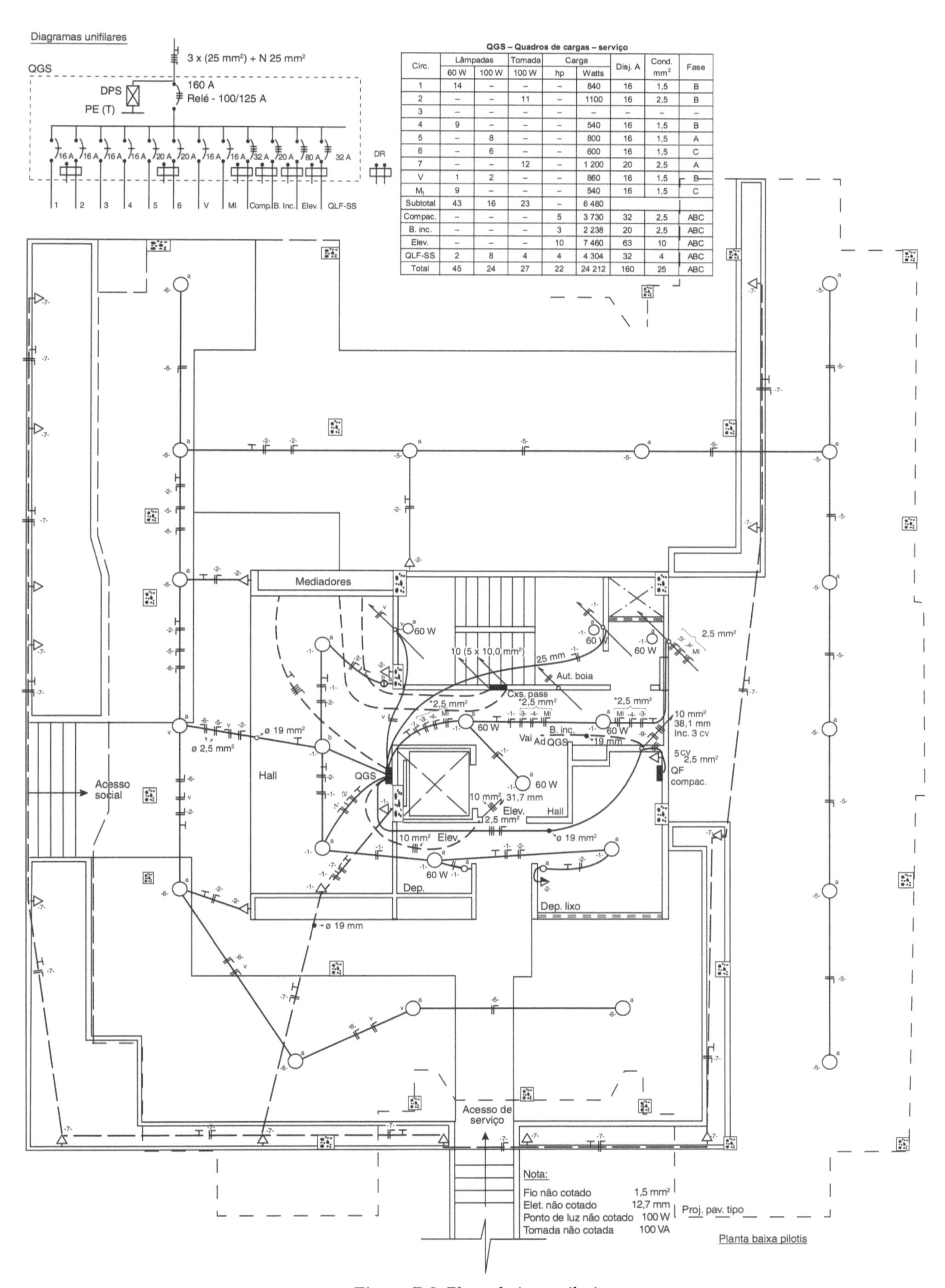

QGS – Quadros de cargas – serviço

Circ.	Lâmpadas		Tomada	Carga		Disj. A	Cond. mm²	Fase
	60 W	100 W	100 W	hp	Watts			
1	14	–	–	–	840	16	1,5	B
2	–	–	11	–	1100	16	2,5	B
3	–	–	–	–	–	–	–	–
4	9	–	–	–	540	16	1,5	B
5	–	8	–	–	800	16	1,5	A
6	–	6	–	–	600	16	1,5	C
7	–	–	12	–	1 200	20	2,5	A
V	1	2	–	–	860	16	1,5	B
M_1	9	–	–	–	540	16	1,5	C
Subtotal	43	16	23	–	6 480			
Compac.	–	–	–	5	3 730	32	2,5	ABC
B. inc.	–	–	–	3	2 238	20	2,5	ABC
Elev.	–	–	–	10	7 460	63	10	ABC
QLF-SS	2	8	4	4	4 304	32	4	ABC
Total	45	24	27	22	24 212	160	25	ABC

Figura B.2 Planta baixa – pilotis.

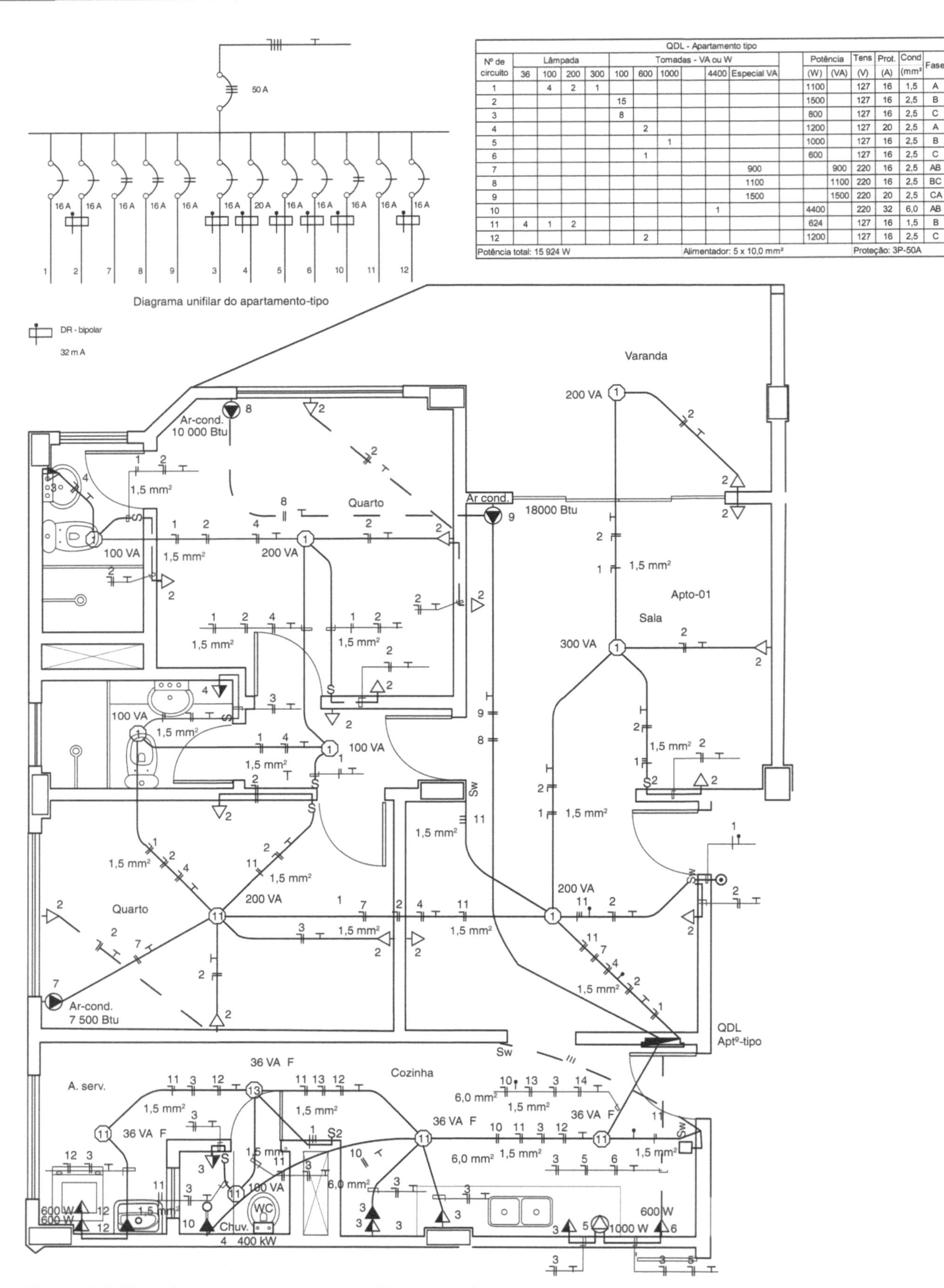

Nº de circuito	Lâmpada				Tomadas - VA ou W							Potência		Tens	Prot.	Cond	Fase
	36	100	200	300	100	600	1000		4400	Especial VA		(W)	(VA)	(V)	(A)	(mm²)	
1		4	2	1								1100		127	16	1,5	A
2					15							1500		127	16	2,5	B
3					8							800		127	16	2,5	C
4						2						1200		127	20	2,5	A
5							1					1000		127	16	2,5	B
6						1						600		127	16	2,5	C
7										900			900	220	16	2,5	AB
8										1100			1100	220	16	2,5	BC
9										1500			1500	220	20	2,5	CA
10									1			4400		220	32	6,0	AB
11	4	1	2									624		127	16	1,5	B
12						2						1200		127	16	2,5	C
Potência total: 15 924 W								Alimentador: 5 x 10,0 mm²						Proteção: 3P-50A			

Figura B.3 Planta baixa – apartamento-tipo. Planta de referência. (Cortesia CEMOP – Consultoria e Projetos de Engenharia Ltda.)

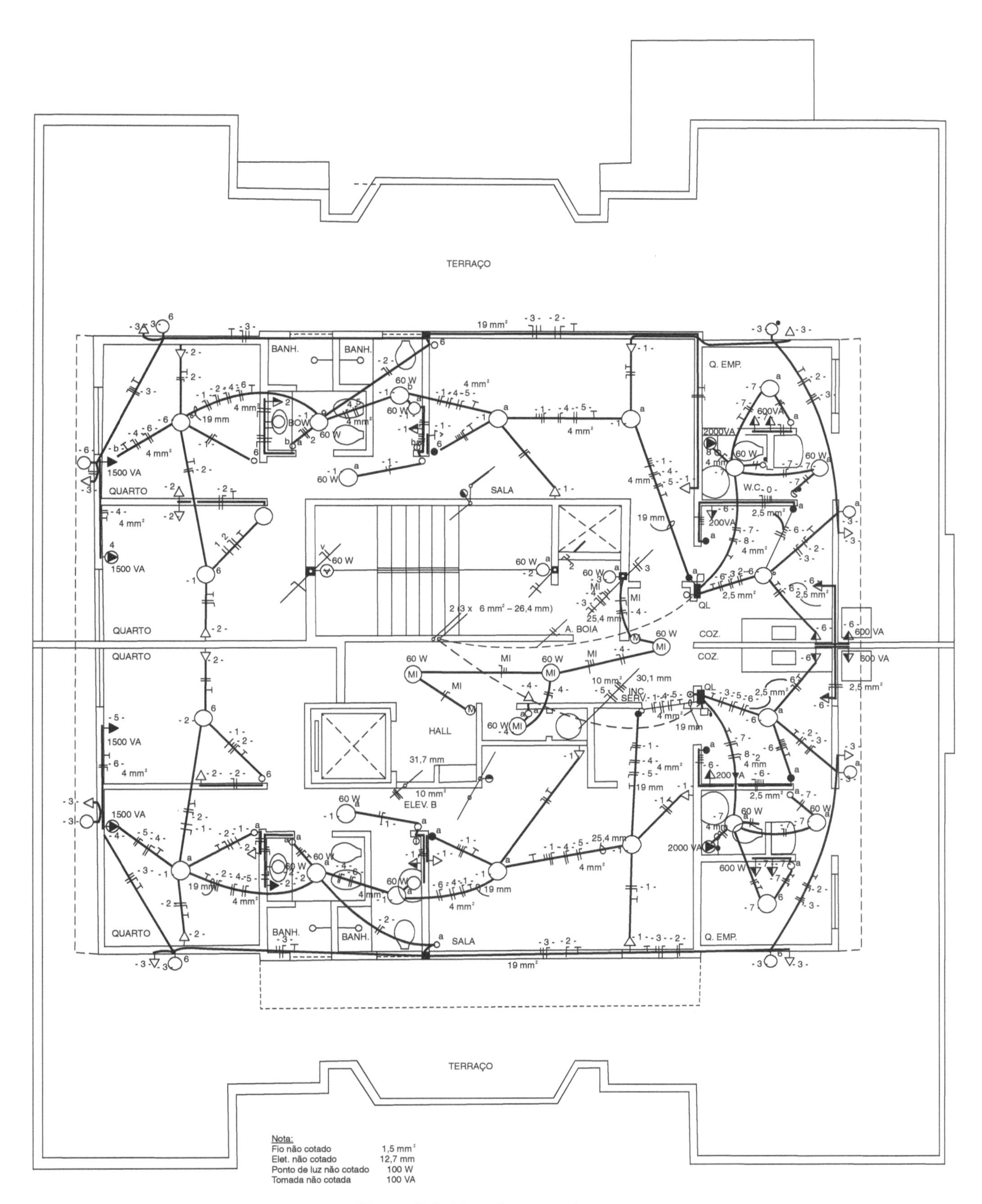

Figura B.4 Planta baixa – cobertura.

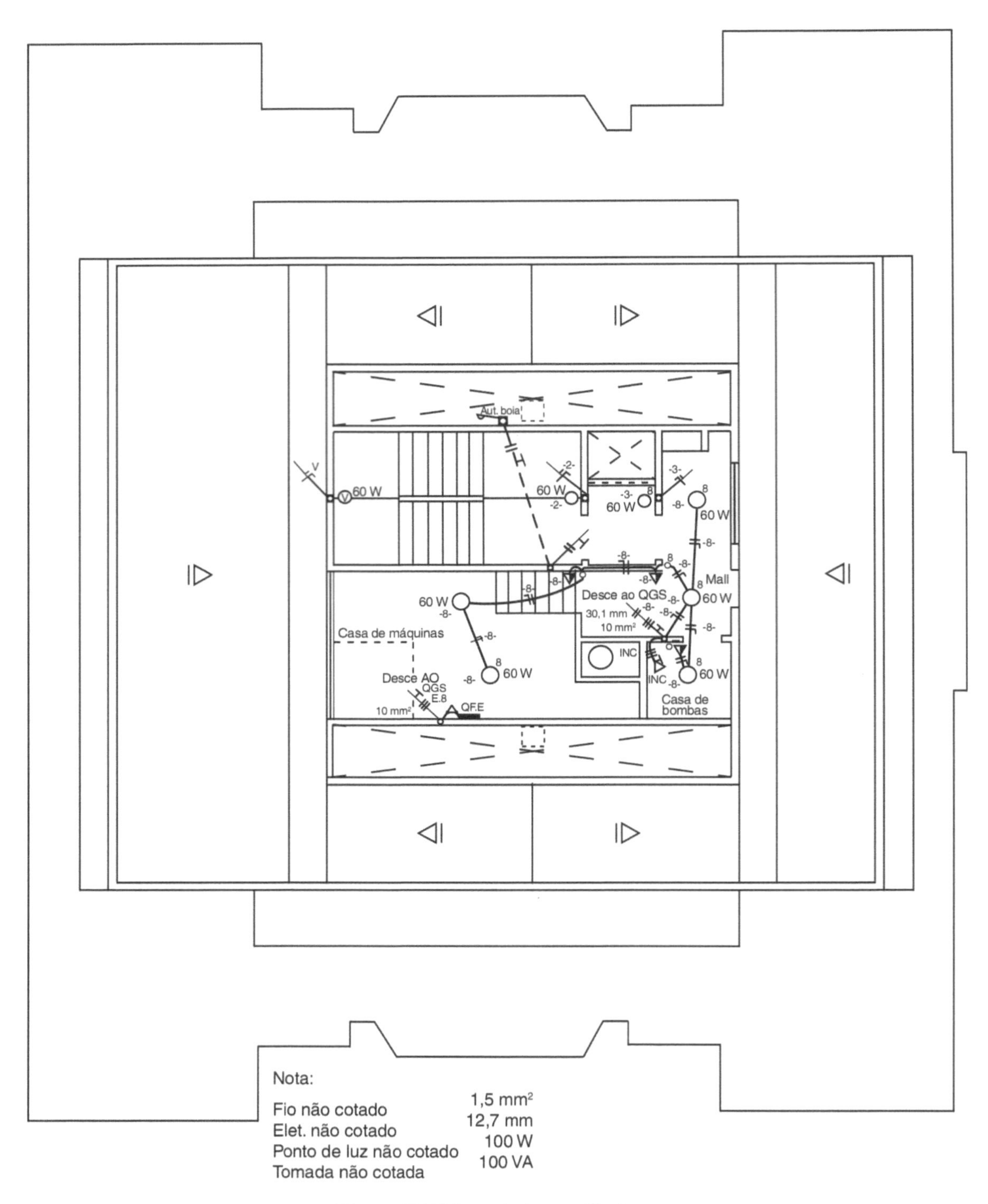

Figura B.5 Planta baixa – telhado.

g. Quadros de carga (Tabela B.1) e diagrama unifilar (Figura B.7)
Neste desenho, estão mostrados alguns quadros de carga e os diagramas unifilares do subsolo e do QGS. O diagrama unifilar é imprescindível para a montagem do quadro elétrico, uma vez que estão especificados o disjuntor geral e os disjuntores parciais. Nota-se, neste desenho, o quadro de carga geral (QCG), em que estão resumidas as cargas dos apartamentos e de serviço, bem como a carga total do prédio, imprescindível para o "pedido de ligação" dirigido à distribuidora.

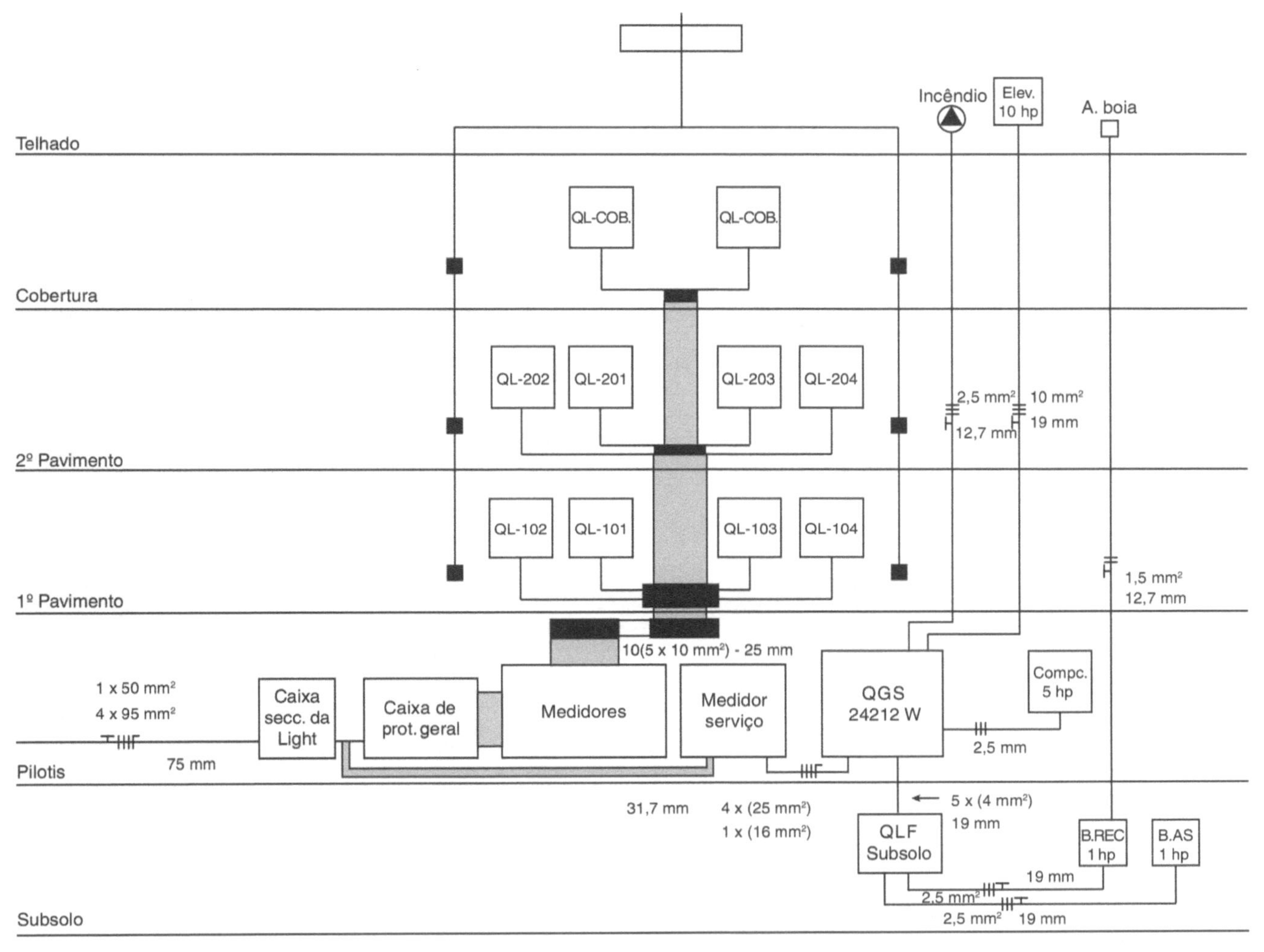

Figura B.6 Esquema vertical.

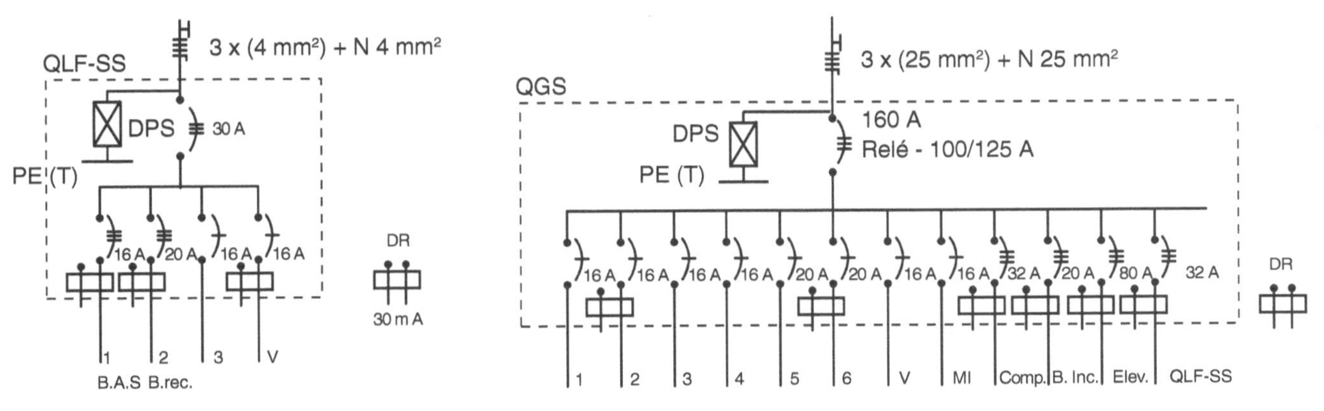

Figura B.7 Diagramas unifilares.

Tabela B.1 Quadros de carga.

QGS - Quadros de cargas - serviço								
Circ.	Lâmpadas		Tomada	Carga		Disj. A	Cond. mm²	Fase
	60 W	100 W	100 W	hp	Watts			
1	8	-	4	-	880	16	1,5	B
2	6	-	-	-	360	16	2,5	B
3	6	-	-	-	360	16	2,5	C
4	3	-	3	-	480	16	1,5	B
5	-	8	1	-	900	16	2,5	A
6	-	6	-	-	600	16	1,5	C
7	-	-	12	-	1 200	20	6	A
8	5	-	3	-	600	16	2,5	C
V	6	2	-	-	560	16	2,5	B
M_t	9	-	-	-	540	16	2,5	C
Subtotal	43	16	23	-	6 480			
Compac.	-	-	-	5	3 730	32	2,5	ABC
B. inc.	-	-	-	3	2 238	20	2,5	ABC
Elev.	-	-	-	10	7 460	63	10	ABC
QLF-SS	2	8	4	4	4 304	32	4,0	ABC
Total	45	24	27	22	24 212	160	25,0	ABC

QLF-SS - Quadro de luz e força do subsolo								
Circ.	Lâmpadas		Tomada	Carga		Disj. A	Cond. mm²	Fase
	60 W	100 W	100 W	hp	Watts			
1	-	-	-	1	746	16	2,5	ABC
2	-	-	-	3	2 238	20	2,5	ABC
3	2	8	-	-	920	16	1,5	A
V	-	-	4	-	400	16	1,5	B
Total	2	8	4	4	4 304	32	4	ABC

QC - Quadro de cargas da cobertura											
Circ.	Lâmpadas		Tomadas				Carga		Disj. A	Cond. mm²	Fase
	60 W	100 W	100 W	200 W	600 W	4 400 W	VA	Watts			
1	3	6	-	-	-	-	-	780	16	1,5	A
2	-	-	8	1	-	-	-	1 000	16	2,5	B
3	2	-	9	-	-	-	-	900	16	2,5	C
4	-	-	-	-	-	-	1 500	-	20	4,0	A
5	-	-	-	-	-	-	1 500	-	20	4,0	B
6	-	-	-	2	2	-	-	1 200	20	2,5	C
7	4	4	-	-	-	-	-	640	16	1,5	C
8	-	-	-	-	-	1	-	4 400	32	4,0	BC
Total	7	10	17	2	2	1	3 000	8 920	32	10,0	ABC

Quadro de cargas - aptº-tipo														
Circ.	Lâmp. Incand.			Tomadas (VA)					Carga		Disj. A	Cond. mm²	Fase
	60 W	100 W	200 W	100	200	600	1 500	2 000	hp	Watts			
1	5	-	1	6	-	-	-	-	-	1 100	15	1,5	A
2	3	2	-	7	-	-	-	-	-	1 080	15	1,5	A
3	-	-	-	-	-	-	1	-	1	-	20	4	A
4	-	-	-	-	-	-	1	-	1	-	20	4	A
5	1	1	-	1	-	1	-	-	-	860	15	1,5	B
6	-	-	-	-	-	-	-	1	-	2 000	20	4	B
7	-	2	-	2	1	1	-	-	-	1 200	15	2,5	B
Total	9	5	1	16	1	2	2	1	2	6 240	30	10	AB

Quadro geral de cargas				
Local	Luz e tomadas (W)	Chuveiros (W)	AC (VA)	Motores (hp)
Aptos-Tipo (8)	64 192		28 000	
Aptos. Cob. (2)	9 040		6 000	
Serviço	10 772			22*
Total	84 004		34 000	22

*Bomba de incêndio e serviço ligadas antes da caixa de proteção geral do prédio.

Depois de concluído o projeto, com todos os detalhes, será necessário fazer as especificações dos materiais e o orçamento.

Uma vez que se trata de um livro didático, apresentaremos a seguir um modelo de como seriam feitos as especificações resumidas e o levantamento das quantidades.

O modelo seguinte é o que usamos em nossa atividade como projetista de instalações, sendo somente omitidos os preços.

CLIENTE: EDIFÍCIO RESIDENCIAL						
LISTA DE MATERIAIS DE INSTALAÇÕES — PROJETO: INSTALAÇÕES ELÉTRICAS						
Item	Especificações resumidas	Unidade	Quantidade	Fabricante*	Custo (R$)	
					Unit.	Total
01	Eletroduto de PVC rígido de 12,7 mm	m	40	Tigre		
02	Eletroduto de ferro esmaltado rígido tipo pesado de 12,7 mm	m	1 000	Apolo		
03	Eletroduto de ferro esmaltado rígido tipo pesado de 19 mm	m	700	Apolo		
04	Eletroduto de ferro esmaltado rígido tipo pesado de 25 mm	m	300	Apolo		

(*continua*)

(*Continuação*)

CLIENTE: EDIFÍCIO RESIDENCIAL						
LISTA DE MATERIAIS DE INSTALAÇÕES – PROJETO: INSTALAÇÕES ELÉTRICAS						
Item	Especificações resumidas	Unidade	Quantidade	Fabricante*	Custo (R$)	
					Unit.	Total
05	Eletroduto de ferro esmaltado rígido tipo pesado de 31,7 mm	m	120	Apolo		
06	Eletroduto de ferro esmaltado rígido tipo pesado de 38,1 mm	m	50	Apolo		
07	Caixa de ferro esmaltada octogonal de fundo móvel de 100 × 100 mm	pç	180	Apolo		
08	Caixa de ferro esmaltada octogonal de fundo móvel de 75 × 75 mm	pç	70	Apolo		
09	Caixa de ferro esmaltada retangular de 100 × 50 mm	pç	400	Apolo		
10	Cabo Superastic Flex – Antiflam® de 1,5 mm² qualquer cor					
11	Cabo Superastic Flex – Antiflam® de 1,5 mm² cor azul	m	1 500	Prysmian		
12	Cabo Superastic Flex – Antiflam® de 1,5 mm² cor verde-amarelo	m	1 500	Prysmian		
13	Cabo Superastic Flex – Antiflam® de 2,5 mm² qualquer cor	m	1 400	Prysmian		
14	Cabo Superastic Flex – Antiflam® de 2,5 mm² cor azul	m	700	Prysmian		
15	Cabo Superastic Flex – Antiflam® de 2,5 mm² cor verde-amarelo	m	700	Prysmian		
16	Cabo Superastic Flex – Antiflam® de 4 mm² qualquer cor	m	700	Prysmian		
17	Cabo Superastic Flex – Antiflam® de 4 mm² cor azul	m	200	Prysmian		
18	Cabo Superastic Flex – Antiflam® de 4 mm² cor verde-amarelo	m	200	Prysmian		
19	Cabo Superastic Flex – Antiflam® de 6 mm² qualquer cor	m	300	Prysmian		
20	Cabo Superastic Flex – Antiflam® de 6 mm² cor azul	m	100	Prysmian		
21	Cabo Superastic Flex – Antiflam® de 6 mm² cor verde-amarelo	m	100	Prysmian		
22	Cabo Superastic Flex – Antiflam® de 10 mm² qualquer cor	m	200	Prysmian		
23	Cabo Superastic Flex – Antiflam® de 10 mm² cor azul	m	50	Prysmian		
24	Cabo Superastic Flex – Antiflam® de 10 mm² cor verde-amarelo	m	50	Prysmian		
25	Cabo Superastic Flex – Antiflam® de 16 mm² qualquer cor	m	100	Prysmian		
26	Cabo Superastic Flex – Antiflam® de 16 mm² cor azul	m	100	Prysmian		

(*continua*)

(*Continuação*)

CLIENTE: EDIFÍCIO RESIDENCIAL						
LISTA DE MATERIAIS DE INSTALAÇÕES – PROJETO: INSTALAÇÕES ELÉTRICAS						
Item	Especificações	Unidade	Quantidade	Fabricante*	Custo (R$)	
					Unit.	Total
30	Interruptor simples — 10 A	pç	82	Pial-Legrand		
31	Interruptor duplo — 10 A	pç	25	Pial-Legrand		
32	Interruptor *three-way* — 10 A	pç	40	Pial-Legrand		
33	Para-raios tipo Franklin	pç	1	Termotécnica		
34	Cordoalha de cobre nu de 35 mm²	m	10	Prysmian		
35	Haste de aterramento 5/80″ × 3 m	pç	3	Termotécnica		
36	Botão de campainha	pç	10	Pial-Legrand		
37	Campainha tipo carrilhão	pç	10	Pial-Legrand		
38	Minuteria de IOA — 220 V	pç	1	Pial-Legrand		
39	Chave magnética — relê 9-15 A	pç	2	WEG		
40	Chave magnética — relê 3,5 a 5,5 A	pç	1	WEG		
41	Chave para compactador — blindada 32 A	pç	1	Siemens		
42	Chave para bomba-d'água — blindada 32 A	pç	1	Siemens		
43	Chave para elevador — blindada 100 A	pç	1	Siemens		
44	Chave para bomba de águas servidas — blindada 16 A	pç	1	Siemens		
45	Quadro de luz com disjuntor geral tipo C 2P — 30 A, 4 × 15 A e 3 × 20 A	pç	10	CEMAR		
46	Quadro de luz e força com disjuntor geral tipo C 3P — 160 A, 9 × 15 A e 1 × 20 A	pç	1	CEMAR		
47	Quadro de luz e força com disjuntor geral tipo C 2P — 30 A, 3 × 15 A e 1 × 20 A	pç	1	CEMAR		

*Marca dos produtos apenas como referência.

Dimensionamento de Circuitos em Anel

C

O Apêndice C (páginas 383 a 390) encontra-se integralmente *online*, disponível no *site* **www.grupogen.com.br**.
Consulte a página de Material Suplementar após o Prefácio para detalhes sobre acesso e *download*.

Instalações de Redes de Telecomunicações em Edificações

D

O Apêndice D (páginas 391 a 418) encontra-se integralmente *online*, disponível no *site* **www.grupogen.com.br**.
Consulte a página de Material Suplementar após o Prefácio para detalhes sobre acesso e *download*.

Respostas dos Exercícios de Revisão

Capítulo 1

1. 1 000 V, 1 500 V (CC).
2. Hidráulicas e térmicas.
3. Para elevar a tensão para a L.T.
4. Radial, anel, radial seletivo.
5. Eólico, fotovoltaico e das marés.
6. Elevador $\frac{N_1}{N_2} = 0{,}173$ espira; abaixador $\frac{N_1}{N_2} = 108{,}6$ espiras.

Capítulo 2

1. 3 elétrons, 3 prótons e 4 nêutrons.
2. O fluxo de cargas que atravessa a seção reta de um condutor na razão de 1 coulomb/s.
3. 60×10^{18} elétrons.
4. $\varepsilon = V + rI = 220 + 30 = 250$ volts.
5. $\varepsilon = V + rI = 380 - 10 = 370$ volts.
6. $W = 2\,000 \times 200 = 400$ kWh ou $400 \times 0{,}88 =$ R$ 352,00.
7. $10 \times 1{,}414 = 14{,}14$ A.
8. $R_{eq} = 1{,}307\ \Omega$.
9. $I = \frac{V}{R} = \frac{120}{1{,}307} = 91{,}8$ A.
10. $I_2 = 120$ A.
    $i = 100 \cos 628t$.
11. $I_m = 100 \text{ A} \therefore I_{rms} = \frac{100}{\sqrt{2}} = 70{,}7 \text{ A}$
    $2\pi f = 628$
    $\therefore f = \frac{628}{2\pi} = 100 \text{ c/s} = 100 \text{ Hz}.$

Capítulo 3

1. 25 mm².
2. 7 %.
3. $I = \dfrac{65\ 000}{3 \times 127 \times 0{,}85} = 200{,}7$ A

   $\dfrac{200{,}7}{0{,}71} = 282{,}6$ A

   Condutor de 185 mm².
4. $\dfrac{65\ 000/0{,}85}{3} = 25\ 490$ VA

   25 490 × 30 = 764 705 VA · m

   Condutor de 95 mm².
5. 0,5 × 70 = 35 mm².
6. Até 12 000 W – 86 % = 10 320 W

   Restante (56 400 – 12 000) – 50 % = 22 200 W

   Total: 32 520 W.
7. Seção de 6 mm² Tabela 3.7.
8. Condutor escolhido de 185 mm².
9. Diâmetro de 50,8 mm (2″).
10. $\dfrac{110 - 105}{110} \times 100 = 4{,}5$ %.
11. $400 \times 1{,}2 = \dfrac{480}{110} = 4{,}36$ A. O interruptor deverá ser de 10 A.

Capítulo 4

1. $t = \dfrac{K^2S^2}{I^2} = \dfrac{115^2 \times 95^2}{(6\ 000)^2} = 3{,}31$ s.
2. $\dfrac{4\ 250}{85}$ = 50 vezes a corrente ajustada, ou seja, t = 0,02 s.

Capítulo 6

1. I(alimentador) ≥ 1,25 × 260 = 325 A.

   Usaremos o cabo PVC/70 de 185 mm² (cobre).
2. $S = \dfrac{\sqrt{3} \times 260 \times 50}{56 \times 220 \times 0{,}04} = 45{,}6\ \text{mm}^2$ — condutor de 50 mm².
3. I (proteção) = 260 × 2 = 520 A. Usar fusíveis NH de 600 A (retardado).
4. I (regulagem) = 260 × 1,25 = 325 A.
5. $P = \dfrac{C \times N}{716} = \dfrac{6 \times 1\ 200}{716} = 10$ cv. Pela Tabela 6.10 escolhemos o motor de 10 cv.

   (7,5 kW), 1 200 rpm, trifásico 220 V.

Capítulo 9

1. $\text{kvar} = \dfrac{2\pi fc(\text{kV})^2}{1\ 000}$ ou $c = \dfrac{560 \times 10^3}{377 \times 6^2} = 41,26$ microfarads.

2. I (proteção) = (1,65 a 2,0) × I_n ou I (proteção) = 1,65 × 81 = 134 A (máx).
3. I (chave) ≥ 1,50 × 81 = 121,5 A. Usar a chave de 150 A.

4. $X_C = \dfrac{10^6}{2\pi f \times 41,26} = 62,28$ ohms.

5. kvar = 500 × 0,685 = 342,5 kvar.

Capítulo 13

1. $L = \dfrac{c}{f} = \dfrac{3 \times 10^3}{60 \times 10^6} = 5$ m.

2. M = 68 luminárias.

Equivalência entre Unidades Métricas e Sistema Inglês

A Equivalência entre Unidades Métricas e Sistema Inglês (páginas 423 a 426) encontra-se integralmente *online*, disponível no *site* **www.grupogen.com.br**.
Consulte a página de Material Suplementar após o Prefácio para detalhes sobre acesso e *download*.

Fórmulas de Eletricidade

As Fórmulas de Eletricidade (páginas 427 a 430) encontram-se integralmente *online*, disponível no *site* **www.grupogen.com.br**.
Consulte a página de Material Suplementar após o Prefácio para detalhes sobre acesso e *download*.

Bibliografia

Livros

BEATY, H. Wayne; FINK, Donald G. **Standard Handbook for Electrical Engineers**. 16th Edition. New York: McGraw-Hill, 2012.

BEEMAN, Donald. **Industrial power systems handbook.** New York: McGraw-Hill, 1955.

Guia EM da NBR 5410. Instalações elétricas em baixa tensão. **Revista Eletricidade Moderna**, 2002.

IES – Illuminating Engineering Society. **The lighting handbook**. 10th Edition, 2011.

MAMEDE FILHO, J. **Instalações elétricas industriais**. 9. ed. Rio de Janeiro: LTC, 2017.

MULLIN, Ray C. **Electrical wiring residential**. 14th Edition.

NISKIER, Júlio; MACINTYRE, Archibald J. **Instalações elétricas**. 7. ed. Rio de Janeiro: LTC, 2021.

STEVENSON JR., William D. **Elementos de análise de sistemas de potência**. 2. ed. Rio de Janeiro: McGraw Hill.

Normas/Resoluções

AGÊNCIA NACIONAL DE ENERGIA ELÉTRICA – ANEEL. **Resolução normativa ANEEL nº 569**, de 23 de julho de 2013.

__________________. **Resolução normativa ANEEL nº 414**, de 9 de setembro de 2010. Atualizada em 2017.

__________________. **Resolução normativa ANEEL nº 482**, de 2012.

__________________. **Resolução normativa ANEEL nº 687**, de 2015.

__________________. **Cadernos temáticos** – Micro e minigeração distribuída – Sistema de compensação de energia elétrica.

ASSOCIAÇÃO BRASILEIRA DE NORMAS TÉCNICAS. **ABNT NBR ISSO/CIE 8995-1**: Iluminância de interiores. Rio de Janeiro: ABNT, 2013, confirmada em 2017.

__________________. **ABNT NBR 5060**: Guia para instalação e operação de capacitores de potência – Procedimento. Rio de Janeiro: ABNT, 2010.

__________________. **ABNT NBR 5282**: Capacitores de potência em derivação para sistema de tensão nominal acima de 1 000 V. Rio de Janeiro: ABNT, 1998.

__________________. **ABNT NBR 5410**: Instalações elétricas de baixa tensão. Rio de Janeiro: ABNT, 2004, corrigida em 2008.

__________________. **ABNT NBR 5419**: Proteção de estruturas contra descargas atmosféricas, Partes 1 a 4. Rio de Janeiro: ABNT, 2015.

__________________. **ABNT NBR 5444**: Símbolos gráficos para instalações elétricas prediais. Rio de Janeiro: ABNT, 1989. Cancelada. Referência.

________________. **ABNT NBR 5597**: Eletroduto de aço-carbono e acessórios, com revestimento protetor e rosca NPT: Requisitos. Rio de Janeiro: ABNT, 2013.
________________. **ABNT NBR 5598**: Eletroduto de aço-carbono e acessórios, com revestimento protetor e rosca BSP: Requisitos. Rio de Janeiro: ABNT, 2009.
________________. **ABNT NBR 7117-1**: Parâmetros do solo para projetos de aterramentos elétricos. Rio de Janeiro: ABNT, 2020.
________________. **ABNT NBR 14039**: Instalações elétricas de média tensão de 1,0 kV a 36,2 kV. Rio de Janeiro: ABNT, 2005, confirmada em 2017.
________________. **ABNT NBR 15688**: Redes de distribuição aérea urbana de energia elétrica. Rio de Janeiro: ABNT, 2009, corrigida em 2010.
________________. **ABNT NBR 15701**: Conduletes metálicos roscados e não roscados para sistemas de eletrodutos. Rio de Janeiro: ABNT, 2016.
________________. **ABNT NBR 17240**: Sistemas de detecção e alarme de incêndio. Rio de Janeiro: ABNT, 2010, confirmada em 22/09/2020.
________________. **ABNT NBR NM 60898**: Disjuntores de baixa tensão. Rio de Janeiro: ABNT, 2004, confirmada em 06/01/2011.
________________. **ABNT NBR 16149**: Sistemas fotovoltaicos (FV) – Características da interface de conexão com a rede elétrica de distribuição. Rio de Janeiro: ABNT, 2013.
________________. **ABNT NBR 16274**: Sistemas fotovoltaicos conectados à rede – Requisitos mínimos para documentação, ensaios de comissionamento, inspeção e avaliação de desempenho. Rio de Janeiro: ABNT, 2014.
________________. **ABNT NBR 16690**: Instalações elétricas de arranjos fotovoltaicos – Requisitos de projeto. Rio de Janeiro: ABNT, 2019.
BRASIL. Ministério do Trabalho. **Norma regulamentadora – NR 10**: Segurança em instalações e serviços em eletricidade.
________________. BRASIL. Ministério do Trabalho. **Norma regulamentadora – NR 35**: Trabalho em altura.
INTERNATIONAL ELECTROTECHNICAL COMMISSION. **IEC 61024-1**: Application guide B – Design, construction, maintenance and inspection of lightning protection systems.
IEEE STANDARD ASSOCIATION. **IEEE Std. 141/93**: IEEE recommended practice for electric power distribution for industrial plants.
NATIONAL ELECTRIC CODE: **NFPA 70-2014**.
LIGHT S.A. Regulamentação para fornecimento de energia elétrica a consumidores em baixa tensão. **RECON-BT**, 2019, revisado em maio de 2019.
________________. LIGHT S.A. Regulamentação para fornecimento de energia elétrica a consumidores em média tensão. **RECON-MT** – Até classe 36,2 kV, março de 2016.
________________. LIGHT S.A. Procedimentos para a conexão de microgeração e minigeração ao sistema de distribuição. **Light SESA** – Até classe 36,2 kV, julho de 2020. Disponível em: http://www.light.com.br/Repositorio/Normas%20T%C3%A9cnicas/LIGHT_Informacao_Tecnica_DDE_01_2012_%20rev_06_Julho_2020.pdf.

Catálogos

Catálogos da GE, Wetzel, WEG, Eaton Eletromar, Siemens, Daisa, BTicino, Cemar/Legrand, Iluminim, Nexans, Philips entre outros citados no texto.

Empresas

ELETRO-ESTUDOS Engenharia Ltda. (www.eletro-estudos.com.br).
ENERGON BRASIL (www.energonbrasil.com.br). Documentos de projeto.
PAIOL Engenharia (www.paiolengenharia.com.br).

Índice Alfabético

As marcações em bold correspondem aos Capítulos 12 (páginas 299 a 324) e 14 (páginas 355 a 366) que encontram-se na íntegra no Ambiente de aprendizagem.

G

H

I

L

M

N

O

P

Q

R

S

T

U

V

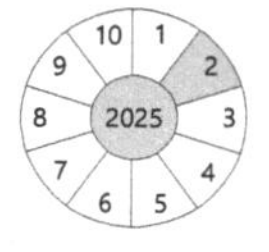
10
1
2
3
4
5
6
7
8
9
2025